U0379370

本教材获西安电子科技大学教材立项资助

线性代数名师笔记

杨 威 编著

西安电子科技大学出版社

内容简介

本书是高等院校理工类及经济类各专业学生学习“线性代数”课程的辅导书，与国内通用的各类《线性代数》教材相匹配。

全书分六章，每章由5个板块组成，分别为：基本概念与重要结论、题型分析、考情分析、习题精选、习题详解。本书对线性代数中大量抽象的内容进行了形象和通俗的阐释，并对构成每一章内容的知识体系进行了深度的总结和概括。在题型分析中，针对典型例题均给出解题思路、解(或证明)和评注。

本书可作为理工类及经济类硕士研究生入学考试辅导用书，也可供高等学校各专业学生学习参考。

图书在版编目(CIP)数据

线性代数名师笔记/杨威编著．—西安：西安电子科技大学出版社，2014.6(2014.10重印)

ISBN 978-7-5606-3276-6

Ⅰ．①线…　Ⅱ．①杨…　Ⅲ．①线性代数—高等学校—教材　Ⅳ．①O151.2

中国版本图书馆CIP数据核字(2014)第076771号

策　　划　毛红兵

责任编辑　毛红兵　曹　锦

出版发行　西安电子科技大学出版社(西安市太白南路2号)

电　　话　(029)88242885　88201467　　邮　　编　710071

网　　址　www.xduph.com　　电子邮箱　xdupfxb001@163.com

经　　销　新华书店

印刷单位　陕西华沐印刷科技有限责任公司

版　　次　2014年6月第1版　2014年10月第2次印刷

开　　本　787毫米×1092毫米　1/16　印　张　17

印　　数　511～2510册

字　　数　399千字

定　　价　34.00元

ISBN 978-7-5606-3276-6/O

XDUP 3568001-2

前　言

“线性代数”是理工类及经济类各专业学生必修的重要基础课程，同时也是全国硕士研究生入学统一考试中数学课目的一个重要组成部分。它具有概念多、定理多、内容抽象等特点，是一门逻辑性很强的课程。学生在学习这门课程时常常会“知其然，却不知其所以然”。

本书是在研究“线性代数”课程的特点，总结学生在学习这门课程中出现的各种问题，以及归纳多年考研试题的基础上编写而成的，每章均包括基本概念与重要结论、题型分析、考情分析、习题精选、习题详解等内容，且名师笔记贯穿在每一章节之中。

本书具有以下特点。

第一，以“名师笔记”的形式，从教师的角度来阐述学生在线性代数的学习和考试中所遇到的各种问题。

第二，对线性代数的重要概念、重要定义、重要定理、重要公式、重要结论、易混淆问题、难理解问题等进行了纵向深入的讨论与横向分析。对一些难理解的抽象概念进行了形象的解释与描述，对行列式及矩阵运算的众多公式进行了分类、归纳，对易错、易混淆内容进行了针对性讨论。

第三，本书中的例题及练习题均是根据题目的典型性、综合性、启发性及新颖性来选取的。本书不提倡“题海战术”，而是注重做题效率，即会做一道例题，就会做一个类型的题。

第四，每一章都有一个考情分析，通过对考试内容及要求、近年真题考点分析的阅读和学习，可以帮助学生了解本章的重要知识点及考研情况。

本书中所有例题的讲解都分为三个部分：解题思路、解(或证明)、评注。在解题思路中给出了例题的解题突破口及解题方法技巧，就是告诉学生为什么要这样做，又是如何想到这样做；在解(或证明)中给出例题的整个解题过程，就是告诉学生题目具体怎么做；在评注中归纳此类题型的特点，总结考查的知识点及考生应注意的问题，就是告诉同学做了这一题目后，要掌握这一类题型的解法。

书中若有疏漏或不妥之处，恳请读者批评指正。

作者电子邮箱：weiyang@mail. xidian. edu. cn。

编　者

2014 年 2 月

目　录

第一章　行　列　式

1.1　基本概念与重要结论

名师笔记

线性代数的知识点较多，而很多知识点往往贯穿在线性代数的所有章之中。所以，考生在复习时，一定要重视知识点的相互关联。

例如，若 n 阶实矩阵 $\boldsymbol{A}$ 的行列式 $|\boldsymbol{A}|\neq 0$，则可以得到以下命题：

(1) $\boldsymbol{A}$ 可逆。

(2) $\boldsymbol{A}$ 满秩($r(\boldsymbol{A})=n$)。

(3) $\boldsymbol{A}$ 与 $\boldsymbol{E}$ 等价。

(4) $\boldsymbol{A}$ 可以写成若干初等方阵的乘积。

(5) $r(\boldsymbol{AB})=r(\boldsymbol{B})$。

(6) $r(\boldsymbol{CA})=r(\boldsymbol{C})$。

(7) $\boldsymbol{A}$ 的列(行)向量组线性无关。

(8) $\boldsymbol{A}$ 的列向量组是 n 维实向量空间 $\mathbf{R}^n$ 的一组基。

(9) $\boldsymbol{Ax}=\mathbf{0}$ 只有零解。

(10) $\boldsymbol{Ax}=\boldsymbol{b}$ 有唯一解。

(11) $\boldsymbol{A}$ 的特征值不为零。

(12) $\boldsymbol{A}^{\mathrm{T}}\boldsymbol{A}$ 是正定矩阵。

一、行列式的概念

1. 排列

由 1，2，…，n 组成的有序数组称为一个 n 阶排列。通常用 $p_1p_2\cdots p_n$ 来表示。

2. 逆序

一个排列中，如果一个大的数排在一个小的数之前，那么称这两个数构成一个逆序。

3. 逆序数

一个排列中所有逆序的总数叫做这个排列的逆序数。通常用 $\tau(p_1p_2\cdots p_n)$ 来表示排列 $p_1p_2\cdots p_n$ 的逆序数。

4. 偶排列

逆序数为偶数的排列叫做偶排列。

5. 奇排列

逆序数为奇数的排列叫做奇排列。

名师笔记

例如，5 阶排列 35214 中，有逆序 32，31，52，51，54，21，因此排列 35214 的逆序数 $\tau(35214)=6$，该排列是偶排列。

例如，n 阶排列 $n(n-1)\cdots21$ 的逆序数为

$$\tau(n(n-1)\cdots21)=C_n^2=\frac{n(n-1)}{2}$$

6. 2 阶行列式

用符号 $\begin{vmatrix} a_{11} & a_{12} \\ a_{21} & a_{22} \end{vmatrix}$ 表示算式 $a_{11}a_{22}-a_{12}a_{21}$，称这个符号为 2 阶行列式。

名师笔记

例如：

$$\begin{vmatrix} 7 & 6 \\ 11 & 20 \end{vmatrix}=7\times20-6\times11=74$$

7. 3 阶行列式

用符号 $\begin{vmatrix} a_{11} & a_{12} & a_{13} \\ a_{21} & a_{22} & a_{23} \\ a_{31} & a_{32} & a_{33} \end{vmatrix}$ 表示算式 $a_{11}a_{22}a_{33}+a_{12}a_{23}a_{31}+a_{13}a_{21}a_{32}-a_{13}a_{22}a_{31}-a_{12}a_{21}a_{33}-a_{11}a_{23}a_{32}$，称这个符号为 3 阶行列式。该算式包含 6 项，而每一项都是 3 个元素的乘积，其中 3 项为正，其余 3 项为负。为了便于记忆，图 1.1 给出了它的具体计算方法(称为沙路法)。

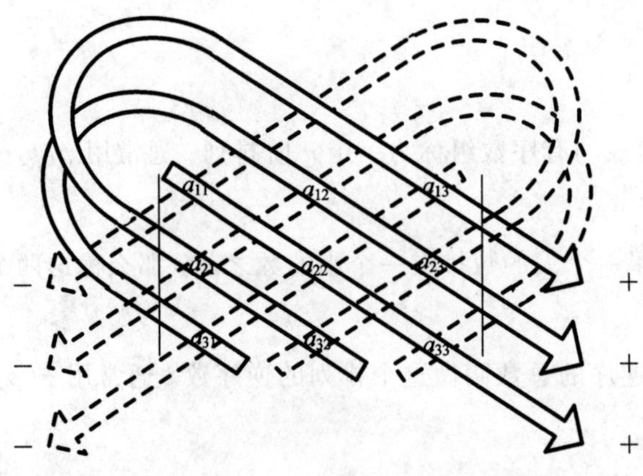

图 1.1　沙路法示意图

8. n 阶行列式

名师笔记

$$\begin{vmatrix}1&2&3\\4&5&6\\9&8&7\end{vmatrix}=+1\times5\times7+2\times6\times9+3\times4\times8-3\times5\times9-2\times4\times7-1\times6\times8=0$$

注意 无论是 $n=2$ 或 $n=3$，还是 $n=100$，行列式最后算出来的都是一个数值。例如：

$$\begin{vmatrix}1&2&3\\4&5&6\\9&8&7\end{vmatrix}=\begin{vmatrix}3&4\\6&8\end{vmatrix}=0$$

由 n^2 个数排成 n 行 n 列，两边用一对竖线括起，表示一个算式，记为 D，即

$$D=\begin{vmatrix}a_{11}&a_{12}&\cdots&a_{1n}\\a_{21}&a_{22}&\cdots&a_{2n}\\\vdots&\vdots&&\vdots\\a_{n1}&a_{n2}&\cdots&a_{nn}\end{vmatrix}=\sum(-1)^{\tau(p_1p_2\cdots p_n)}a_{1p_1}a_{2p_2}\cdots a_{np_n}$$

称为 n 阶行列式。n 阶行列式是由 n！项的代数和组成的，每一项都是 n 个元素的乘积，这 n 个元素要满足不同行不同列的条件，或者说：这 n 个元素要来自于行列式的每一行和每一列。把这 n 个元素按第 1 行、第 2 行、……、第 n 行的次序放置，那么这 n 个元素的列标排列的逆序数 $\tau(p_1p_2\cdots p_n)$ 就决定了该项的正负。

例如，一个 5 阶行列式表示的算式共有 5！项，若已知 $a_{15}a_{53}a_{21}a_{4j}a_{34}$ 是其中的一项，那么分析其列标，可以发现缺少第 2 列，因此必有 $j=2$。现在把这 5 个元素按第 1 行、第 2 行、……、第 5 行的次序重新放置为：$a_{15}a_{21}a_{34}a_{42}a_{53}$，此时列标排列的逆序数为 $\tau(51423)=6$，则该项所带符号为正号。

名师笔记

n 阶行列式的定义是一个难点，考生应该掌握：

(1) n 阶行列式是 n！项的代数和。

(2) 每一项又是 n 个元素的乘积，这 n 个元素要满足“不同行不同列”。

(3) 每一项的正、负由这 n 个元素所在行列式中的位置决定。

9. 余子式

在 n 阶行列式中，把元素 a_{ij} 所在的第 i 行和第 j 列划去后，留下来的 $n-1$ 阶行列式叫元素 a_{ij} 的余子式，记作 M_{ij}。

10. 代数余子式

记 $A_{ij}=(-1)^{i+j}M_{ij}$，A_{ij} 叫做元素 a_{ij} 的代数余子式。

二、行列式的性质

名师笔记

在行列式的性质中，“行”与“列”的地位是平等的，即它们总是具有相同的性质。

关于行列式的性质，不同教材给出的描述不完全相同，但其基本含义相同。

性质 1.1　转置相等(行列式与它的转置行列式相等)。

性质 1.2　换行反号(互换行列式的两行(列)，行列式变号)。

性质 1.3　数乘乘行(用数 k 乘行列式，等于用数 k 乘行列式的某一行(列)的所有元素)。

性质 1.4　拆分拆行(行列式的某行(列)均是两数之和，则可以拆分为两个行列式之和)。

考生在应用性质 1.4 做题时往往会出现错误。例如，把行列式 D 拆分为 D_1 与 D_2 之和，那么考生应该注意，在 D、D_1 与 D_2 三个行列式中，只有一行(列)的元素可能不同，而其他行(列)的元素必须完全相同。

名师笔记

针对性质 1.4，例如：

$$\begin{vmatrix} 3 & 4 & 5 \\ 6 & 7 & 8 \\ 11 & 10 & 9 \end{vmatrix} \neq \begin{vmatrix} 1 & 1 & 1 \\ 3 & 4 & 5 \\ 5 & 6 & 7 \end{vmatrix} + \begin{vmatrix} 2 & 3 & 4 \\ 3 & 3 & 3 \\ 6 & 4 & 2 \end{vmatrix}$$

正确的拆分如下：

$$\begin{vmatrix} 3 & 4 & 5 \\ 6 & 7 & 8 \\ 11 & 10 & 9 \end{vmatrix} = \begin{vmatrix} 3 & 4 & 5 \\ 6 & 7 & 8 \\ 5 & 6 & 7 \end{vmatrix} + \begin{vmatrix} 3 & 4 & 5 \\ 6 & 7 & 8 \\ 6 & 4 & 2 \end{vmatrix}$$

性质 1.5　倍加不变(将某行(列)的 k 倍加到另一行(列)，行列式值不变)。

性质 1.6　零性质(① 行列式某行(列)元素全为零，则行列式为零；② 行列式有两行(列)完全相同，则行列式为零；③ 行列式有两行(列)元素成比例，则行列式为零)。

行列式的性质主要应用于行列式的化简和计算。利用行列式的各种性质往往可以把一个复杂的行列式化为某种特殊形式的行列式，从而进行求解。

三、行列式的重要定理与结论

行列式按行(列)展开定理　n 阶行列式 D 等于它的任一行(列)的各元素与其对应的代数余子式乘积之和，即

$$D = a_{i1}A_{i1} + a_{i2}A_{i2} + \cdots + a_{in}A_{in} = \sum_{k=1}^{n} a_{ik}A_{ik} \quad (i = 1, 2, \cdots, n)$$

或

$$D = a_{1j}A_{1j} + a_{2j}A_{2j} + \cdots + a_{nj}A_{nj} = \sum_{k=1}^{n} a_{kj}A_{kj} \quad (j = 1, 2, \cdots, n)$$

利用行列式按行(列)展开定理，在计算行列式时，可以选择有较多零元素的行(列)展开，使计算变得简单。

例如，计算行列式

$$D=\begin{vmatrix}2&1&0&6\\3&2&0&0\\2&3&5&1\\-1&1&0&0\end{vmatrix}$$

时，观察发现第 3 列只有一个非零元素，所以把行列式按第 3 列展开，此时一个 4 阶行列式就化简为一个 3 阶行列式了。即

$$D=5\times(-1)^{3+3}\begin{vmatrix}2&1&6\\3&2&0\\-1&1&0\end{vmatrix}=5\times6\times(-1)^{1+3}\begin{vmatrix}3&2\\-1&1\end{vmatrix}$$

$$=30\times[3\times1-2\times(-1)]=150$$

行列式按行(列)展开定理推论　n 阶行列式 D 的任一行(列)的各元素与另一行(列)对应元素的代数余子式乘积之和等于零，即

$$a_{i1}A_{j1}+a_{i2}A_{j2}+\cdots+a_{in}A_{jn}=\sum_{k=1}^{n}a_{ik}A_{jk}=0(i\neq j)$$

或

$$a_{1i}A_{1j}+a_{2i}A_{2j}+\cdots+a_{ni}A_{nj}=\sum_{k=1}^{n}a_{ki}A_{kj}=0(i\neq j)$$

综合以上定理及推论，可以得出关于代数余子式的重要结论：

$$\sum_{k=1}^{n}a_{ik}A_{jk}=\begin{cases}D & (i=j)\\0 & (i\neq j)\end{cases}$$

或

$$\sum_{k=1}^{n}a_{ki}A_{kj}=\begin{cases}D & (i=j)\\0 & (i\neq j)\end{cases}$$

名师笔记

利用行列式的展开定理及推论可以得到伴随矩阵 $\boldsymbol{A}^*$ 的重要公式：

$$\boldsymbol{A}\boldsymbol{A}^*=\boldsymbol{A}^*\boldsymbol{A}=|\boldsymbol{A}|\boldsymbol{E}$$

设矩阵 $\boldsymbol{A}$ 为

$$\boldsymbol{A}=\begin{bmatrix}a_{11}&a_{12}&a_{13}\\a_{21}&a_{22}&a_{23}\\a_{31}&a_{32}&a_{33}\end{bmatrix}$$

于是，矩阵 $\boldsymbol{A}$ 的伴随矩阵 $\boldsymbol{A}^*$ 为

$$\boldsymbol{A}^*=\begin{bmatrix}A_{11}&A_{21}&A_{31}\\A_{12}&A_{22}&A_{32}\\A_{13}&A_{23}&A_{33}\end{bmatrix}$$

根据矩阵乘法规则及行列式展开定理与推论，有

$$\boldsymbol{A}\boldsymbol{A}^*=\boldsymbol{A}^*\boldsymbol{A}=\begin{bmatrix}|\boldsymbol{A}|&0&0\\0&|\boldsymbol{A}|&0\\0&0&|\boldsymbol{A}|\end{bmatrix}=|\boldsymbol{A}|\boldsymbol{E}$$

四、行列式的主要公式

1) 上(下)三角行列式(即主对角线的下(上)面元素全为零)

$$\begin{vmatrix} a_{11} & a_{12} & \cdots & a_{1,n-1} & a_{1n} \\ & a_{22} & \cdots & a_{2,n-1} & a_{2n} \\ & & \ddots & \vdots & \vdots \\ & & & a_{n-1,n-1} & a_{n-1,n} \\ & & & & a_{n,n} \end{vmatrix} = \begin{vmatrix} a_{11} & & & & \\ a_{21} & a_{22} & & & \\ \vdots & \vdots & \ddots & & \\ a_{n-1,1} & a_{n-1,2} & \cdots & a_{n-1,n-1} & \\ a_{n,1} & a_{n,2} & \cdots & a_{n,n-1} & a_{n,n} \end{vmatrix} = \prod_{i=1}^{n} a_{ii}$$

说明：为了便于阅读，在不会误解的场合矩阵或行列式中的零元素将略去。

2) 关于副对角线的上(下)三角行列式

$$\begin{vmatrix} a_{11} & a_{12} & \cdots & a_{1,n-1} & a_{1n} \\ a_{21} & a_{22} & \cdots & a_{2,n-1} & \\ \vdots & \vdots & \iddots & & \\ a_{n-1,1} & a_{n-1,2} & & & \\ a_{n,1} & & & & \end{vmatrix} = \begin{vmatrix} & & & & a_{1n} \\ & & & a_{2,n-1} & a_{2n} \\ & & \iddots & \vdots & \vdots \\ & a_{n-1,2} & \cdots & a_{n-1,n-1} & a_{n-1,n} \\ a_{n,1} & a_{n,2} & \cdots & a_{n,n-1} & a_{n,n} \end{vmatrix}$$

$$= (-1)^{\frac{n(n-1)}{2}} a_{1n} a_{2,n-1} \cdots a_{n1}$$

名师笔记

行列式的主要公式 1)和公式 2)可以用行列式的定义来证明。

3) 分块上(下)三角行列式

$$\begin{vmatrix} a_{11} & \cdots & a_{1m} & c_{11} & \cdots & c_{1n} \\ \vdots & & \vdots & \vdots & & \vdots \\ a_{m1} & \cdots & a_{mm} & c_{m1} & \cdots & c_{mn} \\ 0 & \cdots & 0 & b_{11} & \cdots & b_{1n} \\ \vdots & & \vdots & \vdots & & \vdots \\ 0 & \cdots & 0 & b_{n1} & \cdots & b_{nn} \end{vmatrix} = \begin{vmatrix} a_{11} & \cdots & a_{1m} & 0 & \cdots & 0 \\ \vdots & & \vdots & \vdots & & \vdots \\ a_{m1} & \cdots & a_{mm} & 0 & \cdots & 0 \\ d_{11} & \cdots & d_{1m} & b_{11} & \cdots & b_{1n} \\ \vdots & & \vdots & \vdots & & \vdots \\ d_{n1} & \cdots & d_{nm} & b_{n1} & \cdots & b_{nn} \end{vmatrix}$$

$$= \begin{vmatrix} a_{11} & \cdots & a_{1m} \\ \vdots & & \vdots \\ a_{m1} & \cdots & a_{mm} \end{vmatrix} \begin{vmatrix} b_{11} & \cdots & b_{1n} \\ \vdots & & \vdots \\ b_{n1} & \cdots & b_{nn} \end{vmatrix}$$

上式可以写成抽象矩阵形式：

$$\begin{vmatrix} \boldsymbol{A}_m & \boldsymbol{C} \\ \boldsymbol{O} & \boldsymbol{B}_n \end{vmatrix} = \begin{vmatrix} \boldsymbol{A}_m & \boldsymbol{O} \\ \boldsymbol{D} & \boldsymbol{B}_n \end{vmatrix} = |\boldsymbol{A}||\boldsymbol{B}|$$

名师笔记

行列式的公式 3)和公式 4)都是拉普拉斯展开定理的应用。

4) 关于副对角线的分块上(下)三角行列式

$$\begin{vmatrix} c_{11} & \cdots & c_{1n} & a_{11} & \cdots & a_{1m} \\ \vdots & & \vdots & \vdots & & \vdots \\ c_{m1} & \cdots & c_{mn} & a_{m1} & \cdots & a_{mm} \\ b_{11} & \cdots & b_{1n} & 0 & \cdots & 0 \\ \vdots & & \vdots & \vdots & & \vdots \\ b_{n1} & \cdots & b_{nn} & 0 & \cdots & 0 \end{vmatrix} = \begin{vmatrix} 0 & \cdots & 0 & a_{11} & \cdots & a_{1m} \\ \vdots & & \vdots & \vdots & & \vdots \\ 0 & \cdots & 0 & a_{m1} & \cdots & a_{mm} \\ b_{11} & \cdots & b_{1n} & d_{11} & \cdots & d_{1m} \\ \vdots & & \vdots & \vdots & & \vdots \\ b_{n1} & \cdots & b_{nn} & d_{n1} & \cdots & d_{nm} \end{vmatrix}$$

$$=(-1)^{mn}\begin{vmatrix} a_{11} & \cdots & a_{1m} \\ \vdots & & \vdots \\ a_{m1} & \cdots & a_{mm} \end{vmatrix}\begin{vmatrix} b_{11} & \cdots & b_{1n} \\ \vdots & & \vdots \\ b_{n1} & \cdots & b_{nn} \end{vmatrix}$$

可以写成抽象的矩阵形式：

$$\begin{vmatrix} \boldsymbol{C} & \boldsymbol{A}_m \\ \boldsymbol{B}_n & \boldsymbol{O} \end{vmatrix} = \begin{vmatrix} \boldsymbol{O} & \boldsymbol{A}_m \\ \boldsymbol{B}_n & \boldsymbol{D} \end{vmatrix} = (-1)^{mn} \ |\boldsymbol{A}||\boldsymbol{B}|$$

名师笔记

注意 考生常常把公式4)中的$(-1)^{mn}$错误地写成$(-1)^{m+n}$。

5) 范德蒙行列式

$$\begin{vmatrix} 1 & 1 & \cdots & 1 \\ x_1 & x_2 & \cdots & x_n \\ x_1^2 & x_2^2 & \cdots & x_n^2 \\ \vdots & \vdots & & \vdots \\ x_1^{n-1} & x_2^{n-1} & \cdots & x_n^{n-1} \end{vmatrix} = \begin{vmatrix} 1 & x_1 & x_1^2 & \cdots & x_1^{n-1} \\ 1 & x_2 & x_2^2 & \cdots & x_2^{n-1} \\ \vdots & \vdots & \vdots & & \vdots \\ 1 & x_n & x_n^2 & \cdots & x_n^{n-1} \end{vmatrix} = \prod_{1\leqslant j<i\leqslant n}(x_i - x_j)$$

名师笔记

很多考生对范德蒙行列式的结果理解有误。下面用一个四阶范德蒙行列式来作说明。

$$A=\begin{vmatrix} 1 & 1 & 1 & 1 \\ x_1 & x_2 & x_3 & x_4 \\ x_1^2 & x_2^2 & x_3^2 & x_4^2 \\ x_1^3 & x_2^3 & x_3^3 & x_4^3 \end{vmatrix} = (x_4-x_3)(x_4-x_2)(x_4-x_1)(x_3-x_2)(x_3-x_1)(x_2-x_1)$$

4阶范德蒙行列式的结果为C_4^2个差的乘积。

从范德蒙行列式的计算结果可以看出，当第2行(列)元素x_1，x_2，…，x_n两两不相等时，行列式的值不为零。利用这一结论往往可以判断线性方程组解的情况。

例如，齐次线性方程组

$$\begin{cases} x_1+x_2+x_3+x_4=0 \\ x_1+2x_2-x_3+3x_4=0 \\ x_1+4x_2+x_3+9x_4=0 \\ x_1+8x_2-x_3+27x_4=0 \end{cases}$$

的系数行列式是一个范德蒙行列式，其中第 2 行的 4 个元素分别为 1，2，−1，3，它们两两不相等，则该系数行列式不等于零，于是，方程组只有零解。

6）特征多项式

设 3 阶矩阵

$$\boldsymbol{A}=\begin{bmatrix} a_{11} & a_{12} & a_{13} \\ a_{21} & a_{22} & a_{23} \\ a_{31} & a_{32} & a_{33} \end{bmatrix}$$

则 $\boldsymbol{A}$ 的特征多项式为

$$|\lambda\boldsymbol{E}-\boldsymbol{A}|=\lambda^3-(a_{11}+a_{22}+a_{33})\lambda^2+(A_{11}+A_{22}+A_{33})\lambda-|\boldsymbol{A}|$$

其中，A_{11}、A_{22}、A_{33} 为 $|\boldsymbol{A}|$ 的代数余子式。

名师笔记

若矩阵 $\boldsymbol{A}$ 的秩 $r(\boldsymbol{A})=1$，于是矩阵 $\boldsymbol{A}$ 的所有阶数大于 1 的子式全为零，则有 $A_{11}=A_{22}=A_{33}=0$，且 $|\boldsymbol{A}|=0$，于是有 $\lambda_1=\lambda_2=0$，$\lambda_3=a_{11}+a_{22}+a_{33}$。

五、特殊行列式的分类

本书把考研试题中常见的特殊行列式分为若干种类，为了方便考生记忆，对每种特殊行列式给出了一个形象化的名字。针对每一种特殊行列式，在后面的例题中都给出了具体的求解方法。

名师笔记

给特殊行列式起一个通俗形象的名字，非常有利于考生记忆、交流和归纳总结。

1. “一杠一星”行列式

以下行列式称为“一杠一星”行列式：

$$\begin{vmatrix} 0 & 0 & 2 & 0 \\ 0 & 3 & 0 & 0 \\ 6 & 0 & 0 & 0 \\ 0 & 0 & 0 & 1 \end{vmatrix},\quad \begin{vmatrix} 0 & 0 & 0 & 0 & 28 \\ 7 & 0 & 0 & 0 & 0 \\ 0 & 6 & 0 & 0 & 0 \\ 0 & 0 & 11 & 0 & 0 \\ 0 & 0 & 0 & 20 & 0 \end{vmatrix}$$

该类行列式共有四种不同的形状，如图 1.2 所示。所谓“一杠”是指与主(副)对角线平行且相邻的一条直线；“一星”是指离该直线距离最远的一个元素。该类行列式元素的特点是在“一杠”和“一星”处的元素不为零，其余元素都为零。

图 1.2 “一杠一星”行列式

2. “两杠一星”行列式

以下行列式称为“两杠一星”行列式：

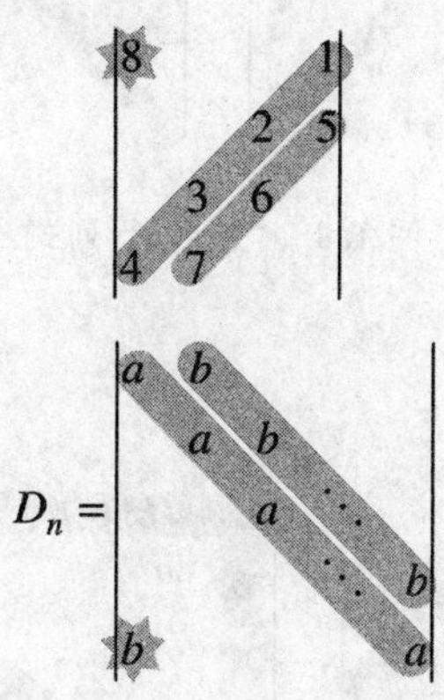

该类行列式有四种不同的形状，如图 1.3 所示。

图 1.3 “两杠一星”行列式

名师笔记

(2012.1，2，3)已知“两杠一星”矩阵

$$\boldsymbol{A}=\begin{bmatrix}1 & a & 0 & 0\\ 0 & 1 & a & 0\\ 0 & 0 & 1 & a\\ a & 0 & 0 & 1\end{bmatrix}$$

求$|\boldsymbol{A}|$。

注：(2012.1，2，3)表示本题为 2012 年研究生入学考试数学一、二、三真题，后同。

3. “爪形”行列式

以下行列式称为“爪形”行列式：

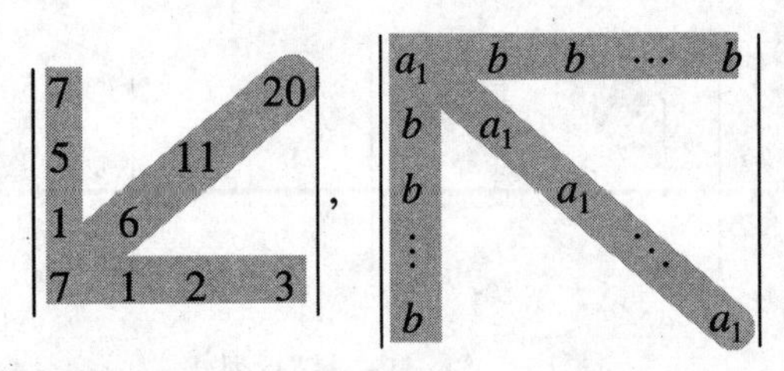

“爪形”行列式也称为“箭形”行列式，它有四种不同形状，如图 1.4 所示。

图 1.4 “爪形”行列式

4. “弓形”行列式

以下行列式称为“弓形”行列式：

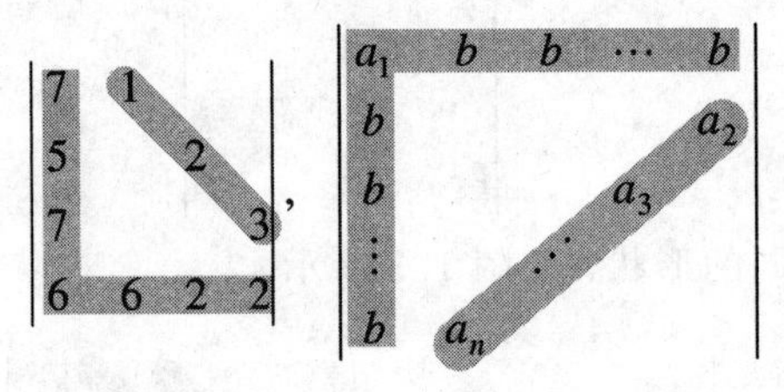

“弓形”行列式是爪形行列式的变形，图 1.5 给出了“弓形”行列式的四种形状。

图 1.5 “弓形”行列式

5. “类爪形”行列式

以下行列式称为“类爪形”行列式：

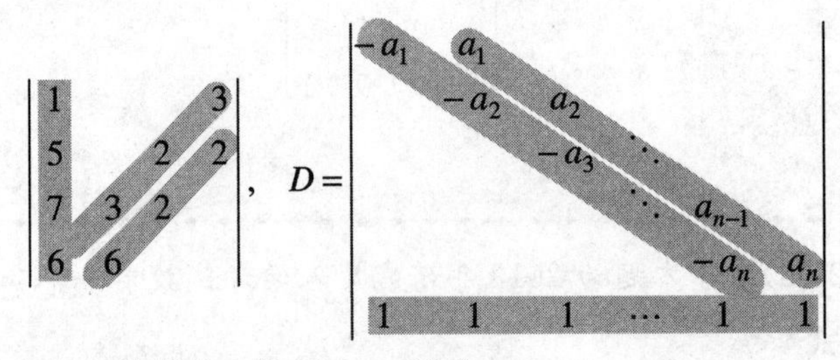

“类爪形”行列式有八种形状，如图 1.6 所示。

图 1.6 “类爪形”行列式

6. “行(列)和相等”行列式

以下行列式称为“行(列)和相等”行列式：

$$\begin{vmatrix}1&2&3&4\\2&3&4&1\\3&4&1&2\\4&1&2&3\end{vmatrix},\ D_n=\begin{vmatrix}a&b&b&\cdots&b\\b&a&b&\cdots&b\\b&b&a&\cdots&b\\\vdots&\vdots&\vdots&&\vdots\\b&b&b&\cdots&a\end{vmatrix}$$

该类型行列式的特点是行列式的每一行(或每一列)的和都相等，故称为“行(列)和相等”行列式。

名师笔记

“行和相等”矩阵在考研试题中出现频率很高，有直接计算其行列式的；有求其特征值、特征向量的；有分析其与其他矩阵相似、合同关系的。

(2003.3)出现行和相等矩阵：

$$\boldsymbol{A}=\begin{bmatrix}a&b&b\\b&a&b\\b&b&a\end{bmatrix}$$

(2004.3)出现行和相等矩阵：

$$\boldsymbol{A}=\begin{bmatrix}1&b&\cdots&b\\b&1&\cdots&b\\\vdots&\vdots&&\vdots\\b&b&\cdots&1\end{bmatrix}$$

(2007.1，2，3)出现行和相等矩阵：

$$\boldsymbol{A}=\begin{bmatrix}2&-1&-1\\-1&2&-1\\-1&-1&2\end{bmatrix}$$

7. “同行(列)同数”行列式

以下行列式称为“同行(列)同数”行列式：

$$D_n = \begin{vmatrix} b_1+a_1 & a_2 & a_3 & \cdots & a_n \\ a_1 & b_2+a_2 & a_3 & \cdots & a_n \\ a_1 & a_2 & b_3+a_3 & \cdots & a_n \\ \vdots & \vdots & \vdots & & \vdots \\ a_1 & a_2 & a_3 & \cdots & b_n+a_n \end{vmatrix}$$

该类行列式的特点是每一行(列)除了个别元素以外，其他元素都相同，故称为“同行(列)同数”行列式。以上行列式的每一列有相同的特点：第1列除了第1个元素外，其余都是 a_1；第2列除了第2个元素外，其余都是 a_2；……第 n 列除了第 n 个元素外，其余都是 a_n。

8. “三对角”行列式

以下行列式称为“三对角”行列式：

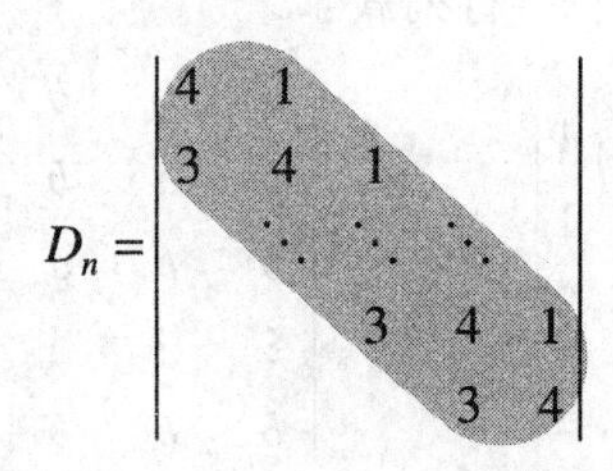

名师笔记

(2008.1，2，3)求三对角行列式：

$$D_n = \begin{bmatrix} 2a & 1 & & & & \\ a^2 & 2a & 1 & & & \\ & a^2 & 2a & 1 & & \\ & & \ddots & \ddots & \ddots & \\ & & & a^2 & 2a & 1 \\ & & & & a^2 & 2a \end{bmatrix}$$

9. “X形”行列式

以下行列式称为“X形”行列式：

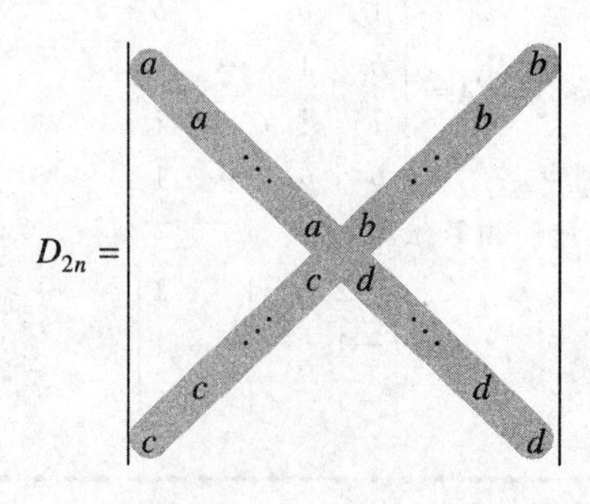

六、克莱姆法则

名师笔记

当方程组中方程的个数与未知数的个数相等时，才可以使用克莱姆法则。

克莱姆法则 若 n 个未知数、n 个方程的非齐次线性方程组

$$\begin{cases} a_{11}x_1 + a_{12}x_2 + \cdots + a_{1n}x_n = b_1 \\ a_{21}x_1 + a_{22}x_2 + \cdots + a_{2n}x_n = b_2 \\ \qquad\qquad\qquad \vdots \\ a_{n1}x_1 + a_{n2}x_2 + \cdots + a_{nn}x_n = b_n \end{cases}$$

的系数行列式

$$D = \begin{vmatrix} a_{11} & a_{12} & \cdots & a_{1n} \\ a_{21} & a_{22} & \cdots & a_{2n} \\ \vdots & \vdots & & \vdots \\ a_{n1} & a_{n2} & \cdots & a_{nn} \end{vmatrix} \neq 0$$

则该方程组有唯一解：

$$x_1 = \frac{D_1}{D},\ x_2 = \frac{D_2}{D},\ \cdots,\ x_n = \frac{D_n}{D}$$

其中，$D_j\ (j=1,\ 2,\ \cdots,\ n)$是把 D 中第 j 列的元素用方程组右端的常数项代替后所得到的 n 阶行列式，即

$$D_j = \begin{vmatrix} a_{11} & \cdots & a_{1\,j-1} & b_1 & a_{1\,j+1} & \cdots & a_{1n} \\ a_{21} & \cdots & a_{2\,j-1} & b_2 & a_{2\,j+1} & \cdots & a_{2n} \\ \vdots & & \vdots & \vdots & \vdots & & \vdots \\ a_{n2} & \cdots & a_{nj-1} & b_n & a_{2\,j+1} & \cdots & a_{nn} \end{vmatrix}$$

第 j 列

名师笔记

克莱姆法则可以求解方程组的唯一解，但更多的时候是用它来判断方程组解的情况。

推论 1.1 若 n 个未知数、n 个方程的齐次线性方程组

$$\begin{cases} a_{11}x_1 + a_{12}x_2 + \cdots + a_{1n}x_n = 0 \\ a_{21}x_1 + a_{22}x_2 + \cdots + a_{2n}x_n = 0 \\ \qquad\qquad\qquad \vdots \\ a_{n1}x_1 + a_{n2}x_2 + \cdots + a_{nn}x_n = 0 \end{cases}$$

的系数行列式 $D\neq0$，则方程组只有零解。

推论 1.2 若 n 个未知数、n 个方程的齐次线性方程组

$$\begin{cases} a_{11}x_1 + a_{12}x_2 + \cdots + a_{1n}x_n = 0 \\ a_{21}x_1 + a_{22}x_2 + \cdots + a_{2n}x_n = 0 \\ \qquad \vdots \\ a_{n1}x_1 + a_{n2}x_2 + \cdots + a_{nn}x_n = 0 \end{cases}$$

有非零解，则系数行列式 $D=0$。

针对 n 个未知数、n 个方程的线性方程组，其解的情况有以下重要结论：

(1) 非齐次线性方程组 $\boldsymbol{Ax}=\boldsymbol{b}$ 有唯一解的充要条件是：$|\boldsymbol{A}|\neq 0$。

(2) 非齐次线性方程组 $\boldsymbol{Ax}=\boldsymbol{b}$ 无解或有无穷多解的充要条件是：$|\boldsymbol{A}|=0$。

(3) 齐次线性方程组 $\boldsymbol{Ax}=\boldsymbol{0}$ 只有零解的充要条件是：$|\boldsymbol{A}|\neq 0$。

(4) 齐次线性方程组 $\boldsymbol{Ax}=\boldsymbol{0}$ 有非零解的充要条件是：$|\boldsymbol{A}|=0$。

名师笔记

$\boldsymbol{Ax}=\boldsymbol{b}$ 解的情况有：唯一解、无穷多解和无解。

零向量一定是 $\boldsymbol{Ax}=\boldsymbol{0}$ 的解，于是 $\boldsymbol{Ax}=\boldsymbol{0}$ 没有无解的情况。$\boldsymbol{Ax}=\boldsymbol{0}$ 有唯一解即只有零解；$\boldsymbol{Ax}=\boldsymbol{0}$ 有无穷多解即有非零解。所以，重要结论(3)和(4)分别是(1)和(2)的特殊情况。

七、行列式与其他章节的关联

名师笔记

行列式的概念遍及线性代数所有的章，考生必须灵活地掌握它在各个章节中的应用。

1. 方阵的行列式

设 $\boldsymbol{A}$、$\boldsymbol{B}$ 都为 n 阶矩阵，k 为数，则有以下公式和结论：

(1) $|k\boldsymbol{A}|=k^n|\boldsymbol{A}|$。

(2) $|\boldsymbol{AB}|=|\boldsymbol{BA}|=|\boldsymbol{A}||\boldsymbol{B}|$。

(3) $|\boldsymbol{A}^k|=|\boldsymbol{A}|^k$。

(4) $|\boldsymbol{A}^{\mathrm{T}}|=|\boldsymbol{A}|$。

(5) $|\boldsymbol{A}^{-1}|=|\boldsymbol{A}|^{-1}$(设矩阵 $\boldsymbol{A}$ 可逆)。

(6) $|\boldsymbol{A}^*|=|\boldsymbol{A}|^{n-1}$($\boldsymbol{A}^*$ 为矩阵 $\boldsymbol{A}$ 的伴随矩阵)。

(7) $\boldsymbol{AA}^*=\boldsymbol{A}^*\boldsymbol{A}=|\boldsymbol{A}|\boldsymbol{E}$($\boldsymbol{A}^*$ 为矩阵 $\boldsymbol{A}$ 的伴随矩阵)。

名师笔记

$\boldsymbol{AA}^*=\boldsymbol{A}^*\boldsymbol{A}=|\boldsymbol{A}|\boldsymbol{E}$ 是一个非常重要的公式，它可以推导出和伴随矩阵 $\boldsymbol{A}^*$ 相关的其他公式。

(8) $|\boldsymbol{A}|=\prod_{i=1}^{n}\lambda_i$ ($\lambda_1,\lambda_2,\cdots,\lambda_n$ 是矩阵 $\boldsymbol{A}$ 的特征值)。

(9) 若 $\boldsymbol{A}$ 与 $\boldsymbol{B}$ 相似，则 $|\boldsymbol{A}|=|\boldsymbol{B}|$。

(10) 特征方程 $|\lambda\boldsymbol{E}-\boldsymbol{A}|=0$ 的解即为矩阵 $\boldsymbol{A}$ 的特征值。

(11) $\boldsymbol{A}$ 是正定的 $\Leftrightarrow\boldsymbol{A}$ 的各阶主子式全大于零(设 $\boldsymbol{A}$ 为对称矩阵)。

2. 矩阵的秩与行列式

$m\times n$ 矩阵 $\boldsymbol{A}$ 的任意 k 行与任意 k 列交叉处的 k^2 个元素构成的 k 阶行列式称为矩阵 $\boldsymbol{A}$ 的 k 阶子式。矩阵 $\boldsymbol{A}$ 的最高阶非零子式的阶数称为矩阵 $\boldsymbol{A}$ 的秩，记为 $r(\boldsymbol{A})$。

设 $\boldsymbol{A}$ 为 $m\times n$ 矩阵，$r\leqslant m$，$r\leqslant n$，关于矩阵秩和行列式相关的命题有：

(1) $r(\boldsymbol{A}_{m\times n})=r\Leftrightarrow\boldsymbol{A}$ 中有一个 r 阶非零子式，所有 $r+1$ 阶子式必为零。

(2) $r(\boldsymbol{A}_{m\times n})<r\Leftrightarrow\boldsymbol{A}$ 中所有 r 阶子式必为零。

(3) $r(\boldsymbol{A}_n)=n\Leftrightarrow|\boldsymbol{A}|\neq0$。

(4) $r(\boldsymbol{A}_n)<n\Leftrightarrow|\boldsymbol{A}|=0$。

(5) $r(\boldsymbol{A}_n)<n-1\Leftrightarrow\boldsymbol{A}$ 中所有 $n-1$ 阶子式必为零 $\Leftrightarrow\boldsymbol{A}^*=\boldsymbol{O}$($\boldsymbol{A}^*$ 为矩阵 $\boldsymbol{A}$ 的伴随矩阵)。

名师笔记

伴随矩阵 $\boldsymbol{A}^*$ 的元素都是矩阵 $\boldsymbol{A}$ 的代数余子式，而 $\boldsymbol{A}$ 的余子式即为矩阵 $\boldsymbol{A}$ 的 $n-1$ 阶子式。

3. 与 $|\boldsymbol{A}|=0$ 或 $|\boldsymbol{A}|\neq0$ 或相关的命题

线性代数各章知识点都与行列式的概念相关联，设矩阵 $\boldsymbol{A}$ 为 n 阶实矩阵，以下是与 $|\boldsymbol{A}|=0$ 或 $|\boldsymbol{A}|\neq0$ 概念相关的重要命题：

(1) $|\boldsymbol{A}|\neq0\Leftrightarrow\boldsymbol{A}$ 可逆；
$|\boldsymbol{A}|=0\Leftrightarrow\boldsymbol{A}$ 不可逆。

(2) $|\boldsymbol{A}|\neq0\Leftrightarrow\boldsymbol{A}$ 满秩($r(\boldsymbol{A})=n$)；
$|\boldsymbol{A}|=0\Leftrightarrow\boldsymbol{A}$ 降秩($r(\boldsymbol{A})<n$)。

(3) $|\boldsymbol{A}|\neq0\Leftrightarrow\boldsymbol{A}$ 的列(行)向量组线性无关；
$|\boldsymbol{A}|=0\Leftrightarrow\boldsymbol{A}$ 的列(行)向量组线性相关。

(4) $|\boldsymbol{A}|\neq0\Leftrightarrow\boldsymbol{Ax}=\boldsymbol{b}$ 有唯一解；
$|\boldsymbol{A}|=0\Leftrightarrow\boldsymbol{Ax}=\boldsymbol{b}$ 有无穷多解或无解。

(5) $|\boldsymbol{A}|\neq0\Leftrightarrow\boldsymbol{Ax}=\boldsymbol{0}$ 只有零解；
$|\boldsymbol{A}|=0\Leftrightarrow\boldsymbol{Ax}=\boldsymbol{0}$ 有非零解。

(6) $|\boldsymbol{A}|\neq0\Leftrightarrow\boldsymbol{A}$ 与 $\boldsymbol{E}$ 等价。

(7) $|\boldsymbol{A}|\neq0\Leftrightarrow\boldsymbol{A}$ 可以写成若干初等方阵的乘积。

(8) $|\boldsymbol{A}|\neq0\Rightarrow r(\boldsymbol{AB})=r(\boldsymbol{B})$。

(9) $|\boldsymbol{A}|\neq0\Rightarrow r(\boldsymbol{CA})=r(\boldsymbol{C})$。

(10) $|\boldsymbol{A}|\neq0\Leftrightarrow\boldsymbol{A}$ 的列向量组是 n 维实向量空间 $\mathbf{R}^n$ 的一组基。

(11) $|\boldsymbol{A}|\neq0\Leftrightarrow\boldsymbol{A}$ 的所有特征值都不为零；
$|\boldsymbol{A}|=0\Leftrightarrow\boldsymbol{O}$ 一定是 $\boldsymbol{A}$ 的特征值。

(12) $|\boldsymbol{A}|\neq 0 \Leftrightarrow \boldsymbol{A}^{\mathrm{T}}\boldsymbol{A}$ 是正定矩阵。

1.2 题 型 分 析

题型 1 具体行列式的计算

关于具体行列式的计算方法，大体上可以分为：

(1) **定义法**：根据行列式定义直接得到行列式的值。该方法常常适用于具有很多零元素的行列式。

(2) **化三角行列式法**：利用行列式的性质，把行列式化为上(下)三角行列式。

(3) **展开法**：可以把一个 n 阶行列式展开成 n 个 $n-1$ 阶行列式。当行列式的某行(列)有很多零元素时，该方法就比较适用。

(4) **加边法**：针对某些特殊结构的行列式，可以把 n 阶行列式转化为 $n+1$ 阶行列式，再利用行列式性质对行列式进行化简。该方法适用于行和相等行列式、同行(列)同数行列式等。

(5) **公式法**：利用特殊行列式的基本公式来计算行列式的值。

(6) **递推法**：利用行列式的性质及展开定理，建立 n 阶行列式 D_n 与同样结构的 $n-1$ 阶行列式 D_{n-1}(或 $n-2$ 阶行列式 D_{n-2})之间的递推关系，找到递推公式，最终求出 n 阶行列式的值。

(7) **数学归纳法**：当已知一个 n 阶行列式的结果时，往往可以用数学归纳法来证明。

在具体求解一个行列式时，往往要分析行列式中元素间的特点，要充分利用这些特点，选择适当的方法计算行列式。

例 1.1 计算 4 阶行列式

$$\begin{vmatrix} 0 & 0 & 7 & 0 \\ 0 & 6 & 0 & 0 \\ 11 & 0 & 0 & 0 \\ 0 & 0 & 0 & 20 \end{vmatrix}$$

名师笔记

例 1.1 介绍了两个不同的解题方法，但并不提倡考生在“一题多解”上下功夫，考生更应该重视“一法解多题”。最关键的是在最短时间内得到正确的答案。

解题思路一 行列式中有大量的零元素，可以考虑用行列式定义直接求解。

解题思路二 分析行列式中元素的特点，可以发现该行列式属于分块对角行列式。

解 方法一：根据行列式定义知，4 阶行列式由 4! 项组成，其中每一项都是 4 个元素的乘积，而该行列式总共只有 4 个非零元素，这 4 个元素刚好满足“不同行不同列”的条件，其中元素 7、6、11、20 的列标排列为 3214，该排列的逆序数为 3，则行列式值为

$$(-1)^3\times 7\times 6\times 11\times 20=-9240$$

方法二：根据分块对角行列式公式有

$$\begin{vmatrix} 0 & 0 & 7 & 0 \\ 0 & 6 & 0 & 0 \\ 11 & 0 & 0 & 0 \\ 0 & 0 & 0 & 20 \end{vmatrix} = \begin{vmatrix} 0 & 0 & 7 \\ 0 & 6 & 0 \\ 11 & 0 & 0 \end{vmatrix} \times 20 = -9240$$

评注 该类行列式为“一杠一星”行列式，它的结果即为行列式中所有非零元素的乘积，其取正、负要根据这些元素的位置确定。

例 1.2 计算 n 阶行列式 $D_n = \begin{vmatrix} a & b & & & \\ & a & b & & \\ & & a & \ddots & \\ & & & \ddots & b \\ b & & & & a \end{vmatrix}$。

解题思路 该行列式中的零仍然较多，自然联想到两种方法：定义法和展开法。

解 方法一：根据行列式定义可以分析出，在行列式 D_n 的 $n!$ 项中，只有两项为非零，一项是 a^n；另一项是 b^n。其中，a^n 的符号为正，b^n 的符号为

$$(-1)^{\tau(23\cdots n1)} = (-1)^{n-1}$$

答案为 $a^n + (-1)^{n-1} b^n$。

方法二：根据行列式的展开定理，有

$$D_n = \begin{vmatrix} a & b & & & \\ & a & b & & \\ & & a & \ddots & \\ & & & \ddots & b \\ b & & & & a \end{vmatrix}$$

$$\xlongequal{\text{按第 1 列展开}} a \begin{vmatrix} a & b & & \\ & a & \ddots & \\ & & \ddots & b \\ & & & a \end{vmatrix} + (-1)^{n+1} b \begin{vmatrix} b & & & \\ a & b & & \\ & \ddots & \ddots & \\ & & a & b \end{vmatrix}$$

$$= a^n + (-1)^{n+1} b^n$$

以上两种方法得到的答案虽然在形式上有所差异，但实质上是相同的。

评注 该类行列称为“两杠一星”行列式，它的计算结果只有两项，其中一项是对角线（或副对角线）元素的乘积；另一项是对角线元素之外 n 个非零元素的乘积。这些项的正、负要根据这些元素的位置确定。

名师笔记

“两杠一星”行列式在考研试题中出现的频率较高，考生不仅要掌握计算方法，而且要记住其计算结果。该类行列式常常应用在向量组线性相关性的判断中。

例如，n 阶矩阵

$$A_n=\begin{bmatrix}1 & 1 & & & \\ & 1 & 1 & & \\ & & \ddots & \ddots & \\ & & & 1 & 1 \\ 1 & & & & 1\end{bmatrix}$$

当 n 为奇数时，$|\mathbf{A}|\neq 0$；当 n 为偶数时，$|\mathbf{A}|=0$。

例如(2012.1，2，3)已知

$$\mathbf{A}=\begin{bmatrix}1 & a & 0 & 0\\ 0 & 1 & a & 0\\ 0 & 0 & 1 & a\\ a & 0 & 0 & 1\end{bmatrix}$$

则有

$$|\mathbf{A}|=1^4+(-1)^3a^4=1-a^4$$

例 1.3 已知 $\prod_{i=2}^{n} a_i\neq 0$，计算 n 阶行列式 $D=\begin{vmatrix}a_1 & b & b & \cdots & b\\ b & a_2 & & & \\ b & & a_3 & & \\ \vdots & & & \ddots & \\ b & & & & a_n\end{vmatrix}$。

解题思路 根据行列式的倍加不变性质，利用主对角线元素 a_2，a_3，…，a_n 把第一列的所有元素 b 都消为零，从而把原行列式化简为上三角行列式。

解

$$D=\begin{vmatrix}a_1 & b & b & \cdots & b\\ b & a_2 & & & \\ b & & a_3 & & \\ \vdots & & & \ddots & \\ b & & & & a_n\end{vmatrix}\xlongequal[i=2,\cdots,n]{c_1-\frac{b}{a_i}c_i}\begin{vmatrix}a_1-\sum_{i=2}^{n}\frac{b^2}{a_i} & b & b & \cdots & b\\ & a_2 & & & \\ & & a_3 & & \\ & & & \ddots & \\ & & & & a_n\end{vmatrix}$$

$$=\left(a_1-\sum_{i=2}^{n}\frac{b^2}{a_i}\right)\prod_{i=2}^{n}a_i$$

评注 该类行列称为“爪形”行列式，其求解方法是利用主(副)对角线元素消去非零列(行)的 $n-1$ 个元素，最后化简为三角行列式。

例 1.4 已知 $\prod_{i=2}^{n} a_i\neq 0$，计算 n 阶行列式 $D=\begin{vmatrix}a_1 & b & b & \cdots & b\\ b & & & & a_2\\ b & & & a_3 & \\ \vdots & & \iddots & & \\ b & a_n & & & \end{vmatrix}$。

解题思路 根据行列式的倍加不变性质，利用元素 a_2，a_3，…，a_n 把行列式第一列的第 2，3，…，n 元素都消为零，从而把原行列式化简为分块上三角行列式。

解

$$D=\begin{vmatrix} a_1 & b & b & \cdots & b \\ b & & & & a_2 \\ b & & & a_3 & \\ \vdots & & \iddots & & \\ b & a_n & & & \end{vmatrix} \xlongequal[i=2,\cdots,n]{c_1-\frac{b}{a_i}c_{n+2-i}} \begin{vmatrix} a_1-\sum\limits_{i=2}^{n}\frac{b^2}{u_i} & b & b & \cdots & b \\ 0 & & & & a_2 \\ 0 & & & a_3 & \\ \vdots & & \iddots & & \\ 0 & a_n & & & \end{vmatrix}$$

$$=\left(a_1-\sum_{i=2}^{n}\frac{b^2}{a_i}\right)\begin{vmatrix} & & a_2 \\ & a_3 & \\ \iddots & & \\ a_n & & \end{vmatrix}=(-1)^{\frac{(n-1)(n-2)}{2}}\left(a_1-\sum_{i=2}^{n}\frac{b^2}{a_i}\right)\prod_{i=2}^{n}a_i$$

评注 该类行列式称为"弓形"行列式，是"爪形"行列式的变形，其求解方法和"爪形"行列式的求解方法类似。

> **名师笔记**
>
> 行列式的种类繁多，很多行列式经过若干次初等变化后，就可以变为特殊类型的行列式，从而进一步求解。

例 1.5 计算 $n+1$ 阶行列式 $D=\begin{vmatrix} -a_1 & a_1 & & & & \\ & -a_2 & a_2 & & & \\ & & -a_3 & \ddots & & \\ & & & \ddots & a_{n-1} & \\ & & & & -a_n & a_n \\ 1 & 1 & 1 & \cdots & 1 & 1 \end{vmatrix}$。

解题思路 根据行列式的倍加不变性质，利用主对角线元素 $-a_1$，$-a_2$，…，$-a_n$ 把与主对角线平行位置的元素 a_1，a_2，…，a_n 都消为零，从而把原行列式化简为下三角行列式。同理，也可以利用与主对角线平行位置的元素 a_1，a_2，…，a_n 把主对角线元素 $-a_1$，$-a_2$，…，$-a_n$ 化为零。

解 方法一：

$$D=\begin{vmatrix} -a_1 & a_1 & & & & \\ & -a_2 & a_2 & & & \\ & & -a_3 & \ddots & & \\ & & & \ddots & a_{n-1} & \\ & & & & -a_n & a_n \\ 1 & 1 & 1 & \cdots & 1 & 1 \end{vmatrix} \xlongequal[i=1,2,\cdots,n]{c_{i+1}+c_i} \begin{vmatrix} -a_1 & & & & & \\ & -a_2 & & & & \\ & & -a_3 & & & \\ & & & \ddots & & \\ & & & & -a_n & \\ 1 & 2 & 3 & \cdots & n & n+1 \end{vmatrix}$$

$$=(-1)^n(n+1)\prod_{i=1}^{n}a_i$$

方法二：

$$D=\begin{vmatrix} -a_1 & a_1 & & & & \\ & -a_2 & a_2 & & & \\ & & -a_3 & \ddots & & \\ & & & \ddots & a_{n-1} & \\ & & & & -a_n & a_n \\ 1 & 1 & 1 & \cdots & 1 & 1 \end{vmatrix} \xlongequal[i=n,n-1,\cdots,1]{c_i+c_{i+1}} \begin{vmatrix} & a_1 & & & & \\ & & a_2 & & & \\ & & & \ddots & & \\ & & & & a_{n-1} & \\ & & & & & a_n \\ n+1 & n & n-1 & \cdots & 2 & 1 \end{vmatrix}$$

$$=(-1)^n(n+1)\prod_{i=1}^{n}a_i$$

评注 该类行列式称为“类爪形”行列式，可以利用“**逐行(列)相加**”技巧进行求解。方法一是将前1列加到后1列，从第1列开始，一直到第n列为止；方法二是将后1列加到前1列，从第$n+1$列开始，一直到第2列为止。利用“**逐行(列)相加**”技巧时，考生一定要注意逐行相加的空间方向，还要注意逐行相加的时间次序。

例1.6 已知n阶矩阵$\boldsymbol{A}=\begin{bmatrix} a & b & b & \cdots & b \\ b & a & b & \cdots & b \\ b & b & a & \cdots & b \\ \vdots & \vdots & \vdots & & \vdots \\ b & b & b & \cdots & a \end{bmatrix}$，求行列式$|\boldsymbol{A}|$。

解题思路一 行列式的每一列之和都为$[(n-1)b+a]$，故把所有行都加到第1行中，即可把公因式$[(n-1)b+a]$提到行列式符号之外，再利用元素全为1的第1行对其他行进行化简。

解题思路二 矩阵$\boldsymbol{A}$主对角线全是a，其余元素全是b，容易得到特征方程$|\lambda\boldsymbol{E}-\boldsymbol{A}|=0$的解。

解 方法一：

$$|\boldsymbol{A}|=\begin{vmatrix} a & b & b & \cdots & b \\ b & a & b & \cdots & b \\ b & b & a & \cdots & b \\ \vdots & \vdots & \vdots & & \vdots \\ b & b & b & \cdots & a \end{vmatrix} \xlongequal[i=2,\cdots,n]{r_1+r_i} [(n-1)b+a]\begin{vmatrix} 1 & 1 & 1 & \cdots & 1 \\ b & a & b & \cdots & b \\ b & b & a & \cdots & b \\ \vdots & \vdots & \vdots & & \vdots \\ b & b & b & \cdots & a \end{vmatrix}$$

$$\xlongequal[i=2,\cdots,n]{r_i-br_1}[(n-1)b+a]\begin{vmatrix} 1 & 1 & 1 & \cdots & 1 \\ 0 & a-b & 0 & \cdots & 0 \\ 0 & 0 & a-b & \cdots & 0 \\ \vdots & \vdots & \vdots & & \vdots \\ 0 & 0 & 0 & \cdots & a-b \end{vmatrix}$$

$$=[(n-1)b+a](a-b)^{n-1}$$

方法二：分析矩阵$\boldsymbol{A}$元素的特点，显然有

$$|(a-b)\boldsymbol{E}-\boldsymbol{A}|=0$$

则$a-b$是矩阵$\boldsymbol{A}$的特征值，且$r[(a-b)\boldsymbol{E}-\boldsymbol{A}]=1$，故方程组$[(a-b)\boldsymbol{E}-\boldsymbol{A}]\boldsymbol{x}=\boldsymbol{0}$有$n-1$

个线性无关的解向量，即矩阵 $\boldsymbol{A}$ 属于特征值 $a-b$ 的线性无关的特征向量有 $n-1$ 个。又由于矩阵 $\boldsymbol{A}$ 为实对称矩阵，则其特征值的代数重数和几何重数相同，因此 $a-b$ 是矩阵 $\boldsymbol{A}$ 的 $n-1$ 重特征值。根据公式

$$\sum_{i=1}^{n}\lambda_i = \mathrm{tr}(\boldsymbol{A})$$

则有

$$\lambda_n = \mathrm{tr}(\boldsymbol{A}) - \sum_{i=1}^{n-1}\lambda_i = na-(n-1)(a-b) = a+(n-1)b$$

又根据公式

$$|\boldsymbol{A}| = \prod_{i=1}^{n}\lambda_i$$

最后得到

$$|\boldsymbol{A}| = [a+(n-1)b](a-b)^{n-1}$$

评注　该类行列式称为“行(列)和相等”行列式，它的特点是每一行(或每一列)的和都相等。该行列式的解法很多，考生能熟练掌握一种就可以了。

名师笔记

行(列)和相等矩阵在考研试题中出现的频率很高。

例 1.6 中的矩阵常常出现在与特征值、特征向量及二次型相关的题目中。

例如，(1997.4)已知 n 阶矩阵

$$\boldsymbol{A}=\begin{bmatrix} 0 & 1 & 1 & \cdots & 1 \\ 1 & 0 & 1 & \cdots & 1 \\ 1 & 1 & 0 & \cdots & 1 \\ \vdots & \vdots & \vdots & & \vdots \\ 1 & 1 & 1 & \cdots & 0 \end{bmatrix}$$

则 $|\boldsymbol{A}|=$______。

若考生能熟练掌握例 1.6 行(列)和相等行列式的结论，则可以直接写出答案：

$$|\boldsymbol{A}|=(-1)^{n-1}(n-1)$$

例 1.7　已知 $\prod_{i=1}^{n} b_i \neq 0$，计算 n 阶行列式

$$D_n = \begin{vmatrix} b_1+a_1 & a_2 & a_3 & \cdots & a_n \\ a_1 & b_2+a_2 & a_3 & \cdots & a_n \\ a_1 & a_2 & b_3+a_3 & \cdots & a_n \\ \vdots & \vdots & \vdots & & \vdots \\ a_1 & a_2 & a_3 & \cdots & b_n+a_n \end{vmatrix}。$$

解题思路　该行列式的每一列有相同的特点：第 1 列除了第 1 个元素外，全是 a_1；第 2 列除了第 2 个元素外，全是 a_2；……第 n 列除了第 n 个元素外，全是 a_n，故考虑用加边法来化简行列式。

解

$$D_n \xlongequal{\text{加边，变为 } n+1 \text{ 阶行列式}} \begin{vmatrix} 1 & a_1 & a_2 & a_3 & \cdots & a_n \\ 0 & b_1+a_1 & a_2 & a_3 & \cdots & a_n \\ 0 & a_1 & b_2+a_2 & a_3 & \cdots & a_n \\ 0 & a_1 & a_2 & b_3+a_3 & \cdots & a_n \\ \vdots & \vdots & \vdots & \vdots & & \vdots \\ 0 & a_1 & a_2 & a_3 & \cdots & b_n+a_n \end{vmatrix}$$

$$\xlongequal[i=2,3,\cdots,n,n+1]{r_i-r_1} \begin{vmatrix} 1 & a_1 & a_2 & a_3 & \cdots & a_n \\ -1 & b_1 & & & & \\ -1 & & b_2 & & & \\ -1 & & & b_3 & & \\ \vdots & & & & \ddots & \\ -1 & & & & & b_n \end{vmatrix}$$

$$\xlongequal[i=2,3,\cdots,n+1]{c_1+c_i\frac{1}{b_{i-1}}} \begin{vmatrix} 1+\sum\limits_{i=1}^{n}\frac{a_i}{b_i} & a_1 & a_2 & a_3 & \cdots & a_n \\ & b_1 & & & & \\ & & b_2 & & & \\ & & & b_3 & & \\ & & & & \ddots & \\ & & & & & b_n \end{vmatrix} = \left(1+\sum_{i=1}^{n}\frac{a_i}{b_i}\right)\prod_{i=1}^{n}b_i$$

评注　该类行列式为“同行(列)同数”行列式，它的特点是每一行(列)除了个别元素以外，其他元素都相同。可以用加边法先将它化简为爪形行列式，再进一步化为上三角行列式。

例 1.8　(2008.1，2，3)已知 n 阶矩阵 $\mathbf{A}=\begin{bmatrix} 2a & 1 & & & & \\ a^2 & 2a & 1 & & & \\ & a^2 & 2a & 1 & & \\ & & \ddots & \ddots & \ddots & \\ & & & a^2 & 2a & 1 \\ & & & & a^2 & 2a \end{bmatrix}$，证明行列式 $|\mathbf{A}|=(n+1)a^n$。

解题思路　n 阶行列式的第 1 列(行)只有两个非零元素，则可以考虑按第 1 列(行)展开行列式。

解　用数学归纳法证明。

当 $n=1$ 时，$D_1=2a$，命题成立；

当 $n=2$ 时，$D_2=\begin{vmatrix} 2a & 1 \\ a^2 & 2a \end{vmatrix}=3a^2$，命题正确。

设 $n<k$ 时，命题正确。

当 $n=k$ 时，有

$$D_k=\begin{vmatrix} 2a & 1 & & & \\ a^2 & 2a & 1 & & \\ & a^2 & 2a & \ddots & \\ & & \ddots & \ddots & 1 \\ & & & a^2 & 2a \end{vmatrix}_k$$

$$\xlongequal{\text{按第 1 列展开}} 2a\begin{vmatrix} 2a & 1 & & & \\ a^2 & 2a & 1 & & \\ & a^2 & 2a & \ddots & \\ & & \ddots & \ddots & 1 \\ & & & a^2 & 2a \end{vmatrix}_{k-1}$$

$$+a^2(-1)^{2+1}\begin{vmatrix} 1 & 0 & & & \\ a^2 & 2a & 1 & & \\ & a^2 & 2a & \ddots & \\ & & \ddots & \ddots & 1 \\ & & & a^2 & 2a \end{vmatrix}_{k-1}$$

$$=2aD_{k-1}-a^2D_{k-2}$$
$$=2a(k-1+1)a^{k-1}-a^2(k-2+1)a^{k-2}$$
$$=(k+1)a^k$$

故命题正确。

评注　该类行列式为三对角行列式，一般可以用数学归纳法证明或用递推法进行求解。

名师笔记

关于三对角行列式，有以下结论。设

$$\boldsymbol{A}_n=\begin{bmatrix} a+b & a & & & \\ b & a+b & a & & \\ & \ddots & \ddots & \ddots & \\ & & b & a+b & a \\ & & & b & a+b \end{bmatrix}$$

$$\boldsymbol{B}_n=\begin{bmatrix} a+b & 1 & & & \\ ab & a+b & 1 & & \\ & \ddots & \ddots & \ddots & \\ & & ab & a+b & 1 \\ & & & ab & a+b \end{bmatrix}$$

则

$$|\boldsymbol{A}_n|=|\boldsymbol{B}_n|=\begin{cases} (n+1)a^n & (a=b) \\ \dfrac{a^{n+1}-b^{n+1}}{a-b} & (a\neq b) \end{cases}$$

例 1.9 计算 $2n$ 阶行列式 $D_{2n}=\begin{vmatrix} a &&&&&& b \\ & a &&&& b & \\ && \ddots && \iddots && \\ &&& a \quad b &&& \\ &&& c \quad d &&& \\ && \iddots && \ddots && \\ & c &&&& d & \\ c &&&&&& d \end{vmatrix}$。

解题思路 行列式的第1行只有两个非零元素，则可以考虑按第1行展开行列式。

解

$$D_{2n}\xlongequal{\text{按第 1 行展开}}a\begin{vmatrix} a &&&& b & 0 \\ & \ddots && \iddots && \\ && a \quad b &&& \\ && c \quad d &&& \\ & \iddots && \ddots && \\ c &&&& d & \\ 0 &&&&& d \end{vmatrix}+(-1)^{2n+1}b\begin{vmatrix} 0 & a &&&& b \\ && \ddots && \iddots & \\ &&& a \quad b && \\ &&& c \quad d && \\ && \iddots && \ddots & \\ & c &&&& d \\ c &&&&& 0 \end{vmatrix}$$

$$=ad\begin{vmatrix} a &&&& b \\ & \ddots && \iddots & \\ && a \quad b && \\ && c \quad d && \\ & \iddots && \ddots & \\ d &&&& d \end{vmatrix}-(-1)^{(2n-1)+1}bc\begin{vmatrix} a &&&& b \\ & \ddots && \iddots & \\ && a \quad b && \\ && c \quad d && \\ & \iddots && \ddots & \\ d &&&& d \end{vmatrix}$$

$$=(ad-bc)D_{2n-2}$$

于是有

$$D_{2n}=(ad-bc)D_{2(n-1)}=(ad-bc)^2D_{2(n-2)}=\cdots$$
$$=(ad-bc)^{n-1}D_2=(ad-bc)^n$$

评注 该类行列式为X形行列式，可以把它按第1行(列)展开，从而得到递推公式。

名师笔记

针对一般的X形行列式，有以下通用公式：

$$\begin{vmatrix} a_1 &&&& b_1 \\ & \ddots && \iddots & \\ && a_n \quad b_n && \\ && c_1 \quad d_1 && \\ & \iddots && \ddots & \\ c_n &&&& d_n \end{vmatrix}=(a_1d_n-b_1c_n)(a_2d_{n-1}-b_2c_{n-1})\cdots(a_nd_1-b_nc_1)$$

例 1.10 (1996.1，2)4 阶行列式 $\begin{vmatrix} a_1 & 0 & 0 & b_1 \\ 0 & a_2 & b_2 & 0 \\ 0 & b_3 & a_3 & 0 \\ b_4 & 0 & 0 & a_4 \end{vmatrix}$ 的值等于______。

(A) $a_1a_2a_3a_4-b_1b_2b_3b_4$ (B) $a_1a_2a_3a_4+b_1b_2b_3b_4$

(C) $(a_1a_2-b_1b_2)(a_3a_4-b_3b_4)$ (D) $(a_2a_3-b_2b_3)(a_1a_4-b_1b_4)$

解题思路 把行列式中的零元素移到行列式的一角，从而将其化简成一个分块对角行列式，进而得到答案。

解 先交换行列式的第 2、4 两行，再交换第 2、4 两列，则有

$$\begin{vmatrix} a_1 & 0 & 0 & b_1 \\ 0 & a_2 & b_2 & 0 \\ 0 & b_3 & a_3 & 0 \\ b_4 & 0 & 0 & a_4 \end{vmatrix} \xlongequal{r_2 \leftrightarrow r_4} -\begin{vmatrix} a_1 & 0 & 0 & b_1 \\ b_4 & 0 & 0 & a_4 \\ 0 & b_3 & a_3 & 0 \\ 0 & a_2 & b_2 & 0 \end{vmatrix} \xlongequal{c_2 \leftrightarrow c_4} \begin{vmatrix} a_1 & b_1 & 0 & 0 \\ b_4 & a_4 & 0 & 0 \\ 0 & 0 & a_3 & b_3 \\ 0 & 0 & b_2 & a_2 \end{vmatrix}$$

$$=(a_1a_4-b_1b_4)(a_2a_3-b_2b_3)$$

答案为(D)。

评注 针对高阶和低阶同类型的行列式，其解题方法并不一定相同，此题的解法较多。

名师笔记

例 1.10 可以应用 X 形行列式的通用公式，直接选择答案。

例 1.11 设行列式 $D=\begin{vmatrix} 1 & 2 & 3 & 4x \\ -2 & x & 5 & 6 \\ 3 & 2 & 2x & 3x \\ -3x & -6 & 5 & 8 \end{vmatrix}$，$D$ 的 x^4 的系数是____。

解题思路 分析行列式中含有 x 项的位置，根据行列式的定义求出答案。

解 分析行列式 D 的 4 行中，第 1、2、4 行只有 1 个元素是含有 x，分别是：$a_{14}=4x$，$a_{22}=x$，$a_{41}=-3x$，所以要得到 x^4 项，这 3 个元素必须参与运算，而这 3 个元素分别处在第 4、2、1 列，虽然第 3 行有两个元素含有 x，但第 4 列已经被占，则只能取第 3 列元素 $a_{33}=2x$。把它们的行标按标准次序排列，即有 $a_{14}a_{22}a_{33}a_{41}$，其列下标排列 4231 为奇排列，则 x^4 的系数是 $-[4\times1\times2\times(-3)]=24$。

评注 本题考查了行列式的定义。4 阶行列式是 4! 项的代数和，其中每一项是 4 个元素的乘积，这 4 个元素要满足不同行不同列。每一项的正和负由元素行和列的位置决定。利用行列式的定义往往可以巧妙地求解一些特殊的题目。

名师笔记

考生可以进一步利用行列式定义来分析例 1.10 中行列式关于 x^3 的系数。

例 1.12 行列式

$$\begin{vmatrix} a^3 & b^3 & c^3 & d^3 \\ a^2 & b^2 & c^2 & d^2 \\ a & b & c & d \\ b+c+d & a+c+d & a+b+d & a+b+c \end{vmatrix} = \underline{\qquad\qquad}。$$

解题思路 行列式的同一列(行)中有相同变量，且不同行(列)有不同次幂，往往联想到范德蒙行列式。

解

$$\begin{vmatrix} a^3 & b^3 & c^3 & d^3 \\ a^2 & b^2 & c^2 & d^2 \\ a & b & c & d \\ b+c+d & a+c+d & a+b+d & a+b+c \end{vmatrix}$$

$$\xlongequal{r_4+r_3} (a+b+c+d)\begin{vmatrix} a^3 & b^3 & c^3 & d^3 \\ a^2 & b^2 & c^2 & d^2 \\ a & b & c & d \\ 1 & 1 & 1 & 1 \end{vmatrix}$$

$$\xlongequal{\text{经过 }1+2+3\text{ 次相邻行交换}} (-1)^6(a+b+c+d)\begin{vmatrix} 1 & 1 & 1 & 1 \\ a & b & c & d \\ a^2 & b^2 & c^2 & d^2 \\ a^3 & b^3 & c^3 & d^3 \end{vmatrix}$$

$$=(a+b+c+d)(d-a)(d-b)(d-c)(c-a)(c-b)(b-a)$$

评注 范德蒙行列式是一个非常重要的行列式，其元素结构和计算结果应该熟记。

名师笔记

考生要熟悉并掌握范德蒙行列式的结构和计算结果。

范德蒙行列式中的第 2 行(列)元素是写出行列式结果的关键。

例 1.13 已知 $abcd=1$，证明

$$\begin{vmatrix} a^2+\frac{1}{a^2} & b^2+\frac{1}{b^2} & c^2+\frac{1}{c^2} & d^2+\frac{1}{d^2} \\ a & b & c & d \\ \frac{1}{a} & \frac{1}{b} & \frac{1}{c} & \frac{1}{d} \\ 1 & 1 & 1 & 1 \end{vmatrix} = 0$$

解题思路 行列式的每一列有相同的变量，而第 1 行含有 x^2 和 $\frac{1}{x^2}$ 两项，这就联想到行列式的拆分拆行性质，把行列式的第 1 行拆分。

证明

$$左边=\begin{vmatrix} a^2+\frac{1}{a^2} & b^2+\frac{1}{b^2} & c^2+\frac{1}{c^2} & d^2+\frac{1}{d^2} \\ a & b & c & d \\ \frac{1}{a} & \frac{1}{b} & \frac{1}{c} & \frac{1}{d} \\ 1 & 1 & 1 & 1 \end{vmatrix}$$

$$\xlongequal{按r_1拆分}\begin{vmatrix} a^2 & b^2 & c^2 & d^2 \\ a & b & c & d \\ \frac{1}{a} & \frac{1}{b} & \frac{1}{c} & \frac{1}{d} \\ 1 & 1 & 1 & 1 \end{vmatrix}+\begin{vmatrix} \frac{1}{a^2} & \frac{1}{b^2} & \frac{1}{c^2} & \frac{1}{d^2} \\ a & b & c & d \\ \frac{1}{a} & \frac{1}{b} & \frac{1}{c} & \frac{1}{d} \\ 1 & 1 & 1 & 1 \end{vmatrix}=D_1+D_2$$

其中前一个行列式 D_1 为

$$D_1=\begin{vmatrix} a^2 & b^2 & c^2 & d^2 \\ a & b & c & d \\ \frac{1}{a} & \frac{1}{b} & \frac{1}{c} & \frac{1}{d} \\ 1 & 1 & 1 & 1 \end{vmatrix}\xlongequal[c_3/c,\ c_4/d]{c_1/a,\ c_2/b}abcd\begin{vmatrix} a & b & c & d \\ 1 & 1 & 1 & 1 \\ \frac{1}{a^2} & \frac{1}{b^2} & \frac{1}{c^2} & \frac{1}{d^2} \\ \frac{1}{a} & \frac{1}{b} & \frac{1}{c} & \frac{1}{d} \end{vmatrix}\xlongequal[r_3\leftrightarrow r_4]{r_1\leftrightarrow r_2}\begin{vmatrix} 1 & 1 & 1 & 1 \\ a & b & c & d \\ \frac{1}{a} & \frac{1}{b} & \frac{1}{c} & \frac{1}{d} \\ \frac{1}{a^2} & \frac{1}{b^2} & \frac{1}{c^2} & \frac{1}{d^2} \end{vmatrix}$$

$$\xlongequal{r_1\leftrightarrow r_4}-\begin{vmatrix} \frac{1}{a^2} & \frac{1}{b^2} & \frac{1}{c^2} & \frac{1}{d^2} \\ a & b & c & d \\ \frac{1}{a} & \frac{1}{b} & \frac{1}{c} & \frac{1}{d} \\ 1 & 1 & 1 & 1 \end{vmatrix}=-D_2$$

则左边$=D_1+D_2=0$。证毕。

评注 行列式的拆分拆行性质是证明此题的关键，根据已知条件 $abcd=1$，可以联想到要在行列式中提取 a、b、c 和 d。善于观察，分析已知条件，也是解题的技巧之一。

名师笔记

若行列式的某行(列)明显可以拆成两部分，常常要应用行列式的“拆分拆行”性质。

例如，行列式

$$\begin{vmatrix} ax+by & ay+bz & az+bx \\ ay+bz & az+bx & ax+by \\ az+bx & ax+by & ay+bz \end{vmatrix}$$

可以按拆分拆行性质分成 8 个元素不含加号的 3 阶行列式之和。

例 1.14 (1999.2) 记行列式 $\begin{vmatrix} x-2 & x-1 & x-2 & x-3 \\ 2x-2 & 2x-1 & 2x-2 & 2x-3 \\ 3x-3 & 3x-2 & 4x-5 & 3x-5 \\ 4x & 4x-3 & 5x-7 & 4x-3 \end{vmatrix}$ 为 $f(x)$，则方程 $f(x)=0$

的根的个数为[　　]。

(A) 1　　　(B) 2　　　(C) 3　　　(D) 4

解题思路　讨论方程 $f(x)=0$ 根的个数(复数域范围)，即是讨论多项式 $f(x)$ 的次数。

解

$$\begin{vmatrix} x-2 & x-1 & x-2 & x-3 \\ 2x-2 & 2x-1 & 2x-2 & 2x-3 \\ 3x-3 & 3x-2 & 4x-5 & 3x-5 \\ 4x & 4x-3 & 5x-7 & 4x-3 \end{vmatrix} \xlongequal[i=2,3,4]{c_i-c_1} \begin{vmatrix} x-2 & 1 & 0 & -1 \\ 2x-2 & 1 & 0 & -1 \\ 3x-3 & 1 & x-2 & -2 \\ 4x & -3 & x-7 & -3 \end{vmatrix}$$

$$\xlongequal{c_4+c_2} \begin{vmatrix} x-2 & 1 & 0 & 0 \\ 2x-2 & 1 & 0 & 0 \\ 3x-3 & 1 & x-2 & -1 \\ 4x & -3 & x-7 & -6 \end{vmatrix}$$

$$= \begin{vmatrix} x-2 & 1 \\ 2x-2 & 1 \end{vmatrix} \begin{vmatrix} x-2 & -1 \\ x-7 & -6 \end{vmatrix}$$

显然 $f(x)$ 为二次多项式，故应选(B)。

评注　在本题的四阶行列式中，虽然每一个元素都含有 x，但它并不一定就是 4 次多项式，它有可能是关于 x 的 0 次、1 次、……、4 次多项式的任何一种。

名师笔记

化简行列式的方法之一是让行列式中出现尽可能多的零元素，然后把零元素集中起来，构成分块对角矩阵。

例 1.15　(1)(2011.2)已知 $\begin{vmatrix} \lambda-1 & -1 & -1 \\ -1 & \lambda-3 & -1 \\ -1 & -1 & \lambda-1 \end{vmatrix}=0$，求 λ。

(2) (2010.2, 3)已知 $\begin{vmatrix} \lambda & 1 & -4 \\ 1 & \lambda-3 & 1 \\ -4 & 1 & \lambda \end{vmatrix}=0$，求 λ。

解题思路　题中行列式是关于 λ 的 3 次多项式，在复数域范围内，λ 有 3 个根。

解 (1)

$$\begin{vmatrix} \lambda-1 & -1 & -1 \\ -1 & \lambda-3 & -1 \\ -1 & -1 & \lambda-1 \end{vmatrix} \xlongequal[r_2-r_3]{r_1-r_3} \begin{vmatrix} \lambda & 0 & -\lambda \\ 0 & \lambda-2 & -\lambda \\ -1 & -1 & \lambda-1 \end{vmatrix}$$

$$\xlongequal{c_3+c_1} \begin{vmatrix} \lambda & 0 & 0 \\ 0 & \lambda-2 & -\lambda \\ -1 & -1 & \lambda-2 \end{vmatrix}$$

$$\xlongequal{\text{按第 1 行展开}} \lambda \begin{vmatrix} \lambda-2 & -\lambda \\ -1 & \lambda-2 \end{vmatrix}$$

$$= \lambda(\lambda-1)(\lambda-4)$$

则 $\lambda=0, 1, 4$。

(2)

$$\begin{vmatrix} \lambda & 1 & -4 \\ 1 & \lambda-3 & 1 \\ -4 & 1 & \lambda \end{vmatrix} \xlongequal{r_1-r_3} \begin{vmatrix} \lambda+4 & 0 & -\lambda-4 \\ 1 & \lambda-3 & 1 \\ -4 & 1 & \lambda \end{vmatrix}$$

$$\xlongequal{c_3+c_1} \begin{vmatrix} \lambda+4 & 0 & 0 \\ 1 & \lambda-3 & 2 \\ -4 & 1 & \lambda-4 \end{vmatrix}$$

$$\xlongequal{\text{按第 1 行展开}} (\lambda+4)\begin{vmatrix} \lambda-3 & 2 \\ 1 & \lambda-4 \end{vmatrix}$$

$$=(\lambda+4)(\lambda-2)(\lambda-5)$$

则 $\lambda=-4, 2, 5$。

评注 题(1)是 2011 年数学二中的一个填空题，求二次型正惯性指数，实质上就是求矩阵的特征值。题(2)是 2010 年数学二和数学三中一道解答题的一部分，求矩阵的特征值。

在求解特征方程时，一般并不把行列式写为一个 3 次多项式再进行因式分解，而是利用行列式性质先把行列式的某行(列)化简为只有一个非零元素，然后按该行(列)展开。

名师笔记

求矩阵的特征值是线性代数中最基本运算之一，考生一定要熟练掌握其计算技巧。

题型 2 抽象行列式的计算

抽象行列式是指方阵的行列式，而方阵的元素并没有给出。抽象行列式的计算题目要应用行列式与矩阵数乘、矩阵乘法、矩阵幂、矩阵转置、矩阵逆、伴随矩阵、初等变化、向量组的线性相关性、相似矩阵、矩阵的特征值之间的公式和结论。

名师笔记

抽象行列式的计算是考研试题里的常考题型，它要求考生熟练掌握行列式与其他章节内容的相互关系。

例 1.16 (2012.2, 3)设 $\boldsymbol{A}$ 为 3 阶矩阵，$|\boldsymbol{A}|=3$，$\boldsymbol{A}^*$ 为 $\boldsymbol{A}$ 的伴随矩阵。若交换 $\boldsymbol{A}$ 的第 1 行与第 2 行得矩阵 $\boldsymbol{B}$，则 $|\boldsymbol{BA}^*|=$______。

解题思路 分析 $|\boldsymbol{B}|$ 与 $|\boldsymbol{A}|$ 的关系，$|\boldsymbol{A}^*|$ 与 $|\boldsymbol{A}|$ 的关系。

解 由行列式换行反号的性质(或矩阵初等变换和行列式之间关系)可知：$|\boldsymbol{B}|=-|\boldsymbol{A}|=-3$，而 $|\boldsymbol{A}^*|=|\boldsymbol{A}|^{3-1}=9$，则有

$$|\boldsymbol{BA}^*|=|\boldsymbol{B}||\boldsymbol{A}^*|=(-3)\times 9=-27$$

评注 本题考查了以下公式和知识点：

(1) $|\boldsymbol{AB}|=|\boldsymbol{A}||\boldsymbol{B}|$。

(2) $|\boldsymbol{A}^*|=|\boldsymbol{A}|^{n-1}$($\boldsymbol{A}$ 为 n 阶矩阵)。

(3) 行列式性质：换行反号。

例 1.17　(2010.2，3)设 $\boldsymbol{A}$、$\boldsymbol{B}$ 为 3 阶矩阵，且 $|\boldsymbol{A}|=3$，$|\boldsymbol{B}|=2$，$|\boldsymbol{A}^{-1}+\boldsymbol{B}|=2$，则 $|\boldsymbol{A}+\boldsymbol{B}^{-1}|=$______。

解题思路　找出矩阵 $\boldsymbol{A}^{-1}+\boldsymbol{B}$ 与矩阵 $\boldsymbol{A}+\boldsymbol{B}^{-1}$ 的等式关系，然后在等式两边同取行列式。

解　从已知行列式的矩阵 $\boldsymbol{A}^{-1}+\boldsymbol{B}$ 出发，想办法向目标矩阵 $\boldsymbol{A}+\boldsymbol{B}^{-1}$ 靠拢，显然有

$$\boldsymbol{A}(\boldsymbol{A}^{-1}+\boldsymbol{B})\boldsymbol{B}^{-1}=\boldsymbol{B}^{-1}+\boldsymbol{A}$$

上式两边取行列式，有

$$|\boldsymbol{A}||\boldsymbol{A}^{-1}+\boldsymbol{B}||\boldsymbol{B}^{-1}|=|\boldsymbol{A}+\boldsymbol{B}^{-1}|$$

根据已知条件知：

$$|\boldsymbol{A}+\boldsymbol{B}^{-1}|=|\boldsymbol{A}||\boldsymbol{A}^{-1}+\boldsymbol{B}||\boldsymbol{B}|^{-1}=3$$

评注　矩阵的行列式公式较多，就是没有 $|\boldsymbol{A}+\boldsymbol{B}|=\cdots$ 的公式，但考题中往往会出现求矩阵和的行列式。所以考生不要急于直接去求行列式，而是充分利用已知条件，找出已知矩阵与所求矩阵之间的等式关系，然后等式两边取行列式，从而得到答案。本题还考查了以下知识点：

(1) $|\boldsymbol{ABC}|=|\boldsymbol{A}||\boldsymbol{B}||\boldsymbol{C}|$。

(2) $|\boldsymbol{A}^{-1}|=|\boldsymbol{A}|^{-1}$。

名师笔记

建立已知矩阵和未知矩阵之间的等式关系是求解本类题目的关键。

例如：已知 $\boldsymbol{A}$ 和 $\boldsymbol{AB}-\boldsymbol{E}$ 都可逆，证明 $\boldsymbol{BA}-\boldsymbol{E}$ 也可逆。

可以建立矩阵等式：

$$\boldsymbol{A}(\boldsymbol{BA}-\boldsymbol{E})\boldsymbol{A}^{-1}=\boldsymbol{AB}-\boldsymbol{E}$$

例如：已知 $\boldsymbol{A}$、$\boldsymbol{B}$、$\boldsymbol{A}+\boldsymbol{B}$ 都可逆，证明 $\boldsymbol{A}^{-1}+\boldsymbol{B}^{-1}$ 可逆。

可以建立矩阵等式：

$$\boldsymbol{A}(\boldsymbol{A}^{-1}+\boldsymbol{B}^{-1})\boldsymbol{B}=\boldsymbol{A}+\boldsymbol{B}$$

例 1.18　设 $\boldsymbol{A}$ 为 4 阶方阵，且 $|\boldsymbol{A}|=3$，$\boldsymbol{A}^*$ 为 $\boldsymbol{A}$ 的伴随矩阵，则 $|(2\boldsymbol{A})^*-21\boldsymbol{A}^{-1}|=$______。

解题思路　把 $\boldsymbol{A}^*$ 变换为 $\boldsymbol{A}^{-1}$，合并后再脱行列式号。

解　根据公式 $(2\boldsymbol{A})^*=|2\boldsymbol{A}|(2\boldsymbol{A})^{-1}$ 及 $|\boldsymbol{A}|=3$，有

$$\begin{aligned}|(2\boldsymbol{A})^*-21\boldsymbol{A}^{-1}|&=||2\boldsymbol{A}|(2\boldsymbol{A})^{-1}-21\boldsymbol{A}^{-1}|\\&=|2^4|\boldsymbol{A}|2^{-1}\boldsymbol{A}^{-1}-21\boldsymbol{A}^{-1}|\\&=|3\boldsymbol{A}^{-1}|=3^4|\boldsymbol{A}|^{-1}\\&=27\end{aligned}$$

评注　本题考查了以下公式：

(1) $\boldsymbol{A}^*=|\boldsymbol{A}|\boldsymbol{A}^{-1}$($\boldsymbol{A}$ 为可逆方阵)。

(2) $|k\boldsymbol{A}|=k^n|\boldsymbol{A}|$($\boldsymbol{A}$ 为 n 阶方阵)。

(3) $(k\boldsymbol{A})^{-1}=\frac{1}{k}\boldsymbol{A}^{-1}(k\neq0)$。

(4) $|\boldsymbol{A}^{-1}|=|\boldsymbol{A}|^{-1}$。

例 1.19 设 $\boldsymbol{\alpha}_1$、$\boldsymbol{\alpha}_2$、$\boldsymbol{\alpha}_3$ 是 3 维列向量，记矩阵 $\boldsymbol{A}=(\boldsymbol{\alpha}_1, \boldsymbol{\alpha}_2, \boldsymbol{\alpha}_3)$，$\boldsymbol{B}=(\boldsymbol{\alpha}_3, \boldsymbol{\alpha}_2, \boldsymbol{\alpha}_1)$，$\boldsymbol{C}=3\boldsymbol{A}-\boldsymbol{B}$。已知 $|\boldsymbol{A}|=-2$，则 $|\boldsymbol{C}|=$ ____。

解题思路 此题可以根据行列式的性质求解，也可以根据分块矩阵的乘法来求解。

解 方法一：用行列式性质解题。根据已知条件，有 $\boldsymbol{C}=3\boldsymbol{A}-\boldsymbol{B}=(3\boldsymbol{\alpha}_1-\boldsymbol{\alpha}_3, 3\boldsymbol{\alpha}_2-\boldsymbol{\alpha}_2, 3\boldsymbol{\alpha}_3-\boldsymbol{\alpha}_1)$；根据行列式的性质，有

$$
\begin{aligned}
|\boldsymbol{C}| &= |3\boldsymbol{\alpha}_1-\boldsymbol{\alpha}_3, 2\boldsymbol{\alpha}_2, 3\boldsymbol{\alpha}_3-\boldsymbol{\alpha}_1| \\
&\xlongequal[\frac{c_2}{2}]{c_3+\frac{1}{3}c_1} 2\left|3\boldsymbol{\alpha}_1-\boldsymbol{\alpha}_3, \boldsymbol{\alpha}_2, \frac{8}{3}\boldsymbol{\alpha}_3\right| \\
&\xlongequal[c_1+c_3]{c_3/\frac{8}{3}} 2\times\frac{8}{3}\times|3\boldsymbol{\alpha}_1, \boldsymbol{\alpha}_2, \boldsymbol{\alpha}_3| \\
&\xlongequal{c_1/3} 2\times\frac{8}{3}\times 3\times|\boldsymbol{\alpha}_1, \boldsymbol{\alpha}_2, \boldsymbol{\alpha}_3| \\
&= 16|\boldsymbol{A}|=-32
\end{aligned}
$$

方法二：用分块矩阵的乘法来解题。根据已知条件，有

$$
\begin{aligned}
\boldsymbol{C} = 3\boldsymbol{A}-\boldsymbol{B} &= (3\boldsymbol{\alpha}_1-\boldsymbol{\alpha}_3, 2\boldsymbol{\alpha}_2, 3\boldsymbol{\alpha}_3-\boldsymbol{\alpha}_1) \\
&= (\boldsymbol{\alpha}_1, \boldsymbol{\alpha}_2, \boldsymbol{\alpha}_3)\begin{bmatrix} 3 & 0 & -1 \\ 0 & 2 & 0 \\ -1 & 0 & 3 \end{bmatrix}
\end{aligned}
$$

则

$$
|\boldsymbol{C}| = |\boldsymbol{A}|\begin{vmatrix} 3 & 0 & -1 \\ 0 & 2 & 0 \\ -1 & 0 & 3 \end{vmatrix} = -2\times 16 = -32
$$

评注 方法一是根据行列式的性质把行列式 $|\boldsymbol{C}|$ 向已知的行列式 $|\boldsymbol{A}|$ 的形式来化简，在化简的过程中，考生应特别注意 $k\boldsymbol{A}$ 与 $k|\boldsymbol{A}|$ 的区别。

方法二是根据分块矩阵的乘法运算来解题的，显然方法二清晰明了。考生一定要熟练掌握分块矩阵的乘法运算规则。

例 1.20 已知 $\boldsymbol{A}$ 是 3 阶矩阵，$\boldsymbol{\alpha}_1$、$\boldsymbol{\alpha}_2$、$\boldsymbol{\alpha}_3$ 是 3 维线性无关列向量。且 $\boldsymbol{A\alpha}_1=\boldsymbol{\alpha}_2-2\boldsymbol{\alpha}_3$，$\boldsymbol{A\alpha}_2=3\boldsymbol{\alpha}_1+\boldsymbol{\alpha}_2$，$\boldsymbol{A\alpha}_3=\boldsymbol{\alpha}_1-\boldsymbol{\alpha}_2-\boldsymbol{\alpha}_3$，则行列式 $|\boldsymbol{A}|=$ ______。

解题思路 用向量组 $\boldsymbol{\alpha}_1, \boldsymbol{\alpha}_2, \boldsymbol{\alpha}_3$ 来线性表示向量组 $\boldsymbol{A\alpha}_1, \boldsymbol{A\alpha}_2, \boldsymbol{A\alpha}_3$，然后等式两边取行列式。

解 把已知条件 $\boldsymbol{A\alpha}_1=\boldsymbol{\alpha}_2-2\boldsymbol{\alpha}_3$，$\boldsymbol{A\alpha}_2=3\boldsymbol{\alpha}_1+\boldsymbol{\alpha}_2$，$\boldsymbol{A\alpha}_3=\boldsymbol{\alpha}_1-\boldsymbol{\alpha}_2-\boldsymbol{\alpha}_3$ 合并为一个矩阵等式：

$$
(\boldsymbol{A\alpha}_1, \boldsymbol{A\alpha}_2, \boldsymbol{A\alpha}_3) = (\boldsymbol{\alpha}_2-2\boldsymbol{\alpha}_3, 3\boldsymbol{\alpha}_1+\boldsymbol{\alpha}_2, \boldsymbol{\alpha}_1-\boldsymbol{\alpha}_2-\boldsymbol{\alpha}_3)
$$

进一步写成分块矩阵乘积形式：

$$
\boldsymbol{A}(\boldsymbol{\alpha}_1, \boldsymbol{\alpha}_2, \boldsymbol{\alpha}_3) = (\boldsymbol{\alpha}_1, \boldsymbol{\alpha}_2, \boldsymbol{\alpha}_3)\begin{bmatrix} 0 & 3 & 1 \\ 1 & 1 & -1 \\ -2 & 0 & -1 \end{bmatrix}
$$

对等式两边取行列式，有

$$|\boldsymbol{A}||\boldsymbol{\alpha}_1,\boldsymbol{\alpha}_2,\boldsymbol{\alpha}_3|=|\boldsymbol{\alpha}_1,\boldsymbol{\alpha}_2,\boldsymbol{\alpha}_3|\begin{vmatrix}0&3&1\\1&1&-1\\-2&0&-1\end{vmatrix}$$

由于 $\boldsymbol{\alpha}_1,\boldsymbol{\alpha}_2,\boldsymbol{\alpha}_3$ 线性无关，则有 $|\boldsymbol{\alpha}_1,\boldsymbol{\alpha}_2,\boldsymbol{\alpha}_3|\neq 0$，故

$$|\boldsymbol{A}|=\begin{vmatrix}0&3&1\\1&1&-1\\-2&0&-1\end{vmatrix}=11$$

评注 此题的解法较多，但分块矩阵乘法运算是一个应用很广的方法，考生一定要非常熟练地掌握其运算技巧。

名师笔记

分块矩阵乘法是线性代数运算的一个非常重要的内容，常常应用在：向量组之间的线性表示、线性方程组的向量表述、矩阵对角化等。

例 1.21 (2008.3)设 3 阶矩阵 $\boldsymbol{A}$ 的特征值为 1，2，2，$\boldsymbol{E}$ 为 3 阶单位矩阵，则 $|4\boldsymbol{A}^{-1}-\boldsymbol{E}|$ = ________。

解题思路 先分析矩阵 $\boldsymbol{A}^{-1}$ 的特征值，然后在分析矩阵 $4\boldsymbol{A}^{-1}-\boldsymbol{E}$ 的特征值。

解 由矩阵 $\boldsymbol{A}$ 的特征值可得 $\boldsymbol{A}^{-1}$ 的特征值分别为 1，$\frac{1}{2}$，$\frac{1}{2}$，所以 $4\boldsymbol{A}^{-1}-\boldsymbol{E}$ 的特征值分别为

$$4\times 1-1=3,\quad 4\times\frac{1}{2}-1=1,\quad 4\times\frac{1}{2}-1=1$$

于是

$$|4\boldsymbol{A}^{-1}-\boldsymbol{E}|=3\times 1\times 1=3$$

评注 本题考查了以下知识点：

(1) 设 λ 是 $\boldsymbol{A}$ 的特征值，则 λ^{-1} 是 $\boldsymbol{A}^{-1}$ 的特征值。

(2) 设 λ 是 $\boldsymbol{A}$ 的特征值，则 $f(\lambda)$ 是 $f(\boldsymbol{A})$ 的特征值。

(3) $|\boldsymbol{A}|=\prod\limits_{i=1}^{n}\lambda_i$（$\lambda_1,\lambda_2,\cdots,\lambda_n$ 是 n 阶矩阵 $\boldsymbol{A}$ 的特征值）。

例 1.22 设 $\boldsymbol{A}$、$\boldsymbol{B}$ 都为 3 阶矩阵，$\boldsymbol{\xi}$ 为 3 维非零列向量。$\boldsymbol{A}$ 与 $\boldsymbol{B}$ 相似，且有 $|3\boldsymbol{E}+\boldsymbol{B}|=0$，$|\boldsymbol{A}|=0$，$\boldsymbol{B}\boldsymbol{\xi}=-\boldsymbol{\xi}$，则行列式 $|\boldsymbol{A}^2\boldsymbol{B}-2\boldsymbol{B}-\boldsymbol{A}^2+2\boldsymbol{E}|$ = ________。

解题思路 先求出矩阵 $\boldsymbol{A}$ 和 $\boldsymbol{B}$ 的所有特征值，然后计算矩阵行列式。

解 由于 $|3\boldsymbol{E}+\boldsymbol{B}|=0$，则 -3 是矩阵 $\boldsymbol{B}$ 的特征值；由于 $|\boldsymbol{A}|=0$，则 0 是矩阵 $\boldsymbol{A}$ 的特征值；由于 $\boldsymbol{B}\boldsymbol{\xi}=-\boldsymbol{\xi}$，而 $\boldsymbol{\xi}\neq\boldsymbol{0}$，则 -1 是矩阵 $\boldsymbol{B}$ 的特征值。又因为矩阵 $\boldsymbol{A}$ 和 $\boldsymbol{B}$ 相似，则它们有相同的特征值，于是 $\boldsymbol{A}$ 和 $\boldsymbol{B}$ 的特征值分别为 0，-1，-3。由于

$$\boldsymbol{A}^2\boldsymbol{B}-2\boldsymbol{B}-\boldsymbol{A}^2+2\boldsymbol{E}=(\boldsymbol{A}^2-2\boldsymbol{E})(\boldsymbol{B}-\boldsymbol{E})$$

则有

$$|\boldsymbol{A}^2\boldsymbol{B}-2\boldsymbol{B}-\boldsymbol{A}^2+2\boldsymbol{E}|=|\boldsymbol{A}^2-2\boldsymbol{E}||\boldsymbol{B}-\boldsymbol{E}|$$

而矩阵 A^2-2E 的特征值分别为−2，−1，7；矩阵 $B-E$ 的特征值分别为−1，−2，−4，故

$$|A^2-2E|=(-2)\times(-1)\times 7=14$$
$$|B-E|=(-1)\times(-2)\times(-4)=-8$$

于是

$$|A^2B-2B-A^2+2E|=14\times(-8)=-112$$

评注 本题考查了以下知识点：

(1) $|aE+bA|=0\Leftrightarrow -\dfrac{a}{b}$ 是矩阵 A 的特征值($b\neq 0$)。

(2) $|A|=0\Leftrightarrow 0$ 是矩阵 A 的特征值。

(3) $A\xi=k\xi(\xi\neq 0)\Leftrightarrow k$ 是矩阵 A 的特征值。

(4) 矩阵 A 与 B 相似 $\Rightarrow A$ 与 B 有相同的特征值。

(5) $|AB|=|A||B|$。

(6) 设 λ 是 A 的特征值，则 $f(\lambda)$ 是 $f(A)$ 的特征值。

(7) $|A|=\prod\limits_{i=1}^{n}\lambda_i(\lambda_1, \lambda_2, \cdots, \lambda_n$ 是矩阵 n 阶矩阵 A 的特征值)。

例 1.23 (1994.1)设 A 为 n 阶非零矩阵，A^* 是 A 的伴随矩阵，当 $A^*=A^T$ 时，证明 $|A|\neq 0$。

解题思路 从构成矩阵的元素来理解已知条件 $A^*=A^T$。

证明 已知 $A^*=A^T$，即

$$\begin{bmatrix} A_{11} & A_{21} & \cdots & A_{n1} \\ A_{12} & A_{22} & \cdots & A_{n2} \\ \vdots & \vdots & & \vdots \\ A_{1n} & A_{2n} & \cdots & A_{nn} \end{bmatrix}=\begin{bmatrix} a_{11} & a_{21} & \cdots & a_{n1} \\ a_{12} & a_{22} & \cdots & a_{n2} \\ \vdots & \vdots & & \vdots \\ a_{1n} & a_{2n} & \cdots & a_{nn} \end{bmatrix}$$

则有 $A_{ij}=a_{ij}(i, j=1, 2, \cdots, n)$。又因为 $A\neq O$，不妨设 $a_{ij}\neq 0$，由行列式按行展开定理知：

$$|A|=a_{i1}A_{i1}+a_{i2}A_{i2}+\cdots+a_{in}A_{in}=a_{i1}^2+a_{i2}^2+\cdots+a_{in}^2>0$$

故 $|A|\neq 0$。

评注 本题考查了以下知识点：

(1) 矩阵 A 的伴随矩阵 A^* 是由 A 的代数余子式 A_{ij} 构成，考生要特别注意：A_{ij} 是放在矩阵 A^* 的第 j 行第 i 列的位置。

(2) 行列式按行展开定理。

名师笔记

伴随矩阵是考研试题中频繁出现的内容。考生要熟练掌握两点：

(1) 伴随矩阵元素的构成。

(2) $AA^*=A^*A=|A|E$。

例 1.24 (1996.1)设 $A=E-\xi\xi^T$，其中 E 为 n 阶单位矩阵，ξ 是 n 维非零列向量，ξ^T 是 ξ 的转置，当 $\xi^T\xi=1$ 时，证明 A 是不可逆矩阵。

解题思路 证明 A 是不可逆矩阵，即是证明 A 的行列式 $|A|=0$。

解　由于 $\boldsymbol{A}=\boldsymbol{E}-\boldsymbol{\xi}\boldsymbol{\xi}^{\mathrm{T}}$，且 $\boldsymbol{\xi}^{\mathrm{T}}\boldsymbol{\xi}=1$，则有

$$\boldsymbol{A}\boldsymbol{\xi}=(\boldsymbol{E}-\boldsymbol{\xi}\boldsymbol{\xi}^{\mathrm{T}})\boldsymbol{\xi}=\boldsymbol{\xi}-\boldsymbol{\xi}\boldsymbol{\xi}^{\mathrm{T}}\boldsymbol{\xi}=\boldsymbol{\xi}-\boldsymbol{\xi}=\boldsymbol{0}$$

又由于 $\boldsymbol{\xi}\neq\boldsymbol{0}$，故方程组 $\boldsymbol{A}\boldsymbol{x}=\boldsymbol{0}$ 有非零解，则有 $|\boldsymbol{A}|=0$，说明 $\boldsymbol{A}$ 不可逆。

评注　本题考查了以下知识点：

(1) $|\boldsymbol{A}|=0\Leftrightarrow$ 矩阵 $\boldsymbol{A}$ 不可逆。

(2) $\boldsymbol{A}\boldsymbol{\xi}=\boldsymbol{0}\Leftrightarrow\boldsymbol{\xi}$ 是方程组 $\boldsymbol{A}\boldsymbol{x}=\boldsymbol{0}$ 的解。

(3) $|\boldsymbol{A}|=0\Leftrightarrow$ 方程组 $\boldsymbol{A}\boldsymbol{x}=\boldsymbol{0}$ 有非零解。

名师笔记

考生要掌握 $\boldsymbol{\xi}\boldsymbol{\xi}^{\mathrm{T}}$ 与 $\boldsymbol{\xi}^{\mathrm{T}}\boldsymbol{\xi}$ 的区别。

题型 3　代数余子式求和

例 1.25　设行列式 $|\boldsymbol{A}|=\begin{vmatrix}7&6&1&1\\2&0&6&6\\1&0&2&8\\0&8&1&1\end{vmatrix}$，则

(1) $A_{41}+3A_{43}+3A_{44}=$________；

(2) $2A_{41}+A_{43}+A_{44}=$________。

解题思路　求行列式某行(列)的代数余子式之和，就联想到行列式按行(列)展开的定理及其推论。

解　(1) 根据行列式按行展开定理的推论，分析行列式 $|\boldsymbol{A}|$ 的第 2 行元素和第 4 行元素的代数余子式，有

$$2A_{41}+0A_{42}+6A_{43}+6A_{44}=0$$

则

$$A_{41}+3A_{43}+3A_{44}=0$$

(2) 根据题意，可以构造一个新的行列式 $|\boldsymbol{B}|$，即

$$|\boldsymbol{B}|=\begin{vmatrix}7&6&1&1\\2&0&6&6\\1&0&2&8\\2&0&1&1\end{vmatrix}$$

行列式 $|\boldsymbol{B}|$ 的第 4 行元素分别为 2，0，1，1，除第 4 行以外，行列式 $|\boldsymbol{A}|$ 与行列式 $|\boldsymbol{B}|$ 的其他元素都相同，则行列式 $|\boldsymbol{A}|$ 与行列式 $|\boldsymbol{B}|$ 第 4 行元素的所有代数余子式对应相等。而

$$|\boldsymbol{B}|=\begin{vmatrix}7&6&1&1\\2&0&6&6\\1&0&2&8\\2&0&1&1\end{vmatrix}\xlongequal{\text{按第 4 行展开}}2A_{41}+A_{43}+A_{44}$$

另一方面，有

$$|\boldsymbol{B}|=\begin{vmatrix}7&6&1&1\\2&0&6&6\\1&0&2&8\\2&0&1&1\end{vmatrix}\xlongequal{\text{按第 2 列展开}}-6\begin{vmatrix}2&6&6\\1&2&8\\2&1&1\end{vmatrix}=-360$$

所以，$2A_{41}+A_{43}+A_{44}=-360$。

评注 行列式按行展开定理及其推论是考生必须熟练掌握的重点内容。该题中行列式$|\boldsymbol{A}|$与行列式$|\boldsymbol{B}|$虽然不同，但它们第 4 行各个元素的代数余子式是对应相同的，这是解答本题第(2)问的关键。

题型 4 克莱姆法则的应用

名师笔记

当方程组所含方程个数与未知数个数相等时，才可以使用克莱姆法则。

克莱姆法则只能用来计算方程组的唯一解，或判断方程组解的情况。

例 1.26 当λ取何值时，齐次线性方程组$\begin{cases}\lambda x_1+3x_2+5x_3+x_4=0\\ x_2+\lambda x_3=0\\ 2x_1+x_2+7x_3+\lambda x_4=0\\ \lambda x_2+x_3=0\end{cases}$有非零解。

解题思路 根据克莱姆法则知，当齐次线性方程组的系数行列式等于零时，方程组有非零解。进一步分析系数行列式，发现行列式中有 4 个零元素，则可考虑把 4 个零元素集中在一块。

解 计算齐次线性方程组的系数行列式

$$D=\begin{vmatrix}\lambda&3&5&1\\0&1&\lambda&0\\2&1&7&\lambda\\0&\lambda&1&0\end{vmatrix}\xlongequal{r_2\leftrightarrow r_3}-\begin{vmatrix}\lambda&3&5&1\\2&1&7&\lambda\\0&1&\lambda&0\\0&\lambda&1&0\end{vmatrix}$$

$$\xlongequal{c_2\leftrightarrow c_4}\begin{vmatrix}\lambda&1&5&3\\2&\lambda&7&1\\0&0&\lambda&1\\0&0&1&\lambda\end{vmatrix}$$

$$=\begin{vmatrix}\lambda&1\\2&\lambda\end{vmatrix}\begin{vmatrix}\lambda&1\\1&\lambda\end{vmatrix}$$

$$=(\lambda^2-2)(\lambda^2-1)$$

当$\lambda=\pm\sqrt{2}$或$\lambda=\pm1$时，$D=0$，方程组有非零解。

评注 在计算含有参数的行列式时，应尽量避免用参数λ作除数进行运算。若需要用参数λ作除数时，则必须讨论λ等于零和不等于零的两种情况。

1.3 考情分析

一、考试内容及要求

根据硕士研究生入学统一考试数学考试大纲，本章涉及的考试内容及要求如下。

1. 考试内容

考试内容包括行列式的概念和基本性质，行列式按行(列)展开定理。

2. 考试要求

(1) 了解行列式的概念，掌握行列式的性质。

(2) 会应用行列式的性质和行列式按行(列)展开定理计算行列式。

行列式是线性代数中最基本的运算之一，其计算方法灵活、多变，出题方式变化多端，其应用与后续章节关联很多。例如，判断矩阵的可逆、求矩阵的逆、判断向量组的线性相关性、分析线性方程组解的情况、求线性方程组的解、求矩阵的特征值、判断二次型的正定等。

二、近年真题考点分析

行列式的计算或证明并不是每年考研的必考内容。分析近年的考研试卷可以发现，在一份考研试卷中行列式相关内容的平均分值为 4 分，题型可以是一道选择题、一道填空题或者一道解答题的第一问。以下是近 6 年独立的行列式相关考研真题。

真题 1.1　(2012.1，2，3)设 $\boldsymbol{A}=\begin{bmatrix}1 & a & 0 & 0\\ 0 & 1 & a & 0\\ 0 & 0 & 1 & a\\ a & 0 & 0 & 1\end{bmatrix}$，$\boldsymbol{\beta}=\begin{bmatrix}1\\ -1\\ 0\\ 0\end{bmatrix}$。

(1) 求$|\boldsymbol{A}|$；

(2) 当实数 a 为何值时，方程组 $\boldsymbol{Ax}=\boldsymbol{\beta}$ 有无穷多解？并求其通解。

真题 1.2　(2012.2，3)设 $\boldsymbol{A}$ 为 3 阶矩阵，$|\boldsymbol{A}|=3$，$\boldsymbol{A}^*$ 为 $\boldsymbol{A}$ 的伴随矩阵，若交换 $\boldsymbol{A}$ 的第 1 行与第 2 行得矩阵 $\boldsymbol{B}$，则$|\boldsymbol{BA}^*|=$____。

真题 1.3　(2010.2，3)设 $\boldsymbol{A}$、$\boldsymbol{B}$ 为 3 阶矩阵，且$|\boldsymbol{A}|=3$，$|\boldsymbol{B}|=2$，$|\boldsymbol{A}^{-1}+\boldsymbol{B}|=2$，则$|\boldsymbol{A}+\boldsymbol{B}^{-1}|=$______。

真题 1.4　(2013.1，2，3)设 $\boldsymbol{A}=(a_{ij})$是 3 阶非零矩阵，$|\boldsymbol{A}|$为 $\boldsymbol{A}$ 的行列式，A_{ij} 为 a_{ij} 的代数余子式，若 $a_{ij}+A_{ij}=0(i, j=1, 2, 3)$，则$|\boldsymbol{A}|=$______。

真题 1.5　(2008.1，2，3)设 n 元线性方程组 $\boldsymbol{Ax}=\boldsymbol{b}$，其中

$$\boldsymbol{A}=\begin{bmatrix}2a & 1 & & & & \\ a^2 & 2a & 1 & & & \\ & a^2 & 2a & 1 & & \\ & & \ddots & \ddots & \ddots & \\ & & & a^2 & 2a & 1\\ & & & & a^2 & 2a\end{bmatrix},\quad \boldsymbol{x}=\begin{bmatrix}x_1\\ x_2\\ \vdots\\ x_n\end{bmatrix},\quad \boldsymbol{b}=\begin{bmatrix}1\\ 0\\ \vdots\\ 0\end{bmatrix}$$

(1) 证明行列式$|\boldsymbol{A}|=(n+1)a^n$。

(2) 当a为何值时，该方程组有唯一解？并求x_1。

(3) 当a为何值时，该方程组有无穷多解？并求通解。

真题 1.6 (2008.2)设3阶矩阵$\boldsymbol{A}$的特征值为2，3，λ。若行列式$|2\boldsymbol{A}|=-48$，则$\lambda=$________。

真题 1.7 (2008.3)设3阶矩阵$\boldsymbol{A}$的特征值为1，2，2，$\boldsymbol{E}$为3阶单位矩阵，则$|4\boldsymbol{A}^{-1}-\boldsymbol{E}|=$______。

考试知识点分别为具体行列式的计算和抽象行列式的计算。在具体行列式计算中，考生要牢记特殊行列式的计算公式和计算方法。例如，真题1.1属于“两杠一星”行列式，真题1.5属于“三对角”行列式。在抽象行列式的计算中，考生一定要把线性代数各个章节的知识纵向关联在一起。例如，真题1.2、真题1.3和真题1.4要求考生掌握行列式与矩阵的各种运算公式；真题1.1和真题1.5要求考生掌握行列式与方程组解的相关定理和结论；真题1.6和真题1.7要求考生掌握行列式与矩阵特征值的相关性质和结论。

1.4 习题精选

1. 填空题

(1) 5阶行列式有5！项，其中一项为$-a_{1i}a_{53}a_{21}a_{42}a_{3j}$，则$i=$____；$j=$______。

(2) 行列式$\begin{vmatrix} 3 & 3 & 9 & 3 & 2 \\ 3 & 4 & 1 & 2 & 3 \\ 5 & 8 & 0 & 0 & 0 \\ 6 & 5 & 0 & 0 & 0 \\ 6 & 6 & 0 & 0 & 0 \end{vmatrix}=$__________。

(3) 行列式$\begin{vmatrix} 0 & 0 & 0 & 0 & 5 & 9 \\ 0 & 0 & 0 & 0 & 1 & 2 \\ 7 & 6 & 1 & 1 & 2 & 0 \\ 6 & 6 & 1 & 0 & 2 & 8 \\ 5 & 2 & 0 & 0 & 0 & 8 \\ 1 & 0 & 0 & 0 & 1 & 1 \end{vmatrix}=$__________。

(4) 若有$\begin{vmatrix} 2 & 2 & 4 & 8 \\ 2 & 5 & 25 & 125 \\ 2 & x & x^2 & x^3 \\ 2 & 1 & 1 & 1 \end{vmatrix}=0$，则$x=$____________。

(5) 行列式$\begin{vmatrix} a & a & a & a & 3 \\ a & a & a & 3 & a \\ a & a & 3 & a & a \\ a & 3 & a & a & a \\ 3 & a & a & a & a \end{vmatrix}=$____________。

(6) 行列式 $\begin{vmatrix} a_1 & -1 & 0 & 0 \\ a_2 & x & -1 & 0 \\ a_3 & 0 & x & -1 \\ a_4 & 0 & 0 & x \end{vmatrix} =$______。

(7) 行列式 $\begin{vmatrix} 0 & 0 & 0 & 2 & 3 \\ 0 & 0 & 2 & 3 & 0 \\ 0 & 2 & 3 & 0 & 0 \\ 2 & 3 & 0 & 0 & 0 \\ 3 & 0 & 0 & 0 & 2 \end{vmatrix} =$______。

(8) 行列式 $\begin{vmatrix} a & \cdots & a & a & 1 \\ & & & 2 & a \\ & & 3 & & a \\ & \iddots & & & \vdots \\ n & & & & a \end{vmatrix} =$______。

(9) 已知 n 阶行列式 $D=\begin{vmatrix} a_{11} & a_{12} & \cdots & a_{1n} \\ a_{21} & a_{22} & \cdots & a_{2n} \\ \vdots & \vdots & & \vdots \\ a_{n1} & a_{n2} & \cdots & a_{nn} \end{vmatrix}$ 的值为 a，则行列式 $D_1=$ $\begin{vmatrix} a_{1n} & \cdots & a_{12} & a_{11} \\ a_{2n} & \cdots & a_{22} & a_{21} \\ \vdots & & \vdots & \vdots \\ a_{nn} & \cdots & a_{n2} & a_{n1} \end{vmatrix} =$______。

(10) 设 $\prod_{i=1}^{n} x_i \neq 0$，行列式 $D_n=\begin{vmatrix} 1 & \cdots & 1 & 1 & 1+x_1 \\ 1 & \cdots & 1 & 1+x_2 & 1 \\ 1 & & 1+x_3 & 1 & 1 \\ \vdots & & \vdots & \vdots & \vdots \\ 1+x_n & \cdots & 1 & 1 & 1 \end{vmatrix} =$______。

(11) 行列式 $D=\begin{vmatrix} a^n & (a-1)^n & \cdots & (a-n)^n \\ a^{n-1} & (a-1)^{n-1} & \cdots & (a-n)^{n-1} \\ \vdots & \vdots & & \vdots \\ a & (a-1) & \cdots & (a-n) \\ 1 & 1 & \cdots & 1 \end{vmatrix} =$______。

(12) 已知行列式 $D=\begin{vmatrix} 1 & 4 & 2 & 1 \\ 2 & 3 & -1 & 0 \\ 3 & 2 & 1 & -1 \\ 4 & 1 & 5 & 2 \end{vmatrix}$，$2A_{12}-A_{22}+A_{32}+5A_{42}=$______。

(13) 已知行列式 $D=\begin{vmatrix}1 & -1 & 1 & -1\\ 2 & 4 & 6 & 8\\ 1 & 3 & 9 & 27\\ 1 & 5 & 25 & 125\end{vmatrix}$，$A_{21}+A_{22}+A_{23}+A_{24}=$______。

(14) 齐次线性方程组 $\begin{cases}\lambda^2 x_1+2x_2+\lambda x_3=0\\ x_1+\lambda x_2+x_3=0\\ \lambda x_1+x_2+x_3=0\end{cases}$ 有非零解，则 $\lambda=$______。

(15) 非齐次线性方程组 $\begin{cases}-3x_1+3x_2+\lambda x_3=1\\ 3x_1+\lambda x_2+3x_3=2\\ \lambda x_1+x_2+x_3=3\end{cases}$ 有唯一解，则 λ 的取值范围是______。

(16) 设 $\boldsymbol{A}$ 为 3 阶方阵，$\boldsymbol{A}^*$ 是 $\boldsymbol{A}$ 的伴随矩阵，且 $|\boldsymbol{A}|=3$，则 $\left|(2\boldsymbol{A})^*-\left(\frac{1}{3}\boldsymbol{A}\right)^{-1}\right|=$______。

(17) 设 $\boldsymbol{\alpha}_1,\boldsymbol{\alpha}_2,\cdots,\boldsymbol{\alpha}_n$ 是 n 维列向量，矩阵 $\boldsymbol{A}=(\boldsymbol{\alpha}_1,\boldsymbol{\alpha}_2,\cdots,\boldsymbol{\alpha}_n)$，矩阵 $\boldsymbol{B}=(\boldsymbol{\alpha}_1-\boldsymbol{\alpha}_2,\boldsymbol{\alpha}_2-\boldsymbol{\alpha}_3,\cdots,\boldsymbol{\alpha}_{n-1}-\boldsymbol{\alpha}_n,\boldsymbol{\alpha}_n-\boldsymbol{\alpha}_1)$，已知 $|\boldsymbol{A}|=3$，则 $|\boldsymbol{B}|=$______。

(18) 设 3 阶方阵 $\boldsymbol{A}$ 的三个特征值为 1，−1，2，且 $\boldsymbol{A}$ 与 $\boldsymbol{B}$ 相似，则 $|\boldsymbol{B}^2-\boldsymbol{B}+3\boldsymbol{E}|=$______。

(19) 若 4 阶矩阵 $\boldsymbol{A}$ 与 $\boldsymbol{B}$ 相似，矩阵 $\boldsymbol{A}$ 的特征值为 $-1,-\frac{1}{2},\frac{1}{3},3$，则行列式 $|\boldsymbol{B}^{-1}-2\boldsymbol{E}|=$______。

(20) 设 $\boldsymbol{\alpha}=(1,-1,2)^{\mathrm{T}}$，$\boldsymbol{A}=\boldsymbol{\alpha}\boldsymbol{\alpha}^{\mathrm{T}}$，则 $|\boldsymbol{A}^3-6\boldsymbol{A}^2+2\boldsymbol{E}|=$______。

2. 选择题

(1) 每行元素之和等于零的 n 阶行列式 D 的值等于[　]。

(A) 0　　(B) n　　(C) n^2　　(D) 无法判断

(2) 设 D 是 n 阶行列式，则下列等式正确的是[　]。

(A) $a_{2k}A_{2k}+a_{2k}A_{2k}+\cdots+a_{2k}A_{2k}=D$　　(B) $a_{12}A_{11}+a_{22}A_{21}+\cdots+a_{n2}A_{n1}=0$

(C) $a_{i1}A_{j1}+a_{i2}A_{j2}+\cdots+a_{in}A_{jn}=D$　　(D) $a_{k1}A_{21}+a_{k2}A_{22}+\cdots+a_{kn}A_{2n}=0$

(3) 设 D 是 n 阶行列式，则 $D=0$ 的必要条件是[　]。

(A) D 的两行元素对应成比例

(B) D 中有一行等于其余各行的和

(C) D 中有一列元素为零

(D) 利用行列式性质能把 D 的某一列全部化简为零

(4) 设 $D_1=\begin{vmatrix}0 & 0 & 0 & 2a_1\\ 0 & 0 & 2a_2 & 0\\ 0 & 2a_3 & 0 & 0\\ 2a_4 & 0 & 0 & 0\end{vmatrix}$，$D_2=\begin{vmatrix}a_1 & 0 & 0 & 0\\ 0 & a_2 & 0 & 0\\ 0 & 0 & a_3 & 0\\ 0 & 0 & 0 & a_4\end{vmatrix}$，且 $\prod_{i=1}^{4}a_i\neq 0$，那么下列选择正确的是[　]。

(A) $D_1=D_2$　　(B) $16D_1=D_2$

(C) $D_1=16D_2$　　(D) $D_1=-16D_2$

(5) 下列行列式中一定等于零的是[　　]。

(A) $\begin{vmatrix} a & 0 & 0 & 0 \\ 0 & 0 & b & 0 \\ 0 & c & 0 & 0 \\ 0 & 0 & 0 & d \end{vmatrix}$　　(B) $\begin{vmatrix} a & 0 & 0 & 0 & 0 \\ 0 & 0 & b & 0 & 0 \\ 0 & 0 & 0 & 0 & c \\ 0 & d & 0 & 0 & 0 \\ 0 & 0 & 0 & e & 0 \end{vmatrix}$

(C) $\begin{vmatrix} 0 & a & 0 & 0 \\ b & 0 & 0 & 0 \\ 0 & 0 & 0 & c \\ 0 & 0 & d & 0 \end{vmatrix}$　　(D) $\begin{vmatrix} 0 & a & 0 & d & 0 \\ 0 & b & 0 & e & 0 \\ 0 & c & 0 & f & 0 \\ 6 & 6 & 1 & 0 & 28 \\ 7 & 6 & 1 & 1 & 20 \end{vmatrix}$

(6) 5 阶行列式中有 21 个零元素，则该行列式一定[　　]。

(A) 等于零　　(B) 大于零

(C) 小于零　　(D) 无法判断

3. 解答题

(1) 已知 $bc=a$，证明 $\begin{vmatrix} 1+a & b & & & \\ c & 1+a & b & & \\ & \ddots & \ddots & \ddots & \\ & & c & 1+a & b \\ & & & c & 1+a \end{vmatrix}=1+a+\cdots+a^n$。

(2) 设 $\boldsymbol{A}$ 是 n 阶非零矩阵($n>2$)，$\boldsymbol{A}^*$ 是 $\boldsymbol{A}$ 的伴随矩阵，且 $\boldsymbol{A}^*=\boldsymbol{A}^{\mathrm{T}}$，证明：$|\boldsymbol{A}|=1$。

1.5 习题详解

1. 填空题

(1) (行列式的定义)把 $-a_{1i}a_{53}a_{21}a_{42}a_{3j}$ 中元素位置按第 1，2，…，5 行的标准次序重新排列为 $-a_{1i}a_{21}a_{3j}a_{42}a_{53}$，因为该项为负，所以列标排列 $i1j23$ 为奇排列，故 $i=4$，$j=5$。

(2) (分块对角行列式)把行列式理解为沿副对角线的分块对角行列式：

$$\begin{vmatrix} 3 & 3 & 9 & 3 & 2 \\ 3 & 4 & 1 & 2 & 3 \\ 5 & 8 & 0 & 0 & 0 \\ 6 & 5 & 0 & 0 & 0 \\ 6 & 6 & 0 & 0 & 0 \end{vmatrix}=0$$

(3) (分块对角行列式)把行列式理解为沿副对角线的分块对角行列式：

$$\begin{vmatrix} 0 & 0 & 0 & 0 & 5 & 9 \\ 0 & 0 & 0 & 0 & 1 & 2 \\ 7 & 6 & 1 & 1 & 2 & 0 \\ 6 & 6 & 1 & 0 & 2 & 8 \\ 5 & 2 & 0 & 0 & 0 & 8 \\ 1 & 0 & 0 & 0 & 1 & 1 \end{vmatrix} = (-1)^{2\times 4}\begin{vmatrix} 5 & 9 \\ 1 & 2 \end{vmatrix}\begin{vmatrix} 7 & 6 & 1 & 1 \\ 6 & 6 & 1 & 0 \\ 5 & 2 & 0 & 0 \\ 1 & 0 & 0 & 0 \end{vmatrix} = 2$$

(4)（范德蒙行列式）

$$\begin{vmatrix} 2 & 2 & 4 & 8 \\ 2 & 5 & 25 & 125 \\ 2 & x & x^2 & x^3 \\ 2 & 1 & 1 & 1 \end{vmatrix} = 2\begin{vmatrix} 1 & 2 & 4 & 8 \\ 1 & 5 & 25 & 125 \\ 1 & x & x^2 & x^3 \\ 1 & 1 & 1 & 1 \end{vmatrix}$$

$$= (1-x)(1-5)(1-2)(x-5)(x-2)(5-2)$$

则 $x=1, 2, 5$。

(5)（行和相等行列式）

$$\begin{vmatrix} a & a & a & a & 3 \\ a & a & a & 3 & a \\ a & a & 3 & a & a \\ a & 3 & a & a & a \\ 3 & a & a & a & a \end{vmatrix} \xlongequal[i=2,\cdots,5]{r_1+r_i} (4a+3)\begin{vmatrix} 1 & 1 & 1 & 1 & 1 \\ a & a & a & 3 & a \\ a & a & 3 & a & a \\ a & 3 & a & a & a \\ 3 & a & a & a & a \end{vmatrix}$$

$$\xlongequal[i=2,\cdots,5]{r_i-ar_1} (4a+3)\begin{vmatrix} 1 & 1 & 1 & 1 & 1 \\ 0 & 0 & 0 & 3-a & 0 \\ 0 & 0 & 3-a & 0 & 0 \\ 0 & 3-a & 0 & 0 & 0 \\ 3-a & 0 & 0 & 0 & 0 \end{vmatrix}$$

$$= (4a+3)(3-a)^4$$

(6)（类爪形行列式）

$$\begin{vmatrix} a_1 & -1 & 0 & 0 \\ a_2 & x & -1 & 0 \\ a_3 & 0 & x & -1 \\ a_4 & 0 & 0 & x \end{vmatrix} \xlongequal[i=1,2,3]{r_{i+1}+xr_i} \begin{vmatrix} a_1 & -1 & 0 & 0 \\ a_2+a_1x & 0 & -1 & 0 \\ a_3+a_2x+a_1x^2 & 0 & 0 & -1 \\ a_4+a_3x+a_2x^2+a_1x^3 & 0 & 0 & 0 \end{vmatrix}$$

$$= (-1)^{3\times 1}\left(a_4+a_3x+a_2x^2+a_1x^3\right)\begin{vmatrix} -1 & & \\ & -1 & \\ & & -1 \end{vmatrix}$$

$$= a_4+a_3x+a_2x^2+a_1x^3$$

(7)（两杠一星行列式）

$$\begin{vmatrix} & & & 2 & 3 \\ & & 2 & 3 & \\ & 2 & 3 & & \\ 2 & 3 & & & \\ 3 & & & & 2 \end{vmatrix} = (-1)^{\tau_1}3^5 + (-1)^{\tau_2}2^5 = 275 \quad (\tau_1 = 10,\ \tau_2 = 6)$$

(8)（爪形行列式）

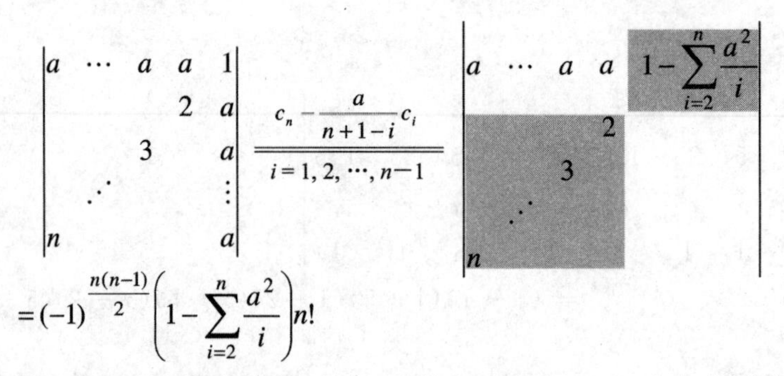

$$\begin{vmatrix} a & \cdots & a & a & 1 \\ & & & 2 & a \\ & & 3 & & a \\ & \iddots & & & \vdots \\ n & & & & a \end{vmatrix} \xlongequal[i=1,2,\cdots,n-1]{c_n - \frac{a}{n+1-i}c_i} \begin{vmatrix} a & \cdots & a & a & 1-\sum\limits_{i=2}^{n}\frac{a^2}{i} \\ & & & 2 & \\ & & 3 & & \\ & \iddots & & & \\ n & & & & \end{vmatrix}$$

$$=(-1)^{\frac{n(n-1)}{2}}\left(1-\sum_{i=2}^{n}\frac{a^2}{i}\right)n!$$

(9)（行列式换列反号性质）把行列式 D_1 的第 1 列进行 $n-1$ 次相邻列交换，就实现了 D_1 中的第 1 列换到第 n 列的目的；再把新行列式的第 1 列进行 $n-2$ 次相邻列交换，就实现了 D_1 中第 2 列换到第 $n-1$ 列的目的；……以此类推，把 D_1 进行 $1+2+\cdots+(n-1)$ 次列交换，行列式 D_1 就变为了 D。于是 $D_1=(-1)^{\frac{n(n-1)}{2}}D=(-1)^{\frac{n(n-1)}{2}}a$。

(10)（用加边法把行列式化简为弓形行列式）

$$D_{n+1}=\begin{vmatrix} 1 & 1 & \cdots & 1 & 1 & 1 \\ 0 & 1 & \cdots & 1 & 1 & 1+x_1 \\ 0 & 1 & \cdots & 1 & 1+x_2 & 1 \\ 0 & 1 & \cdots & 1+x_3 & 1 & 1 \\ \vdots & \vdots & & \vdots & \vdots & \vdots \\ 0 & 1+x_n & \cdots & 1 & 1 & 1 \end{vmatrix} \xlongequal[i=2,3,\cdots,n+1]{r_i - r_1} \begin{vmatrix} 1 & 1 & \cdots & 1 & 1 & 1 \\ -1 & & & & & x_1 \\ -1 & & & & x_2 & \\ -1 & & & x_3 & & \\ \vdots & & \iddots & & & \\ -1 & x_n & & & & \end{vmatrix}$$

$$\xlongequal[i=2,3,\cdots,n+1]{c_1+\frac{1}{x_{n+2-i}}c_i} \begin{vmatrix} 1+\sum\limits_{i=1}^{n}\frac{1}{x_i} & 1 & \cdots & 1 & 1 & 1 \\ & & & & & x_1 \\ & & & & x_2 & \\ & & & x_3 & & \\ & & \iddots & & & \\ & x_n & & & & \end{vmatrix}$$

$$=(-1)^{\frac{n(n-1)}{2}}\left(1+\sum_{i=1}^{n}\frac{1}{x_i}\right)\prod_{i=1}^{n}x_i$$

(11)（范德蒙行列式）类似第(9)题，把行列式 D 进行 $1+2+\cdots+n$ 次相邻行交换，再继续进行 $1+2+\cdots+n$ 次相邻列交换，最后 D_n 变为标准的范德蒙行列式：

$$\begin{vmatrix} 1 & \cdots & 1 & 1 \\ \vdots & & \vdots & \vdots \\ (a-n) & \cdots & (a-1) & a \\ (a-n)^{n-1} & \cdots & (a-1)^{n-1} & a^{n-1} \\ (a-n)^{n} & \cdots & (a-1)^{n} & a^{n} \end{vmatrix}$$

再根据范德蒙行列式公式有 $D_n = n!(n-1)!\cdots 2!1! = \prod_{i=1}^{n}(i!)$。

(12)(行列式展开定理)$2A_{12}-A_{22}+A_{32}+5A_{42}$ 为行列式 D 的按第 3 列元素分别乘 D 的第 2 列元素代数余子式积的和，故 $2A_{12}-A_{22}+A_{32}+5A_{42}=0$。

(13)(行列式展开定理及范德蒙行列式)构造行列式 $D_1=\begin{vmatrix} 1 & -1 & 1 & -1 \\ 1 & 1 & 1 & 1 \\ 1 & 3 & 9 & 27 \\ 1 & 5 & 25 & 125 \end{vmatrix}$，显然 D_1 与 D 除第 2 行外，其余元素全相同，故行列式 D 和 D_1 的第 2 行的代数余子式之和 $A_{21}+A_{22}+A_{23}+A_{24}$ 是相等的，而 D_1 按第 2 行展开即为 $A_{21}+A_{22}+A_{23}+A_{24}$，故

$$D_1=\begin{vmatrix} 1 & -1 & 1 & -1 \\ 1 & 1 & 1 & 1 \\ 1 & 3 & 9 & 27 \\ 1 & 5 & 25 & 125 \end{vmatrix}=A_{21}+A_{22}+A_{23}+A_{24}$$

$$=(5-3)(5-1)(5+1)(3-1)(3+1)(1+1)=768$$

(14)(克莱姆法则)方程组系数矩阵行列式为 $\begin{vmatrix} \lambda^2 & 2 & \lambda \\ 1 & \lambda & 1 \\ \lambda & 1 & 1 \end{vmatrix}=(2-\lambda)(1-\lambda)$，根据克莱姆法则可知，$\lambda=1$ 或 $\lambda=2$。

(15)(克莱姆法则)方程组系数矩阵行列式为 $\begin{vmatrix} -3 & 3 & \lambda \\ 3 & \lambda & 3 \\ \lambda & 1 & 1 \end{vmatrix}=\lambda(3+\lambda)(3-\lambda)$，根据克莱姆法则，有 $\lambda\neq 0$ 且 $\lambda\neq -3$ 且 $\lambda\neq 3$。

(16)(抽象矩阵的行列式)

$$\left|(2\boldsymbol{A})^{*}-\left(\frac{1}{3}\boldsymbol{A}\right)^{-1}\right|=|2^{3-1}\boldsymbol{A}^{*}-3\boldsymbol{A}^{-1}|=|4|\boldsymbol{A}|\boldsymbol{A}^{-1}-3\boldsymbol{A}^{-1}|$$

$$=|9\boldsymbol{A}^{-1}|=\frac{9^3}{|\boldsymbol{A}|}=243$$

(17)(抽象矩阵的行列式)$\boldsymbol{B}=\boldsymbol{AC}$，其中 $\boldsymbol{C}=\begin{bmatrix} 1 & & & & -1 \\ -1 & 1 & & & \\ & -1 & \ddots & & \\ & & \ddots & 1 & \\ & & & -1 & 1 \end{bmatrix}$，则 $|\boldsymbol{B}|=|\boldsymbol{A}||\boldsymbol{C}|=0$。

(18)（特征值与行列式）由于 $\boldsymbol{A}$ 与 $\boldsymbol{B}$ 相似，则 $\boldsymbol{B}$ 的特征值与 $\boldsymbol{A}$ 的特征值相同，也是 1，－1，2。而矩阵 $f(\boldsymbol{B})$ 的特征值就是：$f(1)$，$f(-1)$ 和 $f(2)$，故 $\boldsymbol{B}^2-\boldsymbol{B}+3\boldsymbol{E}$ 的特征值分别为 $1^2-1+3=3$，$(-1)^2-(-1)+3=5$，$2^2-2+3=5$。所以 $|\boldsymbol{B}^2-\boldsymbol{B}+3\boldsymbol{E}|=3\times5\times5=75$。

(19)（特征值与行列式）由于 $\boldsymbol{A}$ 与 $\boldsymbol{B}$ 相似，则 $\boldsymbol{B}$ 的特征值与 $\boldsymbol{A}$ 的特征值相同，也是 $-1，-\frac{1}{2}，\frac{1}{3}$，3。矩阵 $\boldsymbol{B}^{-1}$ 的特征值为 $\boldsymbol{B}$ 特征值的倒数：$-1，-2，3，\frac{1}{3}$，那么矩阵 $\boldsymbol{B}^{-1}-2\boldsymbol{E}$ 的特征值分别为

$$-1-2=-3,\quad -2-2=-4,\quad 3-2=1,\quad \frac{1}{3}-2=-\frac{5}{3}$$

故 $|\boldsymbol{B}^{-1}-2\boldsymbol{E}|=(-3)\times(-4)\times1\times\left(-\frac{5}{3}\right)=-20$。

(20)（特征值与行列式）矩阵 $\boldsymbol{A}$ 的特征值分别为 0，0，$\mathrm{tr}(\boldsymbol{A})=1^2+(-1)^2+2^2=6$。于是 $\boldsymbol{A}^3-6\boldsymbol{A}^2+2\boldsymbol{E}$ 的特征值为：$0^3-6\times0^2+2=2$，$0^3-6\times0^2+2=2$，$6^3-6\times6^2+2=2$，则 $|\boldsymbol{A}^3-6\boldsymbol{A}^2+2\boldsymbol{E}|=2^3=8$。

2. 选择题

(1)［A］。n 阶矩阵 $\boldsymbol{A}$ 的每行元素之和等于零 $\Leftrightarrow \boldsymbol{A}\begin{bmatrix}1\\1\\\vdots\\1\end{bmatrix}=\begin{bmatrix}0\\0\\\vdots\\0\end{bmatrix}\Leftrightarrow$ 方程组 $\boldsymbol{Ax}=\boldsymbol{0}$ 有非零解 $\Leftrightarrow|\boldsymbol{A}|=0$。

(2)［B］。行列式展开定理。

(3)［D］。其他选项为充分条件。

(4)［C］。

(5)［D］。

$$\begin{vmatrix}0&a&0&d&0\\0&b&0&e&0\\0&c&0&f&0\\6&6&1&0&28\\7&6&1&1&20\end{vmatrix}\xlongequal{c_1\leftrightarrow c_4}-\begin{vmatrix}d&a&0&0&0\\e&b&0&0&0\\f&c&0&0&0\\0&6&1&6&28\\1&6&1&7&20\end{vmatrix}=0$$

(6)［A］。5 阶行列式中有 21 个零元素，那么非零元素只有 $5^2-21=4$ 个，显然行列式等于零。

3. 解答题

(1) 参见例 1.8。

(2) **证明** 由于 $\boldsymbol{A}^*=\boldsymbol{A}^{\mathrm{T}}$，即

$$\begin{bmatrix}A_{11}&A_{21}&\cdots&A_{n1}\\A_{12}&A_{22}&\cdots&A_{n2}\\\vdots&\vdots&&\vdots\\A_{1n}&A_{2n}&\cdots&A_{nn}\end{bmatrix}=\begin{bmatrix}a_{11}&a_{21}&\cdots&a_{n1}\\a_{12}&a_{22}&\cdots&a_{n2}\\\vdots&\vdots&&\vdots\\a_{1n}&a_{2n}&\cdots&a_{nn}\end{bmatrix}$$

则有 $A_{ij}=a_{ij}(i, j=1, 2,\cdots, n)$。又因为 $\boldsymbol{A}\neq\boldsymbol{O}$，不妨设 $a_{ij}\neq 0$，由行列式按行展开定理可知：

$$|\boldsymbol{A}|=a_{i1}A_{i1}+a_{i2}A_{i2}+\cdots+a_{in}A_{in}=a_{i1}^2+a_{i2}^2+\cdots+a_{in}^2>0$$

故$|\boldsymbol{A}|>0$。

对等式 $\boldsymbol{A}^*=\boldsymbol{A}^{\mathrm{T}}$ 两边取行列式，有

$$|\boldsymbol{A}^*|=|\boldsymbol{A}^{\mathrm{T}}|, \quad |\boldsymbol{A}|^{n-1}=|\boldsymbol{A}|, \quad |\boldsymbol{A}|(|\boldsymbol{A}|^{n-2}-1)=0$$

由于$|\boldsymbol{A}|>0$，故$|\boldsymbol{A}|^{n-2}=1$，则$|\boldsymbol{A}|=1$。

第二章　矩　阵

2.1　基本概念与重要结论

名师笔记

矩阵的运算法则和实数的运算法则存在一些区别，考生在熟记矩阵的相关运算公式的基础上，要充分重视易错和易混淆的各种概念。

一、基本概念与定理

1. 矩阵

由 $m\times n$ 个数 $a_{ij}(i=1, 2, \cdots, m; j=1, 2, \cdots, n)$ 排成的 m 行 n 列的矩形数表

$$\boldsymbol{A}=\begin{bmatrix} a_{11} & a_{12} & \cdots & a_{1n} \\ a_{21} & a_{22} & \cdots & a_{2n} \\ \vdots & \vdots & & \vdots \\ a_{m1} & a_{m2} & \cdots & a_{mn} \end{bmatrix}$$

称为 m 行 n 列矩阵，简称 $m\times n$ 矩阵，有时也记作 $\boldsymbol{A}=(a_{ij})_{m\times n}$。

2. 矩阵与行列式的区别

(1) 符号不同：行列式是一对竖杠，矩阵是一对方括号(或圆括号)。

(2) 本质不同：行列式的结果是一个数值，而矩阵代表的是一个数表。

(3) 形状不同：行列式的行数与列数必须相等，矩阵的行数和列数不一定相等。

(4) 数乘运算不同：数 k 乘行列式 D，结果为数 k 乘到行列式 D 的某一行(列)中；而数 k 乘矩阵 $\boldsymbol{A}$，结果为数 k 乘到矩阵 $\boldsymbol{A}$ 的每一个元素上。

名师笔记

若

$$\boldsymbol{A}=\begin{bmatrix} 1 & 2 \\ 3 & 4 \end{bmatrix}, \quad \boldsymbol{B}=\begin{bmatrix} 2 & 3 \\ 4 & 5 \end{bmatrix}$$

显然 $\boldsymbol{A}\neq\boldsymbol{B}$，但有

$$|\boldsymbol{A}|=|\boldsymbol{B}|=-2$$

3. 同型矩阵

设 $\boldsymbol{A}=(a_{ij})_{m\times n}$，$\boldsymbol{B}=(b_{ij})_{p\times q}$，若 $m=p$，$n=q$，则称 $\boldsymbol{A}$、$\boldsymbol{B}$ 为同型矩阵。

4. 矩阵相等

设$\boldsymbol{A}=(a_{ij})_{m\times n}$，$\boldsymbol{B}=(b_{ij})_{m\times n}$，则$\boldsymbol{A}=\boldsymbol{B}\Leftrightarrow a_{ij}=b_{ij}(i=1,2,\cdots,m;j=1,2,\cdots,n)$。

名师笔记

两个矩阵只有“一模一样”才相等。

5. 矩阵的加、减法

设$\boldsymbol{A}=(a_{ij})_{m\times n}$，$\boldsymbol{B}=(b_{ij})_{m\times n}$，则$\boldsymbol{A}\pm\boldsymbol{B}=(a_{ij}\pm b_{ij})_{m\times n}(i=1,2,\cdots,m;j=1,2,\cdots,n)$。

6. 矩阵的数乘

设$\boldsymbol{A}=(a_{ij})_{m\times n}$，$k$为常数，则$k\boldsymbol{A}=(ka_{ij})_{m\times n}(i=1,2,\cdots,m;j=1,2,\cdots,n)$。

7. 矩阵的线性运算

矩阵的加法和矩阵的数乘运算称为矩阵的线性运算。

8. 矩阵的乘法

设$\boldsymbol{A}=(a_{ij})_{m\times s}$，$\boldsymbol{B}=(b_{ij})_{s\times n}$，则$\boldsymbol{A}$与$\boldsymbol{B}$的乘积是一个$m\times n$矩阵$\boldsymbol{C}=(c_{ij})_{m\times n}$，其中$c_{ij}=a_{i1}b_{1j}+a_{i2}b_{2j}+\cdots+a_{is}b_{sj}(i=1,2,\cdots,m;j=1,2,\cdots,n)$。

第j列 第j列

$$\text{第}i\text{行}\begin{bmatrix} a_{11} & a_{12} & \cdots & a_{1s} \\ \vdots & \vdots & & \vdots \\ a_{i1} & a_{i2} & \cdots & a_{is} \\ \vdots & \vdots & & \vdots \\ a_{m1} & a_{m2} & \cdots & a_{ms} \end{bmatrix}\begin{bmatrix} b_{11} & \cdots & b_{1j} & \cdots & b_{1n} \\ b_{21} & \cdots & b_{2j} & \cdots & b_{2n} \\ \vdots & & \vdots & & \vdots \\ b_{s1} & \cdots & b_{sj} & \cdots & b_{sn} \end{bmatrix}=\begin{bmatrix} c_{11} & \cdots & c_{1j} & \cdots & c_{1n} \\ \vdots & & \vdots & & \vdots \\ c_{i1} & \cdots & c_{ij} & \cdots & c_{in} \\ \vdots & & \vdots & & \vdots \\ c_{m1} & \cdots & c_{mj} & \cdots & c_{mn} \end{bmatrix}\text{第}i\text{行}$$

名师笔记

矩阵的乘法运算非常重要，例如：$\boldsymbol{\alpha}$、$\boldsymbol{\beta}$均为n维列向量，那么$\boldsymbol{\alpha\beta}^{\mathrm{T}}$与$\boldsymbol{\alpha}^{\mathrm{T}}\boldsymbol{\beta}$完全不同，前者为一个$n$阶矩阵，而后者为一个数。在考研试题中矩阵$\boldsymbol{\alpha\beta}^{\mathrm{T}}$与$\boldsymbol{\alpha}^{\mathrm{T}}\boldsymbol{\beta}$频繁出现，考生一定要熟练掌握。

9. 矩阵乘法的条件

若矩阵$\boldsymbol{A}$的列数等于矩阵$\boldsymbol{B}$的行数，则$\boldsymbol{A}$可以左乘$\boldsymbol{B}$，其中$\boldsymbol{AB}$的行数为$\boldsymbol{A}$的行数，$\boldsymbol{AB}$的列数为$\boldsymbol{B}$的列数。

10. 方阵

行数等于列数的矩阵称为方阵。

11. 行矩阵(行向量)

只含有一行的矩阵称为行矩阵，也称为行向量。

12. 列矩阵(列向量)

只含有一列的矩阵称为列矩阵，也称为列向量。

13. 三角矩阵

上三角矩阵：$\begin{bmatrix} a_{11} & a_{12} & \cdots & a_{1n} \\ & a_{22} & \cdots & a_{2n} \\ & & \ddots & \vdots \\ & & & a_{nn} \end{bmatrix}$，下三角矩阵：$\begin{bmatrix} a_{11} & & & \\ a_{21} & a_{22} & & \\ \vdots & \vdots & \ddots & \\ a_{n1} & a_{n2} & \cdots & a_{nn} \end{bmatrix}$

14. 对角矩阵

$$\text{diag}(a_1, a_2, \cdots, a_n)=\begin{bmatrix} a_1 & & & \\ & a_2 & & \\ & & \ddots & \\ & & & a_n \end{bmatrix}$$

15. 数量矩阵

$$\text{diag}(a, a, \cdots, a)=\begin{bmatrix} a & & & \\ & a & & \\ & & \ddots & \\ & & & a \end{bmatrix}$$

16. 单位矩阵

$$\boldsymbol{E}=\boldsymbol{I}=\begin{bmatrix} 1 & & & \\ & 1 & & \\ & & \ddots & \\ & & & 1 \end{bmatrix}$$

17. 零矩阵

所有元素都是零的矩阵称为零矩阵，常记为 $\boldsymbol{O}$。

名师笔记

考生要分清零矩阵与行列式为零的矩阵的区别。

18. 矩阵的转置

交换矩阵 $\boldsymbol{A}$ 的行与列得到的矩阵称为 $\boldsymbol{A}$ 的转置矩阵，记为 $\boldsymbol{A}^{\mathrm{T}}$。若 $\boldsymbol{A}=(a_{ij})_{m\times n}$，$\boldsymbol{A}^{\mathrm{T}}=(b_{ij})_{n\times m}$，则有 $a_{ij}=b_{ji}(i=1, 2, \cdots, m; j=1, 2, \cdots, n)$。

19. 对称矩阵

n 阶方阵 $\boldsymbol{A}$ 为对称矩阵$\Leftrightarrow \boldsymbol{A}^{\mathrm{T}}=\boldsymbol{A}$。

20. 反对称矩阵

n 阶方阵 $\boldsymbol{A}$ 为反对称矩阵$\Leftrightarrow \boldsymbol{A}^{\mathrm{T}}=-\boldsymbol{A}$。显然，反对称矩阵主对角线上的元素全为零。

名师笔记

关于(反)对称矩阵，考生应该掌握：

(1)(反)对称矩阵一定是方阵。

(2)对称矩阵的所有元素是以主对角线为轴相对称。

(3)对称矩阵的第 i 行元素与第 i 列元素对应相等，其中 $i=1, 2, \cdots, n$。

(4)若 $\boldsymbol{A}$ 为奇数阶反对称矩阵，则有 $|\boldsymbol{A}|=0$。

(5)任意一个 n 阶矩阵 $\boldsymbol{A}$ 都可表示为一个对称矩阵 $\dfrac{\boldsymbol{A}+\boldsymbol{A}^{\mathrm{T}}}{2}$ 和一个反对称矩阵 $\dfrac{\boldsymbol{A}-\boldsymbol{A}^{\mathrm{T}}}{2}$ 之和。

21. 方阵的幂

设 $\boldsymbol{A}$ 为 n 阶方阵，$\boldsymbol{A}$ 的 k 次幂为 $\boldsymbol{A}^k=\underbrace{\boldsymbol{A}\boldsymbol{A}\cdots\boldsymbol{A}}_{k个}$。

22. 方阵的行列式

n 阶方阵 $\boldsymbol{A}=(a_{ij})_{n\times n}$ 的行列式记为 $|\boldsymbol{A}|$ 或 $\det(\boldsymbol{A})$。

23. 方阵 A 的多项式

设 $f(x)=a_m x^m+a_{m-1}x^{m-1}+\cdots+a_1 x+a_0$ 是 x 的 m 次多项式，定义

$$f(\boldsymbol{A})=a_m\boldsymbol{A}^m+a_{m-1}\boldsymbol{A}^{m-1}+\cdots+a_1\boldsymbol{A}+a_0\boldsymbol{E}$$

为方阵 $\boldsymbol{A}$ 的 m 次矩阵多项式。约定 $\boldsymbol{A}^0=\boldsymbol{E}$。

24. 分块对角矩阵

设 $\boldsymbol{A}$ 为 m 阶方阵，若 $\boldsymbol{A}$ 的分块矩阵中，主对角线以外均为零子块，且主对角线上的子块 $\boldsymbol{A}_i(i=1, 2, \cdots, n)$ 都是方阵，即

$$\boldsymbol{A}=\begin{bmatrix}\boldsymbol{A}_1 & & & \\ & \boldsymbol{A}_2 & & \\ & & \ddots & \\ & & & \boldsymbol{A}_n\end{bmatrix}$$

则称 $\boldsymbol{A}$ 为分块对角矩阵。

25. 伴随矩阵

n 阶方阵 $\boldsymbol{A}=(a_{ij})_{n\times n}$ 的伴随矩阵为

$$\boldsymbol{A}^*=\begin{bmatrix}A_{11} & A_{21} & \cdots & A_{n1}\\ A_{12} & A_{22} & \cdots & A_{n2}\\ \vdots & \vdots & & \vdots\\ A_{1n} & A_{2n} & \cdots & A_{nn}\end{bmatrix}$$

其中 A_{ij} 是行列式 $|\boldsymbol{A}|$ 中元素 $a_{ij}(i, j=1, 2, \cdots, n)$ 的代数余子式。

注意　行列式 $|\boldsymbol{A}|$ 第 i 行第 j 列元素 a_{ij} 的代数余子式 A_{ij} 放在伴随矩阵 $\boldsymbol{A}^*$ 的第 j 行第 i 列上。

名师笔记

按定义求矩阵的伴随矩阵比较繁琐，但考生要熟记2阶矩阵的伴随矩阵公式。设 $\boldsymbol{A}=\begin{bmatrix} a & b \\ c & d \end{bmatrix}$，则有 $\boldsymbol{A}^*=\begin{bmatrix} d & -b \\ -c & a \end{bmatrix}$。**即主对角换位，副对角变号。**

26. *n* 阶方阵的逆矩阵

设 $\boldsymbol{A}$ 为 n 阶方阵，若存在 n 阶方阵 $\boldsymbol{B}$，使得 $\boldsymbol{AB}=\boldsymbol{BA}=\boldsymbol{E}$，则称 $\boldsymbol{A}$ 为可逆方阵；称 $\boldsymbol{B}$ 是 $\boldsymbol{A}$ 的逆矩阵，用 $\boldsymbol{A}^{-1}$ 来表示，则有 $\boldsymbol{AA}^{-1}=\boldsymbol{A}^{-1}\boldsymbol{A}=\boldsymbol{E}$。

有的方阵可逆，有的方阵不可逆，但可逆方阵的逆矩阵是唯一的。

名师笔记

矩阵的逆运算其实就是矩阵的除法运算。例如，针对实数 x 和 y，若有 $xy=1$，则 x 和 y 互为倒数，即 $x=y^{-1}$，$y=x^{-1}$。

27. 非奇异矩阵

可逆矩阵也称为非奇异矩阵；把行列式等于零的方阵称为奇异矩阵。

28. 方阵可逆的充要条件

(1) n 阶方阵 $\boldsymbol{A}$ 可逆 $\Leftrightarrow \boldsymbol{AB}=\boldsymbol{E} \Leftrightarrow \boldsymbol{BA}=\boldsymbol{E}$。

(2) n 阶方阵 $\boldsymbol{A}$ 可逆 $\Leftrightarrow |\boldsymbol{A}| \neq 0$。

名师笔记

注意以下命题：

$$\boldsymbol{AB}=\boldsymbol{E} \nRightarrow \boldsymbol{BA}=\boldsymbol{E}$$

因为命题中没有说明矩阵 $\boldsymbol{A}$、$\boldsymbol{B}$ 是方阵，例如：

$$\boldsymbol{A}=\begin{bmatrix} 1 & 0 & 2 \\ 0 & 1 & 3 \end{bmatrix}$$

$$\boldsymbol{B}=\begin{bmatrix} 1 & 0 \\ 0 & 1 \\ 0 & 0 \end{bmatrix}$$

显然，$\boldsymbol{AB}=\boldsymbol{E}$，$\boldsymbol{BA}\neq\boldsymbol{E}$。

29. 矩阵的初等行(列)变换

(1) 交换第 i、j 两行(列)的位置，记作 $r_i \leftrightarrow r_j (c_i \leftrightarrow c_j)$。

(2) 以非零数 k 乘第 i 行(列)，记作 $kr_i (kc_i)$。

(3) 把第 j 行(列)的 k 倍加到第 i 行(列)上，记作 $r_i + kr_j (c_i + kc_j)$。

30. 矩阵的等价及性质

矩阵 A 与矩阵 B 等价 $\Leftrightarrow A\xrightarrow{\text{初等变换}}B$。其性质如下：

(1) 反身性：A 与 A 等价。

(2) 对称性：若 A 与 B 等价，则 B 也与 A 等价。

(3) 传递性：若 A 与 B 等价，且 B 与 C 等价，则 A 也与 C 等价。

31. 初等矩阵及性质

设 E 为 n 阶单位矩阵，$E\xrightarrow{\text{一次初等变换}}P$，则 P 称为初等矩阵。三种初等变换对应着三种初等矩阵，如下所示：

$$E\xrightarrow{r_i\leftrightarrow r_j}E(i,\ j),\quad E\xrightarrow[\text{(或 } kc_i)]{kr_i}E[i(k)],\quad E\xrightarrow[\text{(或 } c_j+kc_i)]{r_i+kr_j}E[i,\ j(k)]$$

初等矩阵性质如下：

(1) 若 P 为初等矩阵，则 $|P|\neq 0$。

(2) 若 P 为初等矩阵，且有 $PA=B$，则矩阵 B 是矩阵 A 进行一次初等行变换得到的矩阵，而进行初等行变换的类型由初等矩阵 P 的类型来决定；若 Q 为初等矩阵，且有 $AQ=B$，则矩阵 B 是矩阵 A 进行一次初等列变换得到的矩阵，而进行初等列变换的类型由初等矩阵 Q 的类型来决定。

名师笔记

性质(2)可以称为**左行右列法则**。

例如，设

$$P=\begin{bmatrix}1 & 0 & 0\\ 0 & 1 & 0\\ 0 & -5 & 1\end{bmatrix}$$

若 $PA=B$，则把矩阵 A 的第 2 行的(−5)倍加到第 3 行后，就得到了矩阵 B；若 $AP=B$，则把矩阵 A 的第 3 列的(−5)倍加到第 2 列后，就得到了矩阵 B。

(3) n 阶矩阵 A 可逆 $\Leftrightarrow A$ 能表示成有限个初等矩阵的乘积。

(4) $|E(i,\ j)|=-1$，$|E[i(k)]|=k$，$|E[i,\ j(k)]|=1$。

(5) $[E(i,\ j)]^{-1}=E(i,\ j)$，$[E(i(k))]^{-1}=E\left[i\left(\dfrac{1}{k}\right)\right]$，$[E(i,\ j(k))]^{-1}=E[i,\ j(-k)]$。

名师笔记

初等矩阵及初等矩阵性质是考研试题中频繁出现的内容，考生一定要熟练掌握。

32. 矩阵等价的等式描述

$m\times n$ 矩阵 A 和 B 等价 $\Leftrightarrow$ 存在 m 阶可逆矩阵 P 和 n 阶可逆矩阵 Q，使得 $PAQ=B$。

33. 可逆矩阵必与单位矩阵 $\boldsymbol{E}$ 等价

n 阶方阵 $\boldsymbol{A}$ 可逆$\Leftrightarrow \boldsymbol{A}$ 与 $\boldsymbol{E}$ 等价。

若 $\boldsymbol{A}$ 和 $\boldsymbol{B}$ 都为 n 阶可逆矩阵，则 $\boldsymbol{A}$ 与 $\boldsymbol{B}$ 等价。

34. 求逆矩阵的方法

若 $\boldsymbol{A}$ 为可逆矩阵：

(1) 定义法：若能找到关系式 $\boldsymbol{AB}=\boldsymbol{E}$(或 $\boldsymbol{BA}=\boldsymbol{E}$)，则 $\boldsymbol{B}$ 就是矩阵 $\boldsymbol{A}$ 的逆。

(2) 公式法：$\boldsymbol{A}^{-1}=\dfrac{1}{|\boldsymbol{A}|}\boldsymbol{A}^*$。

名师笔记

从(2)公式法可以看出，$\boldsymbol{A}^{-1}$ 和 $\boldsymbol{A}^*$ 就差一个系数 $\dfrac{1}{|\boldsymbol{A}|}$，当 $|\boldsymbol{A}|=1$ 时，$\boldsymbol{A}^{-1}=\boldsymbol{A}^*$。

(3) 初等行变换法：若 $(\boldsymbol{A}, \boldsymbol{E})\xrightarrow{\text{初等行变换}}(\boldsymbol{E}, \boldsymbol{B})$，则矩阵 $\boldsymbol{B}$ 为矩阵 $\boldsymbol{A}$ 的逆；若 $(\boldsymbol{A}, \boldsymbol{B})\xrightarrow{\text{初等行变换}}(\boldsymbol{E}, \boldsymbol{C})$，则 $\boldsymbol{C}=\boldsymbol{A}^{-1}\boldsymbol{B}$。

35. 矩阵的 k 阶子式

名师笔记

针对抽象矩阵，逆矩阵的求解方法一般用定义法；针对具体矩阵，一般用初等变换法。

$m\times n$ 矩阵 $\boldsymbol{A}$ 的任意 k 行与任意 k 列交叉处的 k^2 个元素构成的 k 阶行列式称为矩阵 $\boldsymbol{A}$ 的 k 阶子式。显然，矩阵 $\boldsymbol{A}$ 共有 $C_m^kC_n^k$ 个 k 阶子式。

名师笔记

行列式 $|\boldsymbol{A}|$ 的余子式与 n 阶矩阵 $\boldsymbol{A}$ 的 k 阶子式的关系：n 阶矩阵 $\boldsymbol{A}$ 的某一个 $n-1$ 阶子式即对应于行列式 $|\boldsymbol{A}|$ 中的某一个元素的余子式。

36. 行阶梯形矩阵

同时满足下列两个条件的矩阵称为行阶梯形矩阵：

(1) 如果有零行(元素全为零的行)，则零行全部位于该矩阵的下方；

(2) 每个非零行的第一个非零元素前面零元素的个数随行数的增加而增加。

37. 行最简形矩阵

同时满足下列两个条件的行阶梯形矩阵称为行最简形矩阵：

(1) 每个非零行的第一个非零元素都为 1；

(2) 每个非零行的第一个非零元素所在列的其他元素全为零。

38. 矩阵的秩

若矩阵 $\boldsymbol{A}$ 的某一个 k 阶子式不等于零，且它是矩阵 $\boldsymbol{A}$ 的最高阶非零子式，则秩 $r(\boldsymbol{A})=k$。

39. 矩阵秩的求法

$\boldsymbol{A}\xrightarrow{\text{初等变换}}\boldsymbol{B}$（行阶梯矩阵），则 $r(\boldsymbol{A})=r(\boldsymbol{B})=\boldsymbol{B}$ 的非零行数。

40. 满秩矩阵

若 n 阶方阵 $\boldsymbol{A}$ 的秩为 n，则称矩阵 $\boldsymbol{A}$ 为满秩矩阵。$\boldsymbol{A}$ 是可逆矩阵 $\Leftrightarrow \boldsymbol{A}$ 是满秩矩阵 $\Leftrightarrow \boldsymbol{A}$ 是非奇异矩阵。

41. 矩阵的标准形

若 $m\times n$ 矩阵 $\boldsymbol{A}$ 的秩为 r，则 $\boldsymbol{A}$ 总可以通过有限次初等变换化为 $\begin{bmatrix}\boldsymbol{E}_r & 0\\ 0 & 0\end{bmatrix}$，该矩阵称为矩阵 $\boldsymbol{A}$ 的标准形。

二、主要公式

名师笔记

考生在记忆各种公式的同时，要理解公式的来龙去脉，不要死记硬背。

由于矩阵运算的公式繁多，考生不好记忆，因此为了方便理解和记忆，本节把矩阵运算分为加法运算、数乘运算、乘法运算、幂运算、转置运算、逆运算、伴随运算、行列式运算等八种，这八种运算之间又存在大量的运算公式。

1. 加法运算

设 $\boldsymbol{A}$、$\boldsymbol{B}$、$\boldsymbol{C}$ 为同型矩阵，则有

$$\boldsymbol{A}+\boldsymbol{B}=\boldsymbol{B}+\boldsymbol{A}$$
$$(\boldsymbol{A}+\boldsymbol{B})+\boldsymbol{C}=\boldsymbol{A}+(\boldsymbol{B}+\boldsymbol{C})$$

2. 数乘运算

设 $\boldsymbol{A}$、$\boldsymbol{B}$ 为同型矩阵，k、l 为数，则有

$$k(\boldsymbol{A}+\boldsymbol{B})=k\boldsymbol{A}+k\boldsymbol{B}$$
$$(k+l)\boldsymbol{A}=k\boldsymbol{A}+l\boldsymbol{A}$$
$$(kl)\boldsymbol{A}=k(l\boldsymbol{A})$$

3. 乘法运算

假设以下矩阵的乘法运算、加法运算都是可行的：

$$\boldsymbol{A}(\boldsymbol{B}+\boldsymbol{C})=\boldsymbol{AB}+\boldsymbol{AC},\ (\boldsymbol{B}+\boldsymbol{C})\boldsymbol{A}=\boldsymbol{BA}+\boldsymbol{CA}$$
$$k(\boldsymbol{AB})=(k\boldsymbol{A})\boldsymbol{B}=\boldsymbol{A}(k\boldsymbol{B})\quad（其中\ k\ 为数）$$
$$(\boldsymbol{AB})\boldsymbol{C}=\boldsymbol{A}(\boldsymbol{BC})$$
$$\boldsymbol{AE}=\boldsymbol{EA}=\boldsymbol{A}$$

4. 幂运算

设 $\boldsymbol{A}$ 为 n 阶方阵，$\boldsymbol{E}$ 为 n 阶单位矩阵，k、l 为数，则有

$$(\boldsymbol{E}+\boldsymbol{A})^k=\boldsymbol{E}+C_k^1\boldsymbol{A}+C_k^2\boldsymbol{A}^2+\cdots+C_k^k\boldsymbol{A}^k\text{（矩阵的二项式定理）}$$

$$(k\boldsymbol{A})^l=k^l\boldsymbol{A}^l,\ \boldsymbol{A}^k\boldsymbol{A}^l=\boldsymbol{A}^{k+l},\ (\boldsymbol{A}^k)^l=\boldsymbol{A}^{kl}$$

设 $\boldsymbol{A}$ 为 $m\times n$ 矩阵，$\boldsymbol{B}$ 为 $n\times m$ 矩阵，则有

$$(\boldsymbol{AB})^k=\boldsymbol{A}(\boldsymbol{BA})^{k-1}\boldsymbol{B}$$

名师笔记

考生要熟练掌握以下结论：

(1) 设 $\boldsymbol{\alpha}$、$\boldsymbol{\beta}$ 均为 n 维列向量，则有

$$(\boldsymbol{\alpha\beta}^{\mathrm{T}})^k=(\boldsymbol{\beta}^{\mathrm{T}}\boldsymbol{\alpha})^{k-1}(\boldsymbol{\alpha\beta}^{\mathrm{T}})$$

(2) 若 $r(\boldsymbol{A}_n)=1$，则 $\boldsymbol{A}$ 一定可以分解成两个矩阵之乘积：$\boldsymbol{A}=\boldsymbol{\alpha\beta}^{\mathrm{T}}$，其中 $\boldsymbol{\alpha}$、$\boldsymbol{\beta}$ 均为 n 维列向量，于是有

$$(\boldsymbol{A})^k=(\boldsymbol{\beta}^{\mathrm{T}}\boldsymbol{\alpha})^{k-1}\boldsymbol{A}=[\mathrm{tr}(\boldsymbol{A})]^{k-1}\boldsymbol{A}$$

5. 转置运算

假设以下矩阵的乘法运算、加法运算都是可行的：

$$(\boldsymbol{A}+\boldsymbol{B})^{\mathrm{T}}=\boldsymbol{A}^{\mathrm{T}}+\boldsymbol{B}^{\mathrm{T}},\ (k\boldsymbol{A})^{\mathrm{T}}=k\boldsymbol{A}^{\mathrm{T}}$$

$$(\boldsymbol{AB})^{\mathrm{T}}=\boldsymbol{B}^{\mathrm{T}}\boldsymbol{A}^{\mathrm{T}},\ (\boldsymbol{A}^k)^{\mathrm{T}}=(\boldsymbol{A}^{\mathrm{T}})^k,\ (\boldsymbol{A}^{\mathrm{T}})^{\mathrm{T}}=\boldsymbol{A}$$

6. 逆运算

设 $\boldsymbol{A}$、$\boldsymbol{B}$ 为同阶可逆矩阵，则有

$$(k\boldsymbol{A})^{-1}=k^{-1}\boldsymbol{A}^{-1}\ (k\neq 0),\ (\boldsymbol{AB})^{-1}=\boldsymbol{B}^{-1}\boldsymbol{A}^{-1}$$

$$(\boldsymbol{A}^k)^{-1}=(\boldsymbol{A}^{-1})^k,\ (\boldsymbol{A}^{\mathrm{T}})^{-1}=(\boldsymbol{A}^{-1})^{\mathrm{T}},\ (\boldsymbol{A}^{-1})^{-1}=\boldsymbol{A}$$

$$\begin{bmatrix} a_1 & & & \\ & a_2 & & \\ & & \ddots & \\ & & & a_n \end{bmatrix}^{-1}=\begin{bmatrix} a_1^{-1} & & & \\ & a_2^{-1} & & \\ & & \ddots & \\ & & & a_n^{-1} \end{bmatrix}$$

$$\begin{bmatrix} & & & a_1 \\ & & a_2 & \\ & \iddots & & \\ a_n & & & \end{bmatrix}^{-1}=\begin{bmatrix} & & & a_n^{-1} \\ & & \iddots & \\ & a_2^{-1} & & \\ a_1^{-1} & & & \end{bmatrix}$$

7. 伴随运算

$$\boldsymbol{AA}^*=\boldsymbol{A}^*\boldsymbol{A}=|\boldsymbol{A}|\boldsymbol{E}$$

名师笔记

在第一章行列式按行展开定理及推论中给出了公式 $\boldsymbol{AA}^*=\boldsymbol{A}^*\boldsymbol{A}=|\boldsymbol{A}|\boldsymbol{E}$ 的简要证明，该公式是伴随矩阵最重要的公式，用它可以推导出与伴随矩阵相关的其他公式。

$$A^* = |A|A^{-1}, A^{-1} = \frac{1}{|A|}A^* \text{（设矩阵 } A \text{ 可逆）}$$

$$(kA)^* = k^{n-1}A^* \text{（设 } A \text{ 为 } n(n\geqslant 2) \text{ 阶方阵，} k \text{ 为数）}$$

$$(AB)^* = B^*A^*, (A^k)^* = (A^*)^k, (A^T)^* = (A^*)^T$$

$$(A^{-1})^* = (A^*)^{-1} = \frac{A}{|A|} \text{（设矩阵 } A \text{ 可逆）}$$

$$(A^*)^* = |A|^{n-2}A \text{（设 } A \text{ 为 } n(n\geqslant 2) \text{ 阶方阵）}$$

8. 矩阵的行列式

设 A 为 n 阶方阵，k 为数，则有

$$|kA| = k^n|A|, \quad |AB| = |A||B|$$

$$|A^k| = |A|^k, \quad |A^T| = |A|$$

$$|A^{-1}| = |A|^{-1} \quad \text{（设矩阵 } A \text{ 可逆）}$$

$$|A^*| = |A|^{n-1} \quad \text{（设 } A \text{ 为 } n(n\geqslant 2) \text{ 阶方阵）}$$

9. 分块矩阵

对矩阵进行适当分块处理，有如下运算公式：

$$\begin{bmatrix} A_1 & A_2 \\ A_3 & A_4 \end{bmatrix} + \begin{bmatrix} B_1 & B_2 \\ B_3 & B_4 \end{bmatrix} = \begin{bmatrix} A_1+B_1 & A_2+B_2 \\ A_3+B_3 & A_4+B_4 \end{bmatrix} \text{（设所有加法可行）}$$

$$\begin{bmatrix} A & B \\ C & D \end{bmatrix}\begin{bmatrix} X & Y \\ Z & W \end{bmatrix} = \begin{bmatrix} AX+BZ & AY+BW \\ CX+DZ & CY+DW \end{bmatrix} \text{（设所有乘法可行）}$$

$$\begin{bmatrix} A & B \\ C & D \end{bmatrix}^T = \begin{bmatrix} A^T & C^T \\ B^T & D^T \end{bmatrix}$$

注意　不仅对子块的元素转置，而且子块的位置也要转置。

10. 分块对角矩阵

$$\begin{bmatrix} A_1 & & & \\ & A_2 & & \\ & & \ddots & \\ & & & A_n \end{bmatrix}\begin{bmatrix} B_1 & & & \\ & B_2 & & \\ & & \ddots & \\ & & & B_n \end{bmatrix} = \begin{bmatrix} A_1B_1 & & & \\ & A_2B_2 & & \\ & & \ddots & \\ & & & A_nB_n \end{bmatrix}$$

其中，A_i、B_i（$i=1, 2, \cdots, n$）均为同阶方阵。

$$\begin{bmatrix} A_1 & & & \\ & A_2 & & \\ & & \ddots & \\ & & & A_n \end{bmatrix}^k = \begin{bmatrix} A_1^k & & & \\ & A_2^k & & \\ & & \ddots & \\ & & & A_n^k \end{bmatrix}$$

$$\begin{bmatrix} A_1 & & & \\ & A_2 & & \\ & & \ddots & \\ & & & A_n \end{bmatrix}^{-1} = \begin{bmatrix} A_1^{-1} & & & \\ & A_2^{-1} & & \\ & & \ddots & \\ & & & A_n^{-1} \end{bmatrix} \text{（设 } A_i\ (i=1, 2, \cdots, n) \text{ 为可逆方阵）}$$

$$\begin{bmatrix} & & & \boldsymbol{A}_1 \\ & & \boldsymbol{A}_2 & \\ & \iddots & & \\ \boldsymbol{A}_n & & & \end{bmatrix}^{-1} = \begin{bmatrix} & & & \boldsymbol{A}_n^{-1} \\ & & \iddots & \\ & \boldsymbol{A}_2^{-1} & & \\ \boldsymbol{A}_1^{-1} & & & \end{bmatrix}$$（设 $\boldsymbol{A}_i\ (i=1, 2, \cdots, n)$ 为可逆方阵）

注意 不仅对子块求逆，而且子块的位置要颠倒排列。

设

$$\boldsymbol{A} = \begin{bmatrix} \boldsymbol{A}_1 & & & \\ & \boldsymbol{A}_2 & & \\ & & \ddots & \\ & & & \boldsymbol{A}_n \end{bmatrix}$$

则

$$|\boldsymbol{A}| = \begin{vmatrix} \boldsymbol{A}_1 & & & \\ & \boldsymbol{A}_2 & & \\ & & \ddots & \\ & & & \boldsymbol{A}_n \end{vmatrix} = |\boldsymbol{A}_1||\boldsymbol{A}_2|\cdots|\boldsymbol{A}_n|$$

名师笔记

考生要熟练掌握分块对角矩阵和分块副对角矩阵的相关公式。

11. 矩阵相乘与按列分块

设 $\boldsymbol{A}$ 为 $m\times s$ 矩阵，$\boldsymbol{B}$ 为 $s\times n$ 矩阵，把矩阵 $\boldsymbol{B}$ 按列分块，则乘积 $\boldsymbol{AB}$ 可以写为

$$\boldsymbol{AB} = \boldsymbol{A}(\boldsymbol{b}_1, \boldsymbol{b}_2, \cdots, \boldsymbol{b}_n) = (\boldsymbol{Ab}_1, \boldsymbol{Ab}_2, \cdots, \boldsymbol{Ab}_n)$$

其中 $\boldsymbol{b}_i$ 是矩阵 $\boldsymbol{B}$ 的第 i 列。

12. 矩阵的秩

(1) $\boldsymbol{A}=\boldsymbol{O}\Leftrightarrow r(\boldsymbol{A})=0$；$\boldsymbol{A}\neq\boldsymbol{O}\Leftrightarrow r(\boldsymbol{A})>0$。

(2) 若 $\boldsymbol{A}$ 为 $m\times n$ 矩阵，则 $0\leqslant r(\boldsymbol{A})\leqslant\min(m, n)$。

(3) $r(\boldsymbol{A}\pm\boldsymbol{B})\leqslant r(\boldsymbol{A})+r(\boldsymbol{B})$。

(4) $r(k\boldsymbol{A})=r(\boldsymbol{A})(k\neq 0)$。

(5) $r(\boldsymbol{A})=r(\boldsymbol{A}^{\mathrm{T}})=r(\boldsymbol{AA}^{\mathrm{T}})=r(\boldsymbol{A}^{\mathrm{T}}\boldsymbol{A})$。

(6) $r(\boldsymbol{AB})\leqslant\min[r(\boldsymbol{A}), r(\boldsymbol{B})]$。

(7) 若 $\boldsymbol{P}$、$\boldsymbol{Q}$ 为可逆矩阵，则 $r(\boldsymbol{PA})=r(\boldsymbol{AQ})=r(\boldsymbol{PAQ})=r(\boldsymbol{A})$。

(8) 若 $\boldsymbol{P}$ 列满秩，则 $r(\boldsymbol{PA})=r(\boldsymbol{A})$。

(9) 若 $\boldsymbol{Q}$ 行满秩，则 $r(\boldsymbol{AQ})=r(\boldsymbol{A})$。

(10) $\max[r(\boldsymbol{A}), r(\boldsymbol{B})]\leqslant r([\boldsymbol{A}, \boldsymbol{B}])\leqslant r(\boldsymbol{A})+r(\boldsymbol{B})$。

(11) n 阶方阵 $\boldsymbol{A}$ 可逆 $\Leftrightarrow r(\boldsymbol{A})=n$。

(12) 设 $\boldsymbol{A}$ 为 n 阶方阵，$|\boldsymbol{A}|\neq 0\Leftrightarrow r(\boldsymbol{A})=n$。

(13) 设 $\boldsymbol{A}$ 为 n 阶方阵，$|\boldsymbol{A}|=0\Leftrightarrow r(\boldsymbol{A})<n$。

(14) $\boldsymbol{A}$ 为 $n(n\geqslant 2)$ 阶方阵，$\boldsymbol{A}^*$ 为 $\boldsymbol{A}$ 的伴随矩阵，则 $r(\boldsymbol{A}^*)=\begin{cases} n & (r(\boldsymbol{A})=n) \\ 1 & (r(\boldsymbol{A})=n-1) \\ 0 & (r(\boldsymbol{A})<n-1) \end{cases}$。

(15) 若矩阵 $\boldsymbol{A}$ 与 $\boldsymbol{B}$ 等价，则 $r(\boldsymbol{A})=r(\boldsymbol{B})$。

(16) 若 $\boldsymbol{A}$ 为行阶梯矩阵，则 $r(\boldsymbol{A})=\boldsymbol{A}$ 的非零行数。

(17) 若 $\boldsymbol{A}$ 为 $m\times s$ 矩阵，$\boldsymbol{B}$ 为 $s\times n$ 矩阵，且 $\boldsymbol{AB}=\boldsymbol{O}$，则 $r(\boldsymbol{A})+r(\boldsymbol{B})\leqslant s$。

(18) $r(\boldsymbol{A}_n)=1\Leftrightarrow$ 存在非零列向量 $\boldsymbol{\alpha}$、$\boldsymbol{\beta}$，使得 $\boldsymbol{A}_n=\boldsymbol{\alpha\beta}^{\mathrm{T}}$。

名师笔记

秩是线性代数中一个非常重要的概念，考生一定要把矩阵的秩、向量组的秩及线性方程组 $\boldsymbol{Ax}=\boldsymbol{0}$ 的解联系起来复习。在以上结论中：

(1) 说明秩是非负的。

(2) 说明矩阵的秩不能超过其“尺寸”。

(3) 和(10)可以用 $\boldsymbol{A}$ 和 $\boldsymbol{B}$ 的极大无关组来证明。

(5) 可以根据方程组 $\boldsymbol{Ax}=\boldsymbol{0}$ 和 $\boldsymbol{A}^{\mathrm{T}}\boldsymbol{Ax}=\boldsymbol{0}$ 同解来证明。

(6) 说明矩阵越乘秩越小(其中“小”的意思是小于等于。)

(7) 说明乘可逆矩阵不改变原矩阵的秩。

(10) 说明矩阵的秩不小于其子矩阵的秩。

(14) 由例 2.27 给出了证明。该公式的应用比证明更重要。

求具体矩阵 $\boldsymbol{A}$ 的秩的方法：对矩阵 $\boldsymbol{A}$ 进行初等行变换，把 $\boldsymbol{A}$ 变为行阶梯矩阵 $\boldsymbol{B}$，那么 $\boldsymbol{B}$ 的非零行数即为矩阵 $\boldsymbol{A}$ 的秩。(15)和(16)即为该方法的理论依据。

(17)可以根据 $\boldsymbol{B}$ 的列向量是方程组 $\boldsymbol{Ax}=\boldsymbol{0}$ 的解来证明。

(18)可参见例 2.3。

三、矩阵运算规律特点归纳

1. 上标运算任意换

矩阵的上标运算有：转置运算“^{T}”、幂运算“^{k}”、伴随运算“*”和逆运算“$^{-1}$”。其中任意两个上标交换运算顺序后，运算结果不变，即

$$(\boldsymbol{A}^{\alpha})^{\beta}=(\boldsymbol{A}^{\beta})^{\alpha}$$

其中 α、β 分别代表不同的上标运算。例如：

$$(\boldsymbol{A}^{-1})^*=(\boldsymbol{A}^*)^{-1}=\frac{\boldsymbol{A}}{|\boldsymbol{A}|},\ (\boldsymbol{A}^{\mathrm{T}})^{-1}=(\boldsymbol{A}^{-1})^{\mathrm{T}},\ \cdots$$

2. 脱去括号位置换

$$(\boldsymbol{AB})^{\mathrm{T}}=\boldsymbol{B}^{\mathrm{T}}\boldsymbol{A}^{\mathrm{T}}$$

$$(\boldsymbol{AB})^{-1}=\boldsymbol{B}^{-1}\boldsymbol{A}^{-1}\quad(\text{若 } \boldsymbol{A}、\boldsymbol{B} \text{ 都为可逆方阵})$$

$$(\boldsymbol{AB})^*=\boldsymbol{B}^*\boldsymbol{A}^*\quad(\boldsymbol{A}、\boldsymbol{B} \text{ 为同阶方阵})$$

四、易错问题

矩阵运算中存在很多易错的问题，归纳如下：

(1) 关于矩阵的加法运算，在一般情况下：

$$(\boldsymbol{A}+\boldsymbol{B})^2 \neq \boldsymbol{A}^2+2\boldsymbol{AB}+\boldsymbol{B}^2$$

$$(\boldsymbol{A}+\boldsymbol{B})^* \neq \boldsymbol{A}^*+\boldsymbol{B}^*$$

$$(\boldsymbol{A}+\boldsymbol{B})^{-1} \neq \boldsymbol{A}^{-1}+\boldsymbol{B}^{-1}$$

$$|\boldsymbol{A}+\boldsymbol{B}| \neq |\boldsymbol{A}|+|\boldsymbol{B}|$$

名师笔记

除了公式$(\boldsymbol{A}+\boldsymbol{B})^{\mathrm{T}}=\boldsymbol{A}^{\mathrm{T}}+\boldsymbol{B}^{\mathrm{T}}$以外，在一般情况下，矩阵的加法与上标运算之间没有公式。

(2) 矩阵乘法一般不满足交换律，于是，在一般情况下：

$$\boldsymbol{AB} \neq \boldsymbol{BA}$$

$$(\boldsymbol{A}+\boldsymbol{B})^2 \neq \boldsymbol{A}^2+2\boldsymbol{AB}+\boldsymbol{B}^2$$

$$(\boldsymbol{A}+\boldsymbol{B})(\boldsymbol{A}-\boldsymbol{B}) \neq \boldsymbol{A}^2-\boldsymbol{B}^2$$

$$(\boldsymbol{AB})^k \neq \boldsymbol{A}^k\boldsymbol{B}^k$$

$$(\boldsymbol{AB})^k \neq \boldsymbol{B}^k\boldsymbol{A}^k$$

但由于$\boldsymbol{AE}=\boldsymbol{EA}=\boldsymbol{A}$，所以下列公式成立：

$$(\boldsymbol{A}\pm\boldsymbol{E})^2=\boldsymbol{A}^2\pm 2\boldsymbol{A}+\boldsymbol{E}$$

$$\boldsymbol{A}^2-\boldsymbol{E}=(\boldsymbol{A}+\boldsymbol{E})(\boldsymbol{A}-\boldsymbol{E})$$

$$(\boldsymbol{A}\pm\boldsymbol{E})^3=\boldsymbol{A}^3\pm 3\boldsymbol{A}^2+3\boldsymbol{A}\pm\boldsymbol{E}$$

$$\boldsymbol{A}^3\pm\boldsymbol{E}=(\boldsymbol{A}\pm\boldsymbol{E})(\boldsymbol{A}^2\mp\boldsymbol{A}+\boldsymbol{E})$$

名师笔记

考生应掌握乘法可交换的特殊方阵：

(1) $\boldsymbol{A}$与$\boldsymbol{O}$可交换；

(2) $\boldsymbol{A}$与$\boldsymbol{E}$可交换；

(3) $\boldsymbol{A}$与$k\boldsymbol{E}$可交换；

(4) $\boldsymbol{A}$与$\boldsymbol{A}^*$可交换；

(5) $\boldsymbol{A}$与$\boldsymbol{A}^{-1}$可交换；

(6) 若$\boldsymbol{A}$、$\boldsymbol{B}$都为同阶对角矩阵，则$\boldsymbol{A}$与$\boldsymbol{B}$可交换；

(7) 若$\boldsymbol{AB}=\boldsymbol{A}+\boldsymbol{B}$，则$\boldsymbol{A}$与$\boldsymbol{B}$可交换(参见例2.31)。

(3) 矩阵乘法不满足消去率，于是，在一般情况下，若$\boldsymbol{AB}=\boldsymbol{AC}$，且$\boldsymbol{A}\neq\boldsymbol{O}$，但不能得到$\boldsymbol{B}=\boldsymbol{C}$。

名师笔记

要说明一个命题是正确的，需要加以证明；但要说明一个命题不正确，只需找到一个反例即可。

例如，$A=\begin{bmatrix}1&2\\3&6\end{bmatrix}$，$B=\begin{bmatrix}2&3\\-1&1\end{bmatrix}$，$C=\begin{bmatrix}-6&1\\3&2\end{bmatrix}$，虽然有 $AB=AC$，但 $B\neq C$。而以下命题是正确的。

命题 1 若 $AB=AC$，且 A 为可逆矩阵，则 $B=C$。

证明 等式 $AB=AC$ 两边同时左乘 A^{-1}，则有 $B=C$，命题得证。

命题 2 若 $AB=AC$，且 A 列满秩，则 $B=C$。

证明 $AB=AC$，则有 $A(B-C)=O$，由于 A 列满秩，则齐次线性方程组 $Ax=0$ 只有零解，故 $B-C=O$，则 $B=C$，命题得证。

(4) 若 $AB=O$，则不能得到 $A=O$ 或 $B=O$。例如，$A=\begin{bmatrix}1&1\\-2&-2\end{bmatrix}$，$B=\begin{bmatrix}1&-1\\-1&1\end{bmatrix}$，虽然 $A\neq O$，$B\neq O$，但 $AB=O$。

同理，若 $A^2=O$，不能得到 $A=O$。例如，$A=\begin{bmatrix}0&1\\0&0\end{bmatrix}$，$A^2=O$，但 $A\neq O$。而以下的类似命题是正确的：

命题 3 若 $AB=O$，且 A 为可逆方阵，则有 $B=O$。

证明 等式 $AB=O$ 两边同时左乘 A^{-1}，则有 $B=O$，命题得证。

命题 4 若 $AB=O$，且 A 列满秩，则 $B=O$。

证明 A 列满秩，则齐次线性方程组 $Ax=0$ 只有零解，故 $B=O$。

命题 5 若 $AB=O$，且 B 为可逆方阵，则有 $A=O$。

证明 等式 $AB=O$ 两边同时右乘 B^{-1}，则有 $A=O$，命题得证。

命题 6 若 $AB=O$，且 B 行满秩，则 $A=O$。

证明 由于 $AB=O$，则 $B^TA^T=O^T$，B 行满秩，则 B^T 列满秩，则方程组 $B^Tx=0$ 只有零解，故 $A^T=O$，则 $A=O$。

命题 7 若 $kA=O$，则 $k=0$ 或 $A=O$(k 是数)。

命题 8 A 为 $m\times n$ 阶实矩阵，则 $A^TA=O\Leftrightarrow A=O$。

证明 设矩阵 $A^TA=B$，则

$$
\begin{aligned}
b_{11} &= a_{11}^2+a_{21}^2+\cdots+a_{m1}^2\\
b_{22} &= a_{12}^2+a_{22}^2+\cdots+a_{m2}^2\\
&\cdots\\
b_{nn} &= a_{1n}^2+a_{2n}^2+\cdots+a_{mn}^2
\end{aligned}
$$

若 $B=O$，则

$$b_{11}=b_{22}=\cdots=b_{nn}=0$$

因为矩阵 A 的所有元素 a_{ij} 全为实数，则有

$$a_{ij}=0(i=1,2,\cdots,m;j=1,2,\cdots,n)$$

故 $\boldsymbol{A}=\boldsymbol{O}$。

若 $\boldsymbol{A}=\boldsymbol{O}$，则 $\boldsymbol{A}^{\mathrm{T}}=\boldsymbol{O}$，故 $\boldsymbol{A}^{\mathrm{T}}\boldsymbol{A}=\boldsymbol{O}$。

(5) 若 $\boldsymbol{A}$、$\boldsymbol{B}$ 为同阶可逆矩阵，不能得到矩阵$(\boldsymbol{A}+\boldsymbol{B})$可逆。例如，$\boldsymbol{A}=\begin{bmatrix}1 & 0\\0 & 1\end{bmatrix}$，$\boldsymbol{B}=\begin{bmatrix}-1 & 0\\0 & -1\end{bmatrix}$，显然 $\boldsymbol{A}$、$\boldsymbol{B}$ 都可逆，但$(\boldsymbol{A}+\boldsymbol{B})$却是零矩阵，当然不可逆。而以下命题是正确的：

命题 9　设 $\boldsymbol{A}$、$\boldsymbol{B}$ 为同阶方阵，$\boldsymbol{A}$、$\boldsymbol{B}$ 都可逆$\Leftrightarrow \boldsymbol{AB}$ 可逆。

证明　若 $\boldsymbol{A}$、$\boldsymbol{B}$ 都可逆，有 $|\boldsymbol{A}|\neq 0$，且 $|\boldsymbol{B}|\neq 0$，则 $|\boldsymbol{A}||\boldsymbol{B}|=|\boldsymbol{AB}|\neq 0$，即 $\boldsymbol{AB}$ 可逆。

若 $\boldsymbol{AB}$ 可逆，有 $|\boldsymbol{AB}|=|\boldsymbol{A}||\boldsymbol{B}|\neq 0$，则 $|\boldsymbol{A}|\neq 0$，且 $|\boldsymbol{B}|\neq 0$，即 $\boldsymbol{A}$、$\boldsymbol{B}$ 都可逆。

五、易混淆问题

1. $\boldsymbol{A}=\boldsymbol{O}$ 与 $|\boldsymbol{A}|=0$ 的区别

矩阵本质上是一个数表，若 $\boldsymbol{A}=\boldsymbol{O}$，即矩阵 $\boldsymbol{A}$ 的所有元素都为零，当然 $|\boldsymbol{A}|=0$ 也成立。而行列式的计算结果是一个值，若 $|\boldsymbol{A}|=0$，未必有 $\boldsymbol{A}=\boldsymbol{O}$，例如 $\boldsymbol{A}=\begin{bmatrix}1 & 3\\2 & 6\end{bmatrix}$，虽然 $|\boldsymbol{A}|=0$，但 $\boldsymbol{A}\neq\boldsymbol{O}$。

2. $k\boldsymbol{A}$ 与 $k|\boldsymbol{A}|$ 的区别

$k|\boldsymbol{A}|$ 的结果是把 k 乘到行列式 $|\boldsymbol{A}|$ 中的某一行(列)；而 $k\boldsymbol{A}$ 的结果是把 k 乘到矩阵中的所有元素上。于是，若 $\boldsymbol{A}$ 为 n 阶矩阵，则有 $|k\boldsymbol{A}|=k^n|\boldsymbol{A}|$。所以，在一般情况下，$|k\boldsymbol{A}|\neq k|\boldsymbol{A}|$，$|-\boldsymbol{A}|\neq -|\boldsymbol{A}|$。只有当 n 为奇数时，才有 $|-\boldsymbol{A}|=-|\boldsymbol{A}|$。

3. $\boldsymbol{A}^{-1}$ 与 $\boldsymbol{A}^*$ 的区别

对于任意一个方阵 $\boldsymbol{A}$ 而言，可能存在逆矩阵 $\boldsymbol{A}^{-1}$，也可能不存在 $\boldsymbol{A}^{-1}$，但方阵 $\boldsymbol{A}$ 的伴随矩阵 $\boldsymbol{A}^*$ 却总是存在的。若方阵 $\boldsymbol{A}$ 可逆，则有关系式

$$\boldsymbol{A}^{-1}=\frac{\boldsymbol{A}^*}{|\boldsymbol{A}|}\text{ 或 }\boldsymbol{A}^*=|\boldsymbol{A}|\boldsymbol{A}^{-1}$$

从式中可以看出，$\boldsymbol{A}^{-1}$ 和 $\boldsymbol{A}^*$ 是常数倍的关系，当常数 $|\boldsymbol{A}|=1$ 时，$\boldsymbol{A}^{-1}$ 就与 $\boldsymbol{A}^*$ 完全相同了。

4. 矩阵乘法的空间位置与时间顺序的区别

矩阵的乘法运算不满足交换律，所以矩阵乘法运算的空间位置不能随意改变，但矩阵乘法运算的时间顺序可以自由选择。例如，一般情况下，$\boldsymbol{ABC}\neq\boldsymbol{BCA}$，但总有 $(\boldsymbol{AB})\boldsymbol{C}=\boldsymbol{A}(\boldsymbol{BC})$，$\boldsymbol{A}(\boldsymbol{B}+\boldsymbol{C})=\boldsymbol{AB}+\boldsymbol{AC}$。所以有以下公式：

$$(\boldsymbol{AB})^k=\boldsymbol{A}(\boldsymbol{BA})^{k-1}\boldsymbol{B}$$

$$\boldsymbol{A}^{-1}(\boldsymbol{AB}+\boldsymbol{E})=\boldsymbol{B}+\boldsymbol{A}^{-1}=(\boldsymbol{BA}+\boldsymbol{E})\boldsymbol{A}^{-1}$$

$$\boldsymbol{A}(\boldsymbol{BA}+\boldsymbol{E})=\boldsymbol{ABA}+\boldsymbol{A}=(\boldsymbol{AB}+\boldsymbol{E})\boldsymbol{A}$$

$$\boldsymbol{A}(\boldsymbol{A}+\boldsymbol{E})=\boldsymbol{A}^2+\boldsymbol{A}=(\boldsymbol{A}+\boldsymbol{E})\boldsymbol{A}$$

名师笔记

很多矩阵的运算公式及运算技巧实质上都是通过改变运算的时间顺序来实现的。

2.2 题型分析

题型1　方阵的幂

例 2.1　设 $\boldsymbol{A}=\begin{bmatrix}2&0&2\\0&3&0\\2&0&2\end{bmatrix}$，则 $\boldsymbol{A}^n=$______。(n 为正整数)

解题思路　先求出 $\boldsymbol{A}^2$、$\boldsymbol{A}^3$，…找出规律，再加以证明。

解　当 $n=2$ 时，$\boldsymbol{A}^2=\begin{bmatrix}8&0&8\\0&9&0\\8&0&8\end{bmatrix}$；当 $n=3$ 时，$\boldsymbol{A}^3=\begin{bmatrix}32&0&32\\0&27&0\\32&0&32\end{bmatrix}$；当 $n=4$ 时，$\boldsymbol{A}^4=\begin{bmatrix}128&0&128\\0&81&0\\128&0&128\end{bmatrix}$，推测规律为 $\boldsymbol{A}^n=\begin{bmatrix}2^{2n-1}&0&2^{2n-1}\\0&3^n&0\\2^{2n-1}&0&2^{2n-1}\end{bmatrix}$。

用数学归纳法证明。当 $n=1$ 和 $n=2$ 时，已验证推测正确，设 $n=k$ 时等式

$$\boldsymbol{A}^k=\begin{bmatrix}2^{2k-1}&0&2^{2k-1}\\0&3^k&0\\2^{2k-1}&0&2^{2k-1}\end{bmatrix}$$

成立，则当 $n=k+1$ 时，有

$$\boldsymbol{A}^{k+1}=\boldsymbol{A}^k\boldsymbol{A}=\begin{bmatrix}2^{2k-1}&0&2^{2k-1}\\0&3^k&0\\2^{2k-1}&0&2^{2k-1}\end{bmatrix}\begin{bmatrix}2&0&2\\0&3&0\\2&0&2\end{bmatrix}=\begin{bmatrix}2^{2(k+1)-1}&0&2^{2(k+1)-1}\\0&3^{k+1}&0\\2^{2(k+1)-1}&0&2^{2(k+1)-1}\end{bmatrix}$$

故有

$$\boldsymbol{A}^n=\begin{bmatrix}2^{2n-1}&0&2^{2n-1}\\0&3^n&0\\2^{2n-1}&0&2^{2n-1}\end{bmatrix}$$

评注　当矩阵中零元素较多，且元素分布有一定的规律性时，可以根据矩阵 $\boldsymbol{A}$ 的低次幂分析出 n 次幂的结果，最后用数学归纳法证明。

名师笔记

考生应该掌握证明题的三种基本方法：直接证明法、数学归纳法和反证法。

例 2.2　设 $\boldsymbol{\alpha}=[1,\ 2,\ 3]$，$\boldsymbol{\beta}=\begin{bmatrix}3\\2\\1\end{bmatrix}$，则 $(\boldsymbol{\beta\alpha})^5=$______。

解题思路　求 $(\boldsymbol{AB})^k$，就联想到公式 $(\boldsymbol{AB})^k=\boldsymbol{A}(\boldsymbol{BA})^{k-1}\boldsymbol{B}$。

解
$$(\boldsymbol{\beta\alpha})^5=(\boldsymbol{\beta\alpha\beta\alpha\beta\alpha\beta\alpha\beta\alpha})=\boldsymbol{\beta}(\boldsymbol{\alpha\beta})^4\boldsymbol{\alpha}$$
而 $\boldsymbol{\alpha\beta}=10$，则有

$$(\boldsymbol{\beta\alpha})^5=10^4\begin{bmatrix}3\\2\\1\end{bmatrix}[1,2,3]=10^4\begin{bmatrix}3&6&9\\2&4&6\\1&2&3\end{bmatrix}$$

评注　由于 $\boldsymbol{\beta\alpha}$ 是一个 3 阶方阵，求一个 3 阶方阵的 5 次方是一个繁琐的工作，而 $\boldsymbol{\alpha\beta}$ 却是一个数，所以联想到公式 $(\boldsymbol{AB})^k=\boldsymbol{A}(\boldsymbol{BA})^{k-1}\boldsymbol{B}$，于是，把求一个 3 阶方阵 5 次方的问题转化为求一个数的 4 次方的问题，从而简化了运算。从该例题可以进一步理解 $\boldsymbol{AB}$ 与 $\boldsymbol{BA}$ 的巨大差异。

名师笔记

可以直接利用公式：$(\boldsymbol{\beta\alpha})^5=[\mathrm{tr}(\boldsymbol{\beta\alpha})]^4(\boldsymbol{\beta\alpha})$ 写出答案。

例 2.3　已知 $\boldsymbol{A}=\begin{bmatrix}2&3&-1\\-4&-6&2\\6&9&-3\end{bmatrix}$，则 $\boldsymbol{A}^n=$__________。

解题思路　矩阵 $\boldsymbol{A}$ 的三行元素都成比例，故矩阵 $\boldsymbol{A}$ 的秩为 1，可以联想到把矩阵 $\boldsymbol{A}$ 拆分成一个列矩阵 $\boldsymbol{B}$ 与行矩阵 $\boldsymbol{C}$ 的乘积，即 $\boldsymbol{A}=\boldsymbol{BC}$，进一步用公式 $\boldsymbol{A}^n=(\boldsymbol{BC})^n=\boldsymbol{B}(\boldsymbol{CB})^{n-1}\boldsymbol{C}$ 求解。

解
$$\boldsymbol{A}=\begin{bmatrix}2&3&-1\\-4&-6&2\\6&9&-3\end{bmatrix}=\begin{bmatrix}1\\-2\\3\end{bmatrix}[2,3,-1]$$

令

$$\boldsymbol{B}=\begin{bmatrix}1\\-2\\3\end{bmatrix},\quad \boldsymbol{C}=[2,3,-1]$$

则有

$$\boldsymbol{A}^n=(\boldsymbol{BC})^n=\boldsymbol{B}(\boldsymbol{CB})^{n-1}\boldsymbol{C}=(\boldsymbol{CB})^{n-1}\boldsymbol{BC}=(\boldsymbol{CB})^{n-1}\boldsymbol{A}$$

而 $\boldsymbol{CB}=-7$，故

$$\boldsymbol{A}^n=(-7)^{n-1}\boldsymbol{A}$$

评注　所有秩为 1 的 n 阶方阵 $\boldsymbol{A}$ 都可以拆成一个列矩阵 $\boldsymbol{B}$ 与一个行矩阵 $\boldsymbol{C}$ 的乘积，即 $\boldsymbol{A}=\boldsymbol{BC}$，而 $\boldsymbol{B}$、$\boldsymbol{C}$ 并不唯一。若 $\boldsymbol{C}$ 取 $\boldsymbol{A}$ 的第 1 行，那么 $\boldsymbol{B}$ 即为 $(1,k_2,k_3,\cdots,k_n)^{\mathrm{T}}$，其中 k_i 为矩阵 $\boldsymbol{A}$ 的第 i 行与第 1 行的比值。

名师笔记

因为 $r(\boldsymbol{A})=1$，故仍然可以用公式 $\boldsymbol{A}^k=[\mathrm{tr}(\boldsymbol{A})]^{k-1}\boldsymbol{A}$ 直接写出答案。

例 2.4 设$A=\begin{bmatrix}1&0&0\\2&1&0\\5&8&1\end{bmatrix}$，则$A^n=$______。

解题思路 矩阵A含有较多的零，且主对角线为1，故考虑把矩阵A拆为一个单位矩阵E和另一个含有更多零元素的矩阵B。进一步用“二项式”公式求解。

解 把矩阵A分为两个矩阵的和，即

$$A=\begin{bmatrix}1&0&0\\0&1&0\\0&0&1\end{bmatrix}+\begin{bmatrix}0&0&0\\2&0&0\\5&8&0\end{bmatrix}=E+B$$

根据矩阵的二项式公式有

$$A^n=(E+B)^n=E+C_n^1B+C_n^2B^2+\cdots+C_n^nB^n$$

由于$B^3=O$，则B的所有大于3次幂的项全部为零矩阵，故

$$\begin{aligned}A^n&=E+nB+\frac{n(n-1)}{2}B^2\\&=\begin{bmatrix}1&0&0\\0&1&0\\0&0&1\end{bmatrix}+n\begin{bmatrix}0&0&0\\2&0&0\\5&8&0\end{bmatrix}+\frac{n(n-1)}{2}\begin{bmatrix}0&0&0\\0&0&0\\16&0&0\end{bmatrix}\\&=\begin{bmatrix}1&0&0\\2n&1&0\\8n^2-3n&8n&1\end{bmatrix}\end{aligned}$$

评注 求一个三角矩阵的高次幂，往往可以把该矩阵分为单位矩阵E和另一个含有更多零元素的矩阵之和，然后运用二项式公式进一步求解。

名师笔记

例2.4题可以利用以下结论：

设B为n阶三角矩阵，且B的对角线上的元素全为零，那么有$B^n=O$。例如：

$$\begin{bmatrix}0&0\\ *&0\end{bmatrix}^2=O$$

$$\begin{bmatrix}0&0&0\\ *&0&0\\ *&*&0\end{bmatrix}^3=O$$

$$\begin{bmatrix}0&0&0&0\\ *&0&0&0\\ *&*&0&0\\ *&*&*&0\end{bmatrix}^4=O$$

$$\vdots$$

例 2.5 已知$A=\begin{bmatrix}3&0&2\\0&4&0\\5&0&3\end{bmatrix}$，$B=\begin{bmatrix}-1&0&0\\0&1&0\\0&0&0\end{bmatrix}$，若满足$AX+3B=BA+3X$，则$X^{99}=$

____。

解题思路　观察矩阵方程，把含有矩阵 $\boldsymbol{X}$ 的项移到等式的同一边，然后把矩阵 $\boldsymbol{X}$ 分离出来，进一步求解 $\boldsymbol{X}^{99}$。

解　根据矩阵方程，有 $\boldsymbol{AX}-3\boldsymbol{X}=\boldsymbol{BA}-3\boldsymbol{B}$，即 $(\boldsymbol{A}-3\boldsymbol{E})\boldsymbol{X}=\boldsymbol{B}(\boldsymbol{A}-3\boldsymbol{E})$，而矩阵 $\boldsymbol{A}-3\boldsymbol{E}=\begin{bmatrix}0&0&2\\0&1&0\\5&0&0\end{bmatrix}$，它的逆矩阵 $(\boldsymbol{A}-3\boldsymbol{E})^{-1}=\begin{bmatrix}0&0&5^{-1}\\0&1^{-1}&0\\2^{-1}&0&0\end{bmatrix}$，则 $\boldsymbol{X}=(\boldsymbol{A}-3\boldsymbol{E})^{-1}\boldsymbol{B}(\boldsymbol{A}-3\boldsymbol{E})$，那么

$$\begin{aligned}\boldsymbol{X}^{99}&=(\boldsymbol{A}-3\boldsymbol{E})^{-1}\boldsymbol{B}^{99}(\boldsymbol{A}-3\boldsymbol{E})\\&=\begin{bmatrix}0&0&5^{-1}\\0&1^{-1}&0\\2^{-1}&0&0\end{bmatrix}\begin{bmatrix}-1&0&0\\0&1&0\\0&0&0\end{bmatrix}^{99}\begin{bmatrix}0&0&2\\0&1&0\\5&0&0\end{bmatrix}\\&=\begin{bmatrix}0&0&0\\0&1&0\\0&0&-1\end{bmatrix}\end{aligned}$$

评注　在计算方阵幂 $\boldsymbol{X}^k$ 的问题中，一般有以下几种方法：

(1) 当矩阵 $\boldsymbol{X}$ 为对角矩阵或分块对角矩阵时，$\boldsymbol{X}^k$ 可以直接利用公式进行计算。

(2) 当矩阵 $\boldsymbol{X}$ 的元素零较多，且有某种规律时，可以先计算 $\boldsymbol{X}^2$、$\boldsymbol{X}^3$，推测结果的规律；再用数学归纳法证明规律的正确性，如例 2.1。

(3) 当矩阵 $\boldsymbol{X}$ 的秩为 1 时，则可以把矩阵 $\boldsymbol{X}$ 拆分为一个列矩阵 $\boldsymbol{A}$ 与一个行矩阵 $\boldsymbol{B}$ 的乘积，即 $\boldsymbol{X}=\boldsymbol{AB}$；再运用公式 $\boldsymbol{X}^k=(\boldsymbol{AB})^k=\boldsymbol{A}(\boldsymbol{BA})^{k-1}\boldsymbol{B}$ 进而得到答案，如例 2.2 和例 2.3。

(4) 当矩阵 $\boldsymbol{X}$ 为三角矩阵时，则可以把矩阵 $\boldsymbol{X}$ 分为对角矩阵 $\boldsymbol{\Lambda}$ 和一个主对角线上元素全为零的三角矩阵 $\boldsymbol{A}$ 之和，即 $\boldsymbol{X}=\boldsymbol{\Lambda}+\boldsymbol{A}$。可以证明，一个主对角线上元素全为零的 n 阶三角矩阵 $\boldsymbol{A}$，有 $\boldsymbol{A}^n=\boldsymbol{O}$。进一步运用二项式公式 $\boldsymbol{X}^k=(\boldsymbol{\Lambda}+\boldsymbol{A})^k=\boldsymbol{\Lambda}^k+\boldsymbol{C}_k^1\boldsymbol{A}\boldsymbol{\Lambda}^{k-1}+\boldsymbol{C}_k^2\boldsymbol{A}^2\boldsymbol{\Lambda}^{k-2}+\cdots+\boldsymbol{C}_k^k\boldsymbol{A}^k$，最后得到答案，如例 2.4。

名师笔记

当方阵有关系 $\boldsymbol{AB}=\boldsymbol{BA}$ 时，$(\boldsymbol{A}+\boldsymbol{B})^k$ 的公式与实数 $(x+y)^k$ 的公式一致。

(5) 当矩阵 $\boldsymbol{X}$ 可以相似对角化时，或有关系式 $\boldsymbol{X}=\boldsymbol{P}^{-1}\boldsymbol{BP}$（或 $\boldsymbol{X}=\boldsymbol{PBP}^{-1}$），且 $\boldsymbol{B}^k$ 容易计算时，则可以利用公式 $\boldsymbol{X}^k=\boldsymbol{P}^{-1}\boldsymbol{B}^k\boldsymbol{P}$（或 $\boldsymbol{X}^k=\boldsymbol{PB}^k\boldsymbol{P}^{-1}$）进而得到答案，如例 2.5。

(6) 当矩阵 $\boldsymbol{X}$ 为初等矩阵时，$\boldsymbol{X}^k\boldsymbol{A}$ 相当于对矩阵 $\boldsymbol{A}$ 进行 k 次初等行变换的结果，而 $\boldsymbol{BX}^k$ 相当于对矩阵 $\boldsymbol{B}$ 进行 k 次初等列变换的结果，参见例 2.22。

题型 2　可逆矩阵

例 2.6　设矩阵 $\boldsymbol{A}=\begin{bmatrix}-2&5&9\\1&-3&1\\1&-2&-9\end{bmatrix}$，则 $\boldsymbol{A}^{-1}=$______。

解题思路　求由已知元素构成的矩阵的逆矩阵，既可以运用公式 $\boldsymbol{A}^{-1}=\frac{1}{|\boldsymbol{A}|}\boldsymbol{A}^{*}$，也可以利用初等变换法。

解　方法一：利用伴随矩阵求 $\boldsymbol{A}^{-1}$。

$$A_{11}=(-1)^{1+1}\begin{vmatrix}-3 & 1\\ -2 & -9\end{vmatrix}=29,\ A_{12}=(-1)^{1+2}\begin{vmatrix}1 & 1\\ 1 & -9\end{vmatrix}=10$$

$$A_{13}=(-1)^{1+3}\begin{vmatrix}1 & -3\\ 1 & -2\end{vmatrix}=1$$

$$A_{21}=(-1)^{2+1}\begin{vmatrix}5 & 9\\ -2 & -9\end{vmatrix}=27,\ A_{22}=(-1)^{2+2}\begin{vmatrix}-2 & 9\\ 1 & -9\end{vmatrix}=9$$

$$A_{23}=(-1)^{2+3}\begin{vmatrix}-2 & 5\\ 1 & -2\end{vmatrix}=1$$

$$A_{31}=(-1)^{3+1}\begin{vmatrix}5 & 9\\ -3 & 1\end{vmatrix}=32,\ A_{32}=(-1)^{3+2}\begin{vmatrix}-2 & 9\\ 1 & 1\end{vmatrix}=11$$

$$A_{33}=(-1)^{3+3}\begin{vmatrix}-2 & 5\\ 1 & -3\end{vmatrix}=1$$

$$|\boldsymbol{A}|=\begin{vmatrix}-2 & 5 & 9\\ 1 & -3 & 1\\ 1 & -2 & -9\end{vmatrix}=1$$

则

$$\boldsymbol{A}^{-1}=\frac{1}{|\boldsymbol{A}|}\boldsymbol{A}^{*}=\begin{bmatrix}29 & 27 & 32\\ 10 & 9 & 11\\ 1 & 1 & 1\end{bmatrix}$$

方法二：利用初等变换求 $\boldsymbol{A}^{-1}$。

$$[\boldsymbol{A}\ \vdots\ \boldsymbol{E}]=\left[\begin{array}{ccc:ccc}-2 & 5 & 9 & 1 & 0 & 0\\ 1 & -3 & 1 & 0 & 1 & 0\\ 1 & -2 & -9 & 0 & 0 & 1\end{array}\right]\xrightarrow{r_1\leftrightarrow r_3}\left[\begin{array}{ccc:ccc}1 & -2 & -9 & 0 & 0 & 1\\ 1 & -3 & 1 & 0 & 1 & 0\\ -2 & 5 & 9 & 1 & 0 & 0\end{array}\right]$$

$$\xrightarrow[r_3+2r_1]{r_2-r_1}\left[\begin{array}{ccc:ccc}1 & -2 & -9 & 0 & 0 & 1\\ 0 & -1 & 10 & 0 & 1 & -1\\ 0 & 1 & -9 & 1 & 0 & 2\end{array}\right]\xrightarrow[r_2\times(-1)]{r_3+r_2}\left[\begin{array}{ccc:ccc}1 & -2 & -9 & 0 & 0 & 1\\ 0 & 1 & -10 & 0 & -1 & 1\\ 0 & 0 & 1 & 1 & 1 & 1\end{array}\right]$$

$$\xrightarrow[r_2+10r_3]{r_1+9r_3}\left[\begin{array}{ccc:ccc}1 & -2 & 0 & 9 & 9 & 10\\ 0 & 1 & 0 & 10 & 9 & 11\\ 0 & 0 & 1 & 1 & 1 & 1\end{array}\right]\xrightarrow{r_1+2r_2}\left[\begin{array}{ccc:ccc}1 & 0 & 0 & 29 & 27 & 32\\ 0 & 1 & 0 & 10 & 9 & 11\\ 0 & 0 & 1 & 1 & 1 & 1\end{array}\right]$$

则

$$\boldsymbol{A}^{-1}=\begin{bmatrix}29 & 27 & 32\\ 10 & 9 & 11\\ 1 & 1 & 1\end{bmatrix}$$

评注　在用伴随矩阵求 $\boldsymbol{A}^{-1}$ 时，首先要注意代数余子式公式 $A_{ij}=(-1)^{i+j}M_{ij}$；其次要注意 A_{ij} 在伴随矩阵 $\boldsymbol{A}^{*}$ 中的位置：不是位于第 i 行、第 j 列，而是位于第 j 行、第 i 列。

这是考生非常容易出错的。

初等变换运算是线性代数中最重要的运算，它贯穿于线性代数的所有内容中，所以考生一定要熟练掌握。以下列举了初等变换运算的一些具体应用：

(1) 利用初等变换把行列式化为三角行列式，从而解得行列式的值。

(2) 利用初等行变换把矩阵$[\boldsymbol{A} \vdots \boldsymbol{E}]$化为$[\boldsymbol{E} \vdots \boldsymbol{B}]$，则$\boldsymbol{B}$即为$\boldsymbol{A}^{-1}$。

(3) 利用初等行变换把矩阵$[\boldsymbol{A} \vdots \boldsymbol{B}]$化为$[\boldsymbol{E} \vdots \boldsymbol{C}]$，则$\boldsymbol{C}$即为$\boldsymbol{A}^{-1}\boldsymbol{B}$。

(4) 利用初等行变换把矩阵$\boldsymbol{A}$化为行阶梯矩阵$\boldsymbol{B}$，则矩阵$\boldsymbol{B}$的非零行数即为矩阵$\boldsymbol{A}$的秩。

(5) 利用初等行变换求解线性方程组的解。

(6) 利用初等行变换求向量组的秩。

(7) 利用初等行变换求向量之间的线性表示。

(8) 利用初等行变换求向量组线性相关性。

上述(5)到(8)将在后面的章节讨论。

名师笔记

初等行变换是线性代数中最重要的运算。考生一定要经过大量具体的运算才能熟练掌握。

例 2.7 若n阶方阵$\boldsymbol{A}$满足$2\boldsymbol{A}^2-3\boldsymbol{A}+5\boldsymbol{E}=\boldsymbol{O}$，则$(\boldsymbol{A}+2\boldsymbol{E})^{-1}=$________。

解题思路 根据已知的矩阵等式，找出矩阵等式$(\boldsymbol{A}+2\boldsymbol{E})(?)=\boldsymbol{E}$，其中$(?)$即是答案。

解 根据矩阵等式，有

$$(\boldsymbol{A}+2\boldsymbol{E})(2\boldsymbol{A}-7\boldsymbol{E})+14\boldsymbol{E}+5\boldsymbol{E}=\boldsymbol{O}$$

则

$$(\boldsymbol{A}+2\boldsymbol{E})\left[-\frac{1}{19}(2\boldsymbol{A}-7\boldsymbol{E})\right]=\boldsymbol{E}$$

故

$$(\boldsymbol{A}+2\boldsymbol{E})^{-1}=-\frac{1}{19}(2\boldsymbol{A}-7\boldsymbol{E})$$

评注 此题型解法归纳如下：

已知方阵$\boldsymbol{A}$的m次多项式等式$a_m\boldsymbol{A}^m+\cdots+a_1\boldsymbol{A}+a_0\boldsymbol{E}=\boldsymbol{O}$，求关于方阵$\boldsymbol{A}$的一次多项式的逆$(k_1\boldsymbol{A}+k_0\boldsymbol{E})^{-1}$。则解题方法是用$m$次多项式$a_m\boldsymbol{A}^m+\cdots+a_1\boldsymbol{A}+a_0\boldsymbol{E}$除以1次多项式$k_1\boldsymbol{A}+k_0\boldsymbol{E}$，若商为$b_{m-1}\boldsymbol{A}^{m-1}+\cdots+b_1\boldsymbol{A}+b_0\boldsymbol{E}$，余为$k\boldsymbol{E}$，则有

$$a_m\boldsymbol{A}^m+\cdots+a_1\boldsymbol{A}+a_0\boldsymbol{E}=(k_1\boldsymbol{A}+k_0\boldsymbol{E})(b_{m-1}\boldsymbol{A}^{m-1}+\cdots+b_1\boldsymbol{A}+b_0\boldsymbol{E})+k\boldsymbol{E}=\boldsymbol{O}$$

从而

$$(k_1\boldsymbol{A}+k_0\boldsymbol{E})\frac{-1}{k}(b_{m-1}\boldsymbol{A}^{m-1}+\cdots+b_1\boldsymbol{A}+b_0\boldsymbol{E})=\boldsymbol{E}$$

故

$$(k_1\boldsymbol{A}+k_0\boldsymbol{E})^{-1}=\frac{-1}{k}(b_{m-1}\boldsymbol{A}^{m-1}+\cdots+b_1\boldsymbol{A}+b_0\boldsymbol{E})$$

例如，已知 $3\boldsymbol{A}^3+2\boldsymbol{A}^2-21\boldsymbol{A}+15\boldsymbol{E}=\boldsymbol{O}$，求 $(\boldsymbol{A}-2\boldsymbol{E})^{-1}$。则利用多项式除法：

$$
\begin{array}{r|l}
 & 3A^2+8A-5E \\
\hline
A-2E & 3A^3+2A^2-21A+15E \\
 & 3A^3-6A^2 \\
\hline
 & \quad 8A^2-21A+15E \\
 & \quad 8A^2-16A \\
\hline
 & \qquad -5A+15E \\
 & \qquad -5A+10E \\
\hline
 & \qquad\qquad 5E
\end{array}
$$

可知

$$(\boldsymbol{A}-2\boldsymbol{E})(3\boldsymbol{A}^2+8\boldsymbol{A}-5\boldsymbol{E})+5\boldsymbol{E}=\boldsymbol{O}$$

故

$$(\boldsymbol{A}-2\boldsymbol{E})^{-1}=-\frac{1}{5}(3\boldsymbol{A}^2+8\boldsymbol{A}-5\boldsymbol{E})$$

例 2.8 设 $\boldsymbol{A}=\begin{bmatrix}6 & 9 & 6\\ 6 & 3 & 5\\ 10 & 2 & 6\end{bmatrix}$，$\boldsymbol{E}$ 为 3 阶单位矩阵，且 $\boldsymbol{B}=(5\boldsymbol{E}-2\boldsymbol{A})(3\boldsymbol{E}+2\boldsymbol{A})^{-1}$，则 $(\boldsymbol{B}+\boldsymbol{E})^{-1}=$______。

解题思路 此题目可以直接计算，即分别计算 $(5\boldsymbol{E}-2\boldsymbol{A})$ 和 $(3\boldsymbol{E}+2\boldsymbol{A})^{-1}$，然后进行矩阵乘法运算，但是运算量相对较大。观查矩阵 $\boldsymbol{B}$，它是两项的乘积，且这两项括号内的和刚好把矩阵 $\boldsymbol{A}$ 消去，则可以利用单位矩阵 $\boldsymbol{E}$ 的特点解题。

解

$$
\begin{aligned}
(\boldsymbol{B}+\boldsymbol{E})^{-1}&=[(5\boldsymbol{E}-2\boldsymbol{A})(3\boldsymbol{E}+2\boldsymbol{A})^{-1}+\boldsymbol{E}]^{-1}\\
&=[(5\boldsymbol{E}-2\boldsymbol{A})(3\boldsymbol{E}+2\boldsymbol{A})^{-1}+(3\boldsymbol{E}+2\boldsymbol{A})(3\boldsymbol{E}+2\boldsymbol{A})^{-1}]^{-1}\\
&=[(5\boldsymbol{E}-2\boldsymbol{A}+3\boldsymbol{E}+2\boldsymbol{A})(3\boldsymbol{E}+2\boldsymbol{A})^{-1}]^{-1}\\
&=[8(3\boldsymbol{E}+2\boldsymbol{A})^{-1}]^{-1}\\
&=\frac{1}{8}(3\boldsymbol{E}+2\boldsymbol{A})\\
&=\frac{1}{8}\begin{bmatrix}15 & 18 & 12\\ 12 & 9 & 10\\ 20 & 4 & 15\end{bmatrix}
\end{aligned}
$$

评注 此题的求解技巧性较强，分析的思路如下：

(1) 因为矩阵和的逆 $(\boldsymbol{B}+\boldsymbol{E})^{-1}$ 是不能脱括号的，所以考虑是否能把括号内的 $\boldsymbol{B}+\boldsymbol{E}$ 变为两个矩阵的乘积。

(2) 矩阵 $\boldsymbol{B}$ 是两个矩阵的乘积 $\boldsymbol{P}\boldsymbol{Q}^{-1}$，所以考虑把单位矩阵 $\boldsymbol{E}$ 也拆为两个互逆矩阵的乘积 $\boldsymbol{Q}\boldsymbol{Q}^{-1}$，从而实现把 $\boldsymbol{B}+\boldsymbol{E}$ 变为两项乘积的目的。

注 把单位矩阵 $\boldsymbol{E}$ 拆为两个互逆矩阵的乘积是矩阵变换中最常用的技巧之一。

这种解题方法在求矩阵和的行列式中也常常用到。例如，已知矩阵 $\boldsymbol{A}$，且 $\boldsymbol{B}=\boldsymbol{P}\boldsymbol{A}\boldsymbol{P}^{-1}$，求 $|\boldsymbol{B}+2\boldsymbol{E}|$。则解为 $|\boldsymbol{B}+2\boldsymbol{E}|=|\boldsymbol{P}\boldsymbol{A}\boldsymbol{P}^{-1}+2\boldsymbol{E}|=|\boldsymbol{P}\boldsymbol{A}\boldsymbol{P}^{-1}+\boldsymbol{P}2\boldsymbol{E}\boldsymbol{P}^{-1}|=|\boldsymbol{P}(\boldsymbol{A}+2\boldsymbol{E})\boldsymbol{P}^{-1}|=|\boldsymbol{P}||\boldsymbol{A}+2\boldsymbol{E}||\boldsymbol{P}^{-1}|=|\boldsymbol{A}+2\boldsymbol{E}|$。

名师笔记

单位矩阵 $\boldsymbol{E}$ 在矩阵运算中常常起到“变形金刚”的作用。考生要根据前、后矩阵的特点，合理地把 $\boldsymbol{E}$ 进行变形。

例 2.9　已知 $\boldsymbol{A}$、$\boldsymbol{B}$ 均为 n 阶方阵，且 $\boldsymbol{A}$ 与 $\boldsymbol{AB}-\boldsymbol{E}$ 都可逆，证明 $\boldsymbol{BA}-\boldsymbol{E}$ 也可逆。

解题思路　证明一个方阵 $\boldsymbol{P}$ 可逆的最基本方法之一就是证明 $|\boldsymbol{P}|\neq 0$。

证明　由于 $\boldsymbol{A}(\boldsymbol{BA}-\boldsymbol{E})=\boldsymbol{ABA}-\boldsymbol{A}=(\boldsymbol{AB}-\boldsymbol{E})\boldsymbol{A}$，等式两边取行列式，则有

$$|\boldsymbol{A}||\boldsymbol{BA}-\boldsymbol{E}|=|\boldsymbol{AB}-\boldsymbol{E}||\boldsymbol{A}|$$

又由于矩阵 $\boldsymbol{A}$ 和 $\boldsymbol{AB}-\boldsymbol{E}$ 都可逆，则有 $|\boldsymbol{A}|\neq 0$，$|\boldsymbol{AB}-\boldsymbol{E}|\neq 0$，于是有

$$|\boldsymbol{BA}-\boldsymbol{E}|=|\boldsymbol{AB}-\boldsymbol{E}|\neq 0$$

故矩阵 $\boldsymbol{BA}-\boldsymbol{E}$ 可逆，证毕。

评注　充分利用 $\boldsymbol{A}$ 与 $\boldsymbol{AB}-\boldsymbol{E}$ 都可逆的已知条件，构造包含 $\boldsymbol{BA}-\boldsymbol{E}$ 和 $\boldsymbol{AB}-\boldsymbol{E}$ 的矩阵等式。因为矩阵乘法不满足交换律，所以考生要灵活掌握矩阵左乘和右乘运算。

名师笔记

考生要熟练掌握矩阵乘法运算的“时间顺序任意选”的技巧。

从已知矩阵 $\boldsymbol{AB}-\boldsymbol{E}$ 可逆，到证明 $\boldsymbol{BA}-\boldsymbol{E}$ 可逆，要立即联想到它们之间的关系式：

$$\boldsymbol{A}(\boldsymbol{BA}-\boldsymbol{E})=(\boldsymbol{AB}-\boldsymbol{E})\boldsymbol{A}$$

例 2.10　已知 $\boldsymbol{A}$、$\boldsymbol{B}$ 均为 n 阶方阵，且 $\boldsymbol{AB}-\boldsymbol{E}$ 可逆，证明 $\boldsymbol{BA}-\boldsymbol{E}$ 也可逆。

解题思路　和例 2.9 题比较，此题少了一个已知条件，即矩阵 $\boldsymbol{A}$ 不一定可逆，则只能从 $\boldsymbol{AB}-\boldsymbol{E}$ 可逆的已知条件出发来进行解题。

证明　由于矩阵 $\boldsymbol{AB}-\boldsymbol{E}$ 可逆，可以设 $(\boldsymbol{AB}-\boldsymbol{E})^{-1}=\boldsymbol{C}$，则有

$$(\boldsymbol{AB}-\boldsymbol{E})\boldsymbol{C}=\boldsymbol{E}$$

于是 $\boldsymbol{ABC}-\boldsymbol{C}=\boldsymbol{E}$，对等式两边左乘 $\boldsymbol{B}$，右乘 $\boldsymbol{A}$，有

$$\boldsymbol{BABCA}-\boldsymbol{BCA}=\boldsymbol{BA}$$

$$(\boldsymbol{BA}-\boldsymbol{E})\boldsymbol{BCA}-(\boldsymbol{BA}-\boldsymbol{E})=\boldsymbol{E}$$

$$(\boldsymbol{BA}-\boldsymbol{E})(\boldsymbol{BCA}-\boldsymbol{E})=\boldsymbol{E}$$

故 $\boldsymbol{BA}-\boldsymbol{E}$ 可逆，且 $(\boldsymbol{BA}-\boldsymbol{E})^{-1}=\boldsymbol{BCA}-\boldsymbol{E}$。证毕。

评注　此题的求解技巧性较强，但总思路仍然是如何找出矩阵等式 $(\boldsymbol{BA}-\boldsymbol{E})(\ ?)=\boldsymbol{E}$。下面再给出一例：已知 n 阶矩阵 $\boldsymbol{A}$、$\boldsymbol{B}$ 满足 $3\boldsymbol{A}^{-1}\boldsymbol{B}=\boldsymbol{B}-5\boldsymbol{E}$，证明矩阵 $\boldsymbol{A}-3\boldsymbol{E}$ 可逆，并求其逆。在证明时，用矩阵 $\boldsymbol{A}$ 左乘矩阵等式，有 $3\boldsymbol{B}=\boldsymbol{AB}-5\boldsymbol{A}$，则

$$\boldsymbol{AB}-3\boldsymbol{B}-5\boldsymbol{A}+15\boldsymbol{E}-15\boldsymbol{E}=\boldsymbol{O}$$

$$(\boldsymbol{A}-3\boldsymbol{E})\boldsymbol{B}-5(\boldsymbol{A}-3\boldsymbol{E})=15\boldsymbol{E}$$

$$(\boldsymbol{A}-3\boldsymbol{E})(\boldsymbol{B}-5\boldsymbol{E})=15\boldsymbol{E}$$

$$(\boldsymbol{A}-3\boldsymbol{E})\left[\frac{1}{15}(\boldsymbol{B}-5\boldsymbol{E})\right]=\boldsymbol{E}$$

则矩阵 $A-3E$ 可逆，且$(A-3E)^{-1}=\frac{1}{15}(B-5E)$。

例 2.11 设 A、B 和 $A+B$ 都可逆，证明 $A^{-1}+B^{-1}$ 可逆，并求$(A^{-1}+B^{-1})^{-1}$。

解题思路 要证明 $A^{-1}+B^{-1}$ 可逆，就是要证明$|A^{-1}+B^{-1}|\neq0$。因此要充分利用矩阵 A、B 和 $A+B$ 都可逆的条件。

证明 对矩阵 $A^{-1}+B^{-1}$ 左乘 A、右乘 B，可以得到矩阵等式：

$$A(A^{-1}+B^{-1})B=B+A$$

对等式两边都取行列式，有

$$|A|\,|A^{-1}+B^{-1}|\,|B|=|A+B|$$

由于 A、B 和 $A+B$ 都可逆，有

$$|A|\neq0,\ |B|\neq0,\ |A+B|\neq0$$

则

$$|A^{-1}+B^{-1}|=\frac{|A+B|}{|A|\,|B|}\neq0$$

故 $A^{-1}+B^{-1}$ 可逆。

由矩阵等式 $A(A^{-1}+B^{-1})B=B+A$ 可知

$$A^{-1}+B^{-1}=A^{-1}(A+B)B^{-1}$$

则

$$(A^{-1}+B^{-1})^{-1}=(A^{-1}(A+B)B^{-1})^{-1}=B(A+B)^{-1}A$$

评注 此类题目的解法很多，考生不一定要掌握更多的方法，而应该熟练地掌握其中的一种。本题的解题关键如下：

(1) 证明 $A^{-1}+B^{-1}$ 可逆，即证明$|A^{-1}+B^{-1}|\neq0$。

(2) 构造一个矩阵等式，等式中必须含有矩阵 $A^{-1}+B^{-1}$。

(3) 充分利用已知条件：A、B 和 $A+B$ 都可逆。

根据以上思路就联想到对矩阵 $A^{-1}+B^{-1}$ 左乘 A、右乘 B，从而可以顺利解题。

名师笔记

找出 $A^{-1}+B^{-1}$ 和 $A+B$ 之间的关系：

$$A(A^{-1}+B^{-1})B=B+A$$

例 2.12 设 A、B 均为 n 阶对称矩阵，且矩阵 A 和矩阵 $E+AB$ 都可逆，证明：$(E+AB)^{-1}A$ 为对称阵。

解题思路 证明 P 为对称矩阵，即证明 $P^{T}=P$。

证明 由于 A、B 均为 n 阶对称矩阵，故有 $A^{T}=A$，$B^{T}=B$，且矩阵 A 和矩阵 $E+AB$ 都可逆，则有以下矩阵恒等变换：

$$\begin{aligned}[(E+AB)^{-1}A]^{T}&=A^{T}[(E+AB)^{-1}]^{T}\\&=A^{T}[(E+AB)^{T}]^{-1}=A^{T}(E^{T}+B^{T}A^{T})^{-1}\\&=A(E+BA)^{-1}=[(E+BA)A^{-1}]^{-1}\\&=[(A^{-1}+B)]^{-1}=[A^{-1}(E+AB)]^{-1}\\&=(E+AB)^{-1}A\end{aligned}$$

故矩阵$(\boldsymbol{E}+\boldsymbol{AB})^{-1}\boldsymbol{A}$为对称阵，证毕。

名师笔记

针对矩阵表达式$\boldsymbol{A}(\boldsymbol{E}+\boldsymbol{BA})^{-1}$，想让矩阵$\boldsymbol{A}$进入括号内，可以采取以下变化：

$$\boldsymbol{A}(\boldsymbol{E}+\boldsymbol{BA})^{-1}=[(\boldsymbol{E}+\boldsymbol{BA})\boldsymbol{A}^{-1}]^{-1}=(\boldsymbol{A}^{-1}+\boldsymbol{B})^{-1}$$

评注　本题的求解技巧性较强，考查了以下知识点：

(1) $\boldsymbol{P}$为对称矩阵$\Leftrightarrow \boldsymbol{P}^{\mathrm{T}}=\boldsymbol{P}$。

(2) $\boldsymbol{E}$为对称矩阵。

(3) $(\boldsymbol{PQ})^{\mathrm{T}}=\boldsymbol{Q}^{\mathrm{T}}\boldsymbol{P}^{\mathrm{T}}$。

(4) $(\boldsymbol{P}^{-1})^{\mathrm{T}}=(\boldsymbol{P}^{\mathrm{T}})^{-1}$。

(5) $(\boldsymbol{PQ})^{-1}=\boldsymbol{Q}^{-1}\boldsymbol{P}^{-1}$(若矩阵$\boldsymbol{P}$、$\boldsymbol{Q}$都可逆)。

(6) $(\boldsymbol{E}+\boldsymbol{BA})\boldsymbol{A}^{-1}=\boldsymbol{A}^{-1}(\boldsymbol{E}+\boldsymbol{AB})$，矩阵$\boldsymbol{A}^{-1}$从括号右边“进”，从括号左边“出”，括号内矩阵位置发生变化。类似的矩阵恒等变换还有：

① $\boldsymbol{A}(\boldsymbol{E}+\boldsymbol{BA})=(\boldsymbol{E}+\boldsymbol{AB})\boldsymbol{A}$(矩阵$\boldsymbol{A}$从左“进”从右“出”，括号内矩阵位置发生变化)。

② $\boldsymbol{AB}(\boldsymbol{AB}+\boldsymbol{E})=(\boldsymbol{AB}+\boldsymbol{E})\boldsymbol{AB}$(矩阵$\boldsymbol{AB}$从左“进”从右“出”，括号内矩阵没有发生变化)。

例 2.13　设$\boldsymbol{A}$为n阶方阵，且满足$\boldsymbol{AA}^{\mathrm{T}}=\boldsymbol{E}$，$|\boldsymbol{A}|<0$，证明：矩阵$\boldsymbol{A}+\boldsymbol{E}$为奇异矩阵。

解题思路　要证明$\boldsymbol{A}+\boldsymbol{E}$为奇异矩阵，证明$|\boldsymbol{A}+\boldsymbol{E}|=0$即可。

证明　用矩阵$\boldsymbol{A}^{\mathrm{T}}$右乘矩阵$\boldsymbol{A}+\boldsymbol{E}$，得矩阵等式

$$(\boldsymbol{A}+\boldsymbol{E})\boldsymbol{A}^{\mathrm{T}}=\boldsymbol{AA}^{\mathrm{T}}+\boldsymbol{A}^{\mathrm{T}}=\boldsymbol{E}+\boldsymbol{A}^{\mathrm{T}}=\boldsymbol{E}^{\mathrm{T}}+\boldsymbol{A}^{\mathrm{T}}=(\boldsymbol{A}+\boldsymbol{E})^{\mathrm{T}}$$

对矩阵等式两边取行列式，则有

$$|(\boldsymbol{A}+\boldsymbol{E})\boldsymbol{A}^{\mathrm{T}}|=|(\boldsymbol{A}+\boldsymbol{E})^{\mathrm{T}}|$$

$$|\boldsymbol{A}+\boldsymbol{E}||\boldsymbol{A}|=|\boldsymbol{A}+\boldsymbol{E}|$$

$$|\boldsymbol{A}+\boldsymbol{E}|(|\boldsymbol{A}|-1)=0$$

由于$|\boldsymbol{A}|<0$，则$|\boldsymbol{A}|-1\neq 0$，故$|\boldsymbol{A}+\boldsymbol{E}|=0$，矩阵$\boldsymbol{A}+\boldsymbol{E}$为奇异矩阵，证毕。

评注　此题的证明思路是：首先明确证明的方向，即需要证明$|\boldsymbol{A}+\boldsymbol{E}|=0$；其次利用已知条件构造包含$\boldsymbol{A}+\boldsymbol{E}$的矩阵等式；然后对矩阵等式两边取行列式，最后得到证明。此题考查了以下知识点：

(1) $\boldsymbol{E}^{\mathrm{T}}=\boldsymbol{E}$。

(2) $(\boldsymbol{A}+\boldsymbol{B})^{\mathrm{T}}=\boldsymbol{A}^{\mathrm{T}}+\boldsymbol{B}^{\mathrm{T}}$。

(3) $|\boldsymbol{AB}|=|\boldsymbol{A}||\boldsymbol{B}|$。

(4) $|\boldsymbol{A}^{\mathrm{T}}|=|\boldsymbol{A}|$。

名师笔记

考生一定要熟悉各种矩阵的名称，奇异矩阵、降秩矩阵、不可逆矩阵及行列式等于零的矩阵都是相互等价的表述。

例 2.14　设 $\boldsymbol{A}$ 为 n 阶可逆方阵，且 $\boldsymbol{A}$ 的每行元素之和都等于常数 $k(k\neq 0)$，证明矩阵 $\boldsymbol{A}^{-1}$ 中的每行元素之和都等于 k^{-1}。

解题思路　把 $\boldsymbol{A}$ 的每行元素之和都等于常数 k 用一个包含矩阵乘法的矩阵等式来表述。

证明　$\boldsymbol{A}$ 的每行元素之和都等于常数 $k\Leftrightarrow \begin{bmatrix} a_{11} & a_{12} & \cdots & a_{1n} \\ a_{21} & a_{22} & \cdots & a_{2n} \\ \vdots & \vdots & & \vdots \\ a_{n1} & a_{n2} & \cdots & a_{nn} \end{bmatrix}\begin{bmatrix} 1 \\ 1 \\ \vdots \\ 1 \end{bmatrix}=\begin{bmatrix} k \\ k \\ \vdots \\ k \end{bmatrix}$

令 $\boldsymbol{B}=\begin{bmatrix} 1 \\ 1 \\ \vdots \\ 1 \end{bmatrix}$，有 $\boldsymbol{AB}=k\boldsymbol{B}$，由于矩阵 $\boldsymbol{A}$ 可逆，则用 $\boldsymbol{A}^{-1}$ 左乘矩阵等式，有

$$\boldsymbol{B}=k\boldsymbol{A}^{-1}\boldsymbol{B}$$

又由于 $k\neq 0$，即有 $\boldsymbol{A}^{-1}\boldsymbol{B}=k^{-1}\boldsymbol{B}$，则有矩阵 $\boldsymbol{A}^{-1}$ 中的每行元素之和都等于 k^{-1}。证毕。

评注　要善于用矩阵等式来表述线性代数问题，例如：

(1) $\boldsymbol{\eta}$ 是线性方程组 $\boldsymbol{Ax}=\boldsymbol{0}$ 的解 $\Leftrightarrow \boldsymbol{A\eta}=\boldsymbol{0}$。

(2) 矩阵 $\boldsymbol{B}$ 的所有列向量都是方程组 $\boldsymbol{Ax}=\boldsymbol{0}$ 的解 $\Leftrightarrow \boldsymbol{AB}=\boldsymbol{O}$。

(3) 矩阵 $\boldsymbol{A}$ 的第 1 列的 3 倍加到第 2 列上得到矩阵 $\boldsymbol{B}\Leftrightarrow \boldsymbol{AP}=\boldsymbol{B}$(其中 $\boldsymbol{P}$ 为 $\boldsymbol{E}$ 的第 1 列的 3 倍加到第 2 列上的结果)。

(4) $m\times n$ 矩阵 $\boldsymbol{A}$ 的每行元素之和都等于零 $\Leftrightarrow \begin{bmatrix} a_{11} & a_{12} & \cdots & a_{1n} \\ a_{21} & a_{22} & \cdots & a_{2n} \\ \vdots & \vdots & & \vdots \\ a_{m1} & a_{m2} & \cdots & a_{mn} \end{bmatrix}\begin{bmatrix} 1 \\ 1 \\ \vdots \\ 1 \end{bmatrix}=\begin{bmatrix} 0 \\ 0 \\ \vdots \\ 0 \end{bmatrix}\Leftrightarrow$ 向量 $\begin{bmatrix} 1 \\ 1 \\ \vdots \\ 1 \end{bmatrix}$ 是方程组 $\boldsymbol{Ax}=\boldsymbol{0}$ 之解 $\Leftrightarrow 0$ 是矩阵 $\boldsymbol{A}$ 的特征值，$\begin{bmatrix} 1 \\ 1 \\ \vdots \\ 1 \end{bmatrix}$ 是对应于 0 的矩阵 $\boldsymbol{A}$ 的特征向量。

(5) 向量组 $\boldsymbol{A}=[\boldsymbol{\alpha}_1, \boldsymbol{\alpha}_2, \cdots, \boldsymbol{\alpha}_n]$ 可以由向量组 $\boldsymbol{B}=[\boldsymbol{\beta}_1, \boldsymbol{\beta}_2, \cdots, \boldsymbol{\beta}_m]$ 线性表示 $\Leftrightarrow \boldsymbol{A}=\boldsymbol{BC}$。

(6) 方阵 $\boldsymbol{A}$ 的每行元素之和都等于常数 $k\Leftrightarrow \begin{bmatrix} a_{11} & a_{12} & \cdots & a_{1n} \\ a_{21} & a_{22} & \cdots & a_{2n} \\ \vdots & \vdots & & \vdots \\ a_{n1} & a_{n2} & \cdots & a_{nn} \end{bmatrix}\begin{bmatrix} 1 \\ 1 \\ \vdots \\ 1 \end{bmatrix}=k\begin{bmatrix} 1 \\ 1 \\ \vdots \\ 1 \end{bmatrix}\Leftrightarrow k$ 是矩阵 $\boldsymbol{A}$ 的特征值，$\begin{bmatrix} 1 \\ 1 \\ \vdots \\ 1 \end{bmatrix}$ 是对应于 k 的矩阵 $\boldsymbol{A}$ 的特征向量。

名师笔记

用矩阵等式来表述线性代数问题是线性代数解题的关键，考生一定要仔细领会。

考生既要掌握用矩阵等式来描述线性代数问题，又要能很快地把某些矩阵等式翻译成线性代数的语言。

例如，有矩阵等式 $\boldsymbol{A}=\boldsymbol{BC}$，那么可以得出以下结论：

(1) $\boldsymbol{B}$ 的列向量组可以线性表示 $\boldsymbol{A}$ 的列向量组。

(2) $\boldsymbol{C}$ 的行向量组可以线性表示 $\boldsymbol{A}$ 的行向量组。

例 2.15 已知 $\boldsymbol{\alpha}_1$、$\boldsymbol{\alpha}_2$、$\boldsymbol{\alpha}_3$ 为 3 个 3 维列向量，3 阶方阵 $\boldsymbol{A}=[\boldsymbol{\alpha}_1, \boldsymbol{\alpha}_2, \boldsymbol{\alpha}_3]$，$\boldsymbol{B}=[\boldsymbol{\alpha}_1+\boldsymbol{\alpha}_2+\boldsymbol{\alpha}_3, \boldsymbol{\alpha}_2+\boldsymbol{\alpha}_3, \boldsymbol{\alpha}_3]$，$\boldsymbol{C}=[\boldsymbol{\alpha}_1-\boldsymbol{\alpha}_2, \boldsymbol{\alpha}_2-\boldsymbol{\alpha}_3, \boldsymbol{\alpha}_3-\boldsymbol{\alpha}_1]$，且 $\boldsymbol{A}$ 为可逆矩阵，则[ ]。

(A) $\boldsymbol{B}$ 和 $\boldsymbol{C}$ 都可逆　　(B) $\boldsymbol{B}$ 可逆，$\boldsymbol{C}$ 不可逆

(C) $\boldsymbol{B}$ 不可逆，$\boldsymbol{C}$ 可逆　　(D) $\boldsymbol{B}$ 和 $\boldsymbol{C}$ 都不可逆

解题思路 根据行列式 $|\boldsymbol{B}|$ 和 $|\boldsymbol{C}|$ 是否为零来判断矩阵 $\boldsymbol{B}$ 和 $\boldsymbol{C}$ 的可逆性。

解 根据分块矩阵的乘法定义，有

$$\boldsymbol{B}=[\boldsymbol{\alpha}_1+\boldsymbol{\alpha}_2+\boldsymbol{\alpha}_3, \boldsymbol{\alpha}_2+\boldsymbol{\alpha}_3, \boldsymbol{\alpha}_3]=[\boldsymbol{\alpha}_1, \boldsymbol{\alpha}_2, \boldsymbol{\alpha}_3]\begin{bmatrix}1&0&0\\1&1&0\\1&1&1\end{bmatrix}$$

令 $\boldsymbol{P}=\begin{bmatrix}1&0&0\\1&1&0\\1&1&1\end{bmatrix}$，则

$$|\boldsymbol{B}|=|\boldsymbol{A}||\boldsymbol{P}|$$

由于矩阵 $\boldsymbol{A}$ 可逆，有 $|\boldsymbol{A}|\neq0$，而 $|\boldsymbol{P}|=1\neq0$，则 $|\boldsymbol{B}|\neq0$，故 $\boldsymbol{B}$ 可逆。同理有

$$\begin{aligned}\boldsymbol{C}&=[\boldsymbol{\alpha}_1-\boldsymbol{\alpha}_2, \boldsymbol{\alpha}_2-\boldsymbol{\alpha}_3, \boldsymbol{\alpha}_3-\boldsymbol{\alpha}_1]\\&=[\boldsymbol{\alpha}_1, \boldsymbol{\alpha}_2, \boldsymbol{\alpha}_3]\begin{bmatrix}1&0&-1\\-1&1&0\\0&-1&1\end{bmatrix}\end{aligned}$$

令 $\boldsymbol{Q}=\begin{bmatrix}1&0&-1\\-1&1&0\\0&-1&1\end{bmatrix}$，则

$$|\boldsymbol{C}|=|\boldsymbol{A}||\boldsymbol{Q}|$$

而 $|\boldsymbol{Q}|=0$，则 $|\boldsymbol{C}|=0$，故 $\boldsymbol{C}$ 不可逆。答案应选(B)。

评注 此题的求解方法很多，但分块矩阵的乘法运算能够解决很多线性代数问题，这是考生必须熟练掌握的重点内容。例如：

(1) 用初等行变换求 $\boldsymbol{A}^{-1}$ 的过程，即为 $\boldsymbol{A}^{-1}(\boldsymbol{A}, \boldsymbol{E})=(\boldsymbol{E}, \boldsymbol{A}^{-1})$。

(2) 用初等行变换求 $\boldsymbol{A}^{-1}\boldsymbol{B}$ 的过程，即为 $\boldsymbol{A}^{-1}(\boldsymbol{A}, \boldsymbol{B})=(\boldsymbol{E}, \boldsymbol{A}^{-1}\boldsymbol{B})$。

(3) $\boldsymbol{AB}=\boldsymbol{A}(\boldsymbol{b}_1, \boldsymbol{b}_2, \cdots, \boldsymbol{b}_n)=(\boldsymbol{Ab}_1, \boldsymbol{Ab}_2, \cdots, \boldsymbol{Ab}_n)$。

(4) 向量组 $\boldsymbol{A}=[\boldsymbol{a}_1, \boldsymbol{a}_2, \cdots, \boldsymbol{a}_n]$ 可以由向量组 $\boldsymbol{B}=[\boldsymbol{b}_1, \boldsymbol{b}_2, \cdots, \boldsymbol{b}_m]$ 线性表示，即

$$[\boldsymbol{a}_1, \boldsymbol{a}_2, \cdots, \boldsymbol{a}_n] = [\boldsymbol{b}_1, \boldsymbol{b}_2, \cdots, \boldsymbol{b}_m]\begin{bmatrix} k_{11} & k_{12} & \cdots & k_{1n} \\ k_{21} & k_{22} & \cdots & k_{2n} \\ \vdots & \vdots & & \vdots \\ k_{m1} & k_{m2} & \cdots & k_{mn} \end{bmatrix}$$

(5) 线性方程组的多种写法(在下一章介绍)。

例 2.16　(2008.1, 2, 3)设 $\boldsymbol{A}$ 为 n 阶非零矩阵，$\boldsymbol{E}$ 为 n 阶单位矩阵。若 $\boldsymbol{A}^3=\boldsymbol{O}$，则[　　]。

(A) $\boldsymbol{E}-\boldsymbol{A}$ 不可逆，$\boldsymbol{E}+\boldsymbol{A}$ 不可逆　　(B) $\boldsymbol{E}-\boldsymbol{A}$ 不可逆，$\boldsymbol{E}+\boldsymbol{A}$ 可逆

(C) $\boldsymbol{E}-\boldsymbol{A}$ 可逆，$\boldsymbol{E}+\boldsymbol{A}$ 可逆　　(D) $\boldsymbol{E}-\boldsymbol{A}$ 可逆，$\boldsymbol{E}+\boldsymbol{A}$ 不可逆

解题思路　从已知条件 $\boldsymbol{A}^3=\boldsymbol{O}$ 出发，分别找出$(\boldsymbol{E}-\boldsymbol{A})(?)=\boldsymbol{E}$，或$(\boldsymbol{E}+\boldsymbol{A})(?)=\boldsymbol{E}$。

解　由于 $\boldsymbol{A}^3=\boldsymbol{O}$，则有 $\boldsymbol{A}^3+\boldsymbol{E}=\boldsymbol{E}$ 和 $\boldsymbol{A}^3-\boldsymbol{E}=-\boldsymbol{E}$，于是有

$$(\boldsymbol{A}+\boldsymbol{E})(\boldsymbol{A}^2-\boldsymbol{A}+\boldsymbol{E})=\boldsymbol{E}$$

$$(\boldsymbol{A}-\boldsymbol{E})(\boldsymbol{A}^2+\boldsymbol{A}+\boldsymbol{E})=-\boldsymbol{E}$$

则矩阵 $\boldsymbol{E}-\boldsymbol{A}$ 和 $\boldsymbol{E}+\boldsymbol{A}$ 都可逆，故选择(C)。

评注　由于 $\boldsymbol{AE}=\boldsymbol{EA}$，因此有以下公式：

(1) $\boldsymbol{A}^3-\boldsymbol{E}=(\boldsymbol{A}-\boldsymbol{E})(\boldsymbol{A}^2+\boldsymbol{A}+\boldsymbol{E})$。

(2) $\boldsymbol{A}^3+\boldsymbol{E}=(\boldsymbol{A}+\boldsymbol{E})(\boldsymbol{A}^2-\boldsymbol{A}+\boldsymbol{E})$。

名师笔记

例 2.16 可以用选择题的解题技巧快速解答。

构造满足 $\boldsymbol{A}^3=\boldsymbol{O}$ 的矩阵(参见例 2.4 的名师笔记)：

$$\boldsymbol{A}=\begin{bmatrix} 0 & 0 & 0 \\ 1 & 0 & 0 \\ 3 & 2 & 0 \end{bmatrix}$$

显然有 $\boldsymbol{E}-\boldsymbol{A}$ 和 $\boldsymbol{E}+\boldsymbol{A}$ 都可逆。

题型 3　伴随矩阵

例 2.17　已知

$$\boldsymbol{A}=\begin{bmatrix} 0 & 0 & 0 & \frac{1}{5} \\ \frac{1}{2} & 0 & 0 & 0 \\ 0 & \frac{1}{3} & 0 & 0 \\ 0 & 0 & \frac{1}{4} & 0 \end{bmatrix}$$

那么行列式$|\boldsymbol{A}|$的所有元素的代数余子式之和为______。

解题思路　行列式$|\boldsymbol{A}|$的所有元素的代数余子式之和就是矩阵 $\boldsymbol{A}$ 的伴随矩阵 $\boldsymbol{A}^*$ 的所

有元素之和，故只要求得伴随矩阵 $\boldsymbol{A}^*$ 即可。

解　根据分块矩阵的行列式公式，有

$$|\boldsymbol{A}|=\begin{vmatrix}0&0&0&\frac{1}{5}\\\frac{1}{2}&0&0&0\\0&\frac{1}{3}&0&0\\0&0&\frac{1}{4}&0\end{vmatrix}=(-1)^{1\times 3}\frac{1}{5}\begin{vmatrix}\frac{1}{2}&0&0\\0&\frac{1}{3}&0\\0&0&\frac{1}{4}\end{vmatrix}=-\frac{1}{5!}$$

根据分块矩阵的求逆公式，有

$$\boldsymbol{A}^{-1}=\begin{bmatrix}0&0&0&\frac{1}{5}\\\frac{1}{2}&0&0&0\\0&\frac{1}{3}&0&0\\0&0&\frac{1}{4}&0\end{bmatrix}^{-1}=\begin{bmatrix}0&2&0&0\\0&0&3&0\\0&0&0&4\\5&0&0&0\end{bmatrix}$$

根据伴随矩阵公式，有

$$\boldsymbol{A}^*=|\boldsymbol{A}|\boldsymbol{A}^{-1}=-\frac{1}{5!}\begin{bmatrix}0&2&0&0\\0&0&3&0\\0&0&0&4\\5&0&0&0\end{bmatrix}$$

则

$$\sum A_{ij}=-\frac{1}{5!}(2+3+4+5)=-\frac{7}{60}$$

评注　本题考查了分块矩阵的行列式公式、分块矩阵的求逆公式和伴随矩阵的概念。

名师笔记

考生在遇到分块对角矩阵时，最好用笔画 2 条(或 4 条)直线把矩阵分成 4 块(或 9 块)。这种简单的操作可以把分块矩阵变得非常醒目。

例 2.18　已知 $\boldsymbol{A}=\frac{1}{3}\begin{bmatrix}6&0&2\\9&5&9\\0&0&6\end{bmatrix}$，则 $(\boldsymbol{A}^{-1})^*=$______。

解题思路　利用公式 $(\boldsymbol{A}^{-1})^*=(\boldsymbol{A}^*)^{-1}=\frac{\boldsymbol{A}}{|\boldsymbol{A}|}$ 解题。

解

$$|\boldsymbol{A}|=\frac{1}{27}\begin{vmatrix}6&0&2\\9&5&9\\0&0&6\end{vmatrix}=\frac{20}{3}$$

则

$$(\boldsymbol{A}^{-1})^{*}=\frac{\boldsymbol{A}}{|\boldsymbol{A}|}=\frac{1}{20}\begin{bmatrix}6&0&2\\9&5&9\\0&0&6\end{bmatrix}$$

评注　矩阵的运算公式较多，考生应该牢记相关公式，本题考查了两个基本运算公式：

(1) $(\boldsymbol{A}^{-1})^{*}=(\boldsymbol{A}^{*})^{-1}=\dfrac{\boldsymbol{A}}{|\boldsymbol{A}|}$。

(2) $|k\boldsymbol{A}|=k^{n}|\boldsymbol{A}|$（$\boldsymbol{A}$ 为 n 阶方阵）。

在考试中，很多考生把第(2)个公式错误地写为 $|k\boldsymbol{A}|=k|\boldsymbol{A}|$。

例 2.19　(2009.1，2，3)设 $\boldsymbol{A}$、$\boldsymbol{B}$ 均为 2 阶矩阵，$\boldsymbol{A}^{*}$、$\boldsymbol{B}^{*}$ 分别为 $\boldsymbol{A}$、$\boldsymbol{B}$ 的伴随矩阵。若 $|\boldsymbol{A}|=2$，$|\boldsymbol{B}|=3$，则分块矩阵 $\begin{bmatrix}\boldsymbol{O}&\boldsymbol{A}\\\boldsymbol{B}&\boldsymbol{O}\end{bmatrix}$ 的伴随矩阵为[　　]。

(A) $\begin{bmatrix}\boldsymbol{O}&3\boldsymbol{B}^{*}\\2\boldsymbol{A}^{*}&\boldsymbol{O}\end{bmatrix}$　　(B) $\begin{bmatrix}\boldsymbol{O}&2\boldsymbol{B}^{*}\\3\boldsymbol{A}^{*}&\boldsymbol{O}\end{bmatrix}$

(C) $\begin{bmatrix}\boldsymbol{O}&3\boldsymbol{A}^{*}\\2\boldsymbol{B}^{*}&\boldsymbol{O}\end{bmatrix}$　　(D) $\begin{bmatrix}\boldsymbol{O}&2\boldsymbol{A}^{*}\\3\boldsymbol{B}^{*}&\boldsymbol{O}\end{bmatrix}$

解题思路　利用公式 $\boldsymbol{A}^{*}=|\boldsymbol{A}|\boldsymbol{A}^{-1}$ 求解。

解　设 $\boldsymbol{C}=\begin{bmatrix}\boldsymbol{O}&\boldsymbol{A}\\\boldsymbol{B}&\boldsymbol{O}\end{bmatrix}$，由于 $|\boldsymbol{A}|=2\neq0$，$|\boldsymbol{B}|=3\neq0$，则矩阵 $\boldsymbol{A}$ 和 $\boldsymbol{B}$ 都可逆，于是有

$$\begin{aligned}\boldsymbol{C}^{*}&=|\boldsymbol{C}|\boldsymbol{C}^{-1}=\begin{vmatrix}\boldsymbol{O}&\boldsymbol{A}\\\boldsymbol{B}&\boldsymbol{O}\end{vmatrix}\begin{bmatrix}\boldsymbol{O}&\boldsymbol{A}\\\boldsymbol{B}&\boldsymbol{O}\end{bmatrix}^{-1}=(-1)^{2\times2}|\boldsymbol{A}||\boldsymbol{B}|\begin{bmatrix}\boldsymbol{O}&\boldsymbol{B}^{-1}\\\boldsymbol{A}^{-1}&\boldsymbol{O}\end{bmatrix}\\&=|\boldsymbol{A}||\boldsymbol{B}|\begin{bmatrix}\boldsymbol{O}&|\boldsymbol{B}|^{-1}\boldsymbol{B}^{*}\\|\boldsymbol{A}|^{-1}\boldsymbol{A}^{*}&\boldsymbol{O}\end{bmatrix}=\begin{bmatrix}\boldsymbol{O}&|\boldsymbol{A}|\boldsymbol{B}^{*}\\|\boldsymbol{B}|\boldsymbol{A}^{*}&\boldsymbol{O}\end{bmatrix}\\&=\begin{bmatrix}\boldsymbol{O}&2\boldsymbol{B}^{*}\\3\boldsymbol{A}^{*}&\boldsymbol{O}\end{bmatrix}\end{aligned}$$

故选择(B)。

评注　本题考查以下知识点：

(1) $|\boldsymbol{A}|\neq0\Leftrightarrow\boldsymbol{A}$ 可逆。

(2) $\boldsymbol{A}^{*}=|\boldsymbol{A}|\boldsymbol{A}^{-1}$。

(3) $\boldsymbol{A}^{-1}=|\boldsymbol{A}|^{-1}\boldsymbol{A}^{*}$。

(4) $\begin{vmatrix}\boldsymbol{C}&\boldsymbol{A}_m\\\boldsymbol{B}_n&\boldsymbol{O}\end{vmatrix}=\begin{vmatrix}\boldsymbol{O}&\boldsymbol{A}_m\\\boldsymbol{B}_n&\boldsymbol{D}\end{vmatrix}=(-1)^{mn}|\boldsymbol{A}||\boldsymbol{B}|$。

(5) $\begin{bmatrix}&&&\boldsymbol{A}_1\\&&\boldsymbol{A}_2&\\&\iddots&&\\\boldsymbol{A}_n&&&\end{bmatrix}^{-1}=\begin{bmatrix}&&\boldsymbol{A}_n^{-1}\\&\iddots&\\\boldsymbol{A}_2^{-1}&&\\\boldsymbol{A}_1^{-1}&&\end{bmatrix}$（设 $\boldsymbol{A}_i$ ($i=1,2,\cdots,n$)为可逆方阵）。

名师笔记

例 2.19 可以利用选择题的解题技巧，分别用 4 个选项逐一进行验证。显然，针对选项(B)有

$$\begin{bmatrix} O & A \\ B & O \end{bmatrix}\begin{bmatrix} O & 2B^* \\ 3A^* & O \end{bmatrix}=\begin{bmatrix} 3|A|E & O \\ O & 2|B|E \end{bmatrix}=\begin{vmatrix} O & A \\ B & O \end{vmatrix}E$$

题型 4 初等变换与初等矩阵

名师笔记

初等变换与初等矩阵是考研的高频题型，考生一定要熟练掌握。

例 2.20 设

$$A=\begin{bmatrix} 1 & 4 & 11 & 20 \\ 2 & 3 & 12 & 22 \\ 3 & 2 & 13 & 27 \\ 4 & 1 & 19 & 29 \end{bmatrix}, B=\begin{bmatrix} 20 & 11 & 4 & 1 \\ 22 & 12 & 3 & 2 \\ 27 & 13 & 2 & 3 \\ 29 & 19 & 1 & 4 \end{bmatrix}$$

$$P_1=\begin{bmatrix} 1 & 0 & 0 & 0 \\ 0 & 0 & 1 & 0 \\ 0 & 1 & 0 & 0 \\ 0 & 0 & 0 & 1 \end{bmatrix}, P_2=\begin{bmatrix} 0 & 0 & 0 & 1 \\ 0 & 1 & 0 & 0 \\ 0 & 0 & 1 & 0 \\ 1 & 0 & 0 & 0 \end{bmatrix}$$

则 B^{-1} 等于[　　]。

(A) $A^{-1}P_1P_2$　　(B) $P_1A^{-1}P_2$　　(C) $P_1P_2A^{-1}$　　(D) $P_2A^{-1}P_1$

解题思路 P_1 与 P_2 是初等矩阵，而矩阵 A 和矩阵 B 的列元素相同，但所在位置不同。根据初等矩阵与初等变换的知识解题。

解 通过分析矩阵 A 和 B 的元素结构，可以发现矩阵 A 与 B 的关系如下：

$$A \xrightarrow[c_2\leftrightarrow c_3]{c_1\leftrightarrow c_4} B$$

而初等矩阵 P_1 与 P_2 和单位矩阵 E 的关系如下：

$$E \xrightarrow{c_2\leftrightarrow c_3} P_1,\ E \xrightarrow{c_1\leftrightarrow c_4} P_2$$

所以有

$$AP_1P_2=B \quad 或 \quad AP_2P_1=B$$

则

$$B^{-1}=P_2^{-1}P_1^{-1}A^{-1} \quad 或 \quad B^{-1}=P_1^{-1}P_2^{-1}A^{-1}$$

而 $P_1^{-1}=P_1$，$P_2^{-1}=P_2$，故 $B^{-1}=P_2P_1A^{-1}$，或 $B^{-1}=P_1P_2A^{-1}$，所以选(C)。

评注 本题考查了以下知识点：

(1) 已知矩阵 A、B 满足 $PA=B$，其中 P 为初等矩阵，则矩阵 B 为矩阵 A 进行一次初等行变换的结果，而行变换的种类由初等方阵 P 的种类决定。若初等矩阵 P 是单位矩阵 E 的第 i 行和第 j 行交换而得到的，那么矩阵 B 就为矩阵 A 的第 i 行和第 j 行交换的结果。

(2) 已知矩阵 $\boldsymbol{A}$、$\boldsymbol{B}$ 满足 $\boldsymbol{AP}=\boldsymbol{B}$，其中 $\boldsymbol{P}$ 为初等矩阵，则矩阵 $\boldsymbol{B}$ 为矩阵 $\boldsymbol{A}$ 进行一次初等列变换的结果，而列变换的种类由初等方阵 $\boldsymbol{P}$ 的种类决定。若初等矩阵 $\boldsymbol{P}$ 是单位矩阵 $\boldsymbol{E}$ 第 i 列的 k 倍加到第 j 列上而得到的，那么矩阵 $\boldsymbol{B}$ 就为矩阵 $\boldsymbol{A}$ 第 i 列的 k 倍加到第 j 列上的结果。

(3) 初等矩阵的逆仍然是初等矩阵，如：

$$\begin{bmatrix}1&0&0\\0&0&1\\0&1&0\end{bmatrix}^{-1}=\begin{bmatrix}1&0&0\\0&0&1\\0&1&0\end{bmatrix}$$

$$\begin{bmatrix}1&0&0\\0&1&0\\0&0&3\end{bmatrix}^{-1}=\begin{bmatrix}1&0&0\\0&1&0\\0&0&\frac{1}{3}\end{bmatrix}$$

$$\begin{bmatrix}1&0&0\\0&1&0\\5&0&1\end{bmatrix}^{-1}=\begin{bmatrix}1&0&0\\0&1&0\\-5&0&1\end{bmatrix}$$

(4) 公式 $(\boldsymbol{ABC})^{-1}=\boldsymbol{C}^{-1}\boldsymbol{B}^{-1}\boldsymbol{A}^{-1}$。

例 2.21　设 $\boldsymbol{A}$ 为 $n(n>1)$ 阶可逆矩阵，交换 $\boldsymbol{A}$ 的第 1 行与第 2 行得到矩阵 $\boldsymbol{B}$，$\boldsymbol{A}^*$、$\boldsymbol{B}^*$ 分别为矩阵 $\boldsymbol{A}$、$\boldsymbol{B}$ 的伴随矩阵，则[　　]。

(A) 交换 $\boldsymbol{A}^*$ 的第 1 行与第 2 行得到 $\boldsymbol{B}^*$

(B) 交换 $\boldsymbol{A}^*$ 的第 1 列与第 2 列得到 $\boldsymbol{B}^*$

(C) 交换 $\boldsymbol{A}^*$ 的第 1 行与第 2 行得到 $-\boldsymbol{B}^*$

(D) 交换 $\boldsymbol{A}^*$ 的第 1 列与第 2 列得到 $-\boldsymbol{B}^*$

解题思路　矩阵 $\boldsymbol{A}$ 进行一次初等行变换就变为了矩阵 $\boldsymbol{B}$，写出其等式关系，再运用伴随矩阵的公式解题。

解　根据题意有 $\boldsymbol{PA}=\boldsymbol{B}$，其中 $\boldsymbol{P}$ 为初等矩阵，且 $\boldsymbol{P}$ 是交换 n 阶单位矩阵 $\boldsymbol{E}$ 的第 1 行与第 2 行而得到的，则有 $|\boldsymbol{P}|=-1$，$\boldsymbol{P}^{-1}=\boldsymbol{P}$。

对等式 $\boldsymbol{PA}=\boldsymbol{B}$ 两边求伴随矩阵，即 $(\boldsymbol{PA})^*=\boldsymbol{B}^*$，则有 $\boldsymbol{A}^*\boldsymbol{P}^*=\boldsymbol{B}^*$，而 $\boldsymbol{P}^*=|\boldsymbol{P}|\boldsymbol{P}^{-1}=-\boldsymbol{P}$，所以有 $\boldsymbol{A}^*(-\boldsymbol{P})=\boldsymbol{B}^*$，故应选(D)。

评注　本题除了考查初等矩阵 $\boldsymbol{P}$ 左乘矩阵 $\boldsymbol{A}$ 和右乘矩阵 $\boldsymbol{A}$ 的意义、初等矩阵的行列式及初等矩阵的逆等知识点以外，还考查了公式 $(\boldsymbol{AB})^*=\boldsymbol{B}^*\boldsymbol{A}^*$。

名师笔记

伴随矩阵在考研试题中频繁出现，考生一定要熟练掌握伴随矩阵的各种公式。

例 2.22　计算 $\begin{bmatrix}1&2&0\\0&1&0\\0&0&1\end{bmatrix}^{100}\begin{bmatrix}9&3&2\\1&2&3\\0&1&2\end{bmatrix}\begin{bmatrix}0&0&1\\0&1&0\\1&0&0\end{bmatrix}^{101}$。

解题思路　观察做幂运算的矩阵为初等矩阵，所以可以利用初等矩阵的性质解题。

解　设初等矩阵 $\boldsymbol{P}_1=\begin{bmatrix}1&2&0\\0&1&0\\0&0&1\end{bmatrix}$，$\boldsymbol{P}_2=\begin{bmatrix}0&0&1\\0&1&0\\1&0&0\end{bmatrix}$，3 阶方阵 $\boldsymbol{A}=\begin{bmatrix}9&3&2\\1&2&3\\0&1&2\end{bmatrix}$。其中 $\boldsymbol{P}_1$ 为 3 阶单位矩阵 $\boldsymbol{E}$ 第 2 行的 2 倍加到第 1 行上的结果，所以矩阵 $\boldsymbol{B}=\boldsymbol{P}_1^{100}\boldsymbol{A}$ 就是对矩阵 $\boldsymbol{A}$ 进行了 100 次初等行变换的结果，每次都是把矩阵 $\boldsymbol{A}$ 第 2 行的 2 倍加到第 1 行上。则

$$\boldsymbol{B}=\boldsymbol{P}_1^{100}\boldsymbol{A}=\begin{bmatrix}1&2&0\\0&1&0\\0&0&1\end{bmatrix}^{100}\begin{bmatrix}9&3&2\\1&2&3\\0&1&2\end{bmatrix}$$

$$=\begin{bmatrix}9+1\times2\times100&3+2\times2\times100&2+3\times2\times100\\1&2&3\\0&1&2\end{bmatrix}$$

$$=\begin{bmatrix}209&403&602\\1&2&3\\0&1&2\end{bmatrix}$$

同理，$\boldsymbol{P}_2$ 为 3 阶单位矩阵 $\boldsymbol{E}$ 第 1 列与第 3 列交换的结果，所以矩阵 $\boldsymbol{C}=\boldsymbol{B}\boldsymbol{P}_2^{101}$ 就是对矩阵 $\boldsymbol{B}$ 进行了 101 次初等列变换的结果，每次都是把矩阵 $\boldsymbol{B}$ 第 1 列与第 3 列交换。则

$$\boldsymbol{C}=\boldsymbol{B}\boldsymbol{P}_2^{101}=\begin{bmatrix}209&403&602\\1&2&3\\0&1&2\end{bmatrix}\begin{bmatrix}0&0&1\\0&1&0\\1&0&0\end{bmatrix}^{101}$$

$$=\begin{bmatrix}602&403&209\\3&2&1\\2&1&0\end{bmatrix}$$

故

$$\boldsymbol{C}=\boldsymbol{P}_1^{100}\boldsymbol{A}\boldsymbol{P}_2^{101}=\begin{bmatrix}602&403&209\\3&2&1\\2&1&0\end{bmatrix}$$

评注　方阵幂运算的解题方法已经在例 2.5 的评注中做过总结，本题为求初等矩阵 $\boldsymbol{P}$ 的幂运算，$\boldsymbol{P}^n\boldsymbol{A}$ 的结果为对矩阵 $\boldsymbol{A}$ 进行 n 次相同的初等行变换，而 $\boldsymbol{A}\boldsymbol{P}^n$ 的结果为对矩阵 $\boldsymbol{A}$ 进行 n 次相同的初等列变换。

例 2.23　(2012.1，2，3)设 $\boldsymbol{A}$ 为 3 阶矩阵，$\boldsymbol{P}$ 为 3 阶可逆矩阵，且 $\boldsymbol{P}^{-1}\boldsymbol{A}\boldsymbol{P}=\begin{bmatrix}1&0&0\\0&1&0\\0&0&2\end{bmatrix}$。若 $\boldsymbol{P}=(\boldsymbol{\alpha}_1,\boldsymbol{\alpha}_2,\boldsymbol{\alpha}_3)$，$\boldsymbol{Q}=(\boldsymbol{\alpha}_1+\boldsymbol{\alpha}_2,\boldsymbol{\alpha}_2,\boldsymbol{\alpha}_3)$，则 $\boldsymbol{Q}^{-1}\boldsymbol{A}\boldsymbol{Q}=$[　　]。

(A) $\begin{bmatrix}1&0&0\\0&2&0\\0&0&1\end{bmatrix}$　　(B) $\begin{bmatrix}1&0&0\\0&1&0\\0&0&2\end{bmatrix}$　　(C) $\begin{bmatrix}2&0&0\\0&1&0\\0&0&2\end{bmatrix}$　　(D) $\begin{bmatrix}2&0&0\\0&2&0\\0&0&1\end{bmatrix}$

解题思路　根据已知条件，写出矩阵 $\boldsymbol{P}$ 和 $\boldsymbol{Q}$ 的等式关系，再利用初等矩阵性质解题。

解　因为

$$\boldsymbol{P}=(\boldsymbol{\alpha}_1,\boldsymbol{\alpha}_2,\boldsymbol{\alpha}_3),\quad \boldsymbol{Q}=(\boldsymbol{\alpha}_1+\boldsymbol{\alpha}_2,\boldsymbol{\alpha}_2,\boldsymbol{\alpha}_3)$$

且

$$(\boldsymbol{\alpha}_1+\boldsymbol{\alpha}_2,\boldsymbol{\alpha}_2,\boldsymbol{\alpha}_3)=(\boldsymbol{\alpha}_1,\boldsymbol{\alpha}_2,\boldsymbol{\alpha}_3)\begin{bmatrix}1&0&0\\1&1&0\\0&0&1\end{bmatrix}$$

所以有

$$\boldsymbol{Q}=\boldsymbol{PK}$$

其中 $\boldsymbol{K}=\begin{bmatrix}1&0&0\\1&1&0\\0&0&1\end{bmatrix}$，$\boldsymbol{K}$ 为初等矩阵，它是单矩阵 $\boldsymbol{E}$ 的第 2 列的 1 倍加到第 1 列中的结果；

其逆也是初等矩阵 $\boldsymbol{K}^{-1}=\begin{bmatrix}1&0&0\\-1&1&0\\0&0&1\end{bmatrix}$，它是单位矩阵 $\boldsymbol{E}$ 的第 1 行的 -1 倍加到第 2 行中的结果。

故

$$\boldsymbol{Q}^{-1}\boldsymbol{AQ}=\boldsymbol{K}^{-1}(\boldsymbol{P}^{-1}\boldsymbol{AP})\boldsymbol{K}$$

又已知 $\boldsymbol{P}^{-1}\boldsymbol{AP}=\begin{bmatrix}1&0&0\\0&1&0\\0&0&2\end{bmatrix}$，根据初等矩阵性质可知：

$$\boldsymbol{Q}^{-1}\boldsymbol{AQ}=\begin{bmatrix}1&0&0\\0&1&0\\0&0&2\end{bmatrix}$$

故选择(B)。

评注　善于用矩阵等式来描述矩阵之间的关系，要熟悉掌握初等矩阵和初等矩阵的各种性质。

名师笔记

例 2.23 可以利用选择题的解题技巧，根据相似矩阵性质排除选项(C)和(D)，再进一步验证(A)和(B)。

例 2.24　(2011.1，2，3)设 $\boldsymbol{A}$ 为 3 阶矩阵，将 $\boldsymbol{A}$ 的第 2 列加到第 1 列得矩阵 $\boldsymbol{B}$，再交换 $\boldsymbol{B}$ 的第 2 行与第 3 行得单位矩阵，记 $\boldsymbol{P}_1=\begin{bmatrix}1&0&0\\1&1&0\\0&0&1\end{bmatrix}$，$\boldsymbol{P}_2=\begin{bmatrix}1&0&0\\0&0&1\\0&1&0\end{bmatrix}$，则 $\boldsymbol{A}$=[　　]。

(A) $\boldsymbol{P}_1\boldsymbol{P}_2$　　(B) $\boldsymbol{P}_1^{-1}\boldsymbol{P}_2$　　(C) $\boldsymbol{P}_2\boldsymbol{P}_1$　　(D) $\boldsymbol{P}_2\boldsymbol{P}_1^{-1}$

解题思路　根据已知条件写出矩阵 $\boldsymbol{A}$ 和单位矩阵 $\boldsymbol{E}$ 的关系式，进一步解题。

解　根据将 $\boldsymbol{A}$ 的第 2 列加到第 1 列得矩阵 $\boldsymbol{B}$，有

$$\boldsymbol{AP}_1=\boldsymbol{B}$$

根据交换 $\boldsymbol{B}$ 的第 2 行与第 3 行得单位矩阵，有

$$\boldsymbol{P}_2\boldsymbol{B}=\boldsymbol{E}$$

则有

$$P_2AP_1 = E$$

故

$$A = P_2^{-1}EP_1^{-1}$$

而 $P_2^{-1}=P_2$，所以有

$$A = P_2P_1^{-1}$$

答案选择(D)。

评注 初等矩阵是考研的高频考题，考生一定要特别重视。

名师笔记

例 2.24 可以利用选择题的解题技巧解题。根据已知条件，通过初等变换反推可以得到

$$B=\begin{bmatrix}1&0&0\\0&0&1\\0&1&0\end{bmatrix}$$

$$A=\begin{bmatrix}1&0&0\\0&0&1\\-1&1&0\end{bmatrix}$$

然后验算各个选项，得出 $P_2P_1^{-1}=A$。

题型 5 矩阵方程

例 2.25 设 $A=\begin{bmatrix}0&1&1\\-1&1&1\\1&0&1\end{bmatrix}$，$B=\begin{bmatrix}1&2\\-1&3\\0&-2\end{bmatrix}$，矩阵 X 满足 $2X=AX+B$，则 $X=$ ______。

解题思路 观察矩阵方程，把含有矩阵 X 的项移到等式的同一边，然后把矩阵 X 提取出来，从而解得矩阵 X。

解

$$2X=AX+B,\ 2X-AX=B,\ (2E-A)X=B$$

而矩阵 $(2E-A)$ 可逆，则

$$X=(2E-A)^{-1}B$$

用矩阵的初等行变换求 X。

$$(2E-A\mid B)=\left[\begin{array}{ccc|cc}2&-1&-1&1&2\\1&1&-1&-1&3\\-1&0&1&0&-2\end{array}\right]\xrightarrow{r_1\leftrightarrow r_2}\left[\begin{array}{ccc|cc}1&1&-1&-1&3\\2&-1&-1&1&2\\-1&0&1&0&-2\end{array}\right]$$

$$\xrightarrow[r_3+r_1]{r_2-2r_1}\left[\begin{array}{ccc|cc}1&1&-1&-1&3\\0&-3&1&3&-4\\0&1&0&-1&1\end{array}\right]\xrightarrow{r_2\leftrightarrow r_3}\left[\begin{array}{ccc|cc}1&1&-1&-1&3\\0&1&0&-1&1\\0&-3&1&3&-4\end{array}\right]$$

$$\xrightarrow{r_3+3r_2}\left[\begin{array}{ccc|cc}1&1&-1&-1&3\\0&1&0&-1&1\\0&0&1&0&-1\end{array}\right]\xrightarrow[r_1-r_2]{r_1+r_3}\left[\begin{array}{ccc|cc}1&0&0&0&1\\0&1&0&-1&1\\0&0&1&0&-1\end{array}\right]$$

所以 $X=\begin{bmatrix}0&1\\-1&1\\0&-1\end{bmatrix}$。

评注 对矩阵方程，经过移项变形后，有以下三种可能的形式：

$$AX=B,\ XA=B,\ AXC=B$$

若矩阵 A、C 可逆，则依次有

$$X=A^{-1}B,\ X=BA^{-1},\ X=A^{-1}BC^{-1}$$

考生在做此类题目中最容易把左乘和右乘混淆，所以一定要特别注意。

例 2.26 设矩阵 A 的伴随矩阵

$$A^*=\begin{bmatrix}2&1&0&0\\3&2&0&0\\0&0&2&-2\\0&0&2&2\end{bmatrix}$$

矩阵 B 满足 $ABA^*=BA^*+6E$，E 为 4 阶单位矩阵，则矩阵 $B=$________。

解题思路 求矩阵 B，则要把含有矩阵 B 的项合并，并把 B 提取出来。而 ABA^* 却把 B 包围着，所以首先要把矩阵 B 剥离出来。

解 根据公式 $AA^*=A^*A=|A|E$，对等式 $ABA^*=BA^*+6E$ 两边右乘 A、左乘 A^*，有

$$A^*ABA^*A=A^*BA^*A+6A^*A$$

则

$$|A|^2B=|A|A^*B+6|A|E$$

分析对角分块矩阵 A^*，可以求得 $|A^*|=8$；又根据公式 $|A^*|=|A|^{4-1}$，知 $|A|=2$，代入上式，有

$$(2E-A^*)B=6E$$

故

$$B=6(2E-A^*)^{-1}=6\begin{bmatrix}0&-1&0&0\\-3&0&0&0\\0&0&0&2\\0&0&-2&0\end{bmatrix}^{-1}$$

$$=6\begin{bmatrix}0&-\frac{1}{3}&0&0\\-1&0&0&0\\0&0&0&-\frac{1}{2}\\0&0&\frac{1}{2}&0\end{bmatrix}=\begin{bmatrix}0&-2&0&0\\-6&0&0&0\\0&0&0&-3\\0&0&3&0\end{bmatrix}$$

评注 矩阵方程中的未知矩阵 X 往往被夹在两个矩阵的中间，如 AXB，把矩阵 X 剥离出来的方法是“从左看，从右看，相同矩阵是关键”。下面给出 4 个例子来进一步说明该方法。

(1) A 为已知可逆矩阵，且有 $AXA=XA+2A$，求 X。

解法：从右向左看矩阵等式，发现每一项都有 A，所以对矩阵等式两边右乘 A^{-1}，则有

$AX=X+2E$，再进一步求解 X。

(2) A 为已知可逆矩阵，且有 $A^*XA=A^{-1}+2A^{-1}X$，求 X。

解法：从左向右看矩阵等式，可以看到两个 A^{-1} 和一个 A^*，所以对矩阵等式左乘矩阵 A，则有 $|A|XA=E+2X$，再进一步求解 X。

(3) A 为已知可逆矩阵，且有 $AXA^{-1}=AX+3E$，求 X。

解法：从左向右看矩阵方程，可以看到两个 A，所以对矩阵等式两边左乘 A^{-1}；另外，当左乘 A^{-1} 后，再从右向左看矩阵等式，又可以看到两个 A^{-1}，故对矩阵等式两边再右乘 A，则有 $X=XA+3E$，再进一步求 X。

(4) 矩阵 A、B 都已知，且有 $AXA+2BXB-2E=2AXB+BXA$，求 X。

解法：从左向右看，发现矩阵方程有两个 AX 和两个 BX，此题可以通过移项把相同的矩阵提取出来：

$$AXA-2AXB-(BXA-2BXB)=2E$$
$$AX(A-2B)-BX(A-2B)=2E$$
$$(A-B)X(A-2B)=2E$$

则有

$$X=2(A-B)^{-1}(A-2B)^{-1}$$

此题也可以从右向左看，发现矩阵方程有两个 XA 和两个 XB，用类似的方法可以得到相同的答案。

题型 6 矩阵的秩

名师笔记

矩阵的秩是线性代数中一个重要概念，考生要把矩阵的秩、向量组的秩及方程组的解联系起来复习。

例 2.27 设 A 为 $n(n\geqslant 2)$ 阶方阵，A^* 为 A 的伴随矩阵，证明：

$$r(A^*)=\begin{cases} n, & r(A)=n \\ 1, & r(A)=n-1 \\ 0, & r(A)<n-1 \end{cases}$$

解题思路 讨论伴随矩阵，首先联想到关于伴随矩阵的重要公式 $AA^*=A^*A=|A|E$，其次要搞清伴随矩阵是怎样构成的。

证明 (1) 若 $r(A)=n$，则 $|A|\neq 0$，对公式 $AA^*=|A|E$ 两端取行列式，有 $|A||A^*|=|A|^n|E|\neq 0$，所以 $|A^*|\neq 0$，故 $r(A^*)=n$。

(2) 若 $r(A)<n-1$，则 A 中所有 $n-1$ 阶子式全为零，即行列式 $|A|$ 的所有代数余子式均为零，即 $A^*=O$，故 $r(A^*)=0$。

(3) 若 $r(A)=n-1<n$，则 $|A|=0$，根据公式 $AA^*=|A|E$，有 $AA^*=O$，则 $r(A)+r(A^*)\leqslant n$，把 $r(A)=n-1$ 代入不等式，有 $r(A^*)\leqslant 1$；又由于 $r(A)=n-1$，则说明矩阵 A 中至少存在一个 $n-1$ 阶非零子式，所以行列式 $|A|$ 的所有代数余子式中至少有一个不为零，即矩阵 $A^*\neq O$，故 $r(A^*)=1$。

评注 这是一道非常经典的题目，在此题的证明过程中，运用了以下概念和公式：

(1) 方阵的秩与方阵行列式的关系：$r(\boldsymbol{A})=n \Leftrightarrow |\boldsymbol{A}| \neq 0$，$r(\boldsymbol{A})<n \Leftrightarrow |\boldsymbol{A}|=0$。

(2) 伴随矩阵的重要公式：$\boldsymbol{A}\boldsymbol{A}^*=\boldsymbol{A}^*\boldsymbol{A}=|\boldsymbol{A}|\boldsymbol{E}$。

(3) 矩阵乘积的行列式公式：$|\boldsymbol{AB}|=|\boldsymbol{A}||\boldsymbol{B}|$。

(4) 伴随矩阵的构成：$\boldsymbol{A}^*$ 是由 $|\boldsymbol{A}|$ 的所有代数余子式构成，且 $\boldsymbol{A}^*$ 的第 i 行第 j 列元素为 $|\boldsymbol{A}|$ 的第 j 行第 i 列元素的代数余子式。

(5) $r(\boldsymbol{A})=0 \Leftrightarrow \boldsymbol{A}=\boldsymbol{O}$。

(6) 若 n 阶方阵 $\boldsymbol{A}$、$\boldsymbol{B}$ 满足 $\boldsymbol{AB}=\boldsymbol{O}$，则有 $r(\boldsymbol{A})+r(\boldsymbol{B}) \leqslant n$。

名师笔记

例 2.27 的结论比该题的证明更重要，考生要牢记，该结论可以作为公式直接被运用。

例 2.28　设矩阵 $\boldsymbol{A}=\begin{bmatrix} k & 1 & 1 \\ 1 & k & 1 \\ 1 & 1 & k \end{bmatrix}$，$\boldsymbol{A}^*$ 是 $\boldsymbol{A}$ 的伴随矩阵，且 $r(\boldsymbol{A}^*)=1$，则 $k=$____。

解题思路　利用伴随矩阵秩的公式来解题。

解　根据公式 $r(\boldsymbol{A}^*)=\begin{cases} n & (r(\boldsymbol{A})=n) \\ 1 & (r(\boldsymbol{A})=n-1) \\ 0 & (r(\boldsymbol{A})<n-1) \end{cases}$ 可知 $r(\boldsymbol{A})=3-1=2$，对矩阵 $\boldsymbol{A}$ 进行初等行变换：

$$\boldsymbol{A}=\begin{bmatrix} k & 1 & 1 \\ 1 & k & 1 \\ 1 & 1 & k \end{bmatrix} \xrightarrow{r_1 \leftrightarrow r_3} \begin{bmatrix} 1 & 1 & k \\ 1 & k & 1 \\ k & 1 & 1 \end{bmatrix} \xrightarrow[r_3-kr_1]{r_2-r_1} \begin{bmatrix} 1 & 1 & k \\ 0 & k-1 & 1-k \\ 0 & 1-k & 1-k^2 \end{bmatrix}$$

$$\xrightarrow{r_3+r_2} \begin{bmatrix} 1 & 1 & k \\ 0 & k-1 & 1-k \\ 0 & 0 & (2+k)(1-k) \end{bmatrix}$$

若 $k=1$，则 $r(\boldsymbol{A})=1$，故 $r(\boldsymbol{A}^*)=0$；若 $k=-2$，则 $r(\boldsymbol{A})=2$，故 $r(\boldsymbol{A}^*)=1$。所以 $k=-2$。

评注　初等行变换是求已知矩阵秩的基本方法，考生必须熟练掌握伴随矩阵秩的公式。

例 2.29　设 $\boldsymbol{A}$、$\boldsymbol{B}$、$\boldsymbol{C}$ 皆为 4 阶方阵，且满足 $\boldsymbol{A}=\boldsymbol{BC}$，$r(\boldsymbol{B})=3$，$r(\boldsymbol{C})=4$，那么 $r(\boldsymbol{A}^*)=$______。

解题思路　求伴随矩阵 $\boldsymbol{A}^*$ 的秩，首先要确定矩阵 $\boldsymbol{A}$ 的秩。

证明　由于 $\boldsymbol{A}=\boldsymbol{BC}$，且矩阵 $\boldsymbol{C}$ 满秩，则有 $r(\boldsymbol{A})=r(\boldsymbol{B})=3$，故 $r(\boldsymbol{A}^*)=1$。

评注　本题考查的知识点为

(1) $\boldsymbol{A}$ 为 $n(n \geqslant 2)$ 阶方阵，$\boldsymbol{A}^*$ 为 $\boldsymbol{A}$ 的伴随矩阵，则 $r(\boldsymbol{A}^*)=\begin{cases} n & (r(\boldsymbol{A})=n) \\ 1 & (r(\boldsymbol{A})=n-1) \\ 0 & (r(\boldsymbol{A})<n-1) \end{cases}$。

(2) 若 $\boldsymbol{P}$、$\boldsymbol{Q}$ 为可逆矩阵，则 $r(\boldsymbol{PA})=r(\boldsymbol{AQ})=r(\boldsymbol{PAQ})=r(\boldsymbol{A})$。

例 2.30　设 $\boldsymbol{A}$、$\boldsymbol{B}$、$\boldsymbol{A}^*$ 均为 n 阶非零矩阵，$\boldsymbol{A}^*$ 为 $\boldsymbol{A}$ 的伴随矩阵，且 $\boldsymbol{AB}=\boldsymbol{O}$，证明 $r(\boldsymbol{B})=1$。

解题思路　从 $\boldsymbol{AB}=\boldsymbol{O}$，就联想公式 $r(\boldsymbol{A})+r(\boldsymbol{B})\leqslant n$。

证明　由于 $\boldsymbol{AB}=\boldsymbol{O}$，则有 $r(\boldsymbol{A})+r(\boldsymbol{B})\leqslant n$。又由于 $\boldsymbol{B}$ 为非零矩阵，则 $r(\boldsymbol{B})>0$，所以有 $r(\boldsymbol{A})<n$，根据伴随矩阵公式 $r(\boldsymbol{A}^*)=\begin{cases} n & (r(\boldsymbol{A})=n) \\ 1 & (r(\boldsymbol{A})=n-1) \\ 0 & (r(\boldsymbol{A})<n-1) \end{cases}$ 可知 $r(\boldsymbol{A}^*)\neq n$，而 $\boldsymbol{A}^*$ 也为非零矩阵，则 $r(\boldsymbol{A}^*)=1$，故 $r(\boldsymbol{A})=n-1$。

而 $r(\boldsymbol{B})\leqslant n-r(\boldsymbol{A})\leqslant 1$，又由于 $\boldsymbol{B}$ 也为非零矩阵，所以有 $r(\boldsymbol{B})=1$。

评注　本题考查的知识点有：

(1) $\boldsymbol{A}\neq\boldsymbol{O}\Leftrightarrow r(\boldsymbol{A})\neq 0$，$\boldsymbol{A}=\boldsymbol{O}\Leftrightarrow r(\boldsymbol{A})=0$。

(2) n 阶方阵 $\boldsymbol{A}$、$\boldsymbol{B}$ 满足 $\boldsymbol{AB}=\boldsymbol{O}\Rightarrow r(\boldsymbol{A})+r(\boldsymbol{B})\leqslant n$。

(3) n 阶伴随矩阵 $\boldsymbol{A}^*$ 的秩只有三种可能：$r(\boldsymbol{A}^*)=\begin{cases} n & (r(\boldsymbol{A})=n) \\ 1 & (r(\boldsymbol{A})=n-1) \\ 0 & (r(\boldsymbol{A})<n-1) \end{cases}$。

例 2.31　设 $\boldsymbol{A}$、$\boldsymbol{B}$、$\boldsymbol{C}$ 都为 n 阶方阵，且 $\boldsymbol{AB}=\boldsymbol{A}+\boldsymbol{B}$，则 $r(\boldsymbol{ABC}-\boldsymbol{BAC})=$________。

解题思路　题目没有给出具体的矩阵 $\boldsymbol{A}$、$\boldsymbol{B}$、$\boldsymbol{C}$，而要求矩阵 $\boldsymbol{ABC}-\boldsymbol{BAC}$ 的秩，从而可以判断矩阵 $\boldsymbol{ABC}-\boldsymbol{BAC}$ 为一特殊矩阵。

解　由于 $\boldsymbol{AB}=\boldsymbol{A}+\boldsymbol{B}$，则有

$$\boldsymbol{AB}-\boldsymbol{A}-\boldsymbol{B}+\boldsymbol{E}=\boldsymbol{E}$$

$$\boldsymbol{A}(\boldsymbol{B}-\boldsymbol{E})-(\boldsymbol{B}-\boldsymbol{E})=\boldsymbol{E}$$

$$(\boldsymbol{A}-\boldsymbol{E})(\boldsymbol{B}-\boldsymbol{E})=\boldsymbol{E}$$

所以矩阵 $(\boldsymbol{A}-\boldsymbol{E})$ 和矩阵 $(\boldsymbol{B}-\boldsymbol{E})$ 都可逆，用 $(\boldsymbol{A}-\boldsymbol{E})^{-1}$ 左乘矩阵等式，有

$$\boldsymbol{B}-\boldsymbol{E}=(\boldsymbol{A}-\boldsymbol{E})^{-1}$$

再用 $(\boldsymbol{A}-\boldsymbol{E})$ 右乘矩阵等式，有

$$(\boldsymbol{B}-\boldsymbol{E})(\boldsymbol{A}-\boldsymbol{E})=\boldsymbol{E},\ \boldsymbol{BA}=\boldsymbol{A}+\boldsymbol{B}$$

故 $\boldsymbol{AB}=\boldsymbol{BA}=\boldsymbol{A}+\boldsymbol{B}$。所以 $\boldsymbol{ABC}=\boldsymbol{BAC}$，$\boldsymbol{ABC}-\boldsymbol{BAC}=\boldsymbol{O}$，故 $r(\boldsymbol{ABC}-\boldsymbol{BAC})=0$。证毕。

评注　考生通过此题应掌握以下知识点：

(1) $\boldsymbol{P}$、$\boldsymbol{Q}$ 互逆 $\Leftrightarrow \boldsymbol{PQ}=\boldsymbol{QP}=\boldsymbol{E}$。

(2) $\boldsymbol{PQ}=\boldsymbol{E}\Leftrightarrow\boldsymbol{QP}=\boldsymbol{E}$。(本题给出了证明)

(3) $\boldsymbol{PQ}=\boldsymbol{QP}\not\Rightarrow\boldsymbol{P}$、$\boldsymbol{Q}$ 互逆。

(4) $\boldsymbol{P}=\boldsymbol{O}\Leftrightarrow r(\boldsymbol{P})=0$。

(5) $\boldsymbol{AB}=\boldsymbol{A}+\boldsymbol{B}\Rightarrow\boldsymbol{AB}=\boldsymbol{BA}$。

名师笔记

例 2.31 可以根据结论(5)：若 $\boldsymbol{AB}=\boldsymbol{A}+\boldsymbol{B}$，则 $\boldsymbol{A}$ 与 $\boldsymbol{B}$ 可交换，直接得出答案为 0。

例 2.32　设 n 阶方阵 $\boldsymbol{A}$ 满足 $\boldsymbol{A}^2=\boldsymbol{E}$，证明 $r(\boldsymbol{E}+\boldsymbol{A})+r(\boldsymbol{E}-\boldsymbol{A})=n$。

解题思路　根据矩阵等式 $(\boldsymbol{E}+\boldsymbol{A})+(\boldsymbol{E}-\boldsymbol{A})=2\boldsymbol{E}$ 及 $(\boldsymbol{E}+\boldsymbol{A})(\boldsymbol{E}-\boldsymbol{A})=\boldsymbol{O}$ 来证明此题。

证明　根据矩阵秩的公式：$r(\boldsymbol{P})+r(\boldsymbol{Q})\geqslant r(\boldsymbol{P}+\boldsymbol{Q})$ 可知

$$r(\boldsymbol{E}+\boldsymbol{A})+r(\boldsymbol{E}-\boldsymbol{A})\geqslant r(\boldsymbol{E}+\boldsymbol{A}+\boldsymbol{E}-\boldsymbol{A})=r(2\boldsymbol{E})=n \tag{1}$$

由于 $\boldsymbol{A}^2=\boldsymbol{E}$，则有

$$(\boldsymbol{E}+\boldsymbol{A})(\boldsymbol{E}-\boldsymbol{A})=\boldsymbol{O}$$

又根据矩阵秩的公式：若 n 阶方阵 $\boldsymbol{A}$、$\boldsymbol{B}$ 满足 $\boldsymbol{AB}=\boldsymbol{O}$，则有 $r(\boldsymbol{A})+r(\boldsymbol{B})\leqslant n$，可知

$$r(\boldsymbol{E}+\boldsymbol{A})+r(\boldsymbol{E}-\boldsymbol{A})\leqslant n \tag{2}$$

由式(1)和式(2)可知，

$$r(\boldsymbol{E}+\boldsymbol{A})+r(\boldsymbol{E}-\boldsymbol{A})=n$$

证毕。

评注　此题考查了两个矩阵秩的公式：

(1) $r(\boldsymbol{P})+r(\boldsymbol{Q})\geqslant r(\boldsymbol{P}+\boldsymbol{Q})$。

(2) 设 $m\times n$ 矩阵 $\boldsymbol{P}$ 和 $n\times m$ 矩阵 $\boldsymbol{Q}$ 满足 $\boldsymbol{PQ}=\boldsymbol{O}$，则 $r(\boldsymbol{P})+r(\boldsymbol{Q})\leqslant n$。

以下题目可以用与上例相同的方法证明，读者可自行练习。

设 $\boldsymbol{A}$、$\boldsymbol{B}$ 都是 n 阶矩阵，且 $\boldsymbol{ABA}=\boldsymbol{B}^{-1}$，证明 $r(\boldsymbol{E}+\boldsymbol{AB})+r(\boldsymbol{E}-\boldsymbol{AB})=n$。

例 2.33　(2012.1)设 $\boldsymbol{\alpha}$ 为 3 维单位列向量，$\boldsymbol{E}$ 为 3 阶单位矩阵，则矩阵 $\boldsymbol{E}-\boldsymbol{\alpha\alpha}^{\mathrm{T}}$ 的秩为________。

解题思路　由于 $\boldsymbol{\alpha}$ 是一个抽象的向量，所以不能用定义和初等变化来解题，故可以利用特征值的概念解题。

【解】　设 $\boldsymbol{\alpha}=\begin{bmatrix}a_1\\a_2\\a_3\end{bmatrix}$，则矩阵 $\boldsymbol{\alpha\alpha}^{\mathrm{T}}$ 的主对角线元素分别为 a_1^2，a_2^2，a_3^2，而 $\boldsymbol{\alpha}$ 为 3 维单位列向量，则有 $a_1^2+a_2^2+a_3^2=1$。

又由于 $r(\boldsymbol{\alpha\alpha}^{\mathrm{T}})\leqslant r(\boldsymbol{\alpha})=1$，且 $\boldsymbol{\alpha\alpha}^{\mathrm{T}}\neq\boldsymbol{O}$，所以有 $r(\boldsymbol{\alpha\alpha}^{\mathrm{T}})=1<3$，故零是矩阵 $\boldsymbol{\alpha\alpha}^{\mathrm{T}}$ 的特征值，方程组 $(0\boldsymbol{E}-\boldsymbol{\alpha\alpha}^{\mathrm{T}})\boldsymbol{x}=\boldsymbol{0}$ 有 $3-r(\boldsymbol{\alpha\alpha}^{\mathrm{T}})=2$ 个线性无关的解向量(特征向量)，故针对实对称矩阵 $\boldsymbol{\alpha\alpha}^{\mathrm{T}}$，0 是它的 2 重特征值。又根据公式 $\sum\limits_{i=1}^{3}\lambda_i=$ 矩阵 $\boldsymbol{\alpha\alpha}^{\mathrm{T}}$ 的迹，得到第 3 个特征值为 $a_1^2+a_2^2+a_3^2=1$。故矩阵 $\boldsymbol{\alpha\alpha}^{\mathrm{T}}$ 的特征值分别为 0，0，1，所以矩阵 $\boldsymbol{E}-\boldsymbol{\alpha\alpha}^{\mathrm{T}}$ 的特征值分别为 $1-0=1$，$1-0=1$，$1-1=0$。因为矩阵 $\boldsymbol{E}-\boldsymbol{\alpha\alpha}^{\mathrm{T}}$ 为实对称矩阵，所以它一定能相似对角化，故它的秩等于其非零特征值的个数，也即 $r(\boldsymbol{E}-\boldsymbol{\alpha\alpha}^{\mathrm{T}})=2$。

评注　本题应用了以下知识点：

(1) $r(\boldsymbol{AB})\leqslant r(\boldsymbol{A})$，$r(\boldsymbol{AB})\leqslant r(\boldsymbol{B})$。

(2) $\boldsymbol{\alpha}$ 是一个非零向量，则有 $r(\boldsymbol{\alpha})=1$。

(3) $\boldsymbol{A}\neq\boldsymbol{O}\Leftrightarrow r(\boldsymbol{A})\neq 0$，$\boldsymbol{A}=\boldsymbol{O}\Leftrightarrow r(\boldsymbol{A})=0$。

(4) 设 $\boldsymbol{A}$ 为 n 阶矩阵，则有 $r(\boldsymbol{A})<n\Leftrightarrow$ 零是矩阵 $\boldsymbol{A}$ 的特征值。

(5) 设 $\boldsymbol{A}$ 是 $m\times n$ 矩阵，则方程组 $\boldsymbol{Ax}=\boldsymbol{0}$ 有 $n-r(\boldsymbol{A})$ 个线性无关解向量。

(6) 针对实对称矩阵 $\boldsymbol{A}$，它的所有特征值的代数重数等于其几何重数。

(7) 设 $\boldsymbol{A}$ 为 n 阶矩阵，$\sum\limits_{i=1}^{n}\lambda_i=\sum\limits_{i=1}^{n}a_{ii}$。

(8) 设 λ 是矩阵 $\boldsymbol{A}$ 的特征值，则 $f(\lambda)$ 是矩阵 $f(\boldsymbol{A})$ 的特征值。

名师笔记

例 2.33 可以用客观题的解题技巧快速解答。设 $\boldsymbol{\alpha}=\begin{bmatrix}1\\0\\0\end{bmatrix}$，则

$$\boldsymbol{E}-\boldsymbol{\alpha}\boldsymbol{\alpha}^{\mathrm{T}}=\begin{bmatrix}0&0&0\\0&1&0\\0&0&1\end{bmatrix}$$

矩阵 $\boldsymbol{E}-\boldsymbol{\alpha}\boldsymbol{\alpha}^{\mathrm{T}}$ 的秩为 2。

例 2.34　(2010.1)设 $\boldsymbol{A}$ 为 $m\times n$ 矩阵，$\boldsymbol{B}$ 为 $n\times m$ 矩阵，$\boldsymbol{E}$ 为 m 阶单位矩阵。若 $\boldsymbol{AB}=\boldsymbol{E}$，则[　　]。

(A) 秩 $r(\boldsymbol{A})=m$，秩 $r(\boldsymbol{B})=m$　　(B) 秩 $r(\boldsymbol{A})=m$，秩 $r(\boldsymbol{B})=n$

(C) 秩 $r(\boldsymbol{A})=n$，秩 $r(\boldsymbol{B})=m$　　(D) 秩 $r(\boldsymbol{A})=n$，秩 $r(\boldsymbol{B})=n$

解题思路　根据公式 $r(\boldsymbol{AB})\leqslant r(\boldsymbol{A})$，$r(\boldsymbol{AB})\leqslant r(\boldsymbol{B})$ 及 $r(\boldsymbol{A}_{m\times n})\leqslant m$，$r(\boldsymbol{A}_{m\times n})\leqslant n$ 来解题。

解　由于 $\boldsymbol{A}$ 为 $m\times n$ 矩阵，$\boldsymbol{B}$ 为 $n\times m$ 矩阵，则有 $r(\boldsymbol{A})\leqslant m$，$r(\boldsymbol{A})\leqslant n$，$r(\boldsymbol{B})\leqslant m$，$r(\boldsymbol{B})\leqslant n$。又因为 $\boldsymbol{AB}=\boldsymbol{E}$，则 $r(\boldsymbol{E})=r(\boldsymbol{AB})\leqslant r(\boldsymbol{A})$，而 $\boldsymbol{E}$ 为 m 阶单位矩阵，故有 $m=r(\boldsymbol{E})=r(\boldsymbol{AB})\leqslant r(\boldsymbol{A})\leqslant m$，则 $r(\boldsymbol{A})=m$。同理，可以得到 $r(\boldsymbol{B})=m$。所以选项(A)正确。

评注　本题考查以下知识点：

(1) 设 $\boldsymbol{A}$ 为 $m\times n$ 矩阵，则 $r(\boldsymbol{A})\leqslant m$，$r(\boldsymbol{A})\leqslant n$。

(2) $r(\boldsymbol{AB})\leqslant r(\boldsymbol{A})$，$r(\boldsymbol{AB})\leqslant r(\boldsymbol{B})$。

名师笔记

例 2.34 可以利用选择题的答题技巧，根据 $\boldsymbol{AB}=\boldsymbol{E}$ 构造矩阵 $\boldsymbol{A}$ 和 $\boldsymbol{B}$：

$$\boldsymbol{A}=\begin{bmatrix}1&0&0\\0&1&0\end{bmatrix}$$

$$\boldsymbol{B}=\begin{bmatrix}1&0\\0&1\\2&3\end{bmatrix}$$

故可以直接在选项中选择(A)。

例 2.35　李博士培养了 A、B、C 三类不同种类的细菌，最开始 A、B、C 三种细菌分别有 2×10^8、3×10^8、1×10^8 个。但这些细菌每天都有一部分死亡和类型转化，变换情况如下：A 类细菌一天后有 3%的不变，2%的变为 B 类细菌，1%的变为 C 类细菌，其余的死亡；B 类细菌一天后有 4%的不变，6%的变为 A 类细菌，2%的变为 C 类细菌，其余的死亡；C 类细菌一天后有 3%的不变，9%的变为 A 类细菌，6%的变为 B 类细菌，其余的死亡。那么，一周后李博士的 A、B、C 类细菌各有多少个？

解题思路　找出第 n 天和第 $n+1$ 天 A、B、C 三类细菌数的递推公式。

解　设第 n 天 A、B、C 三类细菌数分别为 x_n、y_n、z_n，第 $n+1$ 天 A、B、C 三类细菌数分别为 x_{n+1}、y_{n+1}、z_{n+1}，根据题意有下列关系式：

$$\begin{cases} x_{n+1} = 0.03x_n + 0.06y_n + 0.09z_n \\ y_{n+1} = 0.02x_n + 0.04y_n + 0.06z_n \\ z_{n+1} = 0.01x_n + 0.02y_n + 0.03z_n \end{cases}$$

用矩阵表示为

$$\begin{bmatrix} x_{n+1} \\ y_{n+1} \\ z_{n+1} \end{bmatrix} = \begin{bmatrix} 0.03 & 0.06 & 0.09 \\ 0.02 & 0.04 & 0.06 \\ 0.01 & 0.02 & 0.03 \end{bmatrix} \begin{bmatrix} x_n \\ y_n \\ z_n \end{bmatrix}$$

进一步写为

$$\boldsymbol{X}_{n+1} = \boldsymbol{A}\boldsymbol{X}_n$$

其中，矩阵 $\boldsymbol{A} = \begin{bmatrix} 0.03 & 0.06 & 0.09 \\ 0.02 & 0.04 & 0.06 \\ 0.01 & 0.02 & 0.03 \end{bmatrix}$，向量 $\boldsymbol{X}_n$ 中元素描述第 n 天 A、B、C 三类细菌数。

一周后，A、B、C 三类细菌数为 $\boldsymbol{X}_7 = \boldsymbol{A}\boldsymbol{X}_6 = \boldsymbol{A}^2\boldsymbol{X}_5 = \cdots = \boldsymbol{A}^7\boldsymbol{X}_0$。由于矩阵 $\boldsymbol{A}$ 的秩为 1，根据例 2.3 可知 $\boldsymbol{A} = \begin{bmatrix} 3 \\ 2 \\ 1 \end{bmatrix} [0.01, 0.02, 0.03]$，则

$$\boldsymbol{A}^7 = \begin{bmatrix} 3 \\ 2 \\ 1 \end{bmatrix} \left([0.01, 0.02, 0.03] \begin{bmatrix} 3 \\ 2 \\ 1 \end{bmatrix} \right)^6 [0.01, 0.02, 0.03] = \frac{1}{10^6} \begin{bmatrix} 0.03 & 0.06 & 0.09 \\ 0.02 & 0.04 & 0.06 \\ 0.01 & 0.02 & 0.03 \end{bmatrix}$$

开始时 A、B、C 三类细菌数为 $\boldsymbol{X}_0 = \begin{bmatrix} 2\times10^8 \\ 3\times10^8 \\ 1\times10^8 \end{bmatrix}$，故 $\boldsymbol{X}_7 = \boldsymbol{A}^7\boldsymbol{X}_0 = \begin{bmatrix} 33 \\ 22 \\ 11 \end{bmatrix}$。所以，一周后李博士的 A、B、C 类细菌分别还有 33、22 和 11 个。

评注　目前，线性代数的应用题目是大多数教材中的薄弱环节，考生应该加强这类题目的练习。

2.3　考情分析

一、考试内容及要求

根据硕士研究生入学统一考试数学考试大纲，本章涉及的考试内容及要求如下。

1. 考试内容

考试内容包括矩阵的概念，矩阵的线性运算，矩阵的乘法，方阵的幂，方阵乘积的行列式，矩阵的转置，逆矩阵的概念和性质，矩阵可逆的充分必要条件，伴随矩阵，矩阵的初等变换，初等矩阵，矩阵的秩，矩阵的等价，分块矩阵及其运算。

2. 考试要求

(1) 理解矩阵的概念，了解单位矩阵、数量矩阵、对角矩阵、三角矩阵、对称矩阵和反对称矩阵以及它们的性质。

(2) 掌握矩阵的线性运算、乘法、转置以及它们的运算规律，了解方阵的幂与方阵乘积的行列式的性质。

(3) 理解逆矩阵的概念，掌握逆矩阵的性质以及矩阵可逆的充分必要条件，理解伴随矩阵的概念，会用伴随矩阵求逆矩阵。

(4) 理解矩阵初等变换的概念，了解初等矩阵的性质和矩阵等价的概念，理解矩阵的秩的概念，掌握用初等变换求矩阵的秩和逆矩阵的方法。

(5) 了解分块矩阵及其运算。

矩阵是线性代数中最基本的概念，它贯穿于线性代数的所有部分。例如，利用矩阵运算和矩阵初等变换，可以对行列式进行化简和计算，可以求解线性方程组，可以分析向量组的线性相关性，可以求解向量组的极大无关组。特征值和特征向量是针对矩阵而言的，二次型也是通过对称矩阵来研究的，二次型的标准化可以通过矩阵的对角化来实现。

矩阵运算有很多运算公式和运算技巧，同时也有很多易错和易混淆的概念，考生要特别注意。

二、近年真题考点分析

矩阵是每年考研的必考内容，其中初等矩阵与初等变换、逆矩阵与伴随矩阵在试题中出现的频率很高。分析近 6 年的考研试卷，在一份考研试卷中矩阵相关内容的平均分值为 6.4 分，题型可以是选择题或填空题。以下是近 6 年直接考查矩阵的考研真题。

真题 2.1 (2012. 1, 2, 3)设 $\boldsymbol{A}$ 为 3 阶矩阵，$\boldsymbol{P}$ 为 3 阶可逆矩阵，且 $\boldsymbol{P}^{-1}\boldsymbol{AP}=\begin{bmatrix}1&0&0\\0&1&0\\0&0&2\end{bmatrix}$。若 $\boldsymbol{P}=(\boldsymbol{\alpha}_1,\boldsymbol{\alpha}_2,\boldsymbol{\alpha}_3)$，$\boldsymbol{Q}=(\boldsymbol{\alpha}_1+\boldsymbol{\alpha}_2,\boldsymbol{\alpha}_2,\boldsymbol{\alpha}_3)$，则 $\boldsymbol{Q}^{-1}\boldsymbol{AQ}=$______。

(A) $\begin{bmatrix}1&0&0\\0&2&0\\0&0&1\end{bmatrix}$ (B) $\begin{bmatrix}1&0&0\\0&1&0\\0&0&2\end{bmatrix}$ (C) $\begin{bmatrix}2&0&0\\0&1&0\\0&0&2\end{bmatrix}$ (D) $\begin{bmatrix}2&0&0\\0&2&0\\0&0&1\end{bmatrix}$

真题 2.2 (2012. 1)设 $\boldsymbol{\alpha}$ 为 3 维单位列向量，$\boldsymbol{E}$ 为 3 阶单位矩阵，则矩阵 $\boldsymbol{E}-\boldsymbol{\alpha\alpha}^{\mathrm{T}}$ 的秩为________。

真题 2.3 (2011. 1, 2, 3)设 $\boldsymbol{A}$ 为 3 阶矩阵，将 $\boldsymbol{A}$ 的第 2 列加到第 1 列得矩阵 $\boldsymbol{B}$，再交换 $\boldsymbol{B}$ 的第 2 行与第 3 行得单位矩阵，记 $\boldsymbol{P}_1=\begin{bmatrix}1&0&0\\1&1&0\\0&0&1\end{bmatrix}$，$\boldsymbol{P}_2=\begin{bmatrix}1&0&0\\0&0&1\\0&1&0\end{bmatrix}$，则 $\boldsymbol{A}=$______。

(A) $\boldsymbol{P}_1\boldsymbol{P}_2$ (B) $\boldsymbol{P}_1^{-1}\boldsymbol{P}_2$ (C) $\boldsymbol{P}_2\boldsymbol{P}_1$ (D) $\boldsymbol{P}_2\boldsymbol{P}_1^{-1}$

真题 2.4 (2010. 1)设 $\boldsymbol{A}$ 为 $m\times n$ 矩阵，$\boldsymbol{B}$ 为 $n\times m$ 矩阵，$\boldsymbol{E}$ 为 m 阶单位矩阵。若 $\boldsymbol{AB}=\boldsymbol{E}$，则______。

(A) 秩 $r(\boldsymbol{A})=m$，秩 $r(\boldsymbol{B})=m$ (B) 秩 $r(\boldsymbol{A})=m$，秩 $r(\boldsymbol{B})=n$

(C) 秩 $r(\boldsymbol{A})=n$，秩 $r(\boldsymbol{B})=m$ (D) 秩 $r(\boldsymbol{A})=n$，秩 $r(\boldsymbol{B})=n$

真题 2.5　(2009.1，2，3)设 $\boldsymbol{A}$、$\boldsymbol{B}$ 均为 2 阶矩阵，$\boldsymbol{A}^*$、$\boldsymbol{B}^*$ 分别为 $\boldsymbol{A}$、$\boldsymbol{B}$ 的伴随矩阵。若 $|\boldsymbol{A}|=2$，$|\boldsymbol{B}|=3$，则分块矩阵 $\begin{bmatrix}\boldsymbol{O} & \boldsymbol{A}\\ \boldsymbol{B} & \boldsymbol{O}\end{bmatrix}$ 的伴随矩阵为______。

(A) $\begin{bmatrix}\boldsymbol{O} & 3\boldsymbol{B}^*\\ 2\boldsymbol{A}^* & \boldsymbol{O}\end{bmatrix}$　　(B) $\begin{bmatrix}\boldsymbol{O} & 2\boldsymbol{B}^*\\ 3\boldsymbol{A}^* & \boldsymbol{O}\end{bmatrix}$

(C) $\begin{bmatrix}\boldsymbol{O} & 3\boldsymbol{A}^*\\ 2\boldsymbol{B}^* & \boldsymbol{O}\end{bmatrix}$　　(D) $\begin{bmatrix}\boldsymbol{O} & 2\boldsymbol{A}^*\\ 3\boldsymbol{B}^* & \boldsymbol{O}\end{bmatrix}$

真题 2.6　(2009.2，3)设 $\boldsymbol{A}$、$\boldsymbol{P}$ 均为 3 阶矩阵，$\boldsymbol{P}^{\mathrm{T}}$ 是 $\boldsymbol{P}$ 的转置矩阵，且 $\boldsymbol{P}^{\mathrm{T}}\boldsymbol{AP}=\begin{bmatrix}1 & 0 & 0\\ 0 & 1 & 0\\ 0 & 0 & 2\end{bmatrix}$。若 $\boldsymbol{P}=(\boldsymbol{\alpha}_1, \boldsymbol{\alpha}_2, \boldsymbol{\alpha}_3)$，$\boldsymbol{Q}=(\boldsymbol{\alpha}_1+\boldsymbol{\alpha}_2, \boldsymbol{\alpha}_2, \boldsymbol{\alpha}_3)$，则 $\boldsymbol{Q}^{\mathrm{T}}\boldsymbol{AQ}$ 为______。

(A) $\begin{bmatrix}2 & 1 & 0\\ 1 & 1 & 0\\ 0 & 0 & 2\end{bmatrix}$　(B) $\begin{bmatrix}1 & 1 & 0\\ 1 & 2 & 0\\ 0 & 0 & 2\end{bmatrix}$　(C) $\begin{bmatrix}2 & 0 & 0\\ 0 & 1 & 0\\ 0 & 0 & 2\end{bmatrix}$　(D) $\begin{bmatrix}1 & 0 & 0\\ 0 & 2 & 0\\ 0 & 0 & 2\end{bmatrix}$

真题 2.7　(2008.1，2，3)设 $\boldsymbol{A}$ 为 n 阶非零矩阵，$\boldsymbol{E}$ 为 n 阶单位矩阵。若 $\boldsymbol{A}^3=\boldsymbol{O}$，则______。

(A) $\boldsymbol{E}-\boldsymbol{A}$ 不可逆，$\boldsymbol{E}+\boldsymbol{A}$ 不可逆　　(B) $\boldsymbol{E}-\boldsymbol{A}$ 不可逆，$\boldsymbol{E}+\boldsymbol{A}$ 可逆

(C) $\boldsymbol{E}-\boldsymbol{A}$ 可逆，$\boldsymbol{E}+\boldsymbol{A}$ 可逆　　(D) $\boldsymbol{E}-\boldsymbol{A}$ 可逆，$\boldsymbol{E}+\boldsymbol{A}$ 不可逆

真题 2.8　(2013.1，2，3)设 $\boldsymbol{A}=\begin{bmatrix}1 & a\\ 1 & 0\end{bmatrix}$，$\boldsymbol{B}=\begin{bmatrix}0 & 1\\ 1 & b\end{bmatrix}$，当 a，b 为何值时，存在矩阵 $\boldsymbol{C}$ 使得 $\boldsymbol{AC}-\boldsymbol{CA}=\boldsymbol{B}$，并求所有矩阵 $\boldsymbol{C}$。

考试中常考的知识点如下：

(1) 初等矩阵与初等变换，如真题 2.1、真题 2.3 和真题 2.6。

(2) 逆矩阵和伴随矩阵，如真题 2.1、真题 2.3、真题 2.5 和真题 2.7。

(3) 矩阵的秩，如真题 2.2 和真题 2.4。

名师笔记

分析往年的真题，可以发现一些题目惊人的相似！比如真题 2.1 和真题 2.6，这就告诉我们，学习线性代数和考前复习线性代数是有很大区别的。

2.4　习题精选

1. 填空题

(1) 设 $\boldsymbol{A}=\begin{bmatrix}1 & 2 & 3\\ 4 & 5 & 6\\ 7 & 8 & 9\end{bmatrix}$，那么矩阵 $\boldsymbol{AA}^{\mathrm{T}}$ 的主对角线元素的和为______。

(2) 已知 $\boldsymbol{B}$ 为 $m\times n$ 矩阵，$\boldsymbol{A}$、$\boldsymbol{B}$、$\boldsymbol{C}$ 满足等式 $\boldsymbol{AB}=\boldsymbol{BC}$，则矩阵 $\boldsymbol{A}$ 的形状为______×______，矩阵 $\boldsymbol{C}$ 的形状为______×______。

(3) 已知$\boldsymbol{A}=\begin{bmatrix}2&0\\2&2\end{bmatrix}$，则矩阵$\boldsymbol{A}^n=$________。

(4) 设$\boldsymbol{A}=\begin{bmatrix}2&-2&-1\\-6&6&3\\8&-8&-4\end{bmatrix}$，则$\boldsymbol{A}^n=$________。

(5) 设$\boldsymbol{A}=\begin{bmatrix}0&-2&0\\2&0&0\\0&0&2\end{bmatrix}$，$\boldsymbol{B}=\boldsymbol{P}^{-1}\boldsymbol{A}\boldsymbol{P}$，其中$\boldsymbol{P}$为3阶可逆矩阵，则$\boldsymbol{B}^8=$________。

(6) 设矩阵$\boldsymbol{A}=\begin{bmatrix}-5&1&-7\\3&a&9\\-3&-5&-5\end{bmatrix}$，$\boldsymbol{B}$为3阶非零矩阵，且$\boldsymbol{B}\boldsymbol{A}=\boldsymbol{O}$，则$a=$________。

(7) 设$\boldsymbol{A}=\begin{bmatrix}7&0&0\\4&9&1\\6&6&6\end{bmatrix}$，则$(\boldsymbol{A}-3\boldsymbol{E})^{-1}(\boldsymbol{A}^2-5\boldsymbol{A}+6\boldsymbol{E})=$________。

(8) 设$\boldsymbol{A}=\begin{bmatrix}3&1&0&0\\0&3&2&0\\0&0&3&3\\-6&0&0&3\end{bmatrix}$，$\boldsymbol{E}$是4阶单位矩阵，且$\boldsymbol{B}=(3\boldsymbol{E}-\boldsymbol{A})^{-1}(3\boldsymbol{E}+\boldsymbol{A})$，则$\boldsymbol{B}+\boldsymbol{E}=$________。

(9) 设矩阵$\boldsymbol{A}$的伴随矩阵$\boldsymbol{A}^*=\begin{bmatrix}3&4&0\\3&5&0\\0&0&3\end{bmatrix}$，矩阵$\boldsymbol{B}$满足$\boldsymbol{A}^*\boldsymbol{B}\boldsymbol{A}=2\boldsymbol{A}^{-1}\boldsymbol{B}\boldsymbol{A}+3\boldsymbol{A}^*$，且$|\boldsymbol{A}|>0$，则$\boldsymbol{B}=$________。

(10) 设方阵$\boldsymbol{A}$满足$\boldsymbol{A}^3+3\boldsymbol{A}^2-2\boldsymbol{A}+\boldsymbol{E}=0$，则$(\boldsymbol{A}+2\boldsymbol{E})^{-1}=$________。

(11) 设$\boldsymbol{A}$、$\boldsymbol{B}$、$\boldsymbol{C}$为n阶矩阵，且有$\boldsymbol{A}\boldsymbol{B}\boldsymbol{C}=\boldsymbol{E}$，则$2\boldsymbol{B}\boldsymbol{C}\boldsymbol{A}+\boldsymbol{C}\boldsymbol{A}\boldsymbol{B}=$________。

(12) 已知$\boldsymbol{A}=\begin{bmatrix}0&1&0&0&0\\0&0&2&0&0\\0&0&0&3&0\\0&0&0&0&4\\12&0&0&0&0\end{bmatrix}$，则矩阵$\boldsymbol{A}$的伴随矩阵$\boldsymbol{A}^*=$________。

(13) 设$\boldsymbol{A}$、$\boldsymbol{B}$为n阶可逆方阵，$\boldsymbol{A}^*$、$\boldsymbol{B}^*$分别是$\boldsymbol{A}$、$\boldsymbol{B}$的伴随矩阵，分块矩阵$\boldsymbol{C}=\begin{bmatrix}\boldsymbol{O}&\boldsymbol{A}\\\boldsymbol{B}&\boldsymbol{O}\end{bmatrix}$，则$\boldsymbol{C}$的伴随矩阵$\boldsymbol{C}^*=$________。

(14) 已知$\boldsymbol{A}=\begin{bmatrix}0&-4&-1\\1&-4&0\\1&0&-1\end{bmatrix}$，且$\boldsymbol{A}\boldsymbol{X}=\boldsymbol{A}-3\boldsymbol{X}$，则$\boldsymbol{X}=$________。

(15) 设3阶方阵$\boldsymbol{A}$的秩$r(\boldsymbol{A})=2$，又$\boldsymbol{B}=\begin{bmatrix}1&2&3\\0&4&0\\7&4&5\end{bmatrix}$，则$r(\boldsymbol{A}^*\boldsymbol{B})=$________。

(16) 设非零向量 $\boldsymbol{\alpha}=[a_1, a_2, \cdots, a_n]$ 和 $\boldsymbol{\beta}=[b_1, b_2, \cdots, b_n]^{\mathrm{T}}$，$\boldsymbol{A}=\boldsymbol{\beta\alpha}$，则 $r(\boldsymbol{A})=$ ________。

(17) $\begin{bmatrix}1&0&0\\0&1&0\\3&0&1\end{bmatrix}^{21}\begin{bmatrix}1&2&3\\3&2&1\\5&6&7\end{bmatrix}\begin{bmatrix}1&0&0\\0&0&1\\0&1&0\end{bmatrix}^{21}=$ ________。

(18) $\boldsymbol{A}$ 是 n 阶方阵，且 $\boldsymbol{A}^2=\boldsymbol{A}$，则 $r(\boldsymbol{A})+r(\boldsymbol{A}-\boldsymbol{E})=$ ________。

(19) 已知矩阵 $\boldsymbol{A}=\begin{bmatrix}6&9&5\\0&5&2\\2&9&1\end{bmatrix}$，$\boldsymbol{B}=\begin{bmatrix}5&3&5\\0&3&2\\2&9&0\end{bmatrix}$，矩阵 $\boldsymbol{X}$ 满足 $\boldsymbol{AXB}+\boldsymbol{BXA}=\boldsymbol{BXB}+\boldsymbol{AXA}+2\boldsymbol{E}$，则 $\boldsymbol{X}=$ ________。

(20) 已知 $\boldsymbol{A}$ 是 3 阶矩阵，且其所有元素都是 -2，则 $\boldsymbol{A}^8+6\boldsymbol{A}^7=$ ________。

2. 选择题

(1) 设 $\boldsymbol{A}$、$\boldsymbol{B}$ 均为 n 阶可逆方阵，则正确的是[　　]。

(A) $|\boldsymbol{A}+\boldsymbol{B}|=|\boldsymbol{A}|+|\boldsymbol{B}|$　　(B) $(\boldsymbol{A}+\boldsymbol{B})^{-1}=\boldsymbol{A}^{-1}+\boldsymbol{B}^{-1}$

(C) $(\boldsymbol{A}+\boldsymbol{B})^{\mathrm{T}}=\boldsymbol{B}^{\mathrm{T}}+\boldsymbol{A}^{\mathrm{T}}$　　(D) $(\boldsymbol{AB})^k=\boldsymbol{B}^k\boldsymbol{A}^k$（$k$ 为正整数）

(2) 下列不正确的等式或命题是(设 $\boldsymbol{A}$、$\boldsymbol{B}$、$\boldsymbol{C}$ 都是 n 阶矩阵)[　　]。

(A) $\boldsymbol{AB}(\boldsymbol{AB}+\boldsymbol{E})=(\boldsymbol{AB}+\boldsymbol{E})\boldsymbol{AB}$

(B) $\boldsymbol{C}^{-1}\boldsymbol{B}^{-1}\boldsymbol{A}^{-1}=(\boldsymbol{ABC})^{-1}$（设 $\boldsymbol{A}$、$\boldsymbol{B}$、$\boldsymbol{C}$ 都是可逆矩阵）

(C) $\boldsymbol{AB}=\boldsymbol{E}\Rightarrow\boldsymbol{AB}=\boldsymbol{BA}$

(D) $\boldsymbol{AB}=\boldsymbol{BA}\Rightarrow\boldsymbol{AB}=\boldsymbol{E}$

(3) 下列不正确的命题是[　　]。

(A) $\boldsymbol{A}$、$\boldsymbol{B}$ 都可逆 $\Leftrightarrow\boldsymbol{AB}$ 可逆

(B) 若 $\boldsymbol{A}$ 是一个 n 阶对称矩阵，$\boldsymbol{B}$ 是一个 n 阶反对称矩阵，则 $\boldsymbol{AB}+\boldsymbol{BA}$ 是一个反对称矩阵

(C) 任意 n 阶矩阵都可表示为一个对称矩阵和一个反对称矩阵之和

(D) 若 $\boldsymbol{A}$、$\boldsymbol{B}$ 都可逆，则 $\boldsymbol{A}+\boldsymbol{B}$ 也可逆

(4) 有以下四个命题：

① 对称矩阵的逆矩阵也是对称矩阵。(设逆矩阵存在)

② 设矩阵 $\boldsymbol{B}$ 的第 1 列和第 2 列相等，那么矩阵 $\boldsymbol{AB}$ 的第 1 列和第 2 列也相等。(设 $\boldsymbol{AB}$ 存在)

③ 设矩阵 $\boldsymbol{B}$ 的第 3 列是第 1 列和第 2 列的和，那么矩阵 $\boldsymbol{AB}$ 的第 3 列也是第 1 列和第 2 列的和。(设 $\boldsymbol{AB}$ 存在)

④ $\boldsymbol{A}$ 可经过初等行变换变为单位矩阵 $\boldsymbol{E}\Leftrightarrow\boldsymbol{A}$ 是可逆矩阵。

正确的命题共有[　　]。

(A) 1 个　　(B) 2 个　　(C) 3 个　　(D) 4 个

(5) 有以下五个命题：

① $\boldsymbol{A}$、$\boldsymbol{B}$、$\boldsymbol{C}$ 为同阶方阵，若 $\boldsymbol{AB}=\boldsymbol{E}$，且 $\boldsymbol{CA}=\boldsymbol{E}$，则 $\boldsymbol{B}=\boldsymbol{C}$。

② 若上(下)三角矩阵可逆，则主对角线上元素之积不等于零。

③ 有两列元素对应相同的方阵必为不可逆矩阵。

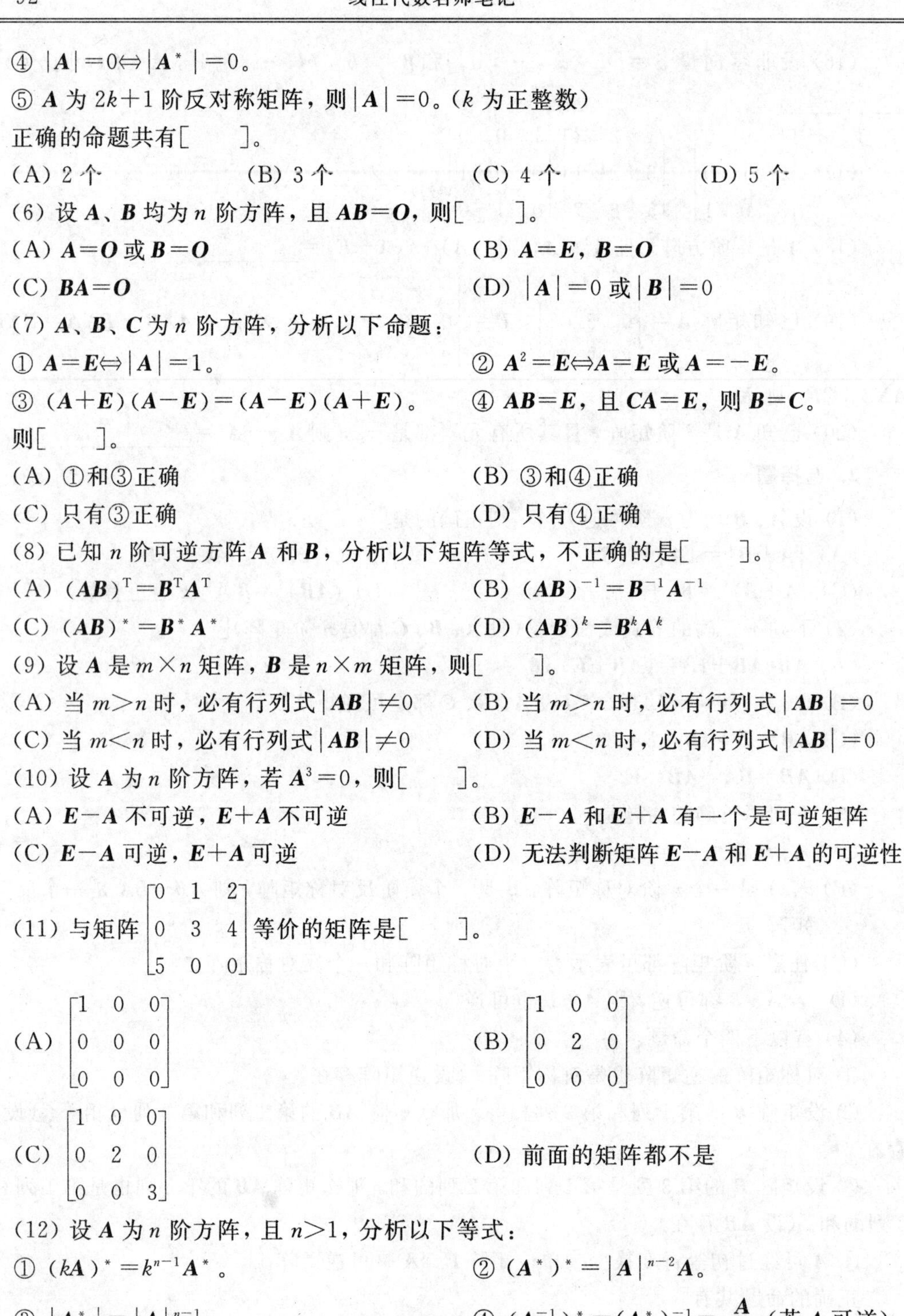

④ $|\boldsymbol{A}|=0 \Leftrightarrow |\boldsymbol{A}^*|=0$。

⑤ $\boldsymbol{A}$ 为 $2k+1$ 阶反对称矩阵，则 $|\boldsymbol{A}|=0$。(k 为正整数)

正确的命题共有[　　]。

(A) 2 个　　(B) 3 个　　(C) 4 个　　(D) 5 个

(6) 设 $\boldsymbol{A}$、$\boldsymbol{B}$ 均为 n 阶方阵，且 $\boldsymbol{AB}=\boldsymbol{O}$，则[　　]。

(A) $\boldsymbol{A}=\boldsymbol{O}$ 或 $\boldsymbol{B}=\boldsymbol{O}$　　(B) $\boldsymbol{A}=\boldsymbol{E}$，$\boldsymbol{B}=\boldsymbol{O}$

(C) $\boldsymbol{BA}=\boldsymbol{O}$　　(D) $|\boldsymbol{A}|=0$ 或 $|\boldsymbol{B}|=0$

(7) $\boldsymbol{A}$、$\boldsymbol{B}$、$\boldsymbol{C}$ 为 n 阶方阵，分析以下命题：

① $\boldsymbol{A}=\boldsymbol{E} \Leftrightarrow |\boldsymbol{A}|=1$。　　② $\boldsymbol{A}^2=\boldsymbol{E} \Leftrightarrow \boldsymbol{A}=\boldsymbol{E}$ 或 $\boldsymbol{A}=-\boldsymbol{E}$。

③ $(\boldsymbol{A}+\boldsymbol{E})(\boldsymbol{A}-\boldsymbol{E})=(\boldsymbol{A}-\boldsymbol{E})(\boldsymbol{A}+\boldsymbol{E})$。　　④ $\boldsymbol{AB}=\boldsymbol{E}$，且 $\boldsymbol{CA}=\boldsymbol{E}$，则 $\boldsymbol{B}=\boldsymbol{C}$。

则[　　]。

(A) ①和③正确　　(B) ③和④正确

(C) 只有③正确　　(D) 只有④正确

(8) 已知 n 阶可逆方阵 $\boldsymbol{A}$ 和 $\boldsymbol{B}$，分析以下矩阵等式，不正确的是[　　]。

(A) $(\boldsymbol{AB})^{\mathrm{T}}=\boldsymbol{B}^{\mathrm{T}}\boldsymbol{A}^{\mathrm{T}}$　　(B) $(\boldsymbol{AB})^{-1}=\boldsymbol{B}^{-1}\boldsymbol{A}^{-1}$

(C) $(\boldsymbol{AB})^*=\boldsymbol{B}^*\boldsymbol{A}^*$　　(D) $(\boldsymbol{AB})^k=\boldsymbol{B}^k\boldsymbol{A}^k$

(9) 设 $\boldsymbol{A}$ 是 $m\times n$ 矩阵，$\boldsymbol{B}$ 是 $n\times m$ 矩阵，则[　　]。

(A) 当 $m>n$ 时，必有行列式 $|\boldsymbol{AB}|\neq 0$　　(B) 当 $m>n$ 时，必有行列式 $|\boldsymbol{AB}|=0$

(C) 当 $m<n$ 时，必有行列式 $|\boldsymbol{AB}|\neq 0$　　(D) 当 $m<n$ 时，必有行列式 $|\boldsymbol{AB}|=0$

(10) 设 $\boldsymbol{A}$ 为 n 阶方阵，若 $\boldsymbol{A}^3=0$，则[　　]。

(A) $\boldsymbol{E}-\boldsymbol{A}$ 不可逆，$\boldsymbol{E}+\boldsymbol{A}$ 不可逆　　(B) $\boldsymbol{E}-\boldsymbol{A}$ 和 $\boldsymbol{E}+\boldsymbol{A}$ 有一个是可逆矩阵

(C) $\boldsymbol{E}-\boldsymbol{A}$ 可逆，$\boldsymbol{E}+\boldsymbol{A}$ 可逆　　(D) 无法判断矩阵 $\boldsymbol{E}-\boldsymbol{A}$ 和 $\boldsymbol{E}+\boldsymbol{A}$ 的可逆性

(11) 与矩阵 $\begin{bmatrix} 0 & 1 & 2 \\ 0 & 3 & 4 \\ 5 & 0 & 0 \end{bmatrix}$ 等价的矩阵是[　　]。

(A) $\begin{bmatrix} 1 & 0 & 0 \\ 0 & 0 & 0 \\ 0 & 0 & 0 \end{bmatrix}$　　(B) $\begin{bmatrix} 1 & 0 & 0 \\ 0 & 2 & 0 \\ 0 & 0 & 0 \end{bmatrix}$

(C) $\begin{bmatrix} 1 & 0 & 0 \\ 0 & 2 & 0 \\ 0 & 0 & 3 \end{bmatrix}$　　(D) 前面的矩阵都不是

(12) 设 $\boldsymbol{A}$ 为 n 阶方阵，且 $n>1$，分析以下等式：

① $(k\boldsymbol{A})^*=k^{n-1}\boldsymbol{A}^*$。　　② $(\boldsymbol{A}^*)^*=|\boldsymbol{A}|^{n-2}\boldsymbol{A}$。

③ $|\boldsymbol{A}^*|=|\boldsymbol{A}|^{n-1}$。　　④ $(\boldsymbol{A}^{-1})^*=(\boldsymbol{A}^*)^{-1}=\dfrac{\boldsymbol{A}}{|\boldsymbol{A}|}$(若 $\boldsymbol{A}$ 可逆)。

正确的等式共有[　　]。

(A) 1 个　　(B) 2 个　　(C) 3 个　　(D) 4 个

(13) $\boldsymbol{A}$、$\boldsymbol{B}$ 均为 n 阶矩阵，$\boldsymbol{AB}=\boldsymbol{O}$，且 $\boldsymbol{B}\neq\boldsymbol{O}$，则必有[　　]。

(A) $(\boldsymbol{A}+\boldsymbol{B})^2=\boldsymbol{A}^2+\boldsymbol{B}^2$　　(B) $|\boldsymbol{B}|\neq 0$

(C) $|\boldsymbol{B}^*|=0$　　(D) $|\boldsymbol{A}^*|=0$

(14) 设$\boldsymbol{A}$、$\boldsymbol{B}$、$\boldsymbol{C}$均是n阶方阵，且$\boldsymbol{AB}=\boldsymbol{BC}=\boldsymbol{CA}=\boldsymbol{E}$，则$\boldsymbol{A}^2+\boldsymbol{B}^2+\boldsymbol{C}^2=$[　]。

(A) $\boldsymbol{A}^2\boldsymbol{B}^2\boldsymbol{C}^2$　　(B) $3\boldsymbol{E}$　　(C) $\boldsymbol{ABC}$　　(D) $\boldsymbol{ABCABC}$

(15) 设$\boldsymbol{A}$为$m\times n$矩阵，且$r(\boldsymbol{A})=m<n$，分析下列命题和等式：

① 矩阵$\boldsymbol{A}$经过有限次初等行变换总可以变为$[\boldsymbol{E}_m, \boldsymbol{O}]$形式。

② 矩阵$\boldsymbol{A}$经过有限次初等列变换总可以变为$[\boldsymbol{E}_m, \boldsymbol{O}]$形式。

③ 若$\boldsymbol{BA}=\boldsymbol{O}$，则$\boldsymbol{B}=\boldsymbol{O}$。

④ 对任意实向量$\boldsymbol{b}$，方程组$\boldsymbol{Ax}=\boldsymbol{b}$必有无穷多解。

⑤ $|\boldsymbol{A}^{\mathrm{T}}\boldsymbol{A}|=0$。

正确的命题或等式共有[　　]。

(A) 2个　　(B) 3个　　(C) 4个　　(D) 5个

(16) 分析以下命题：

① 设n阶矩阵$\boldsymbol{A}$与$\boldsymbol{B}$等价，则$|\boldsymbol{A}|=0\Leftrightarrow|\boldsymbol{B}|=0$。

② 设n阶矩阵$\boldsymbol{A}$与$\boldsymbol{B}$等价，则$|\boldsymbol{A}|\neq0\Leftrightarrow|\boldsymbol{B}|\neq0$。

③ 任意两个n阶可逆矩阵都等价。

④ 可逆矩阵总能经过有限次初等行变换变为单位矩阵。

⑤ 可逆矩阵总能经过有限次初等列变换变为单位矩阵。

正确的命题共有[　　]。

(A) 2个　　(B) 3个　　(C) 4个　　(D) 5个

(17) 设n阶方阵满足$\boldsymbol{A}^7=\boldsymbol{E}$，则$\boldsymbol{A}^{1000}=$[　　]。

(A) $\boldsymbol{E}$　　(B) $\boldsymbol{A}^{\mathrm{T}}$　　(C) $\boldsymbol{A}^*$　　(D) $\boldsymbol{A}^{-1}$

(18) 设$\boldsymbol{A}$是n阶矩阵，且$\boldsymbol{A}^3=\boldsymbol{A}$，那么[　　]。

(A) $\boldsymbol{A}+2\boldsymbol{E}$可逆　　(B) $\boldsymbol{A}-\boldsymbol{E}$可逆　　(C) $\boldsymbol{A}$不可逆　　(D) $\boldsymbol{A}+\boldsymbol{E}$不可逆

3. 解答题

(1) 设$\boldsymbol{A}$、$\boldsymbol{B}$均为n阶方阵，且$\boldsymbol{A}=\frac{1}{2}(\boldsymbol{B}+\boldsymbol{E})$，证明：$\boldsymbol{A}^2=\boldsymbol{A}$的充分必要条件是$\boldsymbol{B}^2=\boldsymbol{E}$。

(2) 已知n维行向量$\boldsymbol{\alpha}=[1, 0, \cdots, 0, 1]$，矩阵$\boldsymbol{A}=\boldsymbol{E}-\frac{2}{3}\boldsymbol{\alpha}^{\mathrm{T}}\boldsymbol{\alpha}$，$\boldsymbol{B}=\boldsymbol{E}-2\boldsymbol{\alpha}^{\mathrm{T}}\boldsymbol{\alpha}$，证明矩阵$\boldsymbol{A}$为对称矩阵，且$\boldsymbol{AB}=\boldsymbol{E}$。

(3) 设n阶方阵$\boldsymbol{A}$和$\boldsymbol{B}$满足$\boldsymbol{A}^2=\boldsymbol{B}^2$，且$|\boldsymbol{A}|-|\boldsymbol{B}|\neq0$，证明矩阵$\boldsymbol{A}+\boldsymbol{B}$不可逆。

(4) 已知$\boldsymbol{A}$、$\boldsymbol{B}$都为n阶方阵，且满足$2\boldsymbol{A}^{-1}\boldsymbol{B}=\boldsymbol{B}-4\boldsymbol{E}$，证明矩阵$\boldsymbol{A}-2\boldsymbol{E}$可逆。

(5) 设$\boldsymbol{A}$为n阶方阵，$\boldsymbol{B}$为n阶非零矩阵，且$\boldsymbol{AB}=\boldsymbol{O}$，证明$r(\boldsymbol{A})<n$。

(6) 设$\boldsymbol{A}$、$\boldsymbol{B}$均为n阶方阵，已知$|\boldsymbol{B}|\neq0$，$\boldsymbol{A}-\boldsymbol{E}$可逆，且$(\boldsymbol{A}-\boldsymbol{E})^{-1}=(\boldsymbol{B}-\boldsymbol{E})^{\mathrm{T}}$，证明$\boldsymbol{A}$可逆。

(7) 设$\boldsymbol{A}$、$\boldsymbol{B}$均为n阶方阵，且满足$\boldsymbol{AA}^{\mathrm{T}}=\boldsymbol{E}$，$\boldsymbol{BB}^{\mathrm{T}}=\boldsymbol{E}$，若$|\boldsymbol{A}|+|\boldsymbol{B}|=0$，证明$\boldsymbol{A}+\boldsymbol{B}$为奇异矩阵。

(8) 设$\boldsymbol{A}$是n阶非零方阵，$\boldsymbol{A}^*$是$\boldsymbol{A}$的伴随矩阵，且$\boldsymbol{A}^*=\boldsymbol{A}^{\mathrm{T}}$，证明：① $|\boldsymbol{A}|>0$；② 当$n>2$时，$|\boldsymbol{A}|=1$。

(9) 已知$\boldsymbol{A}$是元素都为1的3阶矩阵，证明$(\boldsymbol{E}-\boldsymbol{A})^{-1}=\boldsymbol{E}-\frac{1}{2}\boldsymbol{A}$。

(10) 设 $\boldsymbol{A}$ 为实对称矩阵，若 $\boldsymbol{A}^2=\boldsymbol{O}$，证明 $\boldsymbol{A}=\boldsymbol{O}$。

(11) 已知 $\boldsymbol{\alpha}$ 是 n 维列向量，且 $\boldsymbol{\alpha}^{\mathrm{T}}\boldsymbol{\alpha}=1$，若 $\boldsymbol{A}=\boldsymbol{E}-\boldsymbol{\alpha}\boldsymbol{\alpha}^{\mathrm{T}}$，证明 $|\boldsymbol{A}|=0$。

2.5 习题详解

1. 填空题

(1) 矩阵 $\boldsymbol{AA}^{\mathrm{T}}$ 的主对角线上第 i 个元素为矩阵 $\boldsymbol{A}$ 的第 i 个行向量的长度平方，于是，矩阵 $\boldsymbol{AA}^{\mathrm{T}}$ 的主对角线元素的和为矩阵 $\boldsymbol{A}$ 的所有元素的平方和：$\sum\limits_{j=1}^{3}\sum\limits_{i=1}^{3}a_{ij}^2=1^2+2^2+\cdots+9^2=285$。

(2) 根据矩阵可乘条件，可以得到 $(\boldsymbol{A}_{p\times m}\boldsymbol{B}_{m\times n})_{p\times n}=(\boldsymbol{B}_{m\times n}\boldsymbol{C}_{n\times q})_{m\times q}$，由于 $\boldsymbol{AB}=\boldsymbol{BC}$，则 $\boldsymbol{A}$ 为 $m\times m$ 矩阵，$\boldsymbol{C}$ 为 $n\times n$ 矩阵。

(3) (参见例 2.1)用数学归纳法可以证明 $\boldsymbol{A}^n=\begin{bmatrix}2^n & 0\\ n2^n & 2^n\end{bmatrix}$。

(4)
$$\boldsymbol{A}^n=\left(\begin{bmatrix}1\\-3\\4\end{bmatrix}[2,\ -2,\ -1]\right)^n=\begin{bmatrix}1\\-3\\4\end{bmatrix}\left([2,\ -2,\ -1]\begin{bmatrix}1\\-3\\4\end{bmatrix}\right)^{n-1}[2,\ -2,\ -1]$$
$$=4^{n-1}\begin{bmatrix}2 & -2 & -1\\ -6 & 6 & 3\\ 8 & -8 & -4\end{bmatrix}。$$

(5) $\boldsymbol{B}^8=\boldsymbol{P}^{-1}\boldsymbol{A}^8\boldsymbol{P}=256\boldsymbol{P}^{-1}\boldsymbol{EP}=256\boldsymbol{E}$。

(6) 若 $\boldsymbol{A}$ 可逆，有 $\boldsymbol{BAA}^{-1}=\boldsymbol{OA}^{-1}$，则 $\boldsymbol{B}=\boldsymbol{O}$ 与已知矛盾，$\boldsymbol{A}$ 不可逆，故 $|\boldsymbol{A}|=0$，解得 $a=33$。

(7)
$$(\boldsymbol{A}-3\boldsymbol{E})^{-1}(\boldsymbol{A}^2-5\boldsymbol{A}+6\boldsymbol{E})=(\boldsymbol{A}-3\boldsymbol{E})^{-1}(\boldsymbol{A}-3\boldsymbol{E})(\boldsymbol{A}-2\boldsymbol{E})$$
$$=(\boldsymbol{A}-2\boldsymbol{E})=\begin{bmatrix}5 & 0 & 0\\ 4 & 7 & 1\\ 6 & 6 & 4\end{bmatrix}。$$

(8)
$$\boldsymbol{B}+\boldsymbol{E}=(3\boldsymbol{E}-\boldsymbol{A})^{-1}(3\boldsymbol{E}+\boldsymbol{A})+(3\boldsymbol{E}-\boldsymbol{A})^{-1}(3\boldsymbol{E}-\boldsymbol{A})=(3\boldsymbol{E}-\boldsymbol{A})^{-1}6\boldsymbol{E}$$
$$=6\begin{bmatrix}0 & -1 & 0 & 0\\ 0 & 0 & -2 & 0\\ 0 & 0 & 0 & -3\\ 6 & 0 & 0 & 0\end{bmatrix}^{-1}=6\begin{bmatrix}0 & 0 & 0 & \frac{1}{6}\\ -1 & 0 & 0 & 0\\ 0 & -\frac{1}{2} & 0 & 0\\ 0 & 0 & -\frac{1}{3} & 0\end{bmatrix}$$
$$=\begin{bmatrix}0 & 0 & 0 & 1\\ -6 & 0 & 0 & 0\\ 0 & -3 & 0 & 0\\ 0 & 0 & -2 & 0\end{bmatrix}。$$

(9) 对已知等式左乘 $\boldsymbol{A}$、右乘 $\boldsymbol{A}^{-1}$，有 $|\boldsymbol{A}|\boldsymbol{B}=2\boldsymbol{B}+3\boldsymbol{A}^*$，$\boldsymbol{B}=\dfrac{3}{|\boldsymbol{A}|-2}\boldsymbol{A}^*$，由于 $|\boldsymbol{A}^*|=$

$9=|A|^{3-1}$，则$|A|=3$，故 $B=3A^*=\begin{bmatrix}9&12&0\\9&15&0\\0&0&9\end{bmatrix}$。

(10) $(A+2E)(A^2+A-4E)=-9E$，则$(A+2E)^{-1}=\frac{-1}{9}(A^2+A-4E)$。

(11) 令 $BC=P$，有 $ABC=AP=E$，则 $PA=E$，即 $BCA=E$；同理令 $AB=Q$，有 $ABC=QC=E$，则 $CQ=E$，即 $CAB=E$，故 $2BCA+CAB=3E$。

(12) $A^*=|A|A^{-1}=\begin{bmatrix}0&0&0&0&24\\288&0&0&0&0\\0&144&0&0&0\\0&0&96&0&0\\0&0&0&72&0\end{bmatrix}$。

(13) 设 $C^*=\begin{bmatrix}X&Y\\Z&W\end{bmatrix}$，由于 $CC^*=|C|E$，则有 $\begin{bmatrix}AZ&AW\\BX&BY\end{bmatrix}=\begin{bmatrix}|C|E&O\\O&|C|E\end{bmatrix}$，因此 $AW=BX=O$；又由于 A、B 为可逆矩阵，故有 $W=X=O$。$AZ=|C|E=(-1)^{n^2}\cdot|A||B|E$，则 $Z=(-1)^{n^2}|B|A^*$。同理可得 $Y=(-1)^{n^2}|A|B^*$，故 $C^*=(-1)^{n^2}\begin{bmatrix}O&|A|B^*\\|B|A^*&O\end{bmatrix}$。

(14) $X=(A+3E)^{-1}A=\begin{bmatrix}7&-24&3\\6&-20&3\\-3&12&-2\end{bmatrix}$。

(15) 由于$|B|\neq0$，则 $r(A^*B)=r(A^*)$，而 $r(A)=2=3-1$，则 $r(A^*)=1$，$r(A^*B)=1$。

(16) $r(A)\leqslant r(\alpha)=1$，由于 α、β 为非零向量，则 $A\neq O$，$r(A)=1$。

(17)（参见例 2.22）$\begin{bmatrix}1&3&2\\3&1&2\\68&196&132\end{bmatrix}$。

(18)（参见例 2.32）根据 $A+(E-A)=E$，$A(E-A)=O$，则 $r(A)+r(A-E)=r(A)+r(E-A)=n$。

(19) $AXB-BXB-(AXA-BXA)=2E$，$(A-B)XB-(A-B)XA=2E$，$(A-B)X(B-A)=2E$，则

$$X=2(A-B)^{-1}(B-A)^{-1}=\begin{bmatrix}-2&9&0\\0&-0.5&0\\0&0&-2\end{bmatrix}$$

(20) A 的所有元素都是-2，则 $r(A)=1$，于是 $A^8=[\mathrm{tr}(A)]^7A=(-6)^7A$，$A^7=[\mathrm{tr}(A)]^6A=(-6)^6A$，则 $A^8+6A^7=O$。

2. 选择题

(1) [C]。矩阵的加法运算与上标运算只有公式(C)。

(2) [D]。互逆矩阵是可交换的，但可交换的矩阵不一定是互逆矩阵，关于可交换矩阵问题详见本章“易错问题”的名师笔记。

(3) [D]。任意的 n 阶矩阵 $\boldsymbol{A}$ 都可表示为一个对称矩阵$\frac{\boldsymbol{A}+\boldsymbol{A}^{\mathrm{T}}}{2}$和一个反对称矩阵$\frac{\boldsymbol{A}-\boldsymbol{A}^{\mathrm{T}}}{2}$之和。

(4) [D]。① 设 $\boldsymbol{A}$ 为对称矩阵，则有 $\boldsymbol{A}^{\mathrm{T}}=\boldsymbol{A}$，于是有$(\boldsymbol{A}^{-1})^{\mathrm{T}}=(\boldsymbol{A}^{\mathrm{T}})^{-1}=\boldsymbol{A}^{-1}$。由于 $\boldsymbol{AB}=\boldsymbol{A}(\boldsymbol{b}_1, \boldsymbol{b}_2, \cdots, \boldsymbol{b}_n)=(\boldsymbol{Ab}_1, \boldsymbol{Ab}_2, \cdots, \boldsymbol{Ab}_n)$，则②、③都正确。④可逆矩阵必与 $\boldsymbol{E}$ 等价。

(5) [D]。① 矩阵 $\boldsymbol{A}$ 的逆是唯一的。② 可逆矩阵的行列式不等于零，而三角矩阵的行列式等于主对角线元素之积。③ 两列元素对应相同的方阵，其行列式为零，故不可逆。④ 若$\boldsymbol{A}$ 为 n 阶方阵，则$|\boldsymbol{A}|=0\Leftrightarrow r(\boldsymbol{A})<n\Leftrightarrow r(\boldsymbol{A}^*)<n\Leftrightarrow|\boldsymbol{A}^*|=0$。⑤ $\boldsymbol{A}$ 为 $2k+1$ 阶反对称矩阵，有 $\boldsymbol{A}^{\mathrm{T}}=-\boldsymbol{A}$，两边取行列式，$|\boldsymbol{A}|=(-1)^{2k+1}|\boldsymbol{A}|$，则 $2|\boldsymbol{A}|=0$，故$|\boldsymbol{A}|=0$。

(6) [D]。详见本章“易错问题”。

(7) [B]。① 设 $\boldsymbol{A}=\begin{bmatrix}2 & 1\\3 & 2\end{bmatrix}$，显然$|\boldsymbol{A}|=1$，但 $\boldsymbol{A}\neq\boldsymbol{E}$。② 设 $\boldsymbol{A}=\begin{bmatrix}0 & 1\\1 & 0\end{bmatrix}$，显然 $\boldsymbol{A}^2=\boldsymbol{E}$，但 $\boldsymbol{A}\neq\boldsymbol{E}$，$\boldsymbol{A}\neq-\boldsymbol{E}$。③ 等式两边都为 $\boldsymbol{A}^2-\boldsymbol{E}$。④ 矩阵 $\boldsymbol{A}$ 的逆矩阵是唯一的。

(8) [D]。参见本章公式归纳中脱去括号位置换。

(9) [B]。$r(\boldsymbol{AB})\leqslant r(\boldsymbol{A})\leqslant n<m$，由于 $\boldsymbol{AB}$ 是 m 阶方阵，因此$|\boldsymbol{AB}|=0$。

(10) [C]。由于 $\boldsymbol{A}^3=0$，故有$(\boldsymbol{A}+\boldsymbol{E})(\boldsymbol{A}^2-\boldsymbol{A}+\boldsymbol{E})=\boldsymbol{E}$ 和$(\boldsymbol{A}-\boldsymbol{E})(\boldsymbol{A}^2+\boldsymbol{A}+\boldsymbol{E})=-\boldsymbol{E}$。

(11) [C]。由于矩阵$\begin{bmatrix}0 & 1 & 2\\0 & 3 & 4\\5 & 0 & 0\end{bmatrix}$的行列式不为零，而选项(C)的矩阵的行列式也不等于零，同阶可逆矩阵必等价。

(12) [D]。参见本章矩阵的公式。

(13) [D]。由于 $\boldsymbol{AB}=\boldsymbol{O}$，且 $\boldsymbol{B}\neq\boldsymbol{O}$，因此方程组 $\boldsymbol{Ax}=\boldsymbol{0}$ 必有非零解，则$|\boldsymbol{A}|=0$，故$|\boldsymbol{A}^*|=0$。

(14) [B]。根据 $\boldsymbol{AB}=\boldsymbol{E}$ 和 $\boldsymbol{BC}=\boldsymbol{E}$ 知 $\boldsymbol{A}$ 和 $\boldsymbol{C}$ 都是矩阵 $\boldsymbol{B}$ 的逆，于是 $\boldsymbol{A}=\boldsymbol{C}$，而 $\boldsymbol{CA}=\boldsymbol{E}$，可知 $\boldsymbol{A}^2=\boldsymbol{E}$。同理可知 $\boldsymbol{B}^2=\boldsymbol{E}$，$\boldsymbol{C}^2=\boldsymbol{E}$，故 $\boldsymbol{A}^2+\boldsymbol{B}^2+\boldsymbol{C}^2=3\boldsymbol{E}$。

(15) [C]。① 设 $\boldsymbol{A}$ 的第一列是零向量，显然该命题错误。② 因为 $r(\boldsymbol{A})=m<n$，所以矩阵 $\boldsymbol{A}$ 经过若干次初等列变换后，一定可以变为列最简型：$[\boldsymbol{E}_m, \boldsymbol{O}]$。③ $\boldsymbol{BA}=\boldsymbol{O}$，则 $\boldsymbol{A}^{\mathrm{T}}\boldsymbol{B}^{\mathrm{T}}=\boldsymbol{O}$，由于矩阵 $\boldsymbol{A}$ 为行满秩，则矩阵 $\boldsymbol{A}^{\mathrm{T}}$ 为列满秩，那么方程组 $\boldsymbol{A}^{\mathrm{T}}\boldsymbol{x}=\boldsymbol{0}$ 只有零解，故 $\boldsymbol{B}=\boldsymbol{O}$。④ 由于矩阵 $\boldsymbol{A}$ 为行满秩，则有 $r(\boldsymbol{A}, \boldsymbol{b})=r(\boldsymbol{A})=m<n$，故方程组 $\boldsymbol{Ax}=\boldsymbol{b}$ 必有无穷多解。⑤ 由于矩阵 $\boldsymbol{A}^{\mathrm{T}}\boldsymbol{A}$ 为 n 阶方阵，而 $r(\boldsymbol{A}^{\mathrm{T}}\boldsymbol{A})\leqslant r(\boldsymbol{A})\leqslant m<n$，故$|\boldsymbol{A}^{\mathrm{T}}\boldsymbol{A}|=0$。

(16) [D]。参见本章矩阵等价性质。

(17) [D]。由于 $\boldsymbol{A}^7=\boldsymbol{E}$，则$(\boldsymbol{A}^7)^{143}=\boldsymbol{E}^{143}$，$\boldsymbol{A}^{1001}=\boldsymbol{E}$，$\boldsymbol{A}^{1000}\boldsymbol{A}=\boldsymbol{E}$，故 $\boldsymbol{A}^{1000}=\boldsymbol{A}^{-1}$。

(18) [A]。由于 $\boldsymbol{A}^3=\boldsymbol{A}$，则 $\boldsymbol{A}(\boldsymbol{A}+\boldsymbol{E})(\boldsymbol{A}-\boldsymbol{E})=\boldsymbol{O}$，那么矩阵 $\boldsymbol{A}$ 的特征值只能在 0，−1，1 中选择，故矩阵 $\boldsymbol{A}-\boldsymbol{E}$ 的特征值只能在−1，−2，0 中选择，矩阵 $\boldsymbol{A}+\boldsymbol{E}$ 的特征值只能在 1，0，2 中选择，而矩阵 $\boldsymbol{A}+2\boldsymbol{E}$ 的特征值只能在 2，1，3 中选择。显然，只有矩阵 $\boldsymbol{A}+2\boldsymbol{E}$ 的特征值一定不为零，则 $\boldsymbol{A}+2\boldsymbol{E}$ 可逆。

3. 解答题

(1) 证明：充分性 $\boldsymbol{B}^2=\boldsymbol{E}\Rightarrow\boldsymbol{A}^2=\boldsymbol{A}$。

由于$\boldsymbol{A}=\frac{1}{2}(\boldsymbol{B}+\boldsymbol{E})$，则有$\boldsymbol{B}=2\boldsymbol{A}-\boldsymbol{E}$；又由于$\boldsymbol{B}^2=\boldsymbol{E}$，则有$4\boldsymbol{A}^2-4\boldsymbol{A}+\boldsymbol{E}=\boldsymbol{E}$，故有$\boldsymbol{A}^2=\boldsymbol{A}$。

必要性$\boldsymbol{A}^2=\boldsymbol{A}\Rightarrow\boldsymbol{B}^2=\boldsymbol{E}$。

由$\boldsymbol{A}^2=\boldsymbol{A}$可知$\frac{1}{4}(\boldsymbol{B}+\boldsymbol{E})^2=\frac{1}{2}(\boldsymbol{B}+\boldsymbol{E})$，则$\boldsymbol{B}^2+2\boldsymbol{B}+\boldsymbol{E}=2\boldsymbol{B}+2\boldsymbol{E}$，故$\boldsymbol{B}^2=\boldsymbol{E}$。

(2) 证明：$\boldsymbol{A}^{\mathrm{T}}=\left(\boldsymbol{E}-\frac{2}{3}\boldsymbol{\alpha}^{\mathrm{T}}\boldsymbol{\alpha}\right)^{\mathrm{T}}=\boldsymbol{E}^{\mathrm{T}}-\left(\frac{2}{3}\boldsymbol{\alpha}^{\mathrm{T}}\boldsymbol{\alpha}\right)^{\mathrm{T}}=\boldsymbol{E}-\frac{2}{3}\boldsymbol{\alpha}^{\mathrm{T}}\boldsymbol{\alpha}=\boldsymbol{A}$，故$\boldsymbol{A}$为对称矩阵。

$\boldsymbol{AB}=\left(\boldsymbol{E}-\frac{2}{3}\boldsymbol{\alpha}^{\mathrm{T}}\boldsymbol{\alpha}\right)(\boldsymbol{E}-2\boldsymbol{\alpha}^{\mathrm{T}}\boldsymbol{\alpha})=\boldsymbol{E}-\frac{8}{3}\boldsymbol{\alpha}^{\mathrm{T}}\boldsymbol{\alpha}+\frac{4}{3}\boldsymbol{\alpha}^{\mathrm{T}}(\boldsymbol{\alpha}\boldsymbol{\alpha}^{\mathrm{T}})\boldsymbol{\alpha}$，而$\boldsymbol{\alpha}\boldsymbol{\alpha}^{\mathrm{T}}=2$，故$\boldsymbol{AB}=\boldsymbol{E}$。

(3) 证明：由于$\boldsymbol{A}^2=\boldsymbol{B}^2$，则$\boldsymbol{A}(\boldsymbol{A}+\boldsymbol{B})=\boldsymbol{A}^2+\boldsymbol{AB}=\boldsymbol{B}^2+\boldsymbol{AB}=(\boldsymbol{B}+\boldsymbol{A})\boldsymbol{B}$，对其取行列式，有$|\boldsymbol{A}(\boldsymbol{A}+\boldsymbol{B})|=|(\boldsymbol{B}+\boldsymbol{A})\boldsymbol{B}|$，$|\boldsymbol{A}||\boldsymbol{A}+\boldsymbol{B}|=|\boldsymbol{B}+\boldsymbol{A}||\boldsymbol{B}|$，$|\boldsymbol{A}+\boldsymbol{B}|(|\boldsymbol{A}|-|\boldsymbol{B}|)=0$，而$|\boldsymbol{A}|-|\boldsymbol{B}|\neq0$，则$|\boldsymbol{A}+\boldsymbol{B}|=0$，故矩阵$\boldsymbol{A}+\boldsymbol{B}$不可逆。

(4) 证明：对矩阵等式$2\boldsymbol{A}^{-1}\boldsymbol{B}=\boldsymbol{B}-4\boldsymbol{E}$两边左乘矩阵$\boldsymbol{A}$，则有$2\boldsymbol{B}=\boldsymbol{AB}-4\boldsymbol{A}$，$(\boldsymbol{A}-2\boldsymbol{E})\boldsymbol{B}-4(\boldsymbol{A}-2\boldsymbol{E})=8\boldsymbol{E}$，$(\boldsymbol{A}-2\boldsymbol{E})\left[\frac{1}{8}(\boldsymbol{B}-4\boldsymbol{E})\right]=\boldsymbol{E}$，故矩阵$\boldsymbol{A}-2\boldsymbol{E}$可逆。

(5) 证明：由于$\boldsymbol{AB}=\boldsymbol{O}$，则有$r(\boldsymbol{A})+r(\boldsymbol{B})\leqslant n$，而$\boldsymbol{B}$为$n$阶非零矩阵，则$r(\boldsymbol{B})>0$，故$r(\boldsymbol{A})<n$。

(6) 证明：由于$(\boldsymbol{A}-\boldsymbol{E})^{-1}=(\boldsymbol{B}-\boldsymbol{E})^{\mathrm{T}}$，则有$(\boldsymbol{A}-\boldsymbol{E})(\boldsymbol{B}-\boldsymbol{E})^{\mathrm{T}}=\boldsymbol{E}$，$(\boldsymbol{A}-\boldsymbol{E})(\boldsymbol{B}^{\mathrm{T}}-\boldsymbol{E})=\boldsymbol{E}$，$\boldsymbol{AB}^{\mathrm{T}}-\boldsymbol{A}-\boldsymbol{B}^{\mathrm{T}}+\boldsymbol{E}=\boldsymbol{E}$，$\boldsymbol{A}(\boldsymbol{B}^{\mathrm{T}}-\boldsymbol{E})=\boldsymbol{B}^{\mathrm{T}}$，对该式两边取行列式，$|\boldsymbol{A}||\boldsymbol{B}^{\mathrm{T}}-\boldsymbol{E}|=|\boldsymbol{B}^{\mathrm{T}}|$，而$|\boldsymbol{B}^{\mathrm{T}}|=|\boldsymbol{B}|\neq0$，则$|\boldsymbol{A}|\neq0$，故$\boldsymbol{A}$可逆。

(7) 证明：由于$\boldsymbol{AA}^{\mathrm{T}}=\boldsymbol{E}$，$\boldsymbol{BB}^{\mathrm{T}}=\boldsymbol{E}$，则有$\boldsymbol{AA}^{\mathrm{T}}=\boldsymbol{A}^{\mathrm{T}}\boldsymbol{A}=\boldsymbol{E}$，故有$\boldsymbol{A}^{\mathrm{T}}(\boldsymbol{A}+\boldsymbol{B})\boldsymbol{B}^{\mathrm{T}}=\boldsymbol{B}^{\mathrm{T}}+\boldsymbol{A}^{\mathrm{T}}=(\boldsymbol{A}+\boldsymbol{B})^{\mathrm{T}}$，对其两边取行列式，有$|\boldsymbol{A}||\boldsymbol{A}+\boldsymbol{B}||\boldsymbol{B}|=|\boldsymbol{A}+\boldsymbol{B}|$，则$|\boldsymbol{A}+\boldsymbol{B}|(|\boldsymbol{A}||\boldsymbol{B}|-1)=0$。分别对矩阵等式$\boldsymbol{AA}^{\mathrm{T}}=\boldsymbol{E}$、$\boldsymbol{BB}^{\mathrm{T}}=\boldsymbol{E}$两边取行列式，可得$|\boldsymbol{A}|=\pm1$，$|\boldsymbol{B}|=\pm1$，而$|\boldsymbol{A}|+|\boldsymbol{B}|=0$，则$|\boldsymbol{A}||\boldsymbol{B}|=-1$，故$|\boldsymbol{A}||\boldsymbol{B}|-1\neq0$，那么$|\boldsymbol{A}+\boldsymbol{B}|=0$，故$\boldsymbol{A}+\boldsymbol{B}$为奇异矩阵。

(8) 证明：① 由于$\boldsymbol{A}^*=\boldsymbol{A}^{\mathrm{T}}$，可知$a_{ij}=A_{ij}\ (i,j=1,2,\cdots,n)$；又根据行列式按行展开定理，有$|\boldsymbol{A}|\xlongequal{\text{按第 }i\text{ 行展开}}a_{i1}A_{i1}+a_{i2}A_{i2}+\cdots+a_{in}A_{in}=a_{i1}{}^2+a_{i2}{}^2+\cdots+a_{in}{}^2\geqslant0$ $(i=1,2,\cdots,n)$，而$\boldsymbol{A}$是n阶非零方阵，总能在某一行中找到非零元素，则$|\boldsymbol{A}|>0$。

② 对矩阵等式$\boldsymbol{A}^*=\boldsymbol{A}^{\mathrm{T}}$两边取行列式，有$|\boldsymbol{A}^*|=|\boldsymbol{A}^{\mathrm{T}}|$，则$|\boldsymbol{A}|^{n-1}=|\boldsymbol{A}|$，$|\boldsymbol{A}|(|\boldsymbol{A}|^{n-2}-1)=0$。由于$|\boldsymbol{A}|>0$，则$|\boldsymbol{A}|^{n-2}-1=0$，$|\boldsymbol{A}|^{n-2}=1$；又由于$n>2$，且$|\boldsymbol{A}|>0$，故$|\boldsymbol{A}|=1$。

(9) 证明：$(\boldsymbol{E}-\boldsymbol{A})\left(\boldsymbol{E}-\frac{1}{2}\boldsymbol{A}\right)=\boldsymbol{E}-\frac{3}{2}\boldsymbol{A}+\frac{1}{2}\boldsymbol{A}^2$，由于矩阵$\boldsymbol{A}$的所有元素都是1，则$\boldsymbol{A}=\begin{bmatrix}1\\1\\1\end{bmatrix}[1,1,1]$，$\boldsymbol{A}^2=3\boldsymbol{A}$，那么$(\boldsymbol{E}-\boldsymbol{A})\left(\boldsymbol{E}-\frac{1}{2}\boldsymbol{A}\right)=\boldsymbol{E}-\frac{3}{2}\boldsymbol{A}+\frac{1}{2}\boldsymbol{A}^2=\boldsymbol{E}$，故$(\boldsymbol{E}-\boldsymbol{A})^{-1}=\boldsymbol{E}-\frac{1}{2}\boldsymbol{A}$。

(10) 设$\boldsymbol{A}=\begin{bmatrix}a_{11}&a_{12}&\cdots&a_{1n}\\a_{12}&a_{22}&\cdots&a_{2n}\\\vdots&\vdots&&\vdots\\a_{1n}&a_{2n}&\cdots&a_{nn}\end{bmatrix}$，则

$$A^2 = B = \begin{bmatrix} b_{11} & b_{12} & \cdots & b_{1n} \\ b_{12} & b_{22} & \cdots & b_{2n} \\ \vdots & \vdots & & \vdots \\ b_{1n} & b_{2n} & \cdots & b_{nn} \end{bmatrix}$$

其中 $b_{11}=a_{11}{}^2+a_{12}{}^2+\cdots+a_{1n}{}^2$。由于 $A^2=O$，则 $b_{11}=a_{11}{}^2+a_{12}{}^2+\cdots+a_{1n}{}^2=0$，故实数 $a_{11}=a_{12}=\cdots=a_{1n}=0$。同理，根据 b_{22}，b_{33}，…，b_{nn} 都为零，可进一步证明矩阵 A 的所有元素全为零，则 $A=O$。

(11) 证明：

$$A^2 = (E-\alpha\alpha^{\mathrm{T}})(E-\alpha\alpha^{\mathrm{T}}) = E - 2\alpha\alpha^{\mathrm{T}} + \alpha\alpha^{\mathrm{T}}\alpha\alpha^{\mathrm{T}}$$

由于 $\alpha^{\mathrm{T}}\alpha=1$，则

$$A^2 = E - 2\alpha\alpha^{\mathrm{T}} + \alpha\alpha^{\mathrm{T}}\alpha\alpha^{\mathrm{T}} = E - \alpha\alpha^{\mathrm{T}} = A$$

故 $A(A-E)=O$。

反证法：设 $|A|\neq 0$，则 A 为可逆矩阵，用 A^{-1} 左乘 $A(A-E)=O$，有

$$A=E$$

而已知 $A=E-\alpha\alpha^{\mathrm{T}}$，其中向量 α 的长度为 1，所以 $\alpha\alpha^{\mathrm{T}}\neq O$，即 $A\neq E$，故产生矛盾。所以假设错误，则 $|A|=0$。

第三章 向 量

3.1 基本概念与重要结论

名师笔记

向量既是学习线性代数的难点，也是学习线性代数的重点，考生要把它与矩阵及方程组两章的内容联系起来理解和复习。

1. n 维向量

由 n 个数组成的有序数组

$$\boldsymbol{\alpha}=(a_1, a_2, \cdots, a_n) \quad \text{或} \quad \boldsymbol{\alpha}=\begin{bmatrix} a_1 \\ a_2 \\ \vdots \\ a_n \end{bmatrix}$$

称为 n 维向量。其中前者为行向量；后者为列向量；a_i 称为 n 维向量 $\boldsymbol{\alpha}$ 的第 i 个分量。

名师笔记

向量就是只有一行(列)的矩阵。

2. 向量的线性运算

行向量就是行矩阵，列向量就是列矩阵，所以矩阵的加法和数乘运算规律都适合于向量的运算。向量的线性运算仍然是指向量的加法与数乘运算。

3. 向量组

若干个维数相同的向量构成的一组向量称为向量组。

4. 矩阵与向量组

设 $m\times n$ 矩阵

$$\mathbf{A}=\begin{bmatrix} a_{11} & a_{12} & \cdots & a_{1n} \\ a_{21} & a_{22} & \cdots & a_{2n} \\ \vdots & \vdots & & \vdots \\ a_{m1} & a_{m2} & \cdots & a_{mn} \end{bmatrix}$$

按行分块，可以将 $\mathbf{A}$ 看做 m 个 n 维行向量构成的向量组 $\boldsymbol{\alpha}_1$，$\boldsymbol{\alpha}_2$，…，$\boldsymbol{\alpha}_m$，其中 $\boldsymbol{\alpha}_i=(a_{i1}, a_{i2}, \cdots, a_{in})$，$(i=1, 2, \cdots, m)$；按列分块，可以将 $\mathbf{A}$ 看做 n 个 m 维列向量构成的

向量组$\boldsymbol{\beta}_1$，$\boldsymbol{\beta}_2$，…，$\boldsymbol{\beta}_n$，其中$\boldsymbol{\beta}_j=\begin{bmatrix}a_{1j}\\a_{2j}\\\vdots\\a_{mj}\end{bmatrix}(j=1, 2, \cdots, n)$。

5. 线性组合与线性表示

设$\boldsymbol{\alpha}_1$，$\boldsymbol{\alpha}_2$，…，$\boldsymbol{\alpha}_m$，$\boldsymbol{\beta}$是n维向量组，若$\boldsymbol{\beta}=k_1\boldsymbol{\alpha}_1+k_2\boldsymbol{\alpha}_2+\cdots+k_m\boldsymbol{\alpha}_m$，则称$\boldsymbol{\beta}$是$\boldsymbol{\alpha}_1$，$\boldsymbol{\alpha}_2$，…，$\boldsymbol{\alpha}_m$的线性组合，也称$\boldsymbol{\beta}$可由$\boldsymbol{\alpha}_1$，$\boldsymbol{\alpha}_2$，…，$\boldsymbol{\alpha}_m$线性表示，其中$k_1$，$k_2$，…，$k_m$称为组合系数。

6. n维基本单位向量组

$$\begin{cases}\boldsymbol{\varepsilon}_1=(1, 0, \cdots, 0)\\\boldsymbol{\varepsilon}_2=(0, 1, \cdots, 0)\\\quad\vdots\\\boldsymbol{\varepsilon}_n=(0, 0, \cdots, 1)\end{cases}\quad 或 \quad \boldsymbol{\varepsilon}_1=\begin{bmatrix}1\\0\\\vdots\\0\end{bmatrix}, \boldsymbol{\varepsilon}_2=\begin{bmatrix}0\\1\\\vdots\\0\end{bmatrix}, \cdots, \boldsymbol{\varepsilon}_n=\begin{bmatrix}0\\0\\\vdots\\1\end{bmatrix}$$

任意n维向量$\boldsymbol{\alpha}$都可以由基本单位向量组线性表示，即

$$\boldsymbol{\alpha}=(a_1, a_2, \cdots, a_n)=a_1\boldsymbol{\varepsilon}_1+a_2\boldsymbol{\varepsilon}_2+\cdots+a_n\boldsymbol{\varepsilon}_n$$

向量$\boldsymbol{\alpha}$的分量刚好就是组合系数。

7. 零向量

所有分量全为零的向量称为零向量。零向量可以由任意一个向量组来线性表示，即

$$\mathbf{0}=(0, 0, \cdots, 0)=0\boldsymbol{\alpha}_1+0\boldsymbol{\alpha}_2+\cdots+0\boldsymbol{\alpha}_n$$

名师笔记

考生应该掌握零向量相关的命题：

(1) 零向量总可以被其他向量线性表示。

(2) 零向量和其他向量在一起总是线性相关的。

(3) 零向量与任意同维向量正交。

8. 向量组间的线性表示

设有两个向量组T_1：$\boldsymbol{\alpha}_1$，$\boldsymbol{\alpha}_2$，…，$\boldsymbol{\alpha}_m$和T_2：$\boldsymbol{\beta}_1$，$\boldsymbol{\beta}_2$，…，$\boldsymbol{\beta}_n$，若向量组T_1中的每一个向量都可由向量组T_2线性表示，则称向量组T_1可由向量组T_2线性表示。

任意向量组$\boldsymbol{\alpha}_1$，$\boldsymbol{\alpha}_2$，…，$\boldsymbol{\alpha}_m$总能线性表示自己，如

$$\boldsymbol{\alpha}_i=0\boldsymbol{\alpha}_1+\cdots+1\boldsymbol{\alpha}_i+\cdots+0\boldsymbol{\alpha}_m\quad(i=1, 2, \cdots, m)$$

9. 向量组间线性表示的矩阵表述

设列向量组$\boldsymbol{\alpha}_1$，$\boldsymbol{\alpha}_2$，…，$\boldsymbol{\alpha}_m$可以由向量组$\boldsymbol{\beta}_1$，$\boldsymbol{\beta}_2$，…，$\boldsymbol{\beta}_n$线性表示，则有

$$\begin{cases}\boldsymbol{\alpha}_1=k_{11}\boldsymbol{\beta}_1+k_{21}\boldsymbol{\beta}_2+\cdots+k_{n1}\boldsymbol{\beta}_n\\\boldsymbol{\alpha}_2=k_{12}\boldsymbol{\beta}_1+k_{22}\boldsymbol{\beta}_2+\cdots+k_{n2}\boldsymbol{\beta}_n\\\vdots\\\boldsymbol{\alpha}_m=k_{1m}\boldsymbol{\beta}_1+k_{2m}\boldsymbol{\beta}_2+\cdots+k_{nm}\boldsymbol{\beta}_n\end{cases}$$

用具体矩阵形式表示为

$$(\boldsymbol{\alpha}_1,\boldsymbol{\alpha}_2,\cdots,\boldsymbol{\alpha}_m)=(\boldsymbol{\beta}_1,\boldsymbol{\beta}_2,\cdots,\boldsymbol{\beta}_n)\begin{bmatrix}k_{11}&k_{12}&\cdots&k_{1m}\\k_{21}&k_{22}&\cdots&k_{2m}\\\vdots&\vdots&&\vdots\\k_{n1}&k_{n2}&\cdots&k_{nm}\end{bmatrix}$$

写为抽象矩阵形式为 $\boldsymbol{A}=\boldsymbol{BK}$。

10. 线性方程组的各种表示方法

(1) 代数形式：$\begin{cases}a_{11}x_1+a_{12}x_2+\cdots+a_{1n}x_n=b_1\\a_{21}x_1+a_{22}x_2+\cdots+a_{2n}x_n=b_2\\\quad\vdots\\a_{m1}x_1+a_{m2}x_2+\cdots+a_{mn}x_n=b_m\end{cases}$

(2) 具体矩阵形式：$\begin{bmatrix}a_{11}&a_{12}&\cdots&a_{1n}\\a_{21}&a_{22}&\cdots&a_{2n}\\\vdots&\vdots&&\vdots\\a_{m1}&a_{m2}&\cdots&a_{mn}\end{bmatrix}\begin{bmatrix}x_1\\x_2\\\vdots\\x_n\end{bmatrix}=\begin{bmatrix}b_1\\b_2\\\vdots\\b_m\end{bmatrix}$

(3) 抽象矩阵形式：$\boldsymbol{Ax}=\boldsymbol{\beta}$，其中

$$\boldsymbol{A}=\begin{bmatrix}a_{11}&a_{12}&\cdots&a_{1n}\\a_{21}&a_{22}&\cdots&a_{2n}\\\vdots&\vdots&&\vdots\\a_{m1}&a_{m2}&\cdots&a_{mn}\end{bmatrix},\boldsymbol{x}=\begin{bmatrix}x_1\\x_2\\\vdots\\x_n\end{bmatrix},\boldsymbol{\beta}=\begin{bmatrix}b_1\\b_2\\\vdots\\b_m\end{bmatrix}$$

(4) 分块矩阵形式：$(\boldsymbol{\alpha}_1,\boldsymbol{\alpha}_2,\cdots,\boldsymbol{\alpha}_n)\begin{bmatrix}x_1\\x_2\\\vdots\\x_n\end{bmatrix}=\boldsymbol{\beta}$，其中 $\boldsymbol{\alpha}_j=\begin{bmatrix}a_{1j}\\a_{2j}\\\vdots\\a_{mj}\end{bmatrix}$ 为矩阵 $\boldsymbol{A}$ 的第 j 列，$\boldsymbol{\beta}=\begin{bmatrix}b_1\\b_2\\\vdots\\b_m\end{bmatrix}$。

(5) 向量形式：$x_1\boldsymbol{\alpha}_1+x_2\boldsymbol{\alpha}_2+\cdots+x_n\boldsymbol{\alpha}_n=\boldsymbol{\beta}$。向量形式是由分块矩阵形式展开而得到的。

名师笔记

考生一定要熟练掌握线性方程组的五种表示方法，尤其是第(5)种 $x_1\boldsymbol{\alpha}_1+x_2\boldsymbol{\alpha}_2+\cdots+x_n\boldsymbol{\alpha}_n=\boldsymbol{\beta}$，它既可以理解为方程组，也可以理解为向量组 $\boldsymbol{\alpha}_1,\boldsymbol{\alpha}_2,\cdots,\boldsymbol{\alpha}_n$ 与向量 $\boldsymbol{\beta}$ 的线性表示关系。

11. 非齐次线性方程组解的情况与向量的线性表示

从线性方程组的向量形式可以看出：

(1) 向量 $\boldsymbol{\beta}$ 可以由向量组 $\boldsymbol{\alpha}_1, \boldsymbol{\alpha}_2, \cdots, \boldsymbol{\alpha}_n$ 线性表示

$\Leftrightarrow$非齐次线性方程组 $x_1\boldsymbol{\alpha}_1+x_2\boldsymbol{\alpha}_2+\cdots+x_n\boldsymbol{\alpha}_n=\boldsymbol{\beta}$ 有解

$\Leftrightarrow r(\boldsymbol{\alpha}_1, \boldsymbol{\alpha}_2, \cdots, \boldsymbol{\alpha}_n)=r(\boldsymbol{\alpha}_1, \boldsymbol{\alpha}_2, \cdots, \boldsymbol{\alpha}_n, \boldsymbol{\beta})$。

(2) 向量 $\boldsymbol{\beta}$ 不能由向量组 $\boldsymbol{\alpha}_1, \boldsymbol{\alpha}_2, \cdots, \boldsymbol{\alpha}_n$ 线性表示

$\Leftrightarrow$非齐次线性方程组 $x_1\boldsymbol{\alpha}_1+x_2\boldsymbol{\alpha}_2+\cdots+x_n\boldsymbol{\alpha}_n=\boldsymbol{\beta}$ 无解

$\Leftrightarrow r(\boldsymbol{\alpha}_1, \boldsymbol{\alpha}_2, \cdots, \boldsymbol{\alpha}_n)<r(\boldsymbol{\alpha}_1, \boldsymbol{\alpha}_2, \cdots, \boldsymbol{\alpha}_n, \boldsymbol{\beta})$。

名师笔记

分析方程组 $\boldsymbol{Ax}=\boldsymbol{\beta}$ 是否有解，就是分析 $\boldsymbol{A}$ 的列向量组 $\boldsymbol{\alpha}_1, \boldsymbol{\alpha}_2, \cdots, \boldsymbol{\alpha}_n$ 是否能线性表示向量 $\boldsymbol{\beta}$。

12. 向量组线性相关定义

对于向量组 $\boldsymbol{\alpha}_1, \boldsymbol{\alpha}_2, \cdots, \boldsymbol{\alpha}_m$，若存在一组不全为零的数 $k_1, k_2, \cdots, k_m$，使得 $k_1\boldsymbol{\alpha}_1+k_2\boldsymbol{\alpha}_2+\cdots+k_m\boldsymbol{\alpha}_m=\mathbf{0}$ 成立，则称向量组 $\boldsymbol{\alpha}_1, \boldsymbol{\alpha}_2, \cdots, \boldsymbol{\alpha}_m$ 线性相关。

13. 向量组线性无关定义

对于向量组 $\boldsymbol{\alpha}_1, \boldsymbol{\alpha}_2, \cdots, \boldsymbol{\alpha}_m$，仅当 $k_1=k_2=\cdots=k_m=0$ 时，才有 $k_1\boldsymbol{\alpha}_1+k_2\boldsymbol{\alpha}_2+\cdots+k_m\boldsymbol{\alpha}_m=\mathbf{0}$ 成立，则称向量组 $\boldsymbol{\alpha}_1, \boldsymbol{\alpha}_2, \cdots, \boldsymbol{\alpha}_m$ 线性无关。

名师笔记

向量组 $\boldsymbol{\alpha}_1, \boldsymbol{\alpha}_2, \cdots, \boldsymbol{\alpha}_m$ 线性无关和线性相关都是根据齐次线性方程组

$$x_1\boldsymbol{\alpha}_1+x_2\boldsymbol{\alpha}_2+\cdots+x_m\boldsymbol{\alpha}_m=\mathbf{0}$$

解的情况来定义的，即若有非零解，则线性相关；若只有零解，则线性无关。

14. 向量组线性相关性的形象含义

(1) 线性相关：向量之间存在某种关系，即向量组中至少有一个向量可以由其余向量线性表示。

(2) 线性无关：向量之间没有任何关系，即向量组中任意一个向量都不能被其余的向量线性表示。

名师笔记

考生要注意(1)和(2)中“至少有一个”与“任意一个”的区别。

线性无关向量组可以形象地理解为紧凑的，没有多余的向量，即任何一个向量也不能由其余向量线性表示，各个向量都有自己的特色；而线性相关向量组可以形象地理解为臃肿的，总有多余的向量，即至少存在一个向量能由其余向量线性表示，这个向量可以形象地理解为多余的。

15. 向量组线性相关性的几何意义

掌握向量组线性相关性的几何意义，可以帮助考生进一步理解向量组线性相关性这一抽象概念。2 维向量可以理解为平面坐标系中一个有方向的线段，其起点在坐标原点；而 3 维向量可以理解为 3 维坐标系中一个有方向的线段，其起点也在坐标原点。

(1) 两个 2 维(或 3 维)向量线性相关的几何意义为：这两个向量共线(这两个向量的夹角为零)，即总有一个向量可以通过另一个向量乘以一个系数而得到。

(2) 两个 2 维(或 3 维)向量线性无关的几何意义为：这两个向量不共线(这两个向量的夹角不为零)，其中任意一个向量乘以任意一个系数不能得到另一个向量。

(3) 三个向量线性相关的几何意义为：这三个向量共面，即总有一个向量必然在另外两个向量所构成的平面上。若这三个向量是 2 维的，那么它们必然在同一个平面上，故三个 2 维向量必线性相关。

(4) 三个向量线性无关的几何意义为：这三个向量不共面，即任意一个向量不在其他两个向量所构成的平面上。

名师笔记

考生应该从形象含义、数学定义及几何意义三个方位来理解向量组的线性相关性。

16. 特殊向量组的线性相关性

(1) 只含有一个向量的向量组，若这个向量是非零向量，则向量组线性无关；若这个向量是零向量，则向量组线性相关。

(2) 含有零向量的向量组线性相关。

(3) 含有两个向量的向量组，若这两个向量的对应分量成比例，则向量组线性相关；否则线性无关。如向量组 $\begin{bmatrix}2\\6\\8\end{bmatrix}$，$\begin{bmatrix}3\\9\\12\end{bmatrix}$ 线性相关；向量组 $\begin{bmatrix}1\\2\\3\end{bmatrix}$，$\begin{bmatrix}2\\4\\5\end{bmatrix}$ 线性无关。

(4) n 维基本单位向量组 $\boldsymbol{\varepsilon}_1$，$\boldsymbol{\varepsilon}_2\cdots$，$\boldsymbol{\varepsilon}_n$ 线性无关。

17. 齐次线性方程组解的情况与向量组的线性相关性

从线性方程组的向量形式及向量组的线性相关性定义可知：

(1) 向量组 $\boldsymbol{\alpha}_1$，$\boldsymbol{\alpha}_2$，…，$\boldsymbol{\alpha}_n$ 线性相关$\Leftrightarrow$齐次线性方程组 $x_1\boldsymbol{\alpha}_1+x_2\boldsymbol{\alpha}_2+\cdots+x_n\boldsymbol{\alpha}_n=\mathbf{0}$ 有非零解$\Leftrightarrow r(\boldsymbol{\alpha}_1, \boldsymbol{\alpha}_2, \cdots, \boldsymbol{\alpha}_n)<n$。

(2) 向量组 $\boldsymbol{\alpha}_1$，$\boldsymbol{\alpha}_2$，…，$\boldsymbol{\alpha}_n$ 线性无关$\Leftrightarrow$齐次线性方程组 $x_1\boldsymbol{\alpha}_1+x_2\boldsymbol{\alpha}_2+\cdots+x_n\boldsymbol{\alpha}_n=\mathbf{0}$ 只有零解$\Leftrightarrow r(\boldsymbol{\alpha}_1, \boldsymbol{\alpha}_2, \cdots, \boldsymbol{\alpha}_n)=n$。

即齐次线性方程组 $\boldsymbol{A}\boldsymbol{x}=\mathbf{0}$ 是否有非零解，就是向量组 $\boldsymbol{\alpha}_1$，$\boldsymbol{\alpha}_2$，…，$\boldsymbol{\alpha}_n$ 是否线性相关。

18. 非齐次线性方程组解的情况与向量组的线性相关性

从线性方程组的向量形式及向量组的线性相关性定义可知：

(1) 非齐次线性方程组 $x_1\boldsymbol{\alpha}_1+x_2\boldsymbol{\alpha}_2+\cdots+x_n\boldsymbol{\alpha}_n=\boldsymbol{\beta}$ 有解$\Rightarrow$向量组 $\boldsymbol{\alpha}_1$，$\boldsymbol{\alpha}_2$，…，$\boldsymbol{\alpha}_n$，$\boldsymbol{\beta}$ 线性相关。

(2) 向量组 $\boldsymbol{\alpha}_1, \boldsymbol{\alpha}_2, \cdots, \boldsymbol{\alpha}_n, \boldsymbol{\beta}$ 线性无关⇒非齐次线性方程组 $x_1\boldsymbol{\alpha}_1+x_2\boldsymbol{\alpha}_2+\cdots+x_n\boldsymbol{\alpha}_n=\boldsymbol{\beta}$ 无解。

注意 以上两个命题都是单向的。

名师笔记

考生要把线性表示、线性相关性及方程组的解之间的相互关系搞清楚。

19. 向量组的部分与整体

(1) 向量组 T 线性无关⇒向量组 T 的任意部分向量组也线性无关。也可以描述为：整体线性无关⇒部分线性无关。

(2) 向量组 T 的一部分向量组线性相关⇒向量组 T 线性相关。也可以描述为：部分线性相关⇒整体线性相关。

注意 以上两个命题都是单向的。

20. 向量组的延伸与缩短

设有两个向量组

$$T_1: \boldsymbol{\alpha}_j=(a_{1j}, a_{2j}, \cdots, a_{rj})^{\mathrm{T}} \quad (j=1, 2, \cdots, m)$$

$$T_2: \boldsymbol{\beta}_j=(a_{1j}, a_{2j}, \cdots, a_{rj}, a_{r+1, j}, \cdots, a_{nj})^{\mathrm{T}} \quad (j=1, 2, \cdots, m)$$

其中，向量组 T_2 称为向量组 T_1 的延伸组；向量组 T_1 称为向量组 T_2 的缩短组。

(1) 若向量组 T_1(缩短组)线性无关⇒向量组 T_2(延伸组)线性无关。

(2) 若向量组 T_2(延伸组)线性相关⇒向量组 T_1(缩短组)线性相关。

注意 以上两个命题都是单向的。

名师笔记

综合部分与整体、延伸与缩短有以下命题：

$\boldsymbol{A}$ 线性无关⇒$\boldsymbol{A}$ 的部分组线性无关。

$\boldsymbol{A}$ 线性无关⇒$\boldsymbol{A}$ 的延伸组线性无关。

$\boldsymbol{A}$ 线性相关⇒$\boldsymbol{A}$ 的整体组线性相关。

$\boldsymbol{A}$ 线性相关⇒$\boldsymbol{A}$ 的缩短组线性相关。

21. n 个 n 维向量的向量组

设 $\boldsymbol{A}$ 为 n 阶方阵，则 $\boldsymbol{A}$ 可以看做 n 个 n 维列向量，$\boldsymbol{A}$ 也可以看做 n 个 n 维行向量。

(1) $|\boldsymbol{A}|=0$⇔构成 $\boldsymbol{A}$ 的 n 个 n 维行向量线性相关⇔构成 $\boldsymbol{A}$ 的 n 个 n 维列向量线性相关。

(2) $|\boldsymbol{A}|\neq 0$⇔构成 $\boldsymbol{A}$ 的 n 个 n 维行向量线性无关⇔构成 $\boldsymbol{A}$ 的 n 个 n 维列向量线性无关。

22. 一个向量与一个向量组

若向量组 $\boldsymbol{\alpha}_1, \boldsymbol{\alpha}_2, \cdots, \boldsymbol{\alpha}_n$ 线性无关，而向量组 $\boldsymbol{\alpha}_1, \boldsymbol{\alpha}_2, \cdots, \boldsymbol{\alpha}_n, \boldsymbol{\beta}$ 线性相关，则向量 $\boldsymbol{\beta}$ 一定可以由向量组 $\boldsymbol{\alpha}_1, \boldsymbol{\alpha}_2, \cdots, \boldsymbol{\alpha}_n$ 线性表示，且表示方法唯一。

该定理的方程组描述：若非齐次线性方程组 $\boldsymbol{Ax}=\boldsymbol{\beta}$ 的系数矩阵 $\boldsymbol{A}$ 的列向量组 $\boldsymbol{\alpha}_1, \boldsymbol{\alpha}_2,$

…，$\boldsymbol{\alpha}_n$ 线性无关，而向量组 $\boldsymbol{\alpha}_1$，$\boldsymbol{\alpha}_2$，…，$\boldsymbol{\alpha}_n$，$\boldsymbol{\beta}$ 线性相关，则方程组 $\boldsymbol{Ax}=\boldsymbol{\beta}$ 有解，且有唯一解。

名师笔记

方程组 $\boldsymbol{Ax}=\boldsymbol{\beta}$ 有唯一解的充分必要条件是 $r(\boldsymbol{A})=r([\boldsymbol{A},\boldsymbol{\beta}])=n$。

23. 向量的个数与向量的维数

设 $\boldsymbol{A}$ 为 m 个 n 维列向量构成的向量组，

(1) 若 $m>n$，则 $\boldsymbol{A}$ 线性相关。

(2) 若 $m=n$，则有 $|\boldsymbol{A}|=0\Leftrightarrow\boldsymbol{A}$ 线性相关；$|\boldsymbol{A}|\neq0\Leftrightarrow\boldsymbol{A}$ 线性无关。

(3) 若 $m<n$，通过初等变换计算 $\boldsymbol{A}$ 的秩，$r(\boldsymbol{A})<m\Leftrightarrow\boldsymbol{A}$ 线性相关；$r(\boldsymbol{A})=m\Leftrightarrow\boldsymbol{A}$ 线性无关。

名师笔记

对于(1)，例如 3 个 2 维向量必相关，这是因为它们一定共面。

24. 向量组的臃肿性与紧凑性

(1) 若向量组 $\boldsymbol{\beta}_1$，$\boldsymbol{\beta}_2$，…，$\boldsymbol{\beta}_t$ 可以由向量组 $\boldsymbol{\alpha}_1$，$\boldsymbol{\alpha}_2$，…，$\boldsymbol{\alpha}_s$ 线性表示，且 $s<t$，则向量组 $\boldsymbol{\beta}_1$，$\boldsymbol{\beta}_2$，…，$\boldsymbol{\beta}_t$ 线性相关。

(2) 若向量组 $\boldsymbol{\beta}_1$，$\boldsymbol{\beta}_2$，…，$\boldsymbol{\beta}_t$ 可以由向量组 $\boldsymbol{\alpha}_1$，$\boldsymbol{\alpha}_2$，…，$\boldsymbol{\alpha}_s$ 线性表示，且向量组 $\boldsymbol{\beta}_1$，$\boldsymbol{\beta}_2$，…，$\boldsymbol{\beta}_t$ 线性无关，则 $s\geqslant t$。

(3) 若向量组 $\boldsymbol{\beta}_1$，$\boldsymbol{\beta}_2$，…，$\boldsymbol{\beta}_t$ 与向量组 $\boldsymbol{\alpha}_1$，$\boldsymbol{\alpha}_2$，…，$\boldsymbol{\alpha}_s$ 可以相互线性表示，且两个向量组都线性无关，则 $t=s$。

可以形象的理解命题(1)，t 个向量的向量组 $\boldsymbol{\beta}_1$，$\boldsymbol{\beta}_2$，…，$\boldsymbol{\beta}_t$ 可以由 s 个向量的向量组 $\boldsymbol{\alpha}_1$，$\boldsymbol{\alpha}_2$，…，$\boldsymbol{\alpha}_s$ 线性表示，而 t 还大于 s，则说明向量组 $\boldsymbol{\beta}_1$，$\boldsymbol{\beta}_2$，…，$\boldsymbol{\beta}_t$ 是臃肿的，一定有多余的向量，即线性相关。

名师笔记

(1)可以简单描述为："多数"被"少数"线性表示，则"多数"线性相关。

例如，向量组 $\boldsymbol{\beta}_1$，$\boldsymbol{\beta}_2$，$\boldsymbol{\beta}_3$ 可以由 $\boldsymbol{\alpha}_1$，$\boldsymbol{\alpha}_2$ 线性表示，则有 $r(\boldsymbol{\beta}_1,\boldsymbol{\beta}_2,\boldsymbol{\beta}_3)\leqslant r(\boldsymbol{\alpha}_1,\boldsymbol{\alpha}_2)\leqslant2$，于是，$\boldsymbol{\beta}_1$，$\boldsymbol{\beta}_2$，$\boldsymbol{\beta}_3$ 线性相关。

25. 向量组的等价

若向量组 T_1：$\boldsymbol{\alpha}_1$，$\boldsymbol{\alpha}_2$，…，$\boldsymbol{\alpha}_m$ 与向量组 T_2：$\boldsymbol{\beta}_1$，$\boldsymbol{\beta}_2$，…，$\boldsymbol{\beta}_n$ 可以相互线性表示，那么称向量组 T_1 与向量组 T_2 等价。

向量组的等价有三条性质：

(1) 反身性：任一向量组与自身等价。

(2) 对称性：若向量组 T_1 与向量组 T_2 等价，则向量组 T_2 也与向量组 T_1 等价。

(3) 传递性：若向量组 T_1 与向量组 T_2 等价，向量组 T_2 与向量组 T_3 等价，则向量组 T_1 与向量组 T_3 也等价。

名师笔记

向量组等价和矩阵等价是两个不同的概念，但它们之间又有联系。设矩阵 $\boldsymbol{A}$ 与 $\boldsymbol{B}$ 同型，那么有 $\boldsymbol{A}$ 的列向量组与 $\boldsymbol{B}$ 的列向量组等价 $\Rightarrow$ 矩阵 $\boldsymbol{A}$ 与 $\boldsymbol{B}$ 等价。

(注意以上命题的单向性)

26. 极大线性无关组(极大无关组)

设 $\boldsymbol{\alpha}_{i_1}, \boldsymbol{\alpha}_{i_2}, \cdots, \boldsymbol{\alpha}_{i_r}$ 是向量组 $T: \boldsymbol{\alpha}_1, \boldsymbol{\alpha}_2, \cdots, \boldsymbol{\alpha}_m$ 的一个线性无关的部分组，而向量组 T 中任意 $r+1$ 个(如果存在)向量线性相关，则称向量组 $\boldsymbol{\alpha}_{i_1}, \boldsymbol{\alpha}_{i_2}, \cdots, \boldsymbol{\alpha}_{i_r}$ 是 T 的一个极大线性无关组。

注　在判断线性无关组 $\boldsymbol{\alpha}_{i_1}, \boldsymbol{\alpha}_{i_2}, \cdots, \boldsymbol{\alpha}_{i_r}$ 是否为向量组 $T: \boldsymbol{\alpha}_1, \boldsymbol{\alpha}_2, \cdots, \boldsymbol{\alpha}_m$ 的一个极大无关组时，往往不用分析向量组 T 的所有 $r+1$ 个部分组的线性相关性，而是分析向量组 T 除 $\boldsymbol{\alpha}_{i_1}, \boldsymbol{\alpha}_{i_2}, \cdots, \boldsymbol{\alpha}_{i_r}$ 以外的所有向量 $\boldsymbol{\alpha}_j$ 是否都能被向量组 $\boldsymbol{\alpha}_{i_1}, \boldsymbol{\alpha}_{i_2}, \cdots, \boldsymbol{\alpha}_{i_r}$ 线性表示。

例如，分析含有 5 个 3 维向量的向量组 T：$\begin{bmatrix}1\\0\\0\end{bmatrix}, \begin{bmatrix}0\\0\\1\end{bmatrix}, \begin{bmatrix}3\\0\\3\end{bmatrix}, \begin{bmatrix}1\\0\\5\end{bmatrix}, \begin{bmatrix}2\\0\\9\end{bmatrix}$，显然前两个向量 $\begin{bmatrix}1\\0\\0\end{bmatrix}, \begin{bmatrix}0\\0\\1\end{bmatrix}$ 线性无关，且第 3、4、5 个向量都可以由前 2 个向量线性表示，则 $\begin{bmatrix}1\\0\\0\end{bmatrix}, \begin{bmatrix}0\\0\\1\end{bmatrix}$ 即为向量组 T 的一个极大无关组。

27. 极大无关组是否唯一

针对不同的向量组，其极大无关组可能唯一，也可能不唯一。

例如，向量组 $\begin{bmatrix}1\\0\\0\end{bmatrix}, \begin{bmatrix}0\\2\\0\end{bmatrix}, \begin{bmatrix}1\\2\\3\end{bmatrix}$ 本身线性无关，则它的极大无关组唯一，且就是它本身；向量组 $\begin{bmatrix}1\\0\\0\end{bmatrix}, \begin{bmatrix}0\\1\\0\end{bmatrix}, \begin{bmatrix}0\\0\\1\end{bmatrix}, \begin{bmatrix}0\\0\\0\end{bmatrix}$ 线性相关，它的极大无关组也唯一，就是前三个向量的部分组；向量组 $\begin{bmatrix}1\\0\\0\end{bmatrix}, \begin{bmatrix}0\\1\\0\end{bmatrix}, \begin{bmatrix}0\\0\\1\end{bmatrix}, \begin{bmatrix}1\\2\\3\end{bmatrix}$ 线性相关，它的极大无关组有四个，即向量组的任意三个都是向量组的极大无关组。

28. 向量组的秩

向量组 $\boldsymbol{\alpha}_1, \boldsymbol{\alpha}_2, \cdots, \boldsymbol{\alpha}_m$ 的极大线性无关组所含向量个数，称为该向量组的秩，记作秩 $(\boldsymbol{\alpha}_1, \boldsymbol{\alpha}_2, \cdots, \boldsymbol{\alpha}_m)$，或 $R(\boldsymbol{\alpha}_1, \boldsymbol{\alpha}_2, \cdots, \boldsymbol{\alpha}_m)$，或 $r(\boldsymbol{\alpha}_1, \boldsymbol{\alpha}_2, \cdots, \boldsymbol{\alpha}_m)$。

r(零向量组)$=0$，r(n 维基本单位向量组)$=n$。

名师笔记

向量组的秩和矩阵的秩概念不同，但它们之间的关系参见31(三秩相等)。

29. 向量组的秩与向量的个数

对于向量组 $\boldsymbol{\alpha}_1,\boldsymbol{\alpha}_2,\cdots,\boldsymbol{\alpha}_m$，有以下命题：

(1) $r(\boldsymbol{\alpha}_1,\boldsymbol{\alpha}_2,\cdots,\boldsymbol{\alpha}_m)<m\Leftrightarrow$向量组 $\boldsymbol{\alpha}_1,\boldsymbol{\alpha}_2,\cdots,\boldsymbol{\alpha}_m$线性相关。

(2) $r(\boldsymbol{\alpha}_1,\boldsymbol{\alpha}_2,\cdots,\boldsymbol{\alpha}_m)=m\Leftrightarrow$向量组 $\boldsymbol{\alpha}_1,\boldsymbol{\alpha}_2,\cdots,\boldsymbol{\alpha}_m$线性无关。

(3) $r(\boldsymbol{\alpha}_1,\boldsymbol{\alpha}_2,\cdots,\boldsymbol{\alpha}_m)\leqslant m$。

30. 向量组的秩与向量组间的线性表示

(1) 若向量组 $\boldsymbol{\alpha}_1,\boldsymbol{\alpha}_2,\cdots,\boldsymbol{\alpha}_m$可由向量组$\boldsymbol{\beta}_1,\boldsymbol{\beta}_2,\cdots,\boldsymbol{\beta}_n$ 线性表示，则有

$$r(\boldsymbol{\alpha}_1,\boldsymbol{\alpha}_2,\cdots,\boldsymbol{\alpha}_m)\leqslant r(\boldsymbol{\beta}_1,\boldsymbol{\beta}_2,\cdots,\boldsymbol{\beta}_n)$$

(2) 若向量组 $\boldsymbol{\alpha}_1,\boldsymbol{\alpha}_2,\cdots,\boldsymbol{\alpha}_m$与向量组$\boldsymbol{\beta}_1,\boldsymbol{\beta}_2,\cdots,\boldsymbol{\beta}_n$ 等价，则有

$$r(\boldsymbol{\alpha}_1,\boldsymbol{\alpha}_2,\cdots,\boldsymbol{\alpha}_m)=r(\boldsymbol{\beta}_1,\boldsymbol{\beta}_2,\cdots,\boldsymbol{\beta}_n)$$

名师笔记

命题(1)和(2)都是单向的，而以下命题却是双向的，考生要特别注意。设矩阵 $\boldsymbol{A}$ 与 $\boldsymbol{B}$ 同型，则有 $\boldsymbol{A}$ 与 $\boldsymbol{B}$ 等价$\Leftrightarrow r(\boldsymbol{A})=r(\boldsymbol{B})$。

31. 向量组的秩与矩阵的秩(三秩相等)

$r(\boldsymbol{A})=r$(矩阵 $\boldsymbol{A}$ 的行向量组)$=r$(矩阵 $\boldsymbol{A}$ 的列向量组)。

32. 几个等价的向量组

(1) 向量组 $\boldsymbol{\alpha}_1,\boldsymbol{\alpha}_2,\cdots,\boldsymbol{\alpha}_m$与它的极大无关组等价。

(2) 向量组 $\boldsymbol{\alpha}_1,\boldsymbol{\alpha}_2,\cdots,\boldsymbol{\alpha}_m$的任意两个极大无关组等价。

33. 向量组秩的求解方法

将向量组作为列构成矩阵 $\boldsymbol{A}$，对 $\boldsymbol{A}$ 进行初等行变换，化为行阶梯矩阵 $\boldsymbol{B}$，则 r(向量组)$=r(\boldsymbol{A})=r(\boldsymbol{B})=$矩阵 $\boldsymbol{B}$ 的非零行数。

名师笔记

求解向量组秩的方法与求解矩阵秩的方法一样。

34. 向量组极大无关组的求解及由极大无关组线性表示其余向量的方法

将向量组作为列构成矩阵 $\boldsymbol{A}$，对 $\boldsymbol{A}$ 进行初等行变换，化为行最简形矩阵 $\boldsymbol{B}$，则矩阵 $\boldsymbol{A}$ 列向量组的任意部分组与矩阵$\boldsymbol{B}$ 对应列向量的部分组有相同的线性相关性。所以矩阵 $\boldsymbol{B}$ 的所有非零行的第一个非零元素所在的列组成的向量组即为 $\boldsymbol{B}$ 的一个极大无关组，而其余列向量由极大无关组线性表示的组合系数恰好是该列向量的分量。$\boldsymbol{A}$ 的极大无关组及其余向量由极大无关组的线性表示也随之求得。

例如，

$$A=[\boldsymbol{\alpha}_1,\boldsymbol{\alpha}_2,\boldsymbol{\alpha}_3,\boldsymbol{\alpha}_4,\boldsymbol{\alpha}_5]=\begin{bmatrix}1&3&2&9&6\\1&4&3&3&-2\\0&0&0&2&2\\2&8&6&1&-9\end{bmatrix}$$

$$A\xrightarrow{\text{初等行变换}}B$$

$$B=[\boldsymbol{\beta}_1,\boldsymbol{\beta}_2,\boldsymbol{\beta}_3,\boldsymbol{\beta}_4,\boldsymbol{\beta}_5]=\begin{bmatrix}1&0&-1&0&3\\0&1&1&0&-2\\0&0&0&1&1\\0&0&0&0&0\end{bmatrix}$$

向量组 $\boldsymbol{\alpha}_i$，$\boldsymbol{\alpha}_j$，$\boldsymbol{\alpha}_k$ 与向量组 $\boldsymbol{\beta}_i$，$\boldsymbol{\beta}_j$，$\boldsymbol{\beta}_k$ 有相同的线性相关性，向量组 $\boldsymbol{\alpha}_i$，$\boldsymbol{\alpha}_j$，$\boldsymbol{\alpha}_k$，$\boldsymbol{\alpha}_l$ 与向量组 $\boldsymbol{\beta}_i$，$\boldsymbol{\beta}_j$，$\boldsymbol{\beta}_k$，$\boldsymbol{\beta}_l$ 也有相同的线性相关性。显然，向量组 $\boldsymbol{\beta}_1$，$\boldsymbol{\beta}_2$，$\boldsymbol{\beta}_3$，$\boldsymbol{\beta}_4$，$\boldsymbol{\beta}_5$ 的极大无关组为 $\boldsymbol{\beta}_1$，$\boldsymbol{\beta}_2$，$\boldsymbol{\beta}_4$，故向量组 $\boldsymbol{\alpha}_1$，$\boldsymbol{\alpha}_2$，$\boldsymbol{\alpha}_3$，$\boldsymbol{\alpha}_4$，$\boldsymbol{\alpha}_5$ 的极大无关组为 $\boldsymbol{\alpha}_1$，$\boldsymbol{\alpha}_2$，$\boldsymbol{\alpha}_4$。

从矩阵 $\boldsymbol{B}$ 中可以看出，$\boldsymbol{\beta}_3=-\boldsymbol{\beta}_1+\boldsymbol{\beta}_2$，$\boldsymbol{\beta}_5=3\boldsymbol{\beta}_1-2\boldsymbol{\beta}_2+\boldsymbol{\beta}_4$，所以向量组 $\boldsymbol{\alpha}_1$，$\boldsymbol{\alpha}_2$，$\boldsymbol{\alpha}_3$，$\boldsymbol{\alpha}_4$，$\boldsymbol{\alpha}_5$ 也有对应的关系：$\boldsymbol{\alpha}_3=-\boldsymbol{\alpha}_1+\boldsymbol{\alpha}_2$，$\boldsymbol{\alpha}_5=3\boldsymbol{\alpha}_1-2\boldsymbol{\alpha}_2+\boldsymbol{\alpha}_4$。

名师笔记

从 $\boldsymbol{B}$ 中可以明显看出，$\boldsymbol{\beta}_1$，$\boldsymbol{\beta}_2$，$\boldsymbol{\beta}_4$ 是 $\boldsymbol{B}$ 的一个极大无关组，而其他极大无关组并不易确定。通过进一步计算可以得到，在矩阵 $\boldsymbol{B}$ 中任意取 3 个列向量，除了 $\boldsymbol{\beta}_1$，$\boldsymbol{\beta}_2$，$\boldsymbol{\beta}_3$ 以外，其他都是 $\boldsymbol{B}$ 的极大无关组，即 $\boldsymbol{B}$ 有 $C_5^3-1=9$ 个极大无关组。这一点考生要特别注意。

35. 向量空间(数学一)

设 V 是 n 维向量构成的非空集合，且满足：

(1) 对任意 $\boldsymbol{\alpha}$、$\boldsymbol{\beta}\in V$，有 $\boldsymbol{\alpha}+\boldsymbol{\beta}\in V$($V$ 对向量加法运算封闭)；

(2) 对任意 $\boldsymbol{\alpha}\in V$，任意数 k 有 $k\boldsymbol{\alpha}\in V$($V$ 对向量数乘运算封闭)。

则称集合 V 为向量空间。

名师笔记

向量空间的相关知识仅是数学一的考试内容，数学一和数学二(三)的区别仅在于此。

齐次线性方程组 $\boldsymbol{Ax}=\boldsymbol{0}$ 的所有解向量也构成一个向量空间，称为解空间。$\boldsymbol{Ax}=\boldsymbol{0}$ 的基础解系就是解空间的一组基，解空间的维数等于 $n-r(\boldsymbol{A})$(n 为 $\boldsymbol{A}$ 的列数)。

36. 向量空间的基与维数(数学一)

设 V 是向量空间，$\boldsymbol{\alpha}_1$，$\boldsymbol{\alpha}_2$，…，$\boldsymbol{\alpha}_m\in V$ 且满足：

(1) $\boldsymbol{\alpha}_1$，$\boldsymbol{\alpha}_2$，…，$\boldsymbol{\alpha}_m$ 线性无关；

(2) V 中任一向量都可以由 $\boldsymbol{\alpha}_1$，$\boldsymbol{\alpha}_2$，…，$\boldsymbol{\alpha}_m$ 线性表示

则称 $\boldsymbol{\alpha}_1$，$\boldsymbol{\alpha}_2$，…，$\boldsymbol{\alpha}_m$ 为向量空间 V 的一组基；m 称为 V 的维数，记为 $\dim(V)=m$。

向量空间的基相当于一个向量组的极大无关组；向量空间的维数相当于向量组的秩。

37. n 维实向量空间 $\mathbf{R}^n$(数学一)

所有 n 维实向量构成的集合显然是一个向量空间，称为 n 维实向量空间 $\mathbf{R}^n$。

n 维基本单位向量组 $\boldsymbol{\varepsilon}_1, \boldsymbol{\varepsilon}_2, \cdots, \boldsymbol{\varepsilon}_n$ 是 $\mathbf{R}^n$ 的一组基，称为自然基，且 $\dim(\mathbf{R}^n)=n$。

任意 n 个线性无关的 n 维实向量一定构成 $\mathbf{R}^n$ 的一组基。

设 $\boldsymbol{A}$ 为 n 阶实方阵，若 $|\boldsymbol{A}|\neq 0$，则 $\boldsymbol{A}$ 的列(行)向量组构成了 $\mathbf{R}^n$ 的一组基。

38. 向量在基下的坐标(数学一)

设 $\boldsymbol{\alpha}_1, \boldsymbol{\alpha}_2, \cdots, \boldsymbol{\alpha}_m$ 是 m 维向量空间 V 的一组基，对 $\boldsymbol{\beta}\in V$，有 $\boldsymbol{\beta}=x_1\boldsymbol{\alpha}_1+x_2\boldsymbol{\alpha}_2+\cdots+x_m\boldsymbol{\alpha}_m$，组合系数构成的向量 $(x_1, x_2, \cdots, x_m)^{\mathrm{T}}$ 称为 $\boldsymbol{\beta}$ 在基 $\boldsymbol{\alpha}_1, \boldsymbol{\alpha}_2, \cdots, \boldsymbol{\alpha}_m$ 下的坐标。

一个向量在同一个基下的坐标是唯一的，但在不同基下的坐标是不同的。

39. 基变换公式及过渡矩阵(数学一)

设 $\boldsymbol{\alpha}_1, \boldsymbol{\alpha}_2, \cdots, \boldsymbol{\alpha}_m$ 和 $\boldsymbol{\beta}_1, \boldsymbol{\beta}_2, \cdots, \boldsymbol{\beta}_m$ 都是向量空间 V 的基，则基变换公式为

$$
\begin{aligned}
(\boldsymbol{\beta}_1, \boldsymbol{\beta}_2, \cdots, \boldsymbol{\beta}_m) &= (\boldsymbol{\alpha}_1, \boldsymbol{\alpha}_2, \cdots, \boldsymbol{\alpha}_m)\begin{bmatrix} c_{11} & c_{12} & \cdots & c_{1m} \\ c_{21} & c_{22} & \cdots & c_{2m} \\ \vdots & \vdots & & \vdots \\ c_{m1} & c_{m2} & \cdots & c_{mm} \end{bmatrix} \\
&= (\boldsymbol{\alpha}_1, \boldsymbol{\alpha}_2, \cdots, \boldsymbol{\alpha}_m)\boldsymbol{C}
\end{aligned}
$$

矩阵 $\boldsymbol{C}$ 称为从基 $\boldsymbol{\alpha}_1, \boldsymbol{\alpha}_2, \cdots, \boldsymbol{\alpha}_m$ 到基 $\boldsymbol{\beta}_1, \boldsymbol{\beta}_2, \cdots, \boldsymbol{\beta}_m$ 的过渡矩阵。

名师笔记

过渡矩阵实质上就是向量 $\boldsymbol{\beta}_i$ 在基 $\boldsymbol{\alpha}_1, \boldsymbol{\alpha}_2, \cdots, \boldsymbol{\alpha}_m$ 下的坐标所构成的矩阵。

40. 向量的内积

设向量 $\boldsymbol{\alpha}=(a_1, a_2, \cdots, a_n)^{\mathrm{T}}$，向量 $\boldsymbol{\beta}=(b_1, b_2, \cdots, b_n)^{\mathrm{T}}$，$\boldsymbol{\alpha}$ 与 $\boldsymbol{\beta}$ 的内积定义为

$$(\boldsymbol{\alpha}, \boldsymbol{\beta})=a_1b_1+a_2b_2+\cdots+a_nb_n$$

根据矩阵乘法法则，有 $(\boldsymbol{\alpha}, \boldsymbol{\beta})=\boldsymbol{\alpha}^{\mathrm{T}}\boldsymbol{\beta}=\boldsymbol{\beta}^{\mathrm{T}}\boldsymbol{\alpha}$。

名师笔记

两个向量的内积为一个数。

41. 向量的长度

设向量 $\boldsymbol{\alpha}=(a_1, a_2, \cdots, a_n)^{\mathrm{T}}$，称数 $\|\boldsymbol{\alpha}\|=\sqrt{(\boldsymbol{\alpha}, \boldsymbol{\alpha})}=\sqrt{a_1^2+a_2^2+\cdots+a_n^2}$ 为向量 $\boldsymbol{\alpha}$ 的长度。

42. 单位向量

长度为 1 的向量为单位向量。

名师笔记

只有零向量的长度为零，非零向量的长度总是正的。

在下图所示半径为 1 的圆中，有方向的线段都是 2 维单位向量。

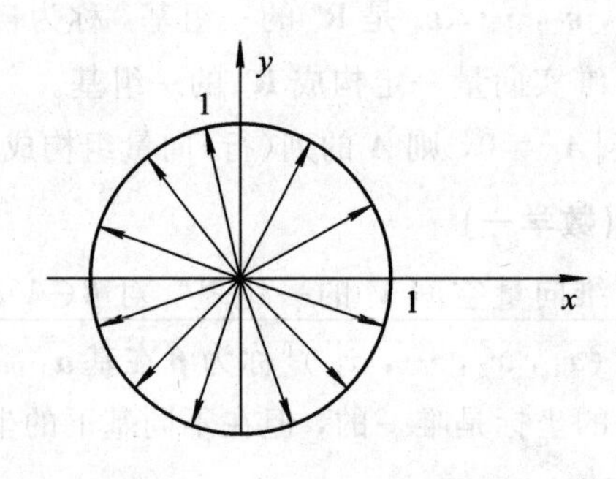

43. 单位化

把非零向量化为与之方向相同的单位向量的过程称为单位化，即 $\boldsymbol{\alpha}\rightarrow\dfrac{\boldsymbol{\alpha}}{\sqrt{(\boldsymbol{\alpha},\boldsymbol{\alpha})}}$。

44. 向量的夹角

设 $\boldsymbol{\alpha}$、$\boldsymbol{\beta}$ 均为 n 维非零向量，称 $\langle\boldsymbol{\alpha},\boldsymbol{\beta}\rangle=\arccos\dfrac{(\boldsymbol{\alpha},\boldsymbol{\beta})}{\|\boldsymbol{\alpha}\|\|\boldsymbol{\beta}\|}$ 为 n 维向量 $\boldsymbol{\alpha}$、$\boldsymbol{\beta}$ 的夹角。

若 $(\boldsymbol{\alpha},\boldsymbol{\beta})=\boldsymbol{\alpha}^{\mathrm{T}}\boldsymbol{\beta}=0$，则称 $\boldsymbol{\alpha}$ 与 $\boldsymbol{\beta}$ **正交**(垂直)。

零向量与任意向量都正交。

45. 正交向量组

两两正交的非零向量组称为正交向量组。

正交向量组必线性无关。

46. 正交基及标准正交基(规范正交基)(数学一)

若向量空间 V 的基 $\boldsymbol{\alpha}_1,\boldsymbol{\alpha}_2,\cdots,\boldsymbol{\alpha}_m$ 为正交向量组，则该基称为正交基。

若向量空间 V 的基 $\boldsymbol{\alpha}_1,\boldsymbol{\alpha}_2,\cdots,\boldsymbol{\alpha}_m$ 为正交基，且基中每个向量都是单位向量，那么该基称为标准正交基(或规范正交基)。

47. 施密特正交化法

设 $\boldsymbol{\alpha}_1,\boldsymbol{\alpha}_2,\cdots,\boldsymbol{\alpha}_m$ 为线性无关向量组，设

$$\boldsymbol{\beta}_1=\boldsymbol{\alpha}_1$$

$$\boldsymbol{\beta}_2=\boldsymbol{\alpha}_2-\frac{(\boldsymbol{\alpha}_2,\boldsymbol{\beta}_1)}{(\boldsymbol{\beta}_1,\boldsymbol{\beta}_1)}\boldsymbol{\beta}_1$$

$$\cdots\cdots$$

$$\boldsymbol{\beta}_m=\boldsymbol{\alpha}_m-\frac{(\boldsymbol{\alpha}_m,\boldsymbol{\beta}_1)}{(\boldsymbol{\beta}_1,\boldsymbol{\beta}_1)}\boldsymbol{\beta}_1-\frac{(\boldsymbol{\alpha}_m,\boldsymbol{\beta}_2)}{(\boldsymbol{\beta}_2,\boldsymbol{\beta}_2)}\boldsymbol{\beta}_2-\cdots-\frac{(\boldsymbol{\alpha}_m,\boldsymbol{\beta}_{m-1})}{(\boldsymbol{\beta}_{m-1},\boldsymbol{\beta}_{m-1})}\boldsymbol{\beta}_{m-1}$$

则 $\boldsymbol{\beta}_1,\boldsymbol{\beta}_2,\cdots,\boldsymbol{\beta}_m$ 是与 $\boldsymbol{\alpha}_1,\boldsymbol{\alpha}_2,\cdots,\boldsymbol{\alpha}_m$ 等价的正交向量组。

用施密特化法可以把向量空间的一组基化为正交基，进而可以求得向量空间的一组规

范正交基。

48. 正交矩阵

如果 n 阶实方阵 $\boldsymbol{A}$ 满足 $\boldsymbol{A}^{\mathrm{T}}\boldsymbol{A}=\boldsymbol{E}$，则称 $\boldsymbol{A}$ 为正交矩阵。

49. 正交矩阵的性质(数学一)

(1) $|\boldsymbol{A}|=\pm 1$。

(2) 若 $\boldsymbol{A}$ 为正交矩阵，则 $\boldsymbol{A}^{\mathrm{T}}$、$\boldsymbol{A}^{-1}$、$\boldsymbol{A}^{*}$、$\boldsymbol{A}^{k}$($k$ 为大于零的整数)也是正交矩阵。

(3) 若 $\boldsymbol{A}$、$\boldsymbol{B}$ 都为正交矩阵，则 $\boldsymbol{AB}$ 及 $\boldsymbol{BA}$ 都是正交矩阵。

(4) n 阶方阵 $\boldsymbol{A}$ 为正交矩阵 $\Leftrightarrow$ $\boldsymbol{A}$ 的列(行)向量组是 $\mathbf{R}^n$ 的一组标准正交基。

(5) 设向量 $\boldsymbol{\alpha}$、$\boldsymbol{\beta}\in\mathbf{R}^n$，$\boldsymbol{A}$ 为 n 阶正交矩阵，则 $(\boldsymbol{A\alpha},\boldsymbol{A\beta})=(\boldsymbol{\alpha},\boldsymbol{\beta})$，$\|\boldsymbol{A\alpha}\|=\|\boldsymbol{\alpha}\|$，$\langle\boldsymbol{A\alpha},\boldsymbol{A\beta}\rangle=\langle\boldsymbol{\alpha},\boldsymbol{\beta}\rangle$。

名师笔记

正交矩阵的性质(2)将在例 3.25 中给出证明。

在正交矩阵的性质(5)中，三个等式分别阐述了正交变换不改变两个向量的内积，不改变向量的长度，不改变两个向量之间的夹角。

3.2 题 型 分 析

题型 1　线性组合与线性表示

例 3.1　已知 $\boldsymbol{\alpha}_1$、$\boldsymbol{\alpha}_2$、$\boldsymbol{\alpha}_3$、$\boldsymbol{\beta}_1$、$\boldsymbol{\beta}_2$、$\boldsymbol{\beta}_3$ 均为 3 维列向量，其中 $\boldsymbol{\beta}_1=\boldsymbol{\alpha}_1+\boldsymbol{\alpha}_2+\boldsymbol{\alpha}_3$，$\boldsymbol{\beta}_2=\boldsymbol{\alpha}_1-2\boldsymbol{\alpha}_2+\boldsymbol{\alpha}_3$，$\boldsymbol{\beta}_3=-\boldsymbol{\alpha}_1+\boldsymbol{\alpha}_2+3\boldsymbol{\alpha}_3$。设 $\boldsymbol{A}=(\boldsymbol{\alpha}_1,\boldsymbol{\alpha}_2,\boldsymbol{\alpha}_3)$，$\boldsymbol{B}=(\boldsymbol{\beta}_1,\boldsymbol{\beta}_2,\boldsymbol{\beta}_3)$，且 $|\boldsymbol{A}|=-3$，求 $|\boldsymbol{B}|$。

解题思路　写出矩阵 $\boldsymbol{A}$ 和矩阵 $\boldsymbol{B}$ 之间的关系等式，两边取行列式进一步计算 $|\boldsymbol{B}|$。

解　根据已知条件知 $(\boldsymbol{\beta}_1,\boldsymbol{\beta}_2,\boldsymbol{\beta}_3)=(\boldsymbol{\alpha}_1,\boldsymbol{\alpha}_2,\boldsymbol{\alpha}_3)\begin{bmatrix}1&1&-1\\1&-2&1\\1&1&3\end{bmatrix}$，等式两边取行列式，有

$$|\boldsymbol{B}|=|\boldsymbol{A}|\begin{vmatrix}1&1&-1\\1&-2&1\\1&1&3\end{vmatrix}=36$$

评注　考生要灵活掌握用矩阵乘法等式来表述向量组之间的线性表示关系。

例 3.2　判断向量 $\boldsymbol{\beta}_1$、$\boldsymbol{\beta}_2$ 能否由向量组 $\boldsymbol{\alpha}_1$，$\boldsymbol{\alpha}_2$，$\boldsymbol{\alpha}_3$ 线性表示？若能表示，请写出具体的表达式。其中 $\boldsymbol{\alpha}_1=(1,2,3)^{\mathrm{T}}$，$\boldsymbol{\alpha}_2=(1,-1,2)^{\mathrm{T}}$，$\boldsymbol{\alpha}_3=(3,0,7)^{\mathrm{T}}$，$\boldsymbol{\beta}_1=(3,2,1)^{\mathrm{T}}$，$\boldsymbol{\beta}_2=(1,8,5)^{\mathrm{T}}$。

解题思路　通过对列向量组构成的矩阵进行初等行变换，可以得到向量间的线性表示关系。

解　把已知的五个向量以列的形式构成一个矩阵 $\boldsymbol{A}$，对矩阵 $\boldsymbol{A}$ 进行初等行变换。当把

$\boldsymbol{A}$ 化为行最简形矩阵 $\boldsymbol{B}$ 时，就可以获得向量间的线性表示关系。

$$\boldsymbol{A}=(\boldsymbol{\alpha}_1,\boldsymbol{\alpha}_2,\boldsymbol{\alpha}_3,\boldsymbol{\beta}_1,\boldsymbol{\beta}_2)=\begin{bmatrix}1 & 1 & 3 & 3 & 1\\ 2 & -1 & 0 & 2 & 8\\ 3 & 2 & 7 & 1 & 5\end{bmatrix}$$

$$\xrightarrow[r_3-3r_1]{r_2-2r_1}\begin{bmatrix}1 & 1 & 3 & 3 & 1\\ 0 & -3 & -6 & -4 & 6\\ 0 & -1 & -2 & -8 & 2\end{bmatrix}\xrightarrow[r_3-3r_2]{r_2\leftrightarrow r_3}\begin{bmatrix}1 & 1 & 3 & 3 & 1\\ 0 & -1 & -2 & -8 & 2\\ 0 & 0 & 0 & 20 & 0\end{bmatrix}$$

$$\xrightarrow[r_2*(-1)]{r_1+r_2}\begin{bmatrix}1 & 0 & 1 & -5 & 3\\ 0 & 1 & 2 & 8 & -2\\ 0 & 0 & 0 & 20 & 0\end{bmatrix}\xrightarrow[r_1+5r_3;r_2-8r_3]{r_3\times(1/20)}\begin{bmatrix}1 & 0 & 1 & 0 & 3\\ 0 & 1 & 2 & 0 & -2\\ 0 & 0 & 0 & 1 & 0\end{bmatrix}$$

$$=(\boldsymbol{b}_1,\boldsymbol{b}_2,\boldsymbol{b}_3,\boldsymbol{b}_4,\boldsymbol{b}_5)=\boldsymbol{B}$$

从矩阵 $\boldsymbol{B}$ 中可以明显地看出，$\boldsymbol{b}_3=\boldsymbol{b}_1+2\boldsymbol{b}_2$，$\boldsymbol{b}_5=3\boldsymbol{b}_1-2\boldsymbol{b}_2$，而 $\boldsymbol{b}_4$ 不能由 $\boldsymbol{b}_1$，$\boldsymbol{b}_2$，$\boldsymbol{b}_3$ 线性表示。

由于矩阵 $\boldsymbol{A}$ 与矩阵 $\boldsymbol{B}$ 的对应列向量组之间有相同的线性相关性，所以可以得到 $\boldsymbol{\beta}_1$ 不能由向量组 $\boldsymbol{\alpha}_1$，$\boldsymbol{\alpha}_2$，$\boldsymbol{\alpha}_3$ 线性表示，而 $\boldsymbol{\beta}_2$ 可以由向量组 $\boldsymbol{\alpha}_1$，$\boldsymbol{\alpha}_2$，$\boldsymbol{\alpha}_3$ 线性表示，其表达式为 $\boldsymbol{\beta}_2=3\boldsymbol{\alpha}_1-2\boldsymbol{\alpha}_2$。

评注 该题目是一道非常典型的题目，求解方法很多，但初等变换法是最基本的方法，也是考生必需熟练掌握的重要方法。

例 3.3 设 $\boldsymbol{\beta}$ 能由 $\boldsymbol{\alpha}_1$，$\boldsymbol{\alpha}_2$，$\boldsymbol{\gamma}$ 线性表示，但不能由 $\boldsymbol{\alpha}_1$，$\boldsymbol{\alpha}_2$ 线性表示，证明：

(1) $\boldsymbol{\gamma}$ 可以由 $\boldsymbol{\beta}$，$\boldsymbol{\alpha}_1$，$\boldsymbol{\alpha}_2$ 线性表示。

(2) $\boldsymbol{\gamma}$ 不能由 $\boldsymbol{\alpha}_1$，$\boldsymbol{\alpha}_2$ 线性表示。

解题思路 充分利用已知条件，根据线性表示的定义写出线性表示关系式，最后用反证法证明。

证明 (1) 由于 $\boldsymbol{\beta}$ 能由 $\boldsymbol{\alpha}_1$，$\boldsymbol{\alpha}_2$，$\boldsymbol{\gamma}$ 线性表示，则存在 k_1，k_2，k_3 使得下式成立

$$\boldsymbol{\beta}=k_1\boldsymbol{\alpha}_1+k_2\boldsymbol{\alpha}_2+k_3\boldsymbol{\gamma}$$

若 $k_3\neq0$，显然 $\boldsymbol{\gamma}$ 可以由 $\boldsymbol{\beta}$，$\boldsymbol{\alpha}_1$，$\boldsymbol{\alpha}_2$ 线性表示。

用反证法证明 $k_3\neq0$。设 $k_3=0$，上式变为 $\boldsymbol{\beta}=k_1\boldsymbol{\alpha}_1+k_2\boldsymbol{\alpha}_2$，则 $\boldsymbol{\beta}$ 能由 $\boldsymbol{\alpha}_1$，$\boldsymbol{\alpha}_2$ 线性表示，与已知条件矛盾，故得 $k_3\neq0$，因此有 $\boldsymbol{\gamma}=\frac{1}{k_3}\boldsymbol{\beta}-\frac{k_1}{k_3}\boldsymbol{\alpha}_1-\frac{k_2}{k_3}\boldsymbol{\alpha}_2$，所以 $\boldsymbol{\gamma}$ 可以由 $\boldsymbol{\beta}$，$\boldsymbol{\alpha}_1$，$\boldsymbol{\alpha}_2$ 线性表示。

(2) 反证法：设 $\boldsymbol{\gamma}$ 可以由 $\boldsymbol{\alpha}_1$，$\boldsymbol{\alpha}_2$ 线性表示，则有 $\boldsymbol{\gamma}=l_1\boldsymbol{\alpha}_1+l_2\boldsymbol{\alpha}_2$，代入式 $\boldsymbol{\beta}=k_1\boldsymbol{\alpha}_1+k_2\boldsymbol{\alpha}_2+k_3\boldsymbol{\gamma}$，有

$$\boldsymbol{\beta}=k_1\boldsymbol{\alpha}_1+k_2\boldsymbol{\alpha}_2+k_3(l_1\boldsymbol{\alpha}_1+l_2\boldsymbol{\alpha}_2)$$

上式表明，$\boldsymbol{\beta}$ 能由 $\boldsymbol{\alpha}_1$，$\boldsymbol{\alpha}_2$ 线性表示，与已知条件矛盾，故得出 $\boldsymbol{\gamma}$ 不能由 $\boldsymbol{\alpha}_1$，$\boldsymbol{\alpha}_2$ 线性表示，证毕。

评注 反证法是线性代数证明题中常常用到的方法，利用反证法往往可以使证明变得简单、明了。当命题的结论以否定的形式出现时，如"不能……"、"不存在……"，"不等于……"等，往往可以考虑使用反证法。

例 3.4 设向量组 $\boldsymbol{\beta}_1$，$\boldsymbol{\beta}_2$，$\boldsymbol{\beta}_3$ 和向量组 $\boldsymbol{\gamma}_1$，$\boldsymbol{\gamma}_2$，$\boldsymbol{\gamma}_3$ 都可以由向量组 $\boldsymbol{\alpha}_1$，$\boldsymbol{\alpha}_2$，$\boldsymbol{\alpha}_3$ 线性表

示，表示式如下：

$$\begin{cases}\boldsymbol{\beta}_1=\boldsymbol{\alpha}_1+2\boldsymbol{\alpha}_2+3\boldsymbol{\alpha}_3\\ \boldsymbol{\beta}_2=-2\boldsymbol{\alpha}_1-\boldsymbol{\alpha}_2-\boldsymbol{\alpha}_3,\\ \boldsymbol{\beta}_3=6\boldsymbol{\alpha}_1+2\boldsymbol{\alpha}_2+\boldsymbol{\alpha}_3\end{cases}\quad \begin{cases}\boldsymbol{\gamma}_1=2\boldsymbol{\alpha}_1+\boldsymbol{\alpha}_2-\boldsymbol{\alpha}_3\\ \boldsymbol{\gamma}_2=\boldsymbol{\alpha}_1+3\boldsymbol{\alpha}_2-4\boldsymbol{\alpha}_3\\ \boldsymbol{\gamma}_3=-5\boldsymbol{\alpha}_1+5\boldsymbol{\alpha}_2-8\boldsymbol{\alpha}_3\end{cases}$$

那么，向量组 $\boldsymbol{\alpha}_1$，$\boldsymbol{\alpha}_2$，$\boldsymbol{\alpha}_3$ 能否由向量组 $\boldsymbol{\beta}_1$，$\boldsymbol{\beta}_2$，$\boldsymbol{\beta}_3$ 线性表示？向量组 $\boldsymbol{\alpha}_1$，$\boldsymbol{\alpha}_2$，$\boldsymbol{\alpha}_3$ 能否由向量组 $\boldsymbol{\gamma}_1$，$\boldsymbol{\gamma}_2$，$\boldsymbol{\gamma}_3$ 线性表示？若可以，请写出表示式。

解题思路　首先用矩阵等式来描述向量组之间的线性表示式，然后分析系数矩阵的可逆性。

解　根据已知条件及矩阵乘法运算规则，可以得到矩阵等式：

$$(\boldsymbol{\beta}_1,\boldsymbol{\beta}_2,\boldsymbol{\beta}_3)=(\boldsymbol{\alpha}_1,\boldsymbol{\alpha}_2,\boldsymbol{\alpha}_3)\begin{bmatrix}1&-2&6\\2&-1&2\\3&-1&1\end{bmatrix}$$

则

$$(\boldsymbol{\beta}_1,\boldsymbol{\beta}_2,\boldsymbol{\beta}_3)\begin{bmatrix}1&-2&6\\2&-1&2\\3&-1&1\end{bmatrix}^{-1}=(\boldsymbol{\alpha}_1,\boldsymbol{\alpha}_2,\boldsymbol{\alpha}_3)$$

而

$$\begin{bmatrix}1&-2&6\\2&-1&2\\3&-1&1\end{bmatrix}^{-1}=\begin{bmatrix}-1&4&-2\\-4&17&-10\\-1&5&-3\end{bmatrix}$$

故

$$(\boldsymbol{\alpha}_1,\boldsymbol{\alpha}_2,\boldsymbol{\alpha}_3)=(\boldsymbol{\beta}_1,\boldsymbol{\beta}_2,\boldsymbol{\beta}_3)\begin{bmatrix}-1&4&-2\\-4&17&-10\\-1&5&-3\end{bmatrix}$$

即向量组 $\boldsymbol{\alpha}_1$，$\boldsymbol{\alpha}_2$，$\boldsymbol{\alpha}_3$ 能由向量组 $\boldsymbol{\beta}_1$，$\boldsymbol{\beta}_2$，$\boldsymbol{\beta}_3$ 线性表示，表示式如下：

$$\begin{cases}\boldsymbol{\alpha}_1=-\boldsymbol{\beta}_1-4\boldsymbol{\beta}_2-\boldsymbol{\beta}_3\\ \boldsymbol{\alpha}_2=4\boldsymbol{\beta}_1+17\boldsymbol{\beta}_2+5\boldsymbol{\beta}_3\\ \boldsymbol{\alpha}_3=-2\boldsymbol{\beta}_1-10\boldsymbol{\beta}_2-3\boldsymbol{\beta}_3\end{cases}$$

同理有

$$(\boldsymbol{\gamma}_1,\boldsymbol{\gamma}_2,\boldsymbol{\gamma}_3)=(\boldsymbol{\alpha}_1,\boldsymbol{\alpha}_2,\boldsymbol{\alpha}_3)\begin{bmatrix}2&1&-5\\1&3&5\\-1&-4&-8\end{bmatrix}$$

而矩阵 $\begin{bmatrix}2&1&-5\\1&3&5\\-1&-4&-8\end{bmatrix}$ 不可逆，即向量组 $\boldsymbol{\alpha}_1$，$\boldsymbol{\alpha}_2$，$\boldsymbol{\alpha}_3$ 不能由向量组 $\boldsymbol{\gamma}_1$，$\boldsymbol{\gamma}_2$，$\boldsymbol{\gamma}_3$ 线性表示。

评注　在第二章例 2.14 的评注中就强调了要善于用矩阵等式来表述线性代数问题。若存在矩阵等式 $\boldsymbol{A}=\boldsymbol{BC}$，它既可以理解为矩阵 $\boldsymbol{A}$ 的列向量组能由矩阵 $\boldsymbol{B}$ 的列向量组线性表示，也可以理解为矩阵 $\boldsymbol{A}$ 的行向量组能由矩阵 $\boldsymbol{C}$ 的行向量组线性表示。例如，设

$$A=\begin{bmatrix}7&-5&0\\1&8&-7\\4&9&-9\end{bmatrix},\ B=\begin{bmatrix}1&2&3\\2&-2&1\\3&-2&2\end{bmatrix},\ C=\begin{bmatrix}4&1&-1\\3&-3&2\\-1&0&-1\end{bmatrix}$$

存在矩阵等式 $A=BC$，则它可以理解为列向量组间的线性表示关系：

$$(\boldsymbol{\alpha}_1,\boldsymbol{\alpha}_2,\boldsymbol{\alpha}_3)=(\boldsymbol{\beta}_1,\boldsymbol{\beta}_2,\boldsymbol{\beta}_3)\begin{bmatrix}4&1&-1\\3&-3&2\\-1&0&-1\end{bmatrix}$$

也可以理解为行向量组间的线性表示关系：

$$\begin{bmatrix}\boldsymbol{a}_1\\\boldsymbol{a}_2\\\boldsymbol{a}_3\end{bmatrix}=\begin{bmatrix}1&2&3\\2&-2&1\\3&-2&2\end{bmatrix}\begin{bmatrix}\boldsymbol{\gamma}_1\\\boldsymbol{\gamma}_2\\\boldsymbol{\gamma}_3\end{bmatrix}$$

例 3.5　(2011.1，2，3)设向量组 $\boldsymbol{\alpha}_1=(1,0,1)^{\mathrm{T}}$，$\boldsymbol{\alpha}_2=(0,1,1)^{\mathrm{T}}$，$\boldsymbol{\alpha}_3=(1,3,5)^{\mathrm{T}}$，不能由向量组 $\boldsymbol{\beta}_1=(1,1,1)^{\mathrm{T}}$，$\boldsymbol{\beta}_2=(1,2,3)^{\mathrm{T}}$，$\boldsymbol{\beta}_3=(3,4,a)^{\mathrm{T}}$ 线性表示。

(1) 求 a 的值。

(2) 将 $\boldsymbol{\beta}_1,\boldsymbol{\beta}_2,\boldsymbol{\beta}_3$ 用 $\boldsymbol{\alpha}_1,\boldsymbol{\alpha}_2,\boldsymbol{\alpha}_3$ 线性表示。

解题思路　用矩阵的初等行变换解题。

解　(1) 对矩阵$(\boldsymbol{\beta}_1,\boldsymbol{\beta}_2,\boldsymbol{\beta}_3,\boldsymbol{\alpha}_1,\boldsymbol{\alpha}_2,\boldsymbol{\alpha}_3)$进行初等行变换：

$$(\boldsymbol{\beta}_1,\boldsymbol{\beta}_2,\boldsymbol{\beta}_3,\boldsymbol{\alpha}_1,\boldsymbol{\alpha}_2,\boldsymbol{\alpha}_3)=\begin{bmatrix}1&1&3&1&0&1\\1&2&4&0&1&3\\1&3&a&1&1&5\end{bmatrix}\xrightarrow[r_3-r_1]{r_2-r_1}\begin{bmatrix}1&1&3&1&0&1\\0&1&1&-1&1&2\\0&2&a-3&0&1&4\end{bmatrix}$$

$$\xrightarrow{r_3-2r_2}\begin{bmatrix}1&1&3&1&0&1\\0&1&1&-1&1&2\\0&0&a-5&2&-1&0\end{bmatrix}$$

若 $a\neq5$，则 $\boldsymbol{\alpha}_1,\boldsymbol{\alpha}_2,\boldsymbol{\alpha}_3$ 能由 $\boldsymbol{\beta}_1,\boldsymbol{\beta}_2,\boldsymbol{\beta}_3$ 线性表示，故 $a=5$。

(2) 对矩阵$(\boldsymbol{\alpha}_1,\boldsymbol{\alpha}_2,\boldsymbol{\alpha}_3,\boldsymbol{\beta}_1,\boldsymbol{\beta}_2,\boldsymbol{\beta}_3)$进行初等行变换：

$$(\boldsymbol{\alpha}_1,\boldsymbol{\alpha}_2,\boldsymbol{\alpha}_3,\boldsymbol{\beta}_1,\boldsymbol{\beta}_2,\boldsymbol{\beta}_3)=\begin{bmatrix}1&0&1&1&1&3\\0&1&3&1&2&4\\1&1&5&1&3&5\end{bmatrix}$$

$$\xrightarrow{r_3-r_1}\begin{bmatrix}1&0&1&1&1&3\\0&1&3&1&2&4\\0&1&4&0&2&2\end{bmatrix}$$

$$\xrightarrow{r_3-r_2}\begin{bmatrix}1&0&1&1&1&3\\0&1&3&1&2&4\\0&0&1&-1&0&-2\end{bmatrix}$$

$$\xrightarrow[r_2-3r_3]{r_1-r_3}\begin{bmatrix}1&0&0&2&1&5\\0&1&0&4&2&10\\0&0&1&-1&0&-2\end{bmatrix}$$

故

$$\boldsymbol{\beta}_1=2\boldsymbol{\alpha}_1+4\boldsymbol{\alpha}_2-\boldsymbol{\alpha}_3,\ \boldsymbol{\beta}_2=\boldsymbol{\alpha}_1+2\boldsymbol{\alpha}_2,\ \boldsymbol{\beta}_3=5\boldsymbol{\alpha}_1+10\boldsymbol{\alpha}_2-2\boldsymbol{\alpha}_3$$

评注　矩阵的初等变化是矩阵最重要的基本运算，考生在做题时一定要达到“一准二快”。

名师笔记

由于矩阵$[\boldsymbol{\alpha}_1, \boldsymbol{\alpha}_2, \boldsymbol{\alpha}_3]$的行列式不为零，于是，例 3.5 的第(1)问也可以根据矩阵$[\boldsymbol{\beta}_1, \boldsymbol{\beta}_2, \boldsymbol{\beta}_3]$的行列式为零，求得 a 值。

题型 2　线性相关与线性无关

例 3.6　分析下列向量组的线性相关性。

(A) $(1, -2, 3)^T$，$(-2, 4, -6)^T$

(B) $(1, 2, 3)^T$，$(3, 6, a)^T$，$(0, 0, 0)^T$

(C) $(1, -2, 1)^T$，$(3, 0, 5)^T$，$(4, 5, -3)^T$，$(a, b, c)^T$

(D) $(1, a, 0, 0)^T$，$(0, b, 3, 0)^T$，$(2, c, 2, 2)^T$

(E) $(1, 1, 1, 1)^T$，$(1, -1, 2, -2)^T$，$(1, 1, 4, 4)^T$，$(1, -1, 8, -8)^T$

(F) $(a, b, c, d)^T$

解题思路　向量组线性相关性的判断方法很多，对具有不同特点的向量组有不同的判断方法。

解　(A) 分析两个向量是否线性相关，即分析其分量是否对应成比例，显然该向量组线性相关。

(B) 包含零向量的向量组一定线性相关，则该向量组线性相关。

(C) 4 个 3 维向量必线性相关，则该向量组线性相关。

(D) 由于向量组 $(1, 0, 0)^T$，$(0, 3, 0)^T$，$(2, 2, 2)^T$线性无关，那么它的延伸组 $(1, a, 0, 0)^T$，$(0, b, 3, 0)^T$，$(2, c, 2, 2)^T$也一定线性无关。

(E) 分析 n 个 n 维向量的线性相关性，可以计算由这些向量构成矩阵的行列式。而行列式$\begin{vmatrix} 1 & 1 & 1 & 1 \\ 1 & -1 & 1 & -1 \\ 1 & 2 & 4 & 8 \\ 1 & -2 & 4 & -8 \end{vmatrix}$为范德蒙行列式，$\begin{vmatrix} 1 & 1 & 1 & 1 \\ 1 & -1 & 1 & -1 \\ 1 & 2 & 4 & 8 \\ 1 & -2 & 4 & -8 \end{vmatrix} \neq 0$，则该向量组线性无关。

(F) 由 1 个向量构成的向量组，只有当这个向量是零向量时，向量组才线性相关；否则线性无关。当 $a=b=c=d=0$ 时，向量组线性相关；否则，当 a、b、c、d 不全为零时，该向量组线性无关。

评注　本题考查的知识点如下：

(1) 由 1 个向量构成的向量组线性相关性的判别法则。

(2) 由 2 个向量构成的向量组线性相关性的判别法则。

(3) 由 n 个 n 维具体向量构成的向量组线性相关性的判别法则。

(4) 包含零向量的向量组线性相关性的判别法则。

(5) 向量组与其延伸组线性相关性的判别法则。

(6) 向量个数与向量维数的线性相关性判别法则。

名师笔记

向量组的线性相关性是学习线性代数的难点，考生首先要掌握一些特殊向量组线性相关性的判别方法(参见例3.6)。

例3.7　分析下列命题：

(1) 若向量组$\boldsymbol{\alpha}_1,\boldsymbol{\alpha}_2,\cdots,\boldsymbol{\alpha}_m$线性相关，则$\boldsymbol{\alpha}_1$一定可以由其余向量线性表示。

(2) 对于向量组$\boldsymbol{\alpha}_1,\boldsymbol{\alpha}_2,\cdots,\boldsymbol{\alpha}_m$，当$k_1=k_2=\cdots=k_m=0$时，$k_1\boldsymbol{\alpha}_1+k_2\boldsymbol{\alpha}_2+\cdots+k_m\boldsymbol{\alpha}_m=\mathbf{0}$成立，则向量组$\boldsymbol{\alpha}_1,\boldsymbol{\alpha}_2,\cdots,\boldsymbol{\alpha}_m$线性无关。

(3) 若向量组$\boldsymbol{\alpha}_1,\boldsymbol{\alpha}_2,\cdots,\boldsymbol{\alpha}_m$线性无关，仅当$k_1=k_2=\cdots=k_m=0$时，才有$k_1\boldsymbol{\alpha}_1+k_2\boldsymbol{\alpha}_2+\cdots+k_m\boldsymbol{\alpha}_m=\boldsymbol{\beta}$成立，则向量组$\boldsymbol{\alpha}_1,\boldsymbol{\alpha}_2,\cdots,\boldsymbol{\alpha}_m,\boldsymbol{\beta}$线性无关。

(4) 若$\boldsymbol{\alpha}_1,\boldsymbol{\alpha}_2,\boldsymbol{\alpha}_3$都为3维向量，且它们任意两个向量之间的夹角都为$\theta(0°<\theta<120°)$，那么向量组$\boldsymbol{\alpha}_1,\boldsymbol{\alpha}_2,\boldsymbol{\alpha}_3$线性无关。

则[　　]。

(A) 只有(1)正确　　(B) 只有(4)正确

(C) 只有(1)、(3)和(4)正确　　(D) 都正确

解题思路　命题(1)考查向量组线性相关性的形象含义；命题(2)和(3)考查向量组线性相关性的定义；命题(4)考查向量组线性相关性的几何意义。

解　(1) 向量组$\boldsymbol{\alpha}_1,\boldsymbol{\alpha}_2,\cdots,\boldsymbol{\alpha}_m$线性相关，那么该向量组中至少有一个向量可以由其余向量线性表示，但不一定是所有向量都能被其余向量线性表示。例如：向量组$\begin{bmatrix}1\\0\\0\end{bmatrix},\begin{bmatrix}0\\1\\0\end{bmatrix},\begin{bmatrix}0\\3\\0\end{bmatrix}$线性相关，但向量$\begin{bmatrix}1\\0\\0\end{bmatrix}$不能被另外两个向量线性表示。

(2) 无论向量组$\boldsymbol{\alpha}_1,\boldsymbol{\alpha}_2,\cdots,\boldsymbol{\alpha}_m$是线性相关还是线性无关，必然有：当$k_1=k_2=\cdots=k_m=0$时，$k_1\boldsymbol{\alpha}_1+k_2\boldsymbol{\alpha}_2+\cdots+k_m\boldsymbol{\alpha}_m=\mathbf{0}$成立。而向量组线性无关的定义为：

对于向量组$\boldsymbol{\alpha}_1,\boldsymbol{\alpha}_2,\cdots,\boldsymbol{\alpha}_m$，仅当$k_1=k_2=\cdots=k_m=0$时，才有$k_1\boldsymbol{\alpha}_1+k_2\boldsymbol{\alpha}_2+\cdots+k_m\boldsymbol{\alpha}_m=\mathbf{0}$成立，则向量组$\boldsymbol{\alpha}_1,\boldsymbol{\alpha}_2,\cdots,\boldsymbol{\alpha}_m$线性无关。

(3) 无论$k_i(i=1,\cdots,m)$取何值，若向量等式$k_1\boldsymbol{\alpha}_1+k_2\boldsymbol{\alpha}_2+\cdots+k_m\boldsymbol{\alpha}_m=\boldsymbol{\beta}$成立，则说明$\boldsymbol{\beta}$可以由向量组$\boldsymbol{\alpha}_1,\boldsymbol{\alpha}_2,\cdots,\boldsymbol{\alpha}_m$线性表示，则向量组$\boldsymbol{\alpha}_1,\boldsymbol{\alpha}_2,\cdots,\boldsymbol{\alpha}_m,\boldsymbol{\beta}$线性相关。

从另一个角度分析，当$k_1=k_2=\cdots=k_m=0$时，$k_1\boldsymbol{\alpha}_1+k_2\boldsymbol{\alpha}_2+\cdots+k_m\boldsymbol{\alpha}_m=\boldsymbol{\beta}$成立，即$\boldsymbol{\beta}=\mathbf{0}$，而含有零向量的向量组$\boldsymbol{\alpha}_1,\boldsymbol{\alpha}_2,\cdots,\boldsymbol{\alpha}_m,\boldsymbol{\beta}$必线性相关。

(4) 从3维向量的几何意义出发，若$\boldsymbol{\alpha}_1,\boldsymbol{\alpha}_2,\boldsymbol{\alpha}_3$线性相关，则它们共面。而在同一个平面上的三个向量，其两两夹角相同的情况只有两种，一是两两夹角都为0°；二是两两夹角都为120°。命题中的夹角范围为$0°<\theta<120°$，故$\boldsymbol{\alpha}_1,\boldsymbol{\alpha}_2,\boldsymbol{\alpha}_3$一定不共面，即向量组$\boldsymbol{\alpha}_1,\boldsymbol{\alpha}_2,\boldsymbol{\alpha}_3$线性无关。正交向量组即为本命题的一个特例。

所以，本题的正确命题只有(4)，故选(B)。

评注　向量组的线性相关性是一个比较抽象的概念，初学者往往会混淆一些概念。考生不要死记硬背定义和定理，应该把向量组的线性相关性定义、线性相关性形象含义、线

性相关性几何意义，线性相关性与线性方程组的关系及线性相关性与秩的关系等概念联系起来理解。

名师笔记

向量组的线性相关性应该从多角度去理解：三义＋方程组＋秩。其中“三义”是指数学定义、形象含义、几何意义。

例 3.8　分析下列命题：

(1) 若向量组 $\boldsymbol{\alpha}_1$，$\boldsymbol{\alpha}_2$，$\boldsymbol{\alpha}_3$ 可以由向量组 $\boldsymbol{\beta}_1$，$\boldsymbol{\beta}_2$ 线性表示，则向量组 $\boldsymbol{\alpha}_1$，$\boldsymbol{\alpha}_2$，$\boldsymbol{\alpha}_3$ 线性相关。

(2) 若 n 维基本单位向量组 $\boldsymbol{\varepsilon}_1$，$\boldsymbol{\varepsilon}_2\cdots$，$\boldsymbol{\varepsilon}_n$ 可以由向量组 $\boldsymbol{\alpha}_1$，$\boldsymbol{\alpha}_2$，…，$\boldsymbol{\alpha}_m$ 线性表示，那么 $m\geqslant n$。

(3) 若 n 维向量组 $\boldsymbol{\alpha}_1$，$\boldsymbol{\alpha}_2$，…，$\boldsymbol{\alpha}_m$ 的秩为 3，而 n 维向量组 $\boldsymbol{\beta}_1$，$\boldsymbol{\beta}_2$，…，$\boldsymbol{\beta}_s$ 的秩为 2，则向量组 $\boldsymbol{\beta}_1$，$\boldsymbol{\beta}_2$，…，$\boldsymbol{\beta}_s$ 可以由向量组 $\boldsymbol{\alpha}_1$，$\boldsymbol{\alpha}_2$，…，$\boldsymbol{\alpha}_m$ 线性表示。

(4) 若向量组 $\boldsymbol{\alpha}_1$，$\boldsymbol{\alpha}_2$，$\boldsymbol{\alpha}_3$ 线性无关，向量组 $\boldsymbol{\beta}_1$，$\boldsymbol{\beta}_2$ 线性无关，则向量组 $\boldsymbol{\alpha}_1$，$\boldsymbol{\alpha}_2$，$\boldsymbol{\alpha}_3$，$\boldsymbol{\beta}_1$，$\boldsymbol{\beta}_2$ 也线性无关。

则[　　]。

(A) 只有(1)正确　　(B) 只有(1)和(2)正确

(C) 只有(1)、(2)和(3)正确　　(D) 都正确

解题思路　命题(1)和(2)考查向量组的臃肿性和紧凑性；命题(3)考查向量组的秩与向量组之间的线性表示；命题(4)考查向量组的个数与维数的关系。

解　(1) 向量组 $\boldsymbol{\alpha}_1$，$\boldsymbol{\alpha}_2$，$\boldsymbol{\alpha}_3$ 可以由向量组 $\boldsymbol{\beta}_1$，$\boldsymbol{\beta}_2$ 线性表示 $\Rightarrow r(\boldsymbol{\beta}_1, \boldsymbol{\beta}_2)\geqslant r(\boldsymbol{\alpha}_1, \boldsymbol{\alpha}_2, \boldsymbol{\alpha}_3)$ $\Rightarrow 2\geqslant r(\boldsymbol{\beta}_1, \boldsymbol{\beta}_2)\geqslant r(\boldsymbol{\alpha}_1, \boldsymbol{\alpha}_2, \boldsymbol{\alpha}_3)\Rightarrow 2\geqslant r(\boldsymbol{\alpha}_1, \boldsymbol{\alpha}_2, \boldsymbol{\alpha}_3)\Rightarrow 3> r(\boldsymbol{\alpha}_1, \boldsymbol{\alpha}_2, \boldsymbol{\alpha}_3)\Rightarrow$ 向量组 $\boldsymbol{\alpha}_1$，$\boldsymbol{\alpha}_2$，$\boldsymbol{\alpha}_3$ 线性相关。

名师笔记

针对命题(1)，考生可以形象地将其理解为：三个人 $\boldsymbol{\alpha}_1$，$\boldsymbol{\alpha}_2$，$\boldsymbol{\alpha}_3$ 被两个人 $\boldsymbol{\beta}_1$，$\boldsymbol{\beta}_2$ 打败，显然这三个人 $\boldsymbol{\alpha}_1$，$\boldsymbol{\alpha}_2$，$\boldsymbol{\alpha}_3$ 是虚弱的，即是相关的。

(2) 向量组 $\boldsymbol{\varepsilon}_1$，$\boldsymbol{\varepsilon}_2\cdots$，$\boldsymbol{\varepsilon}_n$ 可以由向量组 $\boldsymbol{\alpha}_1$，$\boldsymbol{\alpha}_2$，…，$\boldsymbol{\alpha}_m$ 线性表示 $\Rightarrow r(\boldsymbol{\alpha}_1, \boldsymbol{\alpha}_2, \cdots, \boldsymbol{\alpha}_m)\geqslant r(\boldsymbol{\varepsilon}_1, \boldsymbol{\varepsilon}_2\cdots, \boldsymbol{\varepsilon}_n)\Rightarrow m\geqslant r(\boldsymbol{\alpha}_1, \boldsymbol{\alpha}_2, \cdots, \boldsymbol{\alpha}_m)\geqslant r(\boldsymbol{\varepsilon}_1, \boldsymbol{\varepsilon}_2\cdots, \boldsymbol{\varepsilon}_n)=n\Rightarrow m\geqslant n$。

(3) 例如，向量组 $(1, 0, 0, 0)^{\mathrm{T}}$，$(0, 1, 0, 0)^{\mathrm{T}}$，$(0, 0, 1, 0)^{\mathrm{T}}$ 的秩为 3，而向量组 $(0, 0, 1, 2)^{\mathrm{T}}$，$(0, 0, 2, 3)^{\mathrm{T}}$ 的秩为 2，显然任何一个向量组也不能线性表示另一个。

若把该命题中的所有 n 维向量都改为 3 维向量，那么命题是正确的。这是因为 3 维向量组的秩为 3，即该向量组的一个极大无关组即为 3 维向量空间 $\mathbf{R}^3$ 的一组基，它当然可以线性表示任意一个 3 维向量。

(4) 例如，向量组 $(1, 0, 0)^{\mathrm{T}}$，$(0, 1, 0)^{\mathrm{T}}$，$(0, 0, 1)^{\mathrm{T}}$ 线性无关，向量组 $(1, 2, 3)^{\mathrm{T}}$，$(2, 1, 6)^{\mathrm{T}}$ 线性无关，而向量组 $(1, 0, 0)^{\mathrm{T}}$，$(0, 1, 0)^{\mathrm{T}}$，$(0, 0, 1)^{\mathrm{T}}$，$(1, 2, 3)^{\mathrm{T}}$，$(2, 1, 6)^{\mathrm{T}}$ 线性相关。

所以，本题的正确命题只有(1)和(2)，故选(B)。

评注 命题(1)和(2)的证明用到了以下知识点：

(1) 向量组 T_1 可以由向量组 T_2 线性表示$\Rightarrow r(T_2)\geqslant r(T_1)$。

注意该命题的单向性，所以命题(3)是错误的。

(2) 向量组含向量的个数$\geqslant$向量组的秩。

(3) 向量组含向量个数$>$向量组的秩$\Leftrightarrow$向量组线性相关。

(4) 向量组含向量个数$=$向量组的秩$\Leftrightarrow$向量组线性无关。

命题(4)利用了知识点：若 $m>n$，则 m 个 n 维向量必线性相关。

例 3.9 已知向量组 $\boldsymbol{\alpha}_1, \boldsymbol{\alpha}_2, \cdots, \boldsymbol{\alpha}_n$ 线性无关，非零向量 $\boldsymbol{\beta}_1$ 与 $\boldsymbol{\alpha}_i(i=1, 2, \cdots, n)$正交，证明 $\boldsymbol{\beta}, \boldsymbol{\alpha}_1, \boldsymbol{\alpha}_2, \cdots, \boldsymbol{\alpha}_n$ 线性无关。

解题思路 用向量组线性无关的定义证明。

证明 令

$$k_0\boldsymbol{\beta}+k_1\boldsymbol{\alpha}_1+k_2\boldsymbol{\alpha}_2+\cdots+k_n\boldsymbol{\alpha}_n=\mathbf{0}$$

由于 $\boldsymbol{\beta}$ 与 $\boldsymbol{\alpha}_i$ 正交，即有 $\boldsymbol{\beta}^{\mathrm{T}}\boldsymbol{\alpha}_i=0(i=1, 2, \cdots, n)$，用 $\boldsymbol{\beta}^{\mathrm{T}}$ 左乘以上等式的两边，得

$$k_0\|\boldsymbol{\beta}\|^2=0$$

而 $\boldsymbol{\beta}$ 为非零向量，故有 $k_0=0$，则

$$k_1\boldsymbol{\alpha}_1+k_2\boldsymbol{\alpha}_2+\cdots+k_n\boldsymbol{\alpha}_n=\mathbf{0}$$

而向量组 $\boldsymbol{\alpha}_1, \boldsymbol{\alpha}_2, \cdots, \boldsymbol{\alpha}_n$ 线性无关，于是有 $k_1=k_2=\cdots=k_n=0$，即 $k_0=k_1=k_2=\cdots=k_n=0$，所以向量组 $\boldsymbol{\beta}, \boldsymbol{\alpha}_1, \boldsymbol{\alpha}_2, \cdots, \boldsymbol{\alpha}_n$ 线性无关。证毕。

评注 考生要善于把代数语言翻译成矩阵等式，即 $\boldsymbol{\beta}$ 与 $\boldsymbol{\alpha}_i$ 正交$\Leftrightarrow\boldsymbol{\beta}^{\mathrm{T}}\boldsymbol{\alpha}_i=\mathbf{0}$。

名师笔记

用向量组线性无关的定义来证明向量组的线性无关性，是考生必须掌握的一个基本方法。

例 3.10 分析下列命题：

(1) 四个 3 维向量一定是线性相关的。

(2) 若 $\boldsymbol{\alpha}_1+\boldsymbol{\alpha}_2+\boldsymbol{\alpha}_3=\mathbf{0}$，则向量组 $\boldsymbol{\alpha}_1, \boldsymbol{\alpha}_2, \boldsymbol{\alpha}_3, \boldsymbol{\alpha}_4$ 线性相关。

(3) 向量组 T_1：$\boldsymbol{\alpha}_1, \boldsymbol{\alpha}_2, \cdots, \boldsymbol{\alpha}_m$ 可以由向量组 T_2：$\boldsymbol{\beta}_1, \boldsymbol{\beta}_2, \cdots, \boldsymbol{\beta}_n$ 线性表示，则 $n\geqslant m$。

(4) 向量组 $\boldsymbol{\alpha}_1, \boldsymbol{\alpha}_2, \cdots, \boldsymbol{\alpha}_m$ 两两线性无关$\Leftrightarrow$向量组 $\boldsymbol{\alpha}_1, \boldsymbol{\alpha}_2, \cdots, \boldsymbol{\alpha}_m$ 线性无关。

则[　　]。

(A) 只有(1)正确　　　　(B) 只有(1)和(2)正确

(C) 只有(1)、(2)和(3)正确　　　　(D) 都正确

解题思路 命题(1)考查了向量组个数与向量维数；命题(2)与命题(4)考查了向量组的部分与整体；命题(3)考查了向量组的秩与向量组间的线性表示。

解 (1) 根据向量组的向量组个数与向量维数知识点可知，四个 3 维向量必线性相关。

(2) 若 $\boldsymbol{\alpha}_1+\boldsymbol{\alpha}_2+\boldsymbol{\alpha}_3=\mathbf{0}$，则说明向量组若 $\boldsymbol{\alpha}_1, \boldsymbol{\alpha}_2, \boldsymbol{\alpha}_3$ 线性相关；又根据向量组的部分与整体知识点可知，向量组 $\boldsymbol{\alpha}_1, \boldsymbol{\alpha}_2, \boldsymbol{\alpha}_3, \boldsymbol{\alpha}_4$ 也是线性相关的。

(3) 向量组 T_1：$\boldsymbol{\alpha}_1, \boldsymbol{\alpha}_2, \cdots, \boldsymbol{\alpha}_m$ 可以由向量组 T_2：$\boldsymbol{\beta}_1, \boldsymbol{\beta}_2, \cdots, \boldsymbol{\beta}_n$ 线性表示，根据向量组的秩与向量组之间的线性表示知识点可知，$r(T_2)\geqslant r(T_1)$，但对两个向量组所含向量

个数的关系不能做出判断。例如向量组 T_1：$\boldsymbol{\alpha}_1=\begin{bmatrix}1\\2\end{bmatrix}$，$\boldsymbol{\alpha}_2=\begin{bmatrix}3\\4\end{bmatrix}$，$\boldsymbol{\alpha}_3=\begin{bmatrix}5\\6\end{bmatrix}$，而向量组 T_2：$\boldsymbol{\beta}_1=\begin{bmatrix}1\\0\end{bmatrix}$，$\boldsymbol{\beta}_2=\begin{bmatrix}0\\1\end{bmatrix}$，显然 T_1 可以由 T_2 线性表示，但 T_1 所含向量个数大于 T_2 所含向量个数。

如果命题(3)再添加已知条件：向量组 T_1 线性无关，即 T_1 是紧凑的，那么可以得到结论：$n\geqslant m$。这是因为 $n\geqslant r(T_2)\geqslant r(T_1)=m$。

(4) 若向量组 $\boldsymbol{\alpha}_1，\boldsymbol{\alpha}_2，\cdots，\boldsymbol{\alpha}_m$ 线性无关，根据向量组的部分与整体知识点可知，向量组 $\boldsymbol{\alpha}_1，\boldsymbol{\alpha}_2，\cdots，\boldsymbol{\alpha}_m$ 两两线性无关。但反过来说，若向量组 $\boldsymbol{\alpha}_1，\boldsymbol{\alpha}_2，\cdots，\boldsymbol{\alpha}_m$ 两两线性无关，而向量组 $\boldsymbol{\alpha}_1，\boldsymbol{\alpha}_2，\cdots，\boldsymbol{\alpha}_m$ 不一定线性无关。例如两两线性无关的向量组 $\begin{bmatrix}1\\0\end{bmatrix}$，$\begin{bmatrix}0\\1\end{bmatrix}$，$\begin{bmatrix}2\\3\end{bmatrix}$ 却是线性相关的。

所以，本题的正确命题是(1)和(2)，故选(B)。

评注　在分析命题的正确性时，应该对正确的命题进行证明，对不正确的命题往往需要找出反例即可。本题考查以下知识点：

(1) 若 $m>n$，则 m 个 n 维向量必线性相关。

(2) 向量组的部分组线性相关⇒向量组的整体组线性相关。

(3) 向量组的整体组线性无关⇒向量组的部分组线性无关。

(4) 向量组 T_1 可以由向量组 T_2 线性表示⇒$r(T_2)\geqslant r(T_1)$。

名师笔记

考生要善于利用简单的向量组来说明 n 维向量组线性表示的某些关系，而低维基本单位向量组是最常用的例子。

例 3.11　分析下列命题：

(1) 只有当 $x=-11$ 时，向量组 $\boldsymbol{\alpha}_1=(3,6,9)^{\mathrm{T}}$，$\boldsymbol{\alpha}_2=(-1,1,3)^{\mathrm{T}}$，$\boldsymbol{\alpha}_3=(x,-5,1)^{\mathrm{T}}$ 才线性相关。

(2) 设 $\boldsymbol{A}$ 为 $m\times n$ 矩阵，如果对任意 n 维列向量 $\boldsymbol{x}$，都有 $\boldsymbol{A}\boldsymbol{x}=\boldsymbol{0}$ 成立，则 $\boldsymbol{A}=\boldsymbol{O}$。

(3) 设 $\boldsymbol{A}=(\boldsymbol{\alpha}_1，\boldsymbol{\alpha}_2，\boldsymbol{\alpha}_3)$ 为 3 阶方阵，已知齐次线性方程组 $\boldsymbol{A}\boldsymbol{x}=\boldsymbol{0}$ 有非零解，则向量组 $\boldsymbol{\alpha}_1，\boldsymbol{\alpha}_2，\boldsymbol{\alpha}_3$ 线性相关。

(4) 向量组 $\boldsymbol{\alpha}_1=(1,2,3)^{\mathrm{T}}$，$\boldsymbol{\alpha}_2=(2,3,4)^{\mathrm{T}}$，$\boldsymbol{\alpha}_3=(3,5,6)^{\mathrm{T}}$ 是 3 维空间 $\mathbf{R}^3$ 的一组基。

则[　　]。

(A) 只有(1)正确　　(B) 只有(1)和(2)正确

(C) 只有(1)、(2)和(3)正确　　(D) 都正确

解题思路　命题(1)考查了 n 个 n 维向量的向量组；命题(2)和(3)考查了齐次线性方程组与向量组；命题(4)考查了向量空间。

解　(1) 分析 n 个 n 维向量构成向量组的线性相关性时，可以用它们构成方阵的行列式来分析，行列式为零则向量组线性相关；行列式不为零则向量组线性无关。当 $x=-11$

时，向量组 $\boldsymbol{\alpha}_1$，$\boldsymbol{\alpha}_2$，$\boldsymbol{\alpha}_3$ 构成的矩阵为

$$\boldsymbol{A}=(\boldsymbol{\alpha}_1,\boldsymbol{\alpha}_2,\boldsymbol{\alpha}_3)=\begin{bmatrix}3&-1&-11\\6&1&-5\\9&3&1\end{bmatrix}$$

而 $|\boldsymbol{A}|=0$，所以当 $x=-11$ 时，向量组 $\boldsymbol{\alpha}_1$，$\boldsymbol{\alpha}_2$，$\boldsymbol{\alpha}_3$ 线性相关。

(2) 由于任意 n 维列向量 $\boldsymbol{x}$，都有 $\boldsymbol{Ax}=\boldsymbol{0}$ 成立，设 n 维列向量 $\boldsymbol{\varepsilon}_1=(1,0,\cdots,0)^{\mathrm{T}}$ 是 $\boldsymbol{Ax}=\boldsymbol{0}$ 的解，根据矩阵的乘法运算规则有

$$\begin{bmatrix}a_{11}&a_{12}&\cdots&a_{1n}\\a_{21}&a_{22}&\cdots&a_{2n}\\\vdots&\vdots&&\vdots\\a_{m1}&a_{m2}&\cdots&a_{mn}\end{bmatrix}\begin{bmatrix}1\\0\\\vdots\\0\end{bmatrix}=\begin{bmatrix}a_{11}\\a_{21}\\\vdots\\a_{m1}\end{bmatrix}=\begin{bmatrix}0\\0\\\vdots\\0\end{bmatrix}$$

故矩阵 $\boldsymbol{A}$ 的第一列的所有元素全为零。同理，设 n 维列向量 $\boldsymbol{\varepsilon}_2=(0,1,\cdots,0)^{\mathrm{T}}$，…，$\boldsymbol{\varepsilon}_n=(0,0,\cdots,1)^{\mathrm{T}}$ 都是 $\boldsymbol{Ax}=\boldsymbol{0}$ 的解，可以得到矩阵 $\boldsymbol{A}$ 为零矩阵。

(3) 根据齐次线性方程组解的情况与向量组的线性相关性知识点可知，齐次线性方程组 $\boldsymbol{Ax}=\boldsymbol{0}$ 有非零解，则构成矩阵 $\boldsymbol{A}$ 的列向量组 $\boldsymbol{\alpha}_1$，$\boldsymbol{\alpha}_2$，…，$\boldsymbol{\alpha}_n$ 线性相关。

(4) 根据 n 维实向量空间 $\mathbf{R}^n$ 知识点可知，任意 n 个线性无关的 n 维实向量一定构成 $\mathbf{R}^n$ 的一组基。所以只需判断向量组 $\boldsymbol{\alpha}_1$，$\boldsymbol{\alpha}_2$，$\boldsymbol{\alpha}_3$ 的线性相关性。由于有

$$|\boldsymbol{A}|=|(\boldsymbol{\alpha}_1,\boldsymbol{\alpha}_2,\boldsymbol{\alpha}_3)|=\begin{vmatrix}1&2&3\\2&3&5\\3&4&6\end{vmatrix}=1\neq 0$$

则向量组 $\boldsymbol{\alpha}_1$，$\boldsymbol{\alpha}_2$，$\boldsymbol{\alpha}_3$ 线性无关，所以它是 3 维空间 $\mathbf{R}^3$ 的一组基。

故答案选择(D)。

评注 本题考查以下知识点：

(1) 方阵 $\boldsymbol{A}$ 的行列式 $|\boldsymbol{A}|\neq 0\Leftrightarrow$ 构成方阵 $\boldsymbol{A}$ 的列(或行)向量组线性无关。

(2) 方阵 $\boldsymbol{A}$ 的行列式 $|\boldsymbol{A}|=0\Leftrightarrow$ 构成方阵 $\boldsymbol{A}$ 的列(或行)向量组线性相关。

(3) 齐次线性方程组 $\boldsymbol{Ax}=\boldsymbol{0}$ 有非零解 $\Leftrightarrow$ 构成矩阵 $\boldsymbol{A}$ 的列向量组 $\boldsymbol{\alpha}_1$，$\boldsymbol{\alpha}_2$，…，$\boldsymbol{\alpha}_n$ 线性相关。

(4) 齐次线性方程组 $\boldsymbol{Ax}=\boldsymbol{0}$ 只有零解 $\Leftrightarrow$ 构成矩阵 $\boldsymbol{A}$ 的列向量组 $\boldsymbol{\alpha}_1$，$\boldsymbol{\alpha}_2$，…，$\boldsymbol{\alpha}_n$ 线性无关。

(5) 任意 n 个线性无关的 n 维实向量一定构成 $\mathbf{R}^n$ 的一组基。

名师笔记

例 3.11 考查了行列式、矩阵、向量组、方程组各个知识点之间的关联，考生再次领会到线性代数各章知识点相互融合的特点。

例 3.12 设向量组 T_1：$\boldsymbol{\alpha}_1$，$\boldsymbol{\alpha}_2$，$\boldsymbol{\alpha}_3$ 线性无关，判断向量组 T_2：$\boldsymbol{\alpha}_1+\boldsymbol{\alpha}_2$，$\boldsymbol{\alpha}_3-\boldsymbol{\alpha}_2$，$\boldsymbol{\alpha}_1+\boldsymbol{\alpha}_2-\boldsymbol{\alpha}_3$ 的线性相关性。

解题思路 可以用线性相关和线性无关定义来判断，也可以用矩阵乘法等式来表述向量组之间的线性表示关系。

解 方法一：用线性相关和线性无关定义来判断。设有数 x_1，x_2，x_3，使下式成立

$$x_1(\boldsymbol{\alpha}_1+\boldsymbol{\alpha}_2)+x_2(\boldsymbol{\alpha}_3-\boldsymbol{\alpha}_2)+x_3(\boldsymbol{\alpha}_1+\boldsymbol{\alpha}_2-\boldsymbol{\alpha}_3)=\mathbf{0}$$

则有

$$(x_1+x_3)\boldsymbol{\alpha}_1+(x_1-x_2+x_3)\boldsymbol{\alpha}_2+(x_2-x_3)\boldsymbol{\alpha}_3=\mathbf{0}$$

由于向量组 T_1：$\boldsymbol{\alpha}_1$，$\boldsymbol{\alpha}_2$，$\boldsymbol{\alpha}_3$ 线性无关，所以有

$$\begin{cases}x_1+x_3=0\\x_1-x_2+x_3=0\\x_2-x_3=0\end{cases}$$

该方程组的系数行列式

$$\begin{vmatrix}1&0&1\\1&-1&1\\0&1&-1\end{vmatrix}=1\neq 0$$

故上述方程组只有零解，所以向量组 T_2：$\boldsymbol{\alpha}_1+\boldsymbol{\alpha}_2$，$\boldsymbol{\alpha}_3-\boldsymbol{\alpha}_2$，$\boldsymbol{\alpha}_1+\boldsymbol{\alpha}_2-\boldsymbol{\alpha}_3$ 线性无关。

方法二：显然，向量组 T_2 可以由向量组 T_1 线性表示，线性表示的矩阵等式如下：

$$(\boldsymbol{\alpha}_1+\boldsymbol{\alpha}_2,\ \boldsymbol{\alpha}_3-\boldsymbol{\alpha}_2,\ \boldsymbol{\alpha}_1+\boldsymbol{\alpha}_2-\boldsymbol{\alpha}_3)=(\boldsymbol{\alpha}_1,\ \boldsymbol{\alpha}_2,\ \boldsymbol{\alpha}_3)\begin{bmatrix}1&0&1\\1&-1&1\\0&1&-1\end{bmatrix}$$

由于 $\begin{vmatrix}1&0&1\\1&-1&1\\0&1&-1\end{vmatrix}=1\neq 0$，即系数矩阵 $\begin{bmatrix}1&0&1\\1&-1&1\\0&1&-1\end{bmatrix}$ 可逆，则向量组 T_1 也可以由向量 T_2 组线性表示，故两个向量组等价，则 $r(T_2)=r(T_1)=3$，向量组 T_2 所含向量个数与其秩相等，则 T_2 线性无关。

评注 方法一是根据线性相关和线性无关的定义直接求解；方法二用到的知识点如下：

(1) 用以下矩阵等式来描述两个向量组之间的线性表示关系：

$$(\boldsymbol{\alpha}_1,\ \boldsymbol{\alpha}_2,\ \cdots,\ \boldsymbol{\alpha}_n)=(\boldsymbol{\beta}_1,\ \boldsymbol{\beta}_2,\ \cdots,\ \boldsymbol{\beta}_n)\begin{bmatrix}a_{11}&a_{12}&\cdots&a_{1n}\\a_{21}&a_{22}&\cdots&a_{2n}\\\vdots&\vdots&&\vdots\\a_{n1}&a_{n2}&\cdots&a_{nn}\end{bmatrix}$$

(2) 当上式中的系数方阵为可逆矩阵时，两个向量组等价。

(3) 向量组 T_1 与向量组 T_2 等价 $\Rightarrow r(T_2)=r(T_1)$。

注意以上命题的单向性。

(4) $r(T)=T$ 所含向量个数 $\Leftrightarrow T$ 为线性无关向量组。

例 3.13 已知向量组 $\boldsymbol{\alpha}_1,\boldsymbol{\alpha}_2,\boldsymbol{\alpha}_3,\boldsymbol{\alpha}_4$ 线性相关，向量组 $\boldsymbol{\alpha}_2,\boldsymbol{\alpha}_3,\boldsymbol{\alpha}_4,\boldsymbol{\alpha}_5$ 线性无关，证明：

(1) $\boldsymbol{\alpha}_1$ 可以由向量组 $\boldsymbol{\alpha}_2$，$\boldsymbol{\alpha}_3$，$\boldsymbol{\alpha}_4$ 线性表示。

(2) $\boldsymbol{\alpha}_5$ 不能由向量组 $\boldsymbol{\alpha}_1$，$\boldsymbol{\alpha}_2$，$\boldsymbol{\alpha}_3$，$\boldsymbol{\alpha}_4$ 线性表示。

解题思路 本题考查了向量组的部分与整体、一个向量与一个向量组的知识点。

证明 (1) 根据向量组的部分与整体知识点可知，向量组 $\boldsymbol{\alpha}_2,\boldsymbol{\alpha}_3,\boldsymbol{\alpha}_4,\boldsymbol{\alpha}_5$ 线性无关 $\Rightarrow$ 向量组 $\boldsymbol{\alpha}_2$，$\boldsymbol{\alpha}_3$，$\boldsymbol{\alpha}_4$ 线性无关。根据一个向量与一个向量组知识点可知，向量组 $\boldsymbol{\alpha}_2$，$\boldsymbol{\alpha}_3$，$\boldsymbol{\alpha}_4$ 线性无关，且向量组 $\boldsymbol{\alpha}_1$，$\boldsymbol{\alpha}_2$，$\boldsymbol{\alpha}_3$，$\boldsymbol{\alpha}_4$ 线性相关，则 $\boldsymbol{\alpha}_1$ 可以唯一地由向量组 $\boldsymbol{\alpha}_2$，$\boldsymbol{\alpha}_3$，$\boldsymbol{\alpha}_4$ 线性表示。

(2) 反证法。设 $\boldsymbol{\alpha}_5$ 能由向量组 $\boldsymbol{\alpha}_1$，$\boldsymbol{\alpha}_2$，$\boldsymbol{\alpha}_3$，$\boldsymbol{\alpha}_4$ 线性表示，则有

$$\boldsymbol{\alpha}_5 = k_1\boldsymbol{\alpha}_1 + k_2\boldsymbol{\alpha}_2 + k_3\boldsymbol{\alpha}_3 + k_4\boldsymbol{\alpha}_4$$

前面已经证明 $\boldsymbol{\alpha}_1$ 可以由向量组 $\boldsymbol{\alpha}_2$，$\boldsymbol{\alpha}_3$，$\boldsymbol{\alpha}_4$ 线性表示，即 $\boldsymbol{\alpha}_1=l_2\boldsymbol{\alpha}_2+l_3\boldsymbol{\alpha}_3+l_4\boldsymbol{\alpha}_4$，于是有

$$\boldsymbol{\alpha}_5 = k_1(l_2\boldsymbol{\alpha}_2 + l_3\boldsymbol{\alpha}_3 + l_4\boldsymbol{\alpha}_4) + k_2\boldsymbol{\alpha}_2 + k_3\boldsymbol{\alpha}_3 + k_4\boldsymbol{\alpha}_4$$

上式说明 $\boldsymbol{\alpha}_5$ 可以由向量组 $\boldsymbol{\alpha}_2$，$\boldsymbol{\alpha}_3$，$\boldsymbol{\alpha}_4$ 线性表示，这与已知条件向量组 $\boldsymbol{\alpha}_2$，$\boldsymbol{\alpha}_3$，$\boldsymbol{\alpha}_4$，$\boldsymbol{\alpha}_5$ 线性无关矛盾，故 $\boldsymbol{\alpha}_5$ 不能由向量组 $\boldsymbol{\alpha}_1$，$\boldsymbol{\alpha}_2$，$\boldsymbol{\alpha}_3$，$\boldsymbol{\alpha}_4$ 线性表示。

评注 此题是一道经典题目，需要掌握以下两点：

(1) 当已知某向量组的线性相关性，讨论一个向量是否可以由一个向量组线性表示时，往往联想到一个向量与一个向量组的知识点。

(2) 当证明"不能……"时，往往联想到反证法。

例 3.14 设齐次线性方程组 $\boldsymbol{Ax}=\boldsymbol{0}$ 的 s 个解向量 $\boldsymbol{\alpha}_1$，$\boldsymbol{\alpha}_2$，…，$\boldsymbol{\alpha}_s$ 构成了一个线性无关的向量组，而 $\boldsymbol{\beta}$ 是对应的非齐次线性方程组 $\boldsymbol{Ax}=\boldsymbol{b}$ 的解($\boldsymbol{b}\neq\boldsymbol{0}$)，证明向量组 $\boldsymbol{\alpha}_1$，$\boldsymbol{\alpha}_2$，…，$\boldsymbol{\alpha}_s$，$\boldsymbol{\beta}$ 线性无关。

解题思路 用线性无关的定义来证明。

证明 设有数 k_1，k_2，…，k_s，l 使下式成立：

$$k_1\boldsymbol{\alpha}_1 + k_2\boldsymbol{\alpha}_2 + \cdots + k_s\boldsymbol{\alpha}_s + l\boldsymbol{\beta} = \boldsymbol{0}$$

对上式两边左乘矩阵 $\boldsymbol{A}$，有

$$k_1\boldsymbol{A}\boldsymbol{\alpha}_1 + k_2\boldsymbol{A}\boldsymbol{\alpha}_2 + \cdots + k_s\boldsymbol{A}\boldsymbol{\alpha}_s + l\boldsymbol{A}\boldsymbol{\beta} = \boldsymbol{A}\boldsymbol{0}$$

根据已知条件有：$\boldsymbol{A}\boldsymbol{\alpha}_i=\boldsymbol{0}(i=1,2,\cdots,s)$，$\boldsymbol{A}\boldsymbol{\beta}=\boldsymbol{b}$，则 $l\boldsymbol{b}=\boldsymbol{0}$，而 $\boldsymbol{b}\neq\boldsymbol{0}$，于是 $l=0$，故有

$$k_1\boldsymbol{\alpha}_1 + k_2\boldsymbol{\alpha}_2 + \cdots + k_s\boldsymbol{\alpha}_s = \boldsymbol{0}$$

又因为向量组 $\boldsymbol{\alpha}_1$，$\boldsymbol{\alpha}_2$，…，$\boldsymbol{\alpha}_s$ 线性无关，则 $k_1=k_2=\cdots=k_s=0$，综合 $l=0$，可以得到向量组 $\boldsymbol{\alpha}_1$，$\boldsymbol{\alpha}_2$，…，$\boldsymbol{\alpha}_s$，$\boldsymbol{\beta}$ 线性无关。证毕。

评注 根据已知条件"$\boldsymbol{\alpha}_i$ 是 $\boldsymbol{Ax}=\boldsymbol{0}$ 的解向量"、"$\boldsymbol{\beta}$ 是 $\boldsymbol{Ax}=\boldsymbol{b}$ 的解向量"，即有 $\boldsymbol{A}\boldsymbol{\alpha}_i=\boldsymbol{0}$ 和 $\boldsymbol{A}\boldsymbol{\beta}=\boldsymbol{b}$，所以联想到用矩阵 $\boldsymbol{A}$ 左乘等式 $k_1\boldsymbol{\alpha}_1+k_2\boldsymbol{\alpha}_2+\cdots+k_s\boldsymbol{\alpha}_s+l\boldsymbol{\beta}=\boldsymbol{0}$。

名师笔记

考生应该记忆例 3.14 的结论，利用该结论还可以得出以下结论：若 $\boldsymbol{Ax}=\boldsymbol{0}$ 的基础解系为 $\boldsymbol{\alpha}_1$，…，$\boldsymbol{\alpha}_s$，则其对应非齐次线性方程组 $\boldsymbol{Ax}=\boldsymbol{b}$ 有 $s+1$ 个线性无关的解向量 $\boldsymbol{\alpha}_1+\boldsymbol{\beta}$，…，$\boldsymbol{\alpha}_s+\boldsymbol{\beta}$，$\boldsymbol{\beta}$。

题型 3 向量组的秩与矩阵的秩

例 3.15 (2008.1)设 $\boldsymbol{\alpha}$、$\boldsymbol{\beta}$ 均为 3 维列向量，矩阵 $\boldsymbol{A}=\boldsymbol{\alpha}\boldsymbol{\alpha}^{\mathrm{T}}+\boldsymbol{\beta}\boldsymbol{\beta}^{\mathrm{T}}$，其中 $\boldsymbol{\alpha}^{\mathrm{T}}$、$\boldsymbol{\beta}^{\mathrm{T}}$ 分别为 $\boldsymbol{\alpha}$、$\boldsymbol{\beta}$ 的转置。证明：

(1) 秩 $r(\boldsymbol{A})\leqslant 2$。

(2) 若 $\boldsymbol{\alpha}$、$\boldsymbol{\beta}$ 线性相关，则秩 $r(\boldsymbol{A})<2$。

解题思路 (1) 利用公式 $r(\boldsymbol{A}+\boldsymbol{B})\leqslant r(\boldsymbol{A})+r(\boldsymbol{B})$；(2) 两个向量线性相关，必有 $\boldsymbol{\beta}=k\boldsymbol{\alpha}$ 或 $\boldsymbol{\alpha}=k\boldsymbol{\beta}$。

证明 (1) 根据公式 $r(\boldsymbol{A}+\boldsymbol{B})\leqslant r(\boldsymbol{A})+r(\boldsymbol{B})$，有

$$r(\boldsymbol{A})=r(\boldsymbol{\alpha\alpha}^{\mathrm{T}}+\boldsymbol{\beta\beta}^{\mathrm{T}})\leqslant r(\boldsymbol{\alpha\alpha}^{\mathrm{T}})+r(\boldsymbol{\beta\beta}^{\mathrm{T}})$$

根据公式 $r(\boldsymbol{AB})\leqslant r(\boldsymbol{A})$，有

$$r(\boldsymbol{\alpha\alpha}^{\mathrm{T}})\leqslant r(\boldsymbol{\alpha})\leqslant 1,\ r(\boldsymbol{\beta\beta}^{\mathrm{T}})\leqslant r(\boldsymbol{\beta})\leqslant 1$$

故有 $r(\boldsymbol{A})\leqslant 2$。

(2) 若 $\boldsymbol{\alpha}=\boldsymbol{0}$，显然有 $r(\boldsymbol{A})=r(\boldsymbol{\beta\beta}^{\mathrm{T}})\leqslant r(\boldsymbol{\beta})\leqslant 1<2$；若 $\boldsymbol{\alpha}\neq\boldsymbol{0}$，$\boldsymbol{\alpha}$，$\boldsymbol{\beta}$ 线性相关，则有 $\boldsymbol{\beta}=k\boldsymbol{\alpha}$，故有 $r(\boldsymbol{A})=r(\boldsymbol{\alpha\alpha}^{\mathrm{T}}+\boldsymbol{\beta\beta}^{\mathrm{T}})=r(\boldsymbol{\alpha\alpha}^{\mathrm{T}}+k^2\boldsymbol{\alpha\alpha}^{\mathrm{T}})=r[(1+k^2)\boldsymbol{\alpha\alpha}^{\mathrm{T}}]\leqslant r(\boldsymbol{\alpha})<2$。证毕。

评注　本题运用以下矩阵秩的公式：

(1) $r(\boldsymbol{A}+\boldsymbol{B})\leqslant r(\boldsymbol{A})+r(\boldsymbol{B})$。

(2) $r(\boldsymbol{AB})\leqslant r(\boldsymbol{A})$，$r(\boldsymbol{AB})\leqslant r(\boldsymbol{B})$。

关于两个向量 $\boldsymbol{\alpha}$，$\boldsymbol{\beta}$ 线性相关，有以下命题：

(1) $\boldsymbol{\beta}=k\boldsymbol{\alpha}\Rightarrow\boldsymbol{\alpha}$，$\boldsymbol{\beta}$ 线性相关。

(2) $\boldsymbol{\alpha}=k\boldsymbol{\beta}\Rightarrow\boldsymbol{\alpha}$，$\boldsymbol{\beta}$ 线性相关。

(3) $\boldsymbol{\alpha}$，$\boldsymbol{\beta}$ 线性相关 $\Rightarrow\boldsymbol{\beta}=k\boldsymbol{\alpha}$ 或 $\boldsymbol{\alpha}=k\boldsymbol{\beta}$。

但是，考生要注意：$\boldsymbol{\alpha}$，$\boldsymbol{\beta}$ 线性相关 $\not\Rightarrow\boldsymbol{\beta}=k\boldsymbol{\alpha}$。(比如，当 $\boldsymbol{\alpha}=\boldsymbol{0}$ 而 $\boldsymbol{\beta}\neq\boldsymbol{0}$ 时)

例 3.16　设 n 维列向量组 T_1：$\boldsymbol{\alpha}_1$，$\boldsymbol{\alpha}_2$，…，$\boldsymbol{\alpha}_m$ $(m<n)$ 线性无关，则 n 维列向量组 T_2：$\boldsymbol{\beta}_1$，$\boldsymbol{\beta}_2$，…，$\boldsymbol{\beta}_m$ 线性无关的充分必要条件是[　　]。

(A) 向量组 T_1：$\boldsymbol{\alpha}_1$，$\boldsymbol{\alpha}_2$，…，$\boldsymbol{\alpha}_m$ 可由向量组 T_2：$\boldsymbol{\beta}_1$，$\boldsymbol{\beta}_2$，…，$\boldsymbol{\beta}_m$ 线性表示

(B) 向量组 T_2：$\boldsymbol{\beta}_1$，$\boldsymbol{\beta}_2$，…，$\boldsymbol{\beta}_m$ 可由向量组 T_1：$\boldsymbol{\alpha}_1$，$\boldsymbol{\alpha}_2$，…，$\boldsymbol{\alpha}_m$ 线性表示

(C) 向量组 T_1：$\boldsymbol{\alpha}_1$，$\boldsymbol{\alpha}_2$，…，$\boldsymbol{\alpha}_m$ 与向量组 T_2：$\boldsymbol{\beta}_1$，$\boldsymbol{\beta}_2$，…，$\boldsymbol{\beta}_m$ 等价

(D) 矩阵 $\boldsymbol{A}=(\boldsymbol{\alpha}_1,\boldsymbol{\alpha}_2,\cdots,\boldsymbol{\alpha}_m)$ 与矩阵 $\boldsymbol{B}=(\boldsymbol{\beta}_1,\boldsymbol{\beta}_2,\cdots,\boldsymbol{\beta}_m)$ 等价

解题思路　本题考查了向量组的秩与向量组间的线性表示、向量组的秩与矩阵的秩等内容。

解　分析(A)。若向量组 T_1：$\boldsymbol{\alpha}_1$，$\boldsymbol{\alpha}_2$，…，$\boldsymbol{\alpha}_m$ 可由向量组 T_2：$\boldsymbol{\beta}_1$，$\boldsymbol{\beta}_2$，…，$\boldsymbol{\beta}_m$ 线性表示，且 T_1：$\boldsymbol{\alpha}_1$，$\boldsymbol{\alpha}_2$，…，$\boldsymbol{\alpha}_m$ 线性无关，则根据向量组的秩与向量组之间的线性表示的知识点，有 $m\geqslant r(T_2)\geqslant r(T_1)=m$，所以 $r(T_2)=m$，故向量组 T_2：$\boldsymbol{\beta}_1$，$\boldsymbol{\beta}_2$，…，$\boldsymbol{\beta}_m$ 线性无关。但当 T_2：$\boldsymbol{\beta}_1$，$\boldsymbol{\beta}_2$，…，$\boldsymbol{\beta}_m$ 线性无关时，并不能得出向量组 T_1：$\boldsymbol{\alpha}_1$，$\boldsymbol{\alpha}_2$，…，$\boldsymbol{\alpha}_m$ 可由向量组 T_2：$\boldsymbol{\beta}_1$，$\boldsymbol{\beta}_2$，…，$\boldsymbol{\beta}_m$ 线性表示。例如：若向量组 T_1：$\boldsymbol{\alpha}_1=(1,0,0)^{\mathrm{T}}$，$\boldsymbol{\alpha}_2=(0,1,0)^{\mathrm{T}}$，向量组 T_2：$\boldsymbol{\beta}_1=(0,1,0)^{\mathrm{T}}$，$\boldsymbol{\beta}_2=(0,0,1)^{\mathrm{T}}$，虽然两个向量组都线性无关，但它们并不能相互线性表示。所以选项(A)只是充分条件。

分析(C)。若向量组 T_1：$\boldsymbol{\alpha}_1$，$\boldsymbol{\alpha}_2$，…，$\boldsymbol{\alpha}_m$ 与向量组 T_2：$\boldsymbol{\beta}_1$，$\boldsymbol{\beta}_2$，…，$\boldsymbol{\beta}_m$ 等价，且 T_1：$\boldsymbol{\alpha}_1$，$\boldsymbol{\alpha}_2$，…，$\boldsymbol{\alpha}_m$ 线性无关，则有 $r(T_2)=r(T_1)=m$，所以 $r(T_2)=m$，故向量组 T_2：$\boldsymbol{\beta}_1$，$\boldsymbol{\beta}_2$，…，$\boldsymbol{\beta}_m$ 线性无关。

同理，可以用上面的反例说明选项(C)也只是充分条件。

选项(B)既不是充分条件也不是必要条件。

分析(D)。若矩阵 $\boldsymbol{A}=(\boldsymbol{\alpha}_1,\boldsymbol{\alpha}_2,\cdots,\boldsymbol{\alpha}_m)$ 与矩阵 $\boldsymbol{B}=(\boldsymbol{\beta}_1,\boldsymbol{\beta}_2,\cdots,\boldsymbol{\beta}_m)$ 等价，且 T_1：$\boldsymbol{\alpha}_1$，$\boldsymbol{\alpha}_2$，…，$\boldsymbol{\alpha}_m$ 线性无关，则根据矩阵等价则秩相等及三秩相等的知识点，有 $r(T_2)=r(\boldsymbol{B})=r(\boldsymbol{A})=r(T_1)=m$，所以 $r(T_2)=m$，故向量组 T_2：$\boldsymbol{\beta}_1$，$\boldsymbol{\beta}_2$，…，$\boldsymbol{\beta}_m$ 线性无关。若向量组 T_1：$\boldsymbol{\alpha}_1$，$\boldsymbol{\alpha}_2$，…，$\boldsymbol{\alpha}_m$ 和向量组 T_2：$\boldsymbol{\beta}_1$，$\boldsymbol{\beta}_2$，…，$\boldsymbol{\beta}_m$ 都线性无关，则 $r(T_1)=r(T_2)=m$，所以

$r(\boldsymbol{A})=r(\boldsymbol{B})=m$，故矩阵 $\boldsymbol{A}$ 和 $\boldsymbol{B}$ 总可以通过有限次初等变换化为标准形 $\begin{pmatrix}\boldsymbol{E}_m\\ \boldsymbol{0}\end{pmatrix}$，即矩阵 $\boldsymbol{A}$ 与矩阵 $\boldsymbol{B}$ 等价。

故答案选(D)。

评注 本题是考生很容易出错的一道题目，矩阵等价和向量组等价是两个不同的概念，所以也有不同的结论。本题考查了以下知识点：

(1) 向量组 T_1 可以由向量组 T_2 线性表示 $\Rightarrow r(T_2)\geqslant r(T_1)$。

(2) 向量组 T_1 与向量组 T_2 等价 $\Rightarrow r(T_2)=r(T_1)$。

(注意以上两个命题的单向性)

(3) 向量组 T：$\boldsymbol{\alpha}_1,\boldsymbol{\alpha}_2,\cdots,\boldsymbol{\alpha}_m$ 线性无关 $\Leftrightarrow r(T)=m$。

(4) 三秩相等：$r(\boldsymbol{A})=r$(矩阵 $\boldsymbol{A}$ 的行向量组)$=r$(矩阵 $\boldsymbol{A}$ 的列向量组)。

(5) 若矩阵 $\boldsymbol{A}$ 与矩阵 $\boldsymbol{B}$ 同型，那么有矩阵 $\boldsymbol{A}$ 与矩阵 $\boldsymbol{B}$ 等价 $\Leftrightarrow r(\boldsymbol{A})=r(\boldsymbol{B})$。

(6) 若 $r(\boldsymbol{A})=m\Leftrightarrow$ 矩阵 $\boldsymbol{A}$ 与标准形 $\begin{pmatrix}\boldsymbol{E}_m & \boldsymbol{0}\\ \boldsymbol{0} & \boldsymbol{0}\end{pmatrix}$ 等价。

名师笔记

矩阵等价比向量组等价更容易，这是因为矩阵等价既可进行初等行变换，也可进行初等列变换。

例 3.17 求向量组 $\boldsymbol{\alpha}_1=(3,1,2,0)^{\mathrm{T}}$，$\boldsymbol{\alpha}_2=(0,7,1,3)^{\mathrm{T}}$，$\boldsymbol{\alpha}_3=(6,-5,3,-3)^{\mathrm{T}}$，$\boldsymbol{\alpha}_4=(-1,2,0,1)^{\mathrm{T}}$，$\boldsymbol{\alpha}_5=(6,9,4,3)^{\mathrm{T}}$ 的秩，并求一个极大无关组，用极大无关组把其余的向量线性表示。

解题思路 对向量组构成的矩阵进行初等行变换，当变为行最简形时，就可以获得答案。

解 对向量组构成的矩阵 $\boldsymbol{A}$ 进行初等行变换：

$$\boldsymbol{A}=(\boldsymbol{\alpha}_1,\boldsymbol{\alpha}_2,\boldsymbol{\alpha}_3,\boldsymbol{\alpha}_4,\boldsymbol{\alpha}_5)=\begin{bmatrix}3&0&6&-1&6\\1&7&-5&2&9\\2&1&3&0&4\\0&3&-3&1&3\end{bmatrix}\xrightarrow{r_1\leftrightarrow r_2}\begin{bmatrix}1&7&-5&2&9\\3&0&6&-1&6\\2&1&3&0&4\\0&3&-3&1&3\end{bmatrix}$$

$$\xrightarrow[r_3-2r_1]{r_2-3r_1}\begin{bmatrix}1&7&-5&2&9\\0&-21&21&-7&-21\\0&-13&13&-4&-14\\0&3&-3&1&3\end{bmatrix}\xrightarrow{r_2/(-21)}\begin{bmatrix}1&7&-5&2&9\\0&1&-1&1/3&1\\0&-13&13&-4&-14\\0&3&-3&1&3\end{bmatrix}$$

$$\xrightarrow[r_4-3r_2,\ r_1-7r_2]{r_3+13r_2}\begin{bmatrix}1&0&2&-1/3&2\\0&1&-1&1/3&1\\0&0&0&1/3&-1\\0&0&0&0&0\end{bmatrix}\xrightarrow{r_3\times 3}\begin{bmatrix}1&0&2&-1/3&2\\0&1&-1&1/3&1\\0&0&0&1&-3\\0&0&0&0&0\end{bmatrix}$$

$$\xrightarrow[r_2-r_3/3]{r_1+r_3/3}\begin{bmatrix}1&0&2&0&1\\0&1&-1&0&2\\0&0&0&1&-3\\0&0&0&0&0\end{bmatrix}=(\boldsymbol{\beta}_1,\boldsymbol{\beta}_2,\boldsymbol{\beta}_3,\boldsymbol{\beta}_4,\boldsymbol{\beta}_5)=\boldsymbol{B}$$

所以$r(\boldsymbol{\alpha}_1,\boldsymbol{\alpha}_2,\boldsymbol{\alpha}_3,\boldsymbol{\alpha}_4,\boldsymbol{\alpha}_5)=r(\boldsymbol{A})=r(\boldsymbol{B})=3$，行最简形矩阵$\boldsymbol{B}$每行的第一个非零元素所在的列为：1、2、4列，则$\boldsymbol{\beta}_1,\boldsymbol{\beta}_2,\boldsymbol{\beta}_4$是向量组$\boldsymbol{\beta}_1,\boldsymbol{\beta}_2,\boldsymbol{\beta}_3,\boldsymbol{\beta}_4,\boldsymbol{\beta}_5$的一个极大无关组，与之对应的有$\boldsymbol{\alpha}_1,\boldsymbol{\alpha}_2,\boldsymbol{\alpha}_4$为向量组$\boldsymbol{\alpha}_1,\boldsymbol{\alpha}_2,\boldsymbol{\alpha}_3,\boldsymbol{\alpha}_4,\boldsymbol{\alpha}_5$的一个极大无关组。进一步观察矩阵$\boldsymbol{B}$的列向量组之间的关系，可以得到$\boldsymbol{\beta}_3=2\boldsymbol{\beta}_1-\boldsymbol{\beta}_2$，$\boldsymbol{\beta}_5=\boldsymbol{\beta}_1+2\boldsymbol{\beta}_2-3\boldsymbol{\beta}_4$。同理，与之对应的有$\boldsymbol{\alpha}_3=2\boldsymbol{\alpha}_1-\boldsymbol{\alpha}_2$，$\boldsymbol{\alpha}_5=\boldsymbol{\alpha}_1+2\boldsymbol{\alpha}_2-3\boldsymbol{\alpha}_4$。

评注　初等变换运算是线性代数中最重要的运算，它贯穿于线性代数的所有内容中，考生一定要熟练掌握。(在第二章例2.6的评注中给出了其具体应用。)

本题考查到的知识点为：若$\boldsymbol{A}=(\boldsymbol{\alpha}_1,\boldsymbol{\alpha}_2,\boldsymbol{\alpha}_3,\boldsymbol{\alpha}_4,\boldsymbol{\alpha}_5)\xrightarrow{\text{初等行变换}}(\boldsymbol{\beta}_1,\boldsymbol{\beta}_2,\boldsymbol{\beta}_3,\boldsymbol{\beta}_4,\boldsymbol{\beta}_5)=\boldsymbol{B}$，则有列向量组$\boldsymbol{\alpha}_1,\boldsymbol{\alpha}_2,\boldsymbol{\alpha}_3,\boldsymbol{\alpha}_4,\boldsymbol{\alpha}_5$与列向量组$\boldsymbol{\beta}_1,\boldsymbol{\beta}_2,\boldsymbol{\beta}_3,\boldsymbol{\beta}_4,\boldsymbol{\beta}_5$任意对应的部分组有相同的线性相关性，并且向量之间的线性表示关系也对应相同。例如：

$$\boldsymbol{\beta}_1,\boldsymbol{\beta}_2,\boldsymbol{\beta}_4\text{线性无关}\Leftrightarrow\boldsymbol{\alpha}_1,\boldsymbol{\alpha}_2,\boldsymbol{\alpha}_4\text{线性无关}$$

$$\boldsymbol{\beta}_1,\boldsymbol{\beta}_2,\boldsymbol{\beta}_3\text{线性相关}\Leftrightarrow\boldsymbol{\alpha}_1,\boldsymbol{\alpha}_2,\boldsymbol{\alpha}_3\text{线性相关}$$

$$\boldsymbol{\beta}_5=\boldsymbol{\beta}_1+2\boldsymbol{\beta}_2-3\boldsymbol{\beta}_4\Leftrightarrow\boldsymbol{\alpha}_5=\boldsymbol{\alpha}_1+2\boldsymbol{\alpha}_2-3\boldsymbol{\alpha}_4$$

名师笔记

考生应该理解用极大无关组把其余向量线性表示实质上就是求解非齐次线性方程组。

例 3.18　(2012.1，2，3)设$\boldsymbol{\alpha}_1=\begin{bmatrix}0\\0\\c_1\end{bmatrix}$，$\boldsymbol{\alpha}_2=\begin{bmatrix}0\\0\\c_2\end{bmatrix}$，$\boldsymbol{\alpha}_3=\begin{bmatrix}1\\-1\\c_3\end{bmatrix}$，$\boldsymbol{\alpha}_4=\begin{bmatrix}-1\\1\\c_4\end{bmatrix}$，其中$c_1$、$c_2$、$c_3$、$c_4$为任意常数，则下列向量组线性相关的为[　　]。

(A) $\boldsymbol{\alpha}_1,\boldsymbol{\alpha}_2,\boldsymbol{\alpha}_3$　(B) $\boldsymbol{\alpha}_1,\boldsymbol{\alpha}_2,\boldsymbol{\alpha}_4$　(C) $\boldsymbol{\alpha}_1,\boldsymbol{\alpha}_3,\boldsymbol{\alpha}_4$　(D) $\boldsymbol{\alpha}_2,\boldsymbol{\alpha}_3,\boldsymbol{\alpha}_4$

解题思路　由于向量$\boldsymbol{\alpha}_1$、$\boldsymbol{\alpha}_2$、$\boldsymbol{\alpha}_3$、$\boldsymbol{\alpha}_4$中的第三个分量都是任意常数，故可以从行的角度出发分析此题。

解　分别分析题目给出的四个选项，设

$$\boldsymbol{A}=[\boldsymbol{\alpha}_1,\boldsymbol{\alpha}_2,\boldsymbol{\alpha}_3]=\begin{bmatrix}0&0&1\\0&1&-1\\c_1&c_2&c_3\end{bmatrix}$$

$$\boldsymbol{B}=[\boldsymbol{\alpha}_1,\boldsymbol{\alpha}_2,\boldsymbol{\alpha}_4]=\begin{bmatrix}0&0&-1\\0&1&1\\c_1&c_2&c_4\end{bmatrix}$$

$$\boldsymbol{C}=[\boldsymbol{\alpha}_1,\boldsymbol{\alpha}_3,\boldsymbol{\alpha}_4]=\begin{bmatrix}0&1&-1\\0&-1&1\\c_1&c_3&c_4\end{bmatrix}$$

$$\boldsymbol{D}=[\boldsymbol{\alpha}_2,\boldsymbol{\alpha}_3,\boldsymbol{\alpha}_4]=\begin{bmatrix}0&1&-1\\1&-1&1\\c_2&c_3&c_4\end{bmatrix}$$

显然矩阵$\boldsymbol{C}$的第1行与第2行成比例，即构成矩阵$\boldsymbol{C}$的3个行向量线性相关，行向量

组的秩小于3，于是矩阵 $\boldsymbol{C}$ 的秩小于3；矩阵 $\boldsymbol{C}$ 的列向量组的秩也小于3，故 $\boldsymbol{\alpha}_1$，$\boldsymbol{\alpha}_3$，$\boldsymbol{\alpha}_4$ 也线性相关。所以选择(C)。

评注 此题给出的4个向量中第三个分量都是未知常数，故可以分析矩阵行向量组的线性相关性来得到答案。本题考查了三秩相等的知识点。

另外，本题也可以分析四个矩阵行列式的值，显然有 $|\boldsymbol{C}|=0$，于是 $\boldsymbol{\alpha}_1$，$\boldsymbol{\alpha}_3$，$\boldsymbol{\alpha}_4$ 线性相关。

名师笔记

例3.18可以根据选择题的答题技巧来求解。适当选择常数 c_1、c_2、c_3、c_4，容易验证：

$$|\boldsymbol{\alpha}_1, \boldsymbol{\alpha}_2, \boldsymbol{\alpha}_3| \neq 0 (c_1=1)$$

$$|\boldsymbol{\alpha}_1, \boldsymbol{\alpha}_2, \boldsymbol{\alpha}_4| \neq 0 (c_1=1)$$

$$|\boldsymbol{\alpha}_2, \boldsymbol{\alpha}_3, \boldsymbol{\alpha}_4| \neq 0 (c_1=0, c_2=1, c_3=1)$$

而无论常数 c_1、c_2、c_3、c_4 如何取值，$|\boldsymbol{\alpha}_1, \boldsymbol{\alpha}_3, \boldsymbol{\alpha}_4|=0$。

例3.19 分析以下命题：

(1) 秩相等的两个同维向量组一定等价。

(2) 等价的向量组一定有相同的秩。

(3) 设 n 阶方阵 $\boldsymbol{A}$ 的秩为 $s<n$，则 $\boldsymbol{A}$ 的 n 个行向量中任意 s 个行向量必线性无关。

(4) 设 n 阶方阵 $\boldsymbol{A}$ 的秩为 $s<n$，则 $\boldsymbol{A}$ 的 n 个行向量中任意 $s+1$ 个行向量必线性相关。

则[　　]。

(A) 只有(1)和(4)正确　　(B) 只有(2)和(4)正确

(C) 只有(2)、(3)和(4)正确　　(D) 都正确

解题思路 本题考查了向量组的秩与线性表示及向量组秩与向量组个数的知识点。

解 分析命题(1)和(2)，等价的向量组秩一定相等，但秩相等的向量组不一定等价。例如：若向量组 T_1：$\boldsymbol{\alpha}_1=(1, 0, 0)^{\mathrm{T}}$，$\boldsymbol{\alpha}_2=(0, 1, 0)^{\mathrm{T}}$，向量组 T_2：$\boldsymbol{\beta}_1=(0, 1, 0)^{\mathrm{T}}$，$\boldsymbol{\beta}_2=(0, 0, 1)^{\mathrm{T}}$，虽然 $r(T_1)=r(T_2)=2$，但它们并不等价。

分析命题(3)和(4)，若 $r(\boldsymbol{A})=s$，根据三秩相等知识点可知，构成矩阵 $\boldsymbol{A}$ 的行向量组的秩也为 s，那么 $\boldsymbol{A}$ 的行向量中一定存在 s 个行向量线性无关，但不一定任意 s 个行向量都线性无关。例如：$\boldsymbol{A}=\begin{bmatrix}\boldsymbol{\alpha}_1\\ \boldsymbol{\alpha}_2\\ \boldsymbol{\alpha}_3\end{bmatrix}=\begin{bmatrix}1 & 0 & 0\\ 2 & 0 & 0\\ 1 & 2 & 3\end{bmatrix}$，显然 $r(\boldsymbol{A})=2$，存在线性无关向量组 $\boldsymbol{\alpha}_1$，$\boldsymbol{\alpha}_3$ 或 $\boldsymbol{\alpha}_2$，$\boldsymbol{\alpha}_3$，但向量组 $\boldsymbol{\alpha}_1$，$\boldsymbol{\alpha}_2$ 线性相关。

矩阵 $\boldsymbol{A}$ 的行向量组的秩为 s，根据向量组秩的概念可以得到：$\boldsymbol{A}$ 的行向量组中任意大于 s 个行向量必然线性相关。

所以答案选(B)。

评注 秩是线性代数中的一个重要概念，对于矩阵的秩和向量组的秩虽然概念不同，但又有联系。以下是本题所考查的知识点：

(1) 等价的向量组秩相等，秩相等的向量组不一定等价。

(2) 三秩相等：$r(\mathbf{A})=r$(矩阵 $\mathbf{A}$ 的行向量组)$=r$(矩阵 $\mathbf{A}$ 的列向量组)。

(3) 若向量组 T 的秩为 s，则向量组 T 中存在 s 个向量线性无关，但不一定任意 s 个向量线性无关。

(4) 若向量组 T 的秩为 s，则向量组 T 任意 $s+r(r>0)$ 个向量线性相关。

题型 4　向量空间

名师笔记

向量空间是数学一所独有的考试内容。

针对参加数学一考试的考生，需要多掌握向量空间、基、维数、坐标和过渡矩阵的概念。

例 3.20　分析 3 维向量空间 $\mathbf{R}^3$ 的子集 V_1，V_2，V_3，V_4，V_5 是向量空间吗？如果是，请分析它的维数并找出一组基。

$$V_1=\{(1, y, z)^{\mathrm{T}} \mid y, z\in\mathbf{R}\}$$
$$V_2=\{(x, 0, z)^{\mathrm{T}} \mid x, z\in\mathbf{R}\}$$
$$V_3=\{(x, y, z)^{\mathrm{T}} \mid x, y, z\in\mathbf{R}, \text{且满足 } x+y+z=1\}$$
$$V_4=\{(x, y, z)^{\mathrm{T}} \mid x, y, z\in\mathbf{R}, \text{且满足 } x+y+z=0\}$$
$$V_5=\{\boldsymbol{\alpha}=\lambda\boldsymbol{\alpha}+\mu\boldsymbol{\beta} \mid \lambda, \mu\in\mathbf{R}\}(\boldsymbol{\alpha} \text{ 和 } \boldsymbol{\beta} \text{ 为已知 3 维向量})$$

解题思路　根据集合是否对加法运算和数乘运算封闭来确定集合是否为空间。

解　在 V_1 中任意取两个向量 $\boldsymbol{\alpha}=(1, y_1, z_1)^{\mathrm{T}}$，$\boldsymbol{\beta}=(1, y_2, z_2)^{\mathrm{T}}$，则 $\boldsymbol{\alpha}+\boldsymbol{\beta}=(2, y_1+y_2, z_1+z_2)^{\mathrm{T}}$，显然向量 $\boldsymbol{\alpha}+\boldsymbol{\beta}$ 不在集合 V_1 中，即集合 V_1 对向量加法不封闭，故 V_1 不是向量空间。

在 V_2 中任意取两个向量 $\boldsymbol{\alpha}=(x_1, 0, z_1)^{\mathrm{T}}$，$\boldsymbol{\beta}=(x_2, 0, z_2)^{\mathrm{T}}$，则 $\boldsymbol{\alpha}+\boldsymbol{\beta}=(x_1+x_2, 0, z_1+z_2)^{\mathrm{T}}$，而 $k\boldsymbol{\alpha}=k(x_1, 0, z_1)^{\mathrm{T}}=(kx_1, 0, kz_1)^{\mathrm{T}}$，显然向量 $\boldsymbol{\alpha}+\boldsymbol{\beta}$ 及向量 $k\boldsymbol{\alpha}$ 仍然在集合 V_2 中，即集合 V_2 对向量加法及向量数乘封闭，故 V_2 是向量空间。向量 $(1, 0, 0)^{\mathrm{T}}$ 和 $(0, 0, 1)^{\mathrm{T}}$ 为向量空间 V_2 的一组基，故向量空间 V_2 的维数为 2。

在 V_3 中取两个向量 $\boldsymbol{\alpha}=(1, 0, 0)^{\mathrm{T}}$，$\boldsymbol{\beta}=(0, 1, 0)^{\mathrm{T}}$，则 $\boldsymbol{\alpha}+\boldsymbol{\beta}=(1, 1, 0)^{\mathrm{T}}$，显然向量 $\boldsymbol{\alpha}+\boldsymbol{\beta}$ 不在集合 V_3 中，即集合 V_3 对向量加法不封闭，故 V_3 不是向量空间。

在 V_4 中任意取两个向量 $\boldsymbol{\alpha}=(x_1, y_1, z_1)^{\mathrm{T}}$ 和 $\boldsymbol{\beta}=(x_2, y_2, z_2)^{\mathrm{T}}$，其中 $x_1+y_1+z_1=0$，$x_2+y_2+z_2=0$，则 $\boldsymbol{\alpha}+\boldsymbol{\beta}=(x_1+x_2, y_1+y_2, z_1+z_2)^{\mathrm{T}}$，而 $k\boldsymbol{\alpha}=k(x_1, y_1, z_1)^{\mathrm{T}}=(kx_1, ky_1, kz_1)^{\mathrm{T}}$，显然向量 $\boldsymbol{\alpha}+\boldsymbol{\beta}$ 及向量 $k\boldsymbol{\alpha}$ 仍然在集合 V_4 中，即集合 V_4 对向量加法及向量数乘封闭，故 V_4 是向量空间。向量 $(-1, 1, 0)^{\mathrm{T}}$ 和 $(-1, 0, 1)^{\mathrm{T}}$ 为向量空间 V_4 的一组基，故向量空间 V_4 的维数为 2。

在 V_5 中任意取两个向量 $\boldsymbol{\gamma}_1=\lambda_1\boldsymbol{\alpha}+\mu_1\boldsymbol{\beta}$ 和 $\boldsymbol{\gamma}_2=\lambda_2\boldsymbol{\alpha}+\mu_2\boldsymbol{\beta}$，其中 λ_1、μ_1、λ_2、μ_2 都是实数，则 $\boldsymbol{\gamma}_1+\boldsymbol{\gamma}_2=(\lambda_1+\lambda_2)\boldsymbol{\alpha}+(\mu_1+\mu_2)\boldsymbol{\beta}$，而 $k\boldsymbol{\gamma}_1=k\lambda_1\boldsymbol{\alpha}+k\mu_1\boldsymbol{\beta}$，显然向量 $\boldsymbol{\gamma}_1+\boldsymbol{\gamma}_2$ 及向量 $k\boldsymbol{\gamma}_1$ 仍然在集合 V_5 中，即集合 V_5 对向量加法和向量数乘封闭，故 V_5 是向量空间。若向量 $\boldsymbol{\alpha}$ 和 $\boldsymbol{\beta}$ 线性无关，则向量 $\boldsymbol{\alpha}$ 和 $\boldsymbol{\beta}$ 即为向量空间 V_5 的一组基，向量空间 V_5 的维数为 2；若向量 $\boldsymbol{\alpha}$ 和 $\boldsymbol{\beta}$ 线性相关，且 $\boldsymbol{\alpha}\neq\mathbf{0}$，则向量 $\boldsymbol{\alpha}$ 为向量空间 V_5 的一组基，向量空间 V_5 的维数为 1；若

向量 $\boldsymbol{\alpha}$ 和 $\boldsymbol{\beta}$ 线性相关，且 $\boldsymbol{\alpha}=\boldsymbol{\beta}=\boldsymbol{0}$，则向量空间 V_5 为零向量空间，向量空间 V_5 的维数为 0。

评注

(1) 分析一个向量集合是否为向量空间的基本方法是判断向量集合是否对向量加法和向量数乘封闭。

(2) 前四个集合 V_1、V_2、V_3、V_4 都可以理解为含有一个方程的线性方程组：

$$\begin{cases} V_1: x=1 \\ V_2: y=0 \\ V_3: x+y+z=1 \\ V_4: x+y+z=0 \end{cases}$$

其中，V_2 和 V_4 是齐次线性方程组，它的解向量的集合构成了一个向量空间；而 V_1 和 V_3 是非齐次线性方程组，它的解向量的集合不是向量空间。

(3) 向量空间 V_5 的维数是考生非常容易答错的问题。从 V_5 的表达式可以容易看出，向量 $\boldsymbol{\alpha}$ 和 $\boldsymbol{\beta}$ 构成了整个向量空间 V_5，但空间的维数并不一定是 2，它要根据向量 $\boldsymbol{\alpha}$ 和 $\boldsymbol{\beta}$ 的线性相关性来决定。

名师笔记

考生要区分向量维数与向量空间维数的区别：向量的维数即向量所含分量的个数；而向量空间的维数是指向量空间这个向量组的秩。

例 3.21 分析下列命题：

(1) 向量组 A：$(1, 2, 3)^{\mathrm{T}}$，$(2, 3, 4)^{\mathrm{T}}$，$(3, 5, 8)^{\mathrm{T}}$ 是 $\mathbf{R}^3$ 的一组基。

(2) 向量组 A：$(1, 0, 0)^{\mathrm{T}}$，$(1, 1, 1)^{\mathrm{T}}$，$(0, 1, 0)^{\mathrm{T}}$ 与向量组 B：$(0, 0, 1)^{\mathrm{T}}$，$(0, 3, 0)^{\mathrm{T}}$，$(3, 6, 9)^{\mathrm{T}}$ 等价。

(3) 向量 $(1, 2, 3)^{\mathrm{T}}$ 可以由向量组 A：$(\sqrt{2}, 0, 11)^{\mathrm{T}}$，$(0, \sqrt{5}, -6)^{\mathrm{T}}$，$(\sqrt{2}, \sqrt{5}, -5)^{\mathrm{T}}$ 线性表示。

(4) 已知 3×5 矩阵 $\boldsymbol{A}$ 的秩为 3，那么在矩阵 $\boldsymbol{A}$ 中一定存在 3 个列向量是 $\mathbf{R}^3$ 的一组基。

(5) 已知 V_1 为 $\mathbf{R}^3$ 的一个子空间，该空间维数为 1；V_2 也为 $\mathbf{R}^3$ 的一个子空间，该空间维数为 2。若 $\boldsymbol{\alpha}$ 是 V_1 的一个基，$\boldsymbol{\beta}$，$\boldsymbol{\gamma}$ 是 V_2 的一组基，那么 $\boldsymbol{\alpha}$ 一定可以由向量 $\boldsymbol{\beta}$，$\boldsymbol{\gamma}$ 线性表示。

则[　　]。

(A) 只有(1)和(2)正确　　　　(B) 只有(1)、(2)和(3)正确

(C) 只有(1)、(2)、(3)和(4)正确　　　　(D) 都正确

解题思路 通过向量组的线性相关性来判断向量组是否为空间的基。

解 命题(1)中的向量组 $\boldsymbol{A}$ 线性无关，故它必然是 3 维向量空间 $\mathbf{R}^3$ 的一组基。

命题(2)中的向量组 $\boldsymbol{A}$ 和向量组 $\boldsymbol{B}$ 都是线性无关的向量组，故它们都是 3 维向量空间 $\mathbf{R}^3$ 的基，则 $\boldsymbol{A}$ 与 $\boldsymbol{B}$ 等价。

命题(3)中的向量组 A 也是线性无关向量组，故 A 是 3 维向量空间 $\mathbf{R}^3$ 的一组基，则它可以线性表示向量空间 $\mathbf{R}^3$ 中的任意向量。

命题(4)中的矩阵 $\boldsymbol{A}$ 的秩为 3，故矩阵 $\boldsymbol{A}$ 的列向量组的秩也等于 3，则矩阵 $\boldsymbol{A}$ 的列向量组中总存在 3 个线性无关的列向量，这 3 个线性无关的列向量即是 3 维向量空间 $\mathbf{R}^3$ 的一组基。

命题(5)中的 V_1 是 1 维空间，V_2 是 2 维空间，但 V_2 并不一定包含 V_1，即直线 V_1 不一定在平面 V_2 上。所以 $\boldsymbol{\alpha}$ 不一定由向量 $\boldsymbol{\beta}$，$\boldsymbol{\gamma}$ 线性表示。只有当 $V_1 \subset V_2$ 时，即直线 V_1 恰好在平面 V_2 上时，向量 $\boldsymbol{\beta}$，$\boldsymbol{\gamma}$ 才可以线性表示 $\boldsymbol{\alpha}$。

故答案选(C)。

评注　本题考查以下知识点：

(1) 任意 3 个线性无关的 3 维向量必然是 3 维向量空间 $\mathbf{R}^3$ 的一组基。

(2) 同一个向量空间的两组基必然等价。

(3) 向量空间的一组基可以线性表示向量空间的任意向量。

(4) 三秩相等：$r(\boldsymbol{A})=r$(矩阵 $\boldsymbol{A}$ 的行向量组)$=r$(矩阵 $\boldsymbol{A}$ 的列向量组)。

(5) r(向量组 $\boldsymbol{A}$)$>r$(向量组 $\boldsymbol{B}$)$\nRightarrow$向量组 $\boldsymbol{A}$ 可以线性表示向量组 $\boldsymbol{B}$。

名师笔记

空间的基对应于向量组的极大无关组。

例 3.22　(2010.1)设 $\boldsymbol{\alpha}_1=(1, 2, -1, 0)^{\mathrm{T}}$，$\boldsymbol{\alpha}_2=(1, 1, 0, 2)^{\mathrm{T}}$，$\boldsymbol{\alpha}_3=(2, 1, 1, a)^{\mathrm{T}}$。若 $\boldsymbol{\alpha}_1$，$\boldsymbol{\alpha}_2$，$\boldsymbol{\alpha}_3$ 生成的向量空间的维数为 2，则 $a=$____。

解题思路　$\boldsymbol{\alpha}_1$，$\boldsymbol{\alpha}_2$，$\boldsymbol{\alpha}_3$ 生成的向量空间的维数为 2，即向量组 $\boldsymbol{\alpha}_1$，$\boldsymbol{\alpha}_2$，$\boldsymbol{\alpha}_3$ 的秩为 2。

解　对矩阵($\boldsymbol{\alpha}_1$，$\boldsymbol{\alpha}_2$，$\boldsymbol{\alpha}_3$)作初等行变换：

$$(\boldsymbol{\alpha}_1, \boldsymbol{\alpha}_2, \boldsymbol{\alpha}_3)=\begin{bmatrix}1 & 1 & 2\\ 2 & 1 & 1\\ -1 & 0 & 1\\ 0 & 2 & a\end{bmatrix}\xrightarrow[r_3+r_1]{r_2-2r_1}\begin{bmatrix}1 & 1 & 2\\ 0 & -1 & -3\\ 0 & 1 & 3\\ 0 & 2 & a\end{bmatrix}\xrightarrow[r_4+2r_2]{r_3+r_2}\begin{bmatrix}1 & 1 & 2\\ 0 & -1 & -3\\ 0 & 0 & 0\\ 0 & 0 & a-6\end{bmatrix}$$

显然，当 $a\neq 6$ 时，矩阵的秩为 3；当 $a=6$ 时，矩阵的秩为 2。所以 $\boldsymbol{\alpha}_1$，$\boldsymbol{\alpha}_2$，$\boldsymbol{\alpha}_3$ 生成的向量空间的维数为 2。

评注　该题考查知识点为：一个向量组 $\boldsymbol{\alpha}_1$，$\boldsymbol{\alpha}_2$，…，$\boldsymbol{\alpha}_m$ 所生成空间的维数等于该向量组的秩。

例 3.23　设 $\mathbf{R}^3$ 的两组基分别为 $\boldsymbol{\alpha}_1=(1, 0, 1)^{\mathrm{T}}$，$\boldsymbol{\alpha}_2=(0, -1, 1)^{\mathrm{T}}$，$\boldsymbol{\alpha}_3=(-2, 1, 0)^{\mathrm{T}}$和 $\boldsymbol{\beta}_1=(3, -2, -1)^{\mathrm{T}}$，$\boldsymbol{\beta}_2=(-2, 1, 3)^{\mathrm{T}}$，$\boldsymbol{\beta}_3=(-2, 1, 0)^{\mathrm{T}}$。

(1) 求从基 $\boldsymbol{\alpha}_1$，$\boldsymbol{\alpha}_2$，$\boldsymbol{\alpha}_3$ 到基 $\boldsymbol{\beta}_1$，$\boldsymbol{\beta}_2$，$\boldsymbol{\beta}_3$ 的过渡矩阵 $\boldsymbol{P}$。

(2) 求向量 $\boldsymbol{\gamma}=(-5, 1, 3)^{\mathrm{T}}$在基 $\boldsymbol{\alpha}_1$，$\boldsymbol{\alpha}_2$，$\boldsymbol{\alpha}_3$ 下的坐标。

(3) 分析 $\boldsymbol{\gamma}$ 在基 $\boldsymbol{\alpha}_1$，$\boldsymbol{\alpha}_2$，$\boldsymbol{\alpha}_3$ 和基 $\boldsymbol{\beta}_1$，$\boldsymbol{\beta}_2$，$\boldsymbol{\beta}_3$ 下坐标的关系。

解题思路　过渡矩阵就是一组基线性表示另一组基的系数矩阵；向量的坐标即是该向量由基线性表示的系数向量。

解　(1) 设 $\boldsymbol{A}=(\boldsymbol{\alpha}_1, \boldsymbol{\alpha}_2, \boldsymbol{\alpha}_3)$，$\boldsymbol{B}=(\boldsymbol{\beta}_1, \boldsymbol{\beta}_2, \boldsymbol{\beta}_3)$，两组基之间的线性表示关系式为

$$\boldsymbol{B}=\boldsymbol{A}\boldsymbol{P}$$

其中，矩阵 $\boldsymbol{P}$ 即为基 $\boldsymbol{\alpha}_1$，$\boldsymbol{\alpha}_2$，$\boldsymbol{\alpha}_3$ 到基 $\boldsymbol{\beta}_1$，$\boldsymbol{\beta}_2$，$\boldsymbol{\beta}_3$ 的过渡矩阵，有 $\boldsymbol{P}=\boldsymbol{A}^{-1}\boldsymbol{B}$。利用初等行变换

计算矩阵 $\boldsymbol{P}$：

$$\left[\begin{array}{ccc:ccc}1 & 0 & -2 & 3 & -2 & -2\\0 & -1 & 1 & -2 & 1 & 1\\1 & 1 & 0 & -1 & 3 & 0\end{array}\right]\xrightarrow{r_3-r_1}\left[\begin{array}{ccc:ccc}1 & 0 & -2 & 3 & -2 & -2\\0 & -1 & 1 & -2 & 1 & 1\\0 & 1 & 2 & -4 & 5 & 2\end{array}\right]$$

$$\xrightarrow[r_2\times(-1)]{r_3+r_2}\left[\begin{array}{ccc:ccc}1 & 0 & -2 & 3 & -2 & -2\\0 & 1 & -1 & 2 & -1 & -1\\0 & 0 & 3 & -6 & 6 & 3\end{array}\right]$$

$$\xrightarrow{r_3/3}\left[\begin{array}{ccc:ccc}1 & 0 & -2 & 3 & -2 & -2\\0 & 1 & -1 & 2 & -1 & -1\\0 & 0 & 1 & -2 & 2 & 1\end{array}\right]$$

$$\xrightarrow[r_2+r_3]{r_1+2r_3}\left[\begin{array}{ccc:ccc}1 & 0 & 0 & -1 & 2 & 0\\0 & 1 & 0 & 0 & 1 & 0\\0 & 0 & 1 & -2 & 2 & 1\end{array}\right]$$

则

$$\boldsymbol{P}=\begin{bmatrix}-1 & 2 & 0\\0 & 1 & 0\\-2 & 2 & 1\end{bmatrix}$$

(2) 向量 $\boldsymbol{\gamma}$ 由基 $\boldsymbol{\alpha}_1, \boldsymbol{\alpha}_2, \boldsymbol{\alpha}_3$ 线性表示的关系式为

$$\boldsymbol{\gamma}=(\boldsymbol{\alpha}_1, \boldsymbol{\alpha}_2, \boldsymbol{\alpha}_3)\begin{bmatrix}x_1\\x_2\\x_3\end{bmatrix}$$

其中，列向量 $\boldsymbol{x}=\begin{bmatrix}x_1\\x_2\\x_3\end{bmatrix}$ 即为向量 $\boldsymbol{\gamma}$ 在基 $\boldsymbol{\alpha}_1, \boldsymbol{\alpha}_2, \boldsymbol{\alpha}_3$ 下的坐标。进一步有

$$\boldsymbol{x}=\boldsymbol{A}^{-1}\boldsymbol{\gamma}$$

利用初等行变换计算坐标向量 $\boldsymbol{x}$：

$$\left[\begin{array}{ccc:c}1 & 0 & -2 & -5\\0 & -1 & 1 & 1\\1 & 1 & 0 & 3\end{array}\right]\xrightarrow{r_3-r_1}\left[\begin{array}{ccc:c}1 & 0 & -2 & -5\\0 & -1 & 1 & 1\\0 & 1 & 2 & 8\end{array}\right]$$

$$\xrightarrow[r_2\times(-1)]{r_3+r_2}\left[\begin{array}{ccc:c}1 & 0 & -2 & -5\\0 & 1 & -1 & -1\\0 & 0 & 3 & 9\end{array}\right]$$

$$\xrightarrow{r_3/3}\left[\begin{array}{ccc:c}1 & 0 & -2 & -5\\0 & 1 & -1 & -1\\0 & 0 & 1 & 3\end{array}\right]$$

$$\xrightarrow[r_2+r_3]{r_1+2r_3}\left[\begin{array}{ccc:c}1 & 0 & 0 & 1\\0 & 1 & 0 & 2\\0 & 0 & 1 & 3\end{array}\right]$$

则

$$\boldsymbol{x}=\begin{bmatrix}x_1\\x_2\\x_3\end{bmatrix}=\begin{bmatrix}1\\2\\3\end{bmatrix}$$

向量$\boldsymbol{\gamma}$在基$\boldsymbol{\alpha}_1$，$\boldsymbol{\alpha}_2$，$\boldsymbol{\alpha}_3$下的坐标为$\begin{bmatrix}1\\2\\3\end{bmatrix}$。

(3) 向量$\boldsymbol{\gamma}$由基$\boldsymbol{\beta}_1$，$\boldsymbol{\beta}_2$，$\boldsymbol{\beta}_3$线性表示的关系式为

$$\boldsymbol{\gamma}=(\boldsymbol{\beta}_1,\boldsymbol{\beta}_2,\boldsymbol{\beta}_3)\begin{bmatrix}y_1\\y_2\\y_3\end{bmatrix}$$

其中，列向量$\boldsymbol{y}=\begin{bmatrix}y_1\\y_2\\y_3\end{bmatrix}$即为向量$\boldsymbol{\gamma}$在基$\boldsymbol{\beta}_1$，$\boldsymbol{\beta}_2$，$\boldsymbol{\beta}_3$下的坐标。

进一步有

$$\boldsymbol{y}=\boldsymbol{B}^{-1}\boldsymbol{\gamma}$$

把$\boldsymbol{B}=\boldsymbol{AP}$代入上式，有

$$\boldsymbol{y}=\boldsymbol{B}^{-1}\boldsymbol{\gamma}=(\boldsymbol{AP})^{-1}\boldsymbol{\gamma}=\boldsymbol{P}^{-1}(\boldsymbol{A}^{-1}\boldsymbol{\gamma})=\boldsymbol{P}^{-1}\boldsymbol{x}$$

上式即为$\boldsymbol{\gamma}$在基$\boldsymbol{\alpha}_1$，$\boldsymbol{\alpha}_2$，$\boldsymbol{\alpha}_3$和基$\boldsymbol{\beta}_1$，$\boldsymbol{\beta}_2$，$\boldsymbol{\beta}_3$下坐标的关系式。

评注　过渡矩阵描述的是两个基之间的关系，而向量的坐标描述的是向量与一个基的关系。同一个向量在不同的基下的坐标不同。如向量$\boldsymbol{\gamma}=(-5,1,3)^{\mathrm{T}}$在基$\boldsymbol{\alpha}_1$，$\boldsymbol{\alpha}_2$，$\boldsymbol{\alpha}_3$下的坐标为$(1,2,3)^{\mathrm{T}}$，在基$\boldsymbol{\beta}_1$，$\boldsymbol{\beta}_2$，$\boldsymbol{\beta}_3$下的坐标为$(3,2,5)^{\mathrm{T}}$，而在自然基$\boldsymbol{\varepsilon}_1$，$\boldsymbol{\varepsilon}_2$，$\boldsymbol{\varepsilon}_3$(由3维基本单位向量组成)下的坐标就是它本身$(-5,1,3)^{\mathrm{T}}$。

同一个空间不同基之间的关系由过渡矩阵决定，即

$$\boldsymbol{B}=\boldsymbol{AP}$$

同一个向量在不同基下坐标的关系也是由过渡矩阵决定的，即

$$\boldsymbol{x}=\boldsymbol{Py}$$

其中，$\boldsymbol{x}$是基$\boldsymbol{A}$下的坐标；$\boldsymbol{y}$是基$\boldsymbol{B}$下的坐标。考生需要特别注意过渡矩阵在以上两个等式中的位置。

名师笔记

考生要掌握一个向量空间的基有无穷多组，同一个向量在不同基下的坐标也是不同的。

例 3.24　(2009.1)设$\boldsymbol{\alpha}_1$，$\boldsymbol{\alpha}_2$，$\boldsymbol{\alpha}_3$是3维向量空间$\mathbf{R}^3$的一组基，则由基$\boldsymbol{\alpha}_1$，$\frac{1}{2}\boldsymbol{\alpha}_2$，$\frac{1}{3}\boldsymbol{\alpha}_3$到基$\boldsymbol{\alpha}_1+\boldsymbol{\alpha}_2$，$\boldsymbol{\alpha}_2+\boldsymbol{\alpha}_3$，$\boldsymbol{\alpha}_3+\boldsymbol{\alpha}_1$的过渡矩阵为[　]。

(A) $\begin{bmatrix}1&0&1\\2&2&0\\0&3&3\end{bmatrix}$　　(B) $\begin{bmatrix}1&2&0\\0&2&3\\1&0&3\end{bmatrix}$

(C) $\begin{bmatrix} \frac{1}{2} & \frac{1}{4} & -\frac{1}{6} \\ -\frac{1}{2} & \frac{1}{4} & \frac{1}{6} \\ \frac{1}{2} & -\frac{1}{4} & \frac{1}{6} \end{bmatrix}$　　(D) $\begin{bmatrix} \frac{1}{2} & -\frac{1}{2} & \frac{1}{2} \\ \frac{1}{4} & \frac{1}{4} & -\frac{1}{4} \\ -\frac{1}{6} & \frac{1}{6} & \frac{1}{6} \end{bmatrix}$

解题思路　写出两组基的等式关系。

解　根据$\left(\boldsymbol{\alpha}_1, \frac{1}{2}\boldsymbol{\alpha}_2, \frac{1}{3}\boldsymbol{\alpha}_3\right)=(\boldsymbol{\alpha}_1, \boldsymbol{\alpha}_2, \boldsymbol{\alpha}_3)\begin{bmatrix} 1 & 0 & 0 \\ 0 & \frac{1}{2} & 0 \\ 0 & 0 & \frac{1}{3} \end{bmatrix}$，可得

$$(\boldsymbol{\alpha}_1, \boldsymbol{\alpha}_2, \boldsymbol{\alpha}_3)=\left(\boldsymbol{\alpha}_1, \frac{1}{2}\boldsymbol{\alpha}_2, \frac{1}{3}\boldsymbol{\alpha}_3\right)\begin{bmatrix} 1 & 0 & 0 \\ 0 & 2 & 0 \\ 0 & 0 & 3 \end{bmatrix}$$

又根据$(\boldsymbol{\alpha}_1+\boldsymbol{\alpha}_2, \boldsymbol{\alpha}_2+\boldsymbol{\alpha}_3, \boldsymbol{\alpha}_3+\boldsymbol{\alpha}_1)=(\boldsymbol{\alpha}_1, \boldsymbol{\alpha}_2, \boldsymbol{\alpha}_3)\begin{bmatrix} 1 & 0 & 1 \\ 1 & 1 & 0 \\ 0 & 1 & 1 \end{bmatrix}$，可得

$$(\boldsymbol{\alpha}_1+\boldsymbol{\alpha}_2, \boldsymbol{\alpha}_2+\boldsymbol{\alpha}_3, \boldsymbol{\alpha}_3+\boldsymbol{\alpha}_1)=\left(\boldsymbol{\alpha}_1, \frac{1}{2}\boldsymbol{\alpha}_2, \frac{1}{3}\boldsymbol{\alpha}_3\right)\begin{bmatrix} 1 & 0 & 0 \\ 0 & 2 & 0 \\ 0 & 0 & 3 \end{bmatrix}\begin{bmatrix} 1 & 0 & 1 \\ 1 & 1 & 0 \\ 0 & 1 & 1 \end{bmatrix}$$

$$=\left(\boldsymbol{\alpha}_1, \frac{1}{2}\boldsymbol{\alpha}_2, \frac{1}{3}\boldsymbol{\alpha}_3\right)\begin{bmatrix} 1 & 0 & 1 \\ 2 & 2 & 0 \\ 0 & 3 & 3 \end{bmatrix}$$

于是，由基$\boldsymbol{\alpha}_1, \frac{1}{2}\boldsymbol{\alpha}_2, \frac{1}{3}\boldsymbol{\alpha}_3$到基$\boldsymbol{\alpha}_1+\boldsymbol{\alpha}_2, \boldsymbol{\alpha}_2+\boldsymbol{\alpha}_3, \boldsymbol{\alpha}_3+\boldsymbol{\alpha}_1$的过渡矩阵为$\begin{bmatrix} 1 & 0 & 1 \\ 2 & 2 & 0 \\ 0 & 3 & 3 \end{bmatrix}$，故选择答案(A)。

评注　该题考查过渡矩阵的概念，考试中很多考生把两个基的次序写反了，故将答案选成了(C)。

名师笔记

考生一定要区分由基Ⅰ到基Ⅱ的过渡矩阵$\boldsymbol{P}$及由基Ⅱ到基Ⅰ的过渡矩阵$\boldsymbol{Q}$，$\boldsymbol{P}$和$\boldsymbol{Q}$是一对互逆矩阵。

题型 5　正交矩阵

例 3.25　若$\boldsymbol{A}$为n阶正交矩阵，分析下列命题：

(1) $\boldsymbol{A}^{\mathrm{T}}$也是正交矩阵。

(2) $\boldsymbol{A}^{-1}$也是正交矩阵。

(3) $\boldsymbol{A}^*$也是正交矩阵($\boldsymbol{A}^*$为矩阵$\boldsymbol{A}$的伴随矩阵)。

(4) $\boldsymbol{A}^k$也是正交矩阵(k 为大于 1 的整数)。

(5) $\|\boldsymbol{A\alpha}\|=\|\boldsymbol{\alpha}\|$($\boldsymbol{\alpha}$ 为 n 维列向量)。

则[　　]。

(A) 只有(1)和(2)正确　　(B) 只有(1)、(2)和(3)正确

(C) 只有(1)、(2)、(3)和(4)正确　　(D) 都正确

解题思路　若要证明矩阵 $\boldsymbol{B}$ 为正交矩阵，即需要证明 $\boldsymbol{B}^{\mathrm{T}}\boldsymbol{B}=\boldsymbol{E}$。

解　因为矩阵 $\boldsymbol{A}$ 为正交矩阵，则有

$$\boldsymbol{A}^{\mathrm{T}}\boldsymbol{A}=\boldsymbol{A}\boldsymbol{A}^{\mathrm{T}}=\boldsymbol{E}$$

$\boldsymbol{A}$ 一定可逆，对等式两边取行列式，则有

$$|\boldsymbol{A}|^2=1$$

证明命题(1)：$(\boldsymbol{A}^{\mathrm{T}})^{\mathrm{T}}\boldsymbol{A}^{\mathrm{T}}=\boldsymbol{A}\boldsymbol{A}^{\mathrm{T}}=\boldsymbol{E}$，则 $\boldsymbol{A}^{\mathrm{T}}$也是正交矩阵。

证明命题(2)：$(\boldsymbol{A}^{-1})^{\mathrm{T}}\boldsymbol{A}^{-1}=(\boldsymbol{A}^{\mathrm{T}})^{-1}\boldsymbol{A}^{-1}=(\boldsymbol{A}\boldsymbol{A}^{\mathrm{T}})^{-1}=\boldsymbol{E}^{-1}=\boldsymbol{E}$，则 $\boldsymbol{A}^{-1}$也是正交矩阵。

证明命题(3)：$(\boldsymbol{A}^*)^{\mathrm{T}}\boldsymbol{A}^*=(|\boldsymbol{A}|\boldsymbol{A}^{-1})^{\mathrm{T}}|\boldsymbol{A}|\boldsymbol{A}^{-1}=|\boldsymbol{A}|^2(\boldsymbol{A}^{\mathrm{T}})^{-1}\boldsymbol{A}^{-1}=|\boldsymbol{A}|^2(\boldsymbol{A}\boldsymbol{A}^{\mathrm{T}})^{-1}=|\boldsymbol{A}|^2\boldsymbol{E}=\boldsymbol{E}$，则 $\boldsymbol{A}^*$也是正交矩阵。

证明命题(4)：$(\boldsymbol{A}^k)^{\mathrm{T}}\boldsymbol{A}^k=(\boldsymbol{A}^{\mathrm{T}})^k\boldsymbol{A}^k=(\boldsymbol{A}^{\mathrm{T}})^{k-1}(\boldsymbol{A}^{\mathrm{T}}\boldsymbol{A})\boldsymbol{A}^{k-1}=(\boldsymbol{A}^{\mathrm{T}})^{k-1}\boldsymbol{A}^{k-1}=\cdots=(\boldsymbol{A}^{\mathrm{T}})^1\boldsymbol{A}^1=\boldsymbol{E}$，则 $\boldsymbol{A}^k$也是正交矩阵。

证明命题(5)：$\|\boldsymbol{A\alpha}\|=\sqrt{(\boldsymbol{A\alpha})^{\mathrm{T}}\boldsymbol{A\alpha}}=\sqrt{\boldsymbol{\alpha}^{\mathrm{T}}\boldsymbol{A}^{\mathrm{T}}\boldsymbol{A\alpha}}=\sqrt{\boldsymbol{\alpha}^{\mathrm{T}}\boldsymbol{\alpha}}=\|\boldsymbol{\alpha}\|$。

故答案选(D)。

评注　本题目的命题都是正交矩阵的性质。

名师笔记

正交矩阵及其性质也是数学一所独有的考试内容。

例 3.26　设 $\boldsymbol{A}$、$\boldsymbol{B}$ 均为 n 阶正交矩阵，且$|\boldsymbol{A}|\,|\boldsymbol{B}|<0$，证明$|\boldsymbol{A}+\boldsymbol{B}|=0$。

解题思路　利用 $\boldsymbol{A}^{\mathrm{T}}\boldsymbol{A}=\boldsymbol{A}\boldsymbol{A}^{\mathrm{T}}=\boldsymbol{E}$ 和 $\boldsymbol{B}^{\mathrm{T}}\boldsymbol{B}=\boldsymbol{B}\boldsymbol{B}^{\mathrm{T}}=\boldsymbol{E}$，证明$|\boldsymbol{A}+\boldsymbol{B}|=-|\boldsymbol{A}+\boldsymbol{B}|$。

证明

$$\boldsymbol{A}^{\mathrm{T}}(\boldsymbol{A}+\boldsymbol{B})\boldsymbol{B}^{\mathrm{T}}=\boldsymbol{A}^{\mathrm{T}}\boldsymbol{A}\boldsymbol{B}^{\mathrm{T}}+\boldsymbol{A}^{\mathrm{T}}\boldsymbol{B}\boldsymbol{B}^{\mathrm{T}}=\boldsymbol{B}^{\mathrm{T}}+\boldsymbol{A}^{\mathrm{T}}=(\boldsymbol{A}+\boldsymbol{B})^{\mathrm{T}}$$

上式两端取行列式：

$$|\boldsymbol{A}^{\mathrm{T}}(\boldsymbol{A}+\boldsymbol{B})\boldsymbol{B}^{\mathrm{T}}|=|(\boldsymbol{A}+\boldsymbol{B})^{\mathrm{T}}|$$

则有

$$|\boldsymbol{A}|\,|\boldsymbol{B}|\,|\boldsymbol{A}+\boldsymbol{B}|=|\boldsymbol{A}+\boldsymbol{B}|$$

对等式 $\boldsymbol{A}^{\mathrm{T}}\boldsymbol{A}=\boldsymbol{E}$ 两端取行列式有

$$|\boldsymbol{A}|^2=1$$

可知正交矩阵的行列式为 1 或-1，而$|\boldsymbol{A}|\,|\boldsymbol{B}|<0$，所以有

$$|\boldsymbol{A}|\,|\boldsymbol{B}|=-1$$

故$-|\boldsymbol{A}+\boldsymbol{B}|=|\boldsymbol{A}+\boldsymbol{B}|$，则

$$|\boldsymbol{A}+\boldsymbol{B}|=0$$

证毕。

评注　充分利用 $\boldsymbol{A}^{\mathrm{T}}\boldsymbol{A}=\boldsymbol{A}\boldsymbol{A}^{\mathrm{T}}=\boldsymbol{E}$ 和 $\boldsymbol{B}^{\mathrm{T}}\boldsymbol{B}=\boldsymbol{B}\boldsymbol{B}^{\mathrm{T}}=\boldsymbol{E}$ 的已知条件，构造包含 $\boldsymbol{A}+\boldsymbol{B}$ 的矩阵等式，进一步用行列式的性质解题。

3.3 考情分析

一、考试内容及要求

根据硕士研究生入学统一考试数学考试大纲，本章涉及的考试内容及要求如下：

1. 考试内容

考试内容包括向量的概念，向量的线性组合与线性表示，向量组的线性相关与线性无关，向量组的极大无关组，等价向量组，向量组的秩，向量组的秩与矩阵的秩之间的关系，向量空间及其相关概念(数一)，n 维向量空间的基变换和坐标变换(数一)，过渡矩阵(数一)，向量的内积，线性无关向量组的正交规范化方法，规范正交基(数一)，正交矩阵及其性质(数一)。

2. 考试要求

(1) 理解 n 维向量、向量的线性组合与线性表示的概念。

(2) 理解向量组线性相关、线性无关的概念，掌握向量组线性相关、线性无关的有关性质及判别法。

(3) 理解向量组的极大线性无关组和向量组的秩的概念，会求向量组的极大线性无关组及秩。

(4) 理解向量组等价的概念，理解矩阵的秩与其行(列)向量组的秩之间的关系。

(5) 了解 n 维向量空间、子空间、基底、维数、坐标等概念。(数一)

(6) 了解基变换和坐标变换公式，会求过渡矩阵。(数一)

(7) 了解内积的概念，掌握线性无关向量组正交规范化的施密特方法。

(8) 了解规范正交基、正交矩阵的概念以及它们的性质。(数一)

向量是学习线性代数的重点和难点，概念抽象，逻辑推理性强，其内容与前一章的矩阵及后一章的方程组相互交织、相互转换。

名师笔记

在线性代数的考研大纲中，与数学二和数学三相比较，数学一仅仅多考查了向量空间的相关概念(5)、(6)和(8)。

二、近年真题考点分析

向量是每年考研的必考内容，其中包含向量的线性表示和线性组合，向量组的线性相关性，向量组的极大无关组和向量组的秩，向量组的等价，矩阵的秩与向量组秩的关系及向量空间等。

向量组的线性相关性在考研试题中出现的频率较高，分析近 6 年的考研试卷，在一份考研试卷中向量相关内容的平均分值为 9.2 分，题型可以是选择题、填空题或解答题。以下是近 6 年考查向量的考研真题。

真题 3.1　(2011.1，2，3)设向量组 $\boldsymbol{\alpha}_1=(1,0,1)^{\mathrm{T}}$，$\boldsymbol{\alpha}_2=(0,1,1)^{\mathrm{T}}$，$\boldsymbol{\alpha}_3=(1,3,5)^{\mathrm{T}}$，不

能由向量组 $\boldsymbol{\beta}_1=(1,1,1)^{\mathrm{T}}$，$\boldsymbol{\beta}_2=(1,2,3)^{\mathrm{T}}$，$\boldsymbol{\beta}_3=(3,4,a)^{\mathrm{T}}$ 线性表示。

(1) 求 a 的值。

(2) 分别将 $\boldsymbol{\beta}_1$、$\boldsymbol{\beta}_2$、$\boldsymbol{\beta}_3$ 用 $\boldsymbol{\alpha}_1$、$\boldsymbol{\alpha}_2$、$\boldsymbol{\alpha}_3$ 线性表示。

真题 3.2 (2013，1，2，3)设矩阵 $\boldsymbol{A}$、$\boldsymbol{B}$、$\boldsymbol{C}$ 均为 n 阶矩阵，若 $\boldsymbol{AB}=\boldsymbol{C}$ 且 $\boldsymbol{B}$ 可逆，则[ ]。

(A) 矩阵 $\boldsymbol{C}$ 的行向量组与矩阵 $\boldsymbol{A}$ 的行向量组等价

(B) 矩阵 $\boldsymbol{C}$ 的列向量组与矩阵 $\boldsymbol{A}$ 的列向量组等价

(C) 矩阵 $\boldsymbol{C}$ 的行向量组与矩阵 $\boldsymbol{B}$ 的行向量组等价

(D) 矩阵 $\boldsymbol{C}$ 的列向量组与矩阵 $\boldsymbol{B}$ 的列向量组等价

真题 3.3 (2008.1)设 $\boldsymbol{\alpha}$、$\boldsymbol{\beta}$ 为 3 维列向量，矩阵 $\boldsymbol{A}=\boldsymbol{\alpha}\boldsymbol{\alpha}^{\mathrm{T}}+\boldsymbol{\beta}\boldsymbol{\beta}^{\mathrm{T}}$，其中 $\boldsymbol{\alpha}^{\mathrm{T}}$、$\boldsymbol{\beta}^{\mathrm{T}}$ 分别为 $\boldsymbol{\alpha}$、$\boldsymbol{\beta}$ 的转置。证明：

(1) 秩 $r(\boldsymbol{A})\leqslant 2$。

(2) 若 $\boldsymbol{\alpha}$、$\boldsymbol{\beta}$ 线性相关，则秩 $r(\boldsymbol{A})<2$。

真题 3.4 (2012.1，2，3)设 $\boldsymbol{\alpha}_1=\begin{bmatrix}0\\0\\c_1\end{bmatrix}$，$\boldsymbol{\alpha}_2=\begin{bmatrix}0\\1\\c_2\end{bmatrix}$，$\boldsymbol{\alpha}_3=\begin{bmatrix}1\\-1\\c_3\end{bmatrix}$，$\boldsymbol{\alpha}_4=\begin{bmatrix}-1\\1\\c_4\end{bmatrix}$，其中 c_1、c_2、c_3、c_4 为任意常数，则下列向量组线性相关的为[ ]。

(A) $\boldsymbol{\alpha}_1,\boldsymbol{\alpha}_2,\boldsymbol{\alpha}_3$ (B) $\boldsymbol{\alpha}_1,\boldsymbol{\alpha}_2,\boldsymbol{\alpha}_4$ (C) $\boldsymbol{\alpha}_1,\boldsymbol{\alpha}_3,\boldsymbol{\alpha}_4$ (D) $\boldsymbol{\alpha}_2,\boldsymbol{\alpha}_3,\boldsymbol{\alpha}_4$

真题 3.5 (2010.1)设 $\boldsymbol{\alpha}_1=(1,2,-1,0)^{\mathrm{T}}$，$\boldsymbol{\alpha}_2=(1,1,0,2)^{\mathrm{T}}$，$\boldsymbol{\alpha}_3=(2,1,1,a)^{\mathrm{T}}$。若由 $\boldsymbol{\alpha}_1$、$\boldsymbol{\alpha}_2$、$\boldsymbol{\alpha}_3$ 生成的向量空间的维数为 2，则 $a=$ ____。

真题 3.6 (2009.1)设 $\boldsymbol{\alpha}_1$、$\boldsymbol{\alpha}_2$、$\boldsymbol{\alpha}_3$ 是 3 维向量空间 $\mathbf{R}^3$ 的一组基，则由基 $\boldsymbol{\alpha}_1$，$\frac{1}{2}\boldsymbol{\alpha}_2$，$\frac{1}{3}\boldsymbol{\alpha}_3$ 到基 $\boldsymbol{\alpha}_1+\boldsymbol{\alpha}_2$，$\boldsymbol{\alpha}_2+\boldsymbol{\alpha}_3$，$\boldsymbol{\alpha}_3+\boldsymbol{\alpha}_1$ 的过渡矩阵为[ ]。

(A) $\begin{bmatrix}1&0&1\\2&2&0\\0&3&3\end{bmatrix}$ (B) $\begin{bmatrix}1&2&0\\0&2&3\\1&0&3\end{bmatrix}$

(C) $\begin{bmatrix}\frac{1}{2}&\frac{1}{4}&-\frac{1}{6}\\-\frac{1}{2}&\frac{1}{4}&\frac{1}{6}\\\frac{1}{2}&-\frac{1}{4}&\frac{1}{6}\end{bmatrix}$ (D) $\begin{bmatrix}\frac{1}{2}&-\frac{1}{2}&\frac{1}{2}\\\frac{1}{4}&\frac{1}{4}&-\frac{1}{4}\\-\frac{1}{6}&\frac{1}{6}&\frac{1}{6}\end{bmatrix}$

真题 3.1、真题 3.2 考查向量的线性表示，真题 3.3、真题 3.4 考查向量组的线性相关性，真题 3.5、真题 3.6 考查向量空间。

3.4 习题精选

1. 填空题

(1) 已知向量 $2\boldsymbol{\alpha}+\boldsymbol{\beta}=(1,-2,-2,-1)^{\mathrm{T}}$，$3\boldsymbol{\alpha}+2\boldsymbol{\beta}=(1,-4,-3,0)^{\mathrm{T}}$，则 $\boldsymbol{\alpha}-2\boldsymbol{\beta}=$

________。

(2) 若向量组$(1, 2, 3)^T$，$(2, 3, 6)^T$，$(-1, 2, a)^T$可以线性表示任意一个3维列向量，那么a的取值范围为______。

(3) 已知齐次线性方程组$Ax=0$有非零解，A的列向量组为$(-1, 2, -2, 6)^T$，$(3, -2, 1, -2)^T(5, -2, a, 2)^T$，那么$a=$______。

(4) 若向量组$\boldsymbol{\alpha}_1=(a, -a, a)^T$，$\boldsymbol{\alpha}_2=(-a, -a, b)^T$，$\boldsymbol{\alpha}_3=(-2a, -a, 3b)^T$线性相关，其中$a\neq 0$，那么$a$与$b$应满足的关系是______。

(5) 设$\boldsymbol{\alpha}_1$，$\boldsymbol{\alpha}_2$，$\boldsymbol{\alpha}_3$，$\boldsymbol{\alpha}_4$为非零向量组，若$r(\boldsymbol{\alpha}_1, \boldsymbol{\alpha}_2, \boldsymbol{\alpha}_3, \boldsymbol{\alpha}_4)=2$，$r(\boldsymbol{\alpha}_2, \boldsymbol{\alpha}_3, \boldsymbol{\alpha}_4)=1$，则$r(\boldsymbol{\alpha}_1, \boldsymbol{\alpha}_2)=$________。

(6) 设矩阵$A=\begin{bmatrix} 3 & -2 & 5 \\ -6 & -3 & 0 \\ -2 & -1 & 4 \end{bmatrix}$，3维列向量$\boldsymbol{\alpha}=\begin{bmatrix} 1 \\ a \\ 1 \end{bmatrix}$，已知$A\boldsymbol{\alpha}$与$\boldsymbol{\alpha}$线性相关，则$a=$________。

(7) 设向量$\boldsymbol{\alpha}_1=(1, -1, 3)^T$，$\boldsymbol{\alpha}_2=(-2, 3, -7)^T$，则与$\boldsymbol{\alpha}_1$、$\boldsymbol{\alpha}_2$都正交的单位向量是________。

(8) (数学一)从$\mathbf{R}^2$的基$\boldsymbol{\alpha}_1=\begin{bmatrix} 1 \\ 1 \end{bmatrix}$，$\boldsymbol{\alpha}_2=\begin{bmatrix} -1 \\ 1 \end{bmatrix}$到基$\boldsymbol{\beta}_1=\begin{bmatrix} -2 \\ 0 \end{bmatrix}$，$\boldsymbol{\beta}_2=\begin{bmatrix} 1 \\ 2 \end{bmatrix}$的过渡矩阵是________。

(9) (数学一)已知$\mathbf{R}^3$下的一组基为$\boldsymbol{\alpha}_1=(1, 0, 1)^T$，$\boldsymbol{\alpha}_2=(-1, 0, 0)^T$，$\boldsymbol{\alpha}_3=(0, 1, 2)^T$，则向量$\boldsymbol{\beta}=(-1, 3, 7)^T$在该基下的坐标为________。

(10) (数学一)已知$V=\{\boldsymbol{x} \mid \boldsymbol{x}=(x_1, x_2, x_3)^T\in\mathbf{R}^3$，且$x_2+x_3=a\}$是向量空间，则常数$a=$________。

(11) 设n维基本单位向量组$\boldsymbol{\varepsilon}_1$，$\boldsymbol{\varepsilon}_2$，…，$\boldsymbol{\varepsilon}_n$可由向量组$\boldsymbol{\alpha}_1$，$\boldsymbol{\alpha}_2$，…，$\boldsymbol{\alpha}_s$线性表示，则$s$与$n$的关系是______。

(12) (数学一)设A是3阶实正交矩阵，矩阵A的第1行第3列元素$a_{13}=1$，$\boldsymbol{b}=(2, 0, 0)^T$，则线性方程组$A\boldsymbol{x}=\boldsymbol{b}$的解为________。

2. 选择题

(1) (数学一)若$\boldsymbol{\alpha}_1$，$\boldsymbol{\alpha}_2$，$\boldsymbol{\alpha}_3$，$\boldsymbol{\alpha}_4$是4维向量空间$\mathbf{R}^4$的一组基，那么$\mathbf{R}^4$的基还可以是[　　]。

(A) $\boldsymbol{\alpha}_1-\boldsymbol{\alpha}_2$，$\boldsymbol{\alpha}_2-\boldsymbol{\alpha}_3$，$\boldsymbol{\alpha}_3-\boldsymbol{\alpha}_4$，$\boldsymbol{\alpha}_4-\boldsymbol{\alpha}_1$

(B) $\boldsymbol{\alpha}_1+\boldsymbol{\alpha}_2$，$\boldsymbol{\alpha}_2+\boldsymbol{\alpha}_3$，$\boldsymbol{\alpha}_3+\boldsymbol{\alpha}_4$，$\boldsymbol{\alpha}_4+\boldsymbol{\alpha}_1$

(C) $\boldsymbol{\alpha}_1-\boldsymbol{\alpha}_4$，$\boldsymbol{\alpha}_1-\boldsymbol{\alpha}_2$，$\boldsymbol{\alpha}_2-\boldsymbol{\alpha}_3$，$2\boldsymbol{\alpha}_1-\boldsymbol{\alpha}_3-\boldsymbol{\alpha}_4$

(D) $\boldsymbol{\alpha}_1$，$\boldsymbol{\alpha}_2+\boldsymbol{\alpha}_3+\boldsymbol{\alpha}_4$，$2\boldsymbol{\alpha}_2+\boldsymbol{\alpha}_3$，$3\boldsymbol{\alpha}_2$

(2) 对任意实数a、b、c，线性无关的向量组是[　　]。

(A) $(1, -1, 1, a)^T$，$(-2, 2, -2, b)^T$，$(1, 2, 3, c)^T$

(B) $(1, 0, a, 1)^T$，$(0, 1, b, 1)^T$，$(1, 1, c, 0)^T$

(C) $(1, 2, a)^T$，$(b, 3, c)^T$，$(1, a, c)^T$，$(a, b, c)^T$

(D) $(a, b, c)^T$

(3) n 维向量组 $\boldsymbol{\alpha}_1, \boldsymbol{\alpha}_2, \cdots, \boldsymbol{\alpha}_m$ 线性无关的充分必要条件是[ ]。

(A) 存在一组不全为零的数 $k_1, k_2, \cdots, k_m$，使 $k_1\boldsymbol{\alpha}_1+k_2\boldsymbol{\alpha}_2+\cdots+k_m\boldsymbol{\alpha}_m\neq\mathbf{0}$

(B) 向量组 $\boldsymbol{\alpha}_1, \boldsymbol{\alpha}_2, \cdots, \boldsymbol{\alpha}_m$ 中总有一个向量不能由其余向量线性表示

(C) 向量组 $\boldsymbol{\alpha}_1, \boldsymbol{\alpha}_2, \cdots, \boldsymbol{\alpha}_m$ 中任意两个向量线性无关

(D) 向量组 $\boldsymbol{\alpha}_1, \boldsymbol{\alpha}_2, \cdots, \boldsymbol{\alpha}_m$ 中任意一个向量都不能由其余向量线性表示

(4) n 阶方阵 $\boldsymbol{A}$ 的行列式 $|\boldsymbol{A}|=0$ 的充分必要条件是[ ]。

(A) $\boldsymbol{A}$ 有一行元素全为零

(B) $\boldsymbol{A}$ 有两列元素对应成比例

(C) $\boldsymbol{A}$ 的一个列向量可以由其余列向量线性表示

(D) $\boldsymbol{A}$ 的任意一个列向量可以由其余列向量线性表示

(5) 设向量组 $\boldsymbol{\alpha}_1, \boldsymbol{\alpha}_2, \boldsymbol{\alpha}_3, \boldsymbol{\beta}$ 线性相关，向量组 $\boldsymbol{\alpha}_2, \boldsymbol{\alpha}_3, \boldsymbol{\alpha}_4, \boldsymbol{\beta}$ 线性无关，则[ ]。

(A) $\boldsymbol{\beta}$ 能由向量 $\boldsymbol{\alpha}_1, \boldsymbol{\alpha}_2, \boldsymbol{\alpha}_3, \boldsymbol{\alpha}_4$ 线性表示

(B) $\boldsymbol{\alpha}_1$ 能由向量 $\boldsymbol{\alpha}_2, \boldsymbol{\alpha}_3, \boldsymbol{\alpha}_4, \boldsymbol{\beta}$ 线性表示

(C) 向量 $\boldsymbol{\alpha}_1, \boldsymbol{\alpha}_2, \boldsymbol{\alpha}_3, \boldsymbol{\alpha}_4$ 线性相关

(D) 向量 $\boldsymbol{\alpha}_1, \boldsymbol{\alpha}_2, \boldsymbol{\alpha}_3, \boldsymbol{\alpha}_4$ 线性无关

(6) 向量组 $\boldsymbol{\alpha}_1=(1, 1, 0, 2)^{\mathrm{T}}$，$\boldsymbol{\alpha}_2=(2, 0, -1, 3)^{\mathrm{T}}$ $\boldsymbol{\alpha}_3=(0, 2, 1, 1)^{\mathrm{T}}$，$\boldsymbol{\alpha}_4=(-1, 1, 1, -2)^{\mathrm{T}}$，$\boldsymbol{\alpha}_5=(3, -1, -2, 4)^{\mathrm{T}}$ 的极大无关组是[ ]。

(A) $\boldsymbol{\alpha}_1, \boldsymbol{\alpha}_2, \boldsymbol{\alpha}_3$　　(B) $\boldsymbol{\alpha}_2, \boldsymbol{\alpha}_3, \boldsymbol{\alpha}_4$

(C) $\boldsymbol{\alpha}_1, \boldsymbol{\alpha}_2, \boldsymbol{\alpha}_5$　　(D) $\boldsymbol{\alpha}_2, \boldsymbol{\alpha}_3, \boldsymbol{\alpha}_5$

(7) 若齐次线性方程组 $\boldsymbol{Ax}=\mathbf{0}$ 有非零解，其中 $\boldsymbol{A}=(\boldsymbol{\alpha}_1, \boldsymbol{\alpha}_2, \boldsymbol{\alpha}_3, \boldsymbol{\alpha}_4)$，那么[ ]。

(A) $\boldsymbol{\alpha}_1$ 可以由向量组 $\boldsymbol{\alpha}_2, \boldsymbol{\alpha}_3, \boldsymbol{\alpha}_4$ 线性表示

(B) $\boldsymbol{\alpha}_1$ 不可以由向量组 $\boldsymbol{\alpha}_2, \boldsymbol{\alpha}_3, \boldsymbol{\alpha}_4$ 线性表示

(C) $r(\boldsymbol{\alpha}_1, \boldsymbol{\alpha}_2, \boldsymbol{\alpha}_3, \boldsymbol{\alpha}_4)=3$

(D) $r(\boldsymbol{A})<4$

(8) 若 $r(\boldsymbol{\alpha}_1, \boldsymbol{\alpha}_2, \boldsymbol{\alpha}_3, \boldsymbol{\alpha}_4)=3$，$r(\boldsymbol{\alpha}_2, \boldsymbol{\alpha}_3, \boldsymbol{\alpha}_4)=3$，则 $r(\boldsymbol{\alpha}_1, \boldsymbol{\alpha}_2, \boldsymbol{\alpha}_3)=$[ ]。

(A) 可能是 0　(B) 可能是 1　(C) 不可能是 2　(D) 可能是 3

(9) (数学一)设 $\boldsymbol{A}$ 是正交矩阵，分析以下命题：

① $\boldsymbol{A}^{\mathrm{T}}$ 和 $\boldsymbol{A}^k$ 都是正交矩阵。

② $\boldsymbol{A}^*$ 和 $\boldsymbol{A}^{-1}$ 都是正交矩阵。

③ 矩阵 $\boldsymbol{A}$ 的行向量组和列向量组都是单位正交向量组。

④ $|\boldsymbol{A}|=\pm1$。

则[ ]。

(A) 只有①正确　　(B) 只有①和②正确

(C) 只有①、②和③正确　　(D) 都正确

(10) 设向量组 $\boldsymbol{\alpha}_1, \boldsymbol{\alpha}_2$ 线性无关，向量组 $\boldsymbol{\beta}_1, \boldsymbol{\beta}_2$ 线性无关，$\boldsymbol{\alpha}_1, \boldsymbol{\alpha}_2$ 都不能由向量组 $\boldsymbol{\beta}_1, \boldsymbol{\beta}_2$ 线性表示，同样 $\boldsymbol{\beta}_1, \boldsymbol{\beta}_2$ 也都不能由向量组 $\boldsymbol{\alpha}_1, \boldsymbol{\alpha}_2$ 线性表示。那么[ ]。

(A) 向量组 $\boldsymbol{\alpha}_1, \boldsymbol{\alpha}_2, \boldsymbol{\beta}_1, \boldsymbol{\beta}_2$ 线性相关

(B) 向量组 $\boldsymbol{\alpha}_1, \boldsymbol{\alpha}_2, \boldsymbol{\beta}_1, \boldsymbol{\beta}_2$ 线性无关

(C) 向量组 $\boldsymbol{\alpha}_1, \boldsymbol{\alpha}_2, \boldsymbol{\beta}_1$ 线性相关

(D) 无法判断向量组 $\boldsymbol{\alpha}_1$，$\boldsymbol{\alpha}_2$，$\boldsymbol{\beta}_1$，$\boldsymbol{\beta}_2$ 的线性相关性

(11) 已知 n 维列向量组 $\boldsymbol{\alpha}_1, \boldsymbol{\alpha}_2, \cdots, \boldsymbol{\alpha}_s$ 及 $\boldsymbol{\beta}_1, \boldsymbol{\beta}_2, \cdots, \boldsymbol{\beta}_{s-1}$，分析命题：

① $\boldsymbol{\alpha}_1, \boldsymbol{\alpha}_2, \cdots, \boldsymbol{\alpha}_s$ 可以由向量组 $\boldsymbol{\beta}_1, \boldsymbol{\beta}_2, \cdots, \boldsymbol{\beta}_{s-1}$ 线性表示。

② $r(\boldsymbol{\alpha}_1, \boldsymbol{\alpha}_2, \cdots, \boldsymbol{\alpha}_s)=r(\boldsymbol{\beta}_1, \boldsymbol{\beta}_2, \cdots, \boldsymbol{\beta}_{s-1})$。

③ 若 $\boldsymbol{\gamma}_1=\begin{bmatrix}\boldsymbol{\alpha}_1\\\boldsymbol{\beta}_1\end{bmatrix}$，$\boldsymbol{\gamma}_2=\begin{bmatrix}\boldsymbol{\alpha}_2\\\boldsymbol{\beta}_2\end{bmatrix}$，$\cdots$，$\boldsymbol{\gamma}_{s-1}=\begin{bmatrix}\boldsymbol{\alpha}_{s-1}\\\boldsymbol{\beta}_{s-1}\end{bmatrix}$，且 $\boldsymbol{\gamma}_1, \boldsymbol{\gamma}_2, \cdots, \boldsymbol{\gamma}_{s-1}$ 线性相关。

在以上命题中，作为向量组 $\boldsymbol{\alpha}_1, \boldsymbol{\alpha}_2, \cdots, \boldsymbol{\alpha}_s$ 线性相关的充分条件，则[　　]。

(A) 只有①是　　　　(B) 只有①和②是

(C) ①、②和③都是　　　　(D) 都不是

(12) 分析以下命题：

① 若向量组 $\boldsymbol{\alpha}_1, \boldsymbol{\alpha}_2, \cdots, \boldsymbol{\alpha}_s$ 与向量组 $\boldsymbol{\beta}_1, \boldsymbol{\beta}_2, \cdots, \boldsymbol{\beta}_{s-1}$ 等价，则向量组 $\boldsymbol{\alpha}_1, \boldsymbol{\alpha}_2, \cdots, \boldsymbol{\alpha}_s$ 线性相关。

② $\boldsymbol{\alpha}_1$ 总能由 $\boldsymbol{\alpha}_1, \boldsymbol{\alpha}_2, \cdots, \boldsymbol{\alpha}_s$ 线性表示。

③ 若 $r(\boldsymbol{\alpha}_1, \boldsymbol{\alpha}_2, \cdots, \boldsymbol{\alpha}_s)=0$，则 $\boldsymbol{\alpha}_1=\mathbf{0}$。

④ 若 $\boldsymbol{\alpha}_s$ 不能由线性无关组 $\boldsymbol{\alpha}_1, \boldsymbol{\alpha}_2, \cdots, \boldsymbol{\alpha}_{s-1}$ 线性表示，则向量组 $\boldsymbol{\alpha}_1, \boldsymbol{\alpha}_2, \cdots, \boldsymbol{\alpha}_{s-1}, \boldsymbol{\alpha}_s$ 线性无关。

则[　　]。

(A) 只有①正确　　　　(B) 只有①和②正确

(C) 只有①、②和③正确　　　　(D) 都正确

(13) 已知 n 维向量组 $\boldsymbol{\alpha}_1, \boldsymbol{\alpha}_2, \boldsymbol{\alpha}_3$，存在实数 k_1, k_2, k_3，使得 $k_1\boldsymbol{\alpha}_1+k_2\boldsymbol{\alpha}_2+k_3\boldsymbol{\alpha}_3=\mathbf{0}$ 成立，其中 $k_1k_2\neq 0$，则[　　]。

(A) 向量组 $\boldsymbol{\alpha}_1, \boldsymbol{\alpha}_2$ 与向量组 $\boldsymbol{\alpha}_2, \boldsymbol{\alpha}_3$ 等价

(B) 向量组 $\boldsymbol{\alpha}_1, \boldsymbol{\alpha}_3$ 与向量组 $\boldsymbol{\alpha}_2, \boldsymbol{\alpha}_3$ 等价

(C) 向量组 $\boldsymbol{\alpha}_1, \boldsymbol{\alpha}_2$ 与向量组 $\boldsymbol{\alpha}_1, \boldsymbol{\alpha}_3$ 等价

(D) $r(\boldsymbol{\alpha}_1, \boldsymbol{\alpha}_2, \boldsymbol{\alpha}_3)=2$

(14) 已知 n 维向量组 A：$\boldsymbol{\alpha}_1, \boldsymbol{\alpha}_2, \cdots, \boldsymbol{\alpha}_s$ 与 n 维向量组 B：$\boldsymbol{\beta}_1, \boldsymbol{\beta}_2, \cdots, \boldsymbol{\beta}_t$ 有相同的秩。分析以下命题：

① 当 $\boldsymbol{A}$ 可以由 $\boldsymbol{B}$ 线性表示时，$\boldsymbol{A}$ 与 $\boldsymbol{B}$ 等价。

② 当 $r(\boldsymbol{\alpha}_1, \boldsymbol{\alpha}_2, \cdots, \boldsymbol{\alpha}_s)=r(\boldsymbol{\alpha}_1, \boldsymbol{\alpha}_2, \cdots, \boldsymbol{\alpha}_s, \boldsymbol{\beta}_1, \boldsymbol{\beta}_2, \cdots, \boldsymbol{\beta}_t)$ 时，$\boldsymbol{A}$ 与 $\boldsymbol{B}$ 等价。

③ 当 $r(\boldsymbol{\alpha}_1, \boldsymbol{\alpha}_2, \cdots, \boldsymbol{\alpha}_s)=r(\boldsymbol{\beta}_1, \boldsymbol{\beta}_2, \cdots, \boldsymbol{\beta}_t)=n$ 时，$\boldsymbol{A}$ 与 $\boldsymbol{B}$ 等价。

④ 当 $s=t$ 时，$\boldsymbol{A}$ 与 $\boldsymbol{B}$ 等价。

则[　　]。

(A) 只有①正确　　　　(B) 只有①和②正确

(C) 只有①、②和③正确　　　　(D) 都正确

(15) 设非零矩阵 $\boldsymbol{A}$ 和非零矩阵 $\boldsymbol{B}$ 满足 $\boldsymbol{AB}=\boldsymbol{O}$，则[　　]。

(A) $\boldsymbol{A}$ 的行向量组线相关，$\boldsymbol{B}$ 的行向量组线性相关

(B) $\boldsymbol{A}$ 的行向量组线相关，$\boldsymbol{B}$ 的列向量组线性相关

(C) $\boldsymbol{A}$ 的列向量组线相关，$\boldsymbol{B}$ 的行向量组线性相关

(D) $\boldsymbol{A}$ 的列向量组线相关，$\boldsymbol{B}$ 的列向量组线性相关

3. 解答题

(1) 设 $\boldsymbol{A}$ 是 n 阶矩阵，$\boldsymbol{\alpha}$ 是 n 维列向量，若 $\boldsymbol{A}^{m-1}\boldsymbol{\alpha}\neq\boldsymbol{0}$，$\boldsymbol{A}^{m}\boldsymbol{\alpha}=\boldsymbol{0}$，证明向量组 $\boldsymbol{\alpha}$，$\boldsymbol{A\alpha}$，$\boldsymbol{A}^{2}\boldsymbol{\alpha}$，…，$\boldsymbol{A}^{m-1}\boldsymbol{\alpha}$ 线性无关。

(2) 设向量组 $\boldsymbol{\alpha}_1$，$\boldsymbol{\alpha}_2$，…，$\boldsymbol{\alpha}_m$ 线性无关，$\boldsymbol{\beta}_1=\boldsymbol{\alpha}_1+\boldsymbol{\alpha}_2$，$\boldsymbol{\beta}_2=\boldsymbol{\alpha}_2+\boldsymbol{\alpha}_3$，…，$\boldsymbol{\beta}_{m-1}=\boldsymbol{\alpha}_{m-1}+\boldsymbol{\alpha}_m$，$\boldsymbol{\beta}_m=\boldsymbol{\alpha}_m+\boldsymbol{\alpha}_1$。分析向量组 $\boldsymbol{\beta}_1$，$\boldsymbol{\beta}_2$，…，$\boldsymbol{\beta}_m$ 的线性相关性。

(3) 设 $\boldsymbol{\beta}$ 是非齐次线性方程组 $\boldsymbol{Ax}=\boldsymbol{b}$ 的解，$\boldsymbol{\alpha}_1$，$\boldsymbol{\alpha}_2$，…，$\boldsymbol{\alpha}_m$ 是齐次方程组 $\boldsymbol{Ax}=\boldsymbol{0}$ 的基础解系。证明：向量组 $\boldsymbol{\beta}$，$\boldsymbol{\alpha}_1+\boldsymbol{\beta}$，$\boldsymbol{\alpha}_2+\boldsymbol{\beta}$，…，$\boldsymbol{\alpha}_m+\boldsymbol{\beta}$ 线性无关。

(4) 设 4 维向量组 $\boldsymbol{\alpha}_1=(a+1, 1, 1, 1)^{\mathrm{T}}$，$\boldsymbol{\alpha}_2=(2, a+2, 2, 2)^{\mathrm{T}}$，$\boldsymbol{\alpha}_3=(3, 3, a+3, 3)^{\mathrm{T}}$，$\boldsymbol{\alpha}_4=(4, 4, 4, a+4)^{\mathrm{T}}$，当 a 为何值时，$\boldsymbol{\alpha}_1$，$\boldsymbol{\alpha}_2$，$\boldsymbol{\alpha}_3$，$\boldsymbol{\alpha}_4$ 线性相关？当 $\boldsymbol{\alpha}_1$，$\boldsymbol{\alpha}_2$，$\boldsymbol{\alpha}_3$，$\boldsymbol{\alpha}_4$ 线性相关时，求其一个极大线性无关组，并将其余向量用该极大无关组线性表示。

(5)（数学一）设 $\boldsymbol{\alpha}$ 为 n 维列向量，且 $\boldsymbol{\alpha}^{\mathrm{T}}\boldsymbol{\alpha}=1$，已知 $\boldsymbol{A}=\boldsymbol{E}-2\boldsymbol{\alpha}\boldsymbol{\alpha}^{\mathrm{T}}$，证明：$\boldsymbol{A}$ 是对称的正交矩阵。

(6) 设向量组 A：$\boldsymbol{\alpha}_1$，$\boldsymbol{\alpha}_2$，…，$\boldsymbol{\alpha}_n$ 的秩为 r_1，向量组 B：$\boldsymbol{\beta}_1$，$\boldsymbol{\beta}_2$，…，$\boldsymbol{\beta}_m$ 的秩为 r_2，向量组 C：$\boldsymbol{\alpha}_1$，$\boldsymbol{\alpha}_2$，…，$\boldsymbol{\alpha}_n$，$\boldsymbol{\beta}_1$，$\boldsymbol{\beta}_2$，…，$\boldsymbol{\beta}_m$ 的秩为 r_3。证明：$\max(r_1, r_2)\leqslant r_3\leqslant r_1+r_2$。

(7) 若 $\boldsymbol{\beta}$ 可以由向量组 $\boldsymbol{\alpha}_1$，$\boldsymbol{\alpha}_2$，…，$\boldsymbol{\alpha}_{n-1}$，$\boldsymbol{\alpha}_n$ 线性表示，但 $\boldsymbol{\beta}$ 不能由向量组 $\boldsymbol{\alpha}_1$，$\boldsymbol{\alpha}_2$，…，$\boldsymbol{\alpha}_{n-1}$ 线性表示，试证明：向量组 $\boldsymbol{\alpha}_1$，$\boldsymbol{\alpha}_2$，…，$\boldsymbol{\alpha}_{n-1}$，$\boldsymbol{\alpha}_n$ 与向量组 $\boldsymbol{\alpha}_1$，$\boldsymbol{\alpha}_2$，…，$\boldsymbol{\alpha}_{n-1}$，$\boldsymbol{\beta}$ 等价。

(8) 已知 $\boldsymbol{\alpha}_1$，$\boldsymbol{\alpha}_2$，$\boldsymbol{\alpha}_3$，$\boldsymbol{\alpha}_4$ 为 n 维向量组，且 $r(\boldsymbol{\alpha}_1, \boldsymbol{\alpha}_2)=2$，$r(\boldsymbol{\alpha}_1, \boldsymbol{\alpha}_2, \boldsymbol{\alpha}_3)=2$，$r(\boldsymbol{\alpha}_1, \boldsymbol{\alpha}_2, \boldsymbol{\alpha}_4)=3$，证明 $r(\boldsymbol{\alpha}_1, \boldsymbol{\alpha}_2, 2\boldsymbol{\alpha}_3-3\boldsymbol{\alpha}_4)=3$。

(9) 设 $\boldsymbol{A}$ 为 $m\times n$ 矩阵，$r(\boldsymbol{A})=m<n$，若矩阵 $\boldsymbol{B}$ 满足 $\boldsymbol{BA}=\boldsymbol{O}$，证明：$\boldsymbol{B}=\boldsymbol{O}$。

(10) 设 n 维向量组 $\boldsymbol{\alpha}_1$，$\boldsymbol{\alpha}_2$，…，$\boldsymbol{\alpha}_n$ 线性无关，若向量 $\boldsymbol{\beta}=k_1\boldsymbol{\alpha}_1+k_2\boldsymbol{\alpha}_2+\cdots+k_n\boldsymbol{\alpha}_n$，其中 $k_i\neq0(i=1, 2, \cdots, n)$，证明向量组 $\boldsymbol{\alpha}_1$，$\boldsymbol{\alpha}_2$，…，$\boldsymbol{\alpha}_n$，$\boldsymbol{\beta}$ 中任意 n 个向量都线性无关。

(11)（数学一）设向量组 A：$\boldsymbol{\alpha}_1=(1, 0, -2)^{\mathrm{T}}$，$\boldsymbol{\alpha}_2=(0, 1, -3)^{\mathrm{T}}$，$\boldsymbol{\alpha}_3=(1, 3, 0)^{\mathrm{T}}$ 是 $\mathbf{R}^3$ 的一组基，矩阵 $\boldsymbol{P}=\begin{bmatrix}1 & 1 & 1\\-1 & -1 & 0\\-4 & 3 & -3\end{bmatrix}$ 是 $\mathbf{R}^3$ 的另一组基 $\boldsymbol{B}$ 到基 $\boldsymbol{A}$ 的过渡矩阵。求基 $\boldsymbol{B}$。

3.5 习题详解

1. 填空题

(1) 用消去法解向量方程组 $\begin{cases}2\boldsymbol{\alpha}+\boldsymbol{\beta}=(1, -2, -2, -1)^{\mathrm{T}} \cdots\cdots ①\\3\boldsymbol{\alpha}+2\boldsymbol{\beta}=(1, -4, -3, 0)^{\mathrm{T}} \cdots\cdots ②\end{cases}$

对等式①两边乘 2 得

$$4\boldsymbol{\alpha}+2\boldsymbol{\beta}=(2, -4, -4, -2)^{\mathrm{T}} \cdots\cdots ③$$

式③－式②得

$$\boldsymbol{\alpha}=(1, 0, -1, -2)^{\mathrm{T}} \cdots\cdots ④$$

把式④代入式①，得

$$\boldsymbol{\beta}=(-1, -2, 0, 3)^{\mathrm{T}}$$

故 $$\boldsymbol{\alpha}-2\boldsymbol{\beta}=(3,4,-1,-8)^{\mathrm{T}}$$

(2) 向量组 $(1,2,3)^{\mathrm{T}}$，$(2,3,6)^{\mathrm{T}}$，$(-1,2,a)^{\mathrm{T}}$ 可以线性表示任意一个3维列向量，这3个3维向量必线性无关，其构成的行列式不等于零

$$\begin{vmatrix}1 & 2 & -1\\ 2 & 3 & 2\\ 3 & 6 & a\end{vmatrix}=-a-3\neq 0$$

故 a 的取值范围为 $a\neq -3$。

(3) 齐次线性方程组 $\boldsymbol{Ax}=\boldsymbol{0}$ 有非零解，则矩阵 $\boldsymbol{A}$ 的列向量组必线性相关，故 $r(\boldsymbol{A})<\boldsymbol{A}$ 的列数为3，对矩阵 $\boldsymbol{A}$ 进行初等行变换：

$$\boldsymbol{A}=\begin{bmatrix}-1 & 3 & 5\\ 2 & -2 & -2\\ -2 & 1 & a\\ 6 & -2 & 2\end{bmatrix}\xrightarrow[\substack{r_3-2r_1\\ r_4+6r_1}]{r_2+2r_1}\begin{bmatrix}-1 & 3 & 5\\ 0 & 4 & 8\\ 0 & -5 & a-10\\ 0 & 16 & 32\end{bmatrix}\xrightarrow[\substack{r_4-4r_2\\ r_4/4}]{r_3+(5/4)\times r_2}\begin{bmatrix}-1 & 3 & 5\\ 0 & 1 & 2\\ 0 & 0 & a\\ 0 & 0 & 0\end{bmatrix}$$

故 $a=0$。

(4) 由3维列向量组 $\boldsymbol{\alpha}_1=(a,-a,a)^{\mathrm{T}}$，$\boldsymbol{\alpha}_2=(-a,-a,b)^{\mathrm{T}}$，$\boldsymbol{\alpha}_3=(-2a,-a,3b)^{\mathrm{T}}$ 构成的矩阵为 $\boldsymbol{A}$，计算 $\boldsymbol{A}$ 的行列式：

$$|\boldsymbol{A}|=\begin{vmatrix}a & -a & -2a\\ -a & -a & -a\\ a & b & 3b\end{vmatrix}\overline{\overline{\underset{r_3-r_1}{r_2+r_1}}}\begin{bmatrix}a & -a & -2a\\ 0 & -2a & -3a\\ 0 & a+b & 2a+3b\end{bmatrix}\overline{\overline{\text{按}c_1\text{展开}}}-a^2(a+3b)$$

由于向量组线性相关，因此行列式 $|\boldsymbol{A}|=0$，而 $a\neq 0$，故 a 与 b 应满足的关系是 $a+3b=0$。

(5) 反证法思路：设 $r(\boldsymbol{\alpha}_1,\boldsymbol{\alpha}_2)=1$，由于 $\boldsymbol{\alpha}_1$、$\boldsymbol{\alpha}_2$ 都为非零向量，因此 $\boldsymbol{\alpha}_1$ 可以由 $\boldsymbol{\alpha}_2$ 线性表示。而 $r(\boldsymbol{\alpha}_2,\boldsymbol{\alpha}_3,\boldsymbol{\alpha}_4)=1$，则 $\boldsymbol{\alpha}_3$、$\boldsymbol{\alpha}_4$ 都可以由 $\boldsymbol{\alpha}_2$ 线性表示，故 $r(\boldsymbol{\alpha}_1,\boldsymbol{\alpha}_2,\boldsymbol{\alpha}_3,\boldsymbol{\alpha}_4)=1$，与已知条件矛盾，则 $r(\boldsymbol{\alpha}_1,\boldsymbol{\alpha}_2)\neq 1$，而向量组为非零向量组，所以有 $r(\boldsymbol{\alpha}_1,\boldsymbol{\alpha}_2)=2$。

(6) $\boldsymbol{A\alpha}=\begin{bmatrix}3 & -2 & 5\\ -6 & -3 & 0\\ -2 & -1 & 4\end{bmatrix}\begin{bmatrix}1\\ a\\ 1\end{bmatrix}=\begin{bmatrix}8-2a\\ -6-3a\\ 2-a\end{bmatrix}$，即3维列向量 $\begin{bmatrix}8-2a\\ -6-3a\\ 2-a\end{bmatrix}$ 和 $\begin{bmatrix}1\\ a\\ 1\end{bmatrix}$ 线性相关，则对应分量成比例，故有 $8-2a=2-a$，则 $a=6$。

(7) 设与向量 $\boldsymbol{\alpha}_1=(1,-1,3)^{\mathrm{T}}$ 和 $\boldsymbol{\alpha}_2=(-2,3,-7)^{\mathrm{T}}$ 都正交的向量为 $(x_1,x_2,x_3)^{\mathrm{T}}$，于是有

$$\begin{bmatrix}1 & -1 & 3\\ -2 & 3 & -7\end{bmatrix}\begin{bmatrix}x_1\\ x_2\\ x_3\end{bmatrix}=\begin{bmatrix}0\\ 0\end{bmatrix}$$

其中的一个解为 $\begin{bmatrix}-2\\ 1\\ 1\end{bmatrix}$，单位化后为 $\dfrac{1}{\sqrt{6}}\begin{bmatrix}-2\\ 1\\ 1\end{bmatrix}$。

(8) 设 $\boldsymbol{A}=(\boldsymbol{\alpha}_1,\boldsymbol{\alpha}_2)$，$\boldsymbol{B}=(\boldsymbol{\beta}_1,\boldsymbol{\beta}_2)$，则有 $\boldsymbol{B}=\boldsymbol{AP}$，其中 $\boldsymbol{P}$ 即为从基 $\boldsymbol{\alpha}_1$，$\boldsymbol{\alpha}_2$ 到基 $\boldsymbol{\beta}_1$，$\boldsymbol{\beta}_2$ 的过渡矩阵。

$$\boldsymbol{P}=\boldsymbol{A}^{-1}\boldsymbol{B}=\begin{bmatrix}1 & -1\\1 & 1\end{bmatrix}^{-1}\begin{bmatrix}-2 & 1\\0 & 2\end{bmatrix}=\begin{bmatrix}-1 & 1.5\\1 & 0.5\end{bmatrix}$$

(9) 向量 $\boldsymbol{\beta}$ 由基 $\boldsymbol{\alpha}_1$，$\boldsymbol{\alpha}_2$，$\boldsymbol{\alpha}_3$ 线性表示的关系式为

$$\boldsymbol{\beta}=(\boldsymbol{\alpha}_1,\boldsymbol{\alpha}_2,\boldsymbol{\alpha}_3)\begin{bmatrix}x_1\\x_2\\x_3\end{bmatrix}$$

设 $\boldsymbol{A}=(\boldsymbol{\alpha}_1,\boldsymbol{\alpha}_2,\boldsymbol{\alpha}_3)$，则向量 $\boldsymbol{\beta}$ 在基 $\boldsymbol{\alpha}_1$，$\boldsymbol{\alpha}_2$，$\boldsymbol{\alpha}_3$ 下的坐标为

$$\boldsymbol{x}=\boldsymbol{A}^{-1}\boldsymbol{\beta}$$

利用初等行变换计算坐标向量 $\boldsymbol{x}$。

$$\begin{bmatrix}1 & -1 & 0 & \vdots & -1\\0 & 0 & 1 & \vdots & 3\\1 & 0 & 2 & \vdots & 7\end{bmatrix}\xrightarrow{r_3-r_1}\begin{bmatrix}1 & -1 & 0 & \vdots & -1\\0 & 0 & 1 & \vdots & 3\\0 & 1 & 2 & \vdots & 8\end{bmatrix}\xrightarrow[r_2\leftrightarrow r_3]{r_1+r_3}$$

$$\begin{bmatrix}1 & 0 & 2 & \vdots & 7\\0 & 1 & 2 & \vdots & 8\\0 & 0 & 1 & \vdots & 3\end{bmatrix}\xrightarrow[r_2-2r_3]{r_1-2r_3}\begin{bmatrix}1 & 0 & 0 & \vdots & 1\\0 & 1 & 0 & \vdots & 2\\0 & 0 & 1 & \vdots & 3\end{bmatrix}$$

则

$$\boldsymbol{x}=\begin{bmatrix}1\\2\\3\end{bmatrix}$$

(10) V 可以理解为方程组 $x_2+x_3=a$ 的所有解向量构成的向量集合。因为 V 是向量空间，而只有齐次线性方程组的解向量才能构成向量空间，所以 $a=0$。

(11) 由于 n 维基本单位向量组 $\boldsymbol{\varepsilon}_1$，$\boldsymbol{\varepsilon}_2$，…，$\boldsymbol{\varepsilon}_n$ 可由向量组 $\boldsymbol{\alpha}_1$，$\boldsymbol{\alpha}_2$，…，$\boldsymbol{\alpha}_s$ 线性表示，因此

$$r(\boldsymbol{\alpha}_1,\boldsymbol{\alpha}_2,\cdots,\boldsymbol{\alpha}_s)\geqslant r(\boldsymbol{\varepsilon}_1,\boldsymbol{\varepsilon}_2,\cdots,\boldsymbol{\varepsilon}_n)$$

而向量组 $\boldsymbol{\alpha}_1$，$\boldsymbol{\alpha}_2$，…，$\boldsymbol{\alpha}_s$ 所含向量个数 s 不小于其秩，线性无关向量组 $\boldsymbol{\varepsilon}_1$，$\boldsymbol{\varepsilon}_2$，…，$\boldsymbol{\varepsilon}_n$ 的秩等于其向量个数，则有

$$s\geqslant r(\boldsymbol{\alpha}_1,\boldsymbol{\alpha}_2,\cdots,\boldsymbol{\alpha}_s)\geqslant r(\boldsymbol{\varepsilon}_1,\boldsymbol{\varepsilon}_2,\cdots,\boldsymbol{\varepsilon}_n)=n$$

即 $s\geqslant n$。

(12) 由于 $\boldsymbol{A}$ 是 3 阶实正交矩阵，则 $\boldsymbol{A}$ 的所有行向量及所有列向量都为单位向量，而 $a_{13}=1$，因此矩阵 $\boldsymbol{A}$ 可以写为

$$\boldsymbol{A}=\begin{bmatrix}0 & 0 & 1\\a_{21} & a_{22} & 0\\a_{31} & a_{32} & 0\end{bmatrix}$$

而正交矩阵 $\boldsymbol{A}$ 一定可逆，则线性方程组 $\boldsymbol{Ax}=\boldsymbol{b}$ 的解为

$$\boldsymbol{x}=\boldsymbol{A}^{-1}\boldsymbol{b}=\begin{bmatrix}0 & 0 & 1\\a_{21} & a_{22} & 0\\a_{31} & a_{32} & 0\end{bmatrix}^{-1}\begin{bmatrix}2\\0\\0\end{bmatrix}=\begin{bmatrix}0 & b_{12} & b_{13}\\0 & b_{22} & b_{23}\\1 & 0 & 0\end{bmatrix}\begin{bmatrix}2\\0\\0\end{bmatrix}=\begin{bmatrix}0\\0\\2\end{bmatrix}$$

2. 选择题

(1) [D]。其他向量组都是线性相关的。

(2) [B]。在(A)向量组中，当 $2a=-b$ 时，前两个向量 $(1,-1,1,a)^{T}$，$(-2,2,-2,b)^{T}$ 线性相关，故向量组整体组线性相关。

在(B)向量组中，去掉所有向量的第 3 个分量，得到的向量组 $(1,0,1)^{T}$，$(0,1,1)^{T}$，$(1,1,0)^{T}$ 线性无关，故其延伸组 $(1,0,a,1)^{T}$，$(0,1,b,1)^{T}$，$(1,1,c,0)^{T}$ 也线性无关。

在(C)向量组中，是 4 个 3 维向量，则该向量组线性相关。

在(D)向量组中，当 $a=b=c=0$ 时，向量组线性相关。

(3) [D]。向量组线性无关的形象含义。

(4) [C]。命题(A)、(B)、(D)是 n 阶方阵 $\boldsymbol{A}$ 的行列式 $|\boldsymbol{A}|=0$ 的充分条件。

(5) [B]。观察到前、后两个向量组的公共部分是 $\boldsymbol{\alpha}_2$，$\boldsymbol{\alpha}_3$，$\boldsymbol{\beta}$。由于向量组 $\boldsymbol{\alpha}_2$，$\boldsymbol{\alpha}_3$，$\boldsymbol{\alpha}_4$，$\boldsymbol{\beta}$ 线性无关，因此其部分组 $\boldsymbol{\alpha}_2$，$\boldsymbol{\alpha}_3$，$\boldsymbol{\beta}$ 线性无关，而 $\boldsymbol{\alpha}_1$，$\boldsymbol{\alpha}_2$，$\boldsymbol{\alpha}_3$，$\boldsymbol{\beta}$ 又线性相关，则 $\boldsymbol{\alpha}_1$ 能由向量组 $\boldsymbol{\alpha}_2$，$\boldsymbol{\alpha}_3$，$\boldsymbol{\beta}$ 线性表示，故 $\boldsymbol{\alpha}_1$ 也能由向量 $\boldsymbol{\alpha}_2$，$\boldsymbol{\alpha}_3$，$\boldsymbol{\alpha}_4$，$\boldsymbol{\beta}$ 线性表示。

举特例分析其他命题：

设 $\boldsymbol{\alpha}_1=\boldsymbol{\alpha}_2$，由于向量组 $\boldsymbol{\alpha}_2$，$\boldsymbol{\alpha}_3$，$\boldsymbol{\alpha}_4$，$\boldsymbol{\beta}$ 线性无关，故 $\boldsymbol{\beta}$ 不能由向量组 $\boldsymbol{\alpha}_2$，$\boldsymbol{\alpha}_3$，$\boldsymbol{\alpha}_4$ 线性表示，当然 $\boldsymbol{\beta}$ 也不能由向量组 $\boldsymbol{\alpha}_1$，$\boldsymbol{\alpha}_2$，$\boldsymbol{\alpha}_3$，$\boldsymbol{\alpha}_4$ 线性表示，命题(A)错误；当 $\boldsymbol{\alpha}_1=\boldsymbol{\alpha}_2$ 时，向量 $\boldsymbol{\alpha}_1$，$\boldsymbol{\alpha}_2$，$\boldsymbol{\alpha}_3$，$\boldsymbol{\alpha}_4$ 线性相关，命题(D)也错误。

设 $\boldsymbol{\alpha}_1=\boldsymbol{\beta}$，由于向量组 $\boldsymbol{\alpha}_2$，$\boldsymbol{\alpha}_3$，$\boldsymbol{\alpha}_4$，$\boldsymbol{\beta}$ 线性无关，即是向量组 $\boldsymbol{\alpha}_2$，$\boldsymbol{\alpha}_3$，$\boldsymbol{\alpha}_4$，$\boldsymbol{\alpha}_1$ 线性无关，命题(C)错误。

(6) [B]。对列向量组构成的矩阵进行初等行变换：

$$\boldsymbol{A}=\begin{bmatrix}1&2&0&-1&3\\1&0&2&1&-1\\0&-1&1&1&-2\\2&3&1&-2&4\end{bmatrix}\xrightarrow[r_4-2r_1]{r_2-r_1}\begin{bmatrix}1&2&0&-1&3\\0&-2&2&2&-4\\0&-1&1&1&-2\\0&-1&1&0&-2\end{bmatrix}$$

$$\xrightarrow{r_2/(-2)}\begin{bmatrix}1&2&0&-1&3\\0&1&-1&-1&2\\0&-1&1&1&-2\\0&-1&1&0&-2\end{bmatrix}\xrightarrow[\substack{r_3+r_2\\r_4+r_2}]{r_1-2r_2}\begin{bmatrix}1&0&2&1&-1\\0&1&-1&-1&2\\0&0&0&0&0\\0&0&0&-1&0\end{bmatrix}$$

$$\xrightarrow[\substack{r_3\times(-1)\\r_1-r_3\\r_2+r_3}]{r_4\leftrightarrow r_3}\begin{bmatrix}1&0&2&0&-1\\0&1&-1&0&2\\0&0&0&1&0\\0&0&0&0&0\end{bmatrix}$$

通过行最简矩阵可以看出，极大无关组的选取方法有很多，但在题目所给的四个选项中只有(B)是正确的。

(7) [D]。齐次线性方程组 $\boldsymbol{Ax}=\boldsymbol{0}$ 有非零解，则其列向量组 $\boldsymbol{\alpha}_1$，$\boldsymbol{\alpha}_2$，$\boldsymbol{\alpha}_3$，$\boldsymbol{\alpha}_4$ 线性相关。而命题(A)和命题(C)是向量组 $\boldsymbol{\alpha}_1$，$\boldsymbol{\alpha}_2$，$\boldsymbol{\alpha}_3$，$\boldsymbol{\alpha}_4$ 线性相关的充分条件，而不是必要条件，故是错误的。

(8) [D]。由于 $r(\boldsymbol{\alpha}_2,\boldsymbol{\alpha}_3,\boldsymbol{\alpha}_4)=3$，因此向量组 $\boldsymbol{\alpha}_2$，$\boldsymbol{\alpha}_3$，$\boldsymbol{\alpha}_4$ 线性无关；而 $r(\boldsymbol{\alpha}_1,\boldsymbol{\alpha}_2,\boldsymbol{\alpha}_3,\boldsymbol{\alpha}_4)=3$，则向量组 $\boldsymbol{\alpha}_1$，$\boldsymbol{\alpha}_2$，$\boldsymbol{\alpha}_3$，$\boldsymbol{\alpha}_4$ 线性相关，故 $\boldsymbol{\alpha}_1$ 可以由向量组 $\boldsymbol{\alpha}_2$，$\boldsymbol{\alpha}_3$，$\boldsymbol{\alpha}_4$ 线性表示。另外，由于向量组 $\boldsymbol{\alpha}_2$，$\boldsymbol{\alpha}_3$，$\boldsymbol{\alpha}_4$ 的部分组 $\boldsymbol{\alpha}_2$，$\boldsymbol{\alpha}_3$ 也线性无关，故 $r(\boldsymbol{\alpha}_1,\boldsymbol{\alpha}_2,\boldsymbol{\alpha}_3)\geqslant 2$。

举特例分析命题：若 $\boldsymbol{\alpha}_1=\boldsymbol{\alpha}_2$，则 $r(\boldsymbol{\alpha}_1,\boldsymbol{\alpha}_2,\boldsymbol{\alpha}_3)=2$；若 $\boldsymbol{\alpha}_1=\boldsymbol{\alpha}_4$，则 $r(\boldsymbol{\alpha}_1,\boldsymbol{\alpha}_2,\boldsymbol{\alpha}_3)=3$，

所以只有选项(D)是正确的。

(9) [D]。四个命题都是正交矩阵的性质。

(10) [D]。举特例分析命题：

若 $\boldsymbol{\alpha}_1=(1,0,0,0)^{\mathrm{T}}$，$\boldsymbol{\alpha}_2=(0,1,0,0)^{\mathrm{T}}$，$\boldsymbol{\beta}_1=(0,0,1,0)^{\mathrm{T}}$，$\boldsymbol{\beta}_2=(0,0,0,1)^{\mathrm{T}}$，则向量组 $\boldsymbol{\alpha}_1$，$\boldsymbol{\alpha}_2$，$\boldsymbol{\beta}_1$，$\boldsymbol{\beta}_2$ 线性无关，故命题(A)错误。

若 $\boldsymbol{\alpha}_1=(1,0,0)^{\mathrm{T}}$，$\boldsymbol{\alpha}_2=(1,1,0)^{\mathrm{T}}$，$\boldsymbol{\beta}_1=(0,0,1)^{\mathrm{T}}$，$\boldsymbol{\beta}_2=(0,1,1)^{\mathrm{T}}$，则向量组 $\boldsymbol{\alpha}_1$，$\boldsymbol{\alpha}_2$，$\boldsymbol{\beta}_1$，$\boldsymbol{\beta}_2$ 为 4 个 3 维向量，它们必线性相关，故命题(B)错误。而向量组向量组 $\boldsymbol{\alpha}_1$，$\boldsymbol{\alpha}_2$，$\boldsymbol{\beta}_1$ 线性无关，则命题(C)也错误。

(11) [C]。本题考查向量组的臃肿性和紧凑性、秩与线性相关性、延伸组等知识点。

(12) [D]。

① 向量组 $\boldsymbol{\alpha}_1$，$\boldsymbol{\alpha}_2$，…，$\boldsymbol{\alpha}_s$ 与向量组 $\boldsymbol{\beta}_1$，$\boldsymbol{\beta}_2$，…，$\boldsymbol{\beta}_{s-1}$ 等价 $\Rightarrow r(\boldsymbol{\alpha}_1,\boldsymbol{\alpha}_2,\cdots,\boldsymbol{\alpha}_s)=r(\boldsymbol{\beta}_1,\boldsymbol{\beta}_2,\cdots,\boldsymbol{\beta}_{s-1})\Rightarrow r(\boldsymbol{\alpha}_1,\boldsymbol{\alpha}_2,\cdots,\boldsymbol{\alpha}_s)=r(\boldsymbol{\beta}_1,\boldsymbol{\beta}_2,\cdots,\boldsymbol{\beta}_{s-1})\leqslant s-1<s\Rightarrow$ 向量组 $\boldsymbol{\alpha}_1$，$\boldsymbol{\alpha}_2$，…，$\boldsymbol{\alpha}_s$ 线性相关。

② $\boldsymbol{\alpha}_1=1\boldsymbol{\alpha}_1+0\boldsymbol{\alpha}_2+\cdots+0\boldsymbol{\alpha}_s$。

③ 由于 $r(\boldsymbol{\alpha}_1,\boldsymbol{\alpha}_2,\cdots,\boldsymbol{\alpha}_s)=0\Leftrightarrow\boldsymbol{\alpha}_1,\boldsymbol{\alpha}_2,\cdots,\boldsymbol{\alpha}_s$ 全为零向量，故 $\boldsymbol{\alpha}_1=\mathbf{0}$。

④ 反证法。若向量组 $\boldsymbol{\alpha}_1$，$\boldsymbol{\alpha}_2$，…，$\boldsymbol{\alpha}_{s-1}$，$\boldsymbol{\alpha}_s$ 线性相关，而向量组 $\boldsymbol{\alpha}_1$，$\boldsymbol{\alpha}_2$，…，$\boldsymbol{\alpha}_{s-1}$ 线性无关，则 $\boldsymbol{\alpha}_s$ 可以由线性无关组 $\boldsymbol{\alpha}_1$，$\boldsymbol{\alpha}_2$，…，$\boldsymbol{\alpha}_{s-1}$ 线性表示，与已知条件矛盾，故向量组 $\boldsymbol{\alpha}_1$，$\boldsymbol{\alpha}_2$，…，$\boldsymbol{\alpha}_{s-1}$，$\boldsymbol{\alpha}_s$ 线性无关。

(13) [B]。由于 $k_1\boldsymbol{\alpha}_1+k_2\boldsymbol{\alpha}_2+k_3\boldsymbol{\alpha}_3=\mathbf{0}$，且 $k_1k_2\neq0$，因此 $k_1\neq0$，即 $\boldsymbol{\alpha}_1$ 可以由向量组 $\boldsymbol{\alpha}_2$，$\boldsymbol{\alpha}_3$ 线性表示；同理，$\boldsymbol{\alpha}_2$ 可以由向量组 $\boldsymbol{\alpha}_1$，$\boldsymbol{\alpha}_3$ 线性表示，故向量组 $\boldsymbol{\alpha}_1$，$\boldsymbol{\alpha}_3$ 与向量组 $\boldsymbol{\alpha}_2$，$\boldsymbol{\alpha}_3$ 等价。

(14) [C]。

① 设 $r(\boldsymbol{A})=r(\boldsymbol{B})=r$，设向量组 $\boldsymbol{A}$ 的极大无关组为 $\boldsymbol{A}_0$，以 $\boldsymbol{A}_0$ 为基构成了一个维数为 r 的向量空间 $V_{\boldsymbol{A}}$；设向量组 $\boldsymbol{B}$ 的极大无关组为 $\boldsymbol{B}_0$，以 $\boldsymbol{B}_0$ 为基也构成了一个维数为 r 的向量空间 $V_{\boldsymbol{B}}$。由于 $\boldsymbol{A}_0$ 可以由 $\boldsymbol{A}$ 线性表示，$\boldsymbol{A}$ 可以由 $\boldsymbol{B}$ 线性表示，$\boldsymbol{B}$ 可以由 $\boldsymbol{B}_0$ 线性表示，因此 $\boldsymbol{A}_0$ 可以由 $\boldsymbol{B}_0$ 线性表示，即 $\boldsymbol{B}_0$ 也是向量空间 $V_{\boldsymbol{A}}$ 的一组基，故 $\boldsymbol{A}_0$ 和 $\boldsymbol{B}_0$ 等价。所以 $\boldsymbol{A}$ 与 $\boldsymbol{B}$ 等价。

② 由于 $r(\boldsymbol{\alpha}_1,\boldsymbol{\alpha}_2,\cdots,\boldsymbol{\alpha}_s)=r(\boldsymbol{\alpha}_1,\boldsymbol{\alpha}_2,\cdots,\boldsymbol{\alpha}_s,\boldsymbol{\beta}_1,\boldsymbol{\beta}_2,\cdots,\boldsymbol{\beta}_t)$，则有 $r(\boldsymbol{\alpha}_1,\boldsymbol{\alpha}_2,\cdots,\boldsymbol{\alpha}_s)=r(\boldsymbol{\alpha}_1,\boldsymbol{\alpha}_2,\cdots,\boldsymbol{\alpha}_s,\boldsymbol{\beta}_1)$，因此非齐次线性方程组 $\boldsymbol{Ax}=\boldsymbol{\beta}_1$ 有解(系数矩阵和增广矩阵的秩相等)，即 $\boldsymbol{\beta}_1$ 可以由向量组 $\boldsymbol{\alpha}_1$，$\boldsymbol{\alpha}_2$，…，$\boldsymbol{\alpha}_s$ 线性表示。同理可知，$\boldsymbol{\beta}_1$，$\boldsymbol{\beta}_2$，…，$\boldsymbol{\beta}_t$ 可以由向量组 $\boldsymbol{\alpha}_1$，$\boldsymbol{\alpha}_2$，…，$\boldsymbol{\alpha}_s$ 线性表示，则 $\boldsymbol{A}$ 与 $\boldsymbol{B}$ 等价。

③ 若 $r(\boldsymbol{\alpha}_1,\boldsymbol{\alpha}_2,\cdots,\boldsymbol{\alpha}_s)=r(\boldsymbol{\beta}_1,\boldsymbol{\beta}_2,\cdots,\boldsymbol{\beta}_t)=n$，则向量组 $\boldsymbol{A}$ 的极大无关组 $\boldsymbol{A}_0$ 及向量组 $\boldsymbol{B}$ 的极大无关组 $\boldsymbol{B}_0$ 都是由 n 个 n 维线性无关的向量组成，即它们都是 n 维向量空间的基，故 $\boldsymbol{A}_0$ 与 $\boldsymbol{B}_0$ 等价，所以 $\boldsymbol{A}$ 与 $\boldsymbol{B}$ 等价。

(15) [C]。$\boldsymbol{AB}=\boldsymbol{O}$ 可以理解为矩阵 $\boldsymbol{B}$ 的所有列向量都是齐次线性方程组 $\boldsymbol{Ax}=\mathbf{0}$ 的解向量，而 $\boldsymbol{B}$ 为非零矩阵，即方程组 $\boldsymbol{Ax}=\mathbf{0}$ 有非零解，则 $\boldsymbol{A}$ 的列向量组线性相关。

对等式 $\boldsymbol{AB}=\boldsymbol{O}$ 两边取转置，则有 $\boldsymbol{B}^{\mathrm{T}}\boldsymbol{A}^{\mathrm{T}}=\boldsymbol{O}$，即可以理解为矩阵 $\boldsymbol{A}^{\mathrm{T}}$ 的所有列向量都是齐次线性方程组 $\boldsymbol{B}^{\mathrm{T}}\boldsymbol{x}=\mathbf{0}$ 的解向量，而矩阵 $\boldsymbol{A}^{\mathrm{T}}$ 为非零矩阵，即方程组 $\boldsymbol{B}^{\mathrm{T}}\boldsymbol{x}=\mathbf{0}$ 有非零解，则 $\boldsymbol{B}^{\mathrm{T}}$ 的列向量组线性相关，即 $\boldsymbol{B}$ 的行向量组线性相关。

3. 解答题

(1) 证明：用定义法。令

$$k_0\boldsymbol{\alpha}+k_1\boldsymbol{A}\boldsymbol{\alpha}+k_2\boldsymbol{A}^2\boldsymbol{\alpha}+\cdots+k_{m-1}\boldsymbol{A}^{m-1}\boldsymbol{\alpha}=\boldsymbol{0} \quad ①$$

用矩阵 $\boldsymbol{A}^{m-1}$ 左乘式①两边，有

$$k_0\boldsymbol{A}^{m-1}\boldsymbol{\alpha}+k_1\boldsymbol{A}^m\boldsymbol{\alpha}+k_2\boldsymbol{A}^{m+1}\boldsymbol{\alpha}+\cdots+k_{m-1}\boldsymbol{A}^{2m-2}\boldsymbol{\alpha}=\boldsymbol{0}$$

由于 $\boldsymbol{A}^m\boldsymbol{\alpha}=\boldsymbol{0}$，则

$$k_0\boldsymbol{A}^{m-1}\boldsymbol{\alpha}=\boldsymbol{0}$$

而 $\boldsymbol{A}^{m-1}\boldsymbol{\alpha}\neq\boldsymbol{0}$，故 $k_0=0$。

同理，用矩阵 $\boldsymbol{A}^{m-2}$ 左乘式①两边，有

$$k_1\boldsymbol{A}^{m-1}\boldsymbol{\alpha}+k_2\boldsymbol{A}^m\boldsymbol{\alpha}+\cdots+k_{m-1}\boldsymbol{A}^{2m-3}\boldsymbol{\alpha}=\boldsymbol{0}$$

由于 $\boldsymbol{A}^m\boldsymbol{\alpha}=\boldsymbol{0}$，则

$$k_1\boldsymbol{A}^{m-1}\boldsymbol{\alpha}=\boldsymbol{0}$$

而 $\boldsymbol{A}^{m-1}\boldsymbol{\alpha}\neq\boldsymbol{0}$，故 $k_1=0$。以此类推，可以证明 $k_0=k_1=\cdots=k_{m-1}=0$，所以向量组 $\boldsymbol{\alpha}$，$\boldsymbol{A}\boldsymbol{\alpha}$，$\boldsymbol{A}^2\boldsymbol{\alpha}$，…，$\boldsymbol{A}^{m-1}\boldsymbol{\alpha}$ 线性无关。

(2) 解：用向量组 $\boldsymbol{\alpha}_1$，$\boldsymbol{\alpha}_2$，…，$\boldsymbol{\alpha}_m$线性表示向量组 $\boldsymbol{\beta}_1$，$\boldsymbol{\beta}_2$，…，$\boldsymbol{\beta}_m$的矩阵等式为

$$(\boldsymbol{\beta}_1,\boldsymbol{\beta}_2,\cdots,\boldsymbol{\beta}_m)=(\boldsymbol{\alpha}_1,\boldsymbol{\alpha}_2,\cdots,\boldsymbol{\alpha}_m)\begin{bmatrix}1 & & & & 1\\ 1 & 1 & & & \\ & 1 & \ddots & & \\ & & \ddots & 1 & \\ & & & 1 & 1\end{bmatrix}$$

即 $\boldsymbol{B}=\boldsymbol{A}\boldsymbol{P}$，若系数矩阵 $\boldsymbol{P}$ 可逆，则向量组 $\boldsymbol{B}$ 线性无关；若系数矩阵 $\boldsymbol{P}$ 不可逆，则向量组线性相关。

求矩阵 $\boldsymbol{P}$ 的行列式：

$$|\boldsymbol{P}|=\begin{vmatrix}1 & & & & 1\\ 1 & 1 & & & \\ & 1 & \ddots & & \\ & & \ddots & 1 & \\ & & & 1 & 1\end{vmatrix}\xlongequal[i=2,3,\cdots,m]{r_i-r_{i-1}}\begin{vmatrix}1 & & & & 1\\ 0 & 1 & & & -1\\ & 0 & \ddots & & 1\\ & & \ddots & 1 & \vdots\\ & & & 0 & 1+(-1)^{m-1}\end{vmatrix}$$

$$=1+(-1)^{m-1}=\begin{cases}2 & m\text{ 为奇数}\\ 0 & m\text{ 为偶数}\end{cases}$$

故当 m 为奇数时，向量组 $\boldsymbol{\beta}_1$，$\boldsymbol{\beta}_2$，…，$\boldsymbol{\beta}_m$的线性无关；当 m 为偶数时，向量组 $\boldsymbol{\beta}_1$，$\boldsymbol{\beta}_2$，…，$\boldsymbol{\beta}_m$的线性相关。

(3) 证明：先证向量组 $\boldsymbol{\alpha}_1$，$\boldsymbol{\alpha}_2$，…，$\boldsymbol{\alpha}_m$，$\boldsymbol{\beta}$ 线性无关。用反证法。设向量组 $\boldsymbol{\alpha}_1$，$\boldsymbol{\alpha}_2$，…，$\boldsymbol{\alpha}_m$，$\boldsymbol{\beta}$ 线性相关，而 $\boldsymbol{\alpha}_1$，$\boldsymbol{\alpha}_2$，…，$\boldsymbol{\alpha}_m$ 线性无关，则 $\boldsymbol{\beta}$ 可以由向量组 $\boldsymbol{\alpha}_1$，$\boldsymbol{\alpha}_2$，…，$\boldsymbol{\alpha}_m$ 线性表示，$\boldsymbol{\beta}$ 就是齐次方程组 $\boldsymbol{A}\boldsymbol{x}=\boldsymbol{0}$ 的解，这与已知条件 $\boldsymbol{\beta}$ 是非齐次线性方程组 $\boldsymbol{A}\boldsymbol{x}=\boldsymbol{b}$ 的解矛盾，故向量组 $\boldsymbol{\alpha}_1$，$\boldsymbol{\alpha}_2$，…，$\boldsymbol{\alpha}_m$，$\boldsymbol{\beta}$ 线性无关。

显然，向量组 $\boldsymbol{\beta}$，$\boldsymbol{\alpha}_1+\boldsymbol{\beta}$，$\boldsymbol{\alpha}_2+\boldsymbol{\beta}$，…，$\boldsymbol{\alpha}_m+\boldsymbol{\beta}$ 与向量组 $\boldsymbol{\alpha}_1$，$\boldsymbol{\alpha}_2$，…，$\boldsymbol{\alpha}_m$，$\boldsymbol{\beta}$ 可以相互线性表示，故这两个向量组等价，则 $r(\boldsymbol{\beta},\boldsymbol{\alpha}_1+\boldsymbol{\beta},\boldsymbol{\alpha}_2+\boldsymbol{\beta},\cdots,\boldsymbol{\alpha}_m+\boldsymbol{\beta})=r(\boldsymbol{\alpha}_1,\boldsymbol{\alpha}_2,\cdots,\boldsymbol{\alpha}_m,\boldsymbol{\beta})$

$=n+1$，因此向量组$\boldsymbol{\beta}$，$\boldsymbol{\alpha}_1+\boldsymbol{\beta}$，$\boldsymbol{\alpha}_2+\boldsymbol{\beta}$，…，$\boldsymbol{\alpha}_m+\boldsymbol{\beta}$线性无关。

(4) 解：分析由4个4维向量构成矩阵$\boldsymbol{A}$的行列式：

$$|\boldsymbol{A}|=\begin{vmatrix}a+1 & 2 & 3 & 4\\ 1 & a+2 & 3 & 4\\ 1 & 2 & a+3 & 4\\ 1 & 2 & 3 & a+4\end{vmatrix}\xrightarrow[i=2,3,4]{r_i-r_1}\begin{vmatrix}a+1 & 2 & 3 & 4\\ -a & a & 0 & 0\\ -a & 0 & a & 0\\ -a & 0 & 0 & a\end{vmatrix}$$

$$\xrightarrow[i=2,3,4]{c_1+c_i}\begin{vmatrix}a+10 & 2 & 3 & 4\\ 0 & a & 0 & 0\\ 0 & 0 & a & 0\\ 0 & 0 & 0 & a\end{vmatrix}=a^3(a+10)$$

当$a=0$或$a=-10$时，行列式$|\boldsymbol{A}|=0$，即$\boldsymbol{\alpha}_1$，$\boldsymbol{\alpha}_2$，$\boldsymbol{\alpha}_3$，$\boldsymbol{\alpha}_4$线性相关。

当$a=0$时，对矩阵$\boldsymbol{A}$进行初等行变换：

$$\boldsymbol{A}=\begin{bmatrix}1 & 2 & 3 & 4\\ 1 & 2 & 3 & 4\\ 1 & 2 & 3 & 4\\ 1 & 2 & 3 & 4\end{bmatrix}\xrightarrow[i=2,3,4]{r_i-r_1}\begin{bmatrix}1 & 2 & 3 & 4\\ 0 & 0 & 0 & 0\\ 0 & 0 & 0 & 0\\ 0 & 0 & 0 & 0\end{bmatrix}$$

则$\boldsymbol{\alpha}_1$即为向量组$\boldsymbol{\alpha}_1$，$\boldsymbol{\alpha}_2$，$\boldsymbol{\alpha}_3$，$\boldsymbol{\alpha}_4$的一个极大无关组，$\boldsymbol{\alpha}_i=i\boldsymbol{\alpha}_1(i=2,3,4)$。

当$a=-10$，对矩阵$\boldsymbol{A}$进行初等行变换：

$$\boldsymbol{A}=\begin{bmatrix}-9 & 2 & 3 & 4\\ 1 & -8 & 3 & 4\\ 1 & 2 & -7 & 4\\ 1 & 2 & 3 & -6\end{bmatrix}\xrightarrow[r_2\leftrightarrow r_3]{r_1\leftrightarrow r_4}\begin{bmatrix}1 & 2 & 3 & -6\\ 1 & 2 & -7 & 4\\ 1 & -8 & 3 & 4\\ -9 & 2 & 3 & 4\end{bmatrix}$$

$$\xrightarrow[\substack{r_3-r_1\\ r_4+9r_1}]{r_2-r_1}\begin{bmatrix}1 & 2 & 3 & -6\\ 0 & 0 & -10 & 10\\ 0 & -10 & 0 & 10\\ 0 & 20 & 30 & -50\end{bmatrix}\xrightarrow[\substack{r_4/10\\ r_2\leftrightarrow r_3}]{\substack{r_2/(-10)\\ r_3/(-10)}}\begin{bmatrix}1 & 2 & 3 & -6\\ 0 & 1 & 0 & -1\\ 0 & 0 & 1 & -1\\ 0 & 2 & 3 & -5\end{bmatrix}$$

$$\xrightarrow[r_4-2r_2]{r_1-2r_2}\begin{bmatrix}1 & 0 & 3 & -4\\ 0 & 1 & 0 & -1\\ 0 & 0 & 1 & -1\\ 0 & 0 & 3 & -3\end{bmatrix}\xrightarrow[r_4-3r_3]{r_1-3r_3}\begin{bmatrix}1 & 0 & 0 & -1\\ 0 & 1 & 0 & -1\\ 0 & 0 & 1 & -1\\ 0 & 0 & 0 & 0\end{bmatrix}$$

则$\boldsymbol{\alpha}_1$，$\boldsymbol{\alpha}_2$，$\boldsymbol{\alpha}_3$即为向量组$\boldsymbol{\alpha}_1$，$\boldsymbol{\alpha}_2$，$\boldsymbol{\alpha}_3$，$\boldsymbol{\alpha}_4$的一个极大无关组，$\boldsymbol{\alpha}_4=-\boldsymbol{\alpha}_1-\boldsymbol{\alpha}_2-\boldsymbol{\alpha}_3$。

(5) 证明：先证明$\boldsymbol{A}$的对称性。因为

$$\boldsymbol{A}^{\mathrm{T}}=(\boldsymbol{E}-2\boldsymbol{\alpha}\boldsymbol{\alpha}^{\mathrm{T}})^{\mathrm{T}}=\boldsymbol{E}^{\mathrm{T}}-2(\boldsymbol{\alpha}^{\mathrm{T}})^{\mathrm{T}}\boldsymbol{\alpha}^{\mathrm{T}}=\boldsymbol{E}-2\boldsymbol{\alpha}\boldsymbol{\alpha}^{\mathrm{T}}=\boldsymbol{A}$$

故$\boldsymbol{A}$为对称矩阵。

再证明$\boldsymbol{A}$为正交矩阵。

$$\boldsymbol{A}^{\mathrm{T}}\boldsymbol{A}=(\boldsymbol{E}-2\boldsymbol{\alpha}\boldsymbol{\alpha}^{\mathrm{T}})(\boldsymbol{E}-2\boldsymbol{\alpha}\boldsymbol{\alpha}^{\mathrm{T}})=\boldsymbol{E}-4\boldsymbol{\alpha}\boldsymbol{\alpha}^{\mathrm{T}}+4\boldsymbol{\alpha}\boldsymbol{\alpha}^{\mathrm{T}}\boldsymbol{\alpha}\boldsymbol{\alpha}^{\mathrm{T}}$$

由于$\boldsymbol{\alpha}^{\mathrm{T}}\boldsymbol{\alpha}=1$，则有

$$\boldsymbol{A}^{\mathrm{T}}\boldsymbol{A}=\boldsymbol{E}-4\boldsymbol{\alpha}\boldsymbol{\alpha}^{\mathrm{T}}+4\boldsymbol{\alpha}\boldsymbol{\alpha}^{\mathrm{T}}=\boldsymbol{E}$$

故矩阵$\boldsymbol{A}$为对称的正交矩阵。

(6) 证明：由于向量组 $\boldsymbol{A}$ 可以由向量组 $\boldsymbol{C}$ 线性表示，向量组 $\boldsymbol{B}$ 也能由向量组 $\boldsymbol{C}$ 线性表示，则有

$$\max(r_1, r_2) \leqslant r_3$$

设 $\boldsymbol{A}$ 的极大无关组为 $\boldsymbol{A}_0$，$\boldsymbol{B}$ 的极大无关组为 $\boldsymbol{B}_0$，把向量组 $\boldsymbol{A}_0$ 和 $\boldsymbol{B}_0$ 合在一起构成向量组 $\boldsymbol{C}_0$。显然，向量组 $\boldsymbol{C}$ 可以由向量组 $\boldsymbol{C}_0$ 线性表示，所以有 $r(\boldsymbol{C}) \leqslant r(\boldsymbol{C}_0)$；而 $\boldsymbol{C}_0$ 是由 r_1+r_2 个向量构成的，所以有 $r(\boldsymbol{C}_0) \leqslant r_1+r_2$，把这两个不等式连接起来，有

$$r_3 = r(\boldsymbol{C}) \leqslant r(\boldsymbol{C}_0) \leqslant r_1 + r_2$$

即

$$r_3 \leqslant r_1 + r_2$$

(7) 证明：向量组 $\boldsymbol{\alpha}_1, \boldsymbol{\alpha}_2, \cdots, \boldsymbol{\alpha}_{n-1}, \boldsymbol{\beta}$ 的前 $n-1$ 个向量显然可以由向量组 $\boldsymbol{\alpha}_1, \boldsymbol{\alpha}_2, \cdots, \boldsymbol{\alpha}_{n-1}, \boldsymbol{\alpha}_n$ 线性表示，而根据已知条件可知，$\boldsymbol{\beta}$ 也可以由向量组 $\boldsymbol{\alpha}_1, \boldsymbol{\alpha}_2, \cdots, \alpha_{n-1}, \boldsymbol{\alpha}_n$ 线性表示。故向量组 $\boldsymbol{\alpha}_1, \boldsymbol{\alpha}_2, \cdots, \boldsymbol{\alpha}_{n-1}, \boldsymbol{\beta}$ 可以由向量组 $\boldsymbol{\alpha}_1, \boldsymbol{\alpha}_2, \cdots, \boldsymbol{\alpha}_{n-1}, \boldsymbol{\alpha}_n$ 线性表示。

向量组 $\boldsymbol{\alpha}_1, \boldsymbol{\alpha}_2, \cdots, \boldsymbol{\alpha}_{n-1}, \boldsymbol{\alpha}_n$ 的前 $n-1$ 个向量同样可以由向量组 $\boldsymbol{\alpha}_1, \boldsymbol{\alpha}_2, \cdots, \boldsymbol{\alpha}_{n-1}, \boldsymbol{\beta}$ 线性表示，现在来分析向量 $\boldsymbol{\alpha}_n$ 是否也可以由向量组 $\boldsymbol{\alpha}_1, \boldsymbol{\alpha}_2, \cdots, \boldsymbol{\alpha}_{n-1}, \boldsymbol{\beta}$ 线性表示。根据已知条件，$\boldsymbol{\beta}$ 可由 $\boldsymbol{\alpha}_1, \boldsymbol{\alpha}_2, \cdots, \boldsymbol{\alpha}_{n-1}, \boldsymbol{\alpha}_n$ 线性表示，故存在实数 $k_1, k_2, \cdots, k_{n-1}, k_n$，使

$$k_1\boldsymbol{\alpha}_1 + k_2\boldsymbol{\alpha}_2 + \cdots + k_{n-1}\boldsymbol{\alpha}_{n-1} + k_n\boldsymbol{\alpha}_n = \boldsymbol{\beta} \quad ①$$

用反证法。设 $k_n=0$，则有

$$k_1\boldsymbol{\alpha}_1 + k_2\boldsymbol{\alpha}_2 + \cdots + k_{n-1}\boldsymbol{\alpha}_{n-1} = \boldsymbol{\beta}$$

上式说明，$\boldsymbol{\beta}$ 可以由向量组 $\boldsymbol{\alpha}_1, \boldsymbol{\alpha}_2, \cdots, \boldsymbol{\alpha}_{n-1}$ 线性表示，这与已知条件矛盾，故 $k_n \neq 0$，则式①可以写为

$$\boldsymbol{\alpha}_n = \frac{1}{k_n}\boldsymbol{\beta} - \frac{k_1}{k_n}\boldsymbol{\alpha}_1 - \frac{k_2}{k_n}\boldsymbol{\alpha}_2 - \cdots - \frac{k_{n-1}}{k_n}\boldsymbol{\alpha}_{n-1}$$

上式说明，向量 $\boldsymbol{\alpha}_n$ 可以由向量组 $\boldsymbol{\alpha}_1, \boldsymbol{\alpha}_2, \cdots, \boldsymbol{\alpha}_{n-1}, \boldsymbol{\beta}$ 线性表示。故向量组 $\boldsymbol{\alpha}_1, \boldsymbol{\alpha}_2, \cdots, \boldsymbol{\alpha}_{n-1}, \boldsymbol{\alpha}_n$ 可以由向量组 $\boldsymbol{\alpha}_1, \boldsymbol{\alpha}_2, \cdots, \boldsymbol{\alpha}_{n-1}, \boldsymbol{\beta}$ 线性表示。

通过以上分析可知，向量组 $\boldsymbol{\alpha}_1, \boldsymbol{\alpha}_2, \cdots, \boldsymbol{\alpha}_{n-1}, \boldsymbol{\alpha}_n$ 与向量组 $\boldsymbol{\alpha}_1, \boldsymbol{\alpha}_2, \cdots, \boldsymbol{\alpha}_{n-1}, \boldsymbol{\beta}$ 等价。

(8) 证明：由于 $r(\boldsymbol{\alpha}_1, \boldsymbol{\alpha}_2)=2$，因此向量组 $\boldsymbol{\alpha}_1, \boldsymbol{\alpha}_2$ 线性无关；而 $r(\boldsymbol{\alpha}_1, \boldsymbol{\alpha}_2, \boldsymbol{\alpha}_3)=2$，则向量组 $\boldsymbol{\alpha}_1, \boldsymbol{\alpha}_2, \boldsymbol{\alpha}_3$ 线性相关。所以向量 $\boldsymbol{\alpha}_3$ 可以由向量组 $\boldsymbol{\alpha}_1, \boldsymbol{\alpha}_2$ 线性表示，即存在实数 k_1，k_2 使下式成立：

$$\boldsymbol{\alpha}_3 = k_1\boldsymbol{\alpha}_1 + k_2\boldsymbol{\alpha}_2 \quad ①$$

要证明 $r(\boldsymbol{\alpha}_1, \boldsymbol{\alpha}_2, 2\boldsymbol{\alpha}_3-3\boldsymbol{\alpha}_4)=3$，即要证明向量组 $\boldsymbol{\alpha}_1, \boldsymbol{\alpha}_2, 2\boldsymbol{\alpha}_3-3\boldsymbol{\alpha}_4$ 线性无关。

用反证法。设向量组 $\boldsymbol{\alpha}_1, \boldsymbol{\alpha}_2, 2\boldsymbol{\alpha}_3-3\boldsymbol{\alpha}_4$ 线性相关，而向量组 $\boldsymbol{\alpha}_1, \boldsymbol{\alpha}_2$ 线性无关，所以向量 $2\boldsymbol{\alpha}_3-3\boldsymbol{\alpha}_4$ 可以由向量组 $\boldsymbol{\alpha}_1, \boldsymbol{\alpha}_2$ 线性表示，即存在实数 l_1，l_2 使下式成立：

$$2\boldsymbol{\alpha}_3 - 3\boldsymbol{\alpha}_4 = l_1\boldsymbol{\alpha}_1 + l_2\boldsymbol{\alpha}_2 \quad ②$$

把式①代入式②，则有

$$\boldsymbol{\alpha}_4 = \frac{2k_1 - l_1}{3}\boldsymbol{\alpha}_1 + \frac{2k_2 - l_2}{3}\boldsymbol{\alpha}_2 \quad ③$$

式③说明向量 $\boldsymbol{\alpha}_4$ 可以由向量组 $\boldsymbol{\alpha}_1, \boldsymbol{\alpha}_2$ 线性表示。而已知：$r(\boldsymbol{\alpha}_1, \boldsymbol{\alpha}_2, \boldsymbol{\alpha}_4)=3$，即向量组 $\boldsymbol{\alpha}_1, \boldsymbol{\alpha}_2, \boldsymbol{\alpha}_4$ 线性无关，则向量 $\boldsymbol{\alpha}_4$ 不能由向量组 $\boldsymbol{\alpha}_1, \boldsymbol{\alpha}_2$ 线性表示。故式③与已知矛盾，假设是错误的，所以向量组 $\boldsymbol{\alpha}_1, \boldsymbol{\alpha}_2, 2\boldsymbol{\alpha}_3-3\boldsymbol{\alpha}_4$ 线性无关，$r(\boldsymbol{\alpha}_1, \boldsymbol{\alpha}_2, 2\boldsymbol{\alpha}_3-3\boldsymbol{\alpha}_4)=3$。

(9) 证明：对矩阵等式 $\boldsymbol{BA}=\boldsymbol{O}$ 两边取转置，则有 $\boldsymbol{A}^{\mathrm{T}}\boldsymbol{B}^{\mathrm{T}}=\boldsymbol{O}$。现在分析齐次线性方程组 $\boldsymbol{A}^{\mathrm{T}}\boldsymbol{x}=\boldsymbol{0}$。其系数矩阵的秩为 $r(\boldsymbol{A}^{\mathrm{T}})=r(\boldsymbol{A})=m$，而系数矩阵 $\boldsymbol{A}^{\mathrm{T}}$ 的列数也为 m，则系数矩阵 $\boldsymbol{A}^{\mathrm{T}}$ 的列向量组线性无关，齐次线性方程组 $\boldsymbol{A}^{\mathrm{T}}\boldsymbol{x}=\boldsymbol{0}$ 只有零解。而 $\boldsymbol{A}^{\mathrm{T}}\boldsymbol{B}^{\mathrm{T}}=\boldsymbol{O}$，说明矩阵 $\boldsymbol{B}^{\mathrm{T}}$ 的所有列向量都是齐次线性方程组 $\boldsymbol{A}^{\mathrm{T}}\boldsymbol{x}=\boldsymbol{0}$ 的解；而方程组 $\boldsymbol{A}^{\mathrm{T}}\boldsymbol{x}=\boldsymbol{0}$ 只有零解，故矩阵 $\boldsymbol{B}^{\mathrm{T}}=\boldsymbol{O}$，则 $\boldsymbol{B}=\boldsymbol{O}$。

(10) 证明：在向量组 $\boldsymbol{\alpha}_1, \boldsymbol{\alpha}_2, \cdots, \boldsymbol{\alpha}_n, \boldsymbol{\beta}$ 中取 n 个向量 $\boldsymbol{\alpha}_1, \cdots, \boldsymbol{\alpha}_{j-1}, \boldsymbol{\alpha}_{j+1}, \cdots, \boldsymbol{\alpha}_n, \boldsymbol{\beta}$ $(j=1, 2, \cdots, n)$。

向量组 $\boldsymbol{\alpha}_1, \cdots, \boldsymbol{\alpha}_{j-1}, \boldsymbol{\alpha}_{j+1}, \cdots, \boldsymbol{\alpha}_n, \boldsymbol{\beta}$ 的前 $n-1$ 个向量显然可以由向量组 $\boldsymbol{\alpha}_1, \boldsymbol{\alpha}_2, \cdots, \boldsymbol{\alpha}_n$ 线性表示，而 $\boldsymbol{\beta}=k_1\boldsymbol{\alpha}_1+k_2\boldsymbol{\alpha}_2+\cdots+k_n\boldsymbol{\alpha}_n$，故向量组 $\boldsymbol{\alpha}_1, \cdots, \boldsymbol{\alpha}_{j-1}, \boldsymbol{\alpha}_{j+1}, \cdots, \boldsymbol{\alpha}_n, \boldsymbol{\beta}$ 可以由向量组 $\boldsymbol{\alpha}_1, \boldsymbol{\alpha}_2, \cdots, \boldsymbol{\alpha}_n$ 线性表示。

由于 $\boldsymbol{\beta}=k_1\boldsymbol{\alpha}_1+k_2\boldsymbol{\alpha}_2+\cdots+k_n\boldsymbol{\alpha}_n$，其中 $k_i\neq 0(i=1, 2, \cdots, n)$，因此

$$\boldsymbol{\alpha}_j=\frac{1}{k_j}\boldsymbol{\beta}-\frac{k_1}{k_j}\boldsymbol{\alpha}_1\cdots-\frac{k_{j-1}}{k_j}\boldsymbol{\alpha}_{j-1}-\frac{k_{j+1}}{k_j}\boldsymbol{\alpha}_{j+1}\cdots-\frac{k_n}{k_j}\boldsymbol{\alpha}_n$$

上式说明向量 $\boldsymbol{\alpha}_j$ 可以由向量组 $\boldsymbol{\alpha}_1, \cdots, \boldsymbol{\alpha}_{j-1}, \boldsymbol{\alpha}_{j+1}, \cdots, \boldsymbol{\alpha}_n, \boldsymbol{\beta}$ 线性表示。而在向量组 $\boldsymbol{\alpha}_1, \boldsymbol{\alpha}_2, \cdots, \boldsymbol{\alpha}_n$ 中，除了 $\boldsymbol{\alpha}_j$ 以外的其他向量显然也可以由向量组 $\boldsymbol{\alpha}_1, \cdots, \boldsymbol{\alpha}_{j-1}, \boldsymbol{\alpha}_{j+1}, \cdots, \boldsymbol{\alpha}_n, \boldsymbol{\beta}$ 线性表示。故向量组 $\boldsymbol{\alpha}_1, \boldsymbol{\alpha}_2, \cdots, \boldsymbol{\alpha}_n$ 可以由向量组 $\boldsymbol{\alpha}_1, \cdots, \boldsymbol{\alpha}_{j-1}, \boldsymbol{\alpha}_{j+1}, \cdots, \boldsymbol{\alpha}_n, \boldsymbol{\beta}$ 线性表示。

通过以上分析可知，向量组 $\boldsymbol{\alpha}_1, \boldsymbol{\alpha}_2, \cdots, \boldsymbol{\alpha}_n$ 与向量组 $\boldsymbol{\alpha}_1, \cdots, \boldsymbol{\alpha}_{j-1}, \boldsymbol{\alpha}_{j+1}, \cdots, \boldsymbol{\alpha}_n, \boldsymbol{\beta}$ 等价，而向量组 $\boldsymbol{\alpha}_1, \boldsymbol{\alpha}_2, \cdots, \boldsymbol{\alpha}_n$ 线性无关，则有 $r(\boldsymbol{\alpha}_1, \cdots, \boldsymbol{\alpha}_{j-1}, \boldsymbol{\alpha}_{j+1}, \cdots, \boldsymbol{\alpha}_n, \boldsymbol{\beta})=r(\boldsymbol{\alpha}_1, \boldsymbol{\alpha}_2, \cdots, \boldsymbol{\alpha}_n)=n$，故向量组 $\boldsymbol{\alpha}_1, \cdots, \boldsymbol{\alpha}_{j-1}, \boldsymbol{\alpha}_{j+1}, \cdots, \boldsymbol{\alpha}_n, \boldsymbol{\beta}$ 线性无关。

(11) 解：根据过渡矩阵定义可知，$\boldsymbol{A}=\boldsymbol{BP}$，则 $\boldsymbol{B}=\boldsymbol{AP}^{-1}$，用初等列变换计算矩阵 $\boldsymbol{AP}^{-1}$。

$$\begin{bmatrix}\boldsymbol{P}\\ \boldsymbol{A}\end{bmatrix}=\begin{bmatrix}1&1&1\\-1&-1&0\\-4&-3&-3\\1&0&1\\0&1&3\\-2&-3&0\end{bmatrix}\xrightarrow[c_3-c_1]{c_2-c_1}\begin{bmatrix}1&0&0\\-1&0&1\\-4&1&1\\1&-1&0\\0&1&3\\-2&-1&2\end{bmatrix}$$

$$\xrightarrow[c_2\leftrightarrow c_3]{c_1+c_3}\begin{bmatrix}1&0&0\\0&1&0\\-3&1&1\\1&0&-1\\3&3&1\\0&2&-1\end{bmatrix}\xrightarrow[c_2-c_3]{c_1+3c_3}\begin{bmatrix}1&0&0\\0&1&0\\0&0&1\\-2&1&-1\\6&2&1\\-3&3&-1\end{bmatrix}$$

故 $\boldsymbol{B}=\boldsymbol{AP}^{-1}=\begin{bmatrix}-2&1&-1\\6&2&1\\-3&3&-1\end{bmatrix}$。

第四章 线性方程组

4.1 基本概念与重要结论

名师笔记

线性方程组是线性代数的重点，考生一定要把矩阵、向量组和线性方程组联系起来复习。在近几年的考研试题中，几乎每年都有一道解答题(11 分)来考查线性方程组的内容。

1. 非齐次线性方程组

方程组

$$\begin{cases} a_{11}x_1 + a_{12}x_2 + \cdots + a_{1n}x_n = b_1 \\ a_{21}x_1 + a_{22}x_2 + \cdots + a_{2n}x_n = b_2 \\ \qquad\qquad \vdots \\ a_{m1}x_1 + a_{m2}x_2 + \cdots + a_{mn}x_n = b_m \end{cases}$$

称为 n 个未知数 m 个方程的非齐次线性方程组。其中 m 可以大于 n，也可以等于 n，还可以小于 n。

名师笔记

考生应该理解 2 元和 3 元线性方程组的几何意义：2 元线性方程是平面坐标系中的一条直线，求 2 元方程组的解就是求若干条直线的交点；3 元方程是空间坐标系中的一个平面。

2. 系数矩阵

第三章讨论了线性方程组的各种表示方法，非齐次线性方程组的抽象矩阵形式为 $\boldsymbol{Ax}=\boldsymbol{b}$，$\boldsymbol{A}$ 称为方程组的系数矩阵。其中

$$\boldsymbol{A} = \begin{bmatrix} a_{11} & a_{12} & \cdots & a_{1n} \\ a_{21} & a_{22} & \cdots & a_{2n} \\ \vdots & \vdots & & \vdots \\ a_{m1} & a_{m2} & \cdots & a_{mn} \end{bmatrix}, \boldsymbol{x} = \begin{bmatrix} x_1 \\ x_2 \\ \vdots \\ x_n \end{bmatrix}, \boldsymbol{\beta} = \begin{bmatrix} b_1 \\ b_2 \\ \vdots \\ b_m \end{bmatrix}$$

名师笔记

考生要注意：$\boldsymbol{x}$ 和 $\boldsymbol{\beta}$ 不一定是同维列向量。仅当 $\boldsymbol{A}$ 为方阵时，$\boldsymbol{x}$ 和 $\boldsymbol{\beta}$ 才同型。

3. 增广矩阵

非齐次线性方程组的系数矩阵 $\boldsymbol{A}$ 及常数列向量 $\boldsymbol{b}$ 构成的矩阵称为增广矩阵，用 $\bar{\boldsymbol{A}}$ 表示。

$$\bar{\boldsymbol{A}}=(\boldsymbol{A},\boldsymbol{b})=\begin{bmatrix} a_{11} & a_{12} & \cdots & a_{1n} & b_1 \\ a_{21} & a_{22} & \cdots & a_{2n} & b_2 \\ \vdots & \vdots & & \vdots & \vdots \\ a_{m1} & a_{m2} & \cdots & a_{mn} & b_m \end{bmatrix}$$

4. 齐次线性方程组

若非齐次线性方程组的常数 $b_1=b_2=\cdots=b_m=0$，方程组

$$\begin{cases} a_{11}x_1+a_{12}x_2+\cdots+a_{1n}x_n=0 \\ a_{21}x_1+a_{22}x_2+\cdots+a_{2n}x_n=0 \\ \qquad\vdots \\ a_{m1}x_1+a_{m2}x_2+\cdots+a_{mn}x_n=0 \end{cases}$$

称为齐次线性方程组。其抽象的矩阵形式为 $\boldsymbol{Ax}=\boldsymbol{0}$。

5. 非齐次线性方程组解的判断

(1) $\boldsymbol{Ax}=\boldsymbol{b}$ 有解 $\Leftrightarrow r(\boldsymbol{A})=r(\bar{\boldsymbol{A}})\Leftrightarrow \boldsymbol{b}$ 可以由系数矩阵 $\boldsymbol{A}$ 的列向量组线性表示。

(2) $\boldsymbol{A}_{m\times n}\boldsymbol{x}=\boldsymbol{b}$ 有唯一解 $\Leftrightarrow r(\boldsymbol{A})=r(\bar{\boldsymbol{A}})=n\Leftrightarrow \boldsymbol{b}$ 可以由系数矩阵 $\boldsymbol{A}$ 的列向量组唯一线性表示。

名师笔记

很多考生错误认为：若 $r(\boldsymbol{A})=n$，则 $\boldsymbol{A}_{m\times n}\boldsymbol{x}=\boldsymbol{b}$ 有唯一解。显然，方程组

$$\begin{cases} x_1+x_2=5 \\ x_1-x_2=1 \\ x_1+2x_2=2 \end{cases}$$

无解。

(3) $\boldsymbol{A}_{m\times n}\boldsymbol{x}=\boldsymbol{b}$ 有无穷多解 $\Leftrightarrow r(\boldsymbol{A})=r(\bar{\boldsymbol{A}})<n\Leftrightarrow \boldsymbol{b}$ 可以由系数矩阵 $\boldsymbol{A}$ 的列向量组多种形式线性表示。

(4) 若 $\boldsymbol{A}$ 为方阵，则有 $|\boldsymbol{A}|=0\Leftrightarrow \boldsymbol{Ax}=\boldsymbol{b}$ 有无穷组解或无解；$|\boldsymbol{A}|\neq 0\Leftrightarrow \boldsymbol{Ax}=\boldsymbol{b}$ 有唯一解。

(5) $\boldsymbol{Ax}=\boldsymbol{b}$ 无解 $\Leftrightarrow r(\boldsymbol{A})\neq r(\bar{\boldsymbol{A}})$（或 $r(\bar{\boldsymbol{A}})=r(\boldsymbol{A})+1$）$\Leftrightarrow \boldsymbol{b}$ 不能由系数矩阵 $\boldsymbol{A}$ 的列向量组线性表示。

当把增广矩阵 $\bar{\boldsymbol{A}}$ 经过初等行变换化简为行最简形时，若最后一个非零行为[0, 0, …, 0, 1]，显然它对应的是一个矛盾方程，所以方程组无解。

名师笔记

由于$\boldsymbol{A}$是$\overline{\boldsymbol{A}}$的一部分，于是总有$r(\overline{\boldsymbol{A}})\geqslant r(\boldsymbol{A})$。又由于$\overline{\boldsymbol{A}}$只比$\boldsymbol{A}$多一列，于是$\overline{\boldsymbol{A}}$的秩最多比$\boldsymbol{A}$的秩大1。综上所述，$\boldsymbol{A}$与$\overline{\boldsymbol{A}}$的秩只有两种关系：$r(\overline{\boldsymbol{A}})=r(\boldsymbol{A})$和$r(\overline{\boldsymbol{A}})=r(\boldsymbol{A})+1$。

(6) $r(\boldsymbol{A})=m\Rightarrow \boldsymbol{A}_{m\times n}\boldsymbol{x}=\boldsymbol{b}$有解。

由于$m\geqslant r(\overline{\boldsymbol{A}}_{m\times(n+1)})\geqslant r(\boldsymbol{A}_{m\times n})=m$，于是$r(\overline{\boldsymbol{A}})=r(\boldsymbol{A})$，则$\boldsymbol{A}_{m\times n}\boldsymbol{x}=\boldsymbol{b}$有解。

6. 齐次线性方程组解的判断

(1) 齐次线性方程组$\boldsymbol{Ax}=\boldsymbol{0}$一定有解。所有的未知数全取零，自然是齐次线性方程组$\boldsymbol{Ax}=\boldsymbol{0}$的解，这个解称为方程组$\boldsymbol{Ax}=\boldsymbol{0}$的**零解**。方程组$\boldsymbol{Ax}=\boldsymbol{0}$的一组不全为零的解，称为方程组$\boldsymbol{Ax}=\boldsymbol{0}$的**非零解**。有的齐次线性方程组只有零解，有的齐次线性方程组除了零解以外还有非零解。

从向量的线性表示概念出发，零向量总可以由任意向量组线性表示，故$\boldsymbol{Ax}=\boldsymbol{0}$一定有解。

(2) $\boldsymbol{A}_{m\times n}\boldsymbol{x}=\boldsymbol{0}$只有零解$\Leftrightarrow r(\boldsymbol{A})=n\Leftrightarrow$系数矩阵$\boldsymbol{A}$的列向量组线性无关。

(3) $\boldsymbol{A}_{m\times n}\boldsymbol{x}=\boldsymbol{0}$有非零解$\Leftrightarrow r(\boldsymbol{A})<n\Leftrightarrow$系数矩阵$\boldsymbol{A}$的列向量组线性相关。

(4) $m<n\Rightarrow \boldsymbol{A}_{m\times n}\boldsymbol{x}=\boldsymbol{0}$有非零解。

名师笔记

根据判断法则(3)可以得出结论(4)：$r(\boldsymbol{A}_{m\times n})\leqslant m<n$，则齐次线性方程组$\boldsymbol{Ax}=\boldsymbol{0}$有非零解。

(5) 若$\boldsymbol{A}$为方阵，则有$|\boldsymbol{A}|=0\Leftrightarrow \boldsymbol{Ax}=\boldsymbol{0}$有非零解；$|\boldsymbol{A}|\neq 0\Leftrightarrow \boldsymbol{Ax}=\boldsymbol{0}$只有零解。

7. 利用初等行变换解线性方程组

一个非齐次线性方程组$\boldsymbol{Ax}=\boldsymbol{b}$对应于一个增广矩阵$\overline{\boldsymbol{A}}$；一个齐次线性方程组$\boldsymbol{Ax}=\boldsymbol{0}$对应于一个系数矩阵$\boldsymbol{A}$。所以解线性方程组就是对一个矩阵($\overline{\boldsymbol{A}}$或$\boldsymbol{A}$)进行初等行变换。

(1) 针对非齐次线性方程组$\boldsymbol{Ax}=\boldsymbol{b}$，有

$$\overline{\boldsymbol{A}}=(\boldsymbol{A},\ \boldsymbol{b})\xrightarrow{\text{初等行变换}}(\boldsymbol{B},\ \boldsymbol{c})=\overline{\boldsymbol{B}}(\overline{\boldsymbol{B}}\text{为行阶梯矩阵或行最简形矩阵})$$

方程组$\boldsymbol{Bx}=\boldsymbol{c}$与方程组$\boldsymbol{Ax}=\boldsymbol{b}$同解。

(2) 针对齐次线性方程组$\boldsymbol{Ax}=\boldsymbol{0}$，有

$$\boldsymbol{A}\xrightarrow{\text{初等行变换}}\boldsymbol{B}(\boldsymbol{B}\text{为行阶梯矩阵或行最简形矩阵})$$

方程组$\boldsymbol{Bx}=\boldsymbol{0}$与方程组$\boldsymbol{Ax}=\boldsymbol{0}$同解。

名师笔记

考生要注意，利用初等变换解线性方程组时，只能进行初等行变换。

8. 解向量

用一个具体方程组来说明解向量的概念。针对非齐次线性方程组

$$\begin{cases} x_1 - x_2 + 2x_3 = 5 \\ 2x_1 + x_2 - x_3 = 1 \end{cases}$$

$x_1=1$，$x_2=2$，$x_3=3$ 是该方程组的一组解，那么列向量 $\boldsymbol{x}=\begin{bmatrix}1\\2\\3\end{bmatrix}$ 称为该非齐次线性方程组 $\boldsymbol{Ax}=\boldsymbol{b}$ 的一组解向量。即有以下矩阵等式成立：

$$\begin{bmatrix}1 & -1 & 2\\2 & 1 & -1\end{bmatrix}\begin{bmatrix}1\\2\\3\end{bmatrix}=\begin{bmatrix}5\\1\end{bmatrix}$$

名师笔记

$\boldsymbol{\xi}$ 是 $\boldsymbol{Ax}=\boldsymbol{b}$ 的解向量 $\Leftrightarrow \boldsymbol{A\xi}=\boldsymbol{b}$。

9. 齐次线性方程组 $\boldsymbol{Ax}=\boldsymbol{0}$ 解向量的性质

(1) 若 $\boldsymbol{\xi}_1$、$\boldsymbol{\xi}_2$ 是方程组 $\boldsymbol{Ax}=\boldsymbol{0}$ 的两个解向量，则 $\boldsymbol{\xi}_1+\boldsymbol{\xi}_2$ 也是 $\boldsymbol{Ax}=\boldsymbol{0}$ 的解向量。

(2) 若 $\boldsymbol{\xi}$ 是方程组 $\boldsymbol{Ax}=\boldsymbol{0}$ 的解向量，k 为任意常数，则 $k\boldsymbol{\xi}$ 也是 $\boldsymbol{Ax}=\boldsymbol{0}$ 的解向量。

(3) 若 $\boldsymbol{\xi}_1$、$\boldsymbol{\xi}_2$ 是方程组 $\boldsymbol{Ax}=\boldsymbol{0}$ 的两个解向量，则 $k_1\boldsymbol{\xi}_1+k_2\boldsymbol{\xi}_2$ 也是 $\boldsymbol{Ax}=\boldsymbol{0}$ 的解向量。其中 k_1，k_2 是任意一组常数。

10. 基础解系

向量组 $\boldsymbol{\xi}_1$，$\boldsymbol{\xi}_2$，…，$\boldsymbol{\xi}_t$ 是 $\boldsymbol{Ax}=\boldsymbol{0}$ 的一组基础解系，则需要满足以下三个条件。

(1) $\boldsymbol{\xi}_1$，$\boldsymbol{\xi}_2$，…，$\boldsymbol{\xi}_t$ 都是 $\boldsymbol{Ax}=\boldsymbol{0}$ 的解向量。

(2) $\boldsymbol{\xi}_1$，$\boldsymbol{\xi}_2$，…，$\boldsymbol{\xi}_t$ 线性无关。

(3) $\boldsymbol{Ax}=\boldsymbol{0}$ 的任意一个解向量都可以由 $\boldsymbol{\xi}_1$，$\boldsymbol{\xi}_2$，…，$\boldsymbol{\xi}_t$ 线性表示。

名师笔记

$\boldsymbol{Ax}=\boldsymbol{0}$ 的基础解系可以理解为 $\boldsymbol{Ax}=\boldsymbol{0}$ 所有解向量构成集合的一个极大无关组。

若 $\boldsymbol{Ax}=\boldsymbol{0}$ 有非零解，那么 $\boldsymbol{Ax}=\boldsymbol{0}$ 就有无穷多解向量，于是它的基础解系也有无穷多组。

11. $\boldsymbol{A}_{m\times n}\boldsymbol{x}=0$ 基础解系所含解向量的个数

(1) 若 $r(\boldsymbol{A}_{m\times n})=n$，则方程组 $\boldsymbol{A}_{m\times n}\boldsymbol{x}=\boldsymbol{0}$ 只有零解。

(2) 若 $r(\boldsymbol{A}_{m\times n})=r<n$，则方程组 $\boldsymbol{A}_{m\times n}\boldsymbol{x}=\boldsymbol{0}$ 有非零解，且 $\boldsymbol{A}_{m\times n}\boldsymbol{x}=\boldsymbol{0}$ 的基础解系由 $n-r$ 个解向量构成，即 $\boldsymbol{A}_{m\times n}\boldsymbol{x}=\boldsymbol{0}$ 有 $n-r(\boldsymbol{A})$ 个线性无关的解向量。

名师笔记

针对齐次线性方程组 $\boldsymbol{A}_{m\times n}\boldsymbol{x}=\boldsymbol{0}$，$n$ 代表未知数的个数，m 代表方程的个数，而 $r(\boldsymbol{A})$ 代表方程组约束条件的个数，于是 $n-r(\boldsymbol{A})$ 代表方程组自由变量的个数，也是基础解系所含解向量的个数。

12. 齐次线性方程组的通解

设$\boldsymbol{\xi}_1$，$\boldsymbol{\xi}_2$，…，$\boldsymbol{\xi}_{n-r}$是$\boldsymbol{A}_{m\times n}\boldsymbol{x}=\boldsymbol{0}$的一个基础解系，则$k_1\boldsymbol{\xi}_1+k_2\boldsymbol{\xi}_2+\cdots+k_{n-r}\boldsymbol{\xi}_{n-r}$是$\boldsymbol{A}_{m\times n}\boldsymbol{x}=\boldsymbol{0}$的通解。其中$k_1$，$k_2$，…，$k_{n-r}$是任意一组常数。

13. 导出组

把齐次线性方程组$\boldsymbol{Ax}=\boldsymbol{0}$称为非齐次线性方程组$\boldsymbol{Ax}=\boldsymbol{b}$的导出组。(注：两个方程组的等号左端必须完全相同。)

14. 非齐次线性方程组及其导出组解的性质

(1) 若$\boldsymbol{\eta}_1$、$\boldsymbol{\eta}_2$是非齐次线性方程组$\boldsymbol{Ax}=\boldsymbol{b}$的两个解，则$\boldsymbol{\eta}_1-\boldsymbol{\eta}_2$是其导出组$\boldsymbol{Ax}=\boldsymbol{0}$的解。

(2) 若$\boldsymbol{\eta}$是非齐次线性方程组$\boldsymbol{Ax}=\boldsymbol{b}$的解，$\boldsymbol{\xi}$是其导出组$\boldsymbol{Ax}=\boldsymbol{0}$的解，则$\boldsymbol{\eta}+\boldsymbol{\xi}$是$\boldsymbol{Ax}=\boldsymbol{b}$的解。

15. 非齐次线性方程组的通解

若$r(\boldsymbol{A})=r(\bar{\boldsymbol{A}})=r<n$，则非齐次线性方程组$\boldsymbol{A}_{m\times n}\boldsymbol{x}=\boldsymbol{b}$有无穷多组解。设$\boldsymbol{\eta}$是非齐次线性方程组$\boldsymbol{A}_{m\times n}\boldsymbol{x}=\boldsymbol{b}$的特解，$\boldsymbol{\xi}_1$，$\boldsymbol{\xi}_2$，…，$\boldsymbol{\xi}_{n-r}$是其导出组$\boldsymbol{A}_{m\times n}\boldsymbol{x}=\boldsymbol{0}$的一个基础解系，则$\boldsymbol{A}_{m\times n}\boldsymbol{x}=\boldsymbol{b}$的通解为

$$\boldsymbol{x}=\boldsymbol{\eta}+k_1\boldsymbol{\xi}_1+k_2\boldsymbol{\xi}_2+\cdots+k_{n-r}\boldsymbol{\xi}_{n-r}$$

其中，k_1，k_2，…，k_{n-r}是任意一组常数。

16. 齐次线性方程组的解向量空间(数学一)

齐次线性方程组$\boldsymbol{Ax}=\boldsymbol{0}$的所有解向量构成了一个向量集合$\boldsymbol{S}$，根据齐次线性方程组解向量的性质可知，$\boldsymbol{S}$对向量加法和向量数乘是封闭的，故$\boldsymbol{S}$是一个向量空间，称为$\boldsymbol{Ax}=\boldsymbol{0}$的解向量空间或解空间。

$\boldsymbol{Ax}=\boldsymbol{0}$的基础解系即为$\boldsymbol{Ax}=\boldsymbol{0}$解空间的一组基。$\boldsymbol{Ax}=\boldsymbol{0}$解空间的维数即为基础解系所含解向量的个数$n-r(\boldsymbol{A})$。

注意，由非齐次线性方程组$\boldsymbol{Ax}=\boldsymbol{b}$的所有解向量构成的集合不是向量空间。

名师笔记

非齐次线性方程组$\boldsymbol{A}_{m\times n}\boldsymbol{x}=\boldsymbol{b}$的解向量集合含有$n-r(\boldsymbol{A})+1$个线性无关的解向量。

4.2 题型分析

题型1 用初等行变换求线性方程组的通解

例4.1 求齐次线性方程组

$$\begin{cases}x_1+x_2+3x_3+2x_4-3x_5=0\\2x_1+3x_2+8x_3+5x_4-6x_5=0\\-x_1-x_2-3x_3-x_4+2x_5=0\end{cases}$$

的通解。

解题思路　首先对系数矩阵进行初等行变换；然后确定自由变量，找出方程组的基础解系；最后得到通解。

解　对系数矩阵 $\boldsymbol{A}$ 进行初等行变换：

$$\boldsymbol{A}=\begin{bmatrix}1 & 1 & 3 & 2 & -3\\ 2 & 3 & 8 & 5 & -6\\ -1 & -1 & -3 & -1 & 2\end{bmatrix}\xrightarrow[r_3+r_1]{r_2-2r_1}\begin{bmatrix}1 & 1 & 3 & 2 & -3\\ 0 & 1 & 2 & 1 & 0\\ 0 & 0 & 0 & 1 & -1\end{bmatrix}$$

$$\xrightarrow{r_1-r_2}\begin{bmatrix}1 & 0 & 1 & 1 & -3\\ 0 & 1 & 2 & 1 & 0\\ 0 & 0 & 0 & 1 & -1\end{bmatrix}\xrightarrow[r_2-r_3]{r_1-r_3}\begin{bmatrix}1 & 0 & 1 & 0 & -2\\ 0 & 1 & 2 & 0 & 1\\ 0 & 0 & 0 & 1 & -1\end{bmatrix}=\boldsymbol{B}$$

把矩阵 $\boldsymbol{A}$ 通过初等行变换变为行最简形矩阵 $\boldsymbol{B}$，其中方程组 $\boldsymbol{Ax}=\boldsymbol{0}$ 与方程组 $\boldsymbol{Bx}=\boldsymbol{0}$ 同解。把矩阵 $\boldsymbol{B}$ 每一行的第一个非零元素所对应的未知量称为**主变量**，而将其他未知量称为**自由变量**，则 x_1，x_2，x_4 为主变量，而 x_3，x_5 为自由变量。设自由变量 $x_3=1$，$x_5=0$，则可以求得 $x_1=-1$，$x_2=-2$，$x_4=0$；若自由变量 $x_3=0$，$x_5=1$，则可以求得 $x_1=2$，$x_2=-1$，$x_4=1$。于是就构造出 $\boldsymbol{Ax}=\boldsymbol{0}$ 的 1 组基础解系 $(-1,-2,1,0,0)^{\mathrm{T}}$，$(2,-1,0,1,1)^{\mathrm{T}}$，所以 $\boldsymbol{Ax}=\boldsymbol{0}$ 的通解为 $k_1(-1,-2,1,0,0)^{\mathrm{T}}+k_2(2,-1,0,1,1)^{\mathrm{T}}$，其中 k_1，k_2 为任意常数。

评注　本题给出了主变量和自由变量的概念，考生应掌握以下知识点：

(1) 自由变量的个数＝基础解系所含解向量的个数＝$\boldsymbol{A}$ 的列数$-r(\boldsymbol{A})$。

(2) 为构造 $\boldsymbol{Ax}=\boldsymbol{0}$ 的基础解系，自由变量的取值一般采取以下方法：

① 当有 1 个自由变量 x_i 时，$x_i=1$；

② 当有 2 个自由变量 x_i、x_j 时，$\begin{bmatrix}x_i\\ x_j\end{bmatrix}=\begin{bmatrix}1\\ 0\end{bmatrix}$，$\begin{bmatrix}0\\ 1\end{bmatrix}$；

③ 当有 3 个自由变量 x_i，x_j，x_k 时，$\begin{bmatrix}x_i\\ x_j\\ x_k\end{bmatrix}=\begin{bmatrix}1\\ 0\\ 0\end{bmatrix}$，$\begin{bmatrix}0\\ 1\\ 0\end{bmatrix}$，$\begin{bmatrix}0\\ 0\\ 1\end{bmatrix}$；

……

(3) 主变量和自由变量的选取不是绝对的，有时要根据方程组系数矩阵的不同特点而采取不同的方法。例如，针对以下方程组：

$$\begin{bmatrix}-2 & 1 & 0 & 0 & 0\\ -3 & 0 & 1 & 0 & 0\\ -4 & 0 & 0 & 1 & 0\\ -5 & 0 & 0 & 0 & 1\end{bmatrix}\begin{bmatrix}x_1\\ x_2\\ x_3\\ x_4\\ x_5\end{bmatrix}=\begin{bmatrix}0\\ 0\\ 0\\ 0\\ 0\end{bmatrix}$$

当把 x_1 选为自由变量时，可以容易地获得该方程组的一组基础解系：$(1,2,3,4,5)^{\mathrm{T}}$。

(4) 当求一组正交基础解系时，可以采取待定系数法。例如，求以下方程组的一组正交基础解系：

$$(1, 2, 3)\begin{bmatrix}x_1\\x_2\\x_3\end{bmatrix}=0$$

自由变量取 x_2、x_3，当 $x_2=1$，$x_3=0$ 时，$x_1=-2$，故有解向量 $\boldsymbol{\xi}_1=\begin{bmatrix}-2\\1\\0\end{bmatrix}$。设 $\boldsymbol{\xi}_2=\begin{bmatrix}a\\2a\\b\end{bmatrix}$，显然 $\boldsymbol{\xi}_1$、$\boldsymbol{\xi}_2$ 正交，把 $\boldsymbol{\xi}_2$ 代入方程组，则有 $a+4a+3b=0$，即 $5a=-3b$。设 $a=3$，则 $b=-5$，故 $\boldsymbol{\xi}_2=\begin{bmatrix}3\\6\\-5\end{bmatrix}$。于是 $\begin{bmatrix}-2\\1\\0\end{bmatrix}$ 和 $\begin{bmatrix}3\\6\\-5\end{bmatrix}$ 即是方程组的一组正交基础解系。

名师笔记

待定系数法可以避开繁琐的施密特正交化法。

考生要了解自由变量的选取并不唯一，但在考试时千万不要刻意“与众不同”。

例 4.2　求非齐次线性方程组

$$\begin{cases}x_1+2x_2+x_3+x_4+x_5=9\\x_1+2x_2+2x_3+x_4=15\end{cases}$$

的通解。

解题思路　首先对增广矩阵进行初等行变换，当没有矛盾方程时，再求其导出组的通解及非齐次线性方程组的特解。

解　对增广矩阵 $\bar{\mathbf{A}}$ 进行初等行变换：

$$\bar{\mathbf{A}}=\begin{bmatrix}1&2&1&1&1&9\\1&2&2&1&0&15\end{bmatrix}\xrightarrow{r_2-r_1}\begin{bmatrix}1&2&1&1&1&9\\0&0&1&0&-1&6\end{bmatrix}$$

$$\xrightarrow{r_1-r_2}\begin{bmatrix}1&2&0&1&2&3\\0&0&1&0&-1&6\end{bmatrix}$$

$r(\mathbf{A})=r(\bar{\mathbf{A}})=2$，故该方程组有解。其导出组 $\mathbf{Ax}=\mathbf{0}$ 基础解系所含解向量的个数为：$\mathbf{A}$ 的列数 $-r(\mathbf{A})=3$，选自由变量为 x_2，x_4，x_5，令 $\begin{bmatrix}x_2\\x_4\\x_5\end{bmatrix}$ 分别取 $\begin{bmatrix}1\\0\\0\end{bmatrix}$、$\begin{bmatrix}0\\1\\0\end{bmatrix}$、$\begin{bmatrix}0\\0\\1\end{bmatrix}$，则可以求得对应的主变量 x_1、x_3 的值，从而得到 $\mathbf{Ax}=\mathbf{0}$ 的基础解系为 $(-2, 1, 0, 0, 0)^{\mathrm{T}}$，$(-1, 0, 0, 1, 0)^{\mathrm{T}}$，$(-2, 0, 1, 0, 1)^{\mathrm{T}}$。

可以令 $\begin{bmatrix}x_2\\x_4\\x_5\end{bmatrix}=\begin{bmatrix}0\\0\\0\end{bmatrix}$，求得非齐次线性方程组的特解为 $(3, 0, 6, 0, 0)^{\mathrm{T}}$。

综上所述，非齐次线性方程组的通解为

$$(3, 0, 6, 0, 0)^{\mathrm{T}}+k_1(-2, 1, 0, 0, 0)^{\mathrm{T}}+k_2(-1, 0, 0, 1, 0)^{\mathrm{T}}+k_3(-2, 0, 1, 0, 1)^{\mathrm{T}}$$

其中 k_1，k_2，k_3 为任意常数。

评注　求解非齐次线性方程组 $\boldsymbol{Ax}=\boldsymbol{b}$ 通解的基本步骤如下：

(1) 对增广矩阵 $\overline{\boldsymbol{A}}$ 进行初等行变换，把其变为行阶梯矩阵或行最简形矩阵。

(2) 分析是否满足条件：$r(\boldsymbol{A})=r(\boldsymbol{A})$。如果不满足，则方程组 $\boldsymbol{Ax}=\boldsymbol{b}$ 无解；若满足，则继续步骤(3)。

(3) 求方程组 $\boldsymbol{Ax}=\boldsymbol{b}$ 导出组 $\boldsymbol{Ax}=\boldsymbol{0}$ 的通解。

(4) 求方程组 $\boldsymbol{Ax}=\boldsymbol{b}$ 的一个特解。

(5) 步骤(3)和步骤(4)的结果之和即为 $\boldsymbol{Ax}=\boldsymbol{b}$ 的通解。

名师笔记

考生一定要熟练掌握齐次和非齐次线性方程组通解的基本求解方法。

例 4.3　已知 $\boldsymbol{\eta}_1$，$\boldsymbol{\eta}_2$，$\boldsymbol{\eta}_3$ 是非齐次线性方程组

$$\begin{cases}x_1-x_2+2x_3-x_4=3\\2x_1-x_2-3x_3+x_4=10\\ax_1+x_2+2ax_3+bx_4=-3\end{cases}$$

线性无关的解向量。求：

(1) 系数矩阵 $\boldsymbol{A}$ 的秩 $r(\boldsymbol{A})$。

(2) a 和 b 的值。

(3) 方程组的通解。

解题思路　非齐次线性方程组有解，且有 3 个线性无关的解向量，则可知其导出组 $\boldsymbol{Ax}=\boldsymbol{0}$ 至少有 2 个线性无关的解向量。

解　(1) 对方程组的增广矩阵进行初等行变换：

$$\overline{\boldsymbol{A}}=\begin{bmatrix}1&-1&2&-1&3\\2&-1&-3&1&10\\a&1&2a&b&-3\end{bmatrix}\xrightarrow[r_3-ar_1]{r_2-2r_1}\begin{bmatrix}1&-1&2&-1&3\\0&1&-7&3&4\\0&a+1&0&a+b&-3a-3\end{bmatrix}$$

$$\xrightarrow[r_3-(a+1)r_2]{r_1+r_2}\begin{bmatrix}1&0&-5&2&7\\0&1&-7&3&4\\0&0&7a+7&-2a+b-3&-7a-7\end{bmatrix}$$

显然 $r(\boldsymbol{A})\geqslant 2$。

由于 $\boldsymbol{\eta}_1$、$\boldsymbol{\eta}_2$、$\boldsymbol{\eta}_3$ 是非齐次线性方程组 $\boldsymbol{Ax}=\boldsymbol{b}$ 的线性无关的解向量，那么 $\boldsymbol{\eta}_1-\boldsymbol{\eta}_2$、$\boldsymbol{\eta}_1-\boldsymbol{\eta}_3$ 是齐次线性方程组 $\boldsymbol{Ax}=\boldsymbol{0}$ 的两个线性无关的解向量，所以齐次线性方程组 $\boldsymbol{Ax}=\boldsymbol{0}$ 基础解系所含解向量的个数 $4-r(\boldsymbol{A})\geqslant 2$，故有 $r(\boldsymbol{A})\leqslant 2$，综上所述则有：$r(\boldsymbol{A})=2$。

(2) 由于 $r(\boldsymbol{A})=2$，则有 $7a+7=0$，$-2a+b-3=0$，$-7a-7=0$，解得 $a=-1$，$b=1$。

(3) 若 $a=-1$，$b=1$，对方程组 $\boldsymbol{Ax}=\boldsymbol{b}$ 的增广矩阵 $\overline{\boldsymbol{A}}$ 进行初等行变换，变为行最简形矩阵为

$$\overline{\boldsymbol{A}}\rightarrow\cdots\rightarrow\begin{bmatrix}1&0&-5&2&7\\0&1&-7&3&4\\0&0&0&0&0\end{bmatrix}$$

取 x_3、x_4 为自由变量，若取 $\begin{bmatrix}x_3\\x_4\end{bmatrix}=\begin{bmatrix}1\\0\end{bmatrix},\begin{bmatrix}0\\1\end{bmatrix}$，则 $\boldsymbol{Ax}=\boldsymbol{b}$ 的导出组 $\boldsymbol{Ax}=\boldsymbol{0}$ 的通解为 $k_1\begin{bmatrix}5\\7\\1\\0\end{bmatrix}+k_2\begin{bmatrix}-2\\-3\\0\\1\end{bmatrix}$，其中 k_1，k_2 为任意常数；取 $\begin{bmatrix}x_3\\x_4\end{bmatrix}=\begin{bmatrix}0\\0\end{bmatrix}$，则 $\boldsymbol{Ax}=\boldsymbol{b}$ 的特解为 $\begin{bmatrix}7\\4\\0\\0\end{bmatrix}$。故方程组 $\boldsymbol{Ax}=\boldsymbol{b}$ 的通解为

$$\begin{bmatrix}7\\4\\0\\0\end{bmatrix}+k_1\begin{bmatrix}5\\7\\1\\0\end{bmatrix}+k_2\begin{bmatrix}-2\\-3\\0\\1\end{bmatrix}$$

评注　确定 $\boldsymbol{Ax}=\boldsymbol{b}$ 系数矩阵 $\boldsymbol{A}$ 的秩是求解本题的关键，本题考查的知识点如下：

(1) 用初等行变换求矩阵的秩。

(2) $\boldsymbol{Ax}=\boldsymbol{0}$ 基础解系所含解向量个数为 $n-r(\boldsymbol{A})$。

(3) $\boldsymbol{Ax}=\boldsymbol{b}$ 存在 n 个线性无关解向量 $\Rightarrow \boldsymbol{Ax}=\boldsymbol{b}$ 的导出组 $\boldsymbol{Ax}=\boldsymbol{0}$ 至少存在 $n-1$ 个线性无关的解向量。

名师笔记

$\boldsymbol{Ax}=\boldsymbol{0}$ 有 s 个线性无关解向量 $\Leftrightarrow \boldsymbol{Ax}=\boldsymbol{b}$ 有 $s+1$ 个线性无关解向量。

例 4.4　(2012.1，2，3)设 $\boldsymbol{A}=\begin{bmatrix}1&a&0&0\\0&1&a&0\\0&0&1&a\\a&0&0&1\end{bmatrix}$，$\boldsymbol{\beta}=\begin{bmatrix}1\\-1\\0\\0\end{bmatrix}$。

(1) 求 $|\boldsymbol{A}|$。

(2) 当实数 a 为何值时，方程组 $\boldsymbol{Ax}=\boldsymbol{\beta}$ 有无穷多解，并求其通解。

解题思路　根据 $|\boldsymbol{A}|=0$ 解得 a 值，进一步求其通解。

解　(1) 属于两杠一星行列式，显然，$|\boldsymbol{A}|=1^4+(-1)^3a^4=1-a^4$。

(2) 对 $\boldsymbol{Ax}=\boldsymbol{\beta}$ 的增广矩阵进行初等行变换：

$$(\boldsymbol{A},\boldsymbol{\beta})=\begin{bmatrix}1&a&0&0&1\\0&1&a&0&-1\\0&0&1&a&0\\a&0&0&1&0\end{bmatrix}\xrightarrow{r_4-ar_1}\begin{bmatrix}1&a&0&0&1\\0&1&a&0&-1\\0&0&1&a&0\\0&-a^2&0&1&-a\end{bmatrix}$$

$$\xrightarrow{r_4+a^2r_2}\begin{bmatrix}1&a&0&0&1\\0&1&a&0&-1\\0&0&1&a&0\\0&0&a^3&1&-a-a^2\end{bmatrix}\xrightarrow{r_4-a^3r_3}\begin{bmatrix}1&a&0&0&1\\0&1&a&0&-1\\0&0&1&a&0\\0&0&0&1-a^4&-a-a^2\end{bmatrix}$$

已知方程组 $\boldsymbol{Ax}=\boldsymbol{\beta}$ 有无穷多解，则 $r(\boldsymbol{A})=r(\boldsymbol{A},\boldsymbol{\beta})<4$，即 $1-a^4=0$，且 $-a-a^2=0$，可得 $a=-1$。则有

$$(A,\ \beta)\longrightarrow\begin{bmatrix}1&-1&0&0&1\\0&1&-1&0&-1\\0&0&1&-1&0\\0&0&0&0&0\end{bmatrix}\xrightarrow{r_2+r_3}\begin{bmatrix}1&-1&0&0&1\\0&1&0&-1&-1\\0&0&1&-1&0\\0&0&0&0&0\end{bmatrix}$$

$$\xrightarrow{r_1+r_2}\begin{bmatrix}1&0&0&-1&0\\0&1&0&-1&-1\\0&0&1&-1&0\\0&0&0&0&0\end{bmatrix}$$

由此可以得到 $Ax=\beta$ 的导出组 $Ax=0$ 的基础解系为 $\begin{bmatrix}1\\1\\1\\1\end{bmatrix}$，$Ax=\beta$ 的特解为 $\begin{bmatrix}0\\-1\\0\\0\end{bmatrix}$，于是 $Ax=\beta$ 的通解为 $\begin{bmatrix}0\\-1\\0\\0\end{bmatrix}+k\begin{bmatrix}1\\1\\1\\1\end{bmatrix}$，其中 k 为任意常数。

评注 本题也可以直接根据 $|A|=0$ 解得 $a=-1$ 或 $a=1$，然后分别将其代入方程组 $Ax=\beta$，得到：当 $a=1$ 时，方程组无解；当 $a=-1$ 时，方程组有无穷多解。

例 4.5 (2010.1，2，3)设 $A=\begin{bmatrix}\lambda&1&1\\0&\lambda-1&0\\1&1&\lambda\end{bmatrix}$，$b=\begin{bmatrix}a\\1\\1\end{bmatrix}$，已知线性方程组 $Ax=b$ 存在 2 个不同的解。

(1) 求 λ、a。

(2) 求方程组 $Ax=b$ 的通解。

解题思路 由于 $Ax=b$ 有多解，则 $r(A)=r(A,\ b)<3$，从而求得 λ、a。

解 已知线性方程组 $Ax=b$ 有多解，则有

$$|A|=\begin{vmatrix}\lambda&1&1\\0&\lambda-1&0\\1&1&\lambda\end{vmatrix}\xlongequal{\text{按 } r_2 \text{ 展开}}(\lambda-1)\begin{vmatrix}\lambda&1\\1&\lambda\end{vmatrix}=(\lambda-1)^2(\lambda+1)=0$$

解得 $\lambda=-1$，$\lambda=1$。当 $\lambda=1$ 时，对方程组 $Ax=b$ 的增广矩阵进行初等行变换：

$$(A,\ b)=\begin{bmatrix}1&1&1&a\\0&0&0&1\\1&1&1&1\end{bmatrix}\xrightarrow{r_3-r_1}\begin{bmatrix}1&1&1&a\\0&0&0&1\\0&0&0&1-a\end{bmatrix}$$

显然，$r(A)<r(A,\ b)$，此时方程组 $Ax=b$ 无解，则 $\lambda=1$ 应舍去。

当 $\lambda=-1$ 时，对方程组 $Ax=b$ 的增广矩阵进行初等行变换：

$$(A,\ b)=\begin{bmatrix}-1&1&1&a\\0&-2&0&1\\1&1&-1&1\end{bmatrix}\xrightarrow{r_3+r_1}\begin{bmatrix}-1&1&1&a\\0&-2&0&1\\0&2&0&1+a\end{bmatrix}$$

$$\xrightarrow{r_3+r_2}\begin{bmatrix}-1 & 1 & 1 & a\\ 0 & -2 & 0 & 1\\ 0 & 0 & 0 & 2+a\end{bmatrix}$$

故当 $a=-2$ 时，$r(\boldsymbol{A})=r(\boldsymbol{A},\ \boldsymbol{b})=2$，方程组有解。

综上所述，可得 $\lambda=-1$，$a=-2$。

(2) 当 $\lambda=-1$，$a=-2$ 时，对方程组 $\boldsymbol{Ax}=\boldsymbol{b}$ 的增广矩阵进行初等行变换：

$$(\boldsymbol{A},\ \boldsymbol{b})=\begin{bmatrix}-1 & 1 & 1 & -2\\ 0 & -2 & 0 & 1\\ 1 & 1 & -1 & 1\end{bmatrix}\longrightarrow\begin{bmatrix}-1 & 1 & 1 & -2\\ 0 & -2 & 0 & 1\\ 0 & 0 & 0 & 0\end{bmatrix}\longrightarrow\begin{bmatrix}1 & 0 & -1 & \frac{3}{2}\\ 0 & 1 & 0 & -\frac{1}{2}\\ 0 & 0 & 0 & 0\end{bmatrix}$$

则方程组 $\boldsymbol{Ax}=\boldsymbol{b}$ 的通解为 $\frac{1}{2}\begin{bmatrix}3\\ -1\\ 0\end{bmatrix}+k\begin{bmatrix}1\\ 0\\ 1\end{bmatrix}$，其中 k 为任意常数。

评注　本题考查以下知识点：

(1) $\boldsymbol{A}_n\boldsymbol{x}=\boldsymbol{b}$ 有多解或无解 $\Leftrightarrow|\boldsymbol{A}_n|=0$。

(2) $\boldsymbol{Ax}=\boldsymbol{b}$ 无解 $\Leftrightarrow r(\boldsymbol{A})<r(\boldsymbol{A},\ \boldsymbol{b})$。

(3) $\boldsymbol{Ax}=\boldsymbol{b}$ 有解 $\Leftrightarrow r(\boldsymbol{A})=r(\boldsymbol{A},\ \boldsymbol{b})$。

名师笔记

讨论带参数线性方程组的解时，一般有两种解题方法：初等行变换法和求解行列式法(若 A 为方阵)。针对不同的题目，可能某种解题方法相对简单，例 4.4 和例 4.5 分别采用了两种不同的解题方法。

例 4.6　(2009.1, 2, 3)设 $\boldsymbol{A}=\begin{bmatrix}1 & -1 & -1\\ -1 & 1 & 1\\ 0 & -4 & -2\end{bmatrix}$，$\boldsymbol{\xi}_1=\begin{bmatrix}-1\\ 1\\ -2\end{bmatrix}$。

(1) 求满足 $\boldsymbol{A\xi}_2=\boldsymbol{\xi}_1$，$\boldsymbol{A}^2\boldsymbol{\xi}_3=\boldsymbol{\xi}_1$ 的所有向量 $\boldsymbol{\xi}_2$，$\boldsymbol{\xi}_3$。

(2) 对(1)中的任意向量 $\boldsymbol{\xi}_2$，$\boldsymbol{\xi}_3$，证明 $\boldsymbol{\xi}_1$，$\boldsymbol{\xi}_2$，$\boldsymbol{\xi}_3$ 线性无关。

解题思路　(1) 即是解非齐次线性方程组的通解；(2) 用定义证明 $\boldsymbol{\xi}_1$，$\boldsymbol{\xi}_2$，$\boldsymbol{\xi}_3$ 线性无关。

解　(1) 对方程组 $\boldsymbol{Ax}=\boldsymbol{\xi}_1$ 的增广矩阵进行初等行变换：

$$(\boldsymbol{A},\ \boldsymbol{\xi}_1)=\begin{bmatrix}1 & -1 & -1 & -1\\ -1 & 1 & 1 & 1\\ 0 & -4 & -2 & -2\end{bmatrix}\longrightarrow\begin{bmatrix}1 & -1 & -1 & -1\\ 0 & 2 & 1 & 1\\ 0 & 0 & 0 & 0\end{bmatrix}\longrightarrow\begin{bmatrix}1 & 0 & -\frac{1}{2} & -\frac{1}{2}\\ 0 & 1 & \frac{1}{2} & \frac{1}{2}\\ 0 & 0 & 0 & 0\end{bmatrix}$$

于是 $\boldsymbol{Ax}=\boldsymbol{\xi}_1$ 的通解为 $\boldsymbol{\xi}_2=\frac{1}{2}\begin{bmatrix}-1\\ 1\\ 0\end{bmatrix}+k_1\begin{bmatrix}1\\ -1\\ 2\end{bmatrix}$，其中 k_1 为任意常数。

对方程组 $\boldsymbol{A}^2\boldsymbol{x}=\boldsymbol{\xi}_1$ 的增广矩阵进行初等行变换：

$$(\boldsymbol{A}^2, \boldsymbol{\xi}_1) = \begin{bmatrix} 2 & 2 & 0 & -1 \\ -2 & -2 & 0 & 1 \\ 4 & 4 & 0 & -2 \end{bmatrix} \to \begin{bmatrix} 1 & 1 & 0 & -\frac{1}{2} \\ 0 & 0 & 0 & 0 \\ 0 & 0 & 0 & 0 \end{bmatrix}$$

于是 $\boldsymbol{A}^2\boldsymbol{x}=\boldsymbol{\xi}_1$ 的通解为 $\boldsymbol{\xi}_3=\frac{1}{2}\begin{bmatrix} -1 \\ 0 \\ 0 \end{bmatrix}+k_2\begin{bmatrix} -1 \\ 1 \\ 0 \end{bmatrix}+k_3\begin{bmatrix} 0 \\ 0 \\ 1 \end{bmatrix}$，其中 k_2、k_3 为任意常数。

(2) 设存在常数 c_1、c_2、c_3，使得

$$c_1\boldsymbol{\xi}_1+c_2\boldsymbol{\xi}_2+c_3\boldsymbol{\xi}_3=\boldsymbol{0} \qquad ①$$

用矩阵 $\boldsymbol{A}$ 左乘等式①两边，有 $c_1\boldsymbol{A\xi}_1+c_2\boldsymbol{A\xi}_2+c_3\boldsymbol{A\xi}_3=\boldsymbol{0}$，根据已知条件，计算得 $\boldsymbol{A\xi}_1=\boldsymbol{0}$，而(1)中知 $\boldsymbol{A\xi}_2=\boldsymbol{\xi}_1$，则有

$$c_2\boldsymbol{\xi}_1+c_3\boldsymbol{A\xi}_3=\boldsymbol{0} \qquad ②$$

再用矩阵 $\boldsymbol{A}$ 左乘等式②两边，有 $c_2\boldsymbol{A\xi}_1+c_3\boldsymbol{A}^2\boldsymbol{\xi}_3=\boldsymbol{0}$。而由(2)中知 $\boldsymbol{A}^2\boldsymbol{\xi}_3=\boldsymbol{\xi}_1$，于是有 $c_3\boldsymbol{\xi}_1=\boldsymbol{0}$，由于 $\boldsymbol{\xi}_1\neq\boldsymbol{0}$，所以 $c_3=0$，将其代入式②得 $c_2=0$，再代入式①得 $c_1=0$，从而由向量组线性无关定义可知 $\boldsymbol{\xi}_1$，$\boldsymbol{\xi}_2$，$\boldsymbol{\xi}_3$ 线性无关。

名师笔记

很多考生忽略了 $\boldsymbol{A\xi}_1=\boldsymbol{0}$ 这个隐含的已知条件。

评注　在考研试题中，解答题的第(2)问常常要利用第(1)问的结果，本题在第(2)问的证明中利用了 $\boldsymbol{A\xi}_1=\boldsymbol{0}$，$\boldsymbol{A\xi}_2=\boldsymbol{\xi}_1$，$\boldsymbol{A}^2\boldsymbol{\xi}_3=\boldsymbol{\xi}_1$。

名师笔记

很多考生不理解例 4.6 第(1)问的含义。此题中的 $\boldsymbol{A}$ 和 $\boldsymbol{\xi}_1$ 都是已知的矩阵和向量，于是 $\boldsymbol{A\xi}_2=\boldsymbol{\xi}_1$ 即为

$$\begin{bmatrix} 1 & -1 & -1 \\ -1 & 1 & 1 \\ 0 & -4 & -2 \end{bmatrix}\boldsymbol{\xi}_2=\begin{bmatrix} -1 \\ 1 \\ -2 \end{bmatrix}$$

显然，求 $\boldsymbol{\xi}_2$ 就是求一个非齐次线性方程组的解。

题型 2　线性方程组解的判断

例 4.7　分析以下命题：

(1) 齐次线性方程组 $\boldsymbol{A}_{3\times 4}\boldsymbol{x}=\boldsymbol{0}$ 一定有非零解。

(2) 齐次线性方程组 $\boldsymbol{A}_{4\times 3}\boldsymbol{x}=\boldsymbol{0}$ 只有零解。

(3) 非齐次线性方程组 $\boldsymbol{A}_{3\times 4}\boldsymbol{x}=\boldsymbol{b}$ 一定有无穷多组解。

(4) 非齐次线性方程组 $\boldsymbol{A}_{3\times 3}\boldsymbol{x}=\boldsymbol{b}$ 一定有唯一解。

(5) 非齐次线性方程组 $\boldsymbol{A}_{4\times 3}\boldsymbol{x}=\boldsymbol{b}$ 一定无解。

则[　　]。

(A) 只有(1)正确　　　　(B) 只有(1)和(3)正确

(C) 全部命题都正确　　　　　　(D) 全部命题都不正确

解题思路　齐次线性方程组解的情况可由系数矩阵的秩决定，非齐次线性方程组解的情况可由增广矩阵和系数矩阵的秩决定。

解　在命题(1)中，$r(\boldsymbol{A}_{3\times4})\leqslant3<4$，则齐次线性方程组 $\boldsymbol{A}_{3\times4}\boldsymbol{x}=\boldsymbol{0}$ 一定有非零解。

名师笔记

$\boldsymbol{A}_{3\times4}\boldsymbol{x}=\boldsymbol{0}$ 有3个方程，所以最多有3个约数条件，而未知数有4个，于是一定有无穷多组解。

命题(2)中的方程组 $\boldsymbol{A}_{4\times3}\boldsymbol{x}=\boldsymbol{0}$ 从形式上看有4个方程，但其系数矩阵的秩 $r(\boldsymbol{A})$ 可能是3、2、1、0中的一种，只有当 $r(\boldsymbol{A})=3$ 时，方程组才只有零解。

命题(3)是出错率较高的一个题目，分析下面的方程组：

$$\begin{cases}x_1+x_2+x_3+x_4=5\\x_1+x_2+x_3+2x_4=7\\2x_1+2x_2+2x_3+3x_4=13\end{cases}$$

该方程组前两个方程的和为 $2x_1+2x_2+2x_3+3x_4=12$，显然，这与方程组的第3个方程矛盾，故该方程组无解。从矩阵秩的角度来分析，方程组的系数矩阵的秩为2，而增广矩阵的秩为3，故无解。

名师笔记

很多考生错误的认为，$\boldsymbol{Ax}=\boldsymbol{0}$ 有无穷多组解，则 $\boldsymbol{Ax}=\boldsymbol{b}$ 也有无穷多组解。显然以下非齐次线性方程组就是一个反例：

$$\begin{cases}x_1+x_2=5\\x_1+x_2=3\end{cases}$$

在命题(4)中，当 $|\boldsymbol{A}|\neq0$ 时，方程组 $\boldsymbol{A}_{3\times3}\boldsymbol{x}=\boldsymbol{b}$ 才有唯一解。

在命题(5)中，当 $r(\boldsymbol{A})=r(\bar{\boldsymbol{A}})$ 时，方程组 $\boldsymbol{A}_{4\times3}\boldsymbol{x}=\boldsymbol{b}$ 有解。

故正确答案选择(A)。

评注　(1) 齐次方程组 $\boldsymbol{Ax}=\boldsymbol{0}$ 解的情况分两种：有非零解和只有零解。

$$r(\boldsymbol{A})<\boldsymbol{A}\text{ 的列数}\Leftrightarrow\boldsymbol{Ax}=\boldsymbol{0}\text{ 有非零解}$$
$$r(\boldsymbol{A})=\boldsymbol{A}\text{ 的列数}\Leftrightarrow\boldsymbol{Ax}=\boldsymbol{0}\text{ 只有零解}$$

(2) 非齐次线性方程组 $\boldsymbol{Ax}=\boldsymbol{b}$ 解的情况分两大类：无解和有解。其中有解又分为有唯一解和有无穷多组解。

$$r(\boldsymbol{A})=r(\bar{\boldsymbol{A}})<\boldsymbol{A}\text{ 的列数}\Leftrightarrow\boldsymbol{Ax}=\boldsymbol{b}\text{ 有无穷多组解}$$
$$r(\boldsymbol{A})=r(\bar{\boldsymbol{A}})=\boldsymbol{A}\text{ 的列数}\Leftrightarrow\boldsymbol{Ax}=\boldsymbol{b}\text{ 有唯一解}$$
$$r(\boldsymbol{A})\neq r(\bar{\boldsymbol{A}})\Leftrightarrow\boldsymbol{Ax}=\boldsymbol{b}\text{ 无解}$$

例 4.8　已知 $r(\boldsymbol{A}_{m\times n})=m$，分析以下命题：

(1) 齐次线性方程组 $\boldsymbol{A}_{m\times n}\boldsymbol{x}=\boldsymbol{0}$ 一定有非零解。

(2) 齐次线性方程组 $\boldsymbol{A}_{m\times n}\boldsymbol{x}=\boldsymbol{0}$ 一定只有零解。

(3) 非齐次线性方程组 $\boldsymbol{A}_{m\times n}\boldsymbol{x}=\boldsymbol{b}$ 一定有解。

(4) 非齐次线性方程组 $\boldsymbol{A}_{m\times n}\boldsymbol{x}=\boldsymbol{b}$ 一定有唯一解。

(5) 非齐次线性方程组 $\boldsymbol{A}_{m\times n}\boldsymbol{x}=\boldsymbol{b}$ 一定有无穷多组解。

则[　　]。

(A) 只有(1)正确　　(B) 只有(2)正确

(C) 只有(3)正确　　(D) (A)、(B)、(C)都不对

解题思路　$r(\boldsymbol{A}_{m\times n})=m$ 说明系数矩阵 $\boldsymbol{A}$ 行满秩，即不会存在矛盾方程。

解　在命题(1)中，设 $m=n$，则有 $r(\boldsymbol{A}_{m\times n})=m=n$，故方程组 $\boldsymbol{A}_{m\times n}\boldsymbol{x}=\boldsymbol{0}$ 只有零解。

在命题(2)中，设 $m<n$，则有 $r(\boldsymbol{A}_{m\times n})=m<n$，故方程组 $\boldsymbol{A}_{m\times n}\boldsymbol{x}=\boldsymbol{0}$ 有非零解。

在命题(3)中，由于增广矩阵 $\bar{\boldsymbol{A}}=(\boldsymbol{A}, \boldsymbol{b})$ 的行数也为 m，故其秩不会大于 m，则有

$$m\geqslant r(\bar{\boldsymbol{A}})\geqslant r(\boldsymbol{A})=m$$

故

$$r(\bar{\boldsymbol{A}})=r(\boldsymbol{A})=m$$

所以 $\boldsymbol{A}_{m\times n}\boldsymbol{x}=\boldsymbol{b}$ 一定有解。

在命题(4)中，设 $m<n$，则方程组 $\boldsymbol{A}_{m\times n}\boldsymbol{x}=\boldsymbol{b}$ 有无穷多组解。

命题(5)错误。

故正确答案选择(C)。

评注　求解非齐次线性方程组 $\boldsymbol{A}_{m\times n}\boldsymbol{x}=\boldsymbol{b}$ 的解，就是对增广矩阵 $\bar{\boldsymbol{A}}=(\boldsymbol{A}, \boldsymbol{b})$ 进行初等行变换。若出现一行 $(0, 0, \cdots, 0, k)$ $(k\neq 0)$，即存在矛盾方程，此时 $r(\boldsymbol{A})\neq r(\bar{\boldsymbol{A}})$，方程组 $\boldsymbol{A}_{m\times n}\boldsymbol{x}=\boldsymbol{b}$ 无解。而当 $r(\boldsymbol{A}_{m\times n})=m$ 时，即系数矩阵行满秩，此时对增广矩阵 $\bar{\boldsymbol{A}}=(\boldsymbol{A}, \boldsymbol{b})$ 进行初等行变换，就不会出现 $(0, 0, \cdots, 0, k)$ $(k\neq 0)$ 这样的行，故方程组 $\boldsymbol{A}_{m\times n}\boldsymbol{x}=\boldsymbol{b}$ 一定有解。

名师笔记

考生应该记住结论：若 $\boldsymbol{A}$ 行满秩，则 $\boldsymbol{A}\boldsymbol{x}=\boldsymbol{b}$ 有解。

例 4.9　设 $\boldsymbol{A}\boldsymbol{x}=\boldsymbol{0}$ 是非齐次线性方程组 $\boldsymbol{A}\boldsymbol{x}=\boldsymbol{b}$ 的导出组，分析以下命题：

(1) 若 $\boldsymbol{A}\boldsymbol{x}=\boldsymbol{b}$ 有唯一解，则 $\boldsymbol{A}\boldsymbol{x}=\boldsymbol{0}$ 只有零解。

(2) 若 $\boldsymbol{A}\boldsymbol{x}=\boldsymbol{b}$ 有无穷多组解，则 $\boldsymbol{A}\boldsymbol{x}=\boldsymbol{0}$ 有非零解。

(3) 若 $\boldsymbol{A}\boldsymbol{x}=\boldsymbol{0}$ 只有零解，则 $\boldsymbol{A}\boldsymbol{x}=\boldsymbol{b}$ 有唯一解。

(4) 若 $\boldsymbol{A}\boldsymbol{x}=\boldsymbol{0}$ 有非零解，则 $\boldsymbol{A}\boldsymbol{x}=\boldsymbol{b}$ 有无穷多组解。

则[　　]。

(A) 只有(1)正确　　(B) 只有(1)和(2)正确

(C) 只有(1)、(2)和(3)正确　　(D) 都正确

解题思路　根据系数矩阵的秩和增广矩阵的秩来分析。

解　在命题(1)中，$\boldsymbol{A}\boldsymbol{x}=\boldsymbol{b}$ 有唯一解，则有 $r(\boldsymbol{A}, \boldsymbol{b})=r(\boldsymbol{A})=\boldsymbol{A}$ 的列数，故 $\boldsymbol{A}\boldsymbol{x}=\boldsymbol{0}$ 只有零解。

在命题(2)中，$\boldsymbol{A}\boldsymbol{x}=\boldsymbol{b}$ 有无穷多组解，则有 $r(\boldsymbol{A}, \boldsymbol{b})=r(\boldsymbol{A})<\boldsymbol{A}$ 的列数，故 $\boldsymbol{A}\boldsymbol{x}=\boldsymbol{0}$ 有非零解。

在命题(3)中，设齐次线性方程组 $\boldsymbol{A}\boldsymbol{x}=\boldsymbol{0}$ 为

$$\begin{cases}x_1+x_2=0\\x_1+2x_2=0\\2x_1+3x_2=0\end{cases}$$

其中 $r(\boldsymbol{A})=2$ 等于 $\boldsymbol{A}$ 的列数，故该方程组只有零解。设非齐次线性方程组 $\boldsymbol{Ax}=\boldsymbol{b}$ 为

$$\begin{cases}x_1+x_2=2\\x_1+2x_2=3\\2x_1+3x_2=6\end{cases}$$

其中，$r(\boldsymbol{A})=2$，$r(\boldsymbol{A},\boldsymbol{b})=3$，故齐次线性方程组 $\boldsymbol{Ax}=\boldsymbol{b}$ 无解。

在命题(4)中，设齐次线性方程组 $\boldsymbol{Ax}=\boldsymbol{0}$ 为

$$\begin{cases}x_1+x_2=0\\2x_1+2x_2=0\end{cases}$$

其中 $r(\boldsymbol{A})=1$ 小于 $\boldsymbol{A}$ 的列数，故该方程组有非零解。设非齐次线性方程组 $\boldsymbol{Ax}=\boldsymbol{b}$ 为

$$\begin{cases}x_1+x_2=2\\2x_1+2x_2=3\end{cases}$$

其中，$r(\boldsymbol{A})=1$，$r(\boldsymbol{A},\boldsymbol{b})=2$，故齐次线性方程组 $\boldsymbol{Ax}=\boldsymbol{b}$ 无解。

故正确答案选择(B)。

评注　由于非齐次线性方程组 $\boldsymbol{Ax}=\boldsymbol{b}$ 存在无解的情况，因此只有在 $\boldsymbol{Ax}=\boldsymbol{b}$ 有解的情况下，$\boldsymbol{Ax}=\boldsymbol{b}$ 和其导出组 $\boldsymbol{Ax}=\boldsymbol{0}$ 解的唯一性才有对应关系，即：

(1) 若 $\boldsymbol{Ax}=\boldsymbol{b}$ 有解，则 $\boldsymbol{Ax}=\boldsymbol{0}$ 只有零解 $\Leftrightarrow\boldsymbol{Ax}=\boldsymbol{b}$ 有唯一解。

(2) 若 $\boldsymbol{Ax}=\boldsymbol{b}$ 有解，则 $\boldsymbol{Ax}=\boldsymbol{0}$ 有非零解 $\Leftrightarrow\boldsymbol{Ax}=\boldsymbol{b}$ 有无穷多组解。

名师笔记

考生需要注意，命题从 $\boldsymbol{Ax}=\boldsymbol{b}$ 向 $\boldsymbol{Ax}=\boldsymbol{0}$ 推，往往是正确的；命题从 $\boldsymbol{Ax}=\boldsymbol{0}$ 向 $\boldsymbol{Ax}=\boldsymbol{b}$ 推，往往是错误的。

例 4.10　设 n 阶矩阵 $\boldsymbol{A}$ 的伴随矩阵为 $\boldsymbol{A}^*$，行列式 $|\boldsymbol{A}|$ 的代数余子式 $A_{11}\neq0$。证明：非齐次线性方程组 $\boldsymbol{Ax}=\boldsymbol{\beta}$ 有无穷多组解的充分必要条件是非零向量 $\boldsymbol{\beta}$ 为齐次线性方程组 $\boldsymbol{A}^*\boldsymbol{x}=\boldsymbol{0}$ 的解。

解题思路　行列式 $|\boldsymbol{A}|$ 的代数余子式 $A_{11}\neq0$，说明矩阵 $\boldsymbol{A}$ 的后 $n-1$ 个列向量线性无关。

证明　必要性。若 $\boldsymbol{Ax}=\boldsymbol{\beta}$ 有无穷多组解，则有 $r(\boldsymbol{A})=r(\bar{\boldsymbol{A}})<n$，故 $|\boldsymbol{A}|=0$。设 $\boldsymbol{\eta}$ 是方程组 $\boldsymbol{Ax}=\boldsymbol{\beta}$ 的一个解向量，则有 $\boldsymbol{A\eta}=\boldsymbol{\beta}$，用 $\boldsymbol{A}^*$ 左乘等式两边，有

$$\boldsymbol{A}^*\boldsymbol{\beta}=\boldsymbol{A}^*(\boldsymbol{A\eta})=\boldsymbol{A}^*\boldsymbol{A\eta}=|\boldsymbol{A}|\boldsymbol{E\eta}=\boldsymbol{0}$$

上式说明 $\boldsymbol{\beta}$ 为齐次线性方程组 $\boldsymbol{A}^*\boldsymbol{x}=\boldsymbol{0}$ 的解。

充分性。若非零向量 $\boldsymbol{\beta}$ 为齐次线性方程组 $\boldsymbol{A}^*\boldsymbol{x}=\boldsymbol{0}$ 的解，即 $\boldsymbol{A}^*\boldsymbol{x}=\boldsymbol{0}$ 有非零解，则 $r(\boldsymbol{A}^*)<n$，根据公式 $r(\boldsymbol{A}^*)=\begin{cases}n & (r(\boldsymbol{A})=n)\\1 & (r(\boldsymbol{A})=n-1)\\0 & (r(\boldsymbol{A})<n-1)\end{cases}$ 及构成矩阵 $\boldsymbol{A}^*$ 的元素 $A_{11}\neq0$ 可知，$r(\boldsymbol{A}^*)=1$ 及 $r(\boldsymbol{A})=n-1$，故方程组 $\boldsymbol{A}^*\boldsymbol{x}=\boldsymbol{0}$ 基础解系所含解向量的个数为 $n-1$。又根据

公式 $\boldsymbol{A}^*\boldsymbol{A}=|\boldsymbol{A}|\boldsymbol{E}$ 及 $|\boldsymbol{A}|=0$ 可知 $\boldsymbol{A}^*\boldsymbol{A}=\boldsymbol{O}$，该式说明矩阵 $\boldsymbol{A}$ 的所有列向量都是 $\boldsymbol{A}^*\boldsymbol{x}=\boldsymbol{0}$ 的解向量。又由于 $A_{11}\neq\boldsymbol{0}$，而 A_{11} 的含义是删去矩阵 $\boldsymbol{A}$ 的第 1 行和第 1 列而剩下矩阵的行列式，因此可以得出矩阵 $\boldsymbol{A}$ 的后 $n-1$ 个列向量 $\boldsymbol{\alpha}_2, \boldsymbol{\alpha}_3, \cdots, \boldsymbol{\alpha}_n$ 线性无关，故 $\boldsymbol{\alpha}_2, \boldsymbol{\alpha}_3, \cdots, \boldsymbol{\alpha}_n$ 为方程组 $\boldsymbol{A}^*\boldsymbol{x}=\boldsymbol{0}$ 的一组基础解系。而 $\boldsymbol{\beta}$ 又是齐次线性方程组 $\boldsymbol{A}^*\boldsymbol{x}=\boldsymbol{0}$ 的解，所以 $\boldsymbol{\beta}$ 可以由向量组 $\boldsymbol{\alpha}_2, \boldsymbol{\alpha}_3, \cdots, \boldsymbol{\alpha}_n$ 线性表示，于是 $\boldsymbol{\beta}$ 也可以由向量组 $\boldsymbol{\alpha}_1, \boldsymbol{\alpha}_2, \boldsymbol{\alpha}_3, \cdots, \boldsymbol{\alpha}_n$ 线性表示，故有 $r(\boldsymbol{A})=r(\boldsymbol{A},\boldsymbol{\beta})=n-1$，最后得到方程组 $\boldsymbol{A}\boldsymbol{x}=\boldsymbol{\beta}$ 有无穷组解。

评注 (1) 本题的已知条件行列式 $|\boldsymbol{A}|$ 的代数余子式 $A_{11}\neq 0$ 非常关键，由此可以获得以下结论：

① $\boldsymbol{A}^*\neq\boldsymbol{O}$，则 $r(\boldsymbol{A}^*)\neq\boldsymbol{0}$。

② 矩阵 $\boldsymbol{A}$ 的后 $n-1$ 个列（或行）向量线性无关，则 $r(\boldsymbol{A})\geqslant n-1$。

(2) 本题考查了关于伴随矩阵 $\boldsymbol{A}^*$ 的三个知识点：

① $\boldsymbol{A}^*$ 的第 i 列元素是由 $\boldsymbol{A}$ 的第 i 行元素的代数余子式构成的。

② $r(\boldsymbol{A}^*)=\begin{cases} n, & r(\boldsymbol{A})=n \\ 1, & r(\boldsymbol{A})=n-1 \\ 0, & r(\boldsymbol{A})<n-1 \end{cases}$。

③ $\boldsymbol{A}^*\boldsymbol{A}=|\boldsymbol{A}|\boldsymbol{E}$。

(3) 若 $\boldsymbol{A}\boldsymbol{B}=\boldsymbol{O}$，则 $\boldsymbol{B}$ 的所有列向量都是方程组 $\boldsymbol{A}\boldsymbol{x}=\boldsymbol{0}$ 的解。

名师笔记

伴随矩阵 $\boldsymbol{A}^*$ 非常频繁地出现在考研试题中，考生要熟练掌握它的相关公式。

例 4.11 设 $\boldsymbol{A}$ 为 n 阶矩阵($n\geqslant 2$)，$\boldsymbol{A}^*$ 是 $\boldsymbol{A}$ 的伴随矩阵，且 $r(\boldsymbol{A}^*)=1$，那么方程组 $\boldsymbol{A}\boldsymbol{x}=\boldsymbol{0}$ 的基础解系所含解向量的个数为____。

解题思路 根据 $r(\boldsymbol{A})$ 和 $r(\boldsymbol{A}^*)$ 的关系来解题。

解 根据公式 $r(\boldsymbol{A}^*)=\begin{cases} n & (r(\boldsymbol{A})=n) \\ 1 & (r(\boldsymbol{A})=n-1) \\ 0 & (r(\boldsymbol{A})<n-1) \end{cases}$ 及 $r(\boldsymbol{A}^*)=1$ 可知 $r(\boldsymbol{A})=n-1$，那么方程组 $\boldsymbol{A}\boldsymbol{x}=\boldsymbol{0}$ 基础解系所含解向量的个数为 $n-r(\boldsymbol{A})=1$。

评注 本题考查两个知识点：一个是矩阵 $\boldsymbol{A}$ 的秩和其伴随矩阵 $\boldsymbol{A}^*$ 的秩之间的关系；另一个是齐次线性方程组基础解系所含解向量的个数。

题型 3 求抽象线性方程组的通解

名师笔记

求抽象线性方程组的通解非常频繁地出现在考研试题中，考生要熟练掌握它的具体求解方法。

例 4.12 设 $\boldsymbol{A}$ 为 $m\times n$ 矩阵，$r(\boldsymbol{A})=n-1$，且 $\boldsymbol{\xi}_1$、$\boldsymbol{\xi}_2$ 是齐次线性方程组 $\boldsymbol{A}\boldsymbol{x}=\boldsymbol{0}$ 的两个不同的解向量，则 $\boldsymbol{A}\boldsymbol{x}=\boldsymbol{0}$ 的通解为[　　]。

(A) $k\boldsymbol{\xi}_1, k\in\mathbf{R}$　　(B) $k(\boldsymbol{\xi}_1+\boldsymbol{\xi}_2), k\in\mathbf{R}$

(C) $k(\boldsymbol{\xi}_1-\boldsymbol{\xi}_2)$, $k\in\mathbf{R}$ (D) 以上都不正确

解题思路 首先确定方程组 $\boldsymbol{Ax}=\mathbf{0}$ 基础解系所含解向量的个数，其次注意 $\boldsymbol{\xi}_1$、$\boldsymbol{\xi}_2$ 是不同的两个解向量。

解 根据齐次线性方程组 $\boldsymbol{Ax}=\mathbf{0}$ 基础解系所含解向量的个数定理可知，$\boldsymbol{Ax}=\mathbf{0}$ 的基础解系所含解向量的个数为 $n-r(\boldsymbol{A})=1$，故任意一个非零解向量即为 $\boldsymbol{Ax}=\mathbf{0}$ 的基础解系。而 $\boldsymbol{\xi}_1$、$\boldsymbol{\xi}_2$ 是 $\boldsymbol{Ax}=\mathbf{0}$ 的两个不同的解向量，则 $\boldsymbol{\xi}_1+\boldsymbol{\xi}_2$ 有可能为零向量，而 $\boldsymbol{\xi}_1-\boldsymbol{\xi}_2$ 不可能为零向量；同理 $\boldsymbol{\xi}_1$ 也有可能为零向量。

故正确答案为(C)。

评注 本题考查知识点如下：

(1) 齐次线性方程组 $\boldsymbol{Ax}=\mathbf{0}$ 基础解系所含解向量的个数 $=\boldsymbol{A}$ 的列数 $-r(\boldsymbol{A})$。

(2) 若 $\boldsymbol{Ax}=\mathbf{0}$ 基础解系所含解向量的个数是1，则任意一个非零解向量都是 $\boldsymbol{Ax}=\mathbf{0}$ 的一个基础解系。

(3) $\boldsymbol{\xi}_1\neq\boldsymbol{\xi}_2\Rightarrow\boldsymbol{\xi}_1-\boldsymbol{\xi}_2\neq\mathbf{0}$。

例 4.13 (2011.3)设 $\boldsymbol{A}$ 为 4×3 矩阵，$\boldsymbol{\eta}_1$、$\boldsymbol{\eta}_2$、$\boldsymbol{\eta}_3$ 是非齐次线性方程组 $\boldsymbol{Ax}=\boldsymbol{\beta}$ 的3个线性无关的解，k_1、k_2 为任意常数，则 $\boldsymbol{Ax}=\boldsymbol{\beta}$ 的通解为[ ]。

(A) $\dfrac{\boldsymbol{\eta}_2+\boldsymbol{\eta}_3}{2}+k_1(\boldsymbol{\eta}_2-\boldsymbol{\eta}_1)$ (B) $\dfrac{\boldsymbol{\eta}_2-\boldsymbol{\eta}_3}{2}+k_2(\boldsymbol{\eta}_2-\boldsymbol{\eta}_1)$

(C) $\dfrac{\boldsymbol{\eta}_2+\boldsymbol{\eta}_3}{2}+k_1(\boldsymbol{\eta}_3-\boldsymbol{\eta}_1)+k_2(\boldsymbol{\eta}_2-\boldsymbol{\eta}_1)$ (D) $\dfrac{\boldsymbol{\eta}_2-\boldsymbol{\eta}_3}{2}+k_1(\boldsymbol{\eta}_2-\boldsymbol{\eta}_1)+k_2(\boldsymbol{\eta}_3-\boldsymbol{\eta}_1)$

解题思路 根据方程组解的性质可知，$\boldsymbol{\eta}_2-\boldsymbol{\eta}_1$ 为 $\boldsymbol{Ax}=\boldsymbol{\beta}$ 的导出组 $\boldsymbol{Ax}=\mathbf{0}$ 的解，$\dfrac{\boldsymbol{\eta}_2+\boldsymbol{\eta}_3}{2}$是 $\boldsymbol{Ax}=\boldsymbol{\beta}$ 的解，再进一步确定 $\boldsymbol{Ax}=\mathbf{0}$ 的基础解系所含向量的个数。

解 由于 $\boldsymbol{\eta}_1$、$\boldsymbol{\eta}_2$、$\boldsymbol{\eta}_3$ 是非齐次线性方程组 $\boldsymbol{Ax}=\boldsymbol{\beta}$ 的3个线性无关的解，因此 $\boldsymbol{\eta}_3-\boldsymbol{\eta}_1$、$\boldsymbol{\eta}_2-\boldsymbol{\eta}_1$ 是 $\boldsymbol{Ax}=\mathbf{0}$ 的2个线性无关的解，即 $\boldsymbol{Ax}=\mathbf{0}$ 至少存在2个线性无关的解向量，故有 $3-r(\boldsymbol{A})\geqslant2$，则 $r(\boldsymbol{A})\leqslant1$。而 $\boldsymbol{A}\neq\boldsymbol{O}$，则 $r(\boldsymbol{A})=1$，于是 $\boldsymbol{Ax}=\mathbf{0}$ 的基础解系含有 $3-1=2$ 个线性无关的解向量，故 $\boldsymbol{Ax}=\mathbf{0}$ 的通解为 $k_1(\boldsymbol{\eta}_3-\boldsymbol{\eta}_1)+k_2(\boldsymbol{\eta}_2-\boldsymbol{\eta}_1)$，其中 k_1、k_2 为任意常数。

根据 $\boldsymbol{\eta}_1$、$\boldsymbol{\eta}_2$、$\boldsymbol{\eta}_3$ 是方程组 $\boldsymbol{Ax}=\boldsymbol{\beta}$ 的解，则有 $\boldsymbol{A\eta}_2=\boldsymbol{\beta}$，$\boldsymbol{A\eta}_3=\boldsymbol{\beta}$，于是$\dfrac{\boldsymbol{\eta}_2+\boldsymbol{\eta}_3}{2}$也是方程组 $\boldsymbol{Ax}=\boldsymbol{\beta}$ 的解。

综上分析可知，方程组 $\boldsymbol{Ax}=\boldsymbol{\beta}$ 的通解为$\dfrac{\boldsymbol{\eta}_2+\boldsymbol{\eta}_3}{2}+k_1(\boldsymbol{\eta}_3-\boldsymbol{\eta}_1)+k_2(\boldsymbol{\eta}_2-\boldsymbol{\eta}_1)$，其中 k_1、k_2 为任意常数。故答案选择(C)。

评注 本题考查以下知识点：

(1) 若 $\boldsymbol{Ax}=\boldsymbol{\beta}$ 存在 n 个线性无关的解向量，则 $\boldsymbol{Ax}=\boldsymbol{\beta}$ 的导出组 $\boldsymbol{Ax}=\mathbf{0}$ 至少存在 $n-1$ 个线性无关的解向量。

(2) 若 $\boldsymbol{\eta}_1$、$\boldsymbol{\eta}_2$ 是 $\boldsymbol{Ax}=\boldsymbol{\beta}$ 的解向量，则 $\boldsymbol{\eta}_1-\boldsymbol{\eta}_2$ 是 $\boldsymbol{Ax}=\mathbf{0}$ 的解向量。

(3) 若 $\boldsymbol{\eta}_1,\boldsymbol{\eta}_2,\cdots,\boldsymbol{\eta}_n$ 是 $\boldsymbol{Ax}=\boldsymbol{\beta}$ 的解向量，则$\dfrac{1}{n}(\boldsymbol{\eta}_1+\boldsymbol{\eta}_2+\cdots+\boldsymbol{\eta}_n)$是 $\boldsymbol{Ax}=\boldsymbol{\beta}$ 的解向量。

(4) $\boldsymbol{Ax}=\mathbf{0}$ 基础解系所含解向量的个数为 $\boldsymbol{A}$ 的列数 $-r(\boldsymbol{A})$。

(5) 非齐次线性方程组 $\boldsymbol{Ax}=\boldsymbol{\beta}$ 的系数矩阵 $\boldsymbol{A}\neq\boldsymbol{O}$。

(6) $\boldsymbol{Ax}=\boldsymbol{\beta}$ 的通解是由其导出组 $\boldsymbol{Ax}=\boldsymbol{0}$ 的通解与 $\boldsymbol{Ax}=\boldsymbol{\beta}$ 的特解构成的。

名师笔记

此类题目的答案形式往往不唯一，故考生要根据试题给出的四个选项来分析和选择。

例 4.14　已知 n 阶矩阵 $\boldsymbol{A}$ 每一行的元素之和都为零，且 $r(\boldsymbol{A})=n-1$，则齐次线性方程组 $\boldsymbol{Ax}=\boldsymbol{0}$ 的通解是__________。

解题思路　首先分析 $\boldsymbol{Ax}=\boldsymbol{0}$ 基础解系所含解向量的个数，其次充分理解 $\boldsymbol{A}$ 每一行的元素之和都为零。

解　齐次线性方程组 $\boldsymbol{Ax}=\boldsymbol{0}$ 基础解系所含解向量的个数为 $n-r(\boldsymbol{A})=n-(n-1)=1$，即任意一个非零解向量都是 $\boldsymbol{Ax}=\boldsymbol{0}$ 的一个基础解系。而矩阵 $\boldsymbol{A}$ 每一行的元素之和都为零可以理解成矩阵等式为

$$\begin{bmatrix} a_{11} & a_{12} & \cdots & a_{1n} \\ a_{21} & a_{22} & \cdots & a_{2n} \\ \vdots & \vdots & & \vdots \\ a_{n1} & a_{n2} & \cdots & a_{nn} \end{bmatrix}\begin{bmatrix} 1 \\ 1 \\ \vdots \\ 1 \end{bmatrix}=\begin{bmatrix} 0 \\ 0 \\ \vdots \\ 0 \end{bmatrix}$$

即非零列向量 $(1, 1, \cdots, 1)^{\mathrm{T}}$ 是齐次线性方程组 $\boldsymbol{Ax}=\boldsymbol{0}$ 的解向量，则齐次线性方程组 $\boldsymbol{Ax}=\boldsymbol{0}$ 的通解是 $k(1, 1, \cdots, 1)^{\mathrm{T}}$，$k$ 为任意常数。

评注

(1) 要善于用矩阵等式来表述线性代数问题(参见例 2.14)。

(2) 齐次线性方程组 $\boldsymbol{Ax}=\boldsymbol{0}$ 的基础解系所含解向量的个数为 $1\Rightarrow\boldsymbol{Ax}=\boldsymbol{0}$ 的任意一个非零解向量都是 $\boldsymbol{Ax}=\boldsymbol{0}$ 的一个基础解系。

例 4.15　已知 $\boldsymbol{A}$ 为三阶非零矩阵，矩阵 $\boldsymbol{B}=\begin{bmatrix} 1 & -2 & -1 \\ -1 & 2 & a \\ 2 & 3 & 5 \end{bmatrix}$，且 $\boldsymbol{AB}=\boldsymbol{O}$，求 a 及齐次线性方程组 $\boldsymbol{Ax}=\boldsymbol{0}$ 的通解。

解题思路　首先根据矩阵 $\boldsymbol{A}$ 和矩阵 $\boldsymbol{B}$ 的特点，确定齐次线性方程组 $\boldsymbol{Ax}=\boldsymbol{0}$ 基础解系所含解向量的个数。

解　齐次线性方程组 $\boldsymbol{Ax}=\boldsymbol{0}$ 基础解系所含解向量的个数为 $3-r(\boldsymbol{A})$，由于 $\boldsymbol{A}$ 为非零矩阵，则 $r(\boldsymbol{A})>0$，故 $3-r(\boldsymbol{A})<3$。又由于 $\boldsymbol{AB}=\boldsymbol{O}$，则矩阵 $\boldsymbol{B}$ 的 3 个列向量都是 $\boldsymbol{Ax}=\boldsymbol{0}$ 的解向量，而 $\boldsymbol{B}$ 的第 1 列向量和第 2 列向量线性无关，故 $\boldsymbol{Ax}=\boldsymbol{0}$ 基础解系所含解向量的个数为 2。所以矩阵 $\boldsymbol{B}$ 的第 1 列和第 2 列向量构成了方程组 $\boldsymbol{Ax}=\boldsymbol{0}$ 的一组基础解系，于是 $\boldsymbol{Ax}=\boldsymbol{0}$ 的通解为 $k_1(1, -1, 2)^{\mathrm{T}}+k_2(-2, 2, 3)^{\mathrm{T}}$，$k_1$、$k_2$ 为任意常数。由于 $\boldsymbol{B}$ 的第 3 列也是 $\boldsymbol{Ax}=\boldsymbol{0}$ 的解，则它一定可以由 $\boldsymbol{B}$ 的前两列线性表示，故有 $|\boldsymbol{B}|=0$，计算得 $a=1$。

评注　确定齐次线性方程组 $\boldsymbol{Ax}=\boldsymbol{0}$ 基础解系所含解向量的个数是求解本题的关键。本题考查如下知识点：

(1) 齐次线性方程组 $\boldsymbol{A}_3\boldsymbol{x}=\boldsymbol{0}$ 基础解系所含解向量的个数可能是 3、2、1、0。当 $\boldsymbol{A}=\boldsymbol{O}$

时，$A_3x=\mathbf{0}$ 基础解系所含解向量的个数为 3；当 A 列满秩时，$A_3x=\mathbf{0}$ 基础解系所含解向量的个数为 0。

(2) $AB=O\Rightarrow B$ 的所有列向量都是 $Ax=\mathbf{0}$ 的解向量 $\Rightarrow Ax=\mathbf{0}$ 基础解系所含解向量的个数大于等于 $r(B)$。

例 4.16 已知 α_1、α_2、α_3、α_4、β 均为 n 维列向量，其中 α_1，α_2，α_3 线性无关，$\alpha_4=2\alpha_1-\alpha_3$，$\beta=\alpha_1+\alpha_2+\alpha_3$，求非齐次线性方程组 $Ax=\beta$ 的通解。其中 $A=(\alpha_1,\alpha_2,\alpha_3,\alpha_4)$。

解题思路 先确定 $Ax=\beta$ 的导出组 $Ax=\mathbf{0}$ 基础解系所含解向量的个数，再进一步找出 $Ax=\mathbf{0}$ 的基础解系和 $Ax=\beta$ 的特解。

解 因为 α_1，α_2，α_3 线性无关，而 $\alpha_4=2\alpha_1-\alpha_3$，则 $r(A)=3$，故齐次线性方程组 $Ax=\mathbf{0}$ 基础解系所含解向量的个数为 $4-r(A)=1$。所以 $Ax=\mathbf{0}$ 的任意一个非零解向量都是 $Ax=\mathbf{0}$ 的一个基础解系。

而 $\alpha_4=2\alpha_1-\alpha_3$，即 $2\alpha_1-\alpha_3-\alpha_4=\mathbf{0}$，进一步写为矩阵等式：

$$(\alpha_1,\alpha_2,\alpha_3,\alpha_4)\begin{bmatrix}2\\0\\-1\\-1\end{bmatrix}=\mathbf{0}$$

上式说明向量 $(2,0,-1,-1)^T$ 是方程组 $Ax=\mathbf{0}$ 的一个解向量。又因为 $\beta=\alpha_1+\alpha_2+\alpha_3$，可以写成矩阵等式：

$$(\alpha_1,\alpha_2,\alpha_3,\alpha_4)\begin{bmatrix}1\\1\\1\\0\end{bmatrix}=\beta$$

上式说明向量 $(1,1,1,0)^T$ 是方程组 $Ax=\beta$ 的一个特解。

综上所述，非齐次线性方程组 $Ax=\beta$ 的通解为 $(1,1,1,0)^T+k(2,0,-1,-1)^T$，$k$ 为任意常数。

评注 求抽象的非齐次线性方程组 $Ax=\beta$ 的通解的基本步骤如下：

(1) 确定 $Ax=\beta$ 的导出组 $Ax=\mathbf{0}$ 基础解系所含解向量个数。

(2) 根据已知条件找出 $Ax=\mathbf{0}$ 的基础解系。

(3) 根据已知条件找出 $Ax=\beta$ 的一个特解。

名师笔记

在求解齐次线性方程组 $Ax=\mathbf{0}$ 时，考生要理解矩阵 A 的秩与方程组线性无关解向量的个数之和是固定不变的(等于 A 的列数，即未知数个数)，于是：秩越大，通解越短；秩越小，通解越长。

例 4.17 设 A 为 3 阶矩阵，且 $r(A)=2$，已知 η_1、η_2、η_3 是非齐次线性方程组 $Ax=b$ 的三个解向量，且 $\eta_1+\eta_2=(2,6,0)^T$，$\eta_2-\eta_3=(1,2,3)^T$，则非齐次线性方程组 $Ax=b$ 的通解是______________。

解题思路　方程组 $\boldsymbol{Ax}=\boldsymbol{b}$ 两个解向量的差一定是其导出组 $\boldsymbol{Ax}=\boldsymbol{0}$ 的解向量。

解　由于 $r(\boldsymbol{A})=2$，则方程组 $\boldsymbol{Ax}=\boldsymbol{0}$ 基础解系所含解向量的个数为 $3-2=1$，因此 $\boldsymbol{Ax}=\boldsymbol{0}$ 的任意一个非零解都是 $\boldsymbol{Ax}=\boldsymbol{0}$ 的一个基础解系。

因为 $\boldsymbol{\eta}_1$、$\boldsymbol{\eta}_2$ 是非齐次线性方程组 $\boldsymbol{Ax}=\boldsymbol{b}$ 的解向量，所以

$$\boldsymbol{A\eta}_1=\boldsymbol{b},\ \boldsymbol{A\eta}_2=\boldsymbol{b}$$

把这两个等式相加，有

$$\boldsymbol{A}(\boldsymbol{\eta}_1+\boldsymbol{\eta}_2)=2\boldsymbol{b},\ \boldsymbol{A}\frac{\boldsymbol{\eta}_1+\boldsymbol{\eta}_2}{2}=\boldsymbol{b}$$

上式说明向量 $\frac{\boldsymbol{\eta}_1+\boldsymbol{\eta}_2}{2}$ 是方程组 $\boldsymbol{Ax}=\boldsymbol{b}$ 的解向量，而 $\frac{\boldsymbol{\eta}_1+\boldsymbol{\eta}_2}{2}=\frac{1}{2}(2,6,0)^{\mathrm{T}}=(1,3,0)^{\mathrm{T}}$。

又因为 $\boldsymbol{\eta}_2$、$\boldsymbol{\eta}_3$ 也是非齐次线性方程组 $\boldsymbol{Ax}=\boldsymbol{b}$ 的解向量，所以

$$\boldsymbol{A\eta}_2=\boldsymbol{b},\ \boldsymbol{A\eta}_3=\boldsymbol{b}$$

把这两个等式相减，有

$$\boldsymbol{A}(\boldsymbol{\eta}_2-\boldsymbol{\eta}_3)=\boldsymbol{0}$$

上式说明向量 $\boldsymbol{\eta}_2-\boldsymbol{\eta}_3$ 是方程组 $\boldsymbol{Ax}=\boldsymbol{0}$ 的解向量，而 $\boldsymbol{\eta}_2-\boldsymbol{\eta}_3=(1,2,3)^{\mathrm{T}}$。

综上所述，非齐次线性方程组 $\boldsymbol{Ax}=\boldsymbol{b}$ 的通解是 $(1,3,0)^{\mathrm{T}}+k(1,2,3)^{\mathrm{T}}$，$k$ 为任意常数。

评注　本题考查到以下知识点：

(1) $\boldsymbol{\eta}_1$、$\boldsymbol{\eta}_2$ 是 $\boldsymbol{Ax}=\boldsymbol{b}$ 的解向量 $\Rightarrow \boldsymbol{\eta}_1-\boldsymbol{\eta}_2$ 是 $\boldsymbol{Ax}=\boldsymbol{b}$ 的导出组 $\boldsymbol{Ax}=\boldsymbol{0}$ 的解向量。

(2) $\boldsymbol{\eta}_1,\boldsymbol{\eta}_2,\cdots,\boldsymbol{\eta}_t$ 是 $\boldsymbol{Ax}=\boldsymbol{b}$ 的解向量 $\Rightarrow \frac{1}{k_1+k_2+\cdots+k_t}(k_1\boldsymbol{\eta}_1+k_2\boldsymbol{\eta}_2+\cdots+k_t\boldsymbol{\eta}_t)$ 是 $\boldsymbol{Ax}=\boldsymbol{b}$ 的解向量。

名师笔记

在分析一个向量是否为一个方程组的解时，最简单的方法就是把该向量带入方程组，分析方程式等号左右是否相等。比如评注的结论(1)和(2)。

例 4.18　已知 $\boldsymbol{A}$ 为 4×3 矩阵，且 $\boldsymbol{A}=(\boldsymbol{\alpha}_1,\boldsymbol{\alpha}_2,\boldsymbol{\alpha}_3)$，非齐次线性方程组 $\boldsymbol{Ax}=\boldsymbol{\beta}$ 的通解为 $(1,2,3)^{\mathrm{T}}+k(-1,-2,2)^{\mathrm{T}}$，其中 k 为任意常数。设 $\boldsymbol{B}=(\boldsymbol{\alpha}_1,\boldsymbol{\alpha}_2,\boldsymbol{\alpha}_3,\boldsymbol{\beta}-2\boldsymbol{\alpha}_2)$，求方程组 $\boldsymbol{Bx}=\boldsymbol{\alpha}_2-\boldsymbol{\alpha}_3$ 的通解。

解题思路　充分利用已知条件 $\boldsymbol{Ax}=\boldsymbol{\beta}$ 的通解为 $(1,2,3)^{\mathrm{T}}+k(-1,-2,2)^{\mathrm{T}}$。

解　由于 $\boldsymbol{B}=(\boldsymbol{\alpha}_1,\boldsymbol{\alpha}_2,\boldsymbol{\alpha}_3,\boldsymbol{\beta}-2\boldsymbol{\alpha}_2)$，显然方程组 $\boldsymbol{Bx}=\boldsymbol{\alpha}_2-\boldsymbol{\alpha}_3$ 的常数向量 $\boldsymbol{\alpha}_2-\boldsymbol{\alpha}_3$ 可以由系数矩阵 $\boldsymbol{B}$ 的列向量组线性表示，即

$$(\boldsymbol{\alpha}_1,\boldsymbol{\alpha}_2,\boldsymbol{\alpha}_3,\boldsymbol{\beta}-2\boldsymbol{\alpha}_2)\begin{bmatrix}0\\1\\-1\\0\end{bmatrix}=\boldsymbol{\alpha}_2-\boldsymbol{\alpha}_3$$

上式表明列向量 $(0,1,-1,0)^{\mathrm{T}}$ 是方程组 $\boldsymbol{Bx}=\boldsymbol{\alpha}_2-\boldsymbol{\alpha}_3$ 的一个特解。下面来分析方程

组 $\boldsymbol{Bx}=\boldsymbol{\alpha}_2-\boldsymbol{\alpha}_3$ 导出组 $\boldsymbol{Bx}=\boldsymbol{0}$ 的通解。

由于非齐次线性方程组 $\boldsymbol{Ax}=\boldsymbol{\beta}$ 的通解为 $(1,2,3)^T+k(-1,-2,2)^T$，因此可以得到以下三个结论：

(1) $\boldsymbol{Ax}=\boldsymbol{\beta}$ 导出组 $\boldsymbol{Ax}=\boldsymbol{0}$ 的基础解系所含解向量的个数为 1，则 $3-r(\boldsymbol{A})=1$，即 $r(\boldsymbol{A})=2$。又由于 $\boldsymbol{Ax}=\boldsymbol{\beta}$ 有解，则 $\boldsymbol{\beta}$ 可以由 $\boldsymbol{\alpha}_1,\boldsymbol{\alpha}_2,\boldsymbol{\alpha}_3$ 线性表示，于是 $\boldsymbol{\beta}-2\boldsymbol{\alpha}_2$ 也能由 $\boldsymbol{\alpha}_1,\boldsymbol{\alpha}_2,\boldsymbol{\alpha}_3$ 线性表示，故 $r(\boldsymbol{B})=r(\boldsymbol{\alpha}_1,\boldsymbol{\alpha}_2,\boldsymbol{\alpha}_3,\boldsymbol{\beta}-2\boldsymbol{\alpha}_2)=r(\boldsymbol{A})=2$。所以方程组 $\boldsymbol{Bx}=\boldsymbol{\alpha}_2-\boldsymbol{\alpha}_3$ 导出组 $\boldsymbol{Bx}=\boldsymbol{0}$ 基础解系所含解向量的个数为 $4-2=2$。

(2) $(1,2,3)^T$ 是 $\boldsymbol{Ax}=\boldsymbol{\beta}$ 的解，则有 $(\boldsymbol{\alpha}_1,\boldsymbol{\alpha}_2,\boldsymbol{\alpha}_3)\begin{bmatrix}1\\2\\3\end{bmatrix}=\boldsymbol{\beta}$，即 $\boldsymbol{\alpha}_1+2\boldsymbol{\alpha}_2+3\boldsymbol{\alpha}_3=\boldsymbol{\beta}$，故有 $\boldsymbol{\alpha}_1+0\boldsymbol{\alpha}_2+3\boldsymbol{\alpha}_3-(\boldsymbol{\beta}-2\boldsymbol{\alpha}_2)=\boldsymbol{0}$。所以列向量 $(1,0,3,-1)^T$ 是 $\boldsymbol{Bx}=\boldsymbol{0}$ 的解向量。

(3) $(-1,-2,2)^T$ 是 $\boldsymbol{Ax}=\boldsymbol{0}$ 的解，则有 $(\boldsymbol{\alpha}_1,\boldsymbol{\alpha}_2,\boldsymbol{\alpha}_3)\begin{bmatrix}-1\\-2\\2\end{bmatrix}=\boldsymbol{0}$，即 $-\boldsymbol{\alpha}_1-2\boldsymbol{\alpha}_2+2\boldsymbol{\alpha}_3=\boldsymbol{0}$，故有 $-\boldsymbol{\alpha}_1-2\boldsymbol{\alpha}_2+2\boldsymbol{\alpha}_3+0(\boldsymbol{\beta}-2\boldsymbol{\alpha}_2)=\boldsymbol{0}$。所以列向量 $(-1,-2,2,0)^T$ 是 $\boldsymbol{Bx}=\boldsymbol{0}$ 的解向量。

综上所述，非齐次线性方程组 $\boldsymbol{Bx}=\boldsymbol{\alpha}_2-\boldsymbol{\alpha}_3$ 的通解为 $(0,1,-1,0)^T+k_1(1,0,3,-1)^T+k_2(-1,-2,2,0)^T$，其中 k_1、k_2 为任意常数。

评注　本题要充分利用非齐次线性方程组 $\boldsymbol{Ax}=\boldsymbol{\beta}$ 通解的具体表达式。下面再给出一个例子来说明。设 $\boldsymbol{A}=(\boldsymbol{\alpha}_1,\boldsymbol{\alpha}_2,\boldsymbol{\alpha}_3,\boldsymbol{\alpha}_4)$，且 $\boldsymbol{Ax}=\boldsymbol{\beta}$ 的通解为 $(1,2,3,4)^T+k_1(1,-1,1,0)^T+k_2(-1,3,0,1)^T$，则可以获得以下结论：

(1) $\boldsymbol{Ax}=\boldsymbol{\beta}$ 的导出组 $\boldsymbol{Ax}=\boldsymbol{0}$ 基础解系所含解向量的个数为 2，则有 $4-r(\boldsymbol{A})=2$，故 $r(\boldsymbol{A})=2$。

(2) $(1,2,3,4)^T$ 是 $\boldsymbol{Ax}=\boldsymbol{\beta}$ 的一个特解，则有 $(\boldsymbol{\alpha}_1,\boldsymbol{\alpha}_2,\boldsymbol{\alpha}_3,\boldsymbol{\alpha}_4)\begin{bmatrix}1\\2\\3\\4\end{bmatrix}=\boldsymbol{\beta}$，即 $\boldsymbol{\alpha}_1+2\boldsymbol{\alpha}_2+3\boldsymbol{\alpha}_3+4\boldsymbol{\alpha}_4=\boldsymbol{\beta}$。

(3) $(1,-1,1,0)^T$，$(-1,3,0,1)^T$ 是 $\boldsymbol{Ax}=\boldsymbol{\beta}$ 导出组 $\boldsymbol{Ax}=\boldsymbol{0}$ 的基础解系，于是有 $\boldsymbol{\alpha}_1-\boldsymbol{\alpha}_2+\boldsymbol{\alpha}_3=\boldsymbol{0}$ 和 $-\boldsymbol{\alpha}_1+3\boldsymbol{\alpha}_2+\boldsymbol{\alpha}_4=\boldsymbol{0}$。

例 4.19　(2011.1, 2)设 $\boldsymbol{A}=(\boldsymbol{\alpha}_1,\boldsymbol{\alpha}_2,\boldsymbol{\alpha}_3,\boldsymbol{\alpha}_4)$ 是 4 阶矩阵，$\boldsymbol{A}^*$ 是 $\boldsymbol{A}$ 的伴随矩阵，若 $(1,0,1,0)^T$ 是方程组 $\boldsymbol{Ax}=\boldsymbol{0}$ 的一个基础解系，则 $\boldsymbol{A}^*\boldsymbol{x}=\boldsymbol{0}$ 的基础解系为[　　]。

(A) $\boldsymbol{\alpha}_1,\boldsymbol{\alpha}_3$　　(B) $\boldsymbol{\alpha}_1,\boldsymbol{\alpha}_2$　　(C) $\boldsymbol{\alpha}_1,\boldsymbol{\alpha}_2,\boldsymbol{\alpha}_3$　　(D) $\boldsymbol{\alpha}_2,\boldsymbol{\alpha}_3,\boldsymbol{\alpha}_4$

解题思路　根据已知条件可知 $r(\boldsymbol{A})=3$，从而知 $r(\boldsymbol{A}^*)=1$，再根据 $\boldsymbol{A}^*\boldsymbol{A}=|\boldsymbol{A}|\boldsymbol{E}=\boldsymbol{O}$ 解题。

解　由于方程组 $\boldsymbol{Ax}=\boldsymbol{0}$ 的基础解系只含一个解向量，则 $4-r(\boldsymbol{A})=1$，可知 $r(\boldsymbol{A})=3$；再根据伴随矩阵秩的公式可知 $r(\boldsymbol{A}^*)=1$，因此方程组 $\boldsymbol{A}^*\boldsymbol{x}=\boldsymbol{0}$ 的基础解系含有 $4-1=3$ 个线性无关的解向量。

因为 $r(\boldsymbol{A})=3<4$，则 $|\boldsymbol{A}|=0$，于是 $\boldsymbol{A}^*\boldsymbol{A}=|\boldsymbol{A}|\boldsymbol{E}=\boldsymbol{O}$，即 $\boldsymbol{A}^*(\boldsymbol{\alpha}_1,\boldsymbol{\alpha}_2,\boldsymbol{\alpha}_3,\boldsymbol{\alpha}_4)=\boldsymbol{O}$，所

以 $\boldsymbol{\alpha}_1$、$\boldsymbol{\alpha}_2$、$\boldsymbol{\alpha}_3$、$\boldsymbol{\alpha}_4$ 都是方程组 $\boldsymbol{A}^*\boldsymbol{x}=\boldsymbol{0}$ 的解向量。

由于$(1,0,1,0)^{\mathrm{T}}$是方程组 $\boldsymbol{Ax}=\boldsymbol{0}$ 的解向量，则有$(\boldsymbol{\alpha}_1,\boldsymbol{\alpha}_2,\boldsymbol{\alpha}_3,\boldsymbol{\alpha}_4)\begin{bmatrix}1\\0\\1\\0\end{bmatrix}=\boldsymbol{0}$，即 $\boldsymbol{\alpha}_1+\boldsymbol{\alpha}_3=\boldsymbol{0}$，因此可知向量组$(\boldsymbol{\alpha}_1,\boldsymbol{\alpha}_2,\boldsymbol{\alpha}_3,\boldsymbol{\alpha}_4)$的一个极大无关组可以是 $\boldsymbol{\alpha}_1,\boldsymbol{\alpha}_2,\boldsymbol{\alpha}_4$ 或 $\boldsymbol{\alpha}_2,\boldsymbol{\alpha}_3,\boldsymbol{\alpha}_4$。所以本题的答案选择(D)。

评注　本题考查了以下知识点：

(1) 方程组 $\boldsymbol{Ax}=\boldsymbol{0}$ 的基础解系所含解向量的个数为 $k\Leftrightarrow$ 方程组 $\boldsymbol{Ax}=\boldsymbol{0}$ 解空间的维数为 $k\Leftrightarrow$ 方程组 $\boldsymbol{Ax}=\boldsymbol{0}$ 的系数矩阵 $\boldsymbol{A}$ 列数 $-r(\boldsymbol{A})=k$。

(2) $r(\boldsymbol{A}^*)=\begin{cases}n & (r(\boldsymbol{A})=n)\\1 & (r(\boldsymbol{A})=n-1)\\0 & (r(\boldsymbol{A})<n-1)\end{cases}$。

(3) $r(\boldsymbol{A}_n)<n\Leftrightarrow|\boldsymbol{A}_n|=0$。

(4) $\boldsymbol{A}^*\boldsymbol{A}=|\boldsymbol{A}|\boldsymbol{E}$。

(5) $\boldsymbol{AB}=\boldsymbol{O}\Leftrightarrow\boldsymbol{B}$ 的所有列向量都是方程组 $\boldsymbol{Ax}=\boldsymbol{0}$ 的解向量。

(6) $\begin{bmatrix}a\\b\\c\\d\end{bmatrix}$是方程组 $\boldsymbol{Ax}=\boldsymbol{0}$ 的解(其中 $\boldsymbol{A}=(\boldsymbol{\alpha}_1,\boldsymbol{\alpha}_2,\boldsymbol{\alpha}_3,\boldsymbol{\alpha}_4)$)$\Leftrightarrow a\boldsymbol{\alpha}_1+b\boldsymbol{\alpha}_2+c\boldsymbol{\alpha}_3+d\boldsymbol{\alpha}_4=\boldsymbol{0}$。

名师笔记

例 4.19 中有三个逻辑链：

(1) $\boldsymbol{A}_n\boldsymbol{x}=\boldsymbol{0}$ 有非零解$\Rightarrow|\boldsymbol{A}|=0\Rightarrow$则 $\boldsymbol{A}^*\boldsymbol{A}=\boldsymbol{O}\Rightarrow\boldsymbol{A}$ 的所有列向量是 $\boldsymbol{A}^*\boldsymbol{x}=\boldsymbol{0}$ 的解。

(2) $\boldsymbol{A}_4\boldsymbol{x}=\boldsymbol{0}$ 基础解系只含一个解向量$\Rightarrow r(\boldsymbol{A})=4-1=3\Rightarrow r(\boldsymbol{A}^*)=1\Rightarrow\boldsymbol{A}^*\boldsymbol{x}=\boldsymbol{0}$ 的基础解系含 $4-1=3$ 个解向量。

(3) $(1,0,1,0)^{\mathrm{T}}$ 是 $\boldsymbol{Ax}=\boldsymbol{0}$ 的解$\Rightarrow\boldsymbol{\alpha}_1,\boldsymbol{\alpha}_3$ 线性相关。($\boldsymbol{A}=(\boldsymbol{\alpha}_1,\boldsymbol{\alpha}_2,\boldsymbol{\alpha}_3,\boldsymbol{\alpha}_4)$)。

例 4.20　求一个以 $k(1,3,5,7)^{\mathrm{T}}+(1,2,3,4)^{\mathrm{T}}$为通解的非齐次线性方程组。

解题思路　首先求出通解为 $k(1,3,5,7)^{\mathrm{T}}$的齐次线性方程组。

解　设一个非齐次线性方程组 $\boldsymbol{Ax}=\boldsymbol{b}$ 的通解为 $k(1,3,5,7)^{\mathrm{T}}+(1,2,3,4)^{\mathrm{T}}$，则其导出组 $\boldsymbol{Ax}=\boldsymbol{0}$ 基础解系所含解向量的个数为 1，且向量$(1,3,5,7)^{\mathrm{T}}$是 $\boldsymbol{Ax}=\boldsymbol{0}$ 的解。设(a_1,a_2,a_3,a_4)为系数矩阵 $\boldsymbol{A}$ 的一个行向量，则有

$$(a_1,a_2,a_3,a_4)\begin{bmatrix}1\\3\\5\\7\end{bmatrix}=0$$

等式两边取转置运算，有

$$(1,\ 3,\ 5,\ 7)\begin{bmatrix}a_1\\a_2\\a_3\\a_4\end{bmatrix}=0$$

以上等式可以理解为4个未知数1个方程的齐次线性方程组，取a_2，a_3，a_4为自由变量，则其基础解系为$(-3,1,0,0)^{\mathrm{T}}$，$(-5,0,1,0)^{\mathrm{T}}$，$(-7,0,0,1)^{\mathrm{T}}$，于是方程组$\boldsymbol{Ax}=\boldsymbol{0}$为

$$\begin{cases}-3x_1+x_2=0\\-5x_1+x_3=0\\-7x_1+x_4=0\end{cases}$$

另外，又已知$(1,2,3,4)^{\mathrm{T}}$是非齐次线性方程组$\boldsymbol{Ax}=\boldsymbol{b}$的一个特解，则$\boldsymbol{Ax}=\boldsymbol{b}$为

$$\begin{cases}-3x_1+x_2=-1\\-5x_1+x_3=-2\\-7x_1+x_4=-3\end{cases}$$

评注　由于方程组$(1,\ 3,\ 5,\ 7)\begin{bmatrix}a_1\\a_2\\a_3\\a_4\end{bmatrix}=0$有无穷多组解，显然方程组$\boldsymbol{Ax}=\boldsymbol{0}$的形式不唯一，因此本题的答案也不唯一。

名师笔记

反求方程组的题目往往没有唯一解，所以考生更要注意不要“与众不同”，要按常规解题方法来做。

题型4　线性方程组解的结构与性质

例4.21　设$\boldsymbol{A}$是$m\times s$矩阵，$\boldsymbol{B}$是$s\times n$矩阵，且$\boldsymbol{AB}=\boldsymbol{O}$，证明：$r(\boldsymbol{A})+r(\boldsymbol{B})\leqslant s$。

解题思路　$\boldsymbol{AB}=\boldsymbol{O}$说明$\boldsymbol{B}$的所有列向量都是齐次线性方程组$\boldsymbol{Ax}=\boldsymbol{0}$的解向量，再根据$\boldsymbol{Ax}=\boldsymbol{0}$基础解系所含解向量的个数定理来进一步证明。

证明　将矩阵$\boldsymbol{B}$按列分块，有$\boldsymbol{B}=(\boldsymbol{b}_1,\boldsymbol{b}_2,\cdots,\boldsymbol{b}_n)$，则

$$\boldsymbol{AB}=\boldsymbol{A}(\boldsymbol{b}_1,\boldsymbol{b}_2,\cdots,\boldsymbol{b}_n)=(\boldsymbol{Ab}_1,\boldsymbol{Ab}_2,\cdots,\boldsymbol{Ab}_n)$$

因为$\boldsymbol{AB}=\boldsymbol{O}$，所以$\boldsymbol{Ab}_i=\boldsymbol{0}(i=1,2,\cdots,n)$，即矩阵$\boldsymbol{B}$的所有列向量都是齐次线性方程组$\boldsymbol{Ax}=\boldsymbol{0}$的解向量，故$\boldsymbol{B}$的所有列向量都可以由$\boldsymbol{Ax}=\boldsymbol{0}$的基础解系线性表示。而齐次线性方程组$\boldsymbol{Ax}=\boldsymbol{0}$的一组基础解系含有$s-r(\boldsymbol{A})$个解向量，故有

$$r(\boldsymbol{B})\leqslant s-r(\boldsymbol{A})$$

即

$$r(\boldsymbol{A})+r(\boldsymbol{B})\leqslant s$$

评注　该命题可以作为公式来应用。此题的证明考查了以下知识点：

(1) $\boldsymbol{AB}=\boldsymbol{O}\Leftrightarrow$矩阵$\boldsymbol{B}$的列向量都是齐次线性方程组$\boldsymbol{Ax}=\boldsymbol{0}$的解。

(2) 齐次线性方程组$\boldsymbol{Ax}=\boldsymbol{0}$基础解系所含解向量的个数为$\boldsymbol{A}$的列数$-r(\boldsymbol{A})$。

(3) 向量组 T_1 可以由向量组 T_2 线性表示 $\Rightarrow r(T_1)\leqslant r(T_2)$。

名师笔记

例 4.21 的结论比证明更重要。当考生看见 $\boldsymbol{AB}=\boldsymbol{O}$ 时，应该立即联想到：

(1) $\boldsymbol{B}$ 的所有列向量都是 $\boldsymbol{Ax}=\boldsymbol{0}$ 的解向量。

(2) $r(\boldsymbol{A})+r(\boldsymbol{B})\leqslant s$。($s$ 为 $\boldsymbol{A}$、$\boldsymbol{B}$ 相邻下标)。

例 4.22　设 $\boldsymbol{A}$ 为 $m\times n$ 矩阵，$r(\boldsymbol{A})=m<n$，设 $\boldsymbol{A}=\begin{bmatrix}\boldsymbol{\alpha}_1\\ \boldsymbol{\alpha}_2\\ \vdots\\ \boldsymbol{\alpha}_m\end{bmatrix}$，其中 $\boldsymbol{\alpha}_i\,(i=1,2,\cdots,m)$ 为 n 维行向量，令 $\boldsymbol{\beta}_i=\boldsymbol{\alpha}_i^{\mathrm{T}}\,(i=1,2,\cdots,m)$，已知 $\boldsymbol{\xi}_1,\boldsymbol{\xi}_2,\cdots,\boldsymbol{\xi}_{n-m}$ 是齐次线性方程组 $\boldsymbol{Ax}=\boldsymbol{0}$ 的基础解系，证明向量组 $\boldsymbol{\beta}_1,\boldsymbol{\beta}_2,\cdots,\boldsymbol{\beta}_m,\boldsymbol{\xi}_1,\boldsymbol{\xi}_2,\cdots,\boldsymbol{\xi}_{n-m}$ 是 n 维向量空间 $\mathbf{R}^n$ 的一组基。

解题思路　证明含有 n 个 n 维列向量的向量组 $\boldsymbol{\beta}_1,\boldsymbol{\beta}_2,\cdots,\boldsymbol{\beta}_m,\boldsymbol{\xi}_1,\boldsymbol{\xi}_2,\cdots,\boldsymbol{\xi}_{n-m}$ 线性无关。

证明　用定义法证明向量组 $\boldsymbol{\beta}_1,\boldsymbol{\beta}_2,\cdots,\boldsymbol{\beta}_m,\boldsymbol{\xi}_1,\boldsymbol{\xi}_2,\cdots,\boldsymbol{\xi}_{n-m}$ 线性无关。令

$$k_1\boldsymbol{\beta}_1+k_2\boldsymbol{\beta}_2+\cdots+k_m\boldsymbol{\beta}_m+\lambda_1\boldsymbol{\xi}_1+\lambda_2\boldsymbol{\xi}_2+\cdots+\lambda_{n-m}\boldsymbol{\xi}_{n-m}=\boldsymbol{0}$$

用行向量 $(k_1\boldsymbol{\beta}_1+k_2\boldsymbol{\beta}_2+\cdots+k_m\boldsymbol{\beta}_m)^{\mathrm{T}}$ 左乘以上等式两端，有

$$\|k_1\boldsymbol{\beta}_1+k_2\boldsymbol{\beta}_2+\cdots+k_m\boldsymbol{\beta}_m\|^2+(k_1\boldsymbol{\beta}_1+k_2\boldsymbol{\beta}_2+\cdots+k_m\boldsymbol{\beta}_m)^{\mathrm{T}}(\boldsymbol{\lambda}_1\boldsymbol{\xi}_1+\boldsymbol{\lambda}_2\boldsymbol{\xi}_2+\cdots+\boldsymbol{\lambda}_{n-m}\boldsymbol{\xi}_{n-m})=\boldsymbol{0}$$

而 $\boldsymbol{\beta}_i^{\mathrm{T}}=\boldsymbol{\alpha}_i\,(i=1,2,\cdots,m)$，$\boldsymbol{\xi}_j\,(j=1,2,\cdots,n-m)$ 为 $\boldsymbol{Ax}=\boldsymbol{0}$ 的解向量，故有

$$\boldsymbol{\alpha}_i\boldsymbol{\xi}_j=0,\ \boldsymbol{\beta}_i^{\mathrm{T}}\boldsymbol{\xi}_j=0\,(i=1,2,\cdots,m;\ j=1,2,\cdots,n-m)$$

所以

$$\|k_1\boldsymbol{\beta}_1+k_2\boldsymbol{\beta}_2+\cdots+k_m\boldsymbol{\beta}_m\|^2=\boldsymbol{0}$$

即

$$k_1\boldsymbol{\beta}_1+k_2\boldsymbol{\beta}_2+\cdots+k_m\boldsymbol{\beta}_m=\boldsymbol{0}$$

于是

$$\lambda_1\boldsymbol{\xi}_1+\lambda_2\boldsymbol{\xi}_2+\cdots+\lambda_{n-m}\boldsymbol{\xi}_{n-m}=\boldsymbol{0}$$

又因为 $\boldsymbol{\beta}_1,\boldsymbol{\beta}_2,\cdots,\boldsymbol{\beta}_m$ 线性无关，$\boldsymbol{\xi}_1,\boldsymbol{\xi}_2,\cdots,\boldsymbol{\xi}_{n-m}$ 也线性无关，则有 $k_1=k_2=\cdots=k_m=0$，并且 $\lambda_1=\lambda_2=\cdots=\lambda_{n-m}=0$，故向量组 $\boldsymbol{\beta}_1,\boldsymbol{\beta}_2,\cdots,\boldsymbol{\beta}_m,\boldsymbol{\xi}_1,\boldsymbol{\xi}_2,\cdots,\boldsymbol{\xi}_{n-m}$ 线性无关，n 个 n 维向量线性无关，它必然是 n 维空间的一组基。证毕。

评注　本题考查知识点为：若 $\boldsymbol{\xi}$ 是 $\boldsymbol{Ax}=\boldsymbol{0}$ 的解向量，则有 $\boldsymbol{\alpha\xi}=0$，其中 $\boldsymbol{\alpha}$ 是 $\boldsymbol{A}$ 的任意一个行向量。即齐次线性方程组的任意解向量必然与系数矩阵的任意行向量的转置正交。

名师笔记

例 4.22 可以理解为：已知

(1) 向量组 $\boldsymbol{A}$ 和向量组 $\boldsymbol{B}$ 都线性无关。

(2) 向量组 $\boldsymbol{A}$ 的每一个向量与 $\boldsymbol{B}$ 向量组的每一个向量都正交。

证明：$\boldsymbol{A}$ 与 $\boldsymbol{B}$ 合并后的向量组线性无关。

考生应该记住以上结论。

例 4.23　设 $\boldsymbol{A}$ 是 3×5 矩阵，$r(\boldsymbol{A})=2$，且非齐次线性方程组 $\boldsymbol{Ax}=\boldsymbol{b}$ 有解，则解向量集合的极大无关组所含向量的个数为__________。

解题思路　找出 $\boldsymbol{Ax}=\boldsymbol{b}$ 解向量集合的一个极大无关组。

解　由于 $r(\boldsymbol{A})=2$，则 $\boldsymbol{Ax}=\boldsymbol{b}$ 导出组 $\boldsymbol{Ax}=\boldsymbol{0}$ 的基础解系所含解向量的个数为 $5-2=3$，因此设 $\boldsymbol{Ax}=\boldsymbol{0}$ 的一个基础解系为 $\boldsymbol{\xi}_1$，$\boldsymbol{\xi}_2$，$\boldsymbol{\xi}_3$，$\boldsymbol{Ax}=\boldsymbol{b}$ 的一个特解为 $\boldsymbol{\eta}$。

构造向量组 T_1：$\boldsymbol{\xi}_1$，$\boldsymbol{\xi}_2$，$\boldsymbol{\xi}_3$，$\boldsymbol{\eta}$，下面用反证法证明向量组 T_1 线性无关。

设向量组 T_1：$\boldsymbol{\xi}_1$，$\boldsymbol{\xi}_2$，$\boldsymbol{\xi}_3$，$\boldsymbol{\eta}$ 线性相关，而向量组 $\boldsymbol{\xi}_1$，$\boldsymbol{\xi}_2$，$\boldsymbol{\xi}_3$ 线性无关，则 $\boldsymbol{\eta}$ 可以由 $\boldsymbol{\xi}_1$，$\boldsymbol{\xi}_2$，$\boldsymbol{\xi}_3$ 线性表示。因为 $\boldsymbol{\xi}_1$，$\boldsymbol{\xi}_2$，$\boldsymbol{\xi}_3$ 是 $\boldsymbol{Ax}=\boldsymbol{0}$ 的基础解系，故 $\boldsymbol{\eta}$ 也是齐次线性方程组 $\boldsymbol{Ax}=\boldsymbol{0}$ 的解向量，而 $\boldsymbol{\eta}$ 又是非齐次线性方程组 $\boldsymbol{Ax}=\boldsymbol{b}$ 的解向量，产生矛盾。所以，向量组 T_1：$\boldsymbol{\xi}_1$，$\boldsymbol{\xi}_2$，$\boldsymbol{\xi}_3$，$\boldsymbol{\eta}$ 线性无关。

构造向量组 T_2：$\boldsymbol{\xi}_1+\boldsymbol{\eta}$，$\boldsymbol{\xi}_2+\boldsymbol{\eta}$，$\boldsymbol{\xi}_3+\boldsymbol{\eta}$，$\boldsymbol{\eta}$，显然向量组 T_1 与向量组 T_2 等价，则 $r(T_2)=r(T_1)=4$，故向量组 T_2：$\boldsymbol{\xi}_1+\boldsymbol{\eta}$，$\boldsymbol{\xi}_2+\boldsymbol{\eta}$，$\boldsymbol{\xi}_3+\boldsymbol{\eta}$，$\boldsymbol{\eta}$ 也线性无关。而向量组 T_2 的每一个向量都是非齐次线性方程组 $\boldsymbol{Ax}=\boldsymbol{b}$ 的解向量，下面证明 T_2 即是 $\boldsymbol{Ax}=\boldsymbol{b}$ 解向量集合的一个极大无关组。

设 $\boldsymbol{\gamma}$ 是 $\boldsymbol{Ax}=\boldsymbol{b}$ 的任意解向量，则 $\boldsymbol{\gamma}-\boldsymbol{\eta}$ 一定是 $\boldsymbol{Ax}=\boldsymbol{b}$ 的导出组 $\boldsymbol{Ax}=\boldsymbol{0}$ 的解向量，那么 $\boldsymbol{\gamma}-\boldsymbol{\eta}$ 一定可以由 $\boldsymbol{Ax}=\boldsymbol{0}$ 的基础解系 $\boldsymbol{\xi}_1$，$\boldsymbol{\xi}_2$，$\boldsymbol{\xi}_3$ 线性表示，即

$$\boldsymbol{\gamma}-\boldsymbol{\eta}=k_1\boldsymbol{\xi}_1+k_2\boldsymbol{\xi}_2+k_3\boldsymbol{\xi}_3$$

则有

$$\boldsymbol{\gamma}=k_1(\boldsymbol{\xi}_1+\boldsymbol{\eta})+k_2(\boldsymbol{\xi}_2+\boldsymbol{\eta})+k_3(\boldsymbol{\xi}_3+\boldsymbol{\eta})+(1-k_1-k_2-k_3)\boldsymbol{\eta}$$

上式表明 $\boldsymbol{Ax}=\boldsymbol{b}$ 的任意解向量 $\boldsymbol{\gamma}$ 总可以由向量组 T_2 线性表示。故 T_2：$\boldsymbol{\xi}_1+\boldsymbol{\eta}$，$\boldsymbol{\xi}_2+\boldsymbol{\eta}$，$\boldsymbol{\xi}_3+\boldsymbol{\eta}$，$\boldsymbol{\eta}$ 即为非齐次线性方程组 $\boldsymbol{Ax}=\boldsymbol{b}$ 解向量集合的一个极大无关组。所以 $\boldsymbol{Ax}=\boldsymbol{b}$ 解向量集合的一个极大无关组含有 4 个向量。

评注　本题可以得出以下结论：设 $\boldsymbol{Ax}=\boldsymbol{b}$ 有解，且其导出组 $\boldsymbol{Ax}=\boldsymbol{0}$ 基础解系所含解向量的个数为 t，那么 $\boldsymbol{Ax}=\boldsymbol{b}$ 解向量集合的极大无关组含有解向量的个数为 $t+1$。

名师笔记

考生应该熟记结论：$\boldsymbol{Ax}=\boldsymbol{b}$ 比 $\boldsymbol{Ax}=\boldsymbol{0}$ 所含线性无关解向量多 1 个。

题型 5　公共解与同解

例 4.24　设 $\boldsymbol{A}$ 为 $m\times n$ 实矩阵，证明：齐次线性方程组 $\boldsymbol{Ax}=\boldsymbol{0}$ 与 $\boldsymbol{A}^{\mathrm{T}}\boldsymbol{Ax}=\boldsymbol{0}$ 同解。

解题思路　需要证明 $\boldsymbol{Ax}=\boldsymbol{0}$ 的解也是 $\boldsymbol{A}^{\mathrm{T}}\boldsymbol{Ax}=\boldsymbol{0}$ 的解，同时 $\boldsymbol{A}^{\mathrm{T}}\boldsymbol{Ax}=\boldsymbol{0}$ 的解也是 $\boldsymbol{Ax}=\boldsymbol{0}$ 的解。

证明　设 $\boldsymbol{\xi}$ 是 $\boldsymbol{Ax}=\boldsymbol{0}$ 的任意解，则有 $\boldsymbol{A\xi}=\boldsymbol{0}$，那么 $\boldsymbol{A}^{\mathrm{T}}\boldsymbol{A\xi}=\boldsymbol{A}^{\mathrm{T}}\boldsymbol{0}=\boldsymbol{0}$，则 $\boldsymbol{\xi}$ 也是 $\boldsymbol{A}^{\mathrm{T}}\boldsymbol{Ax}=\boldsymbol{0}$ 的解。

设 $\boldsymbol{\eta}$ 是 $\boldsymbol{A}^{\mathrm{T}}\boldsymbol{Ax}=\boldsymbol{0}$ 的任意解，则有

$$\boldsymbol{A}^{\mathrm{T}}\boldsymbol{A\eta}=\boldsymbol{0}$$

用 $\boldsymbol{\eta}^{\mathrm{T}}$ 左乘以上等式，有

$$\boldsymbol{\eta}^{\mathrm{T}}\boldsymbol{A}^{\mathrm{T}}\boldsymbol{A\eta}=0$$

即
$$(\boldsymbol{A\eta})^{\mathrm{T}}\boldsymbol{A\eta}=0$$
其中，$\boldsymbol{A\eta}$ 为 n 维列向量。上式说明列向量 $\boldsymbol{A\eta}$ 的长度为零，即 $\boldsymbol{A\eta}$ 为零向量，于是 $\boldsymbol{A\eta}=\boldsymbol{0}$，所以 $\boldsymbol{\eta}$ 也是 $\boldsymbol{Ax}=\boldsymbol{0}$ 的解。

综上所述，齐次线性方程组 $\boldsymbol{Ax}=\boldsymbol{0}$ 与 $\boldsymbol{A}^{\mathrm{T}}\boldsymbol{Ax}=\boldsymbol{0}$ 同解。证毕。

评注　此题证明的关键就是从矩阵等式 $\boldsymbol{A}^{\mathrm{T}}\boldsymbol{A\eta}=\boldsymbol{0}$，能联想到 $\boldsymbol{\eta}^{\mathrm{T}}\boldsymbol{A}^{\mathrm{T}}\boldsymbol{A\eta}=0$，进而有 $(\boldsymbol{A\eta})^{\mathrm{T}}\boldsymbol{A\eta}=0$。另外，此题可以进一步证明结论：$r(\boldsymbol{A}^{\mathrm{T}}\boldsymbol{A})=r(\boldsymbol{A})$。

名师笔记

考生应该熟记以下两个结论：

(1) $\boldsymbol{Ax}=\boldsymbol{0}$ 与 $\boldsymbol{A}^{\mathrm{T}}\boldsymbol{Ax}=\boldsymbol{0}$ 同解。

(2) $r(\boldsymbol{A}^{\mathrm{T}}\boldsymbol{A})=r(\boldsymbol{A})$。

例 4.25　分析以下命题：

(1) 若方程组 $\boldsymbol{A}_{m\times n}\boldsymbol{x}=\boldsymbol{0}$ 的解均是方程组 $\boldsymbol{B}_{m\times n}\boldsymbol{x}=\boldsymbol{0}$ 的解，则 $r(\boldsymbol{A}_{m\times n})\geqslant r(\boldsymbol{B}_{m\times n})$。

(2) 若方程组 $\boldsymbol{A}_{m\times n}\boldsymbol{x}=\boldsymbol{0}$ 与方程组 $\boldsymbol{B}_{m\times n}\boldsymbol{x}=\boldsymbol{0}$ 同解，则 $r(\boldsymbol{A}_{m\times n})=r(\boldsymbol{B}_{m\times n})$。

(3) 若 $r(\boldsymbol{A}_{m\times n})\geqslant r(\boldsymbol{B}_{m\times n})$，则方程组 $\boldsymbol{A}_{m\times n}\boldsymbol{x}=\boldsymbol{0}$ 的解均是方程组 $\boldsymbol{B}_{m\times n}\boldsymbol{x}=\boldsymbol{0}$ 的解。

(4) 若 $r(\boldsymbol{A}_{m\times n})=r(\boldsymbol{B}_{m\times n})$，则方程组 $\boldsymbol{A}_{m\times n}\boldsymbol{x}=\boldsymbol{0}$ 与方程组 $\boldsymbol{B}_{m\times n}\boldsymbol{x}=\boldsymbol{0}$ 同解。

则[　　]。

(A) 只有(2)正确　　(B) 只有(1)和(2)正确

(C) 只有(3)和(4)正确　　(D) (1)、(2)、(3)和(4)都正确

解题思路　从齐次线性方程组解空间的角度来分析各个方程组解之间的关系。

解　在命题(1)中，方程组 $\boldsymbol{A}_{m\times n}\boldsymbol{x}=\boldsymbol{0}$ 的解均是方程组 $\boldsymbol{B}_{m\times n}\boldsymbol{x}=\boldsymbol{0}$ 的解，说明两个齐次线性方程组的解空间满足关系 $S_{\boldsymbol{A}}\subseteq S_{\boldsymbol{B}}$，则有 $\dim S_{\boldsymbol{A}}\leqslant\dim S_{\boldsymbol{B}}$，故 $n-r(\boldsymbol{A})\leqslant n-r(\boldsymbol{B})$，所以 $r(\boldsymbol{A}_{m\times n})\geqslant r(\boldsymbol{B}_{m\times n})$。

在命题(2)中，方程组 $\boldsymbol{A}_{m\times n}\boldsymbol{x}=\boldsymbol{0}$ 与方程组 $\boldsymbol{B}_{m\times n}\boldsymbol{x}=\boldsymbol{0}$ 同解，说明两个方程组的解空间是同一个空间，则有 $r(\boldsymbol{A}_{m\times n})=r(\boldsymbol{B}_{m\times n})$。

在命题(3)中，设方程组 $\boldsymbol{A}_{m\times n}\boldsymbol{x}=\boldsymbol{0}$ 为 $\begin{cases}x_1-x_3=0\\x_2-x_3=0\end{cases}$，其系数矩阵的秩为 2，基础解系所含解向量的个数为 $3-2=1$，基础解系为 $(1,1,1)^{\mathrm{T}}$。设方程组 $\boldsymbol{B}_{m\times n}\boldsymbol{x}=\boldsymbol{0}$ 为 $\begin{cases}x_1+x_2+x_3=0\\-2x_1-2x_2-2x_3=0\end{cases}$，其系数矩阵的秩为 1，基础解系所含解向量的个数为 $3-1=2$，基础解系为 $(-1,1,0)^{\mathrm{T}}$，$(-1,0,1)^{\mathrm{T}}$。显然，这两个方程组的解空间没有包含和被包含的关系。同理可以说明命题(4)也是错误的。

故正确答案选(B)。

评注　两个齐次线性方程组系数矩阵秩的大小关系不能决定两个方程组解的关系。以下命题是正确的。若齐次线性方程组 $\boldsymbol{Ax}=\boldsymbol{0}$ 和 $\boldsymbol{Bx}=\boldsymbol{0}$ 的解都是 n 为列向量，则有

(1) $\boldsymbol{Ax}=\boldsymbol{0}$ 的所有解都是 $\boldsymbol{Bx}=\boldsymbol{0}$ 的解 $\Leftrightarrow\boldsymbol{Ax}=\boldsymbol{0}$ 的解空间是 $\boldsymbol{Bx}=\boldsymbol{0}$ 解空间的子空间，或两个空间是同一个空间。

(2) $\boldsymbol{Ax}=\boldsymbol{0}$ 与 $\boldsymbol{Bx}=\boldsymbol{0}$ 同解 $\Leftrightarrow\boldsymbol{Ax}=\boldsymbol{0}$ 的解空间与 $\boldsymbol{Bx}=\boldsymbol{0}$ 的解空间是同一个向量空间。

例 4.26　设线性方程组

$$\begin{cases} x_1+x_2+(a+2)x_3=3 \\ 2x_1+x_2+(a+4)x_3=4 \end{cases} \qquad (\text{Ⅰ})$$

和线性方程组

$$\begin{cases} x_1+3x_2+(a^2+2)x_3=7 \\ -x_1-2x_2+(1-3a)x_3=a-8 \end{cases} \qquad (\text{Ⅱ})$$

有公共解，求 a 的值，并求所有的公共解。

解题思路　求两个方程组的公共解，就是求这两个方程组联立在一起的线性方程组的解。

解　方程组(Ⅰ)和方程组(Ⅱ)联立构成了方程组(Ⅲ)：

$$\begin{cases} x_1+x_2+(a+2)x_3=3 \\ 2x_1+x_2+(a+4)x_3=4 \\ x_1+3x_2+(a^2+2)x_3=7 \\ -x_1-2x_2+(1-3a)x_3=a-8 \end{cases} \qquad (\text{Ⅲ})$$

方程组(Ⅰ)和方程组(Ⅱ)的公共解，即为方程组(Ⅲ)的通解。对方程组(Ⅲ)的增广矩阵进行初等行变换得

$$\bar{\boldsymbol{A}}=\begin{bmatrix} 1 & 1 & a+2 & 3 \\ 2 & 1 & a+4 & 4 \\ 1 & 3 & a^2+2 & 7 \\ -1 & -2 & 1-3a & a-8 \end{bmatrix} \xrightarrow[\substack{r_3-r_1 \\ r_4+r_1}]{r_2-2r_1} \begin{bmatrix} 1 & 1 & a+2 & 3 \\ 0 & -1 & -a & -2 \\ 0 & 2 & a^2-a & 4 \\ 0 & -1 & 3-2a & a-5 \end{bmatrix}$$

$$\xrightarrow[\substack{r_3+2r_2 \\ r_4-r_2}]{r_1+r_2} \begin{bmatrix} 1 & 0 & 2 & 1 \\ 0 & -1 & -a & -2 \\ 0 & 0 & a^2-3a & 0 \\ 0 & 0 & 3-a & a-3 \end{bmatrix} \xrightarrow[r_3\leftrightarrow r_4]{r_3+ar_4} \begin{bmatrix} 1 & 0 & 2 & 1 \\ 0 & -1 & -a & -2 \\ 0 & 0 & 3-a & a-3 \\ 0 & 0 & 0 & a(a-3) \end{bmatrix}$$

当 $a\neq 0$ 且 $a\neq 3$ 时，$r(\boldsymbol{A})\neq r(\bar{\boldsymbol{A}})$，方程组(Ⅲ)无解。

当 $a=0$ 时，阶梯矩阵为

$$\begin{bmatrix} 1 & 0 & 2 & 1 \\ 0 & -1 & 0 & -2 \\ 0 & 0 & 3 & -3 \\ 0 & 0 & 0 & 0 \end{bmatrix} \xrightarrow[\substack{r_3/3 \\ r_1-2r_3}]{r_2\times(-1)} \begin{bmatrix} 1 & 0 & 0 & 3 \\ 0 & 1 & 0 & 2 \\ 0 & 0 & 1 & -1 \\ 0 & 0 & 0 & 0 \end{bmatrix}$$

$r(\boldsymbol{A})=r(\bar{\boldsymbol{A}})=3$，方程组(Ⅲ)有唯一解 $x_1=3$，$x_2=2$，$x_3=-1$。

当 $a=3$ 时，阶梯矩阵为

$$\begin{bmatrix} 1 & 0 & 2 & 1 \\ 0 & -1 & -3 & -2 \\ 0 & 0 & 0 & 0 \\ 0 & 0 & 0 & 0 \end{bmatrix} \xrightarrow{r_2\times(-1)} \begin{bmatrix} 1 & 0 & 2 & 1 \\ 0 & 1 & 3 & 2 \\ 0 & 0 & 0 & 0 \\ 0 & 0 & 0 & 0 \end{bmatrix}$$

$r(\boldsymbol{A})=r(\bar{\boldsymbol{A}})=2$，方程组(Ⅲ)有无穷组解。取 x_3 为自由变量，当 $x_3=1$ 时，方程组(Ⅲ)的

导出组的基础解系为$\begin{bmatrix}-2\\-3\\1\end{bmatrix}$；当 $x_3=0$ 时，方程组(Ⅲ)有特解$\begin{bmatrix}1\\2\\0\end{bmatrix}$。故方程组(Ⅲ)的通解为$\begin{bmatrix}1\\2\\0\end{bmatrix}+k\begin{bmatrix}-2\\-3\\1\end{bmatrix}$，$k$ 为任意常数。

评注

(1) 线性方程组$\begin{cases}a_{11}x_1+a_{12}x_2+a_{13}x_3=b_1\\a_{21}x_1+a_{22}x_2+a_{23}x_3=b_2\end{cases}$的解，可以理解为方程 $a_{11}x_1+a_{12}x_2+a_{13}x_3=b_1$ 和方程 $a_{21}x_1+a_{22}x_2+a_{23}x_3=b_2$ 的公共解。

(2) 方程组(Ⅰ)和方程组(Ⅱ)的公共解，就是方程组(Ⅰ)、(Ⅱ)联立而成的方程组(Ⅲ)的解。

(3) 在对含参数矩阵进行初等行变换时，考生一定要注意以下两点：

① kr_i(第 i 行乘数 k)，其中 $k\neq 0$ 且 $k\neq\infty$。

② r_i+kr_j(把第 j 行的 k 倍加到第 i 行上)，其中 $k\neq\infty$。

名师笔记

考生要注意，在对矩阵进行第(2)类初等变换时，不能乘以零，也不能除以零；在对矩阵进行第(3)类初等变换时，不能除以零。

例如，本题对方程组(Ⅲ)的增广矩阵进行如下初等行变换：

$$\bar{A}\to\cdots\to\begin{bmatrix}1&0&2&1\\0&-1&-a&-2\\0&0&a^2-3a&0\\0&0&3-a&a-3\end{bmatrix}\xrightarrow[r_3/(a^2-3a)]{r_4+r_3/a}\begin{bmatrix}1&0&2&1\\0&-1&-a&-2\\0&0&1&0\\0&0&0&a-3\end{bmatrix}$$

显然，根据该行阶梯矩阵将得出错误的答案。这是因为当 $a=0$ 时，初等行变换 r_4+r_3/a 和 $r_3/(a^2-3a)$ 都是错误的，经过该变换后，变换前矩阵与变换后矩阵所对应的方程组就失去了同解的关系。

名师笔记

很多考生不能正确理解公共解的含义，其实一个方程组的解就是各个方程的公共解。

4.3 考 情 分 析

一、考试内容及要求

根据硕士研究生入学统一考试数学考试大纲，本章涉及的考试内容及要求如下。

1. 考试内容

考试内容包括线性方程组的克莱姆法则，齐次线性方程组有非零解的充分必要条件，非齐次线性方程组有解的充分必要条件，线性方程组解的性质和解的结构，齐次线性方程组的基础解系和通解及解空间，非齐次线性方程组的通解。

2. 考试要求

(1) 会用克莱姆法则。

(2) 理解齐次线性方程组有非零解的充分必要条件及非齐次线性方程组有解的充分必要条件。

(3) 理解齐次线性方程组的基础解系、通解及解空间的概念，掌握齐次线性方程组的基础解系和通解的求法。(其中解空间为数学一考试内容。)

(4) 理解非齐次线性方程组解的结构及通解的概念。

(5) 掌握用初等行变换求解线性方程组的方法。

线性方程组在线性代数中占有非常重要的位置，考生要正确理解本章的内容，必须综合运用矩阵、向量的基本概念和重要定理，对考生的综合能力要求较高。

二、近年真题考点分析

线性方程组是考研的必考内容，且所占的分值较大。其中包含：非齐次线性方程组解情况的判断，齐次线性方程组解情况的判断，齐次线性方程组的基础解系、通解及解空间，非齐次线性方程组的通解，线性方程组解的性质，用初等行变换解线性方程组。

求线性方程组的通解在考研试题中出现的频率非常高。分析近 6 年的考研试卷，在一份考研试卷中线性方程组相关内容的平均分值为 9.6 分，题型以解答题为主，也有选择题和填空题。以下是近 6 年考查线性方程组的考研真题。

真题 4.1　(2012.1，2，3)设 $\boldsymbol{A}=\begin{bmatrix}1 & a & 0 & 0\\0 & 1 & a & 0\\0 & 0 & 1 & a\\a & 0 & 0 & 1\end{bmatrix}$，$\boldsymbol{\beta}=\begin{bmatrix}1\\-1\\0\\0\end{bmatrix}$。

(1) 求$|\boldsymbol{A}|$。

(2) 当实数 a 为何值时，方程 $\boldsymbol{Ax}=\boldsymbol{\beta}$ 有无穷多解，并求其通解。

真题 4.2　(2010.1，2，3)设 $\boldsymbol{A}=\begin{bmatrix}\lambda & 1 & 1\\0 & \lambda-1 & 0\\1 & 1 & \lambda\end{bmatrix}$，$\boldsymbol{b}=\begin{bmatrix}a\\1\\1\end{bmatrix}$，已知线性方程组 $\boldsymbol{Ax}=\boldsymbol{b}$ 存在 2 个不同的解。

(1) 求 λ、a。

(2) 求方程组 $\boldsymbol{Ax}=\boldsymbol{b}$ 的通解。

真题 4.3　(2009.1，2，3)设 $\boldsymbol{A}=\begin{bmatrix}1 & -1 & -1\\-1 & 1 & 1\\0 & -4 & -2\end{bmatrix}$，$\boldsymbol{\xi}_1=\begin{bmatrix}-1\\1\\-2\end{bmatrix}$。

(1) 求满足 $\boldsymbol{A\xi}_2=\boldsymbol{\xi}_1$，$\boldsymbol{A}^2\boldsymbol{\xi}_3=\boldsymbol{\xi}_1$ 的所有向量 $\boldsymbol{\xi}_2$、$\boldsymbol{\xi}_3$。

(2) 对(1)中的任意向量 $\boldsymbol{\xi}_2$、$\boldsymbol{\xi}_3$，证明 $\boldsymbol{\xi}_1$，$\boldsymbol{\xi}_2$，$\boldsymbol{\xi}_3$ 线性无关。

名师笔记

真题 4.3 的第(1)问实质上是求非齐次线性方程组 $\boldsymbol{Ax}=\boldsymbol{\xi}_1$ 和 $\boldsymbol{A}^2\boldsymbol{x}=\boldsymbol{\xi}_1$ 的通解。

真题 4.4 (2011.3)设 $\boldsymbol{A}$ 为 4×3 矩阵，$\boldsymbol{\eta}_1$、$\boldsymbol{\eta}_2$、$\boldsymbol{\eta}_3$ 是非齐次线性方程组 $\boldsymbol{Ax}=\boldsymbol{\beta}$ 的 3 个线性无关的解，k_1、k_2 为任意常数，则 $\boldsymbol{Ax}=\boldsymbol{\beta}$ 的通解为[　　]。

(A) $\dfrac{\boldsymbol{\eta}_2+\boldsymbol{\eta}_3}{2}+k_1(\boldsymbol{\eta}_2-\boldsymbol{\eta}_1)$　　(B) $\dfrac{\boldsymbol{\eta}_2-\boldsymbol{\eta}_3}{2}+k_2(\boldsymbol{\eta}_2-\boldsymbol{\eta}_1)$

(C) $\dfrac{\boldsymbol{\eta}_2+\boldsymbol{\eta}_3}{2}+k_1(\boldsymbol{\eta}_3-\boldsymbol{\eta}_1)+k_2(\boldsymbol{\eta}_2-\boldsymbol{\eta}_1)$　　(D) $\dfrac{\boldsymbol{\eta}_2-\boldsymbol{\eta}_3}{2}+k_1(\boldsymbol{\eta}_2-\boldsymbol{\eta}_1)+k_2(\boldsymbol{\eta}_3-\boldsymbol{\eta}_1)$

真题 4.5 (2011.1, 2)设 $\boldsymbol{A}=(\boldsymbol{\alpha}_1, \boldsymbol{\alpha}_2, \boldsymbol{\alpha}_3, \boldsymbol{\alpha}_4)$是 4 阶矩阵，$\boldsymbol{A}^*$ 是 $\boldsymbol{A}$ 的伴随矩阵，若 $(1, 0, 1, 0)^{\mathrm{T}}$ 是方程组 $\boldsymbol{Ax}=\boldsymbol{0}$ 的一个基础解系，则 $\boldsymbol{A}^*\boldsymbol{x}=\boldsymbol{0}$ 的基础解系可为[　　]。

(A) $\boldsymbol{\alpha}_1, \boldsymbol{\alpha}_3$　　(B) $\boldsymbol{\alpha}_1, \boldsymbol{\alpha}_2$　　(C) $\boldsymbol{\alpha}_1, \boldsymbol{\alpha}_2, \boldsymbol{\alpha}_3$　　(D) $\boldsymbol{\alpha}_2, \boldsymbol{\alpha}_3, \boldsymbol{\alpha}_4$

真题 4.1～真题 4.5 都考查了求方程组的通解，其中真题 4.1 和真题 4.2 又考查了非齐次线性方程组解的判断，真题 4.3 又考查了向量组的线性相关性，真题 4.4 和真题 4.5 考查了求抽象方程组的通解。

名师笔记

分析近 6 年考研真题，发现求方程组通解出现的概率为 100%。

4.4 习题精选

1. 填空题

(1) 设 $\boldsymbol{A}$ 为 3 阶矩阵，$\boldsymbol{A}$ 的每行元素之和都为零，且 $r(\boldsymbol{A})=2$，设 $\boldsymbol{A}=(\boldsymbol{\alpha}_1, \boldsymbol{\alpha}_2, \boldsymbol{\alpha}_3)$，且 $\boldsymbol{\alpha}_1-\boldsymbol{\alpha}_2+2\boldsymbol{\alpha}_3=\boldsymbol{\beta}$，则非齐次线性方程组 $\boldsymbol{Ax}=\boldsymbol{\beta}$ 的通解是________。

(2) 设 $\boldsymbol{Ax}=\boldsymbol{b}$ 为 4 元非齐次线性方程组，$r(\boldsymbol{A})=3$，$\boldsymbol{\eta}_1$、$\boldsymbol{\eta}_2$、$\boldsymbol{\eta}_3$ 是方程组 $\boldsymbol{Ax}=\boldsymbol{b}$ 的 3 个解向量，其中 $\boldsymbol{\eta}_1=(1, 2, 0, -1)^{\mathrm{T}}$，$2\boldsymbol{\eta}_2+3\boldsymbol{\eta}_3=(3, 4, 5, -2)^{\mathrm{T}}$，则方程组 $\boldsymbol{Ax}=\boldsymbol{b}$ 的通解为________。

(3) 设 $\boldsymbol{\eta}_1, \boldsymbol{\eta}_2, \cdots, \boldsymbol{\eta}_t$ 及 $k_1\boldsymbol{\eta}_1+k_2\boldsymbol{\eta}_2+\cdots+k_t\boldsymbol{\eta}_t$ 都是非齐次线性方程组 $\boldsymbol{Ax}=\boldsymbol{b}$ 的解向量，那么 $k_1+k_2+\cdots+k_t=$________。

(4) 设 $\boldsymbol{A}$ 为 n 阶矩阵($n>2$)，$\boldsymbol{A}^*$ 是 $\boldsymbol{A}$ 的伴随矩阵，若对任意 n 维列向量 $\boldsymbol{\xi}$ 均有 $\boldsymbol{A}^*\boldsymbol{\xi}=\boldsymbol{0}$，则齐次线性方程组 $\boldsymbol{Ax}=\boldsymbol{0}$ 的基础解系含有向量个数 k 应该满足关系________。

(5) 非齐次线性方程组 $x_1+2x_2+3x_3+\cdots+nx_n=1$ 的通解为________。

(6) 设矩阵 $\boldsymbol{A}=\begin{bmatrix}3 & 2 & -1\\ 2 & 1 & 0\\ k & -2 & 5\end{bmatrix}$，$\boldsymbol{B}$ 是三阶非零矩阵，已知任意 3 维列向量 $\boldsymbol{\xi}$ 都是齐次线性方程组 $\boldsymbol{ABx}=\boldsymbol{0}$ 的解，则常数 $k=$________。

2. 选择题

(1) 设 $\boldsymbol{A}$ 为 n 阶矩阵，$r(\boldsymbol{A})=n-1$，A_{ij} 是 $|\boldsymbol{A}|$ 的代数余子式，且 $A_{nn}\neq 0$，$\boldsymbol{A}^*$ 为 $\boldsymbol{A}$ 的伴随矩阵。分析以下命题：

① $|\boldsymbol{A}|=|\boldsymbol{A}^*|=0$。

② $r(\boldsymbol{A}^*)=1$。

③ $k(A_{n1}, A_{n2}, \cdots, A_{nn})^{\mathrm{T}}$ 是齐次线性方程组 $\boldsymbol{Ax}=\boldsymbol{0}$ 的通解，k 是任意常数。

④ $\boldsymbol{A}$ 的前 $n-1$ 个列向量是齐次线性方程组 $\boldsymbol{A}^*\boldsymbol{x}=\boldsymbol{0}$ 的一组基础解系。

则[ ]。

(A) 只有①正确 (B) 只有①和②正确

(C) 只有①、②和③正确 (D) 4 个命题都正确

(2) 设 $\boldsymbol{A}$ 是 $m\times n$ 矩阵，$\boldsymbol{B}$ 是 $n\times m$ 矩阵，则齐次线性方程组 $\boldsymbol{ABx}=\boldsymbol{0}$[ ]。

(A) 当 $n>m$ 时仅有零解 (B) 当 $n>m$ 时必有非零解

(C) 当 $m>n$ 时仅有零解 (D) 当 $m>n$ 时必有非零解

(3) 设 n 阶矩阵 $\boldsymbol{A}$ 的伴随矩阵为 $\boldsymbol{A}^*$，且 $\boldsymbol{A}^*\neq\boldsymbol{O}$，已知 $\boldsymbol{\eta}_1$、$\boldsymbol{\eta}_2$、$\boldsymbol{\eta}_3$ 是非齐次线性方程组 $\boldsymbol{Ax}=\boldsymbol{b}$ 的互不相等的解，那么其导出组 $\boldsymbol{Ax}=\boldsymbol{0}$ 基础解系所含解向量的个数是[ ]。

(A) 0 (B) 1 (C) 2 (D) $n-1$

(4) 设 $a_1x+b_1y+c_1=0$，$a_2x+b_2y+c_2=0$，$a_3x+b_3y+c_3=0$ 为平面坐标系 $x-y$ 中的 3 条直线，令 $\boldsymbol{\alpha}_1=(a_1, a_2, a_3)^{\mathrm{T}}$，$\boldsymbol{\alpha}_2=(b_1, b_2, b_3)^{\mathrm{T}}$，$\boldsymbol{\alpha}_3=(c_1, c_2, c_3)^{\mathrm{T}}$，那么这 3 条直线有唯一交点的充分必要条件是[ ]。

(A) $\boldsymbol{\alpha}_1, \boldsymbol{\alpha}_2$ 线性无关

(B) $\boldsymbol{\alpha}_1, \boldsymbol{\alpha}_2, \boldsymbol{\alpha}_3$ 线性相关

(C) $\boldsymbol{\alpha}_1, \boldsymbol{\alpha}_2$ 线性无关，$\boldsymbol{\alpha}_1, \boldsymbol{\alpha}_2, \boldsymbol{\alpha}_3$ 线性相关

(D) $r(\boldsymbol{\alpha}_1, \boldsymbol{\alpha}_2)=r(\boldsymbol{\alpha}_1, \boldsymbol{\alpha}_2, \boldsymbol{\alpha}_3)$

(5) 设 $\boldsymbol{A}$ 为 3×4 矩阵，且 $\boldsymbol{A}$ 的行向量组线性无关，分析以下命题：

① 齐次线性方程组 $\boldsymbol{Ax}=\boldsymbol{0}$ 一定有非零解。

② 齐次线性方程组 $\boldsymbol{A}^{\mathrm{T}}\boldsymbol{x}=\boldsymbol{0}$ 一定只有零解。

③ 齐次线性方程组 $\boldsymbol{A}^{\mathrm{T}}\boldsymbol{Ax}=\boldsymbol{0}$ 一定有非零解。

④ 非齐次线性方程组 $\boldsymbol{Ax}=\boldsymbol{b}$ 一定有无穷解。

⑤ 非齐次线性方程组 $\boldsymbol{A}^{\mathrm{T}}\boldsymbol{x}=\boldsymbol{b}$ 一定有唯一解。

则[ ]。

(A) 只有①和②正确 (B) 只有①、②和③正确

(C) 只有①、②、③和④正确 (D) 5 个命题都正确

(6) 设 $\boldsymbol{A}$ 为 $m\times n$ 矩阵，且 $r(\boldsymbol{A})=m<n$，$\boldsymbol{E}$ 为 m 阶单位矩阵，分析以下命题：

① $\boldsymbol{A}$ 一定存在 m 个线性无关的列向量。

② 通过初等变换，一定可以把 $\boldsymbol{A}$ 化为 $(\boldsymbol{E}_m, \boldsymbol{O})$ 的形式。

③ 非齐次线性方程组 $\boldsymbol{Ax}=\boldsymbol{b}$ 一定有无穷解。

④ 若矩阵 $\boldsymbol{B}$ 满足 $\boldsymbol{BA}=\boldsymbol{O}$，则 $\boldsymbol{B}=\boldsymbol{O}$。

则[ ]。

(A) 只有①正确　　(B) 只有①和②正确

(C) 只有①、②和③正确　　(D) 4 个命题都正确

(7) 设 $\boldsymbol{A}$ 为 n 阶方阵，$\boldsymbol{b}$ 是非零 n 维列向量，分析以下命题：

① 若 $\boldsymbol{Ax}=\boldsymbol{b}$ 有唯一解，则 $\boldsymbol{Ax}=\boldsymbol{0}$ 只有零解。

② 若 $\boldsymbol{Ax}=\boldsymbol{b}$ 有无穷组解，则 $\boldsymbol{Ax}=\boldsymbol{0}$ 有非零解。

③ 若 $\boldsymbol{Ax}=\boldsymbol{0}$ 只有零解，则 $\boldsymbol{Ax}=\boldsymbol{b}$ 有唯一解。

④ 若 $\boldsymbol{Ax}=\boldsymbol{0}$ 有非零解，则 $\boldsymbol{Ax}=\boldsymbol{b}$ 有无穷多组解。

则[　　]。

(A) 只有①正确　　(B) 只有①和②正确

(C) 只有①、②和③正确　　(D) 4 个命题都正确

(8) 设 $\boldsymbol{A}$ 为 $m\times n$ 矩阵，且 $r(\boldsymbol{A})=m$，$\boldsymbol{b}$ 是非零 m 维列向量，分析以下命题：

① 若 $\boldsymbol{Ax}=\boldsymbol{b}$ 有唯一解，则 $\boldsymbol{Ax}=\boldsymbol{0}$ 只有零解。

② 若 $\boldsymbol{Ax}=\boldsymbol{b}$ 有无穷组解，则 $\boldsymbol{Ax}=\boldsymbol{0}$ 有非零解。

③ 若 $\boldsymbol{Ax}=\boldsymbol{0}$ 只有零解，则 $\boldsymbol{Ax}=\boldsymbol{b}$ 有唯一解。

④ 若 $\boldsymbol{Ax}=\boldsymbol{0}$ 有非零解，则 $\boldsymbol{Ax}=\boldsymbol{b}$ 有无穷多组解。

则[　　]。

(A) 只有①正确　　(B) 只有①和②正确

(C) 只有①、②和③正确　　(D) 4 个命题都正确

(9) 已知 $\boldsymbol{\eta}_1$、$\boldsymbol{\eta}_2$ 是非齐次线性方程组 $\boldsymbol{Ax}=\boldsymbol{b}$ 的两个不同的解，$\boldsymbol{\xi}_1$、$\boldsymbol{\xi}_2$ 是 $\boldsymbol{Ax}=\boldsymbol{b}$ 的导出组 $\boldsymbol{Ax}=\boldsymbol{0}$ 的基础解系，k_1，k_2 为任意常数，则方程组 $\boldsymbol{Ax}=\boldsymbol{b}$ 的通解是[　　]。

(A) $k_1\boldsymbol{\xi}_1+k_2\boldsymbol{\xi}_2+\boldsymbol{\eta}_1-\boldsymbol{\eta}_2$　　(B) $k_1(\boldsymbol{\xi}_1+\boldsymbol{\xi}_2)+k_2(\boldsymbol{\xi}_1-\boldsymbol{\xi}_2)+\dfrac{1}{2}(\boldsymbol{\eta}_1+\boldsymbol{\eta}_2)$

(C) $k_1\boldsymbol{\xi}_1+k_2(\boldsymbol{\eta}_1-\boldsymbol{\eta}_2)+\boldsymbol{\eta}_1$　　(D) $k_1(\boldsymbol{\xi}_1+\boldsymbol{\xi}_2)+k_2(\boldsymbol{\eta}_1-\boldsymbol{\eta}_2)+\boldsymbol{\eta}_2$

(10) 已知 $\boldsymbol{\eta}_1=(7,\ -3,\ 1,\ 0)^{\mathrm{T}}$，$\boldsymbol{\eta}_2=(2,\ 1,\ 0,\ 2)^{\mathrm{T}}$，$\boldsymbol{\eta}_3=(0,\ 1,\ 2,\ 2)^{\mathrm{T}}$是方程组

$$\begin{cases}x_1+x_2+x_3+x_4=b\\x_1+ax_2+x_3-x_4=a\\cx_1+4x_2+cx_3+x_4=d\end{cases}$$

的解向量，$a\neq 0$，则方程组的通解为[　　]。

(A) $k_1\boldsymbol{\eta}_1+k_2\boldsymbol{\eta}_2+k_3\boldsymbol{\eta}_3$($k_1$，$k_2$，$k_3$ 为任意常数)

(B) $\boldsymbol{\eta}_1+k(\boldsymbol{\eta}_2-\boldsymbol{\eta}_3)$($k$ 为任意常数)

(C) $\boldsymbol{\eta}_1+k_1(\boldsymbol{\eta}_1-\boldsymbol{\eta}_2)+k_2(\boldsymbol{\eta}_1-\boldsymbol{\eta}_3)$($k_1$，$k_2$ 为任意常数)

(D) 以上结果都不正确

3. 解答题

(1) 设齐次线性方程组 $\boldsymbol{Ax}=\boldsymbol{0}$ 的系数矩阵 $\boldsymbol{A}_{m\times n}$ 的行向量组线性无关，$\boldsymbol{\beta}$ 是齐次线性方程组 $\boldsymbol{Ax}=\boldsymbol{0}$ 的一个非零解，若把矩阵 $\boldsymbol{A}_{m\times n}$ 的行向量组写为列向量组的形式为 $\boldsymbol{\alpha}_1$，$\boldsymbol{\alpha}_2$，…，$\boldsymbol{\alpha}_m$，证明：向量组 $\boldsymbol{\alpha}_1$，$\boldsymbol{\alpha}_2$，…，$\boldsymbol{\alpha}_m$，$\boldsymbol{\beta}$ 线性无关。

(2) 设 $\boldsymbol{A}$ 为 $m\times n$ 矩阵，$\boldsymbol{\alpha}$ 与 $\boldsymbol{\beta}$ 为 n 维列向量，证明：若 $\boldsymbol{A\alpha}=\boldsymbol{A\beta}$，且 $r(\boldsymbol{A})=n$，证明：$\boldsymbol{\alpha}=\boldsymbol{\beta}$。

(3) 设 $\boldsymbol{A}$ 是 $m\times n$ 实矩阵，证明：$r(\boldsymbol{A})=r(\boldsymbol{A}^{\mathrm{T}}\boldsymbol{A})$。

(4) $\boldsymbol{A}$ 是 $n\times m$ 矩阵，$\boldsymbol{B}$ 是 $m\times n$ 矩阵，$n<m$，若 $\boldsymbol{AB}=\boldsymbol{E}$，证明 $\boldsymbol{B}$ 的列向量组线性无关。

(5) 求齐次线性方程组$\begin{cases}x_1-2x_2+3x_3-x_4+2x_5=0\\-3x_1+6x_2-8x_3+3x_4-6x_5=0\end{cases}$的通解。

(6) 设非齐次线性方程组 $\boldsymbol{Ax}=\boldsymbol{b}$ 的增广矩阵为 $\overline{\boldsymbol{A}}$，经过若干次初等行变换化为以下矩阵：

$$\overline{\boldsymbol{A}}\to\cdots\to\begin{bmatrix}1 & 2 & 3 & 6\\0 & 1-a & a-1 & 2-2a\\0 & 0 & 2a+2 & a-1\end{bmatrix}$$

讨论 a 取何值时，方程组 $\boldsymbol{Ax}=\boldsymbol{b}$ 无解、有唯一解及有无穷组解。当其有无穷组解时，求它的通解。

4.5 习题详解

1. 填空题

(1) 方程组 $\boldsymbol{Ax}=\boldsymbol{0}$ 基础解系所含解向量的个数为 $3-r(\boldsymbol{A})=1$，由于 $\boldsymbol{A}$ 的每行元素之和都为零，则 $(1,1,1)^{\mathrm{T}}$ 为 $\boldsymbol{Ax}=\boldsymbol{0}$ 的基础解系；而 $\boldsymbol{\alpha}_1-\boldsymbol{\alpha}_2+2\boldsymbol{\alpha}_3=\boldsymbol{\beta}$，则 $(1,-1,2)^{\mathrm{T}}$ 是 $\boldsymbol{Ax}=\boldsymbol{\beta}$ 的一个特解，故 $\boldsymbol{Ax}=\boldsymbol{\beta}$ 的通解是 $(1,-1,2)^{\mathrm{T}}+k(1,1,1)^{\mathrm{T}}$，$k$ 为任意常数。

(2) 方程组 $\boldsymbol{Ax}=\boldsymbol{0}$ 基础解系所含解向量的个数为 $4-r(\boldsymbol{A})=1$，而 $\boldsymbol{\eta}_1$、$\boldsymbol{\eta}_2$、$\boldsymbol{\eta}_3$ 是方程组 $\boldsymbol{Ax}=\boldsymbol{b}$ 的解向量，则 $5\boldsymbol{\eta}_1-(2\boldsymbol{\eta}_2+3\boldsymbol{\eta}_3)$ 为方程组 $\boldsymbol{Ax}=\boldsymbol{0}$ 的解向量。根据已知条件，有

$$5\boldsymbol{\eta}_1-(2\boldsymbol{\eta}_2+3\boldsymbol{\eta}_3)=5(1,2,0,-1)^{\mathrm{T}}-(3,4,5,-2)^{\mathrm{T}}=(2,6,-5,-3)^{\mathrm{T}}$$

$\boldsymbol{\eta}_1$ 即为 $\boldsymbol{Ax}=\boldsymbol{b}$ 的一个特解。于是方程组 $\boldsymbol{Ax}=\boldsymbol{b}$ 的通解为 $(1,2,0,-1)^{\mathrm{T}}+k(2,6,-5,-3)^{\mathrm{T}}$，$k$ 为任意常数。

(3) 根据已知条件可知，$\boldsymbol{A\eta}_i=\boldsymbol{b}(i=1,2,\cdots,t)$ 及 $\boldsymbol{A}(k_1\boldsymbol{\eta}_1+k_2\boldsymbol{\eta}_2+\cdots+k_t\boldsymbol{\eta}_t)=\boldsymbol{b}$，则 $k_1\boldsymbol{b}+k_2\boldsymbol{b}+\cdots+k_t\boldsymbol{b}=\boldsymbol{b}$，于是有 $k_1+k_2+\cdots+k_t=1$。

(4) 任意 n 维列向量 $\boldsymbol{\xi}$ 都是齐次方程组 $\boldsymbol{A}^*\boldsymbol{x}=\boldsymbol{0}$ 的解，显然 n 维基本单位向量组是方程组 $\boldsymbol{A}^*\boldsymbol{x}=\boldsymbol{0}$ 的一个基础解系，故有 $r(\boldsymbol{A}^*)=n-n=0$。根据公式 $r(\boldsymbol{A}^*)=\begin{cases}n & (r(\boldsymbol{A})=n)\\1 & (r(\boldsymbol{A})=n-1)\\0 & (r(\boldsymbol{A})<n-1)\end{cases}$ 可知，$r(\boldsymbol{A})<n-1$。而 $\boldsymbol{Ax}=\boldsymbol{0}$ 的基础解系含有向量个数 $k=n-r(\boldsymbol{A})$，所以 $k>1$。

(5) 齐次线性方程组 $x_1+2x_2+3x_3+\cdots+nx_n=0$ 的基础解系为

$$(-2,1,0,\cdots,0)^{\mathrm{T}},(-3,0,1,\cdots,0)^{\mathrm{T}},\cdots,(-n,0,0,\cdots,1)^{\mathrm{T}}$$

非齐次线性方程组 $x_1+2x_2+3x_3+\cdots+nx_n=1$ 的一个特解为 $(1,0,0,\cdots,0)^{\mathrm{T}}$，所以非齐次线性方程组 $x_1+2x_2+3x_3+\cdots+nx_n=1$ 的通解为

$$(1,0,0,\cdots,0)^{\mathrm{T}}+k_1(-2,1,0,\cdots,0)^{\mathrm{T}}+k_2(-3,0,1,\cdots,0)^{\mathrm{T}}+\cdots+k_{n-1}(-n,0,0,\cdots,1)^{\mathrm{T}}$$

其中 $k_1,k_2,\cdots,k_{n-1}$ 为任意常数。

(6) 任意 3 维列向量 $\boldsymbol{\xi}$ 都是 $\boldsymbol{ABx}=\boldsymbol{0}$ 的解，则 3 维单位向量组是方程组 $\boldsymbol{ABx}=\boldsymbol{0}$ 的一个

基础解系，$r(\boldsymbol{AB})=3-3=0$，于是矩阵 $\boldsymbol{AB}=\boldsymbol{O}$，那么矩阵 $\boldsymbol{B}$ 的所有列向量都是 $\boldsymbol{Ax}=\boldsymbol{0}$ 的解；而 $\boldsymbol{B}$ 是 3 阶非零矩阵，所以方程组 $\boldsymbol{Ax}=\boldsymbol{0}$ 有非零解，故 $|\boldsymbol{A}|=0$，解得 $k=1$。

2. 选择题

(1) [D]。根据公式 $r(\boldsymbol{A}^*)=\begin{cases} n & (r(A)=n) \\ 1 & (r(A)=n-1) \\ 0 & (r(A)<n-1) \end{cases}$ 可知 $r(\boldsymbol{A}^*)=1$，所以有 $|\boldsymbol{A}|=|\boldsymbol{A}^*|=0$。

根据公式 $\boldsymbol{AA}^*=|\boldsymbol{A}|\boldsymbol{E}$ 可知 $\boldsymbol{AA}^*=\boldsymbol{O}$，则 $\boldsymbol{A}^*$ 的所有列向量都是 $\boldsymbol{Ax}=\boldsymbol{0}$ 的解。而 $A_{nn}\neq 0$，则 $\boldsymbol{A}^*$ 的第 n 列必为非零向量，故 $k(A_{n1}, A_{n2}, \cdots, A_{nn})^{\mathrm{T}}$ 是齐次线性方程组 $\boldsymbol{Ax}=\boldsymbol{0}$ 的通解，k 是任意常数。

根据公式 $\boldsymbol{A}^*\boldsymbol{A}=|\boldsymbol{A}|\boldsymbol{E}$ 可知 $\boldsymbol{A}^*\boldsymbol{A}=\boldsymbol{O}$，则 $\boldsymbol{A}$ 的所有列向量都是 $\boldsymbol{A}^*\boldsymbol{x}=\boldsymbol{0}$ 的解。而 $A_{nn}\neq 0$，说明矩阵 $\boldsymbol{A}$ 的前 $n-1$ 个列向量线性无关，又 $r(\boldsymbol{A}^*)=1$，所以 $\boldsymbol{A}$ 的前 $n-1$ 个列向量是齐次线性方程组 $\boldsymbol{A}^*\boldsymbol{x}=\boldsymbol{0}$ 的一组基础解系。

(2) [D]。矩阵 $\boldsymbol{AB}$ 为 m 阶方阵，当 $m>n$ 时，有 $r(\boldsymbol{AB})\leqslant r(\boldsymbol{A})\leqslant n<m$，则 $\boldsymbol{ABx}=\boldsymbol{0}$ 有非零解。

(3) [B]。因为 $\boldsymbol{Ax}=\boldsymbol{b}$ 多解，则 $r(\boldsymbol{A})<n$，而 $\boldsymbol{A}^*\neq\boldsymbol{O}$，即 $r(\boldsymbol{A}^*)\neq 0$，故 $r(\boldsymbol{A})=n-1$。于是 $\boldsymbol{Ax}=\boldsymbol{0}$ 基础解系所含解向量的个数为 1。

(4) [C]。1 条直线即为一个 2 元非齐次线性方程，3 条直线有唯一交点，即 3 条直线组成的非齐次线性方程组有唯一解。该方程组可以写为

$$\begin{cases} a_1x+b_1y=-c_1 \\ a_2x+b_2y=-c_2 \\ a_3x+b_3y=-c_3 \end{cases}$$

所以 $\boldsymbol{\alpha}_1$、$\boldsymbol{\alpha}_2$ 为方程组系数矩阵的 2 个列向量，而 $-\boldsymbol{\alpha}_3$ 即为方程组的常数向量。该非齐次线性方程组有唯一解的充分必要条件是 $r(\boldsymbol{\alpha}_1, \boldsymbol{\alpha}_2)=r(\boldsymbol{\alpha}_1, \boldsymbol{\alpha}_2, -\boldsymbol{\alpha}_3)=2$，即 $\boldsymbol{\alpha}_1, \boldsymbol{\alpha}_2$ 线性无关，$\boldsymbol{\alpha}_1, \boldsymbol{\alpha}_2, \boldsymbol{\alpha}_3$ 线性相关。选项(A)、(B)、(D)都是必要条件。

(5) [C]。

① 由于 $r(\boldsymbol{A})\leqslant 3<4$，因此方程组 $\boldsymbol{Ax}=\boldsymbol{0}$ 一定有非零解。

② 由于 $\boldsymbol{A}$ 的行向量组线性无关，则 $\boldsymbol{A}^{\mathrm{T}}$ 的列向量组线性无关，故方程组 $\boldsymbol{A}^{\mathrm{T}}\boldsymbol{x}=\boldsymbol{0}$ 一定只有零解。

③ 由于矩阵 $\boldsymbol{A}^{\mathrm{T}}\boldsymbol{A}$ 为 4 阶方阵，而 $r(\boldsymbol{A}^{\mathrm{T}}\boldsymbol{A})\leqslant r(\boldsymbol{A})\leqslant 3<4$，故方程组 $\boldsymbol{A}^{\mathrm{T}}\boldsymbol{Ax}=\boldsymbol{0}$ 一定有非零解。

④ 由于 $\boldsymbol{A}$ 的行向量组线性无关，即 $r(\boldsymbol{A})=3$，而 $\boldsymbol{Ax}=\boldsymbol{b}$ 的增广矩阵的秩满足关系式

$$3\geqslant r(\boldsymbol{A}, \boldsymbol{b})\geqslant r(\boldsymbol{A})=3$$

故 $r(\boldsymbol{A})=r(\boldsymbol{A}, \boldsymbol{b})=3<4$，则方程组 $\boldsymbol{Ax}=\boldsymbol{b}$ 一定有无穷解。

⑤ 若 $\boldsymbol{A}^{\mathrm{T}}\boldsymbol{x}=\boldsymbol{b}$ 的形式为

$$\begin{cases} x_1 = 1 \\ x_2 = 1 \\ x_3 = 1 \\ x_1+x_2+x_3=1 \end{cases}$$

显然方程组无解。

(6) [D]。

① 由于 $r(\boldsymbol{A}$ 列向量组$)=r(\boldsymbol{A})=m$，则 $\boldsymbol{A}$ 一定存在 m 个线性无关的列向量。

② 通过初等列变换，一定可以把 $\boldsymbol{A}$ 化为 $(\boldsymbol{E}_m, \boldsymbol{O})$ 的形式。

③ $r(\boldsymbol{A})=m$，而 $\boldsymbol{Ax}=\boldsymbol{b}$ 的增广矩阵的秩满足关系式：

$$m \geqslant r(\boldsymbol{A}, \boldsymbol{b}) \geqslant r(\boldsymbol{A}) = m$$

故 $r(\boldsymbol{A})=r(\boldsymbol{A}, \boldsymbol{b})=m<n$，则方程组 $\boldsymbol{Ax}=\boldsymbol{b}$ 一定有无穷解。

④ 对等式 $\boldsymbol{BA}=\boldsymbol{O}$ 两边取转置运算，有：$\boldsymbol{A}^{\mathrm{T}}\boldsymbol{B}^{\mathrm{T}}=\boldsymbol{O}$，即矩阵 $\boldsymbol{B}^{\mathrm{T}}$ 的所有列向量都是齐次线性方程组 $\boldsymbol{A}^{\mathrm{T}}\boldsymbol{x}=\boldsymbol{0}$ 的解。而系数矩阵 $\boldsymbol{A}^{\mathrm{T}}$ 的列数为 m，且 $r(\boldsymbol{A}^{\mathrm{T}})=r(\boldsymbol{A})=m$，于是方程组 $\boldsymbol{A}^{\mathrm{T}}\boldsymbol{x}=\boldsymbol{0}$ 只有零解，所以 $\boldsymbol{B}^{\mathrm{T}}=\boldsymbol{O}$, $\boldsymbol{B}=\boldsymbol{O}$。

(7) [C]。

① 若 $\boldsymbol{Ax}=\boldsymbol{b}$ 有唯一解，则 $r(\boldsymbol{A})=r(\boldsymbol{A}, \boldsymbol{b})=n$，故 $\boldsymbol{Ax}=\boldsymbol{0}$ 只有零解。

② 若 $\boldsymbol{Ax}=\boldsymbol{b}$ 有无穷组解，则 $r(\boldsymbol{A})=r(\boldsymbol{A}, \boldsymbol{b})<n$，故 $\boldsymbol{Ax}=\boldsymbol{0}$ 有非零解。

③ 若 $\boldsymbol{Ax}=\boldsymbol{0}$ 只有零解，则 $r(\boldsymbol{A})=n$，而 $n\geqslant r(\boldsymbol{A}, \boldsymbol{b})\geqslant r(\boldsymbol{A})=n$，故 $r(\boldsymbol{A})=r(\boldsymbol{A}, \boldsymbol{b})=n$，所以 $\boldsymbol{Ax}=\boldsymbol{b}$ 有唯一解。

④ 设有非零解的方程组 $\boldsymbol{Ax}=\boldsymbol{0}$ 为

$$\begin{cases} x_1 - 3x_2 = 0 \\ -2x_1 + 6x_2 = 0 \end{cases}$$

而对应的非齐次线性方程组

$$\begin{cases} x_1 - 3x_2 = 2 \\ -2x_1 + 6x_2 = -3 \end{cases}$$

无解。

(8) [D]。

① 若 $\boldsymbol{Ax}=\boldsymbol{b}$ 有唯一解，则 $r(\boldsymbol{A})=r(\boldsymbol{A}, \boldsymbol{b})=m=n$，故 $\boldsymbol{Ax}=\boldsymbol{0}$ 只有零解。

② 若 $\boldsymbol{Ax}=\boldsymbol{b}$ 有无穷组解，则 $r(\boldsymbol{A})=r(\boldsymbol{A}, \boldsymbol{b})=m<n$，故 $\boldsymbol{Ax}=\boldsymbol{0}$ 有非零解。

③ 若 $\boldsymbol{Ax}=\boldsymbol{0}$ 只有零解，则 $r(\boldsymbol{A})=m=n$，故方阵 $\boldsymbol{A}$ 的行列式 $|\boldsymbol{A}|\neq 0$，根据克莱姆法则可知，$\boldsymbol{Ax}=\boldsymbol{b}$ 有唯一解。

④ 若 $\boldsymbol{Ax}=\boldsymbol{0}$ 有非零解，则 $r(\boldsymbol{A})=m<n$，而 $m\geqslant r(\boldsymbol{A}, \boldsymbol{b})\geqslant r(\boldsymbol{A})=m$，故 $r(\boldsymbol{A})=r(\boldsymbol{A}, \boldsymbol{b})=m<n$，所以 $\boldsymbol{Ax}=\boldsymbol{b}$ 有无穷多组解。

(9) [B]。选项(A)中的 $\boldsymbol{\eta}_1-\boldsymbol{\eta}_2$ 不是 $\boldsymbol{Ax}=\boldsymbol{b}$ 的特解；选项(C)中的 $\boldsymbol{\xi}_1$、$\boldsymbol{\eta}_1-\boldsymbol{\eta}_2$ 虽然都是 $\boldsymbol{Ax}=\boldsymbol{0}$ 的解，但它们不一定线性无关；选项(D)中的 $\boldsymbol{\xi}_1+\boldsymbol{\xi}_2$、$\boldsymbol{\eta}_1-\boldsymbol{\eta}_2$ 虽然都是 $\boldsymbol{Ax}=\boldsymbol{0}$ 的解，但它们不一定线性无关；选项(B)中的 $\boldsymbol{\xi}_1+\boldsymbol{\xi}_2$、$\boldsymbol{\xi}_1-\boldsymbol{\xi}_2$ 都是 $\boldsymbol{Ax}=\boldsymbol{0}$ 的解，而且它们线性无关，而 $\frac{1}{2}(\boldsymbol{\eta}_1+\boldsymbol{\eta}_2)$ 也是 $\boldsymbol{Ax}=\boldsymbol{b}$ 的解。

(10) [C]。方程组 $\boldsymbol{Ax}=\boldsymbol{b}$ 的系数矩阵为

$$\boldsymbol{A} = \begin{bmatrix} 1 & 1 & 1 & 1 \\ 1 & a & 1 & -1 \\ c & 4 & c & 1 \end{bmatrix}$$

矩阵 $\boldsymbol{A}$ 中含有 2 阶非零子式，即 $r(\boldsymbol{A})\geqslant 2$。而 $\boldsymbol{\eta}_1-\boldsymbol{\eta}_2=(5, -4, 1, -2)^{\mathrm{T}}$，$\boldsymbol{\eta}_1-\boldsymbol{\eta}_3=$

$(7, -4, -1, -2)^T$，即 $\boldsymbol{\eta}_1-\boldsymbol{\eta}_2$，$\boldsymbol{\eta}_1-\boldsymbol{\eta}_3$ 是 $\boldsymbol{Ax}=\boldsymbol{b}$ 导出组 $\boldsymbol{Ax}=\boldsymbol{0}$ 的线性无关解向量，故 $\boldsymbol{Ax}=\boldsymbol{0}$ 基础解系所含解向量的个数大于等于 2，于是有 $4-r(\boldsymbol{A})\geqslant 2$，所以 $r(\boldsymbol{A})\leqslant 2$。

综上所述，$r(\boldsymbol{A})=2$，那么 $\boldsymbol{Ax}=\boldsymbol{b}$ 的通解可以为 $\boldsymbol{\eta}_1+k_1(\boldsymbol{\eta}_1-\boldsymbol{\eta}_2)+k_2(\boldsymbol{\eta}_1-\boldsymbol{\eta}_3)$，其中 k_1、k_2、k_3 为任意常数。

3. 解答题

(1) 证明：用定义法证明。令

$$k_1\boldsymbol{\alpha}_1+k_2\boldsymbol{\alpha}_2+\cdots+k_m\boldsymbol{\alpha}_m+k_{m+1}\boldsymbol{\beta}=\boldsymbol{0} \qquad ①$$

由于 $\boldsymbol{\beta}$ 是齐次线性方程组 $\boldsymbol{Ax}=\boldsymbol{0}$ 的解，则 $\boldsymbol{\beta}$ 与矩阵 $\boldsymbol{A}$ 的所有行向量的转置正交，即 $\boldsymbol{\alpha}_i^T\boldsymbol{\beta}=0(i=1, 2, \cdots, m)$，则 $\boldsymbol{\beta}^T\boldsymbol{\alpha}_i=0(i=1, 2, \cdots, m)$，故用 $\boldsymbol{\beta}^T$ 左乘等式①，有

$$k_{m+1}\|\boldsymbol{\beta}\|^2=0$$

而 $\boldsymbol{\beta}$ 为非零向量，则 $k_{m+1}=0$，于是式①可以写为

$$k_1\boldsymbol{\alpha}_1+k_2\boldsymbol{\alpha}_2+\cdots+k_m\boldsymbol{\alpha}_m=\boldsymbol{0} \qquad ②$$

由于向量组 $\boldsymbol{\alpha}_1, \boldsymbol{\alpha}_2, \cdots, \boldsymbol{\alpha}_m$ 线性无关，故 $k_1=k_2=\cdots=k_m=0$，所以有 $k_1=k_2=\cdots=k_m=k_{m+1}=0$，向量组 $\boldsymbol{\alpha}_1, \boldsymbol{\alpha}_2, \cdots, \boldsymbol{\alpha}_m, \boldsymbol{\beta}$ 线性无关。

(2) 证明：由于 $r(\boldsymbol{A})=n=\boldsymbol{A}$ 的列数，因此齐次线性方程组 $\boldsymbol{Ax}=\boldsymbol{0}$ 只有零解。而 $\boldsymbol{A\alpha}=\boldsymbol{A\beta}$，则有 $\boldsymbol{A}(\boldsymbol{\alpha}-\boldsymbol{\beta})=\boldsymbol{0}$，即向量 $\boldsymbol{\alpha}-\boldsymbol{\beta}$ 是 $\boldsymbol{Ax}=\boldsymbol{0}$ 的解，所以 $\boldsymbol{\alpha}-\boldsymbol{\beta}=\boldsymbol{0}$，$\boldsymbol{\alpha}=\boldsymbol{\beta}$。

(3) 证明：参见例 4.14，可以证明齐次线性方程组 $\boldsymbol{Ax}=\boldsymbol{0}$ 与 $\boldsymbol{A}^T\boldsymbol{Ax}=\boldsymbol{0}$ 同解，则 $r(\boldsymbol{A})=r(\boldsymbol{A}^T\boldsymbol{A})$。

(4) 证明：用反证法。设 $\boldsymbol{B}$ 的列向量组线性相关，则齐次线性方程组 $\boldsymbol{Bx}=\boldsymbol{0}$ 有非零解。设 $\boldsymbol{\xi}$ 为 $\boldsymbol{Bx}=\boldsymbol{0}$ 的一个非零解向量，则有 $\boldsymbol{B\xi}=\boldsymbol{0}$，用矩阵 $\boldsymbol{A}$ 左乘等式两边，有 $\boldsymbol{AB\xi}=\boldsymbol{0}$，该等式说明 $\boldsymbol{\xi}$ 也是方程组 $\boldsymbol{ABx}=\boldsymbol{0}$ 的一个解向量。从而得到结论：方程组 $\boldsymbol{ABx}=\boldsymbol{0}$ 有非零解。而 $\boldsymbol{AB}=\boldsymbol{E}$，说明方程组 $\boldsymbol{ABx}=\boldsymbol{0}$ 只有零解，故产生矛盾。于是，$\boldsymbol{B}$ 的列向量组线性无关。

(5) 解：对系数矩阵 $\boldsymbol{A}$ 进行初等行变换：

$$\boldsymbol{A}=\begin{bmatrix}1 & -2 & 3 & -1 & 2\\ -3 & 6 & -8 & 3 & -6\end{bmatrix}\xrightarrow{r_2+3r_1}\begin{bmatrix}1 & -2 & 3 & -1 & 2\\ 0 & 0 & 1 & 0 & 0\end{bmatrix}$$

$$\xrightarrow{r_1-3r_2}\begin{bmatrix}1 & -2 & 0 & -1 & 2\\ 0 & 0 & 1 & 0 & 0\end{bmatrix}$$

则 $x_3=0$，取 x_2、x_4、x_5 为自由变量，则方程组的通解为 $k_1(2, 1, 0, 0, 0)^T+k_2(1, 0, 0, 1, 0)^T+k_3(-2, 0, 0, 0, 1)^T$，其中 k_1、k_2、k_3 为任意常数。

(6) 解：当 $a=-1$ 时，$r(\boldsymbol{A})\neq r(\bar{\boldsymbol{A}})$，方程组 $\boldsymbol{Ax}=\boldsymbol{b}$ 无解。当 $a\neq 1$ 且 $a\neq -1$ 时，$r(\boldsymbol{A})=r(\bar{\boldsymbol{A}})=3$，方程组 $\boldsymbol{Ax}=\boldsymbol{b}$ 有唯一解。当 $a=1$ 时，增广矩阵 $\bar{\boldsymbol{A}}$ 可以化为

$$\bar{\boldsymbol{A}}\to\cdots\to\begin{bmatrix}1 & 2 & 0 & 6\\ 0 & 0 & 1 & 0\\ 0 & 0 & 0 & 0\end{bmatrix}$$

取 x_2 为自由变量，设 $x_2=1$，则 $\boldsymbol{Ax}=\boldsymbol{b}$ 的导出组 $\boldsymbol{Ax}=\boldsymbol{0}$ 的通解为 $k(-2, 1, 0)^T$，其中 k 为任意常数；设 $x_2=0$，则 $\boldsymbol{Ax}=\boldsymbol{b}$ 的一个特解为 $(6, 0, 0)^T$。于是非齐次线性方程组 $\boldsymbol{Ax}=\boldsymbol{b}$ 的通解为 $(6, 0, 0)^T+k(-2, 1, 0)^T$，其中 k 为任意常数。

第五章 矩阵的特征值与特征向量

5.1 基本概念与重要结论

名师笔记

矩阵的特征值与特征向量是建立在行列式、矩阵、向量及线性方程组的知识体系上的，而下一章将介绍的二次型又和特征值与特征向量紧密相连，所以在考研试题的解答题(11 分)中往往有一道题考查特征值和特征向量或二次型。

1. 特征值与特征向量

设 $\boldsymbol{A}$ 是 n 阶矩阵，如果存在一个数 λ 及非零 n 维列向量 $\boldsymbol{\alpha}$，使得

$$\boldsymbol{A\alpha}=\lambda\boldsymbol{\alpha}$$

成立，则称 λ 是矩阵 $\boldsymbol{A}$ 的一个特征值；称非零向量 $\boldsymbol{\alpha}$ 是矩阵 $\boldsymbol{A}$ 属于特征值 λ 的一个特征向量。

对以上等式移项，有 $(\lambda\boldsymbol{E}-\boldsymbol{A})\boldsymbol{\alpha}=\boldsymbol{0}$ 成立，由于 $\boldsymbol{\alpha}$ 是非零向量，即齐次线性方程组 $(\lambda\boldsymbol{E}-\boldsymbol{A})\boldsymbol{x}=\boldsymbol{0}$ 有非零解，故其系数矩阵的行列式 $|\lambda\boldsymbol{E}-\boldsymbol{A}|=0$。

名师笔记

很多考生忽略了特征值和特征向量的定义，而很多题目恰恰可以直接根据定义求解。

例如，对于例 5.31 中的已知条件

$$\boldsymbol{A}\begin{bmatrix}1 & 1\\ 0 & 0\\ -1 & 1\end{bmatrix}=\begin{bmatrix}-1 & 1\\ 0 & 0\\ 1 & 1\end{bmatrix}$$

考生应该立即看出矩阵 $\boldsymbol{A}$ 的 2 个特征值和对应的特征向量。

2. 特征多项式与特征方程

设 $\boldsymbol{A}=(a_{ij})$ 为一个 n 阶矩阵，则行列式

$$|\lambda\boldsymbol{E}-\boldsymbol{A}|=\begin{vmatrix}\lambda-a_{11} & -a_{12} & \cdots & -a_{1n}\\ -a_{21} & \lambda-a_{22} & \cdots & -a_{2n}\\ \vdots & \vdots & & \vdots\\ -a_{n1} & -a_{n2} & \cdots & \lambda-a_{nn}\end{vmatrix}$$

称为矩阵 $\boldsymbol{A}$ 的特征多项式；$|\lambda\boldsymbol{E}-\boldsymbol{A}|=0$ 称为 $\boldsymbol{A}$ 的特征方程。

特征多项式 $f(\lambda)=|\lambda \boldsymbol{E}-\boldsymbol{A}|$是关于$\lambda$的一个$n$次多项式，而特征方程$|\lambda \boldsymbol{E}-\boldsymbol{A}|=0$是以$\lambda$为未知数的一个一元$n$次方程。

名师笔记

很多教材对特征方程的定义为$|\boldsymbol{A}-\lambda \boldsymbol{E}|=0$，而两种不同定义求解出的特征值是相同的。

3. 特征值及特征向量的计算

一元n次方程$|\lambda \boldsymbol{E}-\boldsymbol{A}|=0$(特征方程)的所有解$\lambda_1$，$\lambda_2$，…，$\lambda_n$即是矩阵$\boldsymbol{A}$的全部特征值。

计算矩阵$\boldsymbol{A}$属于一个具体特征值λ_i的特征向量$\boldsymbol{\alpha}$，就是找出满足等式$\boldsymbol{A\alpha}=\lambda_i\boldsymbol{\alpha}$的所有非零向量$\boldsymbol{\alpha}$，也就是求齐次线性方程组$(\lambda_i\boldsymbol{E}-\boldsymbol{A})\boldsymbol{x}=\boldsymbol{0}$的通解(非零解)。

名师笔记

考生要理解：

(1) 求特征值是求解一元n次方程；

(2) 求特征向量是求解n元1次方程组。

于是有：

(1) n阶矩阵一定有n个特征值(可能有重根，可能有虚根)。

(2) 一个特征值对应的特征向量一定有无穷多个。

(3) n阶矩阵最多有n个线性无关的特征向量。

4. 特殊矩阵的特征值

n阶上(下)三角矩阵及n阶对角矩阵的特征值即为矩阵主对角线上n个元素的值。

5. 特征值的性质

(1) 矩阵$\boldsymbol{A}$的所有特征值的和等于矩阵的迹$\mathrm{tr}(\boldsymbol{A})$。即

$$\lambda_1+\lambda_2+\cdots+\lambda_n=a_{11}+a_{22}+\cdots+a_{nn}=\mathrm{tr}(\boldsymbol{A})$$

(2) 矩阵$\boldsymbol{A}$的所有特征值的积等于矩阵的行列式。即

$$\lambda_1\lambda_2\cdots\lambda_n=|\boldsymbol{A}|$$

(3) $|\boldsymbol{A}|=0\Leftrightarrow$零是矩阵$\boldsymbol{A}$的特征值。

(4) $|\boldsymbol{A}|\neq 0\Leftrightarrow$矩阵$\boldsymbol{A}$的所有特征值均非零。

(5) 若λ是矩阵$\boldsymbol{A}$的特征值，且$\boldsymbol{\alpha}$是矩阵$\boldsymbol{A}$属于特征值λ的特征向量，那么$f(\lambda)$是矩阵$f(\boldsymbol{A})$的特征值，$\boldsymbol{\alpha}$是矩阵$f(\boldsymbol{A})$属于特征值$f(\lambda)$的特征向量。其中$f(x)$为x的m次多项式函数：

$$f(x)=a_mx^m+a_{m-1}x^{m-1}+\cdots+a_1x+a_0$$

以下是两种特殊情况，若λ是矩阵$\boldsymbol{A}$的特征值，且$\boldsymbol{\alpha}$是矩阵$\boldsymbol{A}$属于特征值λ的特征向量，那么

① $k\lambda$是矩阵$k\boldsymbol{A}$的特征值，$\boldsymbol{\alpha}$是矩阵$k\boldsymbol{A}$属于特征值$k\lambda$的特征向量。

② λ^m是矩阵$\boldsymbol{A}^m$的特征值，$\boldsymbol{\alpha}$是矩阵$\boldsymbol{A}^m$属于特征值λ^m的特征向量，其中m是非负

整数；

(6) 若 λ 是可逆矩阵 $\boldsymbol{A}$ 的特征值，且 $\boldsymbol{\alpha}$ 是矩阵 $\boldsymbol{A}$ 属于特征值 λ 的特征向量，那么 λ^{-1} 是矩阵 $\boldsymbol{A}^{-1}$ 的特征值，$\boldsymbol{\alpha}$ 是矩阵 $\boldsymbol{A}^{-1}$ 属于特征值 λ^{-1} 的特征向量。

(7) 若 λ 是矩阵 $\boldsymbol{A}$ 的特征值，且 $\boldsymbol{\alpha}$ 是矩阵 $\boldsymbol{A}$ 属于特征值 λ 的特征向量，当 $\lambda\neq 0$ 时，则 $|\boldsymbol{A}|/\lambda$ 是矩阵 $\boldsymbol{A}$ 的伴随矩阵 $\boldsymbol{A}^*$ 的特征值，$\boldsymbol{\alpha}$ 是矩阵 $\boldsymbol{A}^*$ 属于特征值 $|\boldsymbol{A}|/\lambda$ 的特征向量。

(8) 若 $\boldsymbol{\alpha}_1$，$\boldsymbol{\alpha}_2$，…，$\boldsymbol{\alpha}_t$ 都是矩阵 $\boldsymbol{A}$ 的属于同一个特征值 λ 的特征向量，那么当 $k_1\boldsymbol{\alpha}_1+k_2\boldsymbol{\alpha}_2+\cdots+k_t\boldsymbol{\alpha}_t\neq 0$ 时，$k_1\boldsymbol{\alpha}_1+k_2\boldsymbol{\alpha}_2+\cdots+k_t\boldsymbol{\alpha}_t$ 也是矩阵 $\boldsymbol{A}$ 的属于特征值 $\boldsymbol{\lambda}$ 的特征向量。

(9) 若 λ_1，λ_2，…，λ_t 是矩阵 $\boldsymbol{A}$ 的互不相等的特征值，$\boldsymbol{\alpha}_1$，$\boldsymbol{\alpha}_2$，…，$\boldsymbol{\alpha}_t$ 分别是与之对应的特征向量，则 $\boldsymbol{\alpha}_1$，$\boldsymbol{\alpha}_2$，…，$\boldsymbol{\alpha}_t$ 线性无关。

(10) 特征值的几何重数不会超过代数重数。若 λ_0 是矩阵 $\boldsymbol{A}$ 的 m 重特征值(m 称为特征值 λ_0 的代数重数)，而齐次线性方程组 $(\lambda_0\boldsymbol{E}-\boldsymbol{A})\boldsymbol{x}=\boldsymbol{0}$ 基础解系所含解向量的个数是 t，即 $\boldsymbol{A}$ 属于 λ_0 的线性无关的特征向量有 t 个(t 称为特征值 λ_0 的几何重数)，那么 $t\leqslant m$。即属于特征值 λ_0 线性无关的特征向量的个数不会超过该特征值的重数。

针对 n 阶矩阵 $\boldsymbol{A}$，若 $\boldsymbol{A}$ 有 n 个特征值，则 $\boldsymbol{A}$ 线性无关特征向量的个数最多有 n 个。

(11) 若 λ_0 是矩阵 $\boldsymbol{A}$ 的 1 重特征值，那么 $\boldsymbol{A}$ 的属于 λ_0 的线性无关的特征向量有 1 个。

(12) n 阶矩阵 $\boldsymbol{A}$ 与其转置矩阵 $\boldsymbol{A}^{\mathrm{T}}$ 有相同的特征值。

(13) 设 $\boldsymbol{A}$、$\boldsymbol{B}$ 都是 n 阶矩阵，则 $\boldsymbol{AB}$ 与 $\boldsymbol{BA}$ 有相同的特征值，则 $\mathrm{tr}(\boldsymbol{AB})=\mathrm{tr}(\boldsymbol{BA})$。

(14) 若 $f(\lambda)$ 是 n 阶矩阵 $\boldsymbol{A}$ 的特征多项式，那么 $f(\boldsymbol{A})=\boldsymbol{O}$。

(15) 若 n 阶矩阵 $\boldsymbol{A}$ 满足 $g(\boldsymbol{A})=\boldsymbol{O}$，那么 $\boldsymbol{A}$ 的所有特征值都满足 $g(\lambda)=0$。

名师笔记

考生要熟记特征值的各种性质。

考生要注意性质(12)和(13)，它们并没有相同的特征向量。

习题精选中的选择题(7)给出了性质(13)的证明。

考生可以通过例 5.5 进一步理解性质(15)。

6. 实对称矩阵的特征值与特征向量

(1) 实对称矩阵的特征值都是实数，对应的特征向量也是实向量。

(2) 若 λ_1，λ_2，…，λ_t 是实对称矩阵 $\boldsymbol{A}$ 的互不相等的特征值，$\boldsymbol{\alpha}_1$，$\boldsymbol{\alpha}_2$，…，$\boldsymbol{\alpha}_t$ 分别是与之对应的特征向量，则 $\boldsymbol{\alpha}_1$，$\boldsymbol{\alpha}_2$，…，$\boldsymbol{\alpha}_t$ 两两正交。

(3) 若 $\boldsymbol{A}$ 为实对称矩阵，则其特征值的几何重数等于代数重数，即 λ_i 是对称矩阵 $\boldsymbol{A}$ 的 m 重特征值，则属于 λ_i 的线性无关的特征向量有 m 个。

7. 相似矩阵

设 $\boldsymbol{A}$、$\boldsymbol{B}$ 都为 n 阶矩阵，如果存在可逆矩阵 $\boldsymbol{P}$，使得

$$\boldsymbol{B}=\boldsymbol{P}^{-1}\boldsymbol{AP}$$

则称矩阵 $\boldsymbol{A}$ 和 $\boldsymbol{B}$ 相似。

8. 相似矩阵的性质

(1) $\boldsymbol{A}$ 与 $\boldsymbol{B}$ 相似 $\Rightarrow$ $\boldsymbol{A}$ 与 $\boldsymbol{B}$ 等价。所以等价矩阵的反身性、对称性和传递性等性质对相

似矩阵也适用。

(2) $\boldsymbol{A}$ 与 $\boldsymbol{B}$ 相似$\Rightarrow r(\boldsymbol{A})=r(\boldsymbol{B})$。

(3) $\boldsymbol{A}$ 与 $\boldsymbol{B}$ 相似$\Rightarrow |\boldsymbol{A}|=|\boldsymbol{B}|$。

(4) $\boldsymbol{A}$ 与 $\boldsymbol{B}$ 相似$\Rightarrow \mathrm{tr}(\boldsymbol{A})=\mathrm{tr}(\boldsymbol{B})$。

(5) $\boldsymbol{A}$ 与 $\boldsymbol{B}$ 相似$\Rightarrow f(\boldsymbol{A})$与 $f(\boldsymbol{B})$相似，其中 $f(\boldsymbol{A})$为矩阵 $\boldsymbol{A}$ 的 m 次矩阵多项式函数：

$$f(\boldsymbol{A})=a_m\boldsymbol{A}^m+a_{m-1}\boldsymbol{A}^{m-1}+\cdots+a_1\boldsymbol{A}+a_0\boldsymbol{E}$$

以下是两种特殊情况：

① $\boldsymbol{A}$ 与 $\boldsymbol{B}$ 相似$\Rightarrow k\boldsymbol{A}$ 与 $k\boldsymbol{B}$ 相似。

② $\boldsymbol{A}$ 与 $\boldsymbol{B}$ 相似$\Rightarrow \boldsymbol{A}^m$ 与 $\boldsymbol{B}^m$ 相似，其中 m 是非负整数。

(6) 针对可逆矩阵 $\boldsymbol{A}$、$\boldsymbol{B}$ 有：$\boldsymbol{A}$ 与 $\boldsymbol{B}$ 相似$\Rightarrow \boldsymbol{A}^{-1}$与 $\boldsymbol{B}^{-1}$相似。

(7) $\boldsymbol{A}$ 与 $\boldsymbol{B}$ 相似$\Rightarrow \boldsymbol{A}$ 与 $\boldsymbol{B}$ 有相同的特征多项式$\Rightarrow \boldsymbol{A}$ 与 $\boldsymbol{B}$ 有相同的特征值。

注意性质(7)的单向性。

名师笔记

考生要熟记相似矩阵的五等性质：

(1) 等价；

(2) 等秩；

(3) 等迹；

(4) 行列式相等；

(5) 特征值相等。

注意：没有相等的特征向量。

分析两个矩阵是否相似(参见习题精选的选择题(5))，可以用相似矩阵的五等性质首先排除不相似的矩阵，然后利用矩阵对角化的知识做进一步判断。

9. 矩阵的对角化

(1) 若 n 阶矩阵 $\boldsymbol{A}$ 能与对角矩阵相似，则称矩阵 $\boldsymbol{A}$ 可对角化。

(2) n 阶矩阵 $\boldsymbol{A}$ 可对角化$\Leftrightarrow \boldsymbol{A}$ 有 n 个线性无关的特征向量。

(3) n 阶矩阵 $\boldsymbol{A}$ 可对角化$\Leftrightarrow \boldsymbol{A}$ 的每一个特征值，对应的线性无关特征向量的个数等于该特征值的重数(即 $\boldsymbol{A}$ 的每一个特征值的几何重数都等于其代数重数)。

(4) n 阶矩阵 $\boldsymbol{A}$ 有 n 个互不相等的特征值$\Rightarrow \boldsymbol{A}$ 可对角化。

(5) n 阶实对称矩阵 $\boldsymbol{A}$ 必可对角化，且一定存在正交矩阵 $\boldsymbol{Q}$，使得

$$\boldsymbol{Q}^{-1}\boldsymbol{A}\boldsymbol{Q}=\boldsymbol{Q}^{\mathrm{T}}\boldsymbol{A}\boldsymbol{Q}=\begin{bmatrix}\lambda_1 & & & \\ & \lambda_2 & & \\ & & \ddots & \\ & & & \lambda_n\end{bmatrix}$$

其中，λ_1，λ_2，…，λ_n 为 $\boldsymbol{A}$ 的特征值；矩阵 $\boldsymbol{Q}$ 的列向量分别为属于特征值 λ_1，λ_2，…，λ_n 的两两正交的单位向量。

名师笔记

考生在分析矩阵是否能对角化时，不用讨论1重特征根所对应的特征向量(因为1重特征根总对应于1个线性无关的特征向量)，只需讨论 s 重特征根所对应的线性无关特征向量是否存在 s 个($s>1$)。

10. 矩阵对角化的计算

对 n 阶矩阵 $\boldsymbol{A}$ 对角化，就是求可逆矩阵 $\boldsymbol{P}$，使得 $\boldsymbol{P}^{-1}\boldsymbol{AP}=\boldsymbol{\Lambda}$，其中 $\boldsymbol{\Lambda}$ 为对角矩阵。其具体步骤如下：

(1) 计算 n 阶矩阵 $\boldsymbol{A}$ 的所有特征值 $\lambda_1, \lambda_2, \cdots, \lambda_n$。

(2) 计算所有特征值对应的特征向量，若 λ_i 是 m 重特征值，则要找到 m 个线性无关的属于 λ_i 的特征向量。(如果不存在 m 个线性无关的特征向量，则该矩阵 $\boldsymbol{A}$ 不能对角化。)

(3) 若找到了属于 $\lambda_1, \lambda_2, \cdots, \lambda_n$ 的 n 个线性无关的特征向量 $\alpha_1, \alpha_2, \cdots, \alpha_n$，那么

$$\boldsymbol{A\alpha}_i = \lambda_i\boldsymbol{\alpha}_i \qquad (i=1, 2, \cdots, n)$$

即

$$(\boldsymbol{A\alpha}_1, \boldsymbol{A\alpha}_2, \cdots, \boldsymbol{A\alpha}_n) = (\lambda_1\boldsymbol{\alpha}_1, \lambda_2\boldsymbol{\alpha}_2, \cdots, \lambda_n\boldsymbol{\alpha}_n)$$

可以写为矩阵相乘等式：

$$\boldsymbol{A}(\boldsymbol{\alpha}_1, \boldsymbol{\alpha}_2, \cdots, \boldsymbol{\alpha}_n) = (\boldsymbol{\alpha}_1, \boldsymbol{\alpha}_2, \cdots, \boldsymbol{\alpha}_n)\begin{bmatrix} \lambda_1 & & & \\ & \lambda_2 & & \\ & & \ddots & \\ & & & \lambda_n \end{bmatrix}$$

令 $\boldsymbol{P}=(\boldsymbol{\alpha}_1, \boldsymbol{\alpha}_2, \cdots, \boldsymbol{\alpha}_n)$，上式化简为

$$\boldsymbol{AP}=\boldsymbol{P\Lambda}$$

由于 $\boldsymbol{\alpha}_1, \boldsymbol{\alpha}_2, \cdots, \boldsymbol{\alpha}_n$ 线性无关，则矩阵 $\boldsymbol{P}$ 可逆，于是有

$$\boldsymbol{P}^{-1}\boldsymbol{AP}=\boldsymbol{\Lambda}$$

其中，对角矩阵 $\boldsymbol{\Lambda}$ 的主对角线元素为 $\boldsymbol{A}$ 的 n 个特征值；矩阵 $\boldsymbol{P}$ 的列向量分别为与这 n 个特征值一一对应的 n 个线性无关的特征向量。

名师笔记

很多考生只知道矩阵对角化的最后结果，而忽视了矩阵对角化的整个推导过程(步骤(3))，于是在基本题型发生变化后就束手无策了。如例5.16的第(2)问。

5.2 题型分析

题型1　求特征值与特征向量

例5.1　求矩阵 $\boldsymbol{A}=\begin{bmatrix} 1 & -2 & 3 \\ 3 & -6 & 9 \\ -2 & 4 & -6 \end{bmatrix}$ 的特征值和特征向量。

解题思路　根据特征值和特征向量的基本求解方法解题。

解　$\boldsymbol{A}$ 的特征多项式为

$$|\lambda\boldsymbol{E}-\boldsymbol{A}|=\begin{vmatrix}\lambda-1 & 2 & -3\\ -3 & \lambda+6 & -9\\ 2 & -4 & \lambda+6\end{vmatrix}\xlongequal{r_2-3r_1}\begin{vmatrix}\lambda-1 & 2 & -3\\ -3\lambda & \lambda & 0\\ 2 & -4 & \lambda+6\end{vmatrix}$$

$$\xlongequal{c_1+3c_2}\begin{vmatrix}\lambda+5 & 2 & -3\\ 0 & \lambda & 0\\ -10 & -4 & \lambda+6\end{vmatrix}\xlongequal{\text{按 } r_2 \text{ 展开}}\lambda^2(\lambda+11)$$

于是 $\boldsymbol{A}$ 的特征值为 $\lambda_1=\lambda_2=0$，$\lambda_3=-11$。

当 $\lambda_1=\lambda_2=0$ 时，对应的方程组为 $(0\boldsymbol{E}-\boldsymbol{A})\boldsymbol{x}=\boldsymbol{0}$，对系数矩阵进行初等行变换：

$$(0\boldsymbol{E}-\boldsymbol{A})=\begin{bmatrix}-1 & 2 & -3\\ -3 & 6 & -9\\ 2 & -4 & 6\end{bmatrix}\xrightarrow[r_1/(-1)]{r_2-3r_1,\ r_3+2r_1}\begin{bmatrix}1 & -2 & 3\\ 0 & 0 & 0\\ 0 & 0 & 0\end{bmatrix}$$

得基础解系为

$$\boldsymbol{\alpha}_1=(2,1,0)^{\mathrm{T}},\ \boldsymbol{\alpha}_2=(-3,0,1)^{\mathrm{T}}$$

故属于 $\lambda_1=\lambda_2=0$ 的特征向量为 $k_1\boldsymbol{\alpha}_1+k_2\boldsymbol{\alpha}_2$（$k_1$，$k_2$ 不全为零）。

当 $\lambda_3=-11$ 时，对应的方程组为 $(-11\boldsymbol{E}-\boldsymbol{A})\boldsymbol{x}=\boldsymbol{0}$，对系数矩阵进行初等行变换：

$$(-11\boldsymbol{E}-\boldsymbol{A})=\begin{bmatrix}-12 & 2 & -3\\ -3 & -5 & -9\\ 2 & -4 & -5\end{bmatrix}$$

$$\xrightarrow[r_2+(3/2)r_3]{r_1+6r_3}\begin{bmatrix}0 & -22 & -33\\ 0 & -11 & -16.5\\ 2 & -4 & -5\end{bmatrix}$$

$$\xrightarrow[r_1/(-11)]{r_2-r_1/2,\ r_3-(2/11)r_1}\begin{bmatrix}0 & 2 & 3\\ 0 & 0 & 0\\ 2 & 0 & 1\end{bmatrix}$$

得基础解系为

$$\boldsymbol{\alpha}_3=(-1,-3,2)^{\mathrm{T}}$$

故属于 $\lambda_3=-11$ 的特征向量为 $k_3\boldsymbol{\alpha}_3$（k_3 不为零）。

评注　考生必须熟悉掌握 3 阶矩阵特征值和特征向量具体的计算方法。另外，本题矩阵 $\boldsymbol{A}$ 的秩为 1，关于秩为 1 的矩阵有以下结论：

(1) 若 $r(\boldsymbol{A})=1$，则矩阵 $\boldsymbol{A}$ 的特征值有 $n-1$ 个“0”和 1 个“$\mathrm{tr}(\boldsymbol{A})$”。当 $\mathrm{tr}(\boldsymbol{A})\neq 0$ 时，矩阵 $\boldsymbol{A}$ 可以对角化；当 $\mathrm{tr}(\boldsymbol{A})=0$ 时，则矩阵 $\boldsymbol{A}$ 的所有特征值全为零，而 $\boldsymbol{A}\neq\boldsymbol{O}$，故矩阵 $\boldsymbol{A}$ 不能对角化。

(2) 若 $r(\boldsymbol{A})=1$，则 $\boldsymbol{A}$ 一定可以写为一个列向量 $\boldsymbol{\alpha}$ 与一个行向量 $\boldsymbol{\beta}^{\mathrm{T}}$ 的乘积：$\boldsymbol{A}=\boldsymbol{\alpha}\boldsymbol{\beta}^{\mathrm{T}}$。于是矩阵 $\boldsymbol{A}$ 属于特征值零的特征向量为与 $\boldsymbol{\beta}$ 正交的所有非零向量；而矩阵 $\boldsymbol{A}$ 属于特征值 $\mathrm{tr}(\boldsymbol{A})$ 的特征向量恰好就是向量 $\boldsymbol{\alpha}$。例 5.1 中的矩阵 $\boldsymbol{A}$ 可以拆分为 $\boldsymbol{A}=\begin{bmatrix}1\\ 3\\ -2\end{bmatrix}[1,-2,3]=\boldsymbol{\alpha}\boldsymbol{\beta}^{\mathrm{T}}$。

名师笔记

考生应该掌握3阶矩阵特征多项式公式。设3阶矩阵

$$\boldsymbol{A}=\begin{bmatrix} a_{11} & a_{12} & a_{13} \\ a_{21} & a_{22} & a_{23} \\ a_{31} & a_{32} & a_{33} \end{bmatrix}$$

则 $\boldsymbol{A}$ 的特征多项式为

$$|\lambda\boldsymbol{E}-\boldsymbol{A}|=\lambda^3-(a_{11}+a_{22}+a_{33})\lambda^2+(A_{11}+A_{22}+A_{33})\lambda-|\boldsymbol{A}|$$

其中 A_{11}，A_{22}，A_{33} 为 $|\boldsymbol{A}|$ 的代数余子式。

显然，例5.1中矩阵 $\boldsymbol{A}$ 的秩为1，则 A_{11}，A_{22}，A_{33} 及 $|\boldsymbol{A}|$ 全为零，则矩阵 $\boldsymbol{A}$ 的特征值为0，0，$\mathrm{tr}(\boldsymbol{A})=-11$。

由于特征向量是非零向量，于是考生在给出特征向量的答案时，一定不要忘记必须带上一个"尾巴"，如 k_1、k_2 不全为0。

例5.2 设 $\frac{1}{2}$ 是可逆矩阵 $\boldsymbol{A}$ 的一个特征值，则矩阵 $(5\boldsymbol{A}^3)^{-1}$ 必有一个特征值为______。

解题思路 根据特征值的性质进行求解。

解 $\frac{1}{2}$ 是 $\boldsymbol{A}$ 的特征值，则 $\left(\frac{1}{2}\right)^3$ 是 $\boldsymbol{A}^3$ 的特征值，于是 $5\left(\frac{1}{2}\right)^3$ 是 $5\boldsymbol{A}^3$ 的特征值；又由于 $\boldsymbol{A}$ 为可逆矩阵，故 $\left(5\left(\frac{1}{2}\right)^3\right)^{-1}$ 是 $(5\boldsymbol{A}^3)^{-1}$ 的特征值，所以答案为 $\frac{8}{5}$。

评注 本题考查知识点如下：

(1) 若 λ 是 $\boldsymbol{A}$ 的特征值，则 $k\lambda$ 是矩阵 $k\boldsymbol{A}$ 的特征值。

(2) 若 λ 是 $\boldsymbol{A}$ 的特征值，则 λ^m 是矩阵 $\boldsymbol{A}^m$ 的特征值，其中 m 是非负整数。

(3) 若 λ 是 $\boldsymbol{A}$ 的特征值，且 $\boldsymbol{A}$ 可逆，则 λ^{-1} 是矩阵 $\boldsymbol{A}^{-1}$ 的特征值。

例5.3 设 n 阶矩阵 $\boldsymbol{A}$ 的行列式 $|\boldsymbol{A}|=-6$，且2是 $\boldsymbol{A}$ 的一个特征值，$\boldsymbol{A}^*$ 为矩阵 $\boldsymbol{A}$ 的伴随矩阵，则矩阵 $(\boldsymbol{A}^*)^2-2\boldsymbol{A}^*+5\boldsymbol{E}$ 必有一个特征值为______。

解题思路 从特征值定义 $\boldsymbol{A\alpha}=\lambda\boldsymbol{\alpha}$ 及公式 $\boldsymbol{A}^*\boldsymbol{A}=|\boldsymbol{A}|\boldsymbol{E}$ 出发，可以先求出 $\boldsymbol{A}^*$ 的特征值。

解 因为2是 $\boldsymbol{A}$ 的一个特征值，则有 $\boldsymbol{A\alpha}=2\boldsymbol{\alpha}$，用矩阵 $\boldsymbol{A}^*$ 左乘等式两边，得

$$\boldsymbol{A}^*\boldsymbol{A\alpha}=2\boldsymbol{A}^*\boldsymbol{\alpha}$$

根据伴随矩阵公式 $\boldsymbol{A}^*\boldsymbol{A}=|\boldsymbol{A}|\boldsymbol{E}$，则有

$$|\boldsymbol{A}|\boldsymbol{\alpha}=2\boldsymbol{A}^*\boldsymbol{\alpha},\ \boldsymbol{A}^*\boldsymbol{\alpha}=\frac{|\boldsymbol{A}|}{2}\boldsymbol{\alpha}$$

即 $\frac{|\boldsymbol{A}|}{2}=\frac{-6}{2}=-3$ 为矩阵 $\boldsymbol{A}^*$ 的一个特征值，那么 $(\boldsymbol{A}^*)^2-2\boldsymbol{A}^*+5\boldsymbol{E}$ 一定有特征值 $(-3)^2-2(-3)+5=20$。

评注 本题考查以下知识点：

(1) 若 λ 是 $\boldsymbol{A}$ 的特征值，且 $\lambda\neq0$，则 $\frac{|\boldsymbol{A}|}{\lambda}$ 是 $\boldsymbol{A}^*$ 的特征值。

(2) 若 λ 是 $\boldsymbol{A}$ 的特征值，则 $f(\lambda)$ 是矩阵 $f(\boldsymbol{A})$ 的特征值。

例 5.4　设 n 阶矩阵 $\boldsymbol{A}$ 满足 $|3\boldsymbol{E}+2\boldsymbol{A}|=0$，则矩阵 $\boldsymbol{A}$ 必有一个特征值为________。

解题思路　从已知条件 $|3\boldsymbol{E}+2\boldsymbol{A}|=0$ 联想到特征方程 $|\lambda\boldsymbol{E}-\boldsymbol{A}|=0$。

解　由于 n 阶矩阵 $\boldsymbol{A}$ 满足 $|3\boldsymbol{E}+2\boldsymbol{A}|=0$，因此

$$\left|(-2)\left(\frac{-3}{2}\boldsymbol{E}-\boldsymbol{A}\right)\right|=0,\ (-2)^n\left|\frac{-3}{2}\boldsymbol{E}-\boldsymbol{A}\right|=0$$

则 $-\dfrac{3}{2}$ 是矩阵 $\boldsymbol{A}$ 的一个特征值。

评注　本题考查知识点为：若有 $|a\boldsymbol{A}+b\boldsymbol{E}|=0$，则矩阵 $\boldsymbol{A}$ 必有特征值 $-\dfrac{b}{a}$。

例 5.5　若 n 阶方阵 $\boldsymbol{A}$ 满足 $\boldsymbol{A}^2+2\boldsymbol{A}-3\boldsymbol{E}=\boldsymbol{O}$，则矩阵 $\boldsymbol{A}$ 的特征值只能为________。

解题思路　从特征值定义 $\boldsymbol{A\alpha}=\lambda\boldsymbol{\alpha}$ 及已知条件 $\boldsymbol{A}^2+2\boldsymbol{A}-3\boldsymbol{E}=\boldsymbol{O}$ 出发，找出关于特征值 λ 的方程。

解　设 λ 是矩阵 $\boldsymbol{A}$ 的一个特征值，则有

$$\boldsymbol{A\alpha}=\lambda\boldsymbol{\alpha} \qquad ①$$

其中 $\boldsymbol{\alpha}$ 为属于 λ 的矩阵 $\boldsymbol{A}$ 的特征向量。

用矩阵 $\boldsymbol{A}$ 左乘式①两边，得

$$\boldsymbol{A}^2\boldsymbol{\alpha}=\lambda^2\boldsymbol{\alpha} \qquad ②$$

用 2 乘式①两边，得

$$2\boldsymbol{A\alpha}=2\lambda\boldsymbol{\alpha} \qquad ③$$

用 $-3\boldsymbol{E}$ 左乘 $\boldsymbol{\alpha}$，有

$$-3\boldsymbol{E\alpha}=-3\boldsymbol{\alpha} \qquad ④$$

把式②、式③和式④三个等式相加，得

$$(\boldsymbol{A}^2+2\boldsymbol{A}-3\boldsymbol{E})\boldsymbol{\alpha}=(\lambda^2+2\lambda-3)\boldsymbol{\alpha}$$

已知 $\boldsymbol{A}^2+2\boldsymbol{A}-3\boldsymbol{E}=\boldsymbol{O}$，故有

$$(\boldsymbol{A}^2+2\boldsymbol{A}-3\boldsymbol{E})\boldsymbol{\alpha}=(\lambda^2+2\lambda-3)\boldsymbol{\alpha}=\boldsymbol{0}$$

而特征向量 $\boldsymbol{\alpha}$ 为非零向量，所以

$$\lambda^2+2\lambda-3=0 \qquad ⑤$$

解得 $\lambda=-3$ 或 $\lambda=1$。

评注　本题考查的知识点：设 $g(\boldsymbol{A})$ 是关于矩阵 $\boldsymbol{A}$ 的多项式，若有 $g(\boldsymbol{A})=\boldsymbol{O}$，则矩阵 $\boldsymbol{A}$ 的所有特征值必然在方程 $g(\lambda)=0$ 的解中。

特别要注意：方程 $g(\lambda)=0$(即本题的式⑤)并不是特征方程，它的解不一定都是矩阵 $\boldsymbol{A}$ 的特征值，但矩阵 $\boldsymbol{A}$ 的所有特征值必然都在它的解中。例如，本题的答案为 $\lambda=-3$ 或 $\lambda=1$，说明矩阵 $\boldsymbol{A}$ 的特征值有以下三种可能的情况：

(1) $\boldsymbol{A}$ 的所有特征值都为 -3。

(2) $\boldsymbol{A}$ 的所有特征值都为 1。

(3) $\boldsymbol{A}$ 的特征值只有 -3 和 1。

名师笔记

考生可以利用特征值的性质(15)直接写出例 5.5 的答案。

例 5.6 设矩阵 $\boldsymbol{A}=\begin{bmatrix}8 & a & -7\\0 & -2 & 0\\2 & -3 & -1\end{bmatrix}$，则 $\boldsymbol{A}$ 的特征值是[ ]。

(A) 1，−2，6 (B) 8，−2，−1 (C) 1，−3，4 (D) 1，2，−6

解题思路 根据特征值的性质来排除不正确的选项。

解 虽然矩阵 $\boldsymbol{A}$ 的元素中含有参数 a，但矩阵 $\boldsymbol{A}$ 的迹及行列式都与参数 a 无关，可以直接计算出来，即

$$\mathrm{tr}(\boldsymbol{A})=5,\ |\boldsymbol{A}|=-12$$

根据特征值性质：矩阵所有特征值的和等于矩阵的迹，可以判断选项(C)和(D)是错误的。又根据特征值性质：矩阵所有特征值的乘积等于矩阵的行列式，可以判断选项(B)是错误的。

其实本题可以直接计算矩阵 $\boldsymbol{A}$ 的特征值，计算结果也和参数 a 无关。故答案选择(A)。

评注 本题考查以下知识点：

(1) $\sum_{i=1}^{n}\lambda_i=\mathrm{tr}(\boldsymbol{A})$，其中 $\lambda_i(i=1,2,\cdots,n)$ 是矩阵 $\boldsymbol{A}$ 的所有特征值。

(2) $\prod_{i=1}^{n}\lambda_i=|\boldsymbol{A}|$，其中 $\lambda_i(i=1,2,\cdots,n)$ 是矩阵 $\boldsymbol{A}$ 的所有特征值。

(3) 针对含有参数的矩阵，其行列式的值或特征值不一定与参数有关。比如矩阵 $\boldsymbol{A}=\begin{bmatrix}a & 2 & 1\\4 & -1 & 2\\-5 & 2 & -4\end{bmatrix}$ 的行列式为 $|\boldsymbol{A}|=15$；矩阵 $\boldsymbol{A}=\begin{bmatrix}-5 & a & 5\\0 & -4 & 0\\4 & 1 & 3\end{bmatrix}$ 的特征值为 −7，−4 和 5。

名师笔记

例 5.6 矩阵 $\boldsymbol{A}$ 中的参数 a 就好像是一个“稻草人”，它是故意用来“吓唬”考生的。

例 5.7 (2009.1)若 3 维列向量 $\boldsymbol{\alpha}$、$\boldsymbol{\beta}$ 满足 $\boldsymbol{\alpha}^{\mathrm{T}}\boldsymbol{\beta}=2$，其中 $\boldsymbol{\alpha}^{\mathrm{T}}$ 为 $\boldsymbol{\alpha}$ 的转置，则矩阵 $\boldsymbol{\beta}\boldsymbol{\alpha}^{\mathrm{T}}$ 的非零特征值为________。

解题思路 分析矩阵 $\boldsymbol{\beta}\boldsymbol{\alpha}^{\mathrm{T}}$ 的秩，利用特征值的性质解题。

解 $r(\boldsymbol{\beta}\boldsymbol{\alpha}^{\mathrm{T}})\leqslant r(\boldsymbol{\beta})\leqslant 1$，而 $\boldsymbol{\alpha}^{\mathrm{T}}\boldsymbol{\beta}=2$，则 $\boldsymbol{\beta}\neq\boldsymbol{0}$，故 $r(\boldsymbol{\beta}\boldsymbol{\alpha}^{\mathrm{T}})=1<3$，于是零是矩阵 $\boldsymbol{\beta}\boldsymbol{\alpha}^{\mathrm{T}}$ 的特征值。求属于零的特征向量，方程组 $\boldsymbol{\beta}\boldsymbol{\alpha}^{\mathrm{T}}\boldsymbol{x}=\boldsymbol{0}$ 含有 $3-r(\boldsymbol{\beta}\boldsymbol{\alpha}^{\mathrm{T}})=2$ 个线性无关解向量，即矩阵 $\boldsymbol{\beta}\boldsymbol{\alpha}^{\mathrm{T}}$ 属于零的线性无关特征向量有 2 个，于是零是矩阵 $\boldsymbol{\beta}\boldsymbol{\alpha}^{\mathrm{T}}$ 的至少 2 重特征根，根据特征值性质有 $0+0+\lambda_3=\mathrm{tr}(\boldsymbol{\beta}\boldsymbol{\alpha}^{\mathrm{T}})=\boldsymbol{\alpha}^{\mathrm{T}}\boldsymbol{\beta}=2$，则矩阵 $\boldsymbol{\beta}\boldsymbol{\alpha}^{\mathrm{T}}$ 的非零特征值为 2。

评注 本题考查知识点如下：

(1) $r(\boldsymbol{AB})\leqslant r(\boldsymbol{A})$，$r(\boldsymbol{AB})\leqslant r(\boldsymbol{B})$。

(2) $\boldsymbol{\beta}\neq\boldsymbol{0}\Leftrightarrow r(\boldsymbol{\beta})\neq 0$。

(3) $r(\boldsymbol{A}_n)<n\Leftrightarrow$ 零是矩阵 $\boldsymbol{A}$ 的特征值。

(4) $\boldsymbol{A}$ 属于 0 的所有线性无关特征向量的个数不大于 $\boldsymbol{A}$ 的特征值零的重数(几何重数不大于代数重数)。

(5) $\sum_{i=1}^{n}\lambda_i = \sum_{i=1}^{n}a_{ii} = \mathrm{tr}(\boldsymbol{A})$。

(6) $\mathrm{tr}(\boldsymbol{\beta\alpha}^{\mathrm{T}})=\boldsymbol{\alpha}^{\mathrm{T}}\boldsymbol{\beta}$。

名师笔记

例 5.7 还可以利用特征值与特征向量的定义容易求得。用非零向量 $\boldsymbol{\beta}$ 左乘等式 $\boldsymbol{\alpha}^{\mathrm{T}}\boldsymbol{\beta}=2$ 的两端，有 $\boldsymbol{\beta\alpha}^{\mathrm{T}}\boldsymbol{\beta}=2\boldsymbol{\beta}$，则 2 是矩阵 $\boldsymbol{\beta\alpha}^{\mathrm{T}}$ 的特征值。

考生要熟练掌握 $\boldsymbol{\beta\alpha}^{\mathrm{T}}$ 和 $\boldsymbol{\alpha}^{\mathrm{T}}\boldsymbol{\beta}$ 的区别：$\boldsymbol{\beta\alpha}^{\mathrm{T}}$ 是一个方阵，$\boldsymbol{\alpha}^{\mathrm{T}}\boldsymbol{\beta}$ 是一个数，它们之间有如下关系：$\mathrm{tr}(\boldsymbol{\beta\alpha}^{\mathrm{T}})=\boldsymbol{\alpha}^{\mathrm{T}}\boldsymbol{\beta}$。

例 5.8　(2008.1)设 $\boldsymbol{A}$ 为 2 阶矩阵，$\boldsymbol{\alpha}_1$，$\boldsymbol{\alpha}_2$ 为线性无关的 2 维列向量，$\boldsymbol{A\alpha}_1=\boldsymbol{0}$，$\boldsymbol{A\alpha}_2=2\boldsymbol{\alpha}_1+\boldsymbol{\alpha}_2$，则 $\boldsymbol{A}$ 的非零特征值为______。

解题思路　根据特征值、特征向量的定义，以及已知条件 $\boldsymbol{A\alpha}_1=\boldsymbol{0}$，$\boldsymbol{A\alpha}_2=2\boldsymbol{\alpha}_1+\boldsymbol{\alpha}_2$，即可得到答案。

解　由于 $\boldsymbol{A\alpha}_1=\boldsymbol{0}$，因此 $\boldsymbol{A\alpha}_1=0\boldsymbol{\alpha}_1$；又因为 $\boldsymbol{\alpha}_1$，$\boldsymbol{\alpha}_2$ 线性无关，故 $\boldsymbol{\alpha}_1\neq\boldsymbol{0}$，则零是矩阵 $\boldsymbol{A}$ 的特征值，$\boldsymbol{\alpha}_1$ 为对应的特征向量。由于 $\boldsymbol{A\alpha}_2=2\boldsymbol{\alpha}_1+\boldsymbol{\alpha}_2$，则有 $\boldsymbol{A}(2\boldsymbol{\alpha}_1+\boldsymbol{\alpha}_2)=\boldsymbol{A\alpha}_2=1(2\boldsymbol{\alpha}_1+\boldsymbol{\alpha}_2)$；又由于 $\boldsymbol{\alpha}_1$，$\boldsymbol{\alpha}_2$ 为线性无关，故 $2\boldsymbol{\alpha}_1+\boldsymbol{\alpha}_2\neq\boldsymbol{0}$，则 1 是 $\boldsymbol{A}$ 的特征值，$2\boldsymbol{\alpha}_1+\boldsymbol{\alpha}_2$ 为对应的特征向量。因此 $\boldsymbol{A}$ 的非零特征值为 1。

评注　本题考查以下知识点：

(1) 若 $\boldsymbol{A\alpha}=\lambda\boldsymbol{\alpha}$，且 $\boldsymbol{\alpha}\neq\boldsymbol{0}$，则 λ 是 $\boldsymbol{A}$ 的特征值，$\boldsymbol{\alpha}$ 是对应的特征向量。

(2) 若 $\boldsymbol{\alpha}_1$，$\boldsymbol{\alpha}_2$ 为线性无关，则 $\boldsymbol{\alpha}_1\neq\boldsymbol{0}$，且 $\boldsymbol{\alpha}_2\neq\boldsymbol{0}$。

(3) 若 $\boldsymbol{\alpha}_1$，$\boldsymbol{\alpha}_2$ 为线性无关，则 $2\boldsymbol{\alpha}_1+\boldsymbol{\alpha}_2\neq\boldsymbol{0}$。

例 5.9　设 $\boldsymbol{A}=\begin{bmatrix}3 & -2 & 1\\1 & -1 & 1\\1 & 0 & 2\end{bmatrix}$，已知 $\boldsymbol{\alpha}=(2,1,t)^{\mathrm{T}}$ 是矩阵 $\boldsymbol{A}$ 的特征向量，则 $t=$____。

解题思路　把矩阵 $\boldsymbol{A}$ 及 $\boldsymbol{\alpha}$ 代入特征值定义式 $\boldsymbol{A\alpha}=\boldsymbol{\lambda\alpha}$ 中，解方程组可以得到答案。

解　设 $\boldsymbol{\alpha}$ 是 $\boldsymbol{A}$ 的属于 λ 的特征向量，则有

$$\begin{bmatrix}3 & -2 & 1\\1 & -1 & 1\\1 & 0 & 2\end{bmatrix}\begin{bmatrix}2\\1\\t\end{bmatrix}=\lambda\begin{bmatrix}2\\1\\t\end{bmatrix}$$

即有方程组

$$\begin{cases}t+4=2\lambda\\t+1=\lambda\\2t+2=\lambda t\end{cases}$$

解得 $\lambda=3$，$t=2$。

评注　要善于用特征值的定义式 $\boldsymbol{A\alpha}=\lambda\boldsymbol{\alpha}$ 来求解关于特征值的问题。

例 5.10　设 3 阶矩阵 $\boldsymbol{A}$ 的各行元素之和都为 -2，那么矩阵 $\boldsymbol{A}$ 一定有特征值____，其对应的特征向量为________。

解题思路　根据特征值和特征向量定义解题。

解 矩阵 $\boldsymbol{A}$ 的各行元素之和都为-2，即有 $\boldsymbol{A}\begin{bmatrix}1\\1\\1\end{bmatrix}=-2\begin{bmatrix}1\\1\\1\end{bmatrix}$，于是$-2$是 $\boldsymbol{A}$ 的特征值，$k\begin{bmatrix}1\\1\\1\end{bmatrix}$是对应的特征向量($k\neq0$)。

评注 参见例 2.14 评注。

> **名师笔记**
>
> 考生要善于用矩阵等式来描述线性代数语言，参见例 2.14 评注。

例 5.11 设矩阵 $\boldsymbol{A}=\begin{bmatrix}1+a&1&1&1\\2&2+a&2&2\\3&3&3+a&3\\4&4&4&4+a\end{bmatrix}$，那么 $\boldsymbol{A}$ 的特征值为________。

解题思路 把 $\boldsymbol{A}$ 拆分为 $\boldsymbol{B}+a\boldsymbol{E}$ 的和。

解 显然有 $\boldsymbol{A}=\begin{bmatrix}1&1&1&1\\2&2&2&2\\3&3&3&3\\4&4&4&4\end{bmatrix}+\begin{bmatrix}a&0&0&0\\0&a&0&0\\0&0&a&0\\0&0&0&a\end{bmatrix}=\boldsymbol{B}+a\boldsymbol{E}$，由于 $\boldsymbol{B}$ 的秩为 1，根据例 5.1 评注可知 $\boldsymbol{B}$ 的特征值为 0，0，0，$\mathrm{tr}(\boldsymbol{B})=10$，因此 $\boldsymbol{A}$ 的特征值为 a，a，a，$10+a$。

评注 分析矩阵 $\boldsymbol{A}$ 元素的特点，可以把 $\boldsymbol{A}$ 拆分为秩为 1 的矩阵 $\boldsymbol{B}$ 和数量矩阵 $a\boldsymbol{E}$ 之和。

> **名师笔记**
>
> 考生要善于观察矩阵元素的分布特点，分析例 5.11 矩阵 $\boldsymbol{A}$，显然参数 a 只分布在 $\boldsymbol{A}$ 的主对角线上，于是考虑把 $\boldsymbol{A}$ 拆为 $\boldsymbol{B}$ 与 $a\boldsymbol{E}$ 之和。

例 5.12 已知 3 阶矩阵 $\boldsymbol{A}$ 的特征值为 3，2，-1，则 $\boldsymbol{A}$ 的行列式中主对角线上元素的代数余子式之和为________。

解题思路 从代数余子式可以联想到矩阵 $\boldsymbol{A}$ 的伴随矩阵 $\boldsymbol{A}^*$，$\boldsymbol{A}^*$ 的迹 $\mathrm{tr}(\boldsymbol{A}^*)$即为答案。

解 3 阶矩阵 $\boldsymbol{A}$ 的特征值为 3，2，-1，则矩阵 $\boldsymbol{A}$ 的行列式为

$$|\boldsymbol{A}|=3\times2\times(-1)=-6$$

那么伴随矩阵 $\boldsymbol{A}^*$ 的特征值分别为

$$|\boldsymbol{A}|\times3^{-1}=-2,\ |\boldsymbol{A}|\times2^{-1}=-3,\ |\boldsymbol{A}|\times(-1)^{-1}=6$$

而 $\boldsymbol{A}$ 的行列式中主对角线上元素的代数余子式即为伴随矩阵 $\boldsymbol{A}^*$ 的主对角线上的元素，于是 $\boldsymbol{A}$ 的行列式中主对角线上元素的代数余子式之和即为 $\boldsymbol{A}^*$ 的迹 $\mathrm{tr}(\boldsymbol{A}^*)$，则有

$$\mathrm{tr}(\boldsymbol{A}^*)=\sum_{i=1}^{3}\lambda_i=(-2)+(-3)+6=1$$

评注　本题考查的知识点如下：

(1) 矩阵 $\boldsymbol{A}$ 所有特征值的乘积等于矩阵的行列式。

(2) 矩阵 $\boldsymbol{A}$ 所有特征值的和等于矩阵的迹。

(3) 若 λ 是矩阵 $\boldsymbol{A}$ 的特征值，且 $\lambda\neq0$，则 $|\boldsymbol{A}|\lambda^{-1}$ 是矩阵 $\boldsymbol{A}$ 的伴随矩阵 $\boldsymbol{A}^*$ 的特征值。

(4) n 阶矩阵 $\boldsymbol{A}$ 的伴随矩阵 $\boldsymbol{A}^*$ 的结构为

$$\boldsymbol{A}^* = \begin{bmatrix} A_{11} & A_{21} & \cdots & A_{n1} \\ A_{12} & A_{22} & \cdots & A_{n2} \\ \vdots & \vdots & & \vdots \\ A_{1n} & A_{2n} & \cdots & A_{nn} \end{bmatrix}$$

其中 A_{ij} 为矩阵 $\boldsymbol{A}$ 的第 i 行第 j 列元素的代数余子式。

例 5.13　设 $\boldsymbol{A}$ 为 n 阶矩阵，分析以下命题：

(1) 矩阵 $\boldsymbol{A}$ 和其转置矩阵 $\boldsymbol{A}^{\mathrm{T}}$ 有相同的特征值。

(2) 若 $\boldsymbol{\alpha}_1$ 和 $\boldsymbol{\alpha}_2$ 都是 $\boldsymbol{A}$ 属于特征值 λ_0 的特征向量，则非零向量 $k_1\boldsymbol{\alpha}_1+k_2\boldsymbol{\alpha}_2$ 也是 $\boldsymbol{A}$ 属于 λ_0 的特征向量。

(3) 若 $\boldsymbol{\alpha}_1$ 和 $\boldsymbol{\alpha}_2$ 分别是 $\boldsymbol{A}$ 属于特征值 λ_1 和 λ_2 的特征向量($\lambda_1\neq\lambda_2$)，则 $\boldsymbol{\alpha}_1+\boldsymbol{\alpha}_2$ 不是 $\boldsymbol{A}$ 的特征向量。

(4) 若 $\boldsymbol{A}$ 的特征值都是零，则 $\boldsymbol{A}=\boldsymbol{O}$。

则[　　]。

(A) 只有(1)正确　　(B) 只有(1)和(2)正确

(C) 只有(1)、(2)和(3)正确　　(D) 四个命题都正确

解题思路　研究矩阵 $\boldsymbol{A}$ 和 $\boldsymbol{A}^{\mathrm{T}}$ 的特征多项式，证明它们有相同的特征值。

解　分析命题(1)。对矩阵 $\boldsymbol{A}^{\mathrm{T}}$ 的特征多项式进行变换：

$$|\lambda\boldsymbol{E}-\boldsymbol{A}^{\mathrm{T}}| = |\lambda\boldsymbol{E}^{\mathrm{T}}-\boldsymbol{A}^{\mathrm{T}}| = |(\lambda\boldsymbol{E}-\boldsymbol{A})^{\mathrm{T}}| = |\lambda\boldsymbol{E}-\boldsymbol{A}|$$

即矩阵 $\boldsymbol{A}$ 和 $\boldsymbol{A}^{\mathrm{T}}$ 有相同的特征多项式，故它们有相同的特征值。

分析命题(2)。由于 $\boldsymbol{\alpha}_1$ 和 $\boldsymbol{\alpha}_2$ 都是 $\boldsymbol{A}$ 属于特征值 λ_0 的特征向量，则有

$$\boldsymbol{A}\boldsymbol{\alpha}_1 = \lambda_0\boldsymbol{\alpha}_1,\ \boldsymbol{A}\boldsymbol{\alpha}_2 = \lambda_0\boldsymbol{\alpha}_2$$

分别用 k_1、k_2 乘以上两个等式，然后把它们相加，有

$$\boldsymbol{A}(k_1\boldsymbol{\alpha}_1+k_2\boldsymbol{\alpha}_2) = \lambda_0(k_1\boldsymbol{\alpha}_1+k_2\boldsymbol{\alpha}_2)$$

即非零向量 $k_1\boldsymbol{\alpha}_1+k_2\boldsymbol{\alpha}_2$ 也是 $\boldsymbol{A}$ 属于 λ_0 的特征向量。

分析命题(3)。用反证法。设 $\boldsymbol{\alpha}_1+\boldsymbol{\alpha}_2$ 是 $\boldsymbol{A}$ 的属于 λ 的特征向量，即有 $\boldsymbol{A}(\boldsymbol{\alpha}_1+\boldsymbol{\alpha}_2)=\lambda(\boldsymbol{\alpha}_1+\boldsymbol{\alpha}_2)$ 成立，则有

$$\boldsymbol{A}\boldsymbol{\alpha}_1+\boldsymbol{A}\boldsymbol{\alpha}_2 = \lambda\boldsymbol{\alpha}_1+\lambda\boldsymbol{\alpha}_2$$

因为 $\boldsymbol{\alpha}_1$ 和 $\boldsymbol{\alpha}_2$ 分别是 $\boldsymbol{A}$ 属于特征值 λ_1 和 λ_2 的特征向量，则有

$$\boldsymbol{A}\boldsymbol{\alpha}_1 = \lambda_1\boldsymbol{\alpha}_1,\ \boldsymbol{A}\boldsymbol{\alpha}_2 = \lambda_2\boldsymbol{\alpha}_2$$

所以有

$$\lambda_1\boldsymbol{\alpha}_1+\lambda_2\boldsymbol{\alpha}_2 = \lambda\boldsymbol{\alpha}_1+\lambda\boldsymbol{\alpha}_2$$

$$(\lambda_1-\lambda)\boldsymbol{\alpha}_1+(\lambda_2-\lambda)\boldsymbol{\alpha}_2 = \boldsymbol{0}$$

因为 $\lambda_1\neq\lambda_2$，则向量 $\boldsymbol{\alpha}_1$，$\boldsymbol{\alpha}_2$ 线性无关，故 $\lambda_1-\lambda=\lambda_2-\lambda=0$，即 $\lambda_1=\lambda_2=\lambda$，与 $\lambda_1\neq\lambda_2$ 矛盾，所以 $\alpha_1+\alpha_2$ 不是 $\boldsymbol{A}$ 的特征向量。

分析命题(4)。若 $A=\begin{bmatrix}0&0\\1&0\end{bmatrix}$，则 A 的所有特征值都为零，但 $A\neq O$，所以命题(4)错误。

答案选择(C)。

评注　命题(2)和命题(3)中的 $\boldsymbol{\alpha}_1$、$\boldsymbol{\alpha}_2$ 都是矩阵 A 的特征向量，但命题(2)是属于同一个特征值的，而命题(3)是属于不同特征值的，所以结果也刚好相反。

名师笔记

考生应该熟记例 5.13 中的前三个命题。

若给命题(4)加一个条件就变为正确的命题了，即若实对称矩阵 A 的特征值都是零，则 $A=O$。

例 5.14　设 A 为 n 阶矩阵，分析以下命题：

(1) A 的任何一个特征值都有无穷多个特征向量。

(2) A 的任何一个特征向量都对应唯一一个特征值。

(3) 若 A 为正交矩阵，则 A 的特征值必为 1 或 −1。

(4) A 的秩等于 A 的非零特征值的个数。

则[　　]。

(A) 只有(1)正确　　　　(B) 只有(1)和(2)正确

(C) 只有(1)、(2)和(3)正确　　　　(D) 四个命题都正确

解题思路　根据矩阵特征值的定义式来分析各个命题。

解　分析命题(1)。由于矩阵 A 的属于特征值 λ_0 的特征向量就是齐次线性方程组 $(\lambda_0 E-A)x=0$ 的解向量，而 $|\lambda_0 E-A|=0$，故方程组 $(\lambda_0 E-A)x=0$ 有无穷组解。

分析命题(2)。设 $\boldsymbol{\alpha}$ 既是矩阵 A 的属于 λ_1 的特征向量，也是矩阵 A 的属于 λ_2 的特征向量，则有

$$A\boldsymbol{\alpha}=\lambda_1\boldsymbol{\alpha},\ A\boldsymbol{\alpha}=\lambda_2\boldsymbol{\alpha}$$

对以上两个等式进行减法运算，有

$$(\lambda_1-\lambda_2)\boldsymbol{\alpha}=\mathbf{0}$$

由于 $\boldsymbol{\alpha}\neq\mathbf{0}$，则有 $\lambda_1=\lambda_2$，故 A 的任何一个特征向量都对应唯一一个特征值。

分析命题(3)。设 2 阶正交矩阵 $A=\begin{bmatrix}0&-1\\1&0\end{bmatrix}$，则 A 的特征值为 $-i$ 和 i，所以命题(3)错误。

分析命题(4)。设 $A=\begin{bmatrix}0&0\\1&0\end{bmatrix}$，矩阵 A 的特征值全为零，但 A 的秩为 1，所以命题(4)错误。

答案选择(B)。

评注　本题考查以下知识点：

(1) A 的任何一个特征值都有无穷多个特征向量。

(2) A 的任何一个特征向量都对应唯一一个特征值。

(3) 若 A 为正交矩阵，则 A 的特征值的模为 1。

(4) 若$\boldsymbol{A}$可以对角化，则$\boldsymbol{A}$的秩等于$\boldsymbol{A}$的非零特征值的个数。

例 5.15　已知n阶矩阵$\boldsymbol{A}$的秩$r(\boldsymbol{A})=r$，且满足$\boldsymbol{A}^2=-2\boldsymbol{A}$，求$|2\boldsymbol{E}-\boldsymbol{A}^3|$。

解题思路　先求矩阵$\boldsymbol{A}$的所有特征值，再计算矩阵$2\boldsymbol{E}-\boldsymbol{A}^3$所有的特征值，从而得到行列式的值。

解　由于$\boldsymbol{A}^2=-2\boldsymbol{A}$，则有$\boldsymbol{A}(\boldsymbol{A}+2\boldsymbol{E})=\boldsymbol{O}$，因此$r(\boldsymbol{A})+r(\boldsymbol{A}+2\boldsymbol{E})\leqslant n$。另外，$r(\boldsymbol{A})+r(\boldsymbol{A}+2\boldsymbol{E})=r(\boldsymbol{A})+r(-\boldsymbol{A}-2\boldsymbol{E})\geqslant r(\boldsymbol{A}+(-\boldsymbol{A}-2\boldsymbol{E}))=r(-2\boldsymbol{E})=n$。故有$r(\boldsymbol{A})+r(\boldsymbol{A}+2\boldsymbol{E})=n$，而$r(\boldsymbol{A})=r$，所以$r(\boldsymbol{A}+2\boldsymbol{E})=n-r$。

下面分三种情况来讨论：

(1) 若$r(\boldsymbol{A})=r=0$，则有$\boldsymbol{A}=\boldsymbol{O}$，故$|2\boldsymbol{E}-\boldsymbol{A}^3|=|2\boldsymbol{E}|=2^n$。

(2) 若$r(\boldsymbol{A})=r=n$，则有$r(\boldsymbol{A}+2\boldsymbol{E})=n-r=0$，则$\boldsymbol{A}+2\boldsymbol{E}=\boldsymbol{O}$，$\boldsymbol{A}=-2\boldsymbol{E}$，于是

$$|2\boldsymbol{E}-\boldsymbol{A}^3|=|2\boldsymbol{E}-(-2\boldsymbol{E})^3|=|2\boldsymbol{E}+8\boldsymbol{E}|=10^n$$

(3) 若$0<r<n$，则有$r(\boldsymbol{A})=r<n$及$r(\boldsymbol{A}+2\boldsymbol{E})=n-r<n$，于是$|\boldsymbol{A}|=0$及$|\boldsymbol{A}+2\boldsymbol{E}|=0$，故说明0和$-2$都是矩阵$\boldsymbol{A}$的特征值。

当$\lambda=0$时，对应的齐次线性方程组为$(0\boldsymbol{E}-\boldsymbol{A})\boldsymbol{x}=\boldsymbol{0}$，由于系数矩阵的秩$r(-\boldsymbol{A})=r(\boldsymbol{A})=r$，因此$\boldsymbol{A}$的属于特征值$\lambda=0$的线性无关的特征向量有$n-r$个。

当$\lambda=-2$时，对应齐次线性方程组为$(-2\boldsymbol{E}-\boldsymbol{A})\boldsymbol{x}=\boldsymbol{0}$，由于系数矩阵的秩$r(-2\boldsymbol{E}-\boldsymbol{A})=r(\boldsymbol{A}+2\boldsymbol{E})=n-r$，因此$\boldsymbol{A}$的属于特征值$\lambda=-2$的线性无关的特征向量有$r$个。

由于矩阵$\boldsymbol{A}$的特征值的代数重数大于等于几何重数，而矩阵$\boldsymbol{A}$总共有n个特征值，故$\lambda=0$是矩阵$\boldsymbol{A}$的$n-r$重特征值，$\lambda=-2$是矩阵$\boldsymbol{A}$的r重特征值。因此矩阵$2\boldsymbol{E}-\boldsymbol{A}^3$的特征值为2和10，$\lambda=2$是矩阵$2\boldsymbol{E}-\boldsymbol{A}^3$的$n-r$重特征值，$\lambda=10$是矩阵$2\boldsymbol{E}-\boldsymbol{A}^3$的$r$重特征值，于是$|2\boldsymbol{E}-\boldsymbol{A}^3|=2^{n-r}10^r$。显然第(1)种和第(2)种情况都是第(3)种情况的一个特例。

评注　本题考查知识点为：

(1) $r(\boldsymbol{A})=0\Leftrightarrow\boldsymbol{A}=\boldsymbol{O}$。

(2) $|k\boldsymbol{A}_n|=k^n|\boldsymbol{A}_n|$。

(3) $r(\boldsymbol{A}_n)<n\Leftrightarrow|\boldsymbol{A}_n|=0$。

(4) $|\boldsymbol{A}|=0\Leftrightarrow$零是矩阵$\boldsymbol{A}$的特征值。

(5) $|a\boldsymbol{E}+b\boldsymbol{A}|=0\Leftrightarrow-\dfrac{a}{b}$是矩阵$\boldsymbol{A}$的特征值。

(6) 齐次线性方程组$(\lambda_0\boldsymbol{E}-\boldsymbol{A})\boldsymbol{x}=\boldsymbol{0}$的系数矩阵的秩$r(\lambda_0\boldsymbol{E}-\boldsymbol{A})=r\Rightarrow\boldsymbol{A}$的属于特征值$\lambda_0$的线性无关的特征向量有$n-r$个$\Rightarrow\lambda_0$是矩阵$\boldsymbol{A}$的至少$n-r$重特征值。

(7) λ_0是$\boldsymbol{A}$的特征值$\Rightarrow f(\lambda_0)$是$f(\boldsymbol{A})$的特征值。

(8) $\prod\limits_{i=1}^{n}\lambda_i=|\boldsymbol{A}_n|$。

名师笔记

根据特征值的性质(15)，考生应该立即通过已知条件$\boldsymbol{A}^2=-2\boldsymbol{A}$，得出矩阵$\boldsymbol{A}$的特征值只能是0或$-2$。

例 5.16　(2008.2，3)设$\boldsymbol{A}$为3阶矩阵，$\boldsymbol{\alpha}_1$、$\boldsymbol{\alpha}_2$为$\boldsymbol{A}$的分别属于特征值-1、1的特征

向量，向量 $\boldsymbol{\alpha}_3$ 满足 $\boldsymbol{A}\boldsymbol{\alpha}_3=\boldsymbol{\alpha}_2+\boldsymbol{\alpha}_3$。

(1) 证明 $\boldsymbol{\alpha}_1$，$\boldsymbol{\alpha}_2$，$\boldsymbol{\alpha}_3$ 线性无关。

(2) 令 $\boldsymbol{P}=(\boldsymbol{\alpha}_1,\boldsymbol{\alpha}_2,\boldsymbol{\alpha}_3)$，求 $\boldsymbol{P}^{-1}\boldsymbol{A}\boldsymbol{P}$。

解题思路　根据向量组线性无关定义证明。

证明　(1) 设存在数 k_1，k_2，k_3 使得

$$k_1\boldsymbol{\alpha}_1+k_2\boldsymbol{\alpha}_2+k_3\boldsymbol{\alpha}_3=\boldsymbol{0} \tag{①}$$

用矩阵 $\boldsymbol{A}$ 左乘式①两边，有 $k_1\boldsymbol{A}\boldsymbol{\alpha}_1+k_2\boldsymbol{A}\boldsymbol{\alpha}_2+k_3\boldsymbol{A}\boldsymbol{\alpha}_3=\boldsymbol{A}\boldsymbol{0}$，由于 $\boldsymbol{\alpha}_1$、$\boldsymbol{\alpha}_2$ 为 $\boldsymbol{A}$ 的分别属于特征值−1、1 的特征向量，则有 $\boldsymbol{A}\boldsymbol{\alpha}_1=-\boldsymbol{\alpha}_1$，$\boldsymbol{A}\boldsymbol{\alpha}_2=\boldsymbol{\alpha}_2$；又根据 $\boldsymbol{A}\boldsymbol{\alpha}_3=\boldsymbol{\alpha}_2+\boldsymbol{\alpha}_3$，故有

$$-k_1\boldsymbol{\alpha}_1+k_2\boldsymbol{\alpha}_2+k_3\boldsymbol{\alpha}_2+k_3\boldsymbol{\alpha}_3=\boldsymbol{0} \tag{②}$$

由式①和式②得

$$2k_1\boldsymbol{\alpha}_1-k_3\boldsymbol{\alpha}_2=\boldsymbol{0}$$

因为 $\boldsymbol{\alpha}_1$、$\boldsymbol{\alpha}_2$ 是 $\boldsymbol{A}$ 的属于不同特征值的特征向量，所以 $\boldsymbol{\alpha}_1$、$\boldsymbol{\alpha}_2$ 线性无关，则有 $k_1=k_3=\boldsymbol{0}$。将其代入式①有 $k_2\boldsymbol{\alpha}_2=\boldsymbol{0}$，而特征向量 $\boldsymbol{\alpha}_2\neq\boldsymbol{0}$，故 $k_2=0$。由向量组线性无关定义可知，$\boldsymbol{\alpha}_1$，$\boldsymbol{\alpha}_2$，$\boldsymbol{\alpha}_3$ 线性无关。证毕。

(2) 由于 $\boldsymbol{P}=(\boldsymbol{\alpha}_1,\boldsymbol{\alpha}_2,\boldsymbol{\alpha}_3)$，则有

$$\begin{aligned}\boldsymbol{A}\boldsymbol{P}&=\boldsymbol{A}(\boldsymbol{\alpha}_1,\boldsymbol{\alpha}_2,\boldsymbol{\alpha}_3)=(\boldsymbol{A}\boldsymbol{\alpha}_1,\boldsymbol{A}\boldsymbol{\alpha}_2,\boldsymbol{A}\boldsymbol{\alpha}_3)=(-\boldsymbol{\alpha}_1,\boldsymbol{\alpha}_2,\boldsymbol{\alpha}_2+\boldsymbol{\alpha}_3)\\&=(\boldsymbol{\alpha}_1,\boldsymbol{\alpha}_2,\boldsymbol{\alpha}_3)\begin{bmatrix}-1&0&0\\0&1&1\\0&0&1\end{bmatrix}\end{aligned}$$

由(1)知 $\boldsymbol{\alpha}_1$，$\boldsymbol{\alpha}_2$，$\boldsymbol{\alpha}_3$ 线性无关，则 $\boldsymbol{P}$ 为可逆矩阵，有 $\boldsymbol{P}^{-1}\boldsymbol{A}\boldsymbol{P}=\begin{bmatrix}-1&0&0\\0&1&1\\0&0&1\end{bmatrix}$。

评注　在证明特征向量线性相关性的题目中，往往用线性相关性的定义来证明，而用矩阵 $\boldsymbol{A}$ 左乘等式两边是最常用的技巧。

名师笔记

针对例 5.16，很多考生不知如何下手，这是因为考生对矩阵对角化的推导过程不熟悉。

题型 2　矩阵相似与相似对角化

例 5.17　(2009.2)设 $\boldsymbol{\alpha}$、$\boldsymbol{\beta}$ 均为 3 维列向量，$\boldsymbol{\beta}^{\mathrm{T}}$ 为 $\boldsymbol{\beta}$ 的转置。若矩阵 $\boldsymbol{\alpha}\boldsymbol{\beta}^{\mathrm{T}}$ 相似于 $\begin{bmatrix}2&0&0\\0&0&0\\0&0&0\end{bmatrix}$，则 $\boldsymbol{\beta}^{\mathrm{T}}\boldsymbol{\alpha}=$______。

解题思路　根据相似矩阵的性质解题。

解　由于矩阵 $\boldsymbol{\alpha}\boldsymbol{\beta}^{\mathrm{T}}$ 与对角矩阵 $\begin{bmatrix}2&0&0\\0&0&0\\0&0&0\end{bmatrix}$ 相似，根据相似矩阵性质可知，它们有相同

的迹，于是 $2+0+0=\mathrm{tr}(\boldsymbol{\alpha}\boldsymbol{\beta}^{\mathrm{T}})=\boldsymbol{\beta}^{\mathrm{T}}\boldsymbol{\alpha}$，则 $\boldsymbol{\beta}^{\mathrm{T}}\boldsymbol{\alpha}=2$。

评注　本题考查以下知识点：

(1) 相似矩阵有相同的迹。

(2) $\mathrm{tr}(\boldsymbol{\alpha}\boldsymbol{\beta}^{\mathrm{T}})=\boldsymbol{\beta}^{\mathrm{T}}\boldsymbol{\alpha}$。

例 5.18　(2009.3)设 $\boldsymbol{\alpha}=(1,1,1)^{\mathrm{T}}$，$\boldsymbol{\beta}=(1,0,k)^{\mathrm{T}}$。若矩阵 $\boldsymbol{\alpha}\boldsymbol{\beta}^{\mathrm{T}}$ 相似于 $\begin{bmatrix}3&0&0\\0&0&0\\0&0&0\end{bmatrix}$，则 $k=$________。

解题思路　根据相似矩阵的性质解题。

解　由于矩阵 $\boldsymbol{\alpha}\boldsymbol{\beta}^{\mathrm{T}}$ 与矩阵 $\begin{bmatrix}3&0&0\\0&0&0\\0&0&0\end{bmatrix}$ 相似，则它们有相同的迹，于是 $3+0+0=\mathrm{tr}(\boldsymbol{\alpha}\boldsymbol{\beta}^{\mathrm{T}})=\boldsymbol{\alpha}^{\mathrm{T}}\boldsymbol{\beta}=1+k$，则 $k=2$。

评注　本题考查以下知识点：

(1) 相似矩阵有相同的迹。

(2) $\mathrm{tr}(\boldsymbol{\alpha}\boldsymbol{\beta}^{\mathrm{T}})=\boldsymbol{\beta}^{\mathrm{T}}\boldsymbol{\alpha}$。

名师笔记

如果考生能熟练掌握相似矩阵的五等性质及关系式 $\mathrm{tr}(\boldsymbol{\alpha}\boldsymbol{\beta}^{\mathrm{T}})=\boldsymbol{\beta}^{\mathrm{T}}\boldsymbol{\alpha}$，那么考生就能在 10 秒钟内完成例 5.17 或例 5.18 的计算。

从另一个角度可以说明，线性代数的考研试题的确非常简单！

例 5.19　(2010.2，3)设 $\boldsymbol{A}=\begin{bmatrix}0&-1&4\\-1&3&a\\4&a&0\end{bmatrix}$，正交矩阵 $\boldsymbol{Q}$ 使得 $\boldsymbol{Q}^{\mathrm{T}}\boldsymbol{A}\boldsymbol{Q}$ 为对角矩阵。若 $\boldsymbol{Q}$ 的第 1 列为 $\frac{1}{\sqrt{6}}(1,2,1)^{\mathrm{T}}$，求 a、$\boldsymbol{Q}$。

解题思路　根据已知条件可知 $\boldsymbol{Q}$ 的第 1 列即为矩阵 $\boldsymbol{A}$ 的特征向量，从而确定 a，再进一步求 $\boldsymbol{Q}$。

解　由于正交矩阵 $\boldsymbol{Q}$ 使得 $\boldsymbol{Q}^{\mathrm{T}}\boldsymbol{A}\boldsymbol{Q}$ 为对角矩阵，因此 $\boldsymbol{Q}$ 的第 1 列 $\frac{1}{\sqrt{6}}(1,2,1)^{\mathrm{T}}$ 即为矩阵 $\boldsymbol{A}$ 的特征向量。设其对应特征值为 λ_1，则有

$$\begin{bmatrix}0&-1&4\\-1&3&a\\4&a&0\end{bmatrix}\begin{bmatrix}1\\2\\1\end{bmatrix}=\lambda_1\begin{bmatrix}1\\2\\1\end{bmatrix}$$

故有

$$\begin{cases}0-2+4=\lambda_1\\-1+6+a=2\lambda_1\\4+2a+0=\lambda_1\end{cases}$$

解得 $a=-1$，$\lambda_1=2$，于是 $A=\begin{bmatrix}0&-1&4\\-1&3&-1\\4&-1&0\end{bmatrix}$。根据特征值方程 $|\lambda E-A|=0$ 进一步求出矩阵 A 所有的特征值为 $\lambda_1=2$，$\lambda_2=5$，$\lambda_3=-4$。

当 $\lambda_2=5$ 时，解方程组 $(5E-A)x=0$ 得到属于 $\lambda_2=5$ 的特征向量为 $\xi_2=(1,-1,1)^T$；当 $\lambda_3=-4$ 时，解方程组 $(-4E-A)x=0$ 得到属于 $\lambda_3=-4$ 的特征向量为 $\xi_3=(-1,0,1)^T$。将 ξ_2、ξ_3 单位化后分别为 $\eta_2=\frac{1}{\sqrt{3}}(1,-1,1)^T$，$\eta_3=\frac{1}{\sqrt{2}}(-1,0,1)^T$，令 $\eta_1=\frac{1}{\sqrt{6}}(1,2,1)^T$，于是 $Q=(\eta_1,\eta_2,\eta_3)$。

评注　有部分考生在求 η_2、η_3 时，会根据 η_2、η_3 与已知向量 $\eta_1=\frac{1}{\sqrt{6}}(1,2,1)^T$ 正交，即解方程组 $x_1+2x_2+x_3=0$ 来确定 η_2、η_3，这种方法是错误的。只有当矩阵 A 的特征向量 η_2、η_3 属于同一个特征向量时，以上方法才正确，参见例 5.30 及其评注(3)。

本题考查以下知识点：

(1) 正交矩阵 Q 使得 Q^TAQ 为对角矩阵 $\Rightarrow Q$ 的所有列向量是矩阵 A 的特征向量。

(2) η_1 是矩阵 A 的特征向量 $\Leftrightarrow A\eta_1=\lambda_1\eta_1\ (\eta_1\neq 0)$。

名师笔记

例 5.19 再次说明特征向量定义的重要性。但很多考生不知道如何利用 Q 的第 1 列。

例 5.20　设矩阵 $A=\begin{bmatrix}0&0&2\\0&3&0\\2&0&0\end{bmatrix}$，若矩阵 B 与矩阵 A 相似，则 $r(B^2-3B+2E)=$ ______。

解题思路　由于矩阵 A 与 B 相似，因此它们有相同的特征值，进一步计算矩阵 $B^2-3B+2E$ 的特征值。

解　根据已知条件，矩阵 A 特征方程 $|\lambda E-A|=0$ 的具体形式为

$$\begin{vmatrix}\lambda&0&-2\\0&\lambda-3&0\\-2&0&\lambda\end{vmatrix}=0$$

解得 $\lambda_1=-2$，$\lambda_2=2$，$\lambda_3=3$。由于 B 与 A 相似，则矩阵 B 的特征值也为 -2，2 和 3，因此矩阵 $B^2-3B+2E$ 的特征值分别为 $(-2)^2-3\times(-2)+2=12$，$2^2-3\times 2+2=0$，$3^2-3\times 3+2=2$。那么矩阵 $B^2-3B+2E$ 必然可以与对角矩阵 $\mathrm{diag}(12,0,2)$ 相似，而对角矩阵 $\mathrm{diag}(12,0,2)$ 的秩为 2，所以有 $r(B^2-3B+2E)=2$。

评注　本题考查知识点为：

(1) 若矩阵 A 与 B 相似，则它们有相同的特征值。

(2) 若 λ 是矩阵 A 的特征值，则 $f(\lambda)$ 是矩阵 $f(A)$ 的特征值。

(3) 若矩阵 A 的所有特征值各不相同，那么它一定与对角矩阵 Λ 相似(即可对角化)，而 Λ 主对角线上的元素即为 A 的所有特征值。

(4) 若矩阵 $\boldsymbol{A}$ 与 $\boldsymbol{B}$ 相似，则它们有相同的秩。

名师笔记

例 5.20 利用了知识点：可对角化矩阵的秩等于其非零特征值的个数。

例 5.21　设矩阵 $\boldsymbol{A}$ 与 $\boldsymbol{B}$ 相似，且 $\boldsymbol{A}=\begin{bmatrix}5&0&0\\0&3&-3\\0&a&2\end{bmatrix}$，$\boldsymbol{B}=\begin{bmatrix}5&0&0\\0&b&0\\0&0&5\end{bmatrix}$，则 $a=$________，$b=$________。

解题思路　根据相似矩阵的性质确定 a 和 b。

解　矩阵 $\boldsymbol{A}$ 与 $\boldsymbol{B}$ 相似，则有 $\mathrm{tr}(\boldsymbol{A})=\mathrm{tr}(\boldsymbol{B})$，于是 $5+3+2=5+b+5$，故 $b=0$。还是根据矩阵 $\boldsymbol{A}$ 和 $\boldsymbol{B}$ 相似，则有 $|\boldsymbol{A}|=|\boldsymbol{B}|=0$，于是得到 $a=-2$。

评注　本题考查以下知识点：

(1) 若矩阵 $\boldsymbol{A}$ 与 $\boldsymbol{B}$ 相似，则有 $\mathrm{tr}(\boldsymbol{A})=\mathrm{tr}(\boldsymbol{B})$。

(2) 若矩阵 $\boldsymbol{A}$ 与 $\boldsymbol{B}$ 相似，则有 $|\boldsymbol{A}|=|\boldsymbol{B}|$。

例 5.22　设 $\boldsymbol{A}$ 为 n 阶方阵，且 $\boldsymbol{A}^2=\boldsymbol{E}$，则[　　]。

(A) $\boldsymbol{A}=\boldsymbol{E}$　　(B) $\boldsymbol{A}$ 可以相似对角化

(C) $\boldsymbol{A}$ 有一个特征值为 1　　(D) $\boldsymbol{A}$ 有一个特征值为 1，另一个特征值为 -1

解题思路　从矩阵等式 $\boldsymbol{A}^2=\boldsymbol{E}$ 出发，分析齐次线性方程组 $(\boldsymbol{E}+\boldsymbol{A})\boldsymbol{x}=\boldsymbol{0}$ 和 $(\boldsymbol{E}-\boldsymbol{A})\boldsymbol{x}=\boldsymbol{0}$ 基础解系所含解向量的个数。

解　分析选项(A)。设 $\boldsymbol{A}=\begin{bmatrix}1&0\\0&-1\end{bmatrix}$，有 $\boldsymbol{A}^2=\boldsymbol{E}$，故选项(A)错误。

分析选项(C)和(D)。设 λ 是矩阵 $\boldsymbol{A}$ 的一个特征值，$\boldsymbol{\alpha}$ 是矩阵 $\boldsymbol{A}$ 的属于 λ 的特征向量，则有

$$\boldsymbol{A\alpha}=\lambda\boldsymbol{\alpha}$$

用矩阵 $\boldsymbol{A}$ 左乘等式两边，有

$$\boldsymbol{A}^2\boldsymbol{\alpha}=\lambda\boldsymbol{A\alpha},\ \boldsymbol{A}^2\boldsymbol{\alpha}=\lambda^2\boldsymbol{\alpha}$$

而 $\boldsymbol{A}^2=\boldsymbol{E}$，则

$$\boldsymbol{E\alpha}=\lambda^2\boldsymbol{\alpha},\ (\lambda^2-1)\boldsymbol{\alpha}=\boldsymbol{0}$$

又因为 $\boldsymbol{\alpha}$ 是矩阵 $\boldsymbol{A}$ 的特征向量，则 $\boldsymbol{\alpha}\neq\boldsymbol{0}$，故 $\lambda^2-1=0$，解得 $\lambda_1=-1$，$\lambda_2=1$。

注意　$\lambda_1=-1$，$\lambda_2=1$ 并不是表明矩阵 $\boldsymbol{A}$ 的特征值为 -1 和 1，而是表明 $\boldsymbol{A}$ 的特征值可以是 -1 或 1。例如：

(1) 若 $\boldsymbol{A}=\begin{bmatrix}1&0\\0&1\end{bmatrix}$，则有 $\lambda_1=\lambda_2=1$。

(2) 若 $\boldsymbol{A}=\begin{bmatrix}-1&0\\0&-1\end{bmatrix}$，则有 $\lambda_1=\lambda_2=-1$。

(3) 若 $\boldsymbol{A}=\begin{bmatrix}1&0\\0&-1\end{bmatrix}$，则有 $\lambda_1=-1$，$\lambda_2=1$。

故选项(C)和(D)都是错误的。

分析选项(B)。由于$A^2=E$，则有

$$(E-A)(E+A)=O$$

可以证明$r(E-A)+r(E+A)=n$，参见例2.32。设$r(E-A)=t$，$r(E+A)=n-t$，于是齐次线性方程组$(E-A)x=0$基础解系所含线性无关的解向量的个数为$n-r(E-A)=n-t$，说明矩阵A的属于特征值1的线性无关特征向量有$n-t$个；而齐次线性方程组$(E+A)x=0$基础解系所含线性无关的解向量的个数为$n-r(E+A)=t$，说明：矩阵A的属于特征值-1的线性无关特征向量有t个。所以矩阵A有n个线性无关的特征向量，故A可以相似对角化，正确答案选择(B)。

评注 本题考查以下知识点：

(1) 设$g(A)$是关于矩阵A的多项式，若有$g(A)=O$，则矩阵A的所有特征值必然是方程$g(\lambda)=0$的解。但方程$g(\lambda)=0$的解不一定都是矩阵A的特征值。

(2) 若有$(aE-A)(bE-A)=O$，且$a\neq b$，则n阶矩阵A有n个线性无关的特征向量，即A可以相似对角化。

名师笔记

例5.22的选项(D)是一个陷阱，很多考生选择了它，就是因为对特征值的性质(15)没有深刻地理解。

例5.23 设矩阵A、B均为n阶方阵，且A与B相似，E为n阶单位矩阵，分析以下命题：

(1) A与B有相同的特征值和特征向量。

(2) A与B相似于一个对角阵。

(3) 对任意常数t，$tE-A$与$tE-B$相似。

(4) A^m与B^m相似。

则[　　]。

(A) (1)和(2)正确　　(B) (3)和(4)正确

(C) (1)和(3)正确　　(D) (2)和(4)正确

解题思路 根据相似矩阵的定义逐个分析。

解 分析命题(1)。设λ_0是矩阵A的一个特征值，α是A的对应于λ_0的特征向量，于是有

$$A\alpha=\lambda_0\alpha$$

由于A与B相似，因此存在可逆矩阵P，使得$B=P^{-1}AP$成立，即有$A=PBP^{-1}$，代入上式，有

$$PBP^{-1}\alpha=\lambda_0\alpha$$

用矩阵P^{-1}左乘以上等式两边，有

$$B(P^{-1}\alpha)=\lambda_0(P^{-1}\alpha)$$

以上等式说明，λ_0也是矩阵B的一个特征值，非零向量$P^{-1}\alpha$是矩阵B的属于λ_0的一个特征向量。

综上所述，若A与B相似，则A与B有相同的特征值，但它们的特征向量并不一定相

同。所以命题(1)错误。

分析命题(2)。因为有的矩阵可以对角化，有的矩阵不能对角化，所以若 $\boldsymbol{A}$ 和 $\boldsymbol{B}$ 能对角化，那么命题(2)是正确的；若 $\boldsymbol{A}$ 和 $\boldsymbol{B}$ 不能对角化，则命题(2)就是错误的。

分析命题(3)。若 $\boldsymbol{A}$ 与 $\boldsymbol{B}$ 相似，则存在可逆矩阵 $\boldsymbol{P}$，使得

$$\boldsymbol{B}=\boldsymbol{P}^{-1}\boldsymbol{A}\boldsymbol{P}$$

则有

$$t\boldsymbol{E}-\boldsymbol{B}=\boldsymbol{P}^{-1}t\boldsymbol{E}\boldsymbol{P}-\boldsymbol{P}^{-1}\boldsymbol{A}\boldsymbol{P}=\boldsymbol{P}^{-1}(t\boldsymbol{E}-\boldsymbol{A})\boldsymbol{P}$$

即矩阵 $t\boldsymbol{E}-\boldsymbol{A}$ 与矩阵 $t\boldsymbol{E}-\boldsymbol{B}$ 相似。故命题(3)正确。

分析命题(4)。若 $\boldsymbol{A}$ 与 $\boldsymbol{B}$ 相似，则存在可逆矩阵 $\boldsymbol{P}$，使得

$$\boldsymbol{B}=\boldsymbol{P}^{-1}\boldsymbol{A}\boldsymbol{P}$$

则有

$$\boldsymbol{B}^m=\underbrace{(\boldsymbol{P}^{-1}\boldsymbol{A}\boldsymbol{P})(\boldsymbol{P}^{-1}\boldsymbol{A}\boldsymbol{P})\cdots(\boldsymbol{P}^{-1}\boldsymbol{A}\boldsymbol{P})}_{m\text{对括号}}=\boldsymbol{P}^{-1}\boldsymbol{A}^m\boldsymbol{P}$$

即矩阵 $\boldsymbol{A}^m$ 与 $\boldsymbol{B}^m$ 相似。故命题(4)正确。

故本题答案选择(B)。

评注　本题考查以下知识点：

(1) 若 $\boldsymbol{A}$ 与 $\boldsymbol{B}$ 相似，则 $f(\boldsymbol{A})$ 与 $f(\boldsymbol{B})$ 相似，其中 $f(\boldsymbol{A})$ 为矩阵 $\boldsymbol{A}$ 的多项式函数。

(2) 若 $\boldsymbol{A}$ 可以对角化，且 $\boldsymbol{A}$ 与 $\boldsymbol{B}$ 相似，则 $\boldsymbol{A}$ 与 $\boldsymbol{B}$ 可以相似于同一个对角矩阵。

(3) 设 $\boldsymbol{B}=\boldsymbol{P}^{-1}\boldsymbol{A}\boldsymbol{P}$($\boldsymbol{A}$ 与 $\boldsymbol{B}$ 相似)，且 λ_0 是 $\boldsymbol{A}$ 的一个特征值，$\boldsymbol{\alpha}$ 是 $\boldsymbol{A}$ 的对应于 λ_0 的特征向量，则 λ_0 也是 $\boldsymbol{B}$ 的特征值，$\boldsymbol{P}^{-1}\boldsymbol{\alpha}$ 是矩阵 $\boldsymbol{B}$ 的对应于 λ_0 的特征向量。

名师笔记

考生要注意，相似矩阵的五等性质中没有特征向量相等。

例 5.24　设矩阵 $\boldsymbol{A}$、$\boldsymbol{B}$ 都为 n 阶方阵，$\boldsymbol{E}$ 为 n 阶单位矩阵，分析以下命题：

(1) 矩阵 $\boldsymbol{A}$ 相似于矩阵 $\boldsymbol{A}$。

(2) 若矩阵 $\boldsymbol{B}$ 可逆，则 $\boldsymbol{AB}$ 与 $\boldsymbol{BA}$ 相似。

(3) 若 $\boldsymbol{A}$ 与 $\boldsymbol{E}$ 相似，则 $\boldsymbol{A}=\boldsymbol{E}$。

(4) 若矩阵 $\boldsymbol{A}$ 与 $\boldsymbol{B}$ 有相同的特征值，则矩阵 $\boldsymbol{A}$ 与 $\boldsymbol{B}$ 相似。

则[　　]。

(A) 只有(1)正确　　(B) 只有(1)和(2)正确

(C) 只有(1)、(2)和(3)正确　　(D)四个命题都正确

解题思路　从相似矩阵的定义出发，分析逐个命题。

解　分析命题(1)。由于 $\boldsymbol{A}=\boldsymbol{E}^{-1}\boldsymbol{A}\boldsymbol{E}$，故矩阵 $\boldsymbol{A}$ 相似于矩阵 $\boldsymbol{A}$。

分析命题(2)，若矩阵 $\boldsymbol{B}$ 可逆，则有 $\boldsymbol{B}^{-1}\boldsymbol{BAB}=\boldsymbol{AB}$，即矩阵 $\boldsymbol{AB}$ 与矩阵 $\boldsymbol{BA}$ 相似。

分析命题(3)，若 $\boldsymbol{A}$ 与 $\boldsymbol{E}$ 相似，则存在可逆矩阵 $\boldsymbol{P}$，使得 $\boldsymbol{E}=\boldsymbol{P}^{-1}\boldsymbol{A}\boldsymbol{P}$，则有 $\boldsymbol{A}=\boldsymbol{PEP}^{-1}=\boldsymbol{E}$。

分析命题(4)。若 $\boldsymbol{A}=\begin{bmatrix}1 & 3\\0 & 1\end{bmatrix}$，$\boldsymbol{B}=\begin{bmatrix}1 & 0\\0 & 1\end{bmatrix}$，矩阵 $\boldsymbol{A}$ 与 $\boldsymbol{B}$ 有相同的特征值，但它们并不相似。所以命题(4)错误。

答案选择(C)。

评注

(1) 若两个矩阵相似，那么它们必然等价，所以等价矩阵的反身性、对称性和传递性等性质对相似矩阵也适用。

(2) 若两个矩阵相似，则它们有相同的特征值。但其逆命题不成立。

(3) 若矩阵 $\boldsymbol{A}$ 与 $\boldsymbol{B}$ 有相同的特征值，且矩阵 $\boldsymbol{A}$ 和矩阵 $\boldsymbol{B}$ 都能对角化，则矩阵 $\boldsymbol{A}$ 与 $\boldsymbol{B}$ 相似(原因是矩阵 $\boldsymbol{A}$ 和 $\boldsymbol{B}$ 都能相似于同一个对角矩阵)。

名师笔记

例 5.24 中的命题(4)是考生最易混淆的一个问题。

例 5.25　设矩阵 $\boldsymbol{A}=\begin{bmatrix}3 & a & 2\\ 6 & -7 & 3\\ 8 & b & 3\end{bmatrix}$，已知矩阵 $\boldsymbol{A}$ 能对角化，且 $\lambda=-1$ 是 $\boldsymbol{A}$ 的 2 重特征值，试求可逆矩阵 $\boldsymbol{P}$，使得 $\boldsymbol{P}^{-1}\boldsymbol{AP}$ 为对角阵。

解题思路　$\lambda=-1$ 是 $\boldsymbol{A}$ 的 2 重特征值，且矩阵 $\boldsymbol{A}$ 能对角化，则齐次线性方程组 $(-\boldsymbol{E}-\boldsymbol{A})\boldsymbol{x}=\boldsymbol{0}$ 基础解系所含解向量的个数是 2，由此确定参数 a 和 b。

解　由于矩阵 $\boldsymbol{A}$ 能对角化，则 $\boldsymbol{A}$ 存在 3 个线性无关的特征向量，而 $\lambda=-1$ 是 $\boldsymbol{A}$ 的 2 重特征值，则 $\boldsymbol{A}$ 属于 $\lambda=-1$ 的线性无关的特征向量有两个，故齐次线性方程组 $(-\boldsymbol{E}-\boldsymbol{A})\boldsymbol{x}=\boldsymbol{0}$ 基础解系所含解向量的个数为 2，即该方程组的系数矩阵的秩 $r(-\boldsymbol{E}-\boldsymbol{A})=1$。对系数矩阵 $-\boldsymbol{E}-\boldsymbol{A}$ 进行初等行变换，有

$$-\boldsymbol{E}-\boldsymbol{A}=\begin{bmatrix}-4 & -a & -2\\ -6 & 6 & -3\\ -8 & -b & -4\end{bmatrix}\xrightarrow[r_1\leftrightarrow r_2]{r_2/(-3)}\begin{bmatrix}2 & -2 & 1\\ -4 & -a & -2\\ -8 & -b & -4\end{bmatrix}\xrightarrow[r_3+4r_1]{r_2+2r_1}\begin{bmatrix}2 & -2 & 1\\ 0 & -a-4 & 0\\ 0 & -b-8 & 0\end{bmatrix}$$

故当 $a=-4$，$b=-8$ 时，$r(-\boldsymbol{E}-\boldsymbol{A})=1$。

于是有

$$-\boldsymbol{E}-\boldsymbol{A}\rightarrow\cdots\rightarrow\begin{bmatrix}2 & -2 & 1\\ 0 & 0 & 0\\ 0 & 0 & 0\end{bmatrix}$$

取 x_2，x_3 为自由变量，则 $\boldsymbol{A}$ 属于 -1 的两个线性无关的特征向量为 $\boldsymbol{\xi}_1=\begin{bmatrix}1\\ 1\\ 0\end{bmatrix}$，$\boldsymbol{\xi}_2=\begin{bmatrix}-1\\ 0\\ 2\end{bmatrix}$。

根据特征值性质有 $(-1)+(-1)+\lambda_3=\text{tr}(\boldsymbol{A})=3+(-7)+3$，故 $\lambda_3=1$。

当 $\lambda_3=1$ 时，求解齐次线性方程组 $(\boldsymbol{E}-\boldsymbol{A})\boldsymbol{x}=\boldsymbol{0}$。对其系数矩阵进行初等行变换：

$$\boldsymbol{E}-\boldsymbol{A}=\begin{bmatrix}-2 & 4 & -2\\ -6 & 8 & -3\\ -8 & 8 & -2\end{bmatrix}\xrightarrow{r_1/(-2)}\begin{bmatrix}1 & -2 & 1\\ -6 & 8 & -3\\ -8 & 8 & -2\end{bmatrix}$$

$$\xrightarrow[r_3+8r_1]{r_2+6r_1}\begin{bmatrix}1 & -2 & 1\\ 0 & -4 & 3\\ 0 & -8 & 6\end{bmatrix}\xrightarrow[r_3-2r_2]{r_1-r_2/2}\begin{bmatrix}1 & 0 & -0.5\\ 0 & -4 & 3\\ 0 & 0 & 0\end{bmatrix}$$

取 x_3 为自由变量，则 $\boldsymbol{A}$ 属于 1 的特征向量为 $\boldsymbol{\xi}_3=\begin{bmatrix}2\\3\\4\end{bmatrix}$。

于是可以构造可逆矩阵 $\boldsymbol{P}$，即

$$\boldsymbol{P}=(\boldsymbol{\xi}_1,\boldsymbol{\xi}_2,\boldsymbol{\xi}_3)=\begin{bmatrix}1&-1&2\\1&0&3\\0&2&4\end{bmatrix}$$

使得

$$\boldsymbol{P}^{-1}\boldsymbol{A}\boldsymbol{P}=\begin{bmatrix}-1&&\\&-1&\\&&1\end{bmatrix}$$

评注　本题考查的知识点如下：

(1) n 阶矩阵 $\boldsymbol{A}$ 能对角化$\Leftrightarrow n$ 阶矩阵 $\boldsymbol{A}$ 有 n 个线性无关的特征向量。

(2) $\boldsymbol{A}$ 能对角化$\Leftrightarrow\boldsymbol{A}$ 所有特征值的代数重数都等于其几何重数。

(3) 若 $\boldsymbol{A}$ 能对角化$\Rightarrow$存在可逆矩阵 $\boldsymbol{P}$，使得 $\boldsymbol{P}^{-1}\boldsymbol{A}\boldsymbol{P}=\boldsymbol{\Lambda}$。其中对角矩阵 $\boldsymbol{\Lambda}$ 的对角线元素为 $\boldsymbol{A}$ 的所有特征值，矩阵 $\boldsymbol{P}$ 的列向量是矩阵 $\boldsymbol{A}$ 的对应于 $\boldsymbol{\Lambda}$ 的特征向量。

例 5.26　设矩阵 $\boldsymbol{A}=\begin{bmatrix}2&-3&2\\0&3&a\\1&3&1\end{bmatrix}$ 的特征方程有一个 2 重根，求 a 的值，并讨论 $\boldsymbol{A}$ 是否可以对角化。

解题思路　矩阵 $\boldsymbol{A}$ 的特征方程有一个 2 重根，则特征方程的形式为 $(\lambda-\lambda_1)^2\cdot(\lambda-\lambda_2)=0$，从而确定 a 的值。

解　矩阵 $\boldsymbol{A}$ 的特征多项式为

$$|\lambda\boldsymbol{E}-\boldsymbol{A}|=\begin{vmatrix}\lambda-2&3&-2\\0&\lambda-3&-a\\-1&-3&\lambda-1\end{vmatrix}\xlongequal{r_1+r_3}\begin{vmatrix}\lambda-3&0&\lambda-3\\0&\lambda-3&-a\\-1&-3&\lambda-1\end{vmatrix}$$

$$\xlongequal{c_3-c_1}\begin{vmatrix}\lambda-3&0&0\\0&\lambda-3&-a\\-1&-3&\lambda\end{vmatrix}$$

$$\xlongequal{\text{按 } r_1 \text{ 展开}}(\lambda-3)(\lambda^2-3\lambda-3a)$$

当 $a=0$ 时，$\boldsymbol{A}$ 的特征方程为 $\lambda(\lambda-3)^2=0$，$\lambda=3$ 是矩阵 $\boldsymbol{A}$ 的 2 重特征根，$\lambda=0$ 是矩阵 $\boldsymbol{A}$ 的 1 重特征根。针对 $\lambda=3$，方程组 $(3\boldsymbol{E}-\boldsymbol{A})\boldsymbol{x}=\boldsymbol{0}$ 的系数矩阵为

$$(3\boldsymbol{E}-\boldsymbol{A})=\begin{bmatrix}1&3&-2\\0&0&0\\-1&-3&2\end{bmatrix}$$

由于 $r(3\boldsymbol{E}-\boldsymbol{A})=1$，则方程组 $(3\boldsymbol{E}-\boldsymbol{A})\boldsymbol{x}=\boldsymbol{0}$ 基础解系所含解向量的个数是 2，故矩阵 $\boldsymbol{A}$ 的属于 $\lambda=3$ 的线性无关的特征向量有 2 个，矩阵 $\boldsymbol{A}$ 可以对角化。

当 $a=-\frac{3}{4}$时，$\boldsymbol{A}$ 的特征方程为$(\lambda-3)\left(\lambda-\frac{3}{2}\right)^2=0$，$\lambda=\frac{3}{2}$是矩阵 $\boldsymbol{A}$ 的 2 重特征根，$\lambda=3$ 是矩阵 $\boldsymbol{A}$ 的 1 重特征根。针对 $\lambda=\frac{3}{2}$，方程组$\left(\frac{3}{2}\boldsymbol{E}-\boldsymbol{A}\right)\boldsymbol{x}=\boldsymbol{0}$ 的系数矩阵为

$$\left(\frac{3}{2}\boldsymbol{E}-\boldsymbol{A}\right)=\begin{bmatrix}-0.5 & 3 & -2\\ 0 & -1.5 & 0.75\\ -1 & -3 & 0.5\end{bmatrix}$$

由于 $r\left(\frac{3}{2}\boldsymbol{E}-\boldsymbol{A}\right)=2$，则方程组$\left(\frac{3}{2}\boldsymbol{E}-\boldsymbol{A}\right)x=0$ 基础解系所含解向量的个数是 1，故矩阵 $\boldsymbol{A}$ 的属于 $\lambda=\frac{3}{2}$的线性无关的特征向量只有 1 个，矩阵 $\boldsymbol{A}$ 不能对角化。

评注 本题考查以下知识点：

(1) $\boldsymbol{A}$ 能对角化$\Leftrightarrow\boldsymbol{A}$ 所有特征值的代数重数都等于其几何重数。

(2) λ_0是矩阵 $\boldsymbol{A}$ 的 1 重特征值$\Rightarrow\boldsymbol{A}$ 的属于λ_0的线性无关的特征向量有 1 个。

(3) 在求解特征方程的根时，一般不是把行列式展成关于 λ 的 n 次多项式，再进行因式分解，而是先把行列式的某行(列)化为只有一个非零元素，然后按该行(列)展开，这样可以避免繁琐的因式分解。例如：

① $\boldsymbol{A}=\begin{bmatrix}3 & -2 & 2\\ -2 & 0 & 4\\ 2 & 4 & 0\end{bmatrix}$，则

$$\begin{aligned}|\lambda\boldsymbol{E}-\boldsymbol{A}| &= \begin{vmatrix}\lambda-3 & 2 & -2\\ 2 & \lambda & -4\\ -2 & -4 & \lambda\end{vmatrix}\xlongequal{r_3+r_2}\begin{vmatrix}\lambda-3 & 2 & -2\\ 2 & \lambda & -4\\ 0 & \lambda-4 & \lambda-4\end{vmatrix}\\ &\xlongequal{c_2-c_3}\begin{vmatrix}\lambda-3 & 4 & -2\\ 2 & \lambda+4 & -4\\ 0 & 0 & \lambda-4\end{vmatrix}\\ &\xlongequal{\text{按 } r_3 \text{ 展开}}(\lambda-4)(\lambda^2+\lambda-20)\\ &=(\lambda-4)^2(\lambda+5)\end{aligned}$$

② $\boldsymbol{A}=\begin{bmatrix}1 & -1 & 1\\ 2 & 4 & -2\\ -3 & -3 & 5\end{bmatrix}$，则

$$\begin{aligned}|\lambda\boldsymbol{E}-\boldsymbol{A}| &= \begin{vmatrix}\lambda-1 & 1 & -1\\ -2 & \lambda-4 & 2\\ 3 & 3 & \lambda-5\end{vmatrix}\xlongequal{c_2-c_1}\begin{vmatrix}\lambda-1 & 2-\lambda & -1\\ -2 & \lambda-2 & 2\\ 3 & 0 & \lambda-5\end{vmatrix}\\ &\xlongequal{r_1+r_2}\begin{vmatrix}\lambda-3 & 0 & 1\\ -2 & \lambda-2 & 2\\ 3 & 0 & \lambda-5\end{vmatrix}\\ &\xlongequal{\text{按 } c_2 \text{ 展开}}(\lambda-2)(\lambda^2-8\lambda+12)\\ &=(\lambda-2)^2(\lambda-6)\end{aligned}$$

名师笔记

很多考生在做例 5.26 时，只考虑了一种情况。

考生应该掌握可对角化的 3 阶矩阵 $\boldsymbol{A}$ 的三种情况：

(1) $\boldsymbol{A}$ 有 3 个不同特征值。

(2) $\boldsymbol{A}$ 有 1 个 2 重特征值 λ_0 和 1 个 1 重特征值 $\lambda_1(\lambda_0\neq\lambda_1)$，且 $r(\lambda_0\boldsymbol{E}-\boldsymbol{A})=1$。

(3) $\boldsymbol{A}$ 有 1 个 3 重特征值 $\boldsymbol{\lambda}_0$，且 $r(\lambda_0\boldsymbol{E}-\boldsymbol{A})=0$。

3 阶具体矩阵特征值的求解方法是本章最基本的一种运算，考生必须通过大量训练才能熟练掌握。

例 5.27　已知 $\boldsymbol{\alpha}$、$\boldsymbol{\beta}$ 是两个 $n(n>1)$ 维非零列向量，且 $\boldsymbol{\alpha}$ 与 $\boldsymbol{\beta}$ 正交，证明矩阵 $\boldsymbol{A}=\boldsymbol{\alpha}\boldsymbol{\beta}^{\mathrm{T}}$ 不能对角化。

解题思路　证明矩阵 $\boldsymbol{A}$ 没有 n 个线性无关的特征向量。

证明　由于 $\boldsymbol{A}=\boldsymbol{\alpha}\boldsymbol{\beta}^{\mathrm{T}}$，且 $\boldsymbol{\alpha}$、$\boldsymbol{\beta}$ 均是非零向量，则有

$$r(\boldsymbol{A})\leqslant r(\boldsymbol{\alpha})=1$$

而 $\boldsymbol{A}\neq\boldsymbol{O}$，故

$$r(\boldsymbol{A})=1<n$$

于是有 $|\boldsymbol{A}|=0$，那么零是矩阵 $\boldsymbol{A}$ 的特征值。

齐次线性方程组 $(0\boldsymbol{E}-\boldsymbol{A})\boldsymbol{x}=\boldsymbol{0}$ 系数矩阵的秩为 $r(-\boldsymbol{A})=r(\boldsymbol{A})=1$，故 $\boldsymbol{A}$ 属于特征值零的线性无关的特征向量有 $n-1$ 个。又根据特征值的代数重数不小于几何重数可知，零至少是矩阵 $\boldsymbol{A}$ 的 $n-1$ 重特征值，即有 $\lambda_1=\lambda_2=\cdots=\lambda_{n-1}=0$。

设 $\boldsymbol{\alpha}=(a_1, a_2, \cdots, a_n)^{\mathrm{T}}$，$\boldsymbol{\beta}=(b_1, b_2, \cdots, b_n)^{\mathrm{T}}$，则 $\mathrm{tr}(\boldsymbol{A})=\sum\limits_{i=1}^{n}a_ib_i$；而 $\boldsymbol{\alpha}$ 与 $\boldsymbol{\beta}$ 正交，则 $\mathrm{tr}(\boldsymbol{A})=\sum\limits_{i=1}^{n}a_ib_i=\boldsymbol{\alpha}^{\mathrm{T}}\boldsymbol{\beta}=0$。又根据 $\sum\limits_{i=1}^{n}\lambda_i=\mathrm{tr}(\boldsymbol{A})$ 可知 $\sum\limits_{i=1}^{n}\lambda_i=0$，即矩阵 $\boldsymbol{A}$ 的所有特征值全是零，那么矩阵 $\boldsymbol{A}$ 只有 $n-1$ 个线性无关的特征向量，故不能对角化。

评注　本题是一道比较经典的题目，证明的方法也很多，以上证明过程考查的知识点如下：

(1) $r(\boldsymbol{AB})\leqslant r(\boldsymbol{A})$，$r(\boldsymbol{AB})\leqslant r(\boldsymbol{B})$。

(2) $r(\boldsymbol{A}_{m\times n})\leqslant\min(m, n)$。

(3) $\boldsymbol{A}=\boldsymbol{O}\Leftrightarrow r(\boldsymbol{A})=0$。

(4) $\boldsymbol{A}\neq\boldsymbol{O}\Leftrightarrow r(\boldsymbol{A})\neq0$。

(5) $r(\boldsymbol{A}_n)<n\Leftrightarrow|\boldsymbol{A}_n|=0$。

(6) $|\boldsymbol{A}_n|=0\Leftrightarrow$零是矩阵 $\boldsymbol{A}$ 的特征值。

(7) 特征值的代数重数不小于几何重数。

(8) $\boldsymbol{\alpha}$、$\boldsymbol{\beta}$ 都是 n 维列向量，$\boldsymbol{A}=\boldsymbol{\alpha}\boldsymbol{\beta}^{\mathrm{T}}\Rightarrow\mathrm{tr}(\boldsymbol{A})=\boldsymbol{\alpha}^{\mathrm{T}}\boldsymbol{\beta}$。

(9) $\sum\limits_{i=1}^{n}\lambda_i=\mathrm{tr}(\boldsymbol{A})$。

(10) $\boldsymbol{A}_n$ 有 n 个线性无关的特征向量$\Leftrightarrow\boldsymbol{A}_n$ 可以对角化。

名师笔记

例 5.27 也可以这样证明：矩阵 $\boldsymbol{A}=\boldsymbol{\alpha}\boldsymbol{\beta}^{\mathrm{T}}$ 的秩等于 1，于是零是 $\boldsymbol{A}$ 的至少 $n-1$ 重特征值。而 $\boldsymbol{A}$ 的第 n 个特征值等于 $\boldsymbol{A}$ 的迹 $\boldsymbol{\beta}^{\mathrm{T}}\boldsymbol{\alpha}=0$，故 $\boldsymbol{A}$ 有 n 个特征值都是零。

用反证法来证明 $\boldsymbol{A}$ 不能对角化。设 $\boldsymbol{A}$ 能对角化，则 $\boldsymbol{A}$ 与零矩阵 $\boldsymbol{O}$ 相似，$\boldsymbol{A}=\boldsymbol{O}$，与 $\boldsymbol{A}$ 的秩等于 1 矛盾。于是 $\boldsymbol{A}$ 不能对角化。

题型 3 利用相似对角化求 A^n

例 5.28 设 2 阶方阵 $\boldsymbol{A}$ 满足 $\boldsymbol{A}\boldsymbol{\alpha}_1=3\boldsymbol{\alpha}_1$，$\boldsymbol{A}\boldsymbol{\alpha}_2=-3\boldsymbol{\alpha}_2$，$\boldsymbol{\alpha}_1$、$\boldsymbol{\alpha}_2$ 均为非零列向量，则 $\boldsymbol{A}^{100}=$________。

解题思路 把等式 $\boldsymbol{A}\boldsymbol{\alpha}_1=3\boldsymbol{\alpha}_1$ 和 $\boldsymbol{A}\boldsymbol{\alpha}_2=-3\boldsymbol{\alpha}_2$ 合为一个矩阵相乘的等式，然后计算 $\boldsymbol{A}^{100}$。

解 根据分块矩阵的概念，可以把等式 $\boldsymbol{A}\boldsymbol{\alpha}_1=3\boldsymbol{\alpha}_1$ 和 $\boldsymbol{A}\boldsymbol{\alpha}_2=-3\boldsymbol{\alpha}_2$ 合成为一个等式：

$$(\boldsymbol{A}\boldsymbol{\alpha}_1, \boldsymbol{A}\boldsymbol{\alpha}_2)=(3\boldsymbol{\alpha}_1, -3\boldsymbol{\alpha}_2)$$

进一步可以把矩阵 $(\boldsymbol{\alpha}_1, \boldsymbol{\alpha}_2)$ 分离出来：

$$\boldsymbol{A}(\boldsymbol{\alpha}_1, \boldsymbol{\alpha}_2)=(\boldsymbol{\alpha}_1, \boldsymbol{\alpha}_2)\begin{bmatrix}3 & 0\\0 & -3\end{bmatrix}$$

由于 $\boldsymbol{\alpha}_1$、$\boldsymbol{\alpha}_2$ 分别是矩阵 $\boldsymbol{A}$ 的属于不同特征值的特征向量，故 $\boldsymbol{\alpha}_1$，$\boldsymbol{\alpha}_2$ 线性无关，则矩阵 $\boldsymbol{P}=(\boldsymbol{\alpha}_1, \boldsymbol{\alpha}_2)$ 可逆，于是有

$$\boldsymbol{A}=\boldsymbol{P}\begin{bmatrix}3 & 0\\0 & -3\end{bmatrix}\boldsymbol{P}^{-1}$$

则

$$\boldsymbol{A}^{100}=\boldsymbol{P}\begin{bmatrix}3 & 0\\0 & -3\end{bmatrix}^{100}\boldsymbol{P}^{-1}=\boldsymbol{P}\begin{bmatrix}3^{100} & 0\\0 & (-3)^{100}\end{bmatrix}\boldsymbol{P}^{-1}=3^{100}\boldsymbol{P}\begin{bmatrix}1 & 0\\0 & 1\end{bmatrix}\boldsymbol{P}^{-1}=3^{100}\boldsymbol{E}$$

评注 本题考查的知识点如下：

(1) 若 λ_i 是矩阵 $\boldsymbol{A}$ 的特征值，$\boldsymbol{\alpha}_i$ 是矩阵 $\boldsymbol{A}$ 属于特征值 λ_i 的特征向量，其中 $i=1, 2, \cdots, n$，那么

$$\boldsymbol{A}\boldsymbol{\alpha}_i=\lambda_i\boldsymbol{\alpha}_i\ (i=1, 2, \cdots, n)$$

$$(\boldsymbol{A}\boldsymbol{\alpha}_1, \boldsymbol{A}\boldsymbol{\alpha}_2, \cdots, \boldsymbol{A}\boldsymbol{\alpha}_n)=(\lambda_1\boldsymbol{\alpha}_1, \lambda_2\boldsymbol{\alpha}_2, \cdots, \lambda_n\boldsymbol{\alpha}_n)$$

$$\boldsymbol{A}(\boldsymbol{\alpha}_1, \boldsymbol{\alpha}_2, \cdots, \boldsymbol{\alpha}_n)=(\boldsymbol{\alpha}_1, \boldsymbol{\alpha}_2, \cdots, \boldsymbol{\alpha}_n)\begin{bmatrix}\lambda_1 & & & \\ & \lambda_2 & & \\ & & \ddots & \\ & & & \lambda_n\end{bmatrix}$$

若 $\boldsymbol{\alpha}_1, \boldsymbol{\alpha}_2, \cdots, \boldsymbol{\alpha}_n$ 为线性无关的特征向量组，设 $\boldsymbol{P}=(\boldsymbol{\alpha}_1, \boldsymbol{\alpha}_2, \cdots, \boldsymbol{\alpha}_n)$，则矩阵 $\boldsymbol{P}$ 可逆，于是有

$$\boldsymbol{A}=\boldsymbol{P}\boldsymbol{\Lambda}\boldsymbol{P}^{-1} \quad 或 \quad \boldsymbol{P}^{-1}\boldsymbol{A}\boldsymbol{P}=\boldsymbol{\Lambda}$$

其中 $\boldsymbol{\Lambda}$ 是以特征值 λ_i 为主对角线上元素的对角矩阵。

(2) $(\boldsymbol{P}\boldsymbol{\Lambda}\boldsymbol{P}^{-1})^n=\boldsymbol{P}\boldsymbol{\Lambda}^n\boldsymbol{P}^{-1}$。

(3) $\begin{bmatrix} a_1 & & & \\ & a_2 & & \\ & & \ddots & \\ & & & a_n \end{bmatrix}^n = \begin{bmatrix} a_1^n & & & \\ & a_2^n & & \\ & & \ddots & \\ & & & a_n^n \end{bmatrix}$。

例 5.29　假设一个城市的总人口数固定不变，人口的分布情况变化如下：每年都有5%的市区居民搬到郊区，有15%的郊区居民搬到市区。若开始居住在市区的人口数为 a，居住在郊区的人口数为 b，那么20年后市区和郊区的人口数大约各有多少？

解题思路　首先找出第 n 年和第 $n+1$ 年市区和郊区的人口数的关系；然后根据递推关系得到第20年和开始时的人口数的关系；最后求矩阵的幂。

解　设第 n 年市区人数和郊区人数分别为 x_n 和 y_n，第 $n+1$ 年的市区和郊区人数分别为 x_{n+1} 和 y_{n+1}，那么有

$$\begin{cases} x_{n+1} = 0.95x_n + 0.15y_n \\ y_{n+1} = 0.05x_n + 0.85y_n \end{cases}$$

用矩阵式表示为

$$\begin{bmatrix} x_{n+1} \\ y_{n+1} \end{bmatrix} = \begin{bmatrix} 0.95 & 0.15 \\ 0.05 & 0.85 \end{bmatrix} \begin{bmatrix} x_n \\ y_n \end{bmatrix}$$

于是有递推关系：

$$\begin{bmatrix} x_{20} \\ y_{20} \end{bmatrix} = \begin{bmatrix} 0.95 & 0.15 \\ 0.05 & 0.85 \end{bmatrix} \begin{bmatrix} x_{19} \\ y_{19} \end{bmatrix} = \begin{bmatrix} 0.95 & 0.15 \\ 0.05 & 0.85 \end{bmatrix}^2 \begin{bmatrix} x_{18} \\ y_{18} \end{bmatrix} = \cdots = \begin{bmatrix} 0.95 & 0.15 \\ 0.05 & 0.85 \end{bmatrix}^{20} \begin{bmatrix} x_0 \\ y_0 \end{bmatrix}$$

其中 $\begin{bmatrix} x_0 \\ y_0 \end{bmatrix} = \begin{bmatrix} a \\ b \end{bmatrix}$。令 $\boldsymbol{A} = \begin{bmatrix} 0.95 & 0.15 \\ 0.05 & 0.85 \end{bmatrix}$，对矩阵 $\boldsymbol{A}$ 进行相似对角化。

计算矩阵 $\boldsymbol{A}$ 的特征值可得分别为1和0.8，其中属于1的特征向量为 $\begin{bmatrix} 3 \\ 1 \end{bmatrix}$，属于0.8的特征向量为 $\begin{bmatrix} -1 \\ 1 \end{bmatrix}$，则有

$$\boldsymbol{A} = \begin{bmatrix} 3 & -1 \\ 1 & 1 \end{bmatrix} \begin{bmatrix} 1 & 0 \\ 0 & 0.8 \end{bmatrix} \begin{bmatrix} 3 & -1 \\ 1 & 1 \end{bmatrix}^{-1}$$

于是有

$$\boldsymbol{A}^{20} = \begin{bmatrix} 3 & -1 \\ 1 & 1 \end{bmatrix} \begin{bmatrix} 1 & 0 \\ 0 & 0.8 \end{bmatrix}^{20} \begin{bmatrix} 3 & -1 \\ 1 & 1 \end{bmatrix}^{-1} = \frac{1}{4} \begin{bmatrix} 3+0.8^{20} & 3-3\times 0.8^{20} \\ 1-0.8^{20} & 1+3\times 0.8^{20} \end{bmatrix}$$

由于 $0.8^{20} \approx 0.01$，因此有 $\boldsymbol{A}^{20} \approx \frac{1}{4} \begin{bmatrix} 3 & 3 \\ 1 & 1 \end{bmatrix}$，那么

$$\begin{bmatrix} x_{20} \\ y_{20} \end{bmatrix} = \begin{bmatrix} 0.95 & 0.15 \\ 0.05 & 0.85 \end{bmatrix}^{20} \begin{bmatrix} a \\ b \end{bmatrix} \approx \frac{1}{4} \begin{bmatrix} 3 & 3 \\ 1 & 1 \end{bmatrix} \begin{bmatrix} a \\ b \end{bmatrix} = (a+b) \begin{bmatrix} 3/4 \\ 1/4 \end{bmatrix}$$

故时间越长，市区和郊区人口数越分别接近于 $\frac{3}{4}(a+b)$、$\frac{1}{4}(a+b)$。

评注　这是一道线性代数的应用题，考生首先要建立其对应的数学模型，即构造第 n 年和第 $n+1$ 年的市区和郊区人数之间的矩阵关系式：

$$\begin{bmatrix}x_{n+1}\\y_{n+1}\end{bmatrix}=\begin{bmatrix}0.95&0.15\\0.05&0.85\end{bmatrix}\begin{bmatrix}x_n\\y_n\end{bmatrix}$$

本题实质上考查了用相似对角化的方法求方阵高次幂的知识点。

名师笔记

很多考生对应用题有畏惧心理，其实应用题往往并不复杂。例 5.29 的关键是写出第 $n+1$ 年与第 n 年市区和郊区人数的关系式。

题型 4　根据特征值和特征向量反求矩阵 A

例 5.30　设 3 阶实对称矩阵 $\boldsymbol{A}$ 的特征值为 $\lambda_1=4$，$\lambda_2=\lambda_3=-1$，对应于 λ_1 的特征向量为 $\xi_1=(1,0,2)^{\mathrm{T}}$，求矩阵 $\boldsymbol{A}$。

解题思路　根据属于实对称矩阵不同特征值的特征向量必正交的知识点，解方程组求 $\boldsymbol{A}$ 的属于 $\lambda_2=\lambda_3=-1$ 的特征向量；然后计算矩阵 $\boldsymbol{A}$。

解　设属于 -1 的特征向量为 $\begin{bmatrix}x_1\\x_2\\x_3\end{bmatrix}$，由于矩阵 $\boldsymbol{A}$ 为实对称矩阵，则 $\boldsymbol{A}$ 的属于 -1 的特征向量 $\begin{bmatrix}x_1\\x_2\\x_3\end{bmatrix}$ 与属于 4 的特征向量 $\boldsymbol{\xi}_1=\begin{bmatrix}1\\0\\2\end{bmatrix}$ 正交，因此有方程组 $(1,0,2)\begin{bmatrix}x_1\\x_2\\x_3\end{bmatrix}=0$，其基础解系为 $\boldsymbol{\xi}_2=\begin{bmatrix}0\\1\\0\end{bmatrix}$，$\boldsymbol{\xi}_3=\begin{bmatrix}-2\\0\\1\end{bmatrix}$。令 $\boldsymbol{P}=\begin{bmatrix}1&0&-2\\0&1&0\\2&0&1\end{bmatrix}$，则有

$$\boldsymbol{P}^{-1}\boldsymbol{A}\boldsymbol{P}=\boldsymbol{\Lambda}=\begin{bmatrix}4&&\\&-1&\\&&1\end{bmatrix}$$

故

$$\boldsymbol{A}=\boldsymbol{P}\boldsymbol{\Lambda}\boldsymbol{P}^{-1}=\begin{bmatrix}0&0&2\\0&-1&0\\2&0&3\end{bmatrix}$$

评注　本题考查的知识点如下：

(1) 实对称矩阵必能对角化。

(2) 属于实对称矩阵不同特征值的特征向量必正交。

(3) 计算抽象 3 阶实对称矩阵 $\boldsymbol{A}$ 的特征向量有以下四种情况：

① 已知 $\boldsymbol{A}$ 的属于 λ_1 的特征向量 $\boldsymbol{\xi}_1$ 和属于 λ_2 的特征向量 $\boldsymbol{\xi}_2$，求属于 λ_3 的特征向量 $\boldsymbol{\xi}_3$。(λ_1、λ_2、λ_3 各不相同)。参见例 5.31。

② 已知 $\boldsymbol{A}$ 的属于 1 重特征值 λ_1 的特征向量 $\boldsymbol{\xi}_1$，求属于 2 重特征值 λ_2 的线性无关特征向量 $\boldsymbol{\xi}_2$ 和 $\boldsymbol{\xi}_3$。参见例 5.30。

③ 已知 $\boldsymbol{A}$ 的属于 2 重特征值 λ_1 的线性无关特征向量 $\boldsymbol{\xi}_1$ 和 $\boldsymbol{\xi}_2$，求属于 1 重特征值 λ_2

的特征向量 $\boldsymbol{\xi}_3$。方法同例 5.31 类似。

④ 已知 $\boldsymbol{A}$ 有 3 重特征值 λ_1，则有 $\boldsymbol{A}=\lambda_1\boldsymbol{E}$，$\boldsymbol{A}$ 的属于 λ_1 的特征向量为基本单位向量 $\boldsymbol{\varepsilon}_1$，$\boldsymbol{\varepsilon}_2$，$\boldsymbol{\varepsilon}_3$。

名师笔记

在例 5.30 中，求属于 2 重特征值−1 的特征向量，可以从几何意义上理解为求法向量为 $\boldsymbol{\xi}_1=(1,0,2)^{\mathrm{T}}$ 的一个平面。

例 5.31　(2011.1，2，3)$\boldsymbol{A}$ 为 3 阶实对称矩阵，$\boldsymbol{A}$ 的秩为 2，即 $r(\boldsymbol{A})=2$，且

$$\boldsymbol{A}\begin{bmatrix}1&1\\0&0\\-1&1\end{bmatrix}=\begin{bmatrix}-1&1\\0&0\\1&1\end{bmatrix}。$$

求：(1) $\boldsymbol{A}$ 的特征值与特征向量。

(2) 矩阵 $\boldsymbol{A}$。

解题思路　根据矩阵等式 $\boldsymbol{A}\begin{bmatrix}1&1\\0&0\\-1&1\end{bmatrix}=\begin{bmatrix}-1&1\\0&0\\1&1\end{bmatrix}$ 可知矩阵 $\boldsymbol{A}$ 的 2 个特征值和对应的特征向量。

解　(1) 由于 $\boldsymbol{A}\begin{bmatrix}1&1\\0&0\\-1&1\end{bmatrix}=\begin{bmatrix}-1&1\\0&0\\1&1\end{bmatrix}$，因此有 $\boldsymbol{A}\begin{bmatrix}1\\0\\-1\end{bmatrix}=-1\begin{bmatrix}1\\0\\-1\end{bmatrix}$，$\boldsymbol{A}\begin{bmatrix}1\\0\\1\end{bmatrix}=1\begin{bmatrix}1\\0\\1\end{bmatrix}$，于是 $\boldsymbol{A}$ 有两个特征值分别为−1 和 1，其对应的特征向量分别为 $\begin{bmatrix}1\\0\\-1\end{bmatrix}$，$\begin{bmatrix}1\\0\\1\end{bmatrix}$。由于 $r(\boldsymbol{A})=2<3$，则 $|\boldsymbol{A}|=\lambda_1\lambda_2\lambda_3=0$，故 $\boldsymbol{A}$ 除了−1 和 1 两个非零特征值以外还有一个特征值为零。设矩阵 $\boldsymbol{A}$ 的属于零的特征向量为 $\begin{bmatrix}x_1\\x_2\\x_3\end{bmatrix}$，因为 $\boldsymbol{A}$ 为实对称矩阵，所以向量 $\begin{bmatrix}x_1\\x_2\\x_3\end{bmatrix}$ 一定与向量 $\begin{bmatrix}1\\0\\-1\end{bmatrix}$，$\begin{bmatrix}1\\0\\1\end{bmatrix}$ 正交，故有方程组

$$\begin{bmatrix}1&0&-1\\1&0&1\end{bmatrix}\begin{bmatrix}x_1\\x_2\\x_3\end{bmatrix}=\begin{bmatrix}0\\0\end{bmatrix}$$

该方程组的基础解系为 $\begin{bmatrix}0\\1\\0\end{bmatrix}$。

综上可得矩阵 $\boldsymbol{A}$ 的特征值分别为−1，1，0，其对应特征向量分别为 $k_1\begin{bmatrix}1\\0\\-1\end{bmatrix}$，$k_2\begin{bmatrix}1\\0\\1\end{bmatrix}$，

$k_3\begin{bmatrix}0\\1\\0\end{bmatrix}$，其中 k_1，k_2，k_3 为任意非零常数。

（2）根据(1)的结论，矩阵 $\boldsymbol{A}$ 的属于零的特征向量为 $\begin{bmatrix}0\\1\\0\end{bmatrix}$，则有 $\boldsymbol{A}\begin{bmatrix}0\\1\\0\end{bmatrix}=\begin{bmatrix}0\\0\\0\end{bmatrix}$。再根据已知条件

$$\boldsymbol{A}\begin{bmatrix}1&1\\0&0\\-1&1\end{bmatrix}=\begin{bmatrix}-1&1\\0&0\\1&1\end{bmatrix}$$

有

$$\boldsymbol{A}\begin{bmatrix}1&1&0\\0&0&1\\-1&1&0\end{bmatrix}=\begin{bmatrix}-1&1&0\\0&0&0\\1&1&0\end{bmatrix}$$

于是

$$\boldsymbol{A}=\begin{bmatrix}-1&1&0\\0&0&0\\1&1&0\end{bmatrix}\begin{bmatrix}1&1&0\\0&0&1\\-1&1&0\end{bmatrix}^{-1}=\begin{bmatrix}0&0&1\\0&0&0\\1&0&0\end{bmatrix}$$

评注　在例 2.14 中，我们强调要善于用矩阵等式来表述线性代数问题。同样，考生也要善于从矩阵等式中发现线性代数的本质问题，参见例 2.14 的评注。

该题考查了以下知识点：

（1）$\boldsymbol{A}\begin{bmatrix}1\\0\\-1\end{bmatrix}=\begin{bmatrix}-1\\0\\1\end{bmatrix}\Leftrightarrow -1$ 是矩阵 $\boldsymbol{A}$ 的特征值，其对应的特征向量是 $\begin{bmatrix}1\\0\\-1\end{bmatrix}$。

（2）$r(\boldsymbol{A}_n)<n\Leftrightarrow$ 零一定是矩阵 $\boldsymbol{A}$ 的特征值。

（3）实对称矩阵的属于不同特征值的特征向量必正交。

名师笔记

特征值与特征向量的定义是本章所有相关概念的基础，考生首先要熟练掌握。

针对例 5.31 的已知条件：

$$\boldsymbol{A}\begin{bmatrix}1&1\\0&0\\-1&1\end{bmatrix}=\begin{bmatrix}-1&1\\0&0\\1&1\end{bmatrix}$$

考生应该立即看出 $\boldsymbol{A}$ 的 2 个特征值和对应的特征向量。

题型 5　实对称矩阵

名师笔记

实对称矩阵的对角化是考研的高频考题之一，考生要特别重视！

例 5.32　(2010.1, 2, 3)设 $\boldsymbol{A}$ 为 4 阶实对称矩阵，且 $\boldsymbol{A}^2+\boldsymbol{A}=\boldsymbol{O}$。若 $\boldsymbol{A}$ 的秩为 3，则 $\boldsymbol{A}$ 相似于[　　]。

(A) $\begin{bmatrix}1&&&\\&1&&\\&&1&\\&&&0\end{bmatrix}$　　(B) $\begin{bmatrix}1&&&\\&1&&\\&&-1&\\&&&0\end{bmatrix}$

(C) $\begin{bmatrix}1&&&\\&-1&&\\&&-1&\\&&&0\end{bmatrix}$　　(D) $\begin{bmatrix}-1&&&\\&-1&&\\&&-1&\\&&&0\end{bmatrix}$

解题思路　分析矩阵 $\boldsymbol{A}$ 的特征值，再根据相似矩阵的性质确定答案。

解　设矩阵 $\boldsymbol{A}$ 的一个特征值为 λ，其对应的特征向量为 $\boldsymbol{\alpha}$，那么 $\boldsymbol{A\alpha}=\lambda\boldsymbol{\alpha}$，则有 $\boldsymbol{A}^2\boldsymbol{\alpha}=\lambda\boldsymbol{A\alpha}=\lambda^2\boldsymbol{\alpha}$。由于 $\boldsymbol{A}^2+\boldsymbol{A}=\boldsymbol{O}$，可得 $\boldsymbol{A}^2\boldsymbol{\alpha}+\boldsymbol{A\alpha}=\boldsymbol{0}$，则有 $(\lambda^2+\lambda)\boldsymbol{\alpha}=\boldsymbol{0}$；又因为特征向量 $\boldsymbol{\alpha}\neq\boldsymbol{0}$，故 $\lambda^2+\lambda=0$，即 $\lambda=0$ 或 $\lambda=-1$。由于 $\boldsymbol{A}$ 是秩为 3 的 4 阶实对称矩阵，又根据相似矩阵秩相等的性质，可知 $\boldsymbol{A}$ 必然能与一个秩为 3 的对角矩阵相似，故 $\boldsymbol{A}$ 的特征值为 -1，-1，-1，0。故选项(D)正确。

评注　本题考查以下知识点：

(1) $\boldsymbol{A}(\boldsymbol{A}+\boldsymbol{E})=\boldsymbol{O}\Rightarrow\boldsymbol{A}$ 的特征值只能是 0 或 -1。

(2) $\boldsymbol{A}$ 与 $\boldsymbol{B}$ 相似 $\Rightarrow r(\boldsymbol{A})=r(\boldsymbol{B})$。

(3) $\boldsymbol{A}$ 是实对称矩阵 $\Rightarrow\boldsymbol{A}$ 一定能相似对角化。

(4) $\boldsymbol{A}$ 能相似对角化 $\Rightarrow$ 总能找到可逆矩阵 $\boldsymbol{P}$，使得 $\boldsymbol{P}^{-1}\boldsymbol{AP}=\boldsymbol{\Lambda}$，其中对角矩阵 $\boldsymbol{\Lambda}$ 的对角线上元素分别为 $\boldsymbol{A}$ 的所有特征值。

(5) 对角矩阵的秩等于对角线上非零元素的个数。

(6) $\boldsymbol{A}$ 能相似对角化 $\Rightarrow r(\boldsymbol{A})=\boldsymbol{A}$ 的非零特征值的个数。

名师笔记

考生如果熟练掌握特征值的性质(15)及实对称矩阵必能对角化的知识点，那么完全可以在 10 秒钟内选择出例 5.32 的答案。

例 5.33　设 $\boldsymbol{A}$ 是 4 阶实对称矩阵，且 $\boldsymbol{A\alpha}_1=\boldsymbol{\alpha}_1$，$\boldsymbol{A\alpha}_2=-\boldsymbol{\alpha}_2$，$\boldsymbol{\alpha}_1=(1, 2, t, -3)^{\mathrm{T}}$，$\boldsymbol{\alpha}_2=(2, t-1, -3, -1)^{\mathrm{T}}$，则 $t=$______。

解题思路　根据已知条件可以发现 1 和 -1 都是矩阵 $\boldsymbol{A}$ 的特征值，而实对称矩阵 $\boldsymbol{A}$ 的属于不同特征值的特征向量必正交。

解　由于 $\boldsymbol{A\alpha}_1=\boldsymbol{\alpha}_1$，$\boldsymbol{A\alpha}_2=-\boldsymbol{\alpha}_2$，因此 $\boldsymbol{\alpha}_1$ 是矩阵 $\boldsymbol{A}$ 的属于特征值 1 的特征向量，$\boldsymbol{\alpha}_2$ 是矩阵 $\boldsymbol{A}$ 的属于特征值 -1 的特征向量。而矩阵 $\boldsymbol{A}$ 为实对称矩阵，则它的属于不同特征值的特征向量 $\boldsymbol{\alpha}_1$，$\boldsymbol{\alpha}_2$ 必正交，即有

$$(1, 2, t, -3)\begin{bmatrix}2\\t-1\\-3\\-1\end{bmatrix}=0$$

解得 $t=3$。

评注　本题考查以下知识点：若 $\lambda_1, \lambda_2, \cdots, \lambda_t$ 是实对称矩阵 $\boldsymbol{A}$ 的互不相等的特征值，$\boldsymbol{\alpha}_1, \boldsymbol{\alpha}_2, \cdots, \boldsymbol{\alpha}_t$ 分别是与之对应的特征向量，则 $\boldsymbol{\alpha}_1, \boldsymbol{\alpha}_2, \cdots, \boldsymbol{\alpha}_t$ 两两正交。

例 5.34　设 n 阶矩阵 $\boldsymbol{A}=\begin{bmatrix} 1 & a & \cdots & a \\ a & 1 & \cdots & a \\ \vdots & \vdots & & \vdots \\ a & a & \cdots & 1 \end{bmatrix}$，其中 a 为非零实数。求：

(1) $\boldsymbol{A}$ 的特征值。

(2) 求可逆矩阵 $\boldsymbol{P}$，使得 $\boldsymbol{P}^{-1}\boldsymbol{AP}$ 为对角阵。

解题思路　根据矩阵 $\boldsymbol{A}$ 元素的特征，可以看出 $1-a$ 为矩阵 $\boldsymbol{A}$ 的特征值。

解　(1) 矩阵 $\boldsymbol{A}$ 的主对角线上元素都是 1，而其余元素全是 a，则 $1-a$ 为矩阵 $\boldsymbol{A}$ 的特征值。对应特征值 $\lambda=1-a$ 的齐次线性方程组为

$$[(1-a)\boldsymbol{E}-\boldsymbol{A}]\boldsymbol{x}=\boldsymbol{0}$$

其系数矩阵为

$$(1-a)\boldsymbol{E}-\boldsymbol{A}=\begin{bmatrix} -a & -a & \cdots & -a \\ -a & -a & \cdots & -a \\ \vdots & \vdots & & \vdots \\ -a & -a & \cdots & -a \end{bmatrix}$$

显然 $r[(1-a)\boldsymbol{E}-\boldsymbol{A}]=1$，则矩阵 $\boldsymbol{A}$ 属于 $1-a$ 的线性无关的特征向量有 $n-1$ 个。而 $\boldsymbol{A}$ 为实对称阵，故 $\boldsymbol{A}$ 可以对角化，那么 $\boldsymbol{A}$ 的所有特征值的代数重数等于其几何重数，故 $\lambda=1-a$ 是 $\boldsymbol{A}$ 的 $n-1$ 重特征值，即有 $\lambda_1=\lambda_2=\cdots=\lambda_{n-1}=1-a$。

根据 $\sum_{i=1}^{n}\lambda_i=\mathrm{tr}(\boldsymbol{A})$，有

$$(n-1)(1-a)+\lambda_n=n$$

则有 $\lambda_n=(n-1)a+1$。

(2) 当 $\lambda_1=\lambda_2=\cdots=\lambda_{n-1}=1-a$ 时，对应齐次线性方程组为 $[(1-a)\boldsymbol{E}-\boldsymbol{A}]\boldsymbol{x}=\boldsymbol{0}$，对其系数矩阵进行初等行变换有

$$(1-a)\boldsymbol{E}-\boldsymbol{A}=\begin{bmatrix} -a & -a & \cdots & -a \\ -a & -a & \cdots & -a \\ \vdots & \vdots & & \vdots \\ -a & -a & \cdots & -a \end{bmatrix}\rightarrow\begin{bmatrix} 1 & 1 & \cdots & 1 \\ 0 & 0 & \cdots & 0 \\ \vdots & \vdots & & \vdots \\ 0 & 0 & \cdots & 0 \end{bmatrix}$$

则 $\boldsymbol{A}$ 属于特征值 $\lambda_1=\lambda_2=\cdots=\lambda_{n-1}=1-a$ 的特征向量为

$\boldsymbol{\xi}_1=(-1, 1, 0, \cdots, 0)^{\mathrm{T}}, \boldsymbol{\xi}_2=(-1, 0, 1, \cdots, 0)^{\mathrm{T}}, \cdots, \boldsymbol{\xi}_{n-1}=(-1, 0, 0, \cdots, 1)^{\mathrm{T}}$

当 $\lambda_n=(n-1)a+1$ 时，对应齐次线性方程组为 $(\lambda_n\boldsymbol{E}-\boldsymbol{A})\boldsymbol{x}=\boldsymbol{0}$，其系数矩阵为

$$(na+1-a)\boldsymbol{E}-\boldsymbol{A}=\begin{bmatrix} na-a & -a & \cdots & -a \\ -a & na-a & \cdots & -a \\ \vdots & \vdots & & \vdots \\ -a & -a & \cdots & na-a \end{bmatrix}$$

该矩阵每一行的和都为零，则 $\boldsymbol{A}$ 属于特征值 $\lambda_n=(n-1)a+1$ 的特征向量为 $\boldsymbol{\xi}_n=$

$(1, 1, \cdots, 1)^{\mathrm{T}}$。

名师笔记

例 5.34 中第 n 个特征值 $\lambda_n=(n-1)a+1$ 所对应的特征向量，就是其前面方程组系数矩阵的非零行向量的转置。

于是可以构造可逆矩阵 $\boldsymbol{P}$，即

$$\boldsymbol{P}=(\boldsymbol{\xi}_1, \boldsymbol{\xi}_2, \cdots, \boldsymbol{\xi}_{n-1}, \boldsymbol{\xi}_n)=\begin{bmatrix} -1 & -1 & \cdots & -1 & 1 \\ 1 & 0 & \cdots & 0 & 1 \\ 0 & 1 & \cdots & 0 & 1 \\ \vdots & \vdots & & \vdots & \vdots \\ 0 & 0 & \cdots & 1 & 1 \end{bmatrix}$$

使得

$$\boldsymbol{P}^{-1}\boldsymbol{A}\boldsymbol{P}=\begin{bmatrix} 1-a & & & & \\ & 1-a & & & \\ & & \ddots & & \\ & & & 1-a & \\ & & & & na+1-a \end{bmatrix}$$

评注　针对一些特殊结构的 n 阶矩阵，可以观察出其 $n-1$ 重特征值，然后根据公式 $\sum_{i=1}^{n}\lambda_i=\mathrm{tr}(\boldsymbol{A})$算出其他特征值。例如：

(1) 设 n 阶对称矩阵 $\boldsymbol{A}=\begin{bmatrix} 2 & 3 & \cdots & 3 \\ 3 & 2 & \cdots & 3 \\ \vdots & \vdots & & \vdots \\ 3 & 3 & \cdots & 2 \end{bmatrix}$，可以看出 -1 是 $\boldsymbol{A}$ 的 $n-1$ 重特征值，而最后一个特征值为

$$\lambda_n=\mathrm{tr}(\boldsymbol{A})-\lambda_1-\lambda_2-\cdots-\lambda_{n-1}=2n-(n-1)(-1)=3n-1$$

(2) 设 $\boldsymbol{\alpha}=(1, -1, -1, 1)^{\mathrm{T}}$，$\boldsymbol{A}=\boldsymbol{\alpha}\boldsymbol{\alpha}^{\mathrm{T}}$。显然 $\boldsymbol{A}$ 为 4 阶对称矩阵，$r(\boldsymbol{A})=1$，则零是 $\boldsymbol{A}$ 的 3 重特征值，而第 4 个特征值为

$$\lambda_4=\mathrm{tr}(\boldsymbol{A})-\lambda_1-\lambda_2-\lambda_3=1^2+(-1)^2+(-1)^2+1^2-0-0-0=4$$

名师笔记

考生要熟记例 5.34 中矩阵 $\boldsymbol{A}$ 中的元素特点。下面给出这类题目的一般结论：设 n 阶矩阵

$$\boldsymbol{A}=\begin{bmatrix} t & s & \cdots & s \\ s & t & \cdots & s \\ \vdots & \vdots & \ddots & \vdots \\ s & s & \cdots & t \end{bmatrix}$$

则 $\boldsymbol{A}$ 有 $n-1$ 个特征值为 $t-s$，第 n 个特征值为 $(n-1)s+t$。

例 5.35　已知 $\boldsymbol{A}$ 为 3 阶实对称矩阵，$\boldsymbol{B}$ 为 3 阶矩阵，且满足 $\boldsymbol{AB}=3\boldsymbol{B}$，$\boldsymbol{B}=\begin{bmatrix}1&2&0\\0&a&-1\\-2&-5&1\end{bmatrix}$，又 $|\boldsymbol{A}|=0$。

(1) 求 a 的值。

(2) 求可逆矩阵 $\boldsymbol{P}$，使得 $\boldsymbol{P}^{-1}\boldsymbol{AP}$ 为对角阵。

解题思路　从矩阵等式 $\boldsymbol{AB}=3\boldsymbol{B}$ 出发，求出矩阵 $\boldsymbol{B}$ 的秩，进一步求矩阵 $\boldsymbol{A}$ 的特征值和特征向量。

解　(1) 由于 $\boldsymbol{AB}=3\boldsymbol{B}$，因此有 $(3\boldsymbol{E}-\boldsymbol{A})\boldsymbol{B}=\boldsymbol{O}$，于是 $r(3\boldsymbol{E}-\boldsymbol{A})+r(\boldsymbol{B})\leqslant 3$。又由于 $|\boldsymbol{A}|=0$，则 $\boldsymbol{A}\neq 3\boldsymbol{E}$，故 $r(3\boldsymbol{E}-\boldsymbol{A})>0$，得到 $r(\boldsymbol{B})<3$，则 $|\boldsymbol{B}|=0$，解得 $a=1$。

(2) 把 $a=1$ 代入 $\boldsymbol{B}$，可以得到 $r(\boldsymbol{B})=2$。由于 $(3\boldsymbol{E}-\boldsymbol{A})\boldsymbol{B}=\boldsymbol{O}$，则 $\boldsymbol{B}$ 的所有列向量都是方程组 $(\boldsymbol{A}-3\boldsymbol{E})\boldsymbol{x}=\boldsymbol{0}$ 之解向量，于是 $\boldsymbol{B}$ 的所有非零列向量都是矩阵 $\boldsymbol{A}$ 的属于特征值 3 的特征向量；又由于 $r(\boldsymbol{B})=2$，则方程组 $(3\boldsymbol{E}-\boldsymbol{A})\boldsymbol{x}=\boldsymbol{0}$ 的基础解系所含解向量的个数大于等于 2，而方程组系数矩阵的秩 $r(3\boldsymbol{E}-\boldsymbol{A})>0$，故矩阵 $\boldsymbol{A}$ 的属于特征值 3 的线性无关特征向量有 2 个。不妨取矩阵 $\boldsymbol{B}$ 的第 1、3 列向量 $\boldsymbol{\xi}_1=\begin{bmatrix}1\\0\\-2\end{bmatrix}$，$\boldsymbol{\xi}_2=\begin{bmatrix}0\\-1\\1\end{bmatrix}$。

由于 $|\boldsymbol{A}|=0$，则零是矩阵 $\boldsymbol{A}$ 的特征值，设 $\boldsymbol{\xi}_3=\begin{bmatrix}x_1\\x_2\\x_3\end{bmatrix}$ 是矩阵 $\boldsymbol{A}$ 的属于零的特征向量；又由于矩阵 $\boldsymbol{A}$ 为实对称矩阵，则 $\boldsymbol{\xi}_3$ 必与 $\boldsymbol{\xi}_1$、$\boldsymbol{\xi}_2$ 正交，因此有

$$\begin{bmatrix}1&0&-2\\0&-1&1\end{bmatrix}\begin{bmatrix}x_1\\x_2\\x_3\end{bmatrix}=\begin{bmatrix}0\\0\end{bmatrix}$$

解得 $\boldsymbol{\xi}_3=\begin{bmatrix}2\\1\\1\end{bmatrix}$。令 $\boldsymbol{P}=(\boldsymbol{\xi}_1,\boldsymbol{\xi}_2,\boldsymbol{\xi}_3)$，则有 $\boldsymbol{P}^{-1}\boldsymbol{AP}=\boldsymbol{\Lambda}$，其中 $\boldsymbol{\Lambda}=\begin{bmatrix}3&&\\&3&\\&&0\end{bmatrix}$。

评注　本题考查以下知识点：(设 $\boldsymbol{A}$、$\boldsymbol{B}$ 为 3 阶矩阵)

(1) $(3\boldsymbol{E}-\boldsymbol{A})\boldsymbol{B}=\boldsymbol{O}\Rightarrow r(3\boldsymbol{E}-\boldsymbol{A})+r(\boldsymbol{B})\leqslant 3$。

(2) $(3\boldsymbol{E}-\boldsymbol{A})\boldsymbol{B}=\boldsymbol{O}\Rightarrow\boldsymbol{B}$ 的所有列向量都是方程组 $(\boldsymbol{A}-3\boldsymbol{E})\boldsymbol{x}=\boldsymbol{0}$ 的解向量。

(3) $(3\boldsymbol{E}-\boldsymbol{A})\boldsymbol{B}=\boldsymbol{O}\Rightarrow\boldsymbol{B}$ 的所有非零列向量都是矩阵 $\boldsymbol{A}$ 的属于特征值 3 的特征向量。

(4) 方程组 $(\boldsymbol{A}-3\boldsymbol{E})\boldsymbol{x}=\boldsymbol{0}$ 基础解系所含解向量个数等于 $3-r(\boldsymbol{A}-3\boldsymbol{E})$。

(5) $|\boldsymbol{A}|=0\Rightarrow$ 零是矩阵 $\boldsymbol{A}$ 的特征值。

(6) $\boldsymbol{A}$ 为实对称矩阵 $\Rightarrow\boldsymbol{A}$ 的属于不同特征值的特征向量正交。

名师笔记

考生要善于把矩阵等式 $\boldsymbol{AB}=3\boldsymbol{B}$ 翻译成线性代数的各种命题。参见例 5.35 评注。

5.3 考情分析

一、考试内容及要求

根据硕士研究生入学统一考试数学考试大纲，本章涉及的考试内容及要求如下。

1. 考试内容

考试内容包括矩阵的特征值和特征向量的概念、性质，相似变换、相似矩阵的概念及性质，矩阵可相似对角化的充分必要条件及相似对角矩阵，实对称矩阵的特征值、特征向量及其相似对角矩阵。

2. 考试要求

(1) 理解矩阵的特征值和特征向量的概念和性质，会求矩阵的特征值和特征向量。

(2) 理解相似矩阵的概念、性质及矩阵可相似对角化的充分必要条件，掌握将矩阵化为相似对角矩阵的方法。

(3) 掌握实对称矩阵的特征值和特征向量的性质。

特征值和特征向量是线性代数的重要内容，考生在复习过程中，必须综合运用行列式、矩阵、向量及方程组的基本概念和结论，同时特征值和特征向量也是二次型的基础。本章对考生的综合能力要求较高。

二、近年真题考点分析

矩阵的特征值和特征向量也是考研的主要内容，其中包含特征值和特征向量的定义、计算方法及性质，相似矩阵的定义、性质及矩阵相似对角化，实对称矩阵。

实对称矩阵的相似对角化在考研试题中出现的频率较高，分析近 6 年的考研试卷，在一份考研试卷中与矩阵的特征值和特征向量相关内容的平均分值为 8 分，题型多为解答题，选择题和填空题也常常出现。以下是近 6 年考查矩阵的特征值和特征向量的考研真题。

真题 5.1　(2009.1)若 3 维列向量 $\boldsymbol{\alpha}$、$\boldsymbol{\beta}$ 满足 $\boldsymbol{\alpha}^T\boldsymbol{\beta}=2$，其中 $\boldsymbol{\alpha}^T$ 为 $\boldsymbol{\alpha}$ 的转置，则矩阵 $\boldsymbol{\beta}\boldsymbol{\alpha}^T$ 的非零特征值为________。

真题 5.2　(2008.1)设 $\boldsymbol{A}$ 为 2 阶矩阵，$\boldsymbol{\alpha}_1$，$\boldsymbol{\alpha}_2$ 为线性无关的 2 维列向量，$\boldsymbol{A}\boldsymbol{\alpha}_1=\boldsymbol{0}$，$\boldsymbol{A}\boldsymbol{\alpha}_2=2\boldsymbol{\alpha}_1+\boldsymbol{\alpha}_2$，则 $\boldsymbol{A}$ 的非零特征值为______。

真题 5.3　(2008.2，3)设 $\boldsymbol{A}$ 为 3 阶矩阵，$\boldsymbol{\alpha}_1$、$\boldsymbol{\alpha}_2$ 为 $\boldsymbol{A}$ 的分别属于特征值-1、1 的特征向量，向量 $\boldsymbol{\alpha}_3$ 满足 $\boldsymbol{A}\boldsymbol{\alpha}_3=\boldsymbol{\alpha}_2+\boldsymbol{\alpha}_3$。

(1) 证明 $\boldsymbol{\alpha}_1$，$\boldsymbol{\alpha}_2$，$\boldsymbol{\alpha}_3$线性无关。

(2) 令 $\boldsymbol{P}=(\boldsymbol{\alpha}_1,\boldsymbol{\alpha}_2,\boldsymbol{\alpha}_3)$，求 $\boldsymbol{P}^{-1}\boldsymbol{A}\boldsymbol{P}$。

真题 5.4　(2009.2)设 $\boldsymbol{\alpha}$、$\boldsymbol{\beta}$ 均为 3 维列向量，$\boldsymbol{\beta}^T$ 为 $\boldsymbol{\beta}$ 的转置。若矩阵 $\boldsymbol{\alpha}\boldsymbol{\beta}^T$ 相似于 $\begin{bmatrix}2&0&0\\0&0&0\\0&0&0\end{bmatrix}$，则 $\boldsymbol{\beta}^T\boldsymbol{\alpha}=$________。

真题 5.5　(2009.3)设$\boldsymbol{\alpha}=(1,1,1)^{\mathrm{T}}$，$\boldsymbol{\beta}=(1,0,k)^{\mathrm{T}}$。若矩阵$\boldsymbol{\alpha\beta}^{\mathrm{T}}$相似于$\begin{bmatrix}3&0&0\\0&0&0\\0&0&0\end{bmatrix}$，则$k=$__________。

真题 5.6　(2010.1，2，3)矩阵$\begin{bmatrix}1&a&1\\a&b&a\\1&a&1\end{bmatrix}$与$\begin{bmatrix}2&0&0\\0&b&0\\0&0&0\end{bmatrix}$相似的充分必要条件为[　　]。

(A) $a=0$，$b=2$　　　　(B) $a=0$，b为任意常数

(C) $a=2$，$b=0$　　　　(D) $a=2$，b为任意常数

真题 5.7　(2010.2，3)设$\boldsymbol{A}=\begin{bmatrix}0&-1&4\\-1&3&a\\4&a&0\end{bmatrix}$，正交矩阵$\boldsymbol{Q}$使得$\boldsymbol{Q}^{\mathrm{T}}\boldsymbol{AQ}$为对角矩阵。若$\boldsymbol{Q}$的第1列为$\frac{1}{\sqrt{6}}(1,2,1)^{\mathrm{T}}$，求$a$、$\boldsymbol{Q}$。

真题 5.8　(2011.1，2，3)$\boldsymbol{A}$为3阶实对称矩阵，$\boldsymbol{A}$的秩为2，即$r(\boldsymbol{A})=2$，且$\boldsymbol{A}\begin{bmatrix}1&1\\0&0\\-1&1\end{bmatrix}=\begin{bmatrix}-1&1\\0&0\\1&1\end{bmatrix}$。

(1) 求$\boldsymbol{A}$的特征值与特征向量。

(2) 求矩阵$\boldsymbol{A}$。

真题 5.9　(2010.1，2，3)设$\boldsymbol{A}$为4阶实对称矩阵，且$\boldsymbol{A}^2+\boldsymbol{A}=\boldsymbol{O}$。若$\boldsymbol{A}$的秩为3，则$\boldsymbol{A}$相似于[　　]。

(A) $\begin{bmatrix}1&&&\\&1&&\\&&1&\\&&&0\end{bmatrix}$　　(B) $\begin{bmatrix}1&&&\\&1&&\\&&-1&\\&&&0\end{bmatrix}$

(C) $\begin{bmatrix}1&&&\\&-1&&\\&&-1&\\&&&0\end{bmatrix}$　　(D) $\begin{bmatrix}-1&&&\\&-1&&\\&&-1&\\&&&0\end{bmatrix}$

真题5.1、真题5.2考查求矩阵特征值的方法；真题5.3考查特征值和特征向量的概念；真题5.4、真题5.5和真题5.6考查相似矩阵的性质；真题5.7、真题5.8和真题5.9考查实对称矩阵的相似对角化。

5.4 习题精选

1. 填空题

(1) 设n阶可逆矩阵$\boldsymbol{A}$有一个特征值3，则矩阵$\boldsymbol{A}^2-3\boldsymbol{A}+\boldsymbol{E}$必有一个特征值______。

(2) 若 n 阶方阵 $\boldsymbol{A}$ 满足 $\boldsymbol{A}=\boldsymbol{A}^2$，则矩阵 $\boldsymbol{A}$ 的特征值为______。

(3) 若 3 阶矩阵 $\boldsymbol{A}$ 的各行元素之和都为 -2，那么矩阵 $\boldsymbol{A}$ 必有特征值______，对应的特征向量为______。

(4) 设 n 阶矩阵 $\boldsymbol{A}$ 的主对角线上元素都为 2，其余元素全为 5，那么矩阵 $\boldsymbol{A}$ 的所有特征值为______。

(5) 设 $\boldsymbol{A}$ 为 4 阶实对称矩阵，$r(\boldsymbol{A})=3$，$r(\boldsymbol{A}+2\boldsymbol{E})=2$，$r(\boldsymbol{A}-2\boldsymbol{E})=4$，且 $\boldsymbol{A}^4+\boldsymbol{A}^3-4\boldsymbol{A}^2-4\boldsymbol{A}=\boldsymbol{O}$，那么矩阵 $\boldsymbol{A}$ 的所有特征值为______。

(6) 设矩阵 $\boldsymbol{A}=\begin{bmatrix}0 & 0 & 1\\ 0 & -1 & 0\\ 1 & 0 & 0\end{bmatrix}$，已知矩阵 $\boldsymbol{B}$ 与 $\boldsymbol{A}$ 相似，则 $r(\boldsymbol{B}^3-2\boldsymbol{B}^2+\boldsymbol{E})=$______。

(7) 设 $\boldsymbol{A}$ 为 3 阶矩阵，$\boldsymbol{\alpha}_1$，$\boldsymbol{\alpha}_2$，$\boldsymbol{\alpha}_3$ 为线性无关的 3 维列向量，已知 $\boldsymbol{A\alpha}_1=\boldsymbol{\alpha}_1+2\boldsymbol{\alpha}_2-3\boldsymbol{\alpha}_3$，$\boldsymbol{A\alpha}_2=-2\boldsymbol{\alpha}_2+2\boldsymbol{\alpha}_3$，$\boldsymbol{A\alpha}_3=\boldsymbol{0}$，那么矩阵 $\boldsymbol{A}$ 的所有特征值为______。

(8) 若 -2 是矩阵 $\boldsymbol{A}=\begin{bmatrix}t & 2 & -1\\ 5 & 0 & -1\\ -5 & -6 & -5\end{bmatrix}$ 的一个特征值，则 $t=$______，$\boldsymbol{A}$ 的对应与 -2 的特征向量是______。

(9) 设 3 阶方阵 $\boldsymbol{A}$ 的三个特征值分别为 1，2，-1，且 $\boldsymbol{A}$ 与 $\boldsymbol{B}$ 相似，则 $|\boldsymbol{B}^3-2\boldsymbol{B}+5\boldsymbol{E}|$ 为______。

(10) 若 4 阶矩阵 $\boldsymbol{A}$ 与 $\boldsymbol{B}$ 相似，矩阵 $\boldsymbol{A}$ 的特征值分别为 -1，$\frac{1}{2}$，$\frac{1}{3}$，1，则行列式 $|3\boldsymbol{B}^{-1}-\boldsymbol{E}|$ 为______。

(11) 设 3 阶对称矩阵 $\boldsymbol{A}$ 的特征值分别是 0，1，-2，矩阵 $\boldsymbol{A}$ 的属于特征值 0、1 的特征向量分别是 $\boldsymbol{\alpha}_1=(1,\ -1,\ 2)^{\mathrm{T}}$，$\boldsymbol{\alpha}_2=(-2,\ 0,\ 1)^{\mathrm{T}}$，则 $\boldsymbol{A}$ 的属于特征值 -2 的特征向量为______。

(12) 设 $\boldsymbol{A}$ 为 n 阶正交矩阵，且 $|\boldsymbol{A}|>0$，n 为奇数，那么矩阵 $\boldsymbol{A}$ 的伴随矩阵 $\boldsymbol{A}^*$ 的一个特征值为______。

(13) 设零是 n 阶矩阵 $\boldsymbol{A}$ 的 1 重特征值，则 $r(\boldsymbol{A})=$______。

(14) 设 $\boldsymbol{\alpha}=(1,\ 0,\ 2)^{\mathrm{T}}$，$\boldsymbol{A}=\boldsymbol{\alpha\alpha}^{\mathrm{T}}$，则 $|\boldsymbol{A}^3-6\boldsymbol{A}^2+2\boldsymbol{E}|=$______。

(15) 设矩阵 $\boldsymbol{A}=\begin{bmatrix}2 & 3\\ -2 & -2\end{bmatrix}$，$\boldsymbol{B}=\boldsymbol{A}^4-\boldsymbol{A}^3+5\boldsymbol{A}^2-\boldsymbol{A}+5\boldsymbol{E}$，则 $\boldsymbol{B}^{-1}=$______。

(16) $\boldsymbol{A}$ 为 n 阶实对称矩阵，且满足 $\boldsymbol{A}^2-\boldsymbol{A}^3=2\boldsymbol{E}$，那么 $\boldsymbol{A}=$______。

2. 选择题

(1) 设 $\boldsymbol{A}$ 为可逆矩阵，$\boldsymbol{A}^*$ 为矩阵 $\boldsymbol{A}$ 的伴随矩阵，已知 λ_0 是矩阵 $\boldsymbol{A}^*$ 的一个特征值，则[　　]。

(A) λ_0 可以是任意数　　(B) $\lambda_0>0$　　(C) $\lambda_0<0$　　(D) $\lambda_0\neq 0$

(2) 若 n 阶方阵 $\boldsymbol{A}$ 满足 $\boldsymbol{A}=\boldsymbol{A}^2$，则[　　]。

(A) $\boldsymbol{A}-\boldsymbol{E}$ 为可逆矩阵　　(B) $\boldsymbol{A}$ 为不可逆矩阵

(C) $\boldsymbol{A}+\boldsymbol{E}$ 为可逆矩阵　　(D) 以上都不对

(3) 设 $\boldsymbol{A}$ 为 n 阶矩阵，$\boldsymbol{\alpha}_1$、$\boldsymbol{\alpha}_2$、$\boldsymbol{\alpha}_3$ 均为 n 维非零列向量，$\boldsymbol{\alpha}_3=\boldsymbol{\alpha}_1+2\boldsymbol{\alpha}_2$。若有 $\boldsymbol{A\alpha}_1=$

$\lambda_1\boldsymbol{\alpha}_1$，$\boldsymbol{A}\boldsymbol{\alpha}_2=\lambda_1\boldsymbol{\alpha}_2$，$\boldsymbol{A}\boldsymbol{\alpha}_3=\lambda_2\boldsymbol{\alpha}_3$ 成立，则[　　]。

(A) $\lambda_1=\lambda_2$　　(B) $\lambda_1\neq\lambda_2$

(C) 无法判断 λ_1 与 λ_2 的关系　　(D) 以上都不对

(4) 不能相似对角化的矩阵是[　　]。

(A) $\begin{bmatrix}1&1&1\\2&2&2\\-3&-3&-3\end{bmatrix}$　　(B) $\begin{bmatrix}1&0&0\\3&0&0\\4&-5&2\end{bmatrix}$

(C) $\begin{bmatrix}1&2&-1\\-2&-4&2\\3&6&-3\end{bmatrix}$　　(D) $\begin{bmatrix}1&2&-3\\2&-2&6\\-3&6&7\end{bmatrix}$

(5) 设

$$\boldsymbol{A}=\begin{bmatrix}2&1&-1\\-4&-2&2\\-2&-1&1\end{bmatrix},\boldsymbol{B}=\begin{bmatrix}1&0&0\\-3&0&0\\5&0&0\end{bmatrix},\boldsymbol{C}=\begin{bmatrix}0&0&0\\1&1&0\\2&3&0\end{bmatrix},\boldsymbol{D}=\begin{bmatrix}0&0&0\\0&0&0\\1&1&2\end{bmatrix}$$

那么有[　　]。

(A) $\boldsymbol{A}$ 与 $\boldsymbol{B}$ 相似　　(B) $\boldsymbol{B}$ 与 $\boldsymbol{C}$ 相似

(C) $\boldsymbol{A}$ 与 $\boldsymbol{D}$ 相似　　(D)以上都不正确

(6) 分析以下命题：

① 3 阶方阵 $\boldsymbol{A}$ 的特征值分别为 -1、2、3，则 $|\boldsymbol{A}-\boldsymbol{A}^{-1}|=0$。

② $\boldsymbol{A}$ 是正交矩阵，且 $|\boldsymbol{A}|<0$，则 -1 是 $\boldsymbol{A}$ 的一个特征值。

③ $\boldsymbol{A}$ 是正交矩阵，且 $|\boldsymbol{A}|>0$，则 1 是 $\boldsymbol{A}$ 的一个特征值。

④ $\boldsymbol{A}$ 为实对称矩阵，且 $\boldsymbol{A}^3-\boldsymbol{A}^2+\boldsymbol{A}=\boldsymbol{O}$，则 $\boldsymbol{A}=\boldsymbol{O}$。

则[　　]。

(A) 只有①正确　　(B) 只有①和②正确

(C) 只有①、②和③正确　　(D) 只有①、②和④正确

(7) 分析以下命题：

① 若 2 阶实矩阵 $\boldsymbol{A}$ 的行列式 $|\boldsymbol{A}|<0$，则 $\boldsymbol{A}$ 可以对角化。

② 设 $\boldsymbol{A}$、$\boldsymbol{B}$ 都为 n 阶矩阵，则 $\boldsymbol{AB}$ 和 $\boldsymbol{BA}$ 有相同的特征值。

③ 3 阶矩阵 $\boldsymbol{A}$ 的特征多项式为 $f(\lambda)=|\lambda\boldsymbol{E}-\boldsymbol{A}|=\lambda^3-\mathrm{tr}(\boldsymbol{A})\lambda^2+\mathrm{tr}(\boldsymbol{A}^*)\lambda-|\boldsymbol{A}|$。

④ 若 n 阶矩阵 $\boldsymbol{A}$ 的秩 $r(\boldsymbol{A})=n-1$，则 $\boldsymbol{A}$ 的所有非零列向量都是矩阵 $\boldsymbol{A}^*$ 的特征向量。

则[　　]。

(A) 只有①正确　　(B) 只有①和②正确

(C) 只有①、②和③正确　　(D) 四个命题都正确

(8) 设 $\boldsymbol{A}$ 为 n 阶非零矩阵，且满足 $\boldsymbol{A}^m=\boldsymbol{O}$($m$ 为大于 1 的正整数)。分析以下命题：

① $\boldsymbol{A}$ 的特征值全为零。

② $\boldsymbol{A}$ 不能相似于对角矩阵。

③ $\boldsymbol{E}+\boldsymbol{A}+\boldsymbol{A}^2+\cdots+\boldsymbol{A}^{m-1}$ 为可逆矩阵。

④ $|\boldsymbol{A}+\boldsymbol{E}|=1$。

则[　　]。

(A) 只有①正确　　(B) 只有①和②正确

(C) 只有①、②和③正确　　(D) 四个命题都正确

(9) 设 A 为 2 阶实对称矩阵，$(1,-2)^T$ 是矩阵 A 的一个特征向量，且 $|A|<0$，则[　]。

(A) $k(1,-2)^T$ 是矩阵 A 的特征向量　　(B) $(2,1)^T$ 是矩阵 A 的特征向量

(C) $(1,-2)^T+(2,1)^T$ 是矩阵 A 的特征向量　　(D) 以上分析都不对

3. 解答题

(1) 已知 $\boldsymbol{\xi}=\begin{bmatrix}-1\\1\\1\end{bmatrix}$ 是矩阵 $A=\begin{bmatrix}-8&-3&1\\a&-4&-1\\4&b&-1\end{bmatrix}$ 的一个特征向量。

① 确定参数 a、b 及特征向量 $\boldsymbol{\xi}$ 所对应的特征值。

② 判断矩阵 A 是否可以对角化？

(2) 设 3 阶矩阵 A 满足 $A\alpha_1=-\alpha_1$，$A\alpha_2=\alpha_2$，$A\alpha_3=2\alpha_3$，其中 $\alpha_1=(3,1,2)^T$，$\alpha_2=(3,2,3)^T$，$\alpha_3=(2,1,2)^T$，求矩阵 A。

(3) 设矩阵 $A=\begin{bmatrix}a&3&c\\-4&b&2\\3&0&5\end{bmatrix}$，$|A|=-6$，$A^*$ 是 A 的伴随矩阵，$\alpha=(1,1,3)^T$ 是矩阵 A^* 的属于 λ_0 的特征向量，求 a、b、c 和 λ_0。

(4) 设 A 是 n 阶矩阵，A^* 是矩阵 A 的伴随矩阵，且 $|A|=-3$，求矩阵 AA^* 的特征值和特征向量。

(5) 设 3 阶实对称矩阵 A 的特征值分别是 0，-1，-2，$\alpha_1=(1,1,-2)^T$ 是 A 属于特征值 -1 的特征向量。$B=A^3+2A^2-E$。求矩阵 B。

(6) 3 阶方阵 A 的三个不同特征值分别为 λ_1，λ_2，λ_3，它们对应的特征向量分别为 α_1，α_2，α_3。设 $\beta=\alpha_1+\alpha_2+\alpha_3$，证明：$\beta$，$A\beta$，$A^2\beta$ 线性无关。

(7) 设矩阵 $A=\begin{bmatrix}6&-8&-4\\0&-2&0\\12&-12&-8\end{bmatrix}$，求 A^{100}。

(8) 设 n 阶矩阵 A 满足 $A^2-A-6E=O$，且 $r(3E-A)=k$。

① 证明 A 可以对角化。

② 计算 $|A^2-3E|$。

(9) 设 α、β 分别为 3 维单位列向量，且 α 与 β 正交，已知 $A=\alpha\beta^T+\beta\alpha^T$，证明矩阵 A 可以对角化。

(10) 设 A、B 分别为 n 阶矩阵，且 A 有 n 个互不相同的特征值，已知 $AB=BA$，证明：存在可逆矩阵 P，使得 $P^{-1}AP$、$P^{-1}BP$ 都为对角矩阵。

(11) 设 A 为 n 阶矩阵，若任意 n 维列向量都是矩阵 A 的特征向量，证明：$A=kE$，k 为常数。

(12) 若 n 阶矩阵 A 满足 $A^2+2A+3E=O$，证明：对任意实数 a，矩阵 $aE-A$ 总为可逆矩阵。

5.5 习题详解

1. 填空题

(1) 3 是 $\boldsymbol{A}$ 的特征值，则 $f(3)$是 $f(\boldsymbol{A})$的特征值，故 $3^2-3\times3+1=1$ 是 $\boldsymbol{A}^2-3\boldsymbol{A}+\boldsymbol{E}$ 的特征值。

(2) 设 λ 是矩阵 $\boldsymbol{A}$ 的一个特征值，则有 $\boldsymbol{A\alpha}=\lambda\boldsymbol{\alpha}$，其中 $\boldsymbol{\alpha}$ 为属于 λ 的矩阵 $\boldsymbol{A}$ 的特征向量。用矩阵 $\boldsymbol{A}$ 左乘等式两边，得

$$\boldsymbol{A}^2\boldsymbol{\alpha}=\lambda^2\boldsymbol{\alpha}$$

由于 $\boldsymbol{A}=\boldsymbol{A}^2$，则有 $\boldsymbol{A\alpha}=\lambda^2\boldsymbol{\alpha}$，而 $\boldsymbol{A\alpha}=\lambda\boldsymbol{\alpha}$，于是有

$$\lambda\boldsymbol{\alpha}=\lambda^2\boldsymbol{\alpha},\ \lambda(1-\lambda)\boldsymbol{\alpha}=\boldsymbol{0}$$

而特征向量 $\boldsymbol{\alpha}$ 为非零向量，故有 $\lambda=0$ 或 $\lambda=1$。

(3) 3 阶矩阵 $\boldsymbol{A}$ 的各行元素之和都为-2，即有

$$\begin{bmatrix}a_{11} & a_{12} & a_{13}\\ a_{21} & a_{22} & a_{23}\\ a_{31} & a_{32} & a_{33}\end{bmatrix}\begin{bmatrix}1\\1\\1\end{bmatrix}=-2\begin{bmatrix}1\\1\\1\end{bmatrix}$$

故-2 是 $\boldsymbol{A}$ 的一个特征值，对应的特征向量为$(1,1,1)^{\mathrm{T}}$。

(4) 显然-3 是 $\boldsymbol{A}$ 的特征值，由于 $r(-3\boldsymbol{E}-\boldsymbol{A})=1$，因此 $\boldsymbol{A}$ 的属于$\lambda=-3$ 的线性无关特征向量有 $n-1$ 个，故 $\lambda=-3$ 至少是 $\boldsymbol{A}$ 的 $n-1$ 重特征值，$\lambda_n=\mathrm{tr}(\boldsymbol{A})-\lambda_1-\lambda_2-\cdots-\lambda_{n-1}=2n-(n-1)(-3)=5n-3$。于是矩阵 $\boldsymbol{A}$ 的所有特征值为 $n-1$ 个-3 和 1 个 $5n-3$。

(5) 由于 $\boldsymbol{A}^4+\boldsymbol{A}^3-4\boldsymbol{A}^2-4\boldsymbol{A}=\boldsymbol{O}$，因此有 $\boldsymbol{A}(\boldsymbol{A}+\boldsymbol{E})(\boldsymbol{A}+2\boldsymbol{E})(\boldsymbol{A}-2\boldsymbol{E})=\boldsymbol{O}$。

设 λ 是 $\boldsymbol{A}$ 的特征值，则 $\lambda(\lambda+1)(\lambda+2)(\lambda-2)$ 为 $\boldsymbol{A}(\boldsymbol{A}+\boldsymbol{E})(\boldsymbol{A}+2\boldsymbol{E})(\boldsymbol{A}-2\boldsymbol{E})$ 的特征值，而零矩阵的特征值全为零，则有 $\lambda(\lambda+1)(\lambda+2)(\lambda-2)=0$。于是矩阵 $\boldsymbol{A}$ 的特征值可能是 $0,-1,-2,2$。

由于 $r(\boldsymbol{A})=3$，则零是矩阵 $\boldsymbol{A}$ 的 1 重特征值；由于 $r(\boldsymbol{A}+2\boldsymbol{E})=2$，则$-2$ 是矩阵 $\boldsymbol{A}$ 的 2 重特征值；由于 $r(\boldsymbol{A}-2\boldsymbol{E})=4$，则 2 不是矩阵 $\boldsymbol{A}$ 的特征值，因此矩阵 $\boldsymbol{A}$ 的特征值分别为 0、-2、-2 和-1。

(6) $\boldsymbol{A}$ 的特征多项式为

$$|\lambda\boldsymbol{E}-\boldsymbol{A}|=\begin{vmatrix}\lambda & 0 & -1\\ 0 & \lambda+1 & 0\\ -1 & 0 & \lambda\end{vmatrix}\xlongequal{\text{按 } r_2 \text{ 展开}}(\lambda+1)(\lambda^2-1)=(\lambda+1)^2(\lambda-1)$$

于是 $\boldsymbol{A}$ 的特征值分别为-1、-1 和 1，则 $\boldsymbol{A}^3-2\boldsymbol{A}^2+\boldsymbol{E}$ 的特征值分别为 $(-1)^3-2\times(-1)^2+1=-2$，$(-1)^3-2\times(-1)^2+1=-2$，$1^3-2\times1^2+1=0$。

由于 $\boldsymbol{B}$ 与 $\boldsymbol{A}$ 相似，则 $\boldsymbol{B}^3-2\boldsymbol{B}^2+\boldsymbol{E}$ 与 $\boldsymbol{A}^3-2\boldsymbol{A}^2+\boldsymbol{E}$ 相似；而 $\boldsymbol{A}$ 为实对称矩阵，则 $\boldsymbol{A}^3-2\boldsymbol{A}+\boldsymbol{E}$ 也为实对称矩阵，于是 $\boldsymbol{B}^3-2\boldsymbol{B}^2+\boldsymbol{E}$ 与 $\boldsymbol{A}^3-2\boldsymbol{A}^2+\boldsymbol{E}$ 都相似于对角矩阵 $\mathrm{diag}(-2,-2,0)$，故 $r(\boldsymbol{B}^3-2\boldsymbol{B}^2+\boldsymbol{E})=2$。

(7) 由于 $\boldsymbol{A\alpha}_1=\boldsymbol{\alpha}_1+2\boldsymbol{\alpha}_2-3\boldsymbol{\alpha}_3$，$\boldsymbol{A\alpha}_2=-2\boldsymbol{\alpha}_2+2\boldsymbol{\alpha}_3$，$\boldsymbol{A\alpha}_3=0$，因此有矩阵等式存在：

$$A(\boldsymbol{\alpha}_1, \boldsymbol{\alpha}_2, \boldsymbol{\alpha}_3) = (\boldsymbol{\alpha}_1, \boldsymbol{\alpha}_2, \boldsymbol{\alpha}_3)\begin{bmatrix} 1 & 0 & 0 \\ 2 & -2 & 0 \\ -3 & 2 & 0 \end{bmatrix}$$

令 $\boldsymbol{B}=\begin{bmatrix} 1 & 0 & 0 \\ 2 & -2 & 0 \\ -3 & 2 & 0 \end{bmatrix}$，$\boldsymbol{P}=(\boldsymbol{\alpha}_1, \boldsymbol{\alpha}_2, \boldsymbol{\alpha}_3)$，由于 $\boldsymbol{\alpha}_1, \boldsymbol{\alpha}_2, \boldsymbol{\alpha}_3$ 为线性无关，则矩阵 $\boldsymbol{P}$ 可逆，因此有

$$\boldsymbol{A} = \boldsymbol{PBP}^{-1}$$

即 $\boldsymbol{A}$ 与 $\boldsymbol{B}$ 相似，而下三角矩阵 $\boldsymbol{B}$ 的特征分别为 1，−2，0，故矩阵 $\boldsymbol{A}$ 的特征值也分别为 1，−2，0。

(8) 因为−2 是矩阵 $\boldsymbol{A}$ 的特征值，则有 $|-2\boldsymbol{E}-\boldsymbol{A}|=0$，所以解方程

$$\begin{vmatrix} -2-t & -2 & 1 \\ -5 & -2 & 1 \\ 5 & 6 & -2+5 \end{vmatrix} = 0$$

得 $t=3$。分析齐次线性方程组 $(-2\boldsymbol{E}-\boldsymbol{A})\boldsymbol{x}=\boldsymbol{0}$，对其系数矩阵进行初等行变换，有

$$\begin{bmatrix} -5 & -2 & 1 \\ -5 & -2 & 1 \\ 5 & 6 & 3 \end{bmatrix} \xrightarrow[r_3+r_1]{r_2-r_1} \begin{bmatrix} -5 & -2 & 1 \\ 0 & 0 & 0 \\ 0 & 4 & 4 \end{bmatrix} \xrightarrow[r_2\leftrightarrow r_3]{r_1+r_3/2} \begin{bmatrix} -5 & 0 & 3 \\ 0 & 4 & 4 \\ 0 & 0 & 0 \end{bmatrix} \xrightarrow[r_2/4]{r_1/(-5)} \begin{bmatrix} 1 & 0 & -3/5 \\ 0 & 1 & 1 \\ 0 & 0 & 0 \end{bmatrix}$$

则矩阵 $\boldsymbol{A}$ 属于特征值 $\lambda=-2$ 的特征向量为 $(3, -5, 5)^{\mathrm{T}}$。

(9) 由于 $\boldsymbol{A}$ 与 $\boldsymbol{B}$ 相似，则 $\boldsymbol{B}$ 的特征值与 $\boldsymbol{A}$ 的特征值相同，也是 1，2，−1。而矩阵 $f(\boldsymbol{B})$ 的特征值就是 $f(1)$、$f(2)$ 和 $f(-1)$，故 $\boldsymbol{B}^3-2\boldsymbol{B}+5\boldsymbol{E}$ 的特征值分别为 $1^3-2\times1+5=4$，$2^3-2\times2+5=9$，$(-1)^3-2\times(-1)+5=6$，则 $|\boldsymbol{B}^3-2\boldsymbol{B}+5\boldsymbol{E}|=4\times9\times6=216$。

(10) 由于 $\boldsymbol{A}$ 与 $\boldsymbol{B}$ 相似，则 $\boldsymbol{B}$ 的特征值与 $\boldsymbol{A}$ 的特征值相同，也是 $-1, \frac{1}{2}, \frac{1}{3}, 1$。而矩阵 $\boldsymbol{B}^{-1}$ 的特征值为 $\boldsymbol{B}$ 特征值的倒数：−1，2，3，1，那么矩阵 $3\boldsymbol{B}^{-1}-\boldsymbol{E}$ 的特征值分别为 $3\times(-1)-1=-4$，$3\times2-1=5$，$3\times3-1=8$，$3\times1-1=2$，则 $|3\boldsymbol{B}^{-1}-\boldsymbol{E}|=(-4)\times5\times8\times2=-320$。

(11) 由于 $\boldsymbol{A}$ 为实对称矩阵，则 $\boldsymbol{A}$ 的属于不同特征值的特征向量正交，设 $\boldsymbol{A}$ 的属于特征值−2 的特征向量为 $(x_1, x_2, x_3)^{\mathrm{T}}$，于是有

$$\begin{bmatrix} 1 & -1 & 2 \\ -2 & 0 & 1 \end{bmatrix}\begin{bmatrix} x_1 \\ x_2 \\ x_3 \end{bmatrix} = \begin{bmatrix} 0 \\ 0 \end{bmatrix}$$

解以上方程组得基础解系为 $(1, 5, 2)^{\mathrm{T}}$。

(12) $\boldsymbol{A}$ 为 n 阶正交矩阵，则有 $\boldsymbol{AA}^{\mathrm{T}}=\boldsymbol{E}$，两边取行列式，有 $|\boldsymbol{A}|^2=1$，而 $|\boldsymbol{A}|>0$，故 $|\boldsymbol{A}|=1$。又由于

$$\boldsymbol{A}-\boldsymbol{E} = \boldsymbol{A}-\boldsymbol{AA}^{\mathrm{T}} = \boldsymbol{A}(\boldsymbol{E}-\boldsymbol{A}^{\mathrm{T}}) = \boldsymbol{A}(\boldsymbol{E}^{\mathrm{T}}-\boldsymbol{A}^{\mathrm{T}}) = \boldsymbol{A}(\boldsymbol{E}-\boldsymbol{A})^{\mathrm{T}}$$

对上式取行列式，有

$$|\boldsymbol{A}-\boldsymbol{E}| = |\boldsymbol{A}(\boldsymbol{E}-\boldsymbol{A})^{\mathrm{T}}| = |\boldsymbol{A}|\,|\boldsymbol{E}-\boldsymbol{A}| = |\boldsymbol{E}-\boldsymbol{A}| = (-1)^n|\boldsymbol{A}-\boldsymbol{E}|$$

而 n 为奇数，则有 $|\boldsymbol{A}-\boldsymbol{E}|=0$，故 1 是矩阵 $\boldsymbol{A}$ 的特征值，那么 $\frac{|\boldsymbol{A}|}{1}=1$ 就是 $\boldsymbol{A}$ 的伴随矩阵

$\boldsymbol{A}^*$ 的特征值。

(13) 由于零是矩阵 $\boldsymbol{A}$ 的 1 重特征值，故 $\boldsymbol{A}$ 的属于特征值零的线性无关的特征向量只有 1 个，即方程组 $(0\boldsymbol{E}-\boldsymbol{A})\boldsymbol{x}=\boldsymbol{0}$ 基础解系所含解向量的个数是 1，于是有 $n-r(0\boldsymbol{E}-\boldsymbol{A})=1$，故 $r(\boldsymbol{A})=n-1$。

(14) 因为 $r(\boldsymbol{A})\leqslant r(\boldsymbol{\alpha})=1$，而 $\boldsymbol{A}\neq\boldsymbol{O}$，则 $r(\boldsymbol{A})=1<3$，于是零是矩阵 $\boldsymbol{A}$ 的特征值，而齐次线性方程组 $(0\boldsymbol{E}-\boldsymbol{A})\boldsymbol{x}=\boldsymbol{0}$ 系数矩阵的秩为 $r(0\boldsymbol{E}-\boldsymbol{A})=r(-\boldsymbol{A})=r(\boldsymbol{A})=1$，故矩阵 $\boldsymbol{A}$ 的属于 $\lambda=0$ 的线性无关的特征向量有 2 个，所以零是矩阵 $\boldsymbol{A}$ 的至少 2 重特征值，即有 $\lambda_1=\lambda_2=0$。

根据公式 $\sum\limits_{i=1}^{3}\lambda_i=\operatorname{tr}(\boldsymbol{A})$ 可知，$\lambda_3=\operatorname{tr}(\boldsymbol{A})-\lambda_1-\lambda_2=\boldsymbol{\alpha}^{\mathrm{T}}\boldsymbol{\alpha}-\lambda_1-\lambda_2=1^2+0^2+2^2-0-0=5$。于是矩阵 $\boldsymbol{A}$ 的特征值为 0，0，5，那么矩阵 $\boldsymbol{A}^3-6\boldsymbol{A}^2+2\boldsymbol{E}$ 的特征值为 $0^3-6\times0^2+2=2$，$0^3-6\times0^2+2=2$，$5^3-6\times5^2+2=-23$。

根据公式 $\prod\limits_{i=1}^{3}\lambda_i=|\boldsymbol{A}|$ 可知，$|\boldsymbol{A}^3-6\boldsymbol{A}^2+2\boldsymbol{E}|=2\times2\times(-23)=-92$。

(15) 矩阵 $\boldsymbol{A}$ 的特征多项式为 $|\lambda\boldsymbol{E}-\boldsymbol{A}|=\begin{vmatrix}\lambda-2 & -3\\ 2 & \lambda+2\end{vmatrix}=\lambda^2+2$，于是矩阵 $\boldsymbol{A}$ 满足等式 $\boldsymbol{A}^2+2\boldsymbol{E}=\boldsymbol{O}$。则有

$$\boldsymbol{B}=\boldsymbol{A}^4-\boldsymbol{A}^3+5\boldsymbol{A}^2-\boldsymbol{A}+5\boldsymbol{E}=(\boldsymbol{A}^2-\boldsymbol{A}+3\boldsymbol{E})(\boldsymbol{A}^2+2\boldsymbol{E})+\boldsymbol{A}-\boldsymbol{E}=\boldsymbol{A}-\boldsymbol{E}$$

于是

$$\boldsymbol{B}^{-1}=(\boldsymbol{A}-\boldsymbol{E})^{-1}=\begin{bmatrix}1 & 3\\ -2 & -3\end{bmatrix}^{-1}=\frac{1}{3}\begin{bmatrix}-3 & -3\\ 2 & 1\end{bmatrix}$$

(16) 由于 $\boldsymbol{A}^2-\boldsymbol{A}^3=2\boldsymbol{E}$，因此有 $\boldsymbol{A}^3-\boldsymbol{A}^2+2\boldsymbol{E}=\boldsymbol{O}$。设 λ_0 是矩阵 $\boldsymbol{A}$ 的任意一个特征值，则 ${\lambda_0}^3-{\lambda_0}^2+2$ 是矩阵 $\boldsymbol{A}^3-\boldsymbol{A}^2+2\boldsymbol{E}$ 的特征值，而 $\boldsymbol{A}^3-\boldsymbol{A}^2+2\boldsymbol{E}=\boldsymbol{O}$，零矩阵的特征值全为零，于是有 ${\lambda_0}^3-{\lambda_0}^2+2=0$。故有

$$(\lambda_0+1)({\lambda_0}^2-2\lambda_0+2)=0$$

因为矩阵 $\boldsymbol{A}$ 为实对称矩阵，所以 $\boldsymbol{A}$ 的所有特征值全为实数，而以上方程的解只有一个实数解 $\lambda_0=-1$，故 -1 是矩阵 $\boldsymbol{A}$ 的 n 重特征值。由于实对称矩阵必能对角化，因此存在可逆矩阵 $\boldsymbol{P}$，使得

$$\boldsymbol{A}=\boldsymbol{P}\boldsymbol{\Lambda}\boldsymbol{P}^{-1}$$

其中

$$\boldsymbol{\Lambda}=\begin{bmatrix}-1 & & & \\ & -1 & & \\ & & \ddots & \\ & & & -1\end{bmatrix}=-\boldsymbol{E}$$

故

$$\boldsymbol{A}=\boldsymbol{P}\boldsymbol{\Lambda}\boldsymbol{P}^{-1}=-\boldsymbol{E}$$

2. 选择题

(1) [D]。$\boldsymbol{A}$ 为可逆矩阵，则 $\boldsymbol{A}^*$ 也为可逆矩阵，$|\boldsymbol{A}^*|\neq0$，于是零不是矩阵 $\boldsymbol{A}^*$ 的特征值。

(2) [C]。当 $\boldsymbol{A}=\boldsymbol{E}$ 时，满足关系式 $\boldsymbol{A}=\boldsymbol{A}^2$，则选项(A)和(B)都是错误的。又因为 $\boldsymbol{A}=$

$\boldsymbol{A}^2$，则有 $\boldsymbol{A}(\boldsymbol{A}-\boldsymbol{E})=\boldsymbol{O}$，那么 $\boldsymbol{A}$ 的特征值只能是 0 或 1，于是 -1 就不是矩阵 $\boldsymbol{A}$ 的特征值，所以 $|-1\boldsymbol{E}-\boldsymbol{A}|\neq 0$，即 $|\boldsymbol{A}+\boldsymbol{E}|\neq 0$，故 $\boldsymbol{A}+\boldsymbol{E}$ 可逆。

(3) [A]。根据 $\boldsymbol{A\alpha}_1=\lambda_1\boldsymbol{\alpha}_1$，$\boldsymbol{A\alpha}_2=\lambda_1\boldsymbol{\alpha}_2$，$\boldsymbol{A\alpha}_3=\lambda_2\boldsymbol{\alpha}_3$，可知 $\boldsymbol{\alpha}_1$ 和 $\boldsymbol{\alpha}_2$ 是矩阵 $\boldsymbol{A}$ 的属于 λ_1 的特征向量，$\boldsymbol{\alpha}_3$ 是矩阵 $\boldsymbol{A}$ 的属于 λ_2 的特征向量；又由于 $\boldsymbol{\alpha}_3$ 能由 $\boldsymbol{\alpha}_1$，$\boldsymbol{\alpha}_2$ 的线性表示，因此 $\boldsymbol{\alpha}_3$ 也是矩阵 $\boldsymbol{A}$ 的属于 λ_1 的特征向量。由于不同的特征值对应的特征向量必线性无关，故有 $\lambda_1=\lambda_2$。

(4) [A]。选项(B)中矩阵的特征值为 1，0，2，由于特征值各不相同，故可以对角化。

选项(D)为实对称矩阵，故也能对角化。

选项(C)中矩阵的秩为 1，故零是矩阵的特征值，且属于零的线性无关的特征向量有 2 个，故零至少是 2 重特征值；而 $\lambda_3=\mathrm{tr}(\boldsymbol{A})-\lambda_1-\lambda_2=1-4-3-0-0=-6\neq 0$，则矩阵属于 -6 的特征向量还有 1 个，故矩阵有 3 个线性无关的特征向量，所以可以对角化。

选项(A)中矩阵的秩也为 1，故零至少是其 2 重特征值；而 $\lambda_3=\mathrm{tr}(\mathrm{A})-\lambda_1-\lambda_2=1+2-3-0-0=0$，即零是矩阵 3 重特征值，故矩阵只有 2 个线性无关的特征向量，所以不能对角化。

(5) [A]。矩阵 $\boldsymbol{B}$ 的秩为 1，矩阵 $\boldsymbol{C}$ 的秩为 2，所以 $\boldsymbol{B}$ 与 $\boldsymbol{C}$ 不相似。

矩阵 $\boldsymbol{A}$ 的迹为 1，矩阵 $\boldsymbol{D}$ 的迹为 2，于是 $\boldsymbol{A}$ 与 $\boldsymbol{D}$ 也不相似。

矩阵 $\boldsymbol{A}$ 的三行成比例，则 $r(\boldsymbol{A})=1$，则零是 $\boldsymbol{A}$ 的特征值，$\boldsymbol{A}$ 的属于零的特征向量有 2 个，所以零至少是 $\boldsymbol{A}$ 的 2 重特征值；$\lambda_3=\mathrm{tr}(\boldsymbol{A})-\lambda_1-\lambda_2=2-2+1-0-0=1$，故 $\boldsymbol{A}$ 还有一个属于 $\lambda_3=1$ 的特征向量，所以矩阵 $\boldsymbol{A}$ 有 3 个线性无关的特征向量，故 $\boldsymbol{A}$ 与对角矩阵

$\boldsymbol{\Lambda}=\begin{bmatrix}0 & & \\ & 0 & \\ & & 1\end{bmatrix}$ 相似。

矩阵 $\boldsymbol{B}$ 为下三角矩阵，其特征值分别为 0，0，1；而 $r(\boldsymbol{B})=1$，则 $\boldsymbol{B}$ 的属于零的特征向量也有 2 个，故 $\boldsymbol{B}$ 也有 3 个线性无关的特征向量，故 $\boldsymbol{B}$ 也与对角矩阵 $\boldsymbol{\Lambda}=\begin{bmatrix}0 & & \\ & 0 & \\ & & 1\end{bmatrix}$ 相似。

所以 $\boldsymbol{A}$ 与 $\boldsymbol{B}$ 也相似。

(6) [D]。分析命题①。$\boldsymbol{A}$ 的特征值分别为 -1，2，3，则 $\boldsymbol{A}^{-1}$ 的特征值分别为 $\dfrac{1}{-1}$，$\dfrac{1}{2}$，$\dfrac{1}{3}$，故 $\boldsymbol{A}-\boldsymbol{A}^{-1}$ 的特征值分别为 0，$\dfrac{3}{2}$，$\dfrac{8}{3}$，所以有 $|\boldsymbol{A}-\boldsymbol{A}^{-1}|=0$。

分析命题②。$\boldsymbol{A}$ 是正交矩阵，则有 $\boldsymbol{AA}^{\mathrm{T}}=\boldsymbol{E}$，两边取行列式，则有 $|\boldsymbol{A}|^2=1$；而 $|\boldsymbol{A}|<0$，则 $|\boldsymbol{A}|=-1$。由于

$$\boldsymbol{A}+\boldsymbol{E}=\boldsymbol{A}+\boldsymbol{AA}^{\mathrm{T}}=\boldsymbol{A}(\boldsymbol{E}+\boldsymbol{A}^{\mathrm{T}})=\boldsymbol{A}(\boldsymbol{E}+\boldsymbol{A})^{\mathrm{T}}$$

两边取行列式，有

$$|\boldsymbol{A}+\boldsymbol{E}|=|\boldsymbol{A}(\boldsymbol{E}+\boldsymbol{A})^{\mathrm{T}}|=|\boldsymbol{A}|\,|\boldsymbol{A}+\boldsymbol{E}|=-|\boldsymbol{A}+\boldsymbol{E}|$$

则有 $|\boldsymbol{A}+\boldsymbol{E}|=0$，所以 -1 是 $\boldsymbol{A}$ 的一个特征值。

分析命题③。设 $\boldsymbol{A}=\begin{bmatrix}0 & 1\\ -1 & 0\end{bmatrix}$，则 1 不是 $\boldsymbol{A}$ 的特征值。若把命题③修改为"$\boldsymbol{A}$ 是奇数阶

正交矩阵，且$|\boldsymbol{A}|>0$，则 1 是$\boldsymbol{A}$的一个特征值。”则该命题是正确的，证明过程参见填空第(12)题。

分析命题④。设λ是矩阵$\boldsymbol{A}$的特征值，则$\lambda^3-\lambda^2+\lambda$是矩阵$\boldsymbol{A}^3-\boldsymbol{A}^2+\boldsymbol{A}=\boldsymbol{O}$的特征值，而零矩阵的特征值全是零，于是有$\lambda^3-\lambda^2+\lambda=0$，而该方程只有一个实数解$\lambda=0$。由于$\boldsymbol{A}$为实对称矩阵，而实对称矩阵的特征值全为实数，因此矩阵$\boldsymbol{A}$的所有特征值为零，于是矩阵$\boldsymbol{A}$与零矩阵$\boldsymbol{O}$相似，故$\boldsymbol{A}=\boldsymbol{O}$。

(7) [D]。分析命题①。设矩阵$\boldsymbol{A}$的 2 个特征值分别为λ_1和λ_2，则有$\lambda_1\lambda_2=|\boldsymbol{A}|<0$，则$\lambda_1$和$\lambda_2$异号，故$\lambda_1\neq\lambda_2$，于是矩阵$\boldsymbol{A}$可以对角化。

分析命题②。设零是$\boldsymbol{AB}$的特征值，则有$|\boldsymbol{AB}|=0$，于是有

$$|\boldsymbol{AB}|=|\boldsymbol{A}||\boldsymbol{B}|=|\boldsymbol{B}||\boldsymbol{A}|=|\boldsymbol{BA}|=0$$

则零也是$\boldsymbol{BA}$的特征值。

设λ_0是矩阵$\boldsymbol{AB}$的特征值，且$\lambda_0\neq0$，$\boldsymbol{\alpha}$是$\boldsymbol{AB}$的属于特征值λ_0的特征向量，于是有

$$\boldsymbol{AB\alpha}=\lambda_0\boldsymbol{\alpha}$$

由于$\lambda_0\neq0$，$\boldsymbol{\alpha}\neq\boldsymbol{0}$，则$\boldsymbol{B\alpha}\neq\boldsymbol{0}$，用矩阵$\boldsymbol{B}$左乘以上等式两边，有

$$\boldsymbol{BA}(\boldsymbol{B\alpha})=\lambda_0(\boldsymbol{B\alpha})$$

于是λ_0也是矩阵$\boldsymbol{BA}$的特征值，$\boldsymbol{B\alpha}$是矩阵$\boldsymbol{BA}$属于特征值λ_0的特征向量。

综上所述，矩阵$\boldsymbol{AB}$的特征值都是矩阵$\boldsymbol{BA}$的特征值。同理可以证明$\boldsymbol{BA}$的特征值也都是矩阵$\boldsymbol{AB}$的特征值。

分析命题③。设$\boldsymbol{A}=\begin{bmatrix}a_{11}&a_{12}&a_{13}\\a_{21}&a_{22}&a_{23}\\a_{31}&a_{32}&a_{33}\end{bmatrix}$，则$\boldsymbol{A}$的特征多项式为

$$f(\lambda)=|\lambda\boldsymbol{E}-\boldsymbol{A}|=\begin{vmatrix}\lambda-a_{11}&-a_{12}&-a_{13}\\-a_{21}&\lambda-a_{22}&-a_{23}\\-a_{31}&-a_{32}&\lambda-a_{33}\end{vmatrix}$$

计算以上行列式可以得到，$f(\lambda)$的 3 次项为 1，2 次项为$-(a_{11}+a_{22}+a_{33})=-\mathrm{tr}(\boldsymbol{A})$，1 次项为$\begin{vmatrix}a_{22}&a_{23}\\a_{32}&a_{33}\end{vmatrix}+\begin{vmatrix}a_{11}&a_{13}\\a_{31}&a_{33}\end{vmatrix}+\begin{vmatrix}a_{11}&a_{12}\\a_{21}&a_{22}\end{vmatrix}=\boldsymbol{A}_{11}+\boldsymbol{A}_{22}+\boldsymbol{A}_{33}=\mathrm{tr}(\boldsymbol{A}^*)$，零次项为$f(0)=|0\boldsymbol{E}-\boldsymbol{A}|=(-1)^3|\boldsymbol{A}|=-|\boldsymbol{A}|$。于是有

$$f(\lambda)=|\lambda\boldsymbol{E}-\boldsymbol{A}|=\lambda^3-\mathrm{tr}(\boldsymbol{A})\lambda^2+\mathrm{tr}(\boldsymbol{A}^*)\lambda-|\boldsymbol{A}|$$

分析命题④。由于$r(\boldsymbol{A})=n-1$，则$r(\boldsymbol{A}^*)=1$，故$|\boldsymbol{A}|=0$，$|\boldsymbol{A}^*|=0$，于是零是矩阵$\boldsymbol{A}^*$的特征值

$$\boldsymbol{A}^*\boldsymbol{A}=|\boldsymbol{A}|\boldsymbol{E}=\boldsymbol{O}$$

设$\boldsymbol{A}=(\boldsymbol{\alpha}_1,\boldsymbol{\alpha}_2,\cdots,\boldsymbol{\alpha}_n)$，则有

$$\boldsymbol{A}^*\boldsymbol{A}=\boldsymbol{A}^*(\boldsymbol{\alpha}_1,\boldsymbol{\alpha}_2,\cdots,\boldsymbol{\alpha}_n)=(\boldsymbol{A}^*\boldsymbol{\alpha}_1,\boldsymbol{A}^*\boldsymbol{\alpha}_2,\cdots,\boldsymbol{A}^*\boldsymbol{\alpha}_n)=(\boldsymbol{0},\boldsymbol{0},\cdots,\boldsymbol{0})$$

即

$$\boldsymbol{A}^*\boldsymbol{\alpha}_i=\boldsymbol{0}\boldsymbol{\alpha}_i\quad(i=1,2,\cdots,n)$$

于是矩阵$\boldsymbol{A}$的所有非零列向量都是矩阵$\boldsymbol{A}^*$属于特征值零的特征向量。

(8) [D]。分析命题①。设λ_0是$\boldsymbol{A}$的任意一个特征值，则有$\lambda_0{}^m$是$\boldsymbol{A}^m$的特征值，而$\boldsymbol{A}^m=\boldsymbol{O}$，由于零矩阵的特征值全是零，因此$\lambda_0^m=0$，即有$\lambda_0=0$，故$\boldsymbol{A}$的所有特征全为零。

分析命题②。根据命题①可知，零是矩阵$\boldsymbol{A}$的n重特征值，则对应的齐次线性方程组

为$(0\boldsymbol{E}-\boldsymbol{A})\boldsymbol{x}=\boldsymbol{0}$；由于$\boldsymbol{A}\neq\boldsymbol{O}$，则系数矩阵秩$r(0\boldsymbol{E}-\boldsymbol{A})\neq 0$，于是矩阵$\boldsymbol{A}$属于零的线性无关的特征向量的个数为$n-r(0\boldsymbol{E}-\boldsymbol{A})<n$，所以矩阵$\boldsymbol{A}$不能对角化。

分析命题③。由于

$$(\boldsymbol{E}+\boldsymbol{A}+\boldsymbol{A}^2+\cdots+\boldsymbol{A}^{m-1})(\boldsymbol{E}-\boldsymbol{A})=\boldsymbol{E}-\boldsymbol{A}^m$$

而$\boldsymbol{A}^m=\boldsymbol{O}$，则有

$$(\boldsymbol{E}+\boldsymbol{A}+\boldsymbol{A}^2+\cdots+\boldsymbol{A}^{m-1})(\boldsymbol{E}-\boldsymbol{A})=\boldsymbol{E}$$

故矩阵$\boldsymbol{E}+\boldsymbol{A}+\boldsymbol{A}^2+\cdots+\boldsymbol{A}^{m-1}$可逆。

分析命题④。由于零是矩阵$\boldsymbol{A}$的n重特征值，则$f(0)$就是矩阵$f(\boldsymbol{A})$的n重特征值，故$0+1$是矩阵$\boldsymbol{A}+\boldsymbol{E}$的$n$重特征值。于是$|\boldsymbol{A}+\boldsymbol{E}|=\sum\limits_{i=1}^{n}\lambda_i=1^n=1$。

(9) [B]。设矩阵$\boldsymbol{A}$的2个特征值分别为λ_1和λ_2，则有$\lambda_1\lambda_2=|\boldsymbol{A}|<0$，$\lambda_1$和$\lambda_2$异号，故$\lambda_1\neq\lambda_2$。而$\boldsymbol{A}$为实对称矩阵，则属于$\lambda_1$和$\lambda_2$的特征向量必正交。已知$(1,-2)^T$是矩阵$\boldsymbol{A}$的一个特征向量，而$(2,1)^T$与$(1,-2)^T$正交，则$(2,1)^T$也是矩阵$\boldsymbol{A}$的一个特征向量。

当$k=0$时，显然$k(1,-2)^T$不是特征向量，故选项(A)错误。

$(1,-2)^T$和$(2,1)^T$是$\boldsymbol{A}$属于不同特征值的特征向量，根据例5.13中的第③个命题可知，$(1,-2)^T+(2,1)^T$不是矩阵$\boldsymbol{A}$的特征向量，故选项(C)错误。

3. 解答题

(1) 解：① 设$\boldsymbol{\xi}$是矩阵$\boldsymbol{A}$的属于特征值λ的特征向量，则有$\boldsymbol{A\xi}=\lambda\boldsymbol{\xi}$，即

$$\begin{bmatrix}-8&-3&1\\a&-4&-1\\4&b&-1\end{bmatrix}\begin{bmatrix}-1\\1\\1\end{bmatrix}=\lambda\begin{bmatrix}-1\\1\\1\end{bmatrix}$$

于是有

$$\begin{bmatrix}6\\-a-5\\b-5\end{bmatrix}=\begin{bmatrix}-\lambda\\\lambda\\\lambda\end{bmatrix}$$

则$\lambda=-6$，$a=1$，$b=-1$，故矩阵$\boldsymbol{A}$为

$$\boldsymbol{A}=\begin{bmatrix}-8&-3&1\\1&-4&-1\\4&-1&-1\end{bmatrix}$$

② 解矩阵$\boldsymbol{A}$的特征方程$|\lambda\boldsymbol{E}-\boldsymbol{A}|=0$，解得特征值分别为$-6$、$-7$、$0$。由于三阶矩阵$\boldsymbol{A}$有3个不同的特征值，故矩阵$\boldsymbol{A}$可以对角化。

(2) 解：由于$\boldsymbol{A\alpha}_1=-\boldsymbol{\alpha}_1$，$\boldsymbol{A\alpha}_2=\boldsymbol{\alpha}_2$，$\boldsymbol{A\alpha}_3=2\boldsymbol{\alpha}_3$，则有矩阵等式：

$$(\boldsymbol{A\alpha}_1,\boldsymbol{A\alpha}_2,\boldsymbol{A\alpha}_3)=(-\boldsymbol{\alpha}_1,\boldsymbol{\alpha}_2,2\boldsymbol{\alpha}_3)$$

于是有

$$\boldsymbol{A}(\boldsymbol{\alpha}_1,\boldsymbol{\alpha}_2,\boldsymbol{\alpha}_3)=(\boldsymbol{\alpha}_1,\boldsymbol{\alpha}_2,\boldsymbol{\alpha}_3)\begin{bmatrix}-1&&\\&1&\\&&2\end{bmatrix}$$

令$\boldsymbol{P}=(\boldsymbol{\alpha}_1,\boldsymbol{\alpha}_2,\boldsymbol{\alpha}_3)$，$\boldsymbol{\Lambda}=\begin{bmatrix}-1&&\\&1&\\&&2\end{bmatrix}$，则$\boldsymbol{A}=\boldsymbol{P\Lambda P}^{-1}=\begin{bmatrix}-7&-6&12\\-3&-2&5\\-6&-6&11\end{bmatrix}$。

(3) 解：根据已知条件有 $\boldsymbol{A}^*\boldsymbol{\alpha}=\lambda_0\boldsymbol{\alpha}$，用矩阵 $\boldsymbol{A}$ 左乘等式两边，得 $\boldsymbol{A}\boldsymbol{A}^*\boldsymbol{\alpha}=\lambda_0\boldsymbol{A}\boldsymbol{\alpha}$。根据 $\boldsymbol{A}\boldsymbol{A}^*=|\boldsymbol{A}|\boldsymbol{E}$，则有 $|\boldsymbol{A}|\boldsymbol{\alpha}=\lambda_0\boldsymbol{A}\boldsymbol{\alpha}$；而 $|\boldsymbol{A}|=-6$，则有 $-6\boldsymbol{\alpha}=\lambda_0\boldsymbol{A}\boldsymbol{\alpha}$，把 $\boldsymbol{\alpha}$ 和 $\boldsymbol{A}$ 代入其中，有

$$\lambda_0\begin{bmatrix} a & 3 & c \\ -4 & b & 2 \\ 3 & 0 & 5 \end{bmatrix}\begin{bmatrix} 1 \\ 1 \\ 3 \end{bmatrix}=-6\begin{bmatrix} 1 \\ 1 \\ 3 \end{bmatrix}$$

由此得方程组

$$\begin{cases} \lambda_0(a+3+3c)=-6 \\ \lambda_0(-4+b+6)=-6 \\ \lambda_0(3+0+15)=-18 \end{cases}$$

解得 $\lambda_0=-1$，$b=4$，$a=3-3c$。把 a、b 代入矩阵 $\boldsymbol{A}$，再由 $|\boldsymbol{A}|=-6$，计算得到 $c=2$，则 $a=3-3c=-3$。

(4) 解：由于 $\boldsymbol{A}\boldsymbol{A}^*=|\boldsymbol{A}|\boldsymbol{E}=-3\boldsymbol{E}$，而矩阵 $-3\boldsymbol{E}$ 的特征值为 $\lambda_1=\lambda_2=\cdots=\lambda_n=-3$，对应于 $\lambda=-3$ 的齐次线性方程组 $(-3\boldsymbol{E}-\boldsymbol{A}\boldsymbol{A}^*)\boldsymbol{x}=\boldsymbol{0}$ 的系数矩阵为零矩阵，故矩阵 $\boldsymbol{A}\boldsymbol{A}^*$ 属于特征值 $\lambda=-3$ 的线性无关的特征向量为 n 维单位向量组：

$$(1,0,\cdots,0)^{\mathrm{T}},(0,1,\cdots,0)^{\mathrm{T}},\cdots,(0,0,\cdots,1)^{\mathrm{T}}$$

(5) 解：由于 $\boldsymbol{A}$ 的特征值分别是 0，-1，-2，则矩阵 $\boldsymbol{B}=\boldsymbol{A}^3+2\boldsymbol{A}^2-\boldsymbol{E}$ 的特征值分别为 $0^3+2\times0^2-1=-1$，$(-1)^3+2\times(-1)^2-1=0$，$(-2)^3+2\times(-2)^2-1=-1$。即零为矩阵 $\boldsymbol{B}$ 的 1 重特征值，-1 为矩阵 $\boldsymbol{B}$ 的 2 重特征值。

由于 $\boldsymbol{\alpha}_1=(1,1,-2)^{\mathrm{T}}$ 是矩阵 $\boldsymbol{A}$ 属于特征值 -1 的特征向量，则有

$$\boldsymbol{A}\boldsymbol{\alpha}_1=-1\boldsymbol{\alpha}_1,\ \boldsymbol{A}^2\boldsymbol{\alpha}_1=(-1)^2\boldsymbol{\alpha}_1,\ \boldsymbol{A}^3\boldsymbol{\alpha}_1=(-1)^3\boldsymbol{\alpha}_1$$

于是有

$$\boldsymbol{B}\boldsymbol{\alpha}_1=(\boldsymbol{A}^3+2\boldsymbol{A}^2-\boldsymbol{E})\boldsymbol{\alpha}_1=[(-1)^3+2\times(-1)^2-1]\boldsymbol{\alpha}_1=0\boldsymbol{\alpha}_1$$

即零是矩阵 $\boldsymbol{B}$ 的特征值，$\boldsymbol{\alpha}_1=(1,1,-2)^{\mathrm{T}}$ 是矩阵 $\boldsymbol{B}$ 属于特征值 $\lambda_1=0$ 的特征向量。又由于 $\boldsymbol{A}$ 为实对称矩阵，则 $\boldsymbol{B}$ 也为实对称矩阵，那么矩阵 $\boldsymbol{B}$ 属于特征值 $\lambda_2=\lambda_3=-1$ 线性无关的特征向量有两个，它们都与 $\boldsymbol{\alpha}_1$ 正交。

求解齐次线性方程组

$$(1,1,-2)\begin{pmatrix} x_1 \\ x_2 \\ x_3 \end{pmatrix}=0$$

可以得到 $\boldsymbol{B}$ 属于特征值 $\lambda_2=\lambda_3=-1$ 线性无关的特征向量为 $\boldsymbol{\alpha}_2=(-1,1,0)^{\mathrm{T}}$ 和 $\boldsymbol{\alpha}_3=(2,0,1)^{\mathrm{T}}$。于是

$$\boldsymbol{B}=\boldsymbol{P}\boldsymbol{\Lambda}\boldsymbol{P}^{-1}=\begin{bmatrix} 1 & -1 & 2 \\ 1 & 1 & 0 \\ -2 & 0 & 1 \end{bmatrix}\begin{bmatrix} 0 & & \\ & -1 & \\ & & -1 \end{bmatrix}\begin{bmatrix} 1 & -1 & 2 \\ 1 & 1 & 0 \\ -2 & 0 & 1 \end{bmatrix}^{-1}=\frac{1}{6}\begin{bmatrix} -5 & 1 & -2 \\ 1 & -5 & -2 \\ -2 & -2 & -2 \end{bmatrix}$$

(6) 证明：用线性无关的定义来证明。令

$$k_1\boldsymbol{\beta}+k_2\boldsymbol{A}\boldsymbol{\beta}+k_3\boldsymbol{A}^2\boldsymbol{\beta}=\boldsymbol{0}$$

根据已知条件有

$$\boldsymbol{A}\boldsymbol{\alpha}_1=\lambda_1\boldsymbol{\alpha}_1,\ \boldsymbol{A}\boldsymbol{\alpha}_2=\lambda_2\boldsymbol{\alpha}_2,\ \boldsymbol{A}\boldsymbol{\alpha}_3=\lambda_3\boldsymbol{\alpha}_3$$

而 $\boldsymbol{\beta}=\boldsymbol{\alpha}_1+\boldsymbol{\alpha}_2+\boldsymbol{\alpha}_3$，则有

$$k_1\boldsymbol{\alpha}_1+k_1\boldsymbol{\alpha}_2+k_1\boldsymbol{\alpha}_3+\lambda_1k_2\boldsymbol{\alpha}_1+\lambda_2k_2\boldsymbol{\alpha}_2+\lambda_3k_2\boldsymbol{\alpha}_3+\lambda_1^2k_3\boldsymbol{\alpha}_1+\lambda_2^2k_3\boldsymbol{\alpha}_2+\lambda_3^2k_3\boldsymbol{\alpha}_3=\mathbf{0}$$

即

$$(k_1+\lambda_1k_2+\lambda_1^2k_3)\boldsymbol{\alpha}_1+(k_1+\lambda_2k_2+\lambda_2^2k_3)\boldsymbol{\alpha}_2+(k_1+\lambda_3k_2+\lambda_3^2k_3)\boldsymbol{\alpha}_3=\mathbf{0}$$

由于 $\boldsymbol{A}$ 的特征值 λ_1、λ_2、λ_3 各不相同，则它们对应的特征向量 $\boldsymbol{\alpha}_1$，$\boldsymbol{\alpha}_2$，$\boldsymbol{\alpha}_3$ 线性无关，则必有

$$\begin{cases}k_1+\lambda_1k_2+\lambda_1^2k_3=0\\k_1+\lambda_2k_2+\lambda_2^2k_3=0\\k_1+\lambda_3k_2+\lambda_3^2k_3=0\end{cases}$$

以上方程组系数矩阵的行列式为范德蒙行列式，而 λ_1、λ_2、λ_3 各不相同，故方程组系数矩阵行列式不为零，则方程组只有零解，即 $k_1=k_2=k_3=0$，所以 $\boldsymbol{\beta}$，$\boldsymbol{A\beta}$，$\boldsymbol{A}^2\boldsymbol{\beta}$ 线性无关。

(7) 解：对矩阵 $\boldsymbol{A}$ 进行对角化，然后计算 $\boldsymbol{A}^{100}$。

矩阵 $\boldsymbol{A}$ 的特征方程为

$$|\lambda\boldsymbol{E}-\boldsymbol{A}|=\begin{bmatrix}\lambda-6 & 8 & 4\\0 & \lambda+2 & 0\\-12 & 12 & \lambda+8\end{bmatrix}=0$$

解得 $\boldsymbol{A}$ 的特征值为 $\lambda_1=0$，$\lambda_2=\lambda_3=-2$。

当 $\lambda_1=0$，对应齐次线性方程组为 $(0\boldsymbol{E}-\boldsymbol{A})\boldsymbol{x}=\mathbf{0}$，解得矩阵 $\boldsymbol{A}$ 属于 $\lambda_1=0$ 的特征向量为 $\boldsymbol{\alpha}_1=(2,0,3)^{\mathrm{T}}$。

当 $\lambda_2=\lambda_3=-2$，对应齐次线性方程组为 $(-2\boldsymbol{E}-\boldsymbol{A})\boldsymbol{x}=\mathbf{0}$，解得矩阵 $\boldsymbol{A}$ 属于 $\lambda_2=\lambda_3=-2$ 的特征向量分别为 $\boldsymbol{\alpha}_2=(1,1,0)^{\mathrm{T}}$，$\boldsymbol{\alpha}_3=(1,0,2)^{\mathrm{T}}$。

令

$$\boldsymbol{P}=(\boldsymbol{\alpha}_1,\boldsymbol{\alpha}_2,\boldsymbol{\alpha}_3)=\begin{bmatrix}2 & 1 & 1\\0 & 1 & 0\\3 & 0 & 2\end{bmatrix},\ \boldsymbol{\Lambda}=\begin{bmatrix}0 & & \\ & -2 & \\ & & -2\end{bmatrix}$$

则有

$$\boldsymbol{A}=\boldsymbol{P\Lambda P}^{-1}$$

于是有

$$\boldsymbol{A}^{100}=\underbrace{(\boldsymbol{P\Lambda P}^{-1})(\boldsymbol{P\Lambda P}^{-1})\cdots(\boldsymbol{P\Lambda P}^{-1})}_{100\text{对括号}}=\boldsymbol{P\Lambda}^{100}\boldsymbol{P}^{-1}=2^{100}\begin{bmatrix}-3 & 4 & 2\\0 & 1 & 0\\-6 & 6 & 4\end{bmatrix}$$

(8) ① 证明：$\boldsymbol{A}$ 满足 $\boldsymbol{A}^2-\boldsymbol{A}-6\boldsymbol{E}=\boldsymbol{O}$，则有 $(3\boldsymbol{E}-\boldsymbol{A})(2\boldsymbol{E}+\boldsymbol{A})=\boldsymbol{O}$，故 $r(3\boldsymbol{E}-\boldsymbol{A})+r(2\boldsymbol{E}+\boldsymbol{A})\leqslant n$。

另外，有 $r(3\boldsymbol{E}-\boldsymbol{A})+r(2\boldsymbol{E}+\boldsymbol{A})\geqslant r[(3\boldsymbol{E}-\boldsymbol{A})+(2\boldsymbol{E}+\boldsymbol{A})]=r(5\boldsymbol{E})=n$。故有 $r(3\boldsymbol{E}-\boldsymbol{A})+r(2\boldsymbol{E}+\boldsymbol{A})=n$，而 $r(3\boldsymbol{E}-\boldsymbol{A})=k$，则 $r(2\boldsymbol{E}+\boldsymbol{A})=n-k$。

根据以上讨论可知，齐次线性方程组 $(3\boldsymbol{E}-\boldsymbol{A})\boldsymbol{x}=\mathbf{0}$ 有 $n-r(3\boldsymbol{E}-\boldsymbol{A})=n-k$ 个线性无关的解向量；齐次线性方程组 $(-2\boldsymbol{E}-\boldsymbol{A})\boldsymbol{x}=\mathbf{0}$ 有 $n-r(2\boldsymbol{E}+\boldsymbol{A})=k$ 个线性无关的解向量，故矩阵 $\boldsymbol{A}$ 属于 $\lambda=3$ 和 $\lambda=-2$ 的线性无关的特征向量共有 n 个，所以矩阵 $\boldsymbol{A}$ 可以对角化。

② 矩阵 $\boldsymbol{A}$ 属于 $\lambda=3$ 的线性无关的特征向量有 $n-k$ 个，而属于 $\lambda=-2$ 的线性无关的特征向量有 k 个，故 3 至少是 $\boldsymbol{A}$ 的 $n-k$ 重特征值，-2 至少是 $\boldsymbol{A}$ 的 k 重特征值。而矩阵 $\boldsymbol{A}$

只有 n 个特征值，于是 3 就是 $\boldsymbol{A}$ 的 $n-k$ 重特征值，-2 就是 $\boldsymbol{A}$ 的 k 重特征值。那么矩阵 $\boldsymbol{A}^2-3\boldsymbol{E}$ 的特征值为 $3^2-3=6$ 和 $(-2)^2-3=1$，即 6 是矩阵 $\boldsymbol{A}^2-3\boldsymbol{E}$ 的 $n-k$ 重特征值，1 是矩阵 $\boldsymbol{A}^2-3\boldsymbol{E}$ 的 k 重特征值。于是有 $|\boldsymbol{A}^2-3\boldsymbol{E}|=6^{n-k}1^k=6^{n-k}$。

(9) 证明：由于 $\boldsymbol{A}=\boldsymbol{\alpha\beta}^{\mathrm{T}}+\boldsymbol{\beta\alpha}^{\mathrm{T}}$，等式两边右乘 $\boldsymbol{\alpha}$，则有

$$\boldsymbol{A\alpha}=\boldsymbol{\alpha\beta}^{\mathrm{T}}\boldsymbol{\alpha}+\boldsymbol{\beta\alpha}^{\mathrm{T}}\boldsymbol{\alpha}$$

由于 $\boldsymbol{\alpha}$ 与 $\boldsymbol{\beta}$ 正交，且 $\boldsymbol{\alpha}$ 为单位向量，因此上式可化简为

$$\boldsymbol{A\alpha}=\boldsymbol{\beta}\|\boldsymbol{\alpha}\|^2=\boldsymbol{\beta}$$

同理，对等式 $\boldsymbol{A}=\boldsymbol{\alpha\beta}^{\mathrm{T}}+\boldsymbol{\beta\alpha}^{\mathrm{T}}$ 右乘 $\boldsymbol{\beta}$，则有

$$\boldsymbol{A\beta}=\boldsymbol{\alpha\beta}^{\mathrm{T}}\boldsymbol{\beta}+\boldsymbol{\beta\alpha}^{\mathrm{T}}\boldsymbol{\beta}=\boldsymbol{\alpha}\|\boldsymbol{\beta}\|^2=\boldsymbol{\alpha}$$

对以上两个等式进行相加和相减运算，可以得到

$$\boldsymbol{A}(\boldsymbol{\alpha}+\boldsymbol{\beta})=\boldsymbol{\alpha}+\boldsymbol{\beta},\ \boldsymbol{A}(\boldsymbol{\alpha}-\boldsymbol{\beta})=-(\boldsymbol{\alpha}-\boldsymbol{\beta})$$

由于 $\boldsymbol{\alpha}$ 与 $\boldsymbol{\beta}$ 正交，且都为非零向量，则 $\boldsymbol{\alpha}+\boldsymbol{\beta}$ 和 $\boldsymbol{\alpha}-\boldsymbol{\beta}$ 都为非零向量，因此 1 是矩阵 $\boldsymbol{A}$ 的特征值，-1 也是矩阵 $\boldsymbol{A}$ 的特征值。

由于 $\boldsymbol{A}=\boldsymbol{\alpha\beta}^{\mathrm{T}}+\boldsymbol{\beta\alpha}^{\mathrm{T}}$，则有 $r(\boldsymbol{A})\leqslant r(\boldsymbol{\alpha\beta}^{\mathrm{T}})+r(\boldsymbol{\beta\alpha}^{\mathrm{T}})=2$，因此零是矩阵 $\boldsymbol{A}$ 的特征值。

综上所述，矩阵 $\boldsymbol{A}$ 有三个不同的特征值 1、-1 和 0，于是三阶矩阵 $\boldsymbol{A}$ 可以对角化。

(10) 证明：设 n 维列向量 $\boldsymbol{\alpha}_1$ 是矩阵 $\boldsymbol{A}$ 属于 λ_1 的特征向量，于是有 $\boldsymbol{A\alpha}_1=\lambda_1\boldsymbol{\alpha}_1$，用矩阵 $\boldsymbol{B}$ 左乘等式两边，有

$$\boldsymbol{BA\alpha}_1=\lambda_1\boldsymbol{B\alpha}_1$$

由于 $\boldsymbol{AB}=\boldsymbol{BA}$，因此上式可变为

$$\boldsymbol{A}(\boldsymbol{B\alpha}_1)=\lambda_1(\boldsymbol{B\alpha}_1)$$

若 $\boldsymbol{B\alpha}_1\neq\boldsymbol{0}$，则说明 n 维列向量 $\boldsymbol{B\alpha}_1$ 也是矩阵 $\boldsymbol{A}$ 属于 λ_1 的特征向量。又由于矩阵 $\boldsymbol{A}$ 的所有特征值各不相同，即 $\boldsymbol{A}$ 的所有特征值都是 1 重特征值，故属于 λ_1 的线性无关的特征向量只有 1 个。于是属于 λ_1 的特征向量 $\boldsymbol{B\alpha}_1$ 和 $\boldsymbol{\alpha}_1$ 线性相关，则有 $\boldsymbol{B\alpha}_1=k_1\boldsymbol{\alpha}_1$，故 $\boldsymbol{\alpha}_1$ 也是矩阵 $\boldsymbol{B}$ 的特征向量。

若 $\boldsymbol{B\alpha}_1=\boldsymbol{0}$，即 $\boldsymbol{B\alpha}_1=0\boldsymbol{\alpha}_1$，故 $\boldsymbol{\alpha}_1$ 仍然是矩阵 $\boldsymbol{B}$ 的特征向量。

综上得出结论：$\boldsymbol{A}$ 的特征向量一定也是 $\boldsymbol{B}$ 的特征向量。

由于 $\boldsymbol{A}$ 有 n 个互不相同的特征值，则 $\boldsymbol{A}$ 就有 n 个线性无关的特征向量 $\boldsymbol{\alpha}_1,\boldsymbol{\alpha}_2,\cdots,\boldsymbol{\alpha}_n$。根据以上证明结论可知，$\boldsymbol{\alpha}_1,\boldsymbol{\alpha}_2,\cdots,\boldsymbol{\alpha}_n$ 也是矩阵 $\boldsymbol{B}$ 的 n 个线性无关的特征向量。于是，令 $\boldsymbol{P}=(\boldsymbol{\alpha}_1,\boldsymbol{\alpha}_2,\cdots,\boldsymbol{\alpha}_n)$，则可以使得 $\boldsymbol{P}^{-1}\boldsymbol{AP}$、$\boldsymbol{P}^{-1}\boldsymbol{BP}$ 都为对角矩阵。

(11) 证明：由于任意 n 维列向量都是矩阵 $\boldsymbol{A}$ 的特征向量，因此 n 维基本单位向量 $\boldsymbol{\varepsilon}_1=(1,0,\cdots,0)^{\mathrm{T}}$ 也为矩阵 $\boldsymbol{A}$ 的特征向量。设 $\boldsymbol{\varepsilon}_1$ 是矩阵 $\boldsymbol{A}$ 的属于特征值 λ_1 的特征向量，则有 $\boldsymbol{A\varepsilon}_1=\lambda_1\boldsymbol{\varepsilon}_1$，写成具体矩阵形式为

$$\begin{bmatrix} a_{11} & a_{12} & \cdots & a_{1n} \\ a_{21} & a_{22} & \cdots & a_{2n} \\ \vdots & \vdots & & \vdots \\ a_{n1} & a_{n2} & \cdots & a_{nn} \end{bmatrix}\begin{bmatrix} 1 \\ 0 \\ \vdots \\ 0 \end{bmatrix}=\lambda_1\begin{bmatrix} 1 \\ 0 \\ \vdots \\ 0 \end{bmatrix}$$

即有 $a_{11}=\lambda_1$，$a_{21}=a_{31}=\cdots=a_{n1}=0$。同理可以证明 $a_{ii}=\lambda_i$，$a_{ij}=0(i\neq j)$，于是矩阵 $\boldsymbol{A}$ 为对角矩阵：

$$A=\begin{bmatrix}\lambda_1 & 0 & \cdots & 0\\ 0 & \lambda_2 & \cdots & 0\\ \vdots & \vdots & & \vdots\\ 0 & 0 & \cdots & \lambda_n\end{bmatrix}$$

设 n 维基本单位向量 $\boldsymbol{\varepsilon}_2$ 是矩阵 $\boldsymbol{A}$ 的属于特征值 λ_2 的特征向量，则有 $\boldsymbol{A\varepsilon}_2=\lambda_2\boldsymbol{\varepsilon}_2$。而任意 n 维列向量都是矩阵 $\boldsymbol{A}$ 的特征向量，则非零向量 $\boldsymbol{\varepsilon}_1+\boldsymbol{\varepsilon}_2$ 也是矩阵 $\boldsymbol{A}$ 的特征向量。设 $\boldsymbol{\varepsilon}_1+\boldsymbol{\varepsilon}_2$ 是矩阵 $\boldsymbol{A}$ 的属于特征值 k 的特征向量，则有

$$\boldsymbol{A}(\boldsymbol{\varepsilon}_1+\boldsymbol{\varepsilon}_2)=k(\boldsymbol{\varepsilon}_1+\boldsymbol{\varepsilon}_2)$$

把 $\boldsymbol{A\varepsilon}_1=\lambda_1\boldsymbol{\varepsilon}_1$ 及 $\boldsymbol{A\varepsilon}_2=\lambda_2\boldsymbol{\varepsilon}_2$ 代入上式，有

$$(\lambda_1-k)\boldsymbol{\varepsilon}_1+(\lambda_2-k)\boldsymbol{\varepsilon}_2=\boldsymbol{0}$$

由于 $\boldsymbol{\varepsilon}_1$，$\boldsymbol{\varepsilon}_2$ 线性无关，则有

$$(\lambda_1-k)=(\lambda_2-k)=0$$

于是 $\lambda_1=\lambda_2=k$。同理可以证明 $\lambda_1=\lambda_2=\cdots=\lambda_n=k$。故矩阵 $\boldsymbol{A}=k\boldsymbol{E}$。

(12) 证明：设 λ_0 是矩阵 $\boldsymbol{A}$ 的任意一个特征值，则 $\lambda_0{}^2+2\lambda_0+3$ 为矩阵 $\boldsymbol{A}^2+2\boldsymbol{A}+3\boldsymbol{E}$ 的特征值。而 $\boldsymbol{A}^2+2\boldsymbol{A}+3\boldsymbol{E}=\boldsymbol{O}$，由于零矩阵的特征值全为零，则有 $\lambda_0{}^2+2\lambda_0+3=0$，故 λ_0 为虚数。于是得出结论：矩阵 $\boldsymbol{A}$ 的所有特征值全为虚数。所以实数 a 就不会是矩阵 $\boldsymbol{A}$ 的特征值，则 $|a\boldsymbol{E}-\boldsymbol{A}|\neq 0$，故矩阵 $a\boldsymbol{E}-\boldsymbol{A}$ 为可逆矩阵。

第六章 二 次 型

6.1 基本概念与重要结论

名师笔记

“二次型”一章的内容少，但在考研试题中所占的比例却不少，考生一定要高度重视本章的内容。

1. 二次型的定义

n 个变量 $x_1, x_2, \cdots, x_n$ 的二次齐次多项式

$$\begin{aligned} f(x_1, x_2, \cdots, x_n) = & a_{11}x_1^2 + 2a_{12}x_1x_2 + 2a_{13}x_1x_3 + \cdots + 2a_{1n}x_1x_n \\ & + a_{22}x_2^2 + 2a_{23}x_2x_3 + \cdots + 2a_{2n}x_2x_n \\ & \vdots \\ & + a_{nn}x_n{}^2 \end{aligned}$$

称为 n 元二次型，简称二次型。当 $a_{ij}(i, j=1, 2, \cdots, n)$ 为实数时，$f(x_1, x_2, \cdots, x_n)$ 为实二次型。

名师笔记

二次型实质上是一个数，可以通过对称矩阵来研究它。

2. 二次型的矩阵

二次型 $f(x_1, x_2, \cdots, x_n)$ 可以写为以下矩阵相乘的形式：

$$f(x_1, x_2, \cdots, x_n) = (x_1, x_2, \cdots, x_n)\begin{bmatrix} a_{11} & a_{12} & \cdots & a_{1n} \\ a_{21} & a_{22} & \cdots & a_{2n} \\ \vdots & \vdots & & \vdots \\ a_{n1} & a_{n2} & \cdots & a_{nn} \end{bmatrix}\begin{bmatrix} x_1 \\ x_2 \\ \vdots \\ x_n \end{bmatrix}$$

令

$$\boldsymbol{A} = \begin{bmatrix} a_{11} & a_{12} & \cdots & a_{1n} \\ a_{21} & a_{22} & \cdots & a_{2n} \\ \vdots & \vdots & & \vdots \\ a_{n1} & a_{n2} & \cdots & a_{nn} \end{bmatrix}, \boldsymbol{x} = \begin{bmatrix} x_1 \\ x_2 \\ \vdots \\ x_n \end{bmatrix}$$

则二次型可以表示为矩阵形式：

$$f(x_1, x_2, \cdots, x_n) = \boldsymbol{x}^{\mathrm{T}}\boldsymbol{A}\boldsymbol{x}$$

其中矩阵 $\boldsymbol{A}$ 称为二次型 $f(x_1, x_2, \cdots, x_n)$ 的矩阵。

二次型的矩阵一定是对称矩阵。例如，3 元二次型 $f(x_1, x_2, x_3)=2x_1^2+3x_2^2-x_3^2+6x_1x_2-4x_2x_3$，则有

$$f(x_1, x_2, x_3)=2x_1^2+3x_2^2-x_3^2+6x_1x_2-4x_2x_3=(x_1, x_2, x_3)\begin{bmatrix}2 & 3 & 0\\3 & 3 & -2\\0 & -2 & -1\end{bmatrix}\begin{bmatrix}x_1\\x_2\\x_3\end{bmatrix}$$

名师笔记

一个实二次型和一个实对称矩阵是一一对应的，研究一个实二次型就是研究其对应的实对称矩阵。

二次型矩阵的主对角线元素就是二次型平方项的系数，其余元素为二次型交叉项系数的一半。

3. 二次型的秩

设 $\boldsymbol{A}$ 是二次型 $f(x_1, x_2, \cdots, x_n)$ 的矩阵，则把矩阵 $\boldsymbol{A}$ 的秩称为二次型 $f(x_1, x_2, \cdots, x_n)$ 的秩。

名师笔记

线性代数中关于秩的概念有：

(1) 矩阵的秩；

(2) 向量组的秩；

(3) 二次型的秩。

当二次型化为标准形时，其秩等于平方项的个数。

4. 矩阵的合同

设 $\boldsymbol{A}$、$\boldsymbol{B}$ 均为 n 阶矩阵，若存在可逆矩阵 $\boldsymbol{C}$，使得

$$\boldsymbol{B}=\boldsymbol{C}^{\mathrm{T}}\boldsymbol{A}\boldsymbol{C}$$

则称矩阵 $\boldsymbol{A}$ 与 $\boldsymbol{B}$ 合同。

若 $\boldsymbol{A}$ 与 $\boldsymbol{B}$ 合同，则 $\boldsymbol{A}$ 与 $\boldsymbol{B}$ 必等价，所以等价矩阵的反身性、对称性和传递性等性质对合同矩阵也适用，且 $r(\boldsymbol{A})=r(\boldsymbol{B})$。

若 $\boldsymbol{A}$ 与 $\boldsymbol{B}$ 合同，且 $\boldsymbol{A}$ 为对称矩阵，则 $\boldsymbol{B}$ 也为对称矩阵。

5. 二次型的标准形

只含有平方项的二次型称为二次型的标准形。显然二次型的标准形矩阵是对角矩阵。

6. 二次型的规范形

在二次型的标准形中，若平方项的系数为 1、−1 或 0，则称该二次型为规范形。

7. 化二次型为标准形

对于给定的二次型 $f(x_1, x_2, \cdots, x_n)=\boldsymbol{x}^{\mathrm{T}}\boldsymbol{A}\boldsymbol{x}$，确定一个可逆的线性变换

$$\begin{cases} x_1 = c_{11}y_1 + c_{12}y_2 + \cdots + c_{1n}y_n \\ x_2 = c_{21}y_1 + c_{22}y_2 + \cdots + c_{2n}y_n \\ \cdots \\ x_n = c_{n1}y_1 + c_{n2}y_2 + \cdots + c_{nn}y_n \end{cases}$$

即 $\boldsymbol{x}=\boldsymbol{C}\boldsymbol{y}$，$|\boldsymbol{C}|\neq 0$。将可逆线性变换代入二次型有

$$f(x_1, x_2, \cdots, x_n) = \boldsymbol{x}^{\mathrm{T}}\boldsymbol{A}\boldsymbol{x} = (\boldsymbol{C}\boldsymbol{y})^{\mathrm{T}}\boldsymbol{A}(\boldsymbol{C}\boldsymbol{y}) = \boldsymbol{y}^{\mathrm{T}}(\boldsymbol{C}^{\mathrm{T}}\boldsymbol{A}\boldsymbol{C})\boldsymbol{y}$$

若 $\boldsymbol{C}^{\mathrm{T}}\boldsymbol{A}\boldsymbol{C}$ 为对角矩阵，则二次型 $f(x_1, x_2, \cdots, x_n)$ 就化为了关于变量 $y_1, y_2, \cdots, y_n$ 的标准形。

化二次型为标准形的方法有正交变换法和配方法。

8. 正交变换法化二次型为标准形

设 $\boldsymbol{Q}$ 是 n 阶正交矩阵，则称线性变换 $\boldsymbol{x}=\boldsymbol{Q}\boldsymbol{y}$ 为正交变换。

对于任意实二次型 $f(x_1, x_2, \cdots, x_n)=\boldsymbol{x}^{\mathrm{T}}\boldsymbol{A}\boldsymbol{x}$，总可以找到正交变换 $\boldsymbol{x}=\boldsymbol{Q}\boldsymbol{y}$，使得

$$\begin{aligned} f(x_1, x_2, \cdots, x_n) &= \boldsymbol{x}^{\mathrm{T}}\boldsymbol{A}\boldsymbol{x} = (\boldsymbol{Q}\boldsymbol{y})^{\mathrm{T}}\boldsymbol{A}(\boldsymbol{Q}\boldsymbol{y}) = \boldsymbol{y}^{\mathrm{T}}(\boldsymbol{Q}^{\mathrm{T}}\boldsymbol{A}\boldsymbol{Q})\boldsymbol{y} \\ &= \boldsymbol{y}^{\mathrm{T}}\boldsymbol{\Lambda}\boldsymbol{y} = \lambda_1 y_1^2 + \lambda_2 y_2^2 + \cdots + \lambda_n y_n^2 \end{aligned}$$

其中，$\boldsymbol{Q}^{\mathrm{T}}\boldsymbol{A}\boldsymbol{Q}=\boldsymbol{\Lambda}=\begin{bmatrix} \lambda_1 & & & \\ & \lambda_2 & & \\ & & \ddots & \\ & & & \lambda_n \end{bmatrix}$，$\lambda_i(i=1, 2, \cdots, n)$ 为矩阵 $\boldsymbol{A}$ 的特征值。正交矩阵 $\boldsymbol{Q}$ 的列向量分别为矩阵 $\boldsymbol{A}$ 的属于特征值 $\lambda_1, \lambda_2, \cdots, \lambda_n$ 的单位特征向量。

9. 正定、负定二次型

设 $f(x_1, x_2, \cdots, x_n)=\boldsymbol{x}^{\mathrm{T}}\boldsymbol{A}\boldsymbol{x}$ 是 n 元实二次型，对于任意非零 n 维列向量 $\boldsymbol{x}$，

(1) 若都有 $f(x_1, x_2, \cdots, x_n)>0$，则称 $f(x_1, x_2, \cdots, x_n)$ 为正定二次型；称对称矩阵 $\boldsymbol{A}$ 为正定矩阵。

(2) 若都有 $f(x_1, x_2, \cdots, x_n)<0$，则称 $f(x_1, x_2, \cdots, x_n)$ 为负定二次型；称对称矩阵 $\boldsymbol{A}$ 为负定矩阵。

(3) 若都有 $f(x_1, x_2, \cdots, x_n)\geqslant 0$，则称 $f(x_1, x_2, \cdots, x_n)$ 为半正定二次型；称对称矩阵 $\boldsymbol{A}$ 为半正定矩阵。

(4) 若都有 $f(x_1, x_2, \cdots, x_n)\leqslant 0$，则称 $f(x_1, x_2, \cdots, x_n)$ 为半负定二次型；称对称矩阵 $\boldsymbol{A}$ 为半负定矩阵。

(5) 若 $f(x_1, x_2, \cdots, x_n)$ 不满足以上各条件，则称 $f(x_1, x_2, \cdots, x_n)$ 为不定二次型；称对称矩阵 $\boldsymbol{A}$ 为不定矩阵。

10. 惯性定理

对于一个二次型 $f(x_1, x_2, \cdots, x_n)=\boldsymbol{x}^{\mathrm{T}}\boldsymbol{A}\boldsymbol{x}$，无论用怎样的可逆线性变换使它化为标准形，其中正平方项的个数 p(正惯性指数)和负平方项的个数 q(负惯性指数)都是唯一确定的。

名师笔记

二次型正(负)惯性指数等于二次型矩阵正(负)特征值的个数。

11. 正定矩阵的性质

(1) n 阶矩阵 $\boldsymbol{A}$ 为正定矩阵$\Leftrightarrow n$ 阶对称矩阵 $\boldsymbol{A}$ 对任意 n 维非零列向量 $\boldsymbol{x}$ 都有 $\boldsymbol{x}^{\mathrm{T}}\boldsymbol{A}\boldsymbol{x}>0$。

(2) n 阶矩阵 $\boldsymbol{A}$ 为正定矩阵$\Leftrightarrow n$ 阶对称矩阵 $\boldsymbol{A}$ 的二次型的标准形的系数全为正(即二次型的正惯性指数为 n)。

(3) n 阶矩阵 $\boldsymbol{A}$ 为正定矩阵$\Leftrightarrow n$ 阶对称矩阵 $\boldsymbol{A}$ 的各阶顺序主子式全大于零。

(4) n 阶矩阵 $\boldsymbol{A}$ 为正定矩阵$\Leftrightarrow n$ 阶对称矩阵 $\boldsymbol{A}$ 的所有特征值全大于零。

(5) n 阶矩阵 $\boldsymbol{A}$ 为正定矩阵$\Leftrightarrow n$ 阶对称矩阵 $\boldsymbol{A}$ 与 n 阶单位矩阵 $\boldsymbol{E}$ 合同(即存在可逆矩阵 $\boldsymbol{P}$，使得 $\boldsymbol{A}=\boldsymbol{P}\boldsymbol{P}^{\mathrm{T}}$)。

(6) n 阶正定矩阵 $\boldsymbol{A}$ 的秩为 n(即正定矩阵必为可逆矩阵)。

(7) 正定矩阵 $\boldsymbol{A}$ 的主对角线元素全为正数，即 $a_{ii}>0(i=1, 2, \cdots, n)$，且 $|\boldsymbol{A}|>0$。

(8) 若 $\boldsymbol{A}$ 是正定矩阵，则 $\boldsymbol{A}$ 的逆矩阵 $\boldsymbol{A}^{-1}$、$\boldsymbol{A}$ 的伴随矩阵 $\boldsymbol{A}^{*}$ 及 $\boldsymbol{A}^{m}$(m 为正整数)都是正定矩阵。

名师笔记

首先，正定矩阵一定是对称矩阵。

正定矩阵性质的前五条，可以作为正定矩阵的判定法则。这五条判定法则可以归纳为四正一合同，其中“四正”为二次型、标准形系数、顺序主子式、特征值都为正。

例 6.8 给出正定矩阵性质(5)的证明。

正定矩阵性质(6)、(7)只是必要条件。

例 6.11 给出了正定矩阵性质(8)的证明。

12. 负定矩阵的性质

(1) n 阶矩阵 $\boldsymbol{A}$ 为负定矩阵$\Leftrightarrow n$ 阶对称矩阵 $\boldsymbol{A}$ 对任意 n 维非零列向量 $\boldsymbol{x}$ 都有 $\boldsymbol{x}^{\mathrm{T}}\boldsymbol{A}\boldsymbol{x}<0$。

(2) n 阶矩阵 $\boldsymbol{A}$ 为负定矩阵$\Leftrightarrow n$ 阶对称矩阵 $\boldsymbol{A}$ 的二次型的标准形的系数全为负(即二次型的负惯性指数为 n)。

(3) n 阶矩阵 $\boldsymbol{A}$ 为负定矩阵$\Leftrightarrow n$ 阶对称矩阵 $\boldsymbol{A}$ 的各奇数阶顺序主子式全小于零，各偶数阶顺序主子式全大于零。

(4) n 阶矩阵 $\boldsymbol{A}$ 为负定矩阵$\Leftrightarrow n$ 阶对称矩阵 $\boldsymbol{A}$ 的所有特征值全小于零。

(5) n 阶矩阵 $\boldsymbol{A}$ 为负定矩阵$\Leftrightarrow n$ 阶对称矩阵 $\boldsymbol{A}$ 与-1倍的 n 阶单位矩阵$-\boldsymbol{E}$ 合同(即存在可逆矩阵 $\boldsymbol{P}$，使得 $\boldsymbol{A}=-\boldsymbol{P}\boldsymbol{P}^{\mathrm{T}}$)。

(6) n 阶负定矩阵 $\boldsymbol{A}$ 的秩为 n(即负定矩阵必为可逆矩阵)。

(7) 负定矩阵 $\boldsymbol{A}$ 的主对角线元素全为负数，即 $a_{ii}<0(i=1, 2, \cdots, n)$。

13. 半正定和半负定矩阵的性质

(1) n 阶矩阵 $\boldsymbol{A}$ 为半正定矩阵$\Leftrightarrow n$ 阶对称矩阵 $\boldsymbol{A}$，对任意 n 维非零列向量 $\boldsymbol{x}$，都有 $\boldsymbol{x}^{\mathrm{T}}\boldsymbol{A}\boldsymbol{x}\geqslant 0$。

(2) n 阶矩阵 $\boldsymbol{A}$ 为半负定矩阵$\Leftrightarrow n$ 阶对称矩阵 $\boldsymbol{A}$，对任意 n 维非零列向量 $\boldsymbol{x}$，都有 $\boldsymbol{x}^{\mathrm{T}}\boldsymbol{A}\boldsymbol{x}\leqslant 0$。

(3) n 阶矩阵 $\boldsymbol{A}$ 为半正定矩阵$\Leftrightarrow n$ 阶对称矩阵 $\boldsymbol{A}$ 对应的二次型的标准形的系数全大于

等于零(即二次型的负惯性指数为零)。

(4) n 阶矩阵 $\boldsymbol{A}$ 为半负定矩阵$\Leftrightarrow n$ 阶对称矩阵 $\boldsymbol{A}$ 对应的二次型的标准形的系数全小于等于零(即二次型的正惯性指数为零)。

(5) n 阶矩阵 $\boldsymbol{A}$ 为半正定矩阵$\Leftrightarrow n$ 阶对称矩阵 $\boldsymbol{A}$ 的所有特征值全大于等于零。

(6) n 阶矩阵 $\boldsymbol{A}$ 为半负定矩阵$\Leftrightarrow n$ 阶对称矩阵 $\boldsymbol{A}$ 的所有特征值全小于等于零。

(7) $\boldsymbol{A}$ 为半正定或半负定矩阵$\Rightarrow |\boldsymbol{A}|=0$。

14. 线性变换、可逆变换和正交变换

设变量 $\boldsymbol{x}=(x_1, x_2, \cdots, x_n)^{\mathrm{T}}$，变量 $\boldsymbol{y}=(y_1, y_2, \cdots, y_n)^{\mathrm{T}}$，存在以下关系式：

$$\begin{cases} x_1 = a_{11}y_1 + a_{12}y_2 + \cdots + a_{1n}y_n \\ x_2 = a_{21}y_1 + a_{22}y_2 + \cdots + a_{2n}y_n \\ \cdots \\ x_n = a_{n1}y_1 + a_{n2}y_2 + \cdots + a_{nn}y_n \end{cases}$$

写成矩阵等式为 $\boldsymbol{x}=\boldsymbol{Ay}$，其中 $\boldsymbol{A}$ 为系数矩阵

$$\boldsymbol{A} = \begin{bmatrix} a_{11} & a_{12} & \cdots & a_{1n} \\ a_{21} & a_{22} & \cdots & a_{2n} \\ \vdots & \vdots & & \vdots \\ a_{n1} & a_{n2} & \cdots & a_{nn} \end{bmatrix}$$

(1) $\boldsymbol{x}=\boldsymbol{Ay}$ 称为变量 $\boldsymbol{y}=(y_1, y_2, \cdots, y_n)^{\mathrm{T}}$ 到变量 $\boldsymbol{x}=(x_1, x_2, \cdots, x_n)^{\mathrm{T}}$ 的线性变换。

(2) 若矩阵 $\boldsymbol{A}$ 为可逆矩阵，则 $\boldsymbol{x}=\boldsymbol{Ay}$ 称为变量 $\boldsymbol{y}=(y_1, y_2, \cdots, y_n)^{\mathrm{T}}$ 到变量 $\boldsymbol{x}=(x_1, x_2, \cdots, x_n)^{\mathrm{T}}$ 的可逆线性变换。

(3) 若矩阵 $\boldsymbol{A}$ 为正交矩阵，则 $\boldsymbol{x}=\boldsymbol{Ay}$ 称为变量 $\boldsymbol{y}=(y_1, y_2, \cdots, y_n)^{\mathrm{T}}$ 到变量 $\boldsymbol{x}=(x_1, x_2, \cdots, x_n)^{\mathrm{T}}$ 的正交变换。

15. 初等变换、相似变换与合同变换

(1) 等价的定义：若存在可逆矩阵 $\boldsymbol{P}$ 和 $\boldsymbol{Q}$，使得 $\boldsymbol{PAQ}=\boldsymbol{B}$，则称对 $\boldsymbol{A}$ 进行初等变换得到 $\boldsymbol{B}$，称 $\boldsymbol{A}$ 与 $\boldsymbol{B}$ 等价。

(2) 等价的判断：$\boldsymbol{A}$ 与 $\boldsymbol{B}$ 等价$\Leftrightarrow\boldsymbol{A}$ 与 $\boldsymbol{B}$ 同型，且 $r(\boldsymbol{A})=r(\boldsymbol{B})$。

(3) 相似的定义：若存在可逆矩阵 $\boldsymbol{P}$，使得 $\boldsymbol{P}^{-1}\boldsymbol{AP}=\boldsymbol{B}$，则称对 $\boldsymbol{A}$ 进行相似变换得到 $\boldsymbol{B}$，称 $\boldsymbol{A}$ 与 $\boldsymbol{B}$ 相似。

(4) 相似的判断：若 $\boldsymbol{A}$ 与 $\boldsymbol{B}$ 都可对角化且有相同的特征值$\Rightarrow\boldsymbol{A}$ 与 $\boldsymbol{B}$ 相似。

(5) 合同的定义：若存在可逆矩阵 $\boldsymbol{C}$，使得 $\boldsymbol{C}^{\mathrm{T}}\boldsymbol{AC}=\boldsymbol{B}$，则称对 $\boldsymbol{A}$ 进行合同变换得到 $\boldsymbol{B}$，称 $\boldsymbol{A}$ 与 $\boldsymbol{B}$ 合同。

(6) 合同的判断(设 $\boldsymbol{A}$、$\boldsymbol{B}$ 为实对称矩阵)：$\boldsymbol{A}$ 与 $\boldsymbol{B}$ 合同$\Leftrightarrow\boldsymbol{A}$ 的二次型与 $\boldsymbol{B}$ 的二次型有相同的正、负惯性指数$\Leftrightarrow\boldsymbol{A}$ 与 $\boldsymbol{B}$ 的正特征值个数、负特征值的个数对应相等。

(7) 相互间的关系：$\boldsymbol{A}$ 与 $\boldsymbol{B}$ 相似$\Rightarrow\boldsymbol{A}$ 与 $\boldsymbol{B}$ 等价；

$\boldsymbol{A}$ 与 $\boldsymbol{B}$ 合同$\Rightarrow\boldsymbol{A}$ 与 $\boldsymbol{B}$ 等价；

$\boldsymbol{A}$ 与 $\boldsymbol{B}$ 相似，且 $\boldsymbol{A}$ 与 $\boldsymbol{B}$ 都为实对称矩阵$\Rightarrow\boldsymbol{A}$ 与 $\boldsymbol{B}$ 合同。

名师笔记

矩阵的等价、相似和合同是考生非常容易混淆的概念，考生首先要掌握它们独自的定义及判断法则，其次再理解它们之间的关系。

6.2 题型分析

题型1　二次型及二次型的标准形

例 6.1　设二次型

$$f(x_1, x_2, x_3)=(x_1, x_2, x_3)\begin{bmatrix}1 & 2 & -3\\4 & 2 & 9\\7 & -1 & 3\end{bmatrix}\begin{bmatrix}x_1\\x_2\\x_3\end{bmatrix}$$

求它的矩阵。

解题思路　二次型 $f(x_1, x_2, \cdots, x_n)=\boldsymbol{x}^{\mathrm{T}}\boldsymbol{A}\boldsymbol{x}$ 的矩阵 $\boldsymbol{A}$ 必须是对称矩阵，而题目中给出的矩阵为非对称矩阵，所以要找出其对应的对称矩阵。

解

$$\begin{aligned}f(x_1, x_2, x_3)&=(x_1, x_2, x_3)\begin{bmatrix}1 & 2 & -3\\4 & 2 & 9\\7 & -1 & 3\end{bmatrix}\begin{bmatrix}x_1\\x_2\\x_3\end{bmatrix}\\&=x_1^2+2x_2^2+3x_3^2+6x_1x_2+4x_1x_3+8x_2x_3\\&=(x_1, x_2, x_3)\begin{bmatrix}1 & 3 & 2\\3 & 2 & 4\\2 & 4 & 3\end{bmatrix}\begin{bmatrix}x_1\\x_2\\x_3\end{bmatrix}\end{aligned}$$

故二次型 $f(x_1, x_2, \cdots, x_n)=\boldsymbol{x}^{\mathrm{T}}\boldsymbol{A}\boldsymbol{x}$ 的矩阵为 $\boldsymbol{A}=\begin{bmatrix}1 & 3 & 2\\3 & 2 & 4\\2 & 4 & 3\end{bmatrix}$。

评注　本题可以从另一个角度出发求解。

设 $\boldsymbol{B}=\begin{bmatrix}1 & 2 & -3\\4 & 2 & 9\\7 & -1 & 3\end{bmatrix}$，则有 $f=\boldsymbol{x}^{\mathrm{T}}\boldsymbol{B}\boldsymbol{x}$，等式两边取转置，有 $f^{\mathrm{T}}=\boldsymbol{x}^{\mathrm{T}}\boldsymbol{B}^{\mathrm{T}}\boldsymbol{x}$；而 f 是一个数，则有 $f=f^{\mathrm{T}}=\boldsymbol{x}^{\mathrm{T}}\boldsymbol{B}^{\mathrm{T}}\boldsymbol{x}$。于是

$$2f=\boldsymbol{x}^{\mathrm{T}}\boldsymbol{B}\boldsymbol{x}+\boldsymbol{x}^{\mathrm{T}}\boldsymbol{B}^{\mathrm{T}}\boldsymbol{x}=\boldsymbol{x}^{\mathrm{T}}(\boldsymbol{B}+\boldsymbol{B}^{\mathrm{T}})\boldsymbol{x}$$

则

$$f=\boldsymbol{x}^{\mathrm{T}}\boldsymbol{B}\boldsymbol{x}+\boldsymbol{x}^{\mathrm{T}}\boldsymbol{B}^{\mathrm{T}}\boldsymbol{x}=\boldsymbol{x}^{\mathrm{T}}\left(\frac{\boldsymbol{B}+\boldsymbol{B}^{\mathrm{T}}}{2}\right)\boldsymbol{x}$$

其中，矩阵 $\frac{\boldsymbol{B}+\boldsymbol{B}^{\mathrm{T}}}{2}$ 为对称矩阵。于是二次型的矩阵即为

$$\boldsymbol{A}=\frac{\boldsymbol{B}+\boldsymbol{B}^{\mathrm{T}}}{2}=\begin{bmatrix}1 & 3 & 2\\3 & 2 & 4\\2 & 4 & 3\end{bmatrix}$$

名师笔记

二次型的矩阵必为对称矩阵。

例 6.2 已知二次型

$$f(x_1, x_2, x_3) = x_1^2 + x_2^2 + x_3^2 + 2x_1x_2 + 2x_1x_3 - 2x_2x_3$$

(1) 用正交变换 $\boldsymbol{x}=\boldsymbol{P}\boldsymbol{y}$ 把二次型 f 化为标准形，并写出正交矩阵 $\boldsymbol{P}$。

(2) 用配方法把二次型 $f(x_1, x_2, x_3)$ 化为标准形，并写出可逆变换 $\boldsymbol{x}=\boldsymbol{B}\boldsymbol{y}$。

名师笔记

用正交变换法化二次型为标准形的核心工作就是实对称矩阵的相似对角化。考生要熟练掌握这部分内容。

解题思路 用正交矩阵 $\boldsymbol{P}$ 把二次型的矩阵相似对角化，即实现了二次型的标准化。

解 (1) 正交变换法。

$$\begin{aligned} f(x_1, x_2, x_3) &= x_1^2 + x_2^2 + x_3^2 + 2x_1x_2 + 2x_1x_3 - 2x_2x_3 \\ &= (x_1, x_2, x_3)\begin{bmatrix} 1 & 1 & 1 \\ 1 & 1 & -1 \\ 1 & -1 & 1 \end{bmatrix}\begin{bmatrix} x_1 \\ x_2 \\ x_3 \end{bmatrix} = \boldsymbol{x}^{\mathrm{T}}\boldsymbol{A}\boldsymbol{x} \end{aligned}$$

矩阵 $\boldsymbol{A}$ 的特征多项式为

$$|\lambda \boldsymbol{E} - \boldsymbol{A}| = \begin{vmatrix} \lambda-1 & -1 & -1 \\ -1 & \lambda-1 & 1 \\ -1 & 1 & \lambda-1 \end{vmatrix} = (\lambda+1)(\lambda-2)^2$$

则矩阵 $\boldsymbol{A}$ 的特征值为 $\lambda_1=-1$，$\lambda_2=\lambda_3=2$。

当 $\lambda_1=-1$ 时，分析齐次线性方程组 $(-1\boldsymbol{E}-\boldsymbol{A})\boldsymbol{x}=\boldsymbol{0}$。对其系数矩阵进行初等行变换，有

$$\begin{bmatrix} -2 & -1 & -1 \\ -1 & -2 & 1 \\ -1 & 1 & -2 \end{bmatrix} \to \begin{bmatrix} 1 & 0 & 1 \\ 0 & 1 & -1 \\ 0 & 0 & 0 \end{bmatrix}$$

则矩阵 $\boldsymbol{A}$ 的属于 $\lambda_1=-1$ 的特征向量为 $\boldsymbol{\alpha}_1=(-1, 1, 1)^{\mathrm{T}}$。

当 $\lambda_2=\lambda_3=2$ 时，分析齐次线性方程组 $(2\boldsymbol{E}-\boldsymbol{A})\boldsymbol{x}=\boldsymbol{0}$。对其系数矩阵进行初等行变换，有

$$\begin{bmatrix} 1 & -1 & -1 \\ -1 & 1 & 1 \\ -1 & 1 & 1 \end{bmatrix} \to \begin{bmatrix} 1 & -1 & -1 \\ 0 & 0 & 0 \\ 0 & 0 & 0 \end{bmatrix}$$

则矩阵 $\boldsymbol{A}$ 的属于 $\lambda_2=\lambda_3=2$ 的线性无关特征向量为 $(1, 1, 0)^{\mathrm{T}}$，$(1, 0, 1)^{\mathrm{T}}$。进一步可以用施密特法把这两个向量正交化，则 $\boldsymbol{\alpha}_2=(1, 1, 0)^{\mathrm{T}}$，$\boldsymbol{\alpha}_3=(1, -1, 2)^{\mathrm{T}}$。

对特征向量 $\boldsymbol{\alpha}_1$、$\boldsymbol{\alpha}_2$、$\boldsymbol{\alpha}_3$ 单位化，有

$$\boldsymbol{p}_1 = \frac{1}{\sqrt{3}}\begin{bmatrix} -1 \\ 1 \\ 1 \end{bmatrix}, \boldsymbol{p}_2 = \frac{1}{\sqrt{2}}\begin{bmatrix} 1 \\ 1 \\ 0 \end{bmatrix}, \boldsymbol{p}_3 = \frac{1}{\sqrt{6}}\begin{bmatrix} 1 \\ -1 \\ 2 \end{bmatrix}$$

令

$$
\boldsymbol{P}=(\boldsymbol{p}_1,\ \boldsymbol{p}_2,\ \boldsymbol{p}_3)=\begin{bmatrix} \frac{-1}{\sqrt{3}} & \frac{1}{\sqrt{2}} & \frac{1}{\sqrt{6}} \\ \frac{1}{\sqrt{3}} & \frac{1}{\sqrt{2}} & \frac{-1}{\sqrt{6}} \\ \frac{1}{\sqrt{3}} & 0 & \frac{2}{\sqrt{6}} \end{bmatrix}
$$

则存在正交变换 $\boldsymbol{x}=\boldsymbol{P}\boldsymbol{y}$，使得

$$
f=\boldsymbol{x}^{\mathrm{T}}\boldsymbol{A}\boldsymbol{x}=(\boldsymbol{P}\boldsymbol{y})^{\mathrm{T}}\boldsymbol{A}(\boldsymbol{P}\boldsymbol{y})=\boldsymbol{y}^{\mathrm{T}}(\boldsymbol{P}^{\mathrm{T}}\boldsymbol{A}\boldsymbol{P})\boldsymbol{y}=\boldsymbol{y}^{\mathrm{T}}(\boldsymbol{P}^{-1}\boldsymbol{A}\boldsymbol{P})\boldsymbol{y}=\boldsymbol{y}^{\mathrm{T}}\boldsymbol{\Lambda}\boldsymbol{y}=-y_1^2+2y_2^2+2y_3^2
$$

名师笔记

考生在用正交变换法化二次型为标准形时，要特别注意标准形系数(特征值)的先后次序，一定要与正交矩阵 $\boldsymbol{P}$ 的列向量(特征向量)的先后次序相对应，否则答案就是错误的。

评注　用正交变换法化二次型为标准形是线性代数常考题型，考生应该非常熟练地掌握其计算方法，具体计算步骤如下：

① 写出二次型的矩阵 $\boldsymbol{A}$。

② 求出矩阵 $\boldsymbol{A}$ 的所有特征值 $\lambda_1,\ \lambda_2,\ \cdots,\ \lambda_n$。

③ 求出矩阵 $\boldsymbol{A}$ 的 n 个线性无关的特征向量 $\boldsymbol{\alpha}_1,\ \boldsymbol{\alpha}_2,\ \cdots,\ \boldsymbol{\alpha}_n$。

④ 对 $\boldsymbol{\alpha}_1,\ \boldsymbol{\alpha}_2,\ \cdots,\ \boldsymbol{\alpha}_n$ 正交化及单位化，化为 $\boldsymbol{p}_1,\ \boldsymbol{p}_2,\ \cdots,\ \boldsymbol{p}_n$。

⑤ 构造正交矩阵 $\boldsymbol{P}=(\boldsymbol{p}_1,\ \boldsymbol{p}_2,\ \cdots,\ \boldsymbol{p}_n)$。

⑥ 令正交变换 $\boldsymbol{x}=\boldsymbol{P}\boldsymbol{y}$，于是有

$$
\begin{aligned}
f&=\boldsymbol{x}^{\mathrm{T}}\boldsymbol{A}\boldsymbol{x}=(\boldsymbol{P}\boldsymbol{y})^{\mathrm{T}}\boldsymbol{A}(\boldsymbol{P}\boldsymbol{y})=\boldsymbol{y}^{\mathrm{T}}(\boldsymbol{P}^{\mathrm{T}}\boldsymbol{A}\boldsymbol{P})\boldsymbol{y}=\boldsymbol{y}^{\mathrm{T}}(\boldsymbol{P}^{-1}\boldsymbol{A}\boldsymbol{P})\boldsymbol{y}\\
&=\boldsymbol{y}^{\mathrm{T}}\boldsymbol{\Lambda}\boldsymbol{y}=\lambda_1 y_1^2+\lambda_2 y_2^2+\cdots+\lambda_n y_n^2
\end{aligned}
$$

在第④步中，针对多重特征值时，一般教材都采用施密特法来对向量组正交化。以下介绍一个构造齐次线性方程组正交解向量的待定系数法。

针对例 6.2，当 $\lambda_2=\lambda_3=2$ 时，齐次线性方程组 $(2\boldsymbol{E}-\boldsymbol{A})\boldsymbol{x}=\boldsymbol{0}$ 的系数矩阵进行初等行变换后的结果为

$$
\begin{bmatrix} 1 & -1 & -1 \\ -1 & 1 & 1 \\ -1 & 1 & 1 \end{bmatrix}\rightarrow\begin{bmatrix} 1 & -1 & -1 \\ 0 & 0 & 0 \\ 0 & 0 & 0 \end{bmatrix}
$$

取 x_2 和 x_3 为自由变量，令 $x_2=1$，$x_3=0$，则有解向量 $\boldsymbol{\alpha}_2=(1,\ 1,\ 0)^{\mathrm{T}}$，此时令方程组另一个与 $\boldsymbol{\alpha}_2$ 正交的解向量为 $\boldsymbol{\alpha}_3=(a,\ -a,\ b)^{\mathrm{T}}$，把 $\boldsymbol{\alpha}_3$ 代入方程 $x_1-x_2-x_3=0$ 中，得到关系式 $2a=b$。若设 $a=1$，则 $b=2$，于是解得 $\boldsymbol{\alpha}_3=(1,\ -1,\ 2)^{\mathrm{T}}$。

为进一步说明该方法，下面再举一例。求方程组 $\boldsymbol{A}\boldsymbol{x}=\boldsymbol{0}$ 的正交解向量，其中系数矩阵 $\boldsymbol{A}$ 的行最简形如下：

$$
\boldsymbol{A}\rightarrow\begin{bmatrix} 1 & -2 & 3 \\ 0 & 0 & 0 \\ 0 & 0 & 0 \end{bmatrix}
$$

则有解向量 $\boldsymbol{\alpha}_1=(2,\ 1,\ 0)^{\mathrm{T}}$。构造与 $\boldsymbol{\alpha}_1$ 正交的向量 $\boldsymbol{\alpha}_2=(a,\ -2a,\ b)^{\mathrm{T}}$，把 $\boldsymbol{\alpha}_2$ 代入方程

$x_1-2x_2+3x_3=0$ 中，得到关系式 $5a=-3b$。若设 $a=3$，则 $b=-5$，于是解得 $\boldsymbol{\alpha}_2=(3,-6,-5)^{\mathrm{T}}$。

(2) 配方法。

$$\begin{aligned} f(x_1,x_2,x_3) &= x_1^2+x_2^2+x_3^2+2x_1x_2+2x_1x_3-2x_2x_3 \\ &= (x_1^2+2x_1x_2+2x_1x_3)+x_2^2+x_3^2-2x_2x_3 \\ &= (x_1+x_2+x_3)^2-4x_2x_3 \end{aligned}$$

令 $x_1+x_2+x_3=y_1$，$x_2=y_2+y_3$，$x_3=y_2-y_3$，则有

$$\begin{cases} x_1=y_1-2y_2 \\ x_2=y_2+y_3 \\ x_3=y_2-y_3 \end{cases}$$

即存在可逆线性变换 $\boldsymbol{x}=\boldsymbol{B}\boldsymbol{y}$，其中 $\boldsymbol{B}=\begin{bmatrix} 1 & -2 & 0 \\ 0 & 1 & 1 \\ 0 & 1 & -1 \end{bmatrix}$，使二次型化为

$$f=\boldsymbol{x}^{\mathrm{T}}\boldsymbol{A}\boldsymbol{x}=(\boldsymbol{B}\boldsymbol{y})^{\mathrm{T}}\boldsymbol{A}(\boldsymbol{B}\boldsymbol{y})=\boldsymbol{y}^{\mathrm{T}}(\boldsymbol{B}^{\mathrm{T}}\boldsymbol{A}\boldsymbol{B})\boldsymbol{y}=y_1^2-4y_2^2+4y_3^2$$

评注 配方法的基本步骤如下：

① 若 x_1 平方项的系数不为零，就把所有含 x_1 的项合并在一起进行配方，即“扫除 x_1”；同理，下一步“扫除 x_2”；……直到“扫除干净”为止。

② 若二次型不含平方项，只含交叉项，如在本例中，当“扫除 x_1”后，没有 x_2 和 x_3 的平方项，只有交叉项 x_2x_3，则此时可以令 $x_2=y_2+y_3$，$x_3=y_2-y_3$，于是交叉项 x_2x_3 自然就配成平方项了。

名师笔记

考生需要注意，化二次型为标准形有正交变换法和配方法，同一个二次型化为的标准形是不唯一的，但其正、负惯性指数总是相同的。

例 6.3 已知二次型 $f(x_1,x_2,x_3)=-4x_1^2+4x_2^2+4x_3^2-6x_1x_2+2ax_1x_3+2x_2x_3$ 经过正交变换 $\boldsymbol{x}=\boldsymbol{P}\boldsymbol{y}$ 化为标准形 $f=5y_1^2+5y_2^2+by_3^2$，求 a、b 和正交矩阵 $\boldsymbol{P}$。

解题思路 根据二次型的矩阵 $\boldsymbol{A}$ 与标准形的对角矩阵 $\boldsymbol{\Lambda}$ 相似来确定参数 a 和 b；然后计算 $\boldsymbol{A}$ 的正交特征向量，即求得正交矩阵 $\boldsymbol{P}$。

解 二次型的矩阵 $\boldsymbol{A}$ 及标准形矩阵 $\boldsymbol{\Lambda}$ 分别为

$$\boldsymbol{A}=\begin{bmatrix} -4 & -3 & a \\ -3 & 4 & 1 \\ a & 1 & 4 \end{bmatrix},\ \boldsymbol{\Lambda}=\begin{bmatrix} 5 & 0 & 0 \\ 0 & 5 & 0 \\ 0 & 0 & b \end{bmatrix}$$

由于该标准形是经过正交变换而得到的，故对角矩阵 $\boldsymbol{\Lambda}$ 的主对角线上元素分别为矩阵 $\boldsymbol{A}$ 特征值，则有 $\mathrm{tr}(\boldsymbol{A})=\sum_{i=1}^{3}\lambda_i$，即 $-4+4+4=5+5+b$，故 $b=-6$。又由于 5 是矩阵 $\boldsymbol{A}$ 的特征值，故有 $|5\boldsymbol{E}-\boldsymbol{A}|=0$，即

$$\begin{vmatrix} 9 & 3 & -a \\ 3 & 1 & -1 \\ -a & -1 & 1 \end{vmatrix}=0$$

解得 $a=3$。

当 $\lambda_1=\lambda_2=5$ 时，对齐次线性方程组 $(5\boldsymbol{E}-\boldsymbol{A})\boldsymbol{x}=\boldsymbol{0}$ 的系数矩阵进行初等行变换，有

$$\begin{bmatrix} 9 & 3 & -3 \\ 3 & 1 & -1 \\ -3 & -1 & 1 \end{bmatrix} \to \begin{bmatrix} 3 & 1 & 1 \\ 0 & 0 & 0 \\ 0 & 0 & 0 \end{bmatrix}$$

则 $\boldsymbol{\alpha}_1=(-1,\ 3,\ 0)^{\mathrm{T}}$。设与 $\boldsymbol{\alpha}_1$ 正交的向量为 $\boldsymbol{\alpha}_2=(3c,\ c,\ k)^{\mathrm{T}}$，把 $\boldsymbol{\alpha}_2$ 代入方程 $3x_1+x_2-x_3=0$ 中，则有关系式 $10c=k$。若令 $c=1$，则 $k=10$，故 $\boldsymbol{\alpha}_2=(3,\ 1,\ 10)^{\mathrm{T}}$。

当 $\lambda_3=-6$ 时，对齐次线性方程组 $(-6\boldsymbol{E}-\boldsymbol{A})\boldsymbol{x}=\boldsymbol{0}$ 的系数矩阵进行初等行变换，有

$$\begin{bmatrix} -2 & 3 & -3 \\ 3 & -10 & -1 \\ -3 & -1 & -10 \end{bmatrix} \to \begin{bmatrix} 1 & 0 & 3 \\ 0 & 1 & 1 \\ 0 & 0 & 0 \end{bmatrix}$$

则 $\boldsymbol{\alpha}_3=(-3,\ -1,\ 1)^{\mathrm{T}}$。

对特征向量 $\boldsymbol{\alpha}_1$，$\boldsymbol{\alpha}_2$，$\boldsymbol{\alpha}_3$ 单位化，有

$$\boldsymbol{p}_1=\frac{1}{\sqrt{10}}\begin{bmatrix} -1 \\ 3 \\ 0 \end{bmatrix},\ \boldsymbol{p}_2=\frac{1}{\sqrt{110}}\begin{bmatrix} 3 \\ 1 \\ 10 \end{bmatrix},\ \boldsymbol{p}_3=\frac{1}{\sqrt{11}}\begin{bmatrix} -3 \\ -1 \\ 1 \end{bmatrix}$$

则正交矩阵 $\boldsymbol{P}$ 为

$$\boldsymbol{P}=(\boldsymbol{p}_1,\ \boldsymbol{p}_2,\ \boldsymbol{p}_3)=\begin{bmatrix} \frac{-1}{\sqrt{10}} & \frac{3}{\sqrt{110}} & \frac{-3}{\sqrt{11}} \\ \frac{3}{\sqrt{10}} & \frac{1}{\sqrt{110}} & \frac{-1}{\sqrt{11}} \\ 0 & \frac{10}{\sqrt{110}} & \frac{1}{\sqrt{11}} \end{bmatrix}$$

评注　针对求二次型中参数的题目，一般采取以下的方法：

(1) $\mathrm{tr}(\boldsymbol{A})=\sum_{i=1}^{n}\lambda_i$（其中 $\lambda_i(i=1,\ 2,\ \cdots,\ n)$）。

(2) $|\boldsymbol{A}|=\prod_{i=1}^{n}\lambda_i$（其中 $\lambda_i(i=1,\ 2,\ \cdots,\ n)$）。

(3) 若 λ_0 是矩阵 $\boldsymbol{A}$ 的特征值，则有 $|\lambda_0\boldsymbol{E}-\boldsymbol{A}|=0$。

(4) 若 $\boldsymbol{\alpha}_0$ 是 $\boldsymbol{A}$ 的属于 λ_0 的特征值向量，则有 $\boldsymbol{A}\boldsymbol{\alpha}_0=\lambda_0\boldsymbol{\alpha}_0$。

名师笔记

例 6.3 也可以根据特征值性质 $|\boldsymbol{A}|=\prod_{i=1}^{n}\lambda_i$ 求得参数为 $a=3$ 或 $a=-4.5$，但后者是不合理的答案，考生要特别注意。

例 6.4　(2011.1)若二次曲面的方程 $x^2+3y^2+z^2+2axy+2xz+2yz=4$，经正交变换化为 $y_1^2+4z_1^2=4$。则 $a=$______。

解题思路　根据二次型的标准形可知二次型矩阵的特征值，再根据特征值性质确定 a 的值。

解　方程 $x^2+3y^2+z^2+2axy+2xz+2yz=4$ 的左端即为一个二次型，其矩阵为 $\boldsymbol{A}=\begin{bmatrix}1&a&1\\a&3&1\\1&1&1\end{bmatrix}$，从正交变换后的标准形 $y_1^2+4z_1^2=4$ 中可以看出，矩阵 $\boldsymbol{A}$ 的特征值分别为 0、1、4，于是 $|\boldsymbol{A}_3|=\lambda_1\lambda_2\lambda_3=0$，故 $\begin{bmatrix}1&a&1\\a&3&1\\1&1&1\end{bmatrix}=(a-1)^2=0$，则 $a=1$。

评注　参见例 6.3 评注。

名师笔记

把带参数的二次型化为标准形是考研的高频题型，考生一定要熟练掌握。

例 6.5　(2012.1，2，3)已知 $\boldsymbol{A}=\begin{bmatrix}1&0&1\\0&1&1\\-1&0&a\\0&a&-1\end{bmatrix}$，二次型 $f(x_1,x_2,x_3)=\boldsymbol{x}^{\mathrm{T}}(\boldsymbol{A}^{\mathrm{T}}\boldsymbol{A})\boldsymbol{x}$ 的秩为 2。

(1) 求实数 a 的值。

(2) 求正交变换 $\boldsymbol{x}=\boldsymbol{Q}\boldsymbol{y}$ 将二次型 f 化为标准形。

解题思路　先根据秩为 2 确定参数 a，再进一步解题。

解　(1) 由公式 $r(\boldsymbol{A}^{\mathrm{T}}\boldsymbol{A})=r(\boldsymbol{A})$(证明参见例 4.24)可知 $r(\boldsymbol{A})=2$，分析由矩阵 $\boldsymbol{A}$ 的前三行构成的 3 阶子式 $\begin{vmatrix}1&0&1\\0&1&1\\-1&0&a\end{vmatrix}=1+a=0$，得 $a=-1$。

(2) 令 $\boldsymbol{B}=\boldsymbol{A}^{\mathrm{T}}\boldsymbol{A}$，则 $\boldsymbol{B}=\begin{bmatrix}2&0&2\\0&2&2\\2&2&4\end{bmatrix}$，解特征方程 $|\lambda\boldsymbol{E}-\boldsymbol{B}|=0$：

$$|\lambda\boldsymbol{E}-\boldsymbol{B}|=\begin{vmatrix}\lambda-2&0&-2\\0&\lambda-2&-2\\-2&-2&\lambda-4\end{vmatrix}\xlongequal{r_2-r_1}\begin{vmatrix}\lambda-2&0&-2\\2-\lambda&\lambda-2&0\\-2&-2&\lambda-4\end{vmatrix}$$

$$\xlongequal{c_1+c_2}\begin{vmatrix}\lambda-2&0&-2\\0&\lambda-2&0\\-4&-2&\lambda-4\end{vmatrix}\xlongequal{\text{按 } r_2 \text{ 展开}}\lambda(\lambda-2)(\lambda-6)=0$$

解得矩阵 $\boldsymbol{B}$ 的特征值分别为 $\lambda_1=0$，$\lambda_2=2$，$\lambda_3=6$。

当 $\lambda_1=0$ 时，解方程组 $(0\boldsymbol{E}-\boldsymbol{B})\boldsymbol{x}=\boldsymbol{0}$，$0\boldsymbol{E}-\boldsymbol{B}=\begin{bmatrix}-2&0&-2\\0&-2&-2\\-2&-2&-4\end{bmatrix}\to\begin{bmatrix}1&0&1\\0&1&1\\0&0&0\end{bmatrix}$，解得属于特征值零的特征向量为 $\boldsymbol{\xi}_1=\begin{bmatrix}-1\\-1\\1\end{bmatrix}$。

当 $\lambda_2=2$ 时，解方程组 $(2\boldsymbol{E}-\boldsymbol{B})\boldsymbol{x}=\boldsymbol{0}$，$2\boldsymbol{E}-\boldsymbol{B}=\begin{bmatrix}0&0&-2\\0&0&-2\\-2&-2&-2\end{bmatrix}\rightarrow\begin{bmatrix}1&1&0\\0&0&1\\0&0&0\end{bmatrix}$，解得属于特征值 2 的特征向量为 $\boldsymbol{\xi}_2=\begin{bmatrix}-1\\1\\0\end{bmatrix}$。

当 $\lambda_3=6$ 时，解方程组 $(6\boldsymbol{E}-\boldsymbol{B})\boldsymbol{x}=\boldsymbol{0}$，$6\boldsymbol{E}-\boldsymbol{B}=\begin{bmatrix}4&0&-2\\0&4&-2\\-2&-2&2\end{bmatrix}\rightarrow\begin{bmatrix}2&0&-1\\0&2&-1\\0&0&0\end{bmatrix}$，解得属于特征值 6 的特征向量为 $\boldsymbol{\xi}_3=\begin{bmatrix}1\\1\\2\end{bmatrix}$。

将 $\boldsymbol{\xi}_1$、$\boldsymbol{\xi}_2$、$\boldsymbol{\xi}_3$ 单位化得 $\boldsymbol{\eta}_1=\frac{1}{\sqrt{3}}\begin{bmatrix}-1\\-1\\1\end{bmatrix}$，$\boldsymbol{\eta}_2=\frac{1}{\sqrt{2}}\begin{bmatrix}-1\\1\\0\end{bmatrix}$，$\boldsymbol{\eta}_3=\frac{1}{\sqrt{6}}\begin{bmatrix}1\\1\\2\end{bmatrix}$，则正交变换为 $\boldsymbol{x}=\boldsymbol{Q}\boldsymbol{y}$，其中 $\boldsymbol{Q}=(\boldsymbol{\eta}_1, \boldsymbol{\eta}_2, \boldsymbol{\eta}_3)$，二次型的标准形为 $f=0y_1^2+2y_2^2+6y_3^2$。

评注　本题除了考查用正交变换化二次型为标准形外，还考查了以下的知识点：

(1) $r(\boldsymbol{A}^{\mathrm{T}}\boldsymbol{A})=r(\boldsymbol{A})$。

(2) 若 $r(\boldsymbol{A})=2$，则 $\boldsymbol{A}$ 的任意一个 3 阶子式都为零。

名师笔记

很多考生对公式 $r(\boldsymbol{A}^{\mathrm{T}}\boldsymbol{A})=r(\boldsymbol{A})$ 不熟悉，在计算例 6.5 的第(1)问时，如果直接计算 3 阶矩阵 $\boldsymbol{A}^{\mathrm{T}}\boldsymbol{A}$，那么就走了弯路。

例 6.6　(2011.3)设二次型 $f(x_1, x_2, x_3)=\boldsymbol{x}^{\mathrm{T}}\boldsymbol{A}\boldsymbol{x}$ 的秩为 1，$\boldsymbol{A}$ 中各行元素之和为 3，则 f 在正交变换 $\boldsymbol{x}=\boldsymbol{Q}\boldsymbol{y}$ 下的标准形为__________。

解题思路　根据 $r(\boldsymbol{A})=1$ 及 $\boldsymbol{A}$ 中各行元素之和为 3 可以得到矩阵 $\boldsymbol{A}$ 所有的特征值。

解　二次型 $f(x_1, x_2, x_3)=\boldsymbol{x}^{\mathrm{T}}\boldsymbol{A}\boldsymbol{x}$ 的矩阵 $\boldsymbol{A}$ 为 3 阶矩阵，由于 $r(\boldsymbol{A}_3)=1<3$，则 $|\boldsymbol{A}|=0$，故零是 $\boldsymbol{A}$ 的特征值。而方程组 $(0\boldsymbol{E}-\boldsymbol{A})\boldsymbol{x}=\boldsymbol{0}$ 含有 $3-r(\boldsymbol{A})=2$ 个线性无关解向量，即矩阵 $\boldsymbol{A}$ 的属于零的线性无关的特征向量有 2 个，故零是矩阵 $\boldsymbol{A}$ 的 2 重特征根。又由于 $\boldsymbol{A}$ 中各行元素之和为 3，则有矩阵等式 $\boldsymbol{A}\begin{bmatrix}1\\1\\1\end{bmatrix}=3\begin{bmatrix}1\\1\\1\end{bmatrix}$，即 3 是矩阵 $\boldsymbol{A}$ 的非零特征值。因此 f 在正交变换 $\boldsymbol{x}=\boldsymbol{Q}\boldsymbol{y}$ 下的标准形为 $0y_1^2+0y_2^2+3y_3^2$。

评注　本题考查以下知识点：

(1) $r(\boldsymbol{A}_n)<n\Leftrightarrow|\boldsymbol{A}|=0$。

(2) $|\boldsymbol{A}|=0\Leftrightarrow$零是矩阵 $\boldsymbol{A}$ 的特征值。

(3) 方程组 $\boldsymbol{A}_n\boldsymbol{x}=\boldsymbol{0}$ 有 $n-r(\boldsymbol{A})$ 个线性无关解向量。

(4) 若 $\boldsymbol{A}$ 为实对称矩阵，则有矩阵 $\boldsymbol{A}$ 的属于特征值 λ_0 的线性无关特征向量有 k 个 $\Leftrightarrow\lambda_0$

是矩阵 $\boldsymbol{A}$ 的 k 重特征值。

(5) 3 阶矩阵 $\boldsymbol{A}$ 中各行元素之和为 $3 \Leftrightarrow \boldsymbol{A}\begin{bmatrix}1\\1\\1\end{bmatrix}=3\begin{bmatrix}1\\1\\1\end{bmatrix} \Leftrightarrow 3$ 是 $\boldsymbol{A}$ 的特征值，且对应特征向量为 $\begin{bmatrix}1\\1\\1\end{bmatrix}$。

名师笔记

考生应该掌握以下知识点：

(1) 若 3 阶矩阵 $\boldsymbol{A}$ 的秩为 1，则有 $\boldsymbol{A}$ 的特征值为 0，0，$\operatorname{tr}(\boldsymbol{A})$。

(2) 若 $\boldsymbol{A}$ 中各行元素之和为 3，则 3 是 $\boldsymbol{A}$ 的特征值。

考生如果熟练掌握以上知识点，那么就可以在 10 秒钟内写出例 6.6 的答案。

题型 2　二次型的正定性

例 6.7　(2010.1)已知二次型 $f(x_1, x_2, x_3)=\boldsymbol{x}^{\mathrm{T}}\boldsymbol{A}\boldsymbol{x}$ 在正交变换 $\boldsymbol{x}=\boldsymbol{Q}\boldsymbol{y}$ 下的标准形为 $y_1^2+y_2^2$，且 $\boldsymbol{Q}$ 的第 3 列为 $\left(\frac{\sqrt{2}}{2}, 0, \frac{\sqrt{2}}{2}\right)^{\mathrm{T}}$。

(1) 求矩阵 $\boldsymbol{A}$。

(2) 证明 $\boldsymbol{A}+\boldsymbol{E}$ 为正定矩阵，其中 $\boldsymbol{E}$ 为 3 阶单位矩阵。

解题思路　根据已知条件可知向量 $\left(\frac{\sqrt{2}}{2}, 0, \frac{\sqrt{2}}{2}\right)^{\mathrm{T}}$ 是矩阵 $\boldsymbol{A}$ 的属于零的特征向量，于是可以进一步求得矩阵 $\boldsymbol{A}$。

解　(1) 从二次型在正交变换 $\boldsymbol{x}=\boldsymbol{Q}\boldsymbol{y}$ 下的标准形 $y_1^2+y_2^2$ 可以得到矩阵 $\boldsymbol{A}$ 的特征值为 1，1，0；从 $\boldsymbol{Q}$ 的第 3 列为 $\left(\frac{\sqrt{2}}{2}, 0, \frac{\sqrt{2}}{2}\right)^{\mathrm{T}}$ 可以得到矩阵 $\boldsymbol{A}$ 的属于特征值零的特征向量为 $\left(\frac{\sqrt{2}}{2}, 0, \frac{\sqrt{2}}{2}\right)^{\mathrm{T}}=\frac{\sqrt{2}}{2}(1, 0, 1)^{\mathrm{T}}$。设矩阵 $\boldsymbol{A}$ 的属于 1 的特征向量为 $(x_1, x_2, x_3)^{\mathrm{T}}$，由于实对称矩阵 $\boldsymbol{A}$ 的属于不同特征值的特征向量正交，因此有方程组 $(1, 0, 1)\begin{bmatrix}x_1\\x_2\\x_3\end{bmatrix}=0$，方程组的基础解系为 $\begin{bmatrix}0\\1\\0\end{bmatrix}$，$\begin{bmatrix}-1\\0\\1\end{bmatrix}$。于是矩阵 $\boldsymbol{A}$ 的特征值 1，1，0 所对应的特征向量分别为 $\begin{bmatrix}0\\1\\0\end{bmatrix}$，$\begin{bmatrix}-1\\0\\1\end{bmatrix}$，$\begin{bmatrix}1\\0\\1\end{bmatrix}$。

令 $\boldsymbol{P}=\begin{bmatrix}0 & -1 & 1\\1 & 0 & 0\\0 & 1 & 1\end{bmatrix}$，$\boldsymbol{\Lambda}=\begin{bmatrix}1 & 0 & 0\\0 & 1 & 0\\0 & 0 & 0\end{bmatrix}$，则有 $\boldsymbol{A}\boldsymbol{P}=\boldsymbol{P}\boldsymbol{\Lambda}$，于是 $\boldsymbol{A}=\boldsymbol{P}\boldsymbol{\Lambda}\boldsymbol{P}^{-1}=$

$\frac{1}{2}\begin{bmatrix} 1 & 0 & -1 \\ 0 & 2 & 0 \\ -1 & 0 & 1 \end{bmatrix}$。

(2) 证明：因为矩阵 $\boldsymbol{A}$ 的特征值为 1，1，0，于是矩阵 $\boldsymbol{A}+\boldsymbol{E}$ 的特征值为 $1+1=2$，$1+1=2$，$0+1=1$，而矩阵 $\boldsymbol{A}+\boldsymbol{E}$ 为实对称矩阵，故矩阵 $\boldsymbol{A}+\boldsymbol{E}$ 正定。

评注　归纳本题解题步骤如下：

(1) 根据正交变换后的标准形确定矩阵 $\boldsymbol{A}$ 的特征值。

(2) 根据正交矩阵 $\boldsymbol{Q}$ 的第 3 列确定对应 $\boldsymbol{A}$ 的第 3 个特征值的特征向量。

(3) 根据实对称矩阵 $\boldsymbol{A}$ 属于不同特征值的特征向量正交的性质解方程组，从而确定属于 2 重特征值的 2 个线性无关的特征向量。

(4) 用 3 个线性无关特征向量构造可逆矩阵 $\boldsymbol{P}$，用公式 $\boldsymbol{A}=\boldsymbol{P\Lambda P}^{-1}$ 求得矩阵 $\boldsymbol{A}$。

注意　第(4)步也可以求出正交矩阵 $\boldsymbol{Q}$，用公式 $\boldsymbol{A}=\boldsymbol{Q\Lambda Q}^{\mathrm{T}}$ 求得矩阵 $\boldsymbol{A}$。该方法的优点是不用求逆矩阵；缺点是需要对特征向量正交化和单位化，且矩阵 $\boldsymbol{Q}$ 中的元素复杂。

名师笔记

证明矩阵 $\boldsymbol{A}$ 的正定可以利用"四正一合同"的判定法则。

(1) 若 $\boldsymbol{A}$ 是已知的具体矩阵，即用顺序主子式全正来判定。参见例 6.9。

(2) 若 $\boldsymbol{A}$ 的特征值容易求得，即用特征值全正来判定。参见例 6.7。

(3) 若 $\boldsymbol{A}$ 是抽象矩阵，往往利用定义即二次型为正来判定。参见例 6.8。

(4) 若已知二次型的标准形，即用标准形的系数全正来判定。

例 6.8　证明 n 阶实对称矩阵 $\boldsymbol{A}$ 为正定矩阵的充分必要条件是：存在 n 阶可逆矩阵 $\boldsymbol{P}$，使得 $\boldsymbol{A}=\boldsymbol{PP}^{\mathrm{T}}$。

解题思路　用正定矩阵的定义来证明充分性，用特征值全正特性来证明必要性。

证明　充分性。设存在可逆矩阵 $\boldsymbol{P}$，使得 $\boldsymbol{A}=\boldsymbol{PP}^{\mathrm{T}}$，对等式两边取转置，有

$$\boldsymbol{A}^{\mathrm{T}}=(\boldsymbol{PP}^{\mathrm{T}})^{\mathrm{T}}=\boldsymbol{PP}^{\mathrm{T}}=\boldsymbol{A}$$

即矩阵 $\boldsymbol{A}$ 为对称矩阵。设 $\boldsymbol{x}$ 为任意 n 维非零列向量，则有

$$\boldsymbol{x}^{\mathrm{T}}\boldsymbol{A}\boldsymbol{x}=\boldsymbol{x}^{\mathrm{T}}\boldsymbol{PP}^{\mathrm{T}}\boldsymbol{x}=(\boldsymbol{P}^{\mathrm{T}}\boldsymbol{x})^{\mathrm{T}}(\boldsymbol{P}^{\mathrm{T}}\boldsymbol{x})=\|\boldsymbol{P}^{\mathrm{T}}\boldsymbol{x}\|^2$$

由于矩阵 $\boldsymbol{P}$ 为可逆矩阵及 $\boldsymbol{x}$ 为非零向量，因此 $\boldsymbol{P}^{\mathrm{T}}\boldsymbol{x}\neq\boldsymbol{0}$。故有 $\|\boldsymbol{P}^{\mathrm{T}}\boldsymbol{x}\|^2>0$，即矩阵 $\boldsymbol{A}$ 对任意 n 维非零向量 $\boldsymbol{x}$，都有 $\boldsymbol{x}^{\mathrm{T}}\boldsymbol{A}\boldsymbol{x}>0$，故 $\boldsymbol{A}$ 正定。

必要性。设 n 阶实对称矩阵 $\boldsymbol{A}$ 为正定矩阵，由于 $\boldsymbol{A}$ 为实对称矩阵，因此总可以找到正交矩阵 $\boldsymbol{Q}$，使得

$$\boldsymbol{A}=\boldsymbol{Q\Lambda Q}^{\mathrm{T}}$$

其中对角矩阵 $\boldsymbol{\Lambda}$ 主对角线上的元素为 $\boldsymbol{A}$ 的所有特征值 $\lambda_i\,(i=1,2,\cdots,n)$。又由于 $\boldsymbol{A}$ 正定，因此 $\lambda_i>0\,(i=1,2,\cdots,n)$，于是矩阵 $\boldsymbol{\Lambda}$ 可以变换为

$$\boldsymbol{\Lambda}=\begin{bmatrix} \lambda_1 & & & \\ & \lambda_2 & & \\ & & \ddots & \\ & & & \lambda_n \end{bmatrix}=\begin{bmatrix} \sqrt{\lambda_1} & & & \\ & \sqrt{\lambda_2} & & \\ & & \ddots & \\ & & & \sqrt{\lambda_n} \end{bmatrix}\begin{bmatrix} \sqrt{\lambda_1} & & & \\ & \sqrt{\lambda_2} & & \\ & & \ddots & \\ & & & \sqrt{\lambda_n} \end{bmatrix}$$

令

$$B = \begin{bmatrix} \sqrt{\lambda_1} & & & \\ & \sqrt{\lambda_2} & & \\ & & \ddots & \\ & & & \sqrt{\lambda_n} \end{bmatrix}$$

则有

$$A = Q\Lambda Q^{\mathrm{T}} = QBB^{\mathrm{T}}Q^{\mathrm{T}} = (QB)(QB)^{\mathrm{T}}$$

由于 B 的主对角线元素全大于零，因此 B 可逆。而 Q 为正交矩阵，令 $P=QB$，于是矩阵 P 也为可逆矩阵，则有 $A=PP^{\mathrm{T}}$。

评注 本题涉及的知识点为：

(1) n 阶矩阵 A 为正定矩阵$\Leftrightarrow n$ 阶对称矩阵 A 对任意 n 维非零列向量 x，都有 $x^{\mathrm{T}}Ax>0$。

(2) n 阶矩阵 A 为正定矩阵$\Leftrightarrow n$ 阶对称矩阵 A 所有的特征值全大于零。

例 6.9 已知二次型 $f(x_1, x_2, x_3)=2x_1^2+2x_2^2+6x_3^2+2ax_1x_2-4x_1x_3+4x_2x_3$ 正定，则 a 的取值范围为________。

解题思路 根据二次型的矩阵 A 所有的顺序主子式大于零，求得 a 的取值范围。

解 二次型的矩阵为

$$A = \begin{bmatrix} 2 & a & -2 \\ a & 2 & 2 \\ -2 & 2 & 6 \end{bmatrix}$$

由于 A 正定，因此 A 的所有顺序主子式全大于零，即

$$2>0,\ \begin{vmatrix} 2 & a \\ a & 2 \end{vmatrix}>0,\ |A|>0$$

于是有 $4-a^2>0$，则有 $-2<a<2$；而 $|A|=2(a+2)(2-3a)>0$，可以得到 $-2<a<\dfrac{2}{3}$，故 a 的取值范围为 $-2<a<\dfrac{2}{3}$。

评注 判定 n 阶对称矩阵 A 为正定矩阵的方法如下：

(1) 对任意 n 维非零列向量 x，都有 $x^{\mathrm{T}}Ax>0$。

(2) A 的二次型的标准形的系数全为正(即二次型的正惯性指数为 n)。

(3) A 的各阶顺序主子式全大于零。

(4) A 的所有特征值全大于零。

(5) A 与 n 阶单位矩阵 E 合同。(即存在可逆矩阵 P，使得 $A=PP^{\mathrm{T}}$)。

例 6.10 分析下列矩阵，判断哪个是正定矩阵？

$$A = \begin{bmatrix} 1 & 2 & a \\ 2 & 5 & b \\ a & b & -3 \end{bmatrix},\ B = \begin{bmatrix} 1 & a & b \\ a & a^2 & b \\ b & b & a \end{bmatrix},\ C = \begin{bmatrix} a & b & 3a \\ b & 4b & 3b \\ 3a & 3b & 9a \end{bmatrix},\ D_n = \begin{bmatrix} 3 & 2 & \cdots & 2 \\ 2 & 3 & \cdots & 2 \\ \vdots & \vdots & & \vdots \\ 2 & 2 & \cdots & 3 \end{bmatrix}$$

解题思路 通过正定矩阵的性质逐一判断。

解 矩阵 A 的 $a_{33}<0$，则 A 不是正定矩阵。矩阵 B 的 2 阶子式 $\begin{vmatrix} 1 & a \\ a & a^2 \end{vmatrix}=0$，则 B 不是

正定矩阵。矩阵 $\boldsymbol{C}$ 的第 1 行和第 3 行成比例，则 $|\boldsymbol{C}|=0$，$\boldsymbol{C}$ 不是正定矩阵。

分析 n 阶矩阵 $\boldsymbol{D}_n$，显然 1 是矩阵 $\boldsymbol{D}_n$ 的特征值，方程组 $(\boldsymbol{E}-\boldsymbol{D}_n)\boldsymbol{x}=\boldsymbol{0}$ 基础解系所含解向量的个数为 $n-1$，即矩阵 $\boldsymbol{D}_n$ 属于 1 的线性无关的特征向量有 $n-1$ 个，则 1 是矩阵 $\boldsymbol{D}_n$ 的$n-1$ 重特征值；$\boldsymbol{D}_n$ 的第 n 个特征值为

$$\lambda_n=\operatorname{tr}(\boldsymbol{D}_n)-\lambda_1-\lambda_2-\cdots-\lambda_{n-1}=3n-(n-1)=2n+1>0$$

由于矩阵 $\boldsymbol{D}_n$ 的所有特征值全大于零，故矩阵 $\boldsymbol{D}_n$ 正定。

评注 n 阶矩阵 $\boldsymbol{A}$ 为正定矩阵的必要条件有：

(1) $a_{ii}>0(i=1,2,\cdots,n)$。

(2) $|\boldsymbol{A}|>0$。

(3) $r(\boldsymbol{A})=n$。

于是，若 $\boldsymbol{A}$ 不满足(1)、(2)或(3)，则矩阵 $\boldsymbol{A}$ 就不是正定矩阵。

名师笔记

在判定若干个矩阵是否为正定矩阵时，考生应该首先利用正定矩阵的必要条件来确定非正定矩阵。

例 6.11 分析以下命题：

(1) 若 $\boldsymbol{A}$ 是正定矩阵，则 $\boldsymbol{A}^{-1}$、$\boldsymbol{A}^*$ 及 $\boldsymbol{A}^m$(m 为正整数)都是正定矩阵。

(2) 若 $\boldsymbol{A}$ 和 $\boldsymbol{B}$ 都为正定矩阵，则 $\boldsymbol{A}+\boldsymbol{B}$ 也为正定矩阵。

(3) 若 $\boldsymbol{A}$ 为可逆矩阵，则 $\boldsymbol{A}\boldsymbol{A}^{\mathrm{T}}$ 和 $\boldsymbol{A}^{\mathrm{T}}\boldsymbol{A}$ 都为正定矩阵。

(4) 若 $\boldsymbol{A}$ 和 $\boldsymbol{B}$ 都是 n 阶正定矩阵，则 $\boldsymbol{AB}$ 也是 n 阶正定矩阵。

则[ ]。

(A) 只有命题(1)和(2)正确　　(B) 只有命题(1)和(3)正确

(C) 只有命题(1)，(2)和(3)正确　　(D) 四个命题都正确

解题思路 用正定矩阵的定义及正定矩阵特征值全大于零的性质来分析各命题。

解 分析命题(1)。由于 $\boldsymbol{A}$ 为对称矩阵，则有 $(\boldsymbol{A}^{-1})^{\mathrm{T}}=(\boldsymbol{A}^{\mathrm{T}})^{-1}=\boldsymbol{A}^{-1}$，$(\boldsymbol{A}^*)^{\mathrm{T}}=(\boldsymbol{A}^{\mathrm{T}})^*=\boldsymbol{A}^*$，$(\boldsymbol{A}^m)^{\mathrm{T}}=(\boldsymbol{A}^{\mathrm{T}})^m=\boldsymbol{A}^m$，故 $\boldsymbol{A}^{-1}$、$\boldsymbol{A}^*$ 及 $\boldsymbol{A}^m$都为对称矩阵。

设 λ_0是 $\boldsymbol{A}$ 的一个特征值，则 $1/\lambda_0$是 $\boldsymbol{A}^{-1}$ 的一个特征值，$|\boldsymbol{A}|/\lambda_0$是 $\boldsymbol{A}^*$ 的一个特征值。$\lambda_0{}^m$是 $\boldsymbol{A}^m$ 的一个特征值。由于矩阵 $\boldsymbol{A}$ 正定，则 $\boldsymbol{A}$ 的所有特征值全大于零，且 $|\boldsymbol{A}|>0$，故 $\boldsymbol{A}^{-1}$、$\boldsymbol{A}^*$ 及 $\boldsymbol{A}^m$的所有特征值也全大于零，故它们都是正定矩阵。

分析命题(2)，用定义证明。由于 $\boldsymbol{A}$ 和 $\boldsymbol{B}$ 都为对称矩阵，因此 $(\boldsymbol{A}+\boldsymbol{B})^{\mathrm{T}}=\boldsymbol{A}^{\mathrm{T}}+\boldsymbol{B}^{\mathrm{T}}=\boldsymbol{A}+\boldsymbol{B}$，即 $\boldsymbol{A}+\boldsymbol{B}$ 也为对称矩阵。而 $\boldsymbol{A}$ 和 $\boldsymbol{B}$ 都正定，则对任意 n 维非零列向量 $\boldsymbol{x}$，都有

$$\boldsymbol{x}^{\mathrm{T}}\boldsymbol{A}\boldsymbol{x}>0,\ \boldsymbol{x}^{\mathrm{T}}\boldsymbol{B}\boldsymbol{x}>0$$

于是有

$$\boldsymbol{x}^{\mathrm{T}}(\boldsymbol{A}+\boldsymbol{B})\boldsymbol{x}=\boldsymbol{x}^{\mathrm{T}}\boldsymbol{A}\boldsymbol{x}+\boldsymbol{x}^{\mathrm{T}}\boldsymbol{B}\boldsymbol{x}>0$$

故矩阵 $\boldsymbol{A}+\boldsymbol{B}$ 也正定。

分析命题(3)，用定义证明。由于$(\boldsymbol{A}\boldsymbol{A}^{\mathrm{T}})^{\mathrm{T}}=\boldsymbol{A}\boldsymbol{A}^{\mathrm{T}}$，因此 $\boldsymbol{A}\boldsymbol{A}^{\mathrm{T}}$ 为对称矩阵。设 $\boldsymbol{x}$ 为任意 n 维非零列向量，则有

$$x^{\mathrm{T}}AA^{\mathrm{T}}x = (A^{\mathrm{T}}x)^{\mathrm{T}}(A^{\mathrm{T}}x) = \|A^{\mathrm{T}}x\|^2$$

由于矩阵 A 为可逆矩阵，则 $A^{\mathrm{T}}x \neq 0$，于是有 $x^{\mathrm{T}}AA^{\mathrm{T}}x > 0$，故矩阵 AA^{T} 正定。同理可以证明 $A^{\mathrm{T}}A$ 也是正定矩阵。

分析命题(4)。因为 A 和 B 都是对称矩阵，则有 $(AB)^{\mathrm{T}} = B^{\mathrm{T}}A^{\mathrm{T}} = BA$，而 AB 与 BA 不一定相等，故矩阵 AB 不一定是对称矩阵，当然 AB 就不是正定矩阵，所以命题(4)错误。若给命题(4)加一个条件后就变为正确的命题："若 A 和 B 都是 n 阶正定矩阵，且 $AB=BA$，则 AB 也是 n 阶正定矩阵。"下面给出证明。

因为 $(AB)^{\mathrm{T}} = B^{\mathrm{T}}A^{\mathrm{T}} = BA = AB$，故 AB 为对称阵。因 A、B 都为正定阵，则存在可逆矩阵 P、Q，使得 $A = PP^{\mathrm{T}}$，$B = QQ^{\mathrm{T}}$。于是有 $AB = PP^{\mathrm{T}}QQ^{\mathrm{T}}$，而 $P^{-1}ABP = P^{\mathrm{T}}QQ^{\mathrm{T}}P = (P^{\mathrm{T}}Q)(P^{\mathrm{T}}Q)^{\mathrm{T}}$，显然 $P^{\mathrm{T}}Q$ 为可逆矩阵，则矩阵 $P^{-1}ABP$ 为正定矩阵，而 AB 与之相似，故 AB 正定。

正确选项为(C)。

评注　证明矩阵为正定矩阵的最常用方法为定义法和特征值法。

> **名师笔记**
>
> 很多考生忽略了正定矩阵 A 的最基本要求：A 一定是对称矩阵，于是不会判断例 6.11 中的命题(4)。
>
> 考生通过例 6.11 要掌握以下两个命题：
>
> (1) 若 A 为可逆矩阵，则 AA^{T} 和 $A^{\mathrm{T}}A$ 都为正定矩阵。
>
> (2) 若 A 和 B 都是 n 阶正定矩阵，且 $AB=BA$，则 AB 也是 n 阶正定矩阵。

例 6.12　分析以下命题：

(1) 若 A 与 $E-A$ 都是正定矩阵，则 $A^{-1}-E$ 也是正定矩阵。

(2) 若 A 为正定矩阵，则 A 可以拆为两个相同矩阵的乘积，即 $A=B^2$。

(3) 若对称矩阵 A 满足 $A^2-5A+6E=O$，则矩阵 A 正定。

(4) 若 A 为正定矩阵，则 $|A+E|>1$。

则[　　]。

(A) 只有命题(1)和(2)正确　　　　(B) 只有命题(1)和(3)正确

(C) 只有命题(1)，(2)和(3)正确　　(D) 四个命题都正确

解题思路　用正定矩阵特征值全大于零的性质来分析各命题。

解　分析命题(1)。设 λ_0 是 A 的任意一个特征值，则 $1-\lambda_0$ 就是 $E-A$ 的一个特征值，$\frac{1}{\lambda_0}-1$ 就是 $A^{-1}-E$ 的一个特征值。由于 A 和 $E-A$ 都为正定矩阵，因此 $\lambda_0>0$，$1-\lambda_0>0$，于是有 $\frac{1}{\lambda_0}-1=\frac{1-\lambda_0}{\lambda_0}>0$；又由于 λ_0 的任意性，可知矩阵 $A^{-1}-E$ 的所有特征值全大于零，故 $A^{-1}-E$ 为正定矩阵。

分析命题(2)。A 为正定矩阵，则 A 为对称矩阵，所以总存在正交矩阵 P，使得 $A=P\Lambda P^{-1}$，其中对角矩阵 Λ 主对角线上的元素为矩阵 A 的所有特征值。由于 A 正定，则所有特征值都大于零，因此对角矩阵 Λ 可以拆分为

$$A=\begin{bmatrix}\lambda_1 & & & \\ & \lambda_2 & & \\ & & \ddots & \\ & & & \lambda_n\end{bmatrix}=\begin{bmatrix}\sqrt{\lambda_1} & & & \\ & \sqrt{\lambda_2} & & \\ & & \ddots & \\ & & & \sqrt{\lambda_n}\end{bmatrix}\begin{bmatrix}\sqrt{\lambda_1} & & & \\ & \sqrt{\lambda_2} & & \\ & & \ddots & \\ & & & \sqrt{\lambda_n}\end{bmatrix}$$

令

$$H=\begin{bmatrix}\sqrt{\lambda_1} & & & \\ & \sqrt{\lambda_2} & & \\ & & \ddots & \\ & & & \sqrt{\lambda_n}\end{bmatrix}$$

则有

$$A=PHHP^{-1}=(PHP^{-1})(PHP^{-1})$$

令 $B=PHP^{-1}$，则有 $A=B^2$。其中矩阵 B 也为正定矩阵。

分析命题(3)。由于 $A^2-5A+6E=O$，则有 $(A-2E)(A-3E)=O$，故矩阵 A 的特征值为 2 或 3，所以矩阵 A 正定。

分析命题(4)。设 λ_0 是 A 的一个特征值，则 λ_0+1 就是 $A+E$ 的一个特征值；而 A 为正定矩阵，则 A 的所有特征值都大于零，于是矩阵 $A+E$ 的所有特征值都大于 1。根据公式 $|A|=\prod_{i=1}^{n}\lambda_i$ 可知 $|A+E|>1$。

正确选项为(D)。

评注 进一步讨论命题(3)。若对称矩阵 A 满足 $A^2-A-6E=O$，则有 $(A-3E)(A+2E)=O$，矩阵 A 的特征值为 3 或 -2，那么矩阵 A 可能为正定矩阵(A 的所有特征值全为 3)，也可能为负定矩阵(A 的所有特征值全为 -2)，还可能为不定矩阵(A 的特征值为 3 和 -2)。

名师笔记

通过例 6.12 考生要掌握命题：若 A 正定，则有 $A=B^2$。

该命题可以形象理解为正定矩阵可以开平方。

以上命题还可以推广为：若 A 正定，则有 $A=B^k$(k 为正整数)。

例 6.13 设 A 为 $m\times n$ 矩阵，证明 AA^{T} 是正定矩阵的充分必要条件是 $r(A)=m$。

解题思路 从已知条件 $r(A)=m$，联想到齐次线性方程组 $A^{\mathrm{T}}x=0$ 只有零解。

证明 $r(A)=m$，则 $r(A^{\mathrm{T}})=r(A)=m=A^{\mathrm{T}}$ 的列数 $\Leftrightarrow$ 齐次线性方程组 $A^{\mathrm{T}}x=0$ 只有零解 $\Leftrightarrow$ 对任意非零 m 维列向量 x，总有 $A^{\mathrm{T}}x\neq 0\Leftrightarrow$ 对任意非零 m 维列向量 x，总有 $\|A^{\mathrm{T}}x\|^2>0\Leftrightarrow$ 对任意非零 m 维列向量 x，总有 $x^{\mathrm{T}}AA^{\mathrm{T}}x=(A^{\mathrm{T}}x)^{\mathrm{T}}(A^{\mathrm{T}}x)=\|A^{\mathrm{T}}x\|^2>0\Leftrightarrow AA^{\mathrm{T}}$ 是正定矩阵。

以上证明过程的每一步都是可逆的，从上向下为充分条件的证明，而从下向上是必要条件的证明。

评注 本题的证明过程用到了方程组的知识点：

(1) 齐次线性方程组只有零解的充分必要条件是方程组系数矩阵列满秩。

(2) 齐次线性方程组有非零解的充分必要条件是方程组系数矩阵列降秩。

题型 3 二次型的惯性指数及二次型的规范形

例 6.14 (2011.2)二次型 $f(x_1, x_2, x_3)=x_1^2+3x_2^2+x_3^2+2x_1x_2+2x_1x_3+2x_2x_3$，则 f 的正惯性指数为__________。

解题思路 先求出二次型的特征值，即可得到答案。

解 二次型 $f(x_1, x_2, x_3)=x_1^2+3x_2^2+x_3^2+2x_1x_2+2x_1x_3+2x_2x_3$ 的矩阵为 $\boldsymbol{A}=\begin{bmatrix}1&1&1\\1&3&1\\1&1&1\end{bmatrix}$，$\boldsymbol{A}$ 的特征多项式为

$$|\lambda\boldsymbol{E}-\boldsymbol{A}|=\begin{vmatrix}\lambda-1&-1&-1\\-1&\lambda-3&-1\\-1&-1&\lambda-1\end{vmatrix}\xlongequal{r_1-r_3}\begin{vmatrix}\lambda&0&-\lambda\\-1&\lambda-3&-1\\-1&-1&\lambda-1\end{vmatrix}$$

$$\xlongequal{c_3+c_1}\begin{vmatrix}\lambda&0&0\\-1&\lambda-3&-2\\-1&-1&\lambda-2\end{vmatrix}\xlongequal{\text{按 } r_1 \text{ 展开}}\lambda(\lambda-1)(\lambda-4)$$

故矩阵 $\boldsymbol{A}$ 的特征值为 $\lambda_1=0$，$\lambda_2=1$，$\lambda_3=4$，于是 f 的正惯性指数为 2。

评注 本题也可以用配方法来解题，但在用配方法时，考生要特别注意向量 $\boldsymbol{x}$ 与向量 $\boldsymbol{y}$ 之间线性变换的可逆性。

例如，求二次型 $f(x_1, x_2, x_3)=2x_1^2+2x_2^2+2x_3^2-2x_1x_2-2x_1x_3-2x_2x_3$ 的正惯性指数，有的考生会把二次型转换为

$$f(x_1, x_2, x_3)=(x_1-x_2)^2+(x_2-x_3)^2+(x_3-x_1)^2$$

显然设 $\begin{cases}y_1=x_1-x_2\\y_2=x_2-x_3\\y_3=x_3-x_1\end{cases}$，则有 $f(y_1, y_2, y_3)=y_1^2+y_2^2+y_3^2$，得出二次型的正惯性指数为 3。但是该二次型的正惯性指数的正确答案却为 2。出现错误的原因是向量 $\boldsymbol{x}$ 与向量 $\boldsymbol{y}$ 之间的线性变换：$\begin{bmatrix}y_1\\y_2\\y_3\end{bmatrix}=\begin{bmatrix}1&-1&0\\0&1&-1\\-1&0&1\end{bmatrix}\begin{bmatrix}x_1\\x_2\\x_3\end{bmatrix}$ 是不可逆的。

名师笔记

个别考生把正惯性指数错误地理解为非标准二次型平方项系数的正数个数，于是得到错误的答案。

例 6.15 已知二次型 $f(x_1, x_2, x_3)=2x_1^2+2x_2^2+2x_3^2+6x_1x_2+6x_1x_3+6x_2x_3$，有四个同学分别把它化为标准形，结果如下：

(1) $f=y_1^2-2y_2^2-3y_3^2$； (2) $f=y_1^2+y_2^2-2y_3^2$；

(3) $f=2y_1^2+y_2^2+3y_3^2$； (4) $f=-y_1^2-y_2^2-5y_3^2$。

则[ ]。

(A) (1)、(2)、(4)一定错误 (B) (2)、(3)、(4)一定错误

(C) 所有结果都可能正确　　　　　　(D) 所有结果都一定错误

解题思路　根据惯性定理来排除错误选项。

解　二次型的矩阵为

$$A=\begin{bmatrix}2&3&3\\3&2&3\\3&3&2\end{bmatrix}$$

显然-1是A的2重特征值，而A的第三个特征值为$2+2+2-(-1)-(-1)=8$，故二次型的正惯性指数为1，负惯性指数为2。在四个结果中只有结果(1)与原二次型有相同的正、负惯性指数，根据惯性定理可知，结果(2)、(3)和(4)都是错误的，故选项(B)正确。

评注　该题涉及知识点为：A与B合同$\Leftrightarrow A$的二次型与B二次型有相同的正、负惯性指数。

以下从正交变换法化二次型为标准形的角度出发，来进一步证明本题结果(1)的正确性。

针对实对称矩阵A，总存在正交矩阵变换$x=Pz$，使得

$$f=x^{T}Ax=(Pz)^{T}A(Pz)=z^{T}(P^{T}AP)z=z^{T}\Lambda z=8z_1^2-z_2^2-z_3^2$$

其中对角矩阵Λ可以拆分为三个对角矩阵的乘积：

$$\Lambda=\begin{bmatrix}8&&\\&-1&\\&&-1\end{bmatrix}=\begin{bmatrix}\sqrt{8}&&\\&1/\sqrt{2}&\\&&1/\sqrt{3}\end{bmatrix}\begin{bmatrix}1&&\\&-2&\\&&-3\end{bmatrix}\begin{bmatrix}\sqrt{8}&&\\&1/\sqrt{2}&\\&&1/\sqrt{3}\end{bmatrix}$$

令

$$Q=\begin{bmatrix}\sqrt{8}&&\\&1/\sqrt{2}&\\&&1/\sqrt{3}\end{bmatrix},\ H=\begin{bmatrix}1&&\\&-2&\\&&-3\end{bmatrix}$$

则有

$$f=x^{T}Ax=z^{T}\Lambda z=z^{T}Q^{T}HQz=(Qz)^{T}H(Qz)$$

令$y=Qz$，则有

$$f=x^{T}Ax=z^{T}\Lambda z=y^{T}Hy=y_1^2-2y_2^2-3y_3^2$$

名师笔记

考生要掌握以下结论：

(1) 一个二次型的标准形是不唯一的，但其正、负惯性指数是不变的。

(2) 判断一个二次型的标准形是否正确的判定法则是：只要标准形的正、负惯性指数正确，这个标准形一定正确。参见例6.15的评注。

例6.16　(2009.1, 2, 3)设二次型$f(x_1, x_2, x_3)=ax_1^2+ax_2^2+(a-1)x_3^2+2x_1x_3-2x_2x_3$。

(1) 求二次型f的矩阵的所有特征值。

(2) 若二次型f的规范形为$y_1^2+y_2^2$，求a值。

解题思路　根据特征值定义求得矩阵A的所有特征值，并根据规范形可以得到二次型的正惯性指数，从而求得a值。

解　(1) 二次型 $f(x_1, x_2, x_3)=ax_1^2+ax_2^2+(a-1)x_3^2+2x_1x_3-2x_2x_3$ 的矩阵为 $\boldsymbol{A}=\begin{bmatrix} a & 0 & 1 \\ 0 & a & -1 \\ 1 & -1 & a-1 \end{bmatrix}$，其特征多项式为

$$|\lambda \boldsymbol{E}-\boldsymbol{A}|=\begin{vmatrix} \lambda-a & 0 & -1 \\ 0 & \lambda-a & 1 \\ -1 & 1 & \lambda-a+1 \end{vmatrix} \xlongequal{r_2+r_1} \begin{vmatrix} \lambda-a & 0 & -1 \\ \lambda-a & \lambda-a & 0 \\ -1 & 1 & \lambda-a+1 \end{vmatrix}$$

$$\xlongequal{c_1-c_2} \begin{vmatrix} \lambda-a & 0 & -1 \\ 0 & \lambda-a & 0 \\ -2 & 1 & \lambda-a+1 \end{vmatrix}$$

$$\xlongequal{\text{按 } r_2 \text{ 展开}} (\lambda-a)(\lambda-a+2)(\lambda-a-1)$$

于是矩阵 $\boldsymbol{A}$ 的特征值从小到大排列为 $\lambda_1=a-2$，$\lambda_2=a$，$\lambda_3=a+1$。

(2) 由二次型 f 的规范形为 $y_1^2+y_2^2$ 知，f 的正惯性指数为 2，负惯性指数为零，于是矩阵 $\boldsymbol{A}$ 的特征值有 2 个为正数、1 个为零。而 $a-2<a<a+1$，故 $a=2$。

评注

(1) 很多考生看见二次型中存在参数 a，就不知如何求解特征值，其实题(1)中的答案就包含参数 a。

(2) 很多考生混淆了标准形和规范形的概念，误认为矩阵 $\boldsymbol{A}$ 的特征值为 1，1，0。

例 6.17　(2008.1)设 $\boldsymbol{A}$ 为 3 阶实对称矩阵，如果二次曲面方程 $(x, y, z)\boldsymbol{A}\begin{bmatrix} x \\ y \\ z \end{bmatrix}=1$，在正交变换下的标准方程的图形如图 6.1 所示，则 $\boldsymbol{A}$ 的正特征值的个数为[　　]。

(A) 0　　　　(B) 1　　　　(C) 2　　　　(D) 3

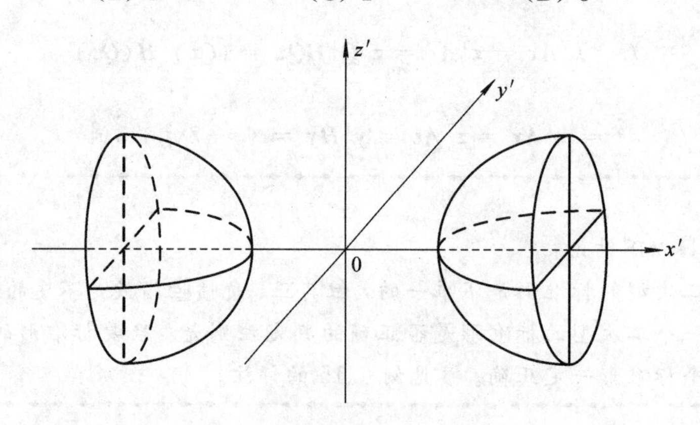

图 6.1　例 6.17 图

解题思路　根据图形判断二次曲面类型，再根据对应二次曲面方程确定二次型的正负惯性指数。

解　图 6.1 中画出的是双叶双曲面，其标准方程为 $\dfrac{x'^2}{a^2}-\dfrac{y'^2}{b^2}-\dfrac{z'^2}{c^2}=1$，由惯性定理知：二次型的正惯性指数为 1，负惯性指数为 2，故矩阵 $\boldsymbol{A}$ 的正特征值的个数为 1，答案选择(B)。

评注　正交变换保持向量的内积、长度和夹角不变，即保持几何图形的大小和形状不变，因而用正交变换化二次型为标准形的问题常常应用到二次曲面的分类问题上。本题的二次曲面为双叶双曲面，考生应该熟记以下八种常见二次曲面的标准方程：

(1) $\frac{x^2}{a^2}+\frac{y^2}{b^2}+\frac{z^2}{c^2}=1$(正惯性指数为 3，负惯性指数为零)：椭球面。

(2) $-\frac{x^2}{a^2}-\frac{y^2}{b^2}-\frac{z^2}{c^2}=1$(正惯性指数为零，负惯性指数为 3)：虚椭球面。

(3) $\frac{x^2}{a^2}+\frac{y^2}{b^2}-\frac{z^2}{c^2}=1$(正惯性指数为 2，负惯性指数为 1)：单叶双曲面。

(4) $-\frac{x^2}{a^2}-\frac{y^2}{b^2}+\frac{z^2}{c^2}=1$(正惯性指数为 1，负惯性指数为 2)：双叶双曲面。

(5) $\frac{x^2}{a^2}+\frac{y^2}{b^2}=1$(正惯性指数为 2，负惯性指数为零)：椭圆柱面。

(6) $-\frac{x^2}{a^2}-\frac{y^2}{b^2}=1$(正惯性指数为零，负惯性指数为 2)：虚椭圆柱面。

(7) $\frac{x^2}{a^2}-\frac{y^2}{b^2}=1$(正惯性指数为 1，负惯性指数为 1)：双曲柱面。

(8) $\frac{x^2}{a^2}=1$(正惯性指数为 1，负惯性指数为零)：一对平面。

名师笔记

考生要掌握二次曲面的类型及对应的几何形状。

题型 4　矩阵的等价、相似与合同

例 6.18　(2008.2，3)设 $\boldsymbol{A}=\begin{bmatrix}1&2\\2&1\end{bmatrix}$，则在实数域上与 $\boldsymbol{A}$ 合同的矩阵为[　　]。

(A) $\begin{bmatrix}-2&1\\1&-2\end{bmatrix}$　(B) $\begin{bmatrix}2&-1\\-1&2\end{bmatrix}$　(C) $\begin{bmatrix}2&1\\1&2\end{bmatrix}$　(D) $\begin{bmatrix}1&-2\\-2&1\end{bmatrix}$

解题思路　求出所有矩阵的特征值，根据特征值的正、负选择答案。

解　方法一：计算矩阵 $\boldsymbol{A}$ 的特征值为 -1，3；计算四个选项中矩阵的特征值分别为(A)：-1，-3；(B)：1，3；(C)：1，3；(D) -1，3。两个对称矩阵合同的充分必要条件是有相同的正、负惯性指数，故答案为选项(D)。

方法二：由于 $\boldsymbol{A}$ 为 2 阶矩阵，又根据 $|\boldsymbol{A}|=\lambda_1\lambda_2$，则 $\lambda_1\lambda_2=-3$，因此可知矩阵 $\boldsymbol{A}$ 的两个特征值一个为正数，另一个为负数。分析四个选项中矩阵的行列式为(A)：3；(B)：3；(C)：3；(D) -3，而只有选项(D)中矩阵的特征值也是一正一负，故答案为选项(D)。

评注　本题考查以下知识点：

(1) 设 $\boldsymbol{A}$、$\boldsymbol{B}$ 都为实对称矩阵，则有 $\boldsymbol{A}$ 与 $\boldsymbol{B}$ 合同 $\Leftrightarrow$ $\boldsymbol{A}$ 与 $\boldsymbol{B}$ 的二次型有相同的正、负惯性指数 $\Leftrightarrow$ $\boldsymbol{A}$ 与 $\boldsymbol{B}$ 的正特征值个数、负特征值的个数对应相等。

(2) 设 $\boldsymbol{A}$ 为 2 阶实对称矩阵，则有

$|\boldsymbol{A}|=0 \Leftrightarrow \boldsymbol{A}$ 有一个特征值为 0；

$|\boldsymbol{A}|>0 \Leftrightarrow \boldsymbol{A}$ 的 2 个特征值正负同号；

$|\boldsymbol{A}|<0 \Leftrightarrow \boldsymbol{A}$ 的 2 个特征值正负异号。

例 6.19 已知 $\boldsymbol{A}$、$\boldsymbol{B}$ 均为 n 阶实矩阵，分析以下命题：

(1) 若 $\boldsymbol{A}$ 与 $\boldsymbol{B}$ 相似，则 $\boldsymbol{A}$ 与 $\boldsymbol{B}$ 等价。

(2) 若 $\boldsymbol{A}$ 与 $\boldsymbol{B}$ 合同，则 $\boldsymbol{A}$ 与 $\boldsymbol{B}$ 等价。

(3) 若 $\boldsymbol{A}$ 与 $\boldsymbol{B}$ 都为对称矩阵，且 $\boldsymbol{A}$ 与 $\boldsymbol{B}$ 相似，则 $\boldsymbol{A}$ 与 $\boldsymbol{B}$ 合同。

(4) 若 $\boldsymbol{A}$ 与 $\boldsymbol{B}$ 都为对称矩阵，且 $\boldsymbol{A}$ 与 $\boldsymbol{B}$ 合同，则 $\boldsymbol{A}$ 与 $\boldsymbol{B}$ 相似。

则[　　]。

(A) 只有命题(1)和(2)正确　　(B) 只有命题(3)和(4)正确

(C) 只有命题(1)、(2)和(3)正确　　(D) 四个命题都正确

解题思路 根据矩阵等价、相似和合同的定义来分析命题(1)和(2)；根据用正交变换法使矩阵对角化来分析命题(3)和(4)。

解 分析命题(1)。若 $\boldsymbol{A}$ 与 $\boldsymbol{B}$ 相似，则有可逆矩阵 $\boldsymbol{P}$，使 $\boldsymbol{P}^{-1}\boldsymbol{A}\boldsymbol{P}=\boldsymbol{B}$，而 $\boldsymbol{P}^{-1}$ 和 $\boldsymbol{P}$ 都为可逆矩阵，故 $\boldsymbol{A}$ 与 $\boldsymbol{B}$ 等价。

分析命题(2)。若 $\boldsymbol{A}$ 与 $\boldsymbol{B}$ 合同，则有可逆矩阵 $\boldsymbol{C}$，使 $\boldsymbol{C}^{\mathrm{T}}\boldsymbol{A}\boldsymbol{C}=\boldsymbol{B}$，而 $\boldsymbol{C}^{\mathrm{T}}$ 和 $\boldsymbol{C}$ 都为可逆矩阵，故 $\boldsymbol{A}$ 与 $\boldsymbol{B}$ 等价。

分析命题(3)。若 $\boldsymbol{A}$ 为实对称矩阵，则存在正交矩阵 $\boldsymbol{P}$，使得 $\boldsymbol{P}^{-1}\boldsymbol{A}\boldsymbol{P}=\boldsymbol{\Lambda}$，对角矩阵 $\boldsymbol{\Lambda}$ 的主对角线上元素分别为矩阵 $\boldsymbol{A}$ 的所有特征值。由于 $\boldsymbol{P}$ 为正交矩阵，则有 $\boldsymbol{P}^{\mathrm{T}}\boldsymbol{A}\boldsymbol{P}=\boldsymbol{\Lambda}$，即矩阵 $\boldsymbol{A}$ 与对角矩阵 $\boldsymbol{\Lambda}$ 不仅相似，而且合同。又由于矩阵 $\boldsymbol{A}$ 与矩阵 $\boldsymbol{B}$ 相似，则 $\boldsymbol{A}$ 与 $\boldsymbol{B}$ 有相同的特征值，故矩阵 $\boldsymbol{B}$ 也与对角矩阵 $\boldsymbol{\Lambda}$ 不仅相似，而且合同。根据合同的传递性可知，$\boldsymbol{A}$ 与 $\boldsymbol{B}$ 合同。

分析命题(4)。设 $\boldsymbol{A}=\begin{bmatrix}1 & 0\\0 & 0\end{bmatrix}$，$\boldsymbol{B}=\begin{bmatrix}1 & 1\\1 & 1\end{bmatrix}$，存在可逆矩阵 $\boldsymbol{C}=\begin{bmatrix}1 & 1\\0 & 2\end{bmatrix}$，使得 $\boldsymbol{C}^{\mathrm{T}}\boldsymbol{A}\boldsymbol{C}=\boldsymbol{B}$，即对称矩阵 $\boldsymbol{A}$ 与 $\boldsymbol{B}$ 合同，而 $\boldsymbol{A}$ 的特征值为 0，1，$\boldsymbol{B}$ 的特征值为 0，2，故 $\boldsymbol{A}$ 与 $\boldsymbol{B}$ 不相似。

综上分析，答案选择(C)。

评注 两个矩阵等价、相似和合同这三种关系，其中等价关系要求最低，只要求左乘 $\boldsymbol{A}$ 和右乘 $\boldsymbol{A}$ 的矩阵均可逆即可；而相似则在等价的基础上，要求左乘和右乘 $\boldsymbol{A}$ 的两个矩阵刚好是互逆关系；合同则在等价的基础上，要求左乘和右乘 $\boldsymbol{A}$ 的两个矩阵刚好是互为转置关系。

一般情况下，两个矩阵相似不一定合同，两个矩阵合同也不一定相似。但针对两个实对称矩阵 $\boldsymbol{A}$ 与 $\boldsymbol{B}$，若 $\boldsymbol{A}$ 与 $\boldsymbol{B}$ 相似，则 $\boldsymbol{A}$ 与 $\boldsymbol{B}$ 合同。但逆命题并不成立。

名师笔记

例 6.19 的前三个命题给出了等价、相似及合同三者之间的关系，考生要牢记。

例 6.20 已知 $\boldsymbol{A}$、$\boldsymbol{B}$、$\boldsymbol{C}$、$\boldsymbol{X}$，$\boldsymbol{Y}$ 五个 2 阶矩阵分别为

$$\boldsymbol{A}=\begin{bmatrix}-5 & 0\\0 & 1\end{bmatrix},\ \boldsymbol{B}=\begin{bmatrix}2 & 0\\0 & -3\end{bmatrix},\ \boldsymbol{C}=\begin{bmatrix}-3 & 0\\0 & 2\end{bmatrix},\ \boldsymbol{X}=\begin{bmatrix}1 & 0\\0 & 0\end{bmatrix},\ \boldsymbol{Y}=\begin{bmatrix}1 & 1\\0 & 0\end{bmatrix}$$

分析以下命题：

(1) $\boldsymbol{A}$ 与 $\boldsymbol{B}$ 等价、合同，但不相似

(2) $\boldsymbol{B}$ 与 $\boldsymbol{C}$ 等价、合同又相似

(3) $\boldsymbol{X}$ 与 $\boldsymbol{Y}$ 等价、相似，但不合同

(4) $\boldsymbol{A}$ 与 $\boldsymbol{X}$ 不等价、不合同、不相似

则[　　]。

(A) 有 1 个命题正确　　(B) 有 2 个命题正确

(C) 有 3 个命题正确　　(D) 4 个命题都正确

解题思路　用反证法来证明矩阵 $\boldsymbol{X}$ 和 $\boldsymbol{Y}$ 不合同。

解　分析命题(1)。矩阵 $\boldsymbol{A}$ 与 $\boldsymbol{B}$ 同型且秩相等，故它们等价。矩阵 $\boldsymbol{A}$ 与 $\boldsymbol{B}$ 的二次型有相同的正、负惯性指数，故它们合同。矩阵 $\boldsymbol{A}$ 的特征值为-5 和 1，而矩阵 $\boldsymbol{B}$ 的特征值为 2 和-3，所以矩阵 $\boldsymbol{A}$ 和 $\boldsymbol{B}$ 不相似。

分析命题(2)。矩阵 $\boldsymbol{B}$ 与 $\boldsymbol{C}$ 同型且秩相等，故它们等价。对称矩阵 $\boldsymbol{B}$ 和 $\boldsymbol{C}$ 有相同的特征值，故它们相似。矩阵 $\boldsymbol{B}$ 和 $\boldsymbol{C}$ 的二次型有相同的正、负惯性指数，故它们合同。

分析命题(3)。$\boldsymbol{X}$ 与 $\boldsymbol{Y}$ 同型且秩相等，故它们等价。矩阵 $\boldsymbol{X}$ 和 $\boldsymbol{Y}$ 有相同的特征值 0 和 1，由于 $0\neq1$，故 $\boldsymbol{Y}$ 可以相似对角化为 $\boldsymbol{X}$。以下来证明 $\boldsymbol{X}$ 与 $\boldsymbol{Y}$ 不合同，用反证法。

设 $\boldsymbol{X}$ 与 $\boldsymbol{Y}$ 合同，即存在可逆矩阵 $\boldsymbol{P}$，使得 $\boldsymbol{P}^{\mathrm{T}}\boldsymbol{XP}=\boldsymbol{Y}$。令 $\boldsymbol{P}=\begin{bmatrix} a & b \\ c & d \end{bmatrix}$，则有

$$\begin{bmatrix} a & c \\ b & d \end{bmatrix}\begin{bmatrix} 1 & 0 \\ 0 & 0 \end{bmatrix}\begin{bmatrix} a & b \\ c & d \end{bmatrix}=\begin{bmatrix} 1 & 1 \\ 0 & 0 \end{bmatrix}$$

于是

$$\begin{bmatrix} a^2 & ab \\ ab & b^2 \end{bmatrix}=\begin{bmatrix} 1 & 1 \\ 0 & 0 \end{bmatrix}$$

则有

$$\begin{cases} a^2=1 \\ ab=1 \\ ab=0 \\ b^2=0 \end{cases}$$

以上方程组无解，故不存在矩阵 $\boldsymbol{P}$，即假设错误，所以 $\boldsymbol{X}$ 和 $\boldsymbol{Y}$ 不合同。

分析命题(4)，$r(\boldsymbol{A})=2$，$r(\boldsymbol{X})=1$，于是 $\boldsymbol{A}$ 与 $\boldsymbol{X}$ 不等价，则 $\boldsymbol{A}$ 与 $\boldsymbol{X}$ 不相似、不合同。

故选项(D)正确。

评注　该题涉及以下知识点：

(1) $\boldsymbol{A}$ 与 $\boldsymbol{B}$ 同型，且 $r(\boldsymbol{A})=r(\boldsymbol{B})\Leftrightarrow\boldsymbol{A}$ 与 $\boldsymbol{B}$ 等价。

(2) $\boldsymbol{A}$ 与 $\boldsymbol{B}$ 有相同的特征值，且都能对角化$\Rightarrow\boldsymbol{A}$ 与 $\boldsymbol{B}$ 相似。

(3) 设 $\boldsymbol{A}$、$\boldsymbol{B}$ 都为对称矩阵，则 $\boldsymbol{A}$ 与 $\boldsymbol{B}$ 的二次型有相同的正、负惯性指数$\Leftrightarrow\boldsymbol{A}$ 与 $\boldsymbol{B}$ 合同。

(4) $\boldsymbol{A}$ 与 $\boldsymbol{B}$ 相似$\Rightarrow\boldsymbol{A}$ 与 $\boldsymbol{B}$ 等价。

(5) $\boldsymbol{A}$ 与 $\boldsymbol{B}$ 合同$\Rightarrow\boldsymbol{A}$ 与 $\boldsymbol{B}$ 等价。

(6) $\boldsymbol{A}$ 与 $\boldsymbol{B}$ 合同$\not\Rightarrow\boldsymbol{A}$ 与 $\boldsymbol{B}$ 相似。

(7) $\boldsymbol{A}$ 与 $\boldsymbol{B}$ 相似$\not\Rightarrow\boldsymbol{A}$ 与 $\boldsymbol{B}$ 合同。

(8) 若 $\boldsymbol{A}$ 和 $\boldsymbol{B}$ 为对称矩阵，且 $\boldsymbol{A}$ 与 $\boldsymbol{B}$ 相似$\Rightarrow\boldsymbol{A}$ 与 $\boldsymbol{B}$ 合同。

名师笔记

考生要熟练掌握矩阵等价、相似和合同的定义、判定法则及三者间的关系，参见例 6.20 的评注。

6.3 考情分析

一、考试内容及要求

根据硕士研究生入学统一考试数学考试大纲，本章涉及的考试内容及要求如下。

1. 考试内容

考试内容包括二次型及其矩阵表示，合同变换与合同矩阵，二次型的秩，惯性定理，二次型的标准形和规范形，用正交变换和配方方法化二次型为标准形，二次型及其矩阵的正定性。

2. 考试要求

(1) 掌握二次型及其矩阵表示，了解二次型秩的概念，合同变换与合同矩阵，二次型的标准形、规范形的概念及惯性定理。

(2) 掌握用正交变换化二次型为标准形的方法，会用配方法化二次型为标准形。

(3) 理解正定二次型、正定矩阵的概念，并掌握其判别法。

二次型实质上是实对称矩阵特征值与特征向量的应用，本章在内容上和矩阵的特征值与特征向量一章紧密相关。

二、近年真题考点分析

二次型是考研的重点内容，其中包含：用正交变换法化二次型为标准形，合同变换与惯性定理，二次型的正定。

用正交变换法化二次型为标准形在考研试题中出现的频率较高，分析近 6 年的考研试卷，在一份考研试卷中二次型相关内容的平均分值为 8.2 分，题型以解答题为主，选择题和填空题也常常出现。以下是近 6 年考查二次型的考研真题。

真题 6.1　(2011.1)若二次曲面的方程 $x^2+3y^2+z^2+2axy+2xz+2yz=4$，经正交变换化为 $y_1^2+4z_1^2=4$，则 $a=$______。

真题 6.2　(2012.1，2，3)已知 $\boldsymbol{A}=\begin{bmatrix}1 & 0 & 1\\ 0 & 1 & 1\\ -1 & 0 & a\\ 0 & a & -1\end{bmatrix}$，二次型 $f(x_1, x_2, x_3)=\boldsymbol{x}^{\mathrm{T}}(\boldsymbol{A}^{\mathrm{T}}\boldsymbol{A})\boldsymbol{x}$ 的秩为 2。

(1) 求实数 a 的值。

(2) 求正交变换 $\boldsymbol{x}=\boldsymbol{Q}\boldsymbol{y}$ 将二次型 f($f(x_1, x_2, x_3)$的简写)化为标准形。

真题 6.3　(2011.3)设二次型 $f(x_1, x_2, x_3)=\boldsymbol{x}^{\mathrm{T}}\boldsymbol{A}\boldsymbol{x}$ 的秩为 1，$\boldsymbol{A}$ 中各行元素之和为

3，则 f 在正交变换 $\boldsymbol{x}=\boldsymbol{Q}\boldsymbol{y}$ 下的标准形为__________。

真题 6.4　(2010.1)已知二次型 $f(x_1, x_2, x_3)=\boldsymbol{x}^{\mathrm{T}}\boldsymbol{A}\boldsymbol{x}$ 在正交变换 $\boldsymbol{x}=\boldsymbol{Q}\boldsymbol{y}$ 下的标准形为 $y_1^2+y_2^2$，且 $\boldsymbol{Q}$ 的第 3 列为 $\left(\frac{\sqrt{2}}{2}, 0, \frac{\sqrt{2}}{2}\right)^{\mathrm{T}}$。

(1) 求矩阵 $\boldsymbol{A}$；

(2) 证明 $\boldsymbol{A}+\boldsymbol{E}$ 为正定矩阵，其中 $\boldsymbol{E}$ 为 3 阶单位矩阵。

真题 6.5　(2013.1, 2, 3)设二次型 $f(x_1, x_2, x_3)=2(a_1x_1+a_2x_2+a_3x_3)^2+(b_1x_1+b_2x_2+b_3x_3)^2$，记 $\boldsymbol{\alpha}=\begin{bmatrix}a_1\\a_2\\a_3\end{bmatrix}$，$\boldsymbol{\beta}=\begin{bmatrix}b_1\\b_2\\b_3\end{bmatrix}$。

(1) 证明二次型 f 对应的矩阵为 $2\boldsymbol{\alpha}\boldsymbol{\alpha}^{\mathrm{T}}+\boldsymbol{\beta}\boldsymbol{\beta}^{\mathrm{T}}$；

(2) 若 $\boldsymbol{\alpha}, \boldsymbol{\beta}$ 正交且均为单位向量，证明二次型 f 在正交变换下的标准型为 $2y_1^2+y_2^2$。

真题 6.6　(2011.2)二次型 $f(x_1, x_2, x_3)=x_1^2+3x_2^2+x_3^2+2x_1x_2+2x_1x_3+2x_2x_3$，则 f 的正惯性指数为________。

真题 6.7　(2009.1, 2, 3)设二次型 $f(x_1, x_2, x_3)=ax_1^2+ax_2^2+(a-1)x_3^2+2x_1x_3-2x_2x_3$。

(1) 求二次型 f 的矩阵的所有特征值。

(2) 若二次型 f 的规范形为 $y_1^2+y_2^2$，求 a 值。

真题 6.8　(2008.1)设 $\boldsymbol{A}$ 为 3 阶实对称矩阵，如果二次曲面方程 $(x, y, z)\boldsymbol{A}\begin{bmatrix}x\\y\\z\end{bmatrix}=1$，在正交变换下的标准方程的图形参见图 6.1，则 $\boldsymbol{A}$ 的正特征值的个数为[　　]。

(A) 0　　(B) 1　　(C) 2　　(D) 3

真题 6.9　(2008.2, 3)设 $\boldsymbol{A}=\begin{bmatrix}1&2\\2&1\end{bmatrix}$，则在实数域上与 $\boldsymbol{A}$ 合同的矩阵为[　　]。

(A) $\begin{bmatrix}-2&1\\1&-2\end{bmatrix}$　　(B) $\begin{bmatrix}2&-1\\-1&2\end{bmatrix}$

(C) $\begin{bmatrix}2&1\\1&2\end{bmatrix}$　　(D) $\begin{bmatrix}1&-2\\-2&1\end{bmatrix}$

真题 6.1、真题 6.2、真题 6.3、真题 6.4、真题 6.5 考查用正交变换法化二次型为标准形；真题 6.4 还考查二次型的正定；真题 6.6、真题 6.7、真题 6.8 考查二次型的惯性指数及二次型的规范形；真题 6.9 考查合同矩阵。

6.4　习题精选

1. 填空题

(1) 二次型 $f(x_1, x_2, x_3)=x_1^2-2x_2^2+3x_3^2+4x_1x_2-6x_1x_3+8x_2x_3$ 的矩阵为______。

(2) 已知 $f(x_1, x_2, x_3)=x_1^2+ax_2^2+x_3^2-8x_1x_2+8x_2x_3$ 为半正定二次型，则 $a=$

______。

(3) 二次曲面方程 $2x^2+2y^2+8z^2-2xy+4xz+4yz=1$ 的曲面类型是______。

(4) 已知二次型 $f(x_1, x_2, x_3)=2x_1^2+4x_2^2+8x_3^2-4x_1x_3+6x_2x_3$，若 $x_1^2+x_2^2+x_3^2=1$，则二次型 $f(x_1, x_2, x_3)$ 的最大值和最小值分别为______。

(5) 已知实二次型 $f(x_1, x_2, x_3)=ax_1^2+ax_2^2+ax_3^2-2x_1x_2-2x_1x_3+2x_2x_3$ 经过正交变换 $\boldsymbol{x}=\boldsymbol{P}\boldsymbol{y}$ 可以化为标准形 $f=-3y_1^2-3y_2^2$，则 $a=$______。

2. 选择题

(1) 设 $\boldsymbol{A}$ 为 n 阶对称矩阵，且 $\boldsymbol{A}^2=4\boldsymbol{E}$，那么[　　]。

(A) $\boldsymbol{A}+2\boldsymbol{E}$ 一定是半正定　　(B) $\boldsymbol{A}-2\boldsymbol{E}$ 一定是半负定

(C) $\boldsymbol{A}$ 一定是不定　　(D) $\boldsymbol{A}+3\boldsymbol{E}$ 一定是正定

(2) 已知对角矩阵 $\boldsymbol{A}=\begin{bmatrix} x & & \\ & y & \\ & & z \end{bmatrix}$ 和 $\boldsymbol{B}=\begin{bmatrix} y & & \\ & z & \\ & & x \end{bmatrix}$，那么[　　]。

① $\boldsymbol{A}$ 与 $\boldsymbol{B}$ 有可能相等。　　② $\boldsymbol{A}$ 与 $\boldsymbol{B}$ 一定等价。

③ $\boldsymbol{A}$ 与 $\boldsymbol{B}$ 一定相似。　　④ $\boldsymbol{A}$ 与 $\boldsymbol{B}$ 一定合同。

(A) 有 1 个命题正确　　(B) 有 2 个命题正确

(C) 有 3 个命题正确　　(D) 全都正确

(3) 已知三个矩阵

$$\boldsymbol{A}=\begin{bmatrix} 1 & -2 & -1 \\ -2 & 4 & 2 \\ -1 & 2 & 1 \end{bmatrix}, \boldsymbol{B}=\begin{bmatrix} 1 & -1 & 2 \\ -1 & 1 & -2 \\ 2 & -2 & 4 \end{bmatrix}, \boldsymbol{C}=\begin{bmatrix} 6 & 0 & 0 \\ 0 & 0 & 0 \\ 0 & 0 & 0 \end{bmatrix}$$

则[　　]。

(A) $\boldsymbol{A}$ 与 $\boldsymbol{B}$ 等价、相似，不合同　　(B) $\boldsymbol{A}$ 与 $\boldsymbol{C}$ 等价、合同，不相似

(C) $\boldsymbol{B}$ 与 $\boldsymbol{C}$ 等价、相似，不合同　　(D) 以上结论都错误

(4) 二次型 $f=\left(\sum_{i=1}^{n} x_i\right)^2-n\sum_{i=1}^{n} x_i{}^2$ 是[　　]。

(A) 正定　　(B) 负定　　(C) 半正定　　(D) 半负定

(5) 已知二次型为 $f(x_1, x_2, x_3)=(x_1-x_2)^2+(x_2-x_3)^2+(x_1-x_3)^2$，则有[　　]。

(A) 二次型 f 为正定的　　(B) 二次型 f 的秩为 3

(C) 二次型 f 的正惯性指数为 3　　(D) 二次型 f 的负惯性指数为零

3. 解答题

(1) 已知二次型

$$f(x_1, x_2, x_3)=2x_1^2+2x_2^2+2x_3^2-2x_1x_2+2x_1x_3+2x_2x_3$$

请用正交变换 $\boldsymbol{x}=\boldsymbol{P}\boldsymbol{y}$ 把二次型 f 化为标准形，并写出正交矩阵 $\boldsymbol{P}$。

(2) 若 $\boldsymbol{A}=(a_{ij})$ 为 n 阶负定矩阵，证明 $a_{ii}<0(i=1, 2, \cdots, n)$。

(3) 设 $\boldsymbol{A}$ 是 n 阶反对称矩阵，$\boldsymbol{E}$ 是 n 阶单位矩阵，证明 $\boldsymbol{A}^2-\boldsymbol{E}$ 是负定矩阵。

(4) 设 $\boldsymbol{A}$ 为 4 阶实对称矩阵，满足 $\boldsymbol{A}^3-3\boldsymbol{A}^2=\boldsymbol{O}$，且 $r(\boldsymbol{A})=2$。那么，当 k 取何值时，矩

阵 A^2-kA+E 正定。

(5) 设 A 为 n 阶实对称矩阵，且 A 既是正交矩阵又是正定矩阵，则 A 必为单位矩阵。

6.5 习题详解

1. 填空题

(1) $\begin{bmatrix} 1 & 2 & -3 \\ 2 & -2 & 4 \\ -3 & 4 & 3 \end{bmatrix}$。

(2) 二次型为半正定，则零一定是二次型的矩阵 A 的特征值，于是二次型的行列式等于零，则有

$$|\boldsymbol{A}| = \begin{vmatrix} 1 & -4 & 0 \\ -4 & a & 4 \\ 0 & 4 & 1 \end{vmatrix} = a - 32 = 0$$

即 $a=32$。

(3) 二次曲面方程的左端是关于 x、y、z 的二次型，求出二次型的标准型，就可以得到二次曲面的标准方程，从而获得曲面类型。

对应二次型的矩阵为

$$\boldsymbol{A} = \begin{bmatrix} 2 & -1 & 2 \\ -1 & 2 & 2 \\ 2 & 2 & 8 \end{bmatrix}$$

求得其特征值为 3，9，0。于是，该二次型可以经过正交变换 $\begin{bmatrix} x \\ y \\ z \end{bmatrix} = P \begin{bmatrix} u \\ v \\ w \end{bmatrix}$ 化为 $3u^2+9v^2$，而对应的二次曲面的标准方程为 $3u^2+9v^2=1$，故该二次曲面为椭圆柱面。

(4) 二次型的矩阵为

$$\boldsymbol{A} = \begin{bmatrix} 2 & 0 & -2 \\ 0 & 4 & 3 \\ -2 & 3 & 8 \end{bmatrix}$$

求得其特征值为 1，3，10。于是，经过正交变换 $\boldsymbol{x}=\boldsymbol{P}\boldsymbol{y}$，该二次型可以化为 $f=y_1^2+3y_2^2+10y_3^2$。

由于

$$\boldsymbol{x}^{\mathrm{T}}\boldsymbol{x} = (\boldsymbol{P}\boldsymbol{y})^{\mathrm{T}}(\boldsymbol{P}\boldsymbol{y}) = \boldsymbol{y}^{\mathrm{T}}\boldsymbol{P}^{\mathrm{T}}\boldsymbol{P}\boldsymbol{y} = \boldsymbol{y}^{\mathrm{T}}\boldsymbol{y}$$

则

$$\boldsymbol{y}^{\mathrm{T}}\boldsymbol{y} = \boldsymbol{x}^{\mathrm{T}}\boldsymbol{x} = x_1^2 + x_2^2 + x_3^2 = 1$$

于是有

$$f = y_1^2 + 3y_2^2 + 10y_3^2 \leqslant 10(y_1^2 + y_2^2 + y_3^2) = 10$$
$$f = y_1^2 + 3y_2^2 + 10y_3^2 \geqslant y_1^2 + y_2^2 + y_3^2 = 1$$

当 $\boldsymbol{y}=(0,0,1)^{\mathrm{T}}$ 时，f 取最大值 10；当 $y=(1,0,0)^{\mathrm{T}}$ 时，f 取最小值 1。

(5) 二次型的矩阵为 $\boldsymbol{A}=\begin{bmatrix} a & -1 & -1 \\ -1 & a & 1 \\ -1 & 1 & a \end{bmatrix}$，从它经过正交变换化为的标准形中可以知道，该矩阵的特征值为 -3，-3，0。根据 $\mathrm{tr}(\boldsymbol{A})=\sum_{i=1}^{3}\lambda_i$ 可知 $3a=-6$，于是 $a=-2$。

2. 选择题

(1) [D]。$\boldsymbol{A}^2=4\boldsymbol{E}$，则有 $(\boldsymbol{A}+2\boldsymbol{E})(\boldsymbol{A}-2\boldsymbol{E})=\boldsymbol{O}$，于是矩阵 $\boldsymbol{A}$ 的特征值有三种情况：① 全是 -2；② 全是 2；③ 有 -2 和 2。若是第①种情况，则选项(B)和(C)都错误；若是第② 种情况，则选项(A)是错误的。而选项(D)针对三种情况全部成立。

(2) [D]。

分析命题①，当 $x=y=z$ 时，$\boldsymbol{A}=\boldsymbol{B}$。

分析命题②，若在 x、y、z 这三个数中，有 t 个数非零，则 $r(\boldsymbol{A})=r(\boldsymbol{B})=t$，故矩阵 $\boldsymbol{A}$ 与 $\boldsymbol{B}$ 等价。

分析命题③，对称矩阵 $\boldsymbol{A}$ 和 $\boldsymbol{B}$ 有相同的特征值 x，y，z，故矩阵 $\boldsymbol{A}$ 与 $\boldsymbol{B}$ 相似。

分析命题④，对称矩阵 $\boldsymbol{A}$ 和 $\boldsymbol{B}$ 有相同的特征值 x，y，z，故矩阵 $\boldsymbol{A}$ 与 $\boldsymbol{B}$ 的二次型有相同的正、负惯性指数，故矩阵 $\boldsymbol{A}$ 与 $\boldsymbol{B}$ 合同。

(3) [D]。矩阵 $\boldsymbol{A}$、$\boldsymbol{B}$、$\boldsymbol{C}$ 都为实对称矩阵，且 $r(\boldsymbol{A})=r(\boldsymbol{B})=r(\boldsymbol{C})=1$，它们的特征值都为 0，0，6。于是这三个矩阵之间关系是：等价、相似且合同。

(4) [D]。二次型 f 的矩阵为

$$\boldsymbol{A}=\begin{bmatrix} 1-n & 1 & \cdots & 1 \\ 1 & 1-n & \cdots & 1 \\ \vdots & \vdots & & \vdots \\ 1 & 1 & \cdots & 1-n \end{bmatrix}$$

显然 $-n$ 是矩阵 $\boldsymbol{A}$ 的 $n-1$ 重特征值，即有 $\lambda_1=\lambda_2=\cdots=\lambda_{n-1}=-n$，于是根据 $\mathrm{tr}(\boldsymbol{A})=\sum_{i=1}^{n}\lambda_i$ 得矩阵 $\boldsymbol{A}$ 的第 n 个特征值为

$$\lambda_n=\mathrm{tr}(\boldsymbol{A})-\lambda_1-\lambda_2-\cdots-\lambda_{n-1}=(1-n)n-(-n)(n-1)=0$$

故二次型为半负定的。

(5) [D]。令 $\begin{cases} y_1=x_1-x_2 \\ y_2=x_2-x_3 \\ y_3=x_1-x_3 \end{cases}$，则二次型即为 $f=y_1^2+y_2^2+y_3^2$，那么 4 个结论应该都是正确的。但是，考生应该特别注意：以上的线性变换是否是可逆的线性变换？于是分析该线性变换的系数矩阵行列式：

$$\begin{vmatrix} 1 & -1 & 0 \\ 0 & 1 & -1 \\ 1 & 0 & -1 \end{vmatrix}=0$$

以上的线性变换是不可逆的线性变换，所以以上的结论就不一定正确。

二次型 f 的矩阵为

$$A=\begin{bmatrix}2&-1&-1\\-1&2&-1\\-1&-1&2\end{bmatrix}$$

矩阵 A 的特征值为0，3，3。于是二次型是半正定的，秩是2，正惯性指数是2，负惯性指数为零。

3. 解答题

(1) 解：$f(x_1, x_2, x_3)=2x_1^2+2x_2^2+2x_3^2-2x_1x_2+2x_1x_3+2x_2x_3$

$$=(x_1, x_2, x_3)\begin{bmatrix}2&-1&1\\-1&2&1\\1&1&2\end{bmatrix}\begin{bmatrix}x_1\\x_2\\x_3\end{bmatrix}=\boldsymbol{x}^{\mathrm{T}}\boldsymbol{A}x$$

矩阵 A 的特征多项式为

$$|\lambda\boldsymbol{E}-\boldsymbol{A}|=\begin{vmatrix}\lambda-2&1&-1\\1&\lambda-2&-1\\-1&-1&\lambda-2\end{vmatrix}=\lambda(\lambda-3)^2$$

则矩阵 A 的特征值为 $\lambda_1=0$，$\lambda_2=\lambda_3=3$。

当 $\lambda_1=0$ 时，分析齐次线性方程组 $(0\boldsymbol{E}-\boldsymbol{A})\boldsymbol{x}=\boldsymbol{0}$，对其系数矩阵进行初等行变换，有

$$\begin{bmatrix}-2&1&-1\\1&-2&-1\\-1&-1&-2\end{bmatrix}\to\begin{bmatrix}1&0&1\\0&1&1\\0&0&0\end{bmatrix}$$

则矩阵 A 的属于 $\lambda_1=0$ 的特征向量为 $\boldsymbol{\alpha}_1=(-1, -1, 1)^{\mathrm{T}}$。

当 $\lambda_2=\lambda_3=3$ 时，分析齐次线性方程组 $(3\boldsymbol{E}-\boldsymbol{A})\boldsymbol{x}=\boldsymbol{0}$，对其系数矩阵进行初等行变换，有

$$\begin{bmatrix}1&1&-1\\1&1&-1\\-1&-1&1\end{bmatrix}\to\begin{bmatrix}1&1&-1\\0&0&0\\0&0&0\end{bmatrix}$$

取 x_2 和 x_3 为自由变量，令 $x_2=1$，$x_3=0$，则有解向量 $\boldsymbol{\alpha}_2=(-1, 1, 0)^{\mathrm{T}}$。此时令方程组另一个与 $\boldsymbol{\alpha}_2$ 正交的解向量为 $\boldsymbol{\alpha}_3=(a, a, b)^{\mathrm{T}}$，把 $\boldsymbol{\alpha}_3$ 代入方程 $x_1+x_2-x_3=0$ 中，得到关系式 $2a=b$。若设 $a=1$，则 $b=2$，于是解得 $\boldsymbol{\alpha}_3=(1, 1, 2)^{\mathrm{T}}$。

对特征向量 $\boldsymbol{\alpha}_1$，$\boldsymbol{\alpha}_2$，$\boldsymbol{\alpha}_3$ 单位化，有

$$\boldsymbol{p}_1=\frac{1}{\sqrt{3}}\begin{bmatrix}-1\\-1\\1\end{bmatrix},\ \boldsymbol{p}_2=\frac{1}{\sqrt{2}}\begin{bmatrix}-1\\1\\0\end{bmatrix},\ \boldsymbol{p}_3=\frac{1}{\sqrt{6}}\begin{bmatrix}1\\1\\2\end{bmatrix}$$

令

$$\boldsymbol{P}=(\boldsymbol{p}_1, \boldsymbol{p}_2, \boldsymbol{p}_3)=\begin{bmatrix}\frac{-1}{\sqrt{3}}&\frac{-1}{\sqrt{2}}&\frac{1}{\sqrt{6}}\\\frac{-1}{\sqrt{3}}&\frac{1}{\sqrt{2}}&\frac{1}{\sqrt{6}}\\\frac{1}{\sqrt{3}}&0&\frac{2}{\sqrt{6}}\end{bmatrix}$$

则存在正交变换 $\boldsymbol{x}=\boldsymbol{P}\boldsymbol{y}$，使得

$$f=\boldsymbol{x}^{\mathrm{T}}\boldsymbol{A}\boldsymbol{x}=(\boldsymbol{P}\boldsymbol{y})^{\mathrm{T}}\boldsymbol{A}(\boldsymbol{P}\boldsymbol{y})=\boldsymbol{y}^{\mathrm{T}}(\boldsymbol{P}^{\mathrm{T}}\boldsymbol{A}\boldsymbol{P})\boldsymbol{y}=\boldsymbol{y}^{\mathrm{T}}(\boldsymbol{P}^{-1}\boldsymbol{A}\boldsymbol{P})\boldsymbol{y}=\boldsymbol{y}^{\mathrm{T}}\boldsymbol{\Lambda}\boldsymbol{y}=3y_2^2+3y_3^2$$

(2) 证明：若 $\boldsymbol{A}$ 为负定矩阵，则对任意 n 维列向量 $\boldsymbol{x}$ 都有 $\boldsymbol{x}^{\mathrm{T}}\boldsymbol{A}\boldsymbol{x}<0$。对基本单位列向量 $\boldsymbol{\varepsilon}_i$ 有

$$\boldsymbol{\varepsilon}_i{}^{\mathrm{T}}\boldsymbol{A}\boldsymbol{\varepsilon}_i=(0,\cdots,0,\underset{\text{第}i\text{列}}{1},0,\cdots,0)^{\mathrm{T}}\begin{bmatrix}a_{11}&a_{12}&\cdots&a_{1n}\\a_{21}&a_{22}&\cdots&a_{2n}\\\vdots&\vdots&&\vdots\\a_{n1}&a_{n2}&\cdots&a_{nn}\end{bmatrix}\begin{bmatrix}0\\\vdots\\1\\\vdots\\0\end{bmatrix}=a_{ii}<0$$

其中 $i=1,2,\cdots,n$。

(3) 证明：$\boldsymbol{A}$ 是 n 阶反对称矩阵，则有 $\boldsymbol{A}^{\mathrm{T}}=-\boldsymbol{A}$，于是有

$$(\boldsymbol{A}^2-\boldsymbol{E})^{\mathrm{T}}=\boldsymbol{A}^{\mathrm{T}}\boldsymbol{A}^{\mathrm{T}}-\boldsymbol{E}^{\mathrm{T}}=(-\boldsymbol{A})(-\boldsymbol{A})-\boldsymbol{E}=\boldsymbol{A}^2-\boldsymbol{E}$$

故矩阵 $\boldsymbol{A}^2-\boldsymbol{E}$ 为对称矩阵。

对任意非零 n 维列向量 $\boldsymbol{x}$，有

$$\boldsymbol{x}^{\mathrm{T}}(\boldsymbol{A}^2-\boldsymbol{E})\boldsymbol{x}=-\boldsymbol{x}^{\mathrm{T}}\boldsymbol{A}^{\mathrm{T}}\boldsymbol{A}\boldsymbol{x}-\boldsymbol{x}^{\mathrm{T}}\boldsymbol{x}=-(\boldsymbol{A}\boldsymbol{x})^{\mathrm{T}}(\boldsymbol{A}\boldsymbol{x})-\boldsymbol{x}^{\mathrm{T}}\boldsymbol{x}=-(\|\boldsymbol{A}\boldsymbol{x}\|^2+\|\boldsymbol{x}\|^2)$$

而 $\|\boldsymbol{A}\boldsymbol{x}\|\geqslant0$ 且 $\|\boldsymbol{x}\|>0$，则有

$$\boldsymbol{x}^{\mathrm{T}}(\boldsymbol{A}^2-\boldsymbol{E})\boldsymbol{x}=-(\|\boldsymbol{A}\boldsymbol{x}\|^2+\|\boldsymbol{x}\|^2)<0$$

故矩阵 $\boldsymbol{A}^2-\boldsymbol{E}$ 负定。

(4) 解：由于 $\boldsymbol{A}^3-3\boldsymbol{A}^2=\boldsymbol{O}$，则矩阵 $\boldsymbol{A}$ 的特征值为 0 或 3；又由于 $r(\boldsymbol{A})=2$，因此矩阵 $\boldsymbol{A}$ 的特征值为 3，3，0，0。于是矩阵 $\boldsymbol{A}^2-k\boldsymbol{A}+\boldsymbol{E}$ 的特征值为 $3^2-3k+1=-3k+10$ 和 1。若 $\boldsymbol{A}^2-k\boldsymbol{A}+\boldsymbol{E}$ 正定，则有 $-3k+10>0$，故 $k<\frac{10}{3}$。

(5) 证明：$\boldsymbol{A}$ 为实对称矩阵，则 $\boldsymbol{A}$ 的特征值为实数，而正交矩阵特征值的模为 1，故 $\boldsymbol{A}$ 的特征值为 -1 或 1。又由于 $\boldsymbol{A}$ 为正定矩阵，故其所有特征值全大于零，于是矩阵 $\boldsymbol{A}$ 的所有特征值为 1。而 $\boldsymbol{A}$ 是实对称矩阵，则必然存在可逆矩阵 $\boldsymbol{P}$，使得 $\boldsymbol{A}=\boldsymbol{P}\boldsymbol{E}\boldsymbol{P}^{-1}$，故 $\boldsymbol{A}=\boldsymbol{E}$。